IDL 可视化分析与应用

韩培友　编著

西北工業大學出版社

【内容简介】 语法简单的第4代可视化交互数据语言IDL(Interactive Data Language)是新一代交互式、跨平台(可以运行于Unix,VMS,Windows和Macintosh等)、面向图形对象的应用程序开发语言,具有较强的数据分析和可视化功能。IDL同时支持命令交互、程序执行和菜单操作三种工作方式,是进行交互数据分析和可视化应用工程开发的高效软件和理想工具。

本书系统地介绍了交互数据语言IDL的基本原理、操作方法、命令和函数的功能和使用方法、程序设计方法、各种流行菜单系统的制作方法、Windows窗口系统的设计方法、屏幕控制对象的设计方法、可视化应用系统的设计与实现和通用数据库管理系统及其基本模块的设计方法和技巧。同时还详细介绍了IDL生成器的具体使用方法。书中含有大量取材新颖,并且均可以独立运行的例题和习题,其相关程序均已上机调试通过。

本书可以作为高校计算机、信息信号处理、数据可视化分析、图形图像处理及其相关专业的本科生和研究生教材及各类计算机培训教材,还可以作为初学计算机人员的自学参考书以及各类高级计算机用户和软件开发人员的参考书。

图书在版编目(CIP)数据

IDL可视化分析与应用/韩培友编著.—西安:西北工业大学出版社,2006.9(2020.7重印)
ISBN 978-7-5612-2123-5

Ⅰ.Ⅰ… Ⅱ.韩… Ⅲ.IDL语言 Ⅳ.TP312

中国版本图书馆CIP数据核字(2006)第105080号

出版发行: 西北工业大学出版社
通信地址: 西安市友谊西路127号　　邮编:710072
电　　话: (029)88493844　88491757
网　　址: www.nwpup.com
印 刷 者: 陕西向阳印务有限公司
开　　本: 787 mm×1 092 mm　1/16
印　　张: 30.25
字　　数: 951千字
版　　次: 2006年10月第1版　　2020年7月第5次印刷
定　　价: 56.00元

IDL 可视化分析与应用

编 委 会

序 言

随着人们获取数据能力的不断提高，获取的数据量越来越多，这给数据的存储、计算以及信息的提取带来了新的挑战，可视化技术作为一个强有力的信息提取工具也随之应运而生。自1986年美国国家基金会使用可视化技术概念以来，可视化技术得到了飞速的发展，可视化已经应用在数据分析的各个领域。

随着可视化技术的发展，出现了众多的可视化工具，IDL就是其中比较著名的可视化语言。IDL全称交互式数据语言(Interactive Data Language)，它是一种语法简单，功能强大的可视化语言。IDL最初的原型为美国航空航天局(NASA)的一个可视化项目，由于其灵活和强大的可视化性能，受到NASA的科学家和工程师的喜爱，进而发展成为一门独立的可视化语言。IDL用户涵盖NASA，ESA，NOAA，Siemens，GE Medical，Army Corps of Engineers，MacDonald Dettwiler等大公司及研究机构。早在1982年，NASA就选用IDL进行火星飞越航空器的研究。IDL还参与了2004年火星探测计划中的测试和传感器设计，JPL的科学家利用IDL对“勇气号”和“机遇号”的数据进行了分析和处理。目前，IDL已经广泛应用于海洋、气象、医学、空间物理、地球科学、教育、天文学和商业等各个领域。

IDL自20世纪90年代进入中国以来，已在多个部门得到应用。如中科院、气象局以及其他研究机构。相对于国外的应用情况，虽然国内已有很多用户在使用IDL进行科学研究和工程开发应用，但是由于缺乏相关的中文资料和图书，很多读者对IDL还是不甚了解。

航天星图公司作为IDL中国区的唯一代理商，一直致力于IDL的推广和应用，希望为广大科研工作者和可视化应用程序开发人员提供最优秀的可视化工具。本次我们特别邀请西北工业大学韩培友博士编写完成了《IDL可视化分析与应用》一书，就是为了给广大IDL用户提供一本内容详尽的中文使用介绍。作为国内较早使用IDL的用户之一，韩培友博士长期使用IDL进行科学研究和应用程序的开发。在《IDL可视化分析与应用》一书中，他系统全面地介绍了IDL语言的特点，并结合其多年程序编写的经验，提供了大量的实例程序。本书实为IDL学习者不可多得的参考宝典。

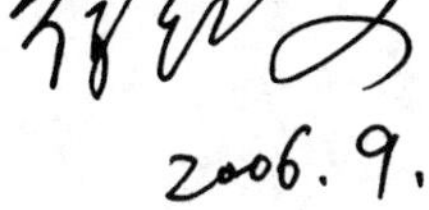

2006.9.22

前　言

随着计算机技术的快速发展，人们对满足实际需要的实时交互可视化数据分析工具的要求越来越高。美国 ITT VIS（ ITT Visual Information Solutions ）公司推出的最新第 4 代可视化交互数据语言 IDL(Interactive Data Language)是新一代交互式、跨平台(运行于 Unix，VMS，Windows，Macintosh 等)、面向对象的应用程序开发语言，具有较强的数据分析和可视化功能。IDL 是进行交互数据分析和可视化应用工程开发的高效软件和理想工具。

自 1978 年问世以来，IDL 以其简单灵活的语法，多样、强大的可视化功能，深受全球广大科研工作者和工程师的喜爱。随后又推出了 IDL 2.0，IDL 3.0，IDL 4.0，IDL 5.0 和 IDL 6.0，在性能上有了很大提高。ITT VIS 公司于 2006 年 4 月推出了最新版本 IDL 6.3 及其系列产品，使得 IDL 成为功能强大完善、性能稳定、操作简单的快速交互可视化数据分析的必备工具。在实际应用中，使用其他语言需要几十条、几百条甚至上千条语句才能实现的功能，而使用 IDL 只需简单的几个语句。正是因为 IDL 操作简单、功能强大，使得 IDL 在世界范围内开始流行；同时在数据交互可视化分析、图像处理、图像分析、图像理解和体绘制等方面得到了广泛的应用，成为主流产品。IDL 已经广泛应用在科学计算、信息处理、空间科学、气象、资源环境、数字图像处理、天文等领域。

IDL 语言作为语法简单的面向矩阵运算的计算机语言，拥有丰富的分析工具包，采用高速的图形显示技术，是集可视化、交互分析、大型商业开发为一体的高级开发环境，让用户的数据处理、科学研究和商用开发真正做到快捷有效。目前，国外很多高校已经将 IDL 作为必修课程。本书详细介绍 Windows 版本 IDL 6.3 的基本使用方法和高级应用技巧。

IDL 语言的使用对象为学生、教师、工程师、科研人员、专家、学者和科学家等。

IDL 拥有高级图像处理能力、交互式二维和三维图形技术、面向对象的编程方式、OpenGL 图形加速、量化可视化表示、集成数学与统计算法、灵活的数据输入输出方式、图形用户界面工具包、跨平台大型应用开发、连接 ODBC 兼容数据库和多种外部程序扩展工具。IDL 6.3 的特点主要有以下几点：

◆ 完全面向矩阵运算，具有快速处理和分析超大规模数据的能力。

◆ 同时支持命令交互、程序执行和菜单操作三种工作方式。

◆ 支持多种标准格式和自定义格式的数据输入和输出。

◆ 提供了强大的信号处理和图像处理分析能力；先进的数据分析和统计分析能力。

◆ 采用先进的图形技术和 OpenGL 图形加速技术，具有交互式数据可视化能力。

◆ 提供了集成的多功能开发环境 IDLDE、项目管理器和 GUI 设计工具等多种应用程序开发环境和开发工具。同时拥有面向对象的编程方法。

◆ 提供了真正的编译器，可以将应用程序编译为直接在 OS 下运行的可执行文件。

◆ 提供了数据库管理功能(DataMiner)；支持目前流行的 ODBC 数据库以及 Oracle，Informix，Sybase，MS SQL Server 和 Visual FoxPro 等多种数据库语言。

◆ 提供了大量功能丰富的命令、函数和程序模块，使得数据分析和可视化表达更加简单、灵活、快捷、方便。

◆ 提供了与 Visual C，Visual Basic 和 Fortran 等多种语言的标准接口工具以及 ActiveX 接口。

◆ 提供了将数据分析、可视化任务和高品质图形表现结合在一起的交互图形化智能工具 iTools (Intelligent Tools)。具体包括：2D 和 3D 图形绘制 iPlot、曲面表达 iSurface、等值线 iContour、地图显示

iMap、图像处理 iImage、矢量操作 iVector 和体可视化 iVolume;使用 iTools 可以方便地进行数据分析和创建可视化环境。iTools 可以直接独立被应用程序所调用,也可以作为应用程序的一部分进行二次开发。

◆ 提供了应用程序发布引擎 IDL VM(Virtual Machine)。IDL VM 是用于 IDL 代码协作和应用软件发布的工具,用户可以方便地向团体和个人发布 IDL 程序。

◆ 提供了内容丰富详实的帮助系统和帮助文档。用户可以通过这些帮助文档快捷地掌握 IDL 6.3 的详细使用方法。

◆ 提供了丰富的外部应用开发工具和应用软件产品。利用这些工具和产品可以快速实现各种数据可视化分析和软件的二次开发。主要产品包括:功能齐全、精确易用的遥感影像处理系统 ENVI(the Environment for Visualizing Image),可视化开发工具 VIP(Visual IDL Programming),网络数据发布工具 ION(IDL On Net),基于网络的遥感影像处理软件 EON(ENVI On the Internet),专业的地形和河流网系提取和分析软件 RiverTools 和超文本数据管理系统 NOESYS。

本书系统地介绍了 IDL 语言的基本原理、操作方法、命令和函数的功能和使用方法、程序设计方法、各种流行菜单系统的制作方法、Windows 窗口系统的设计方法、屏幕控制对象的设计方法、通用数据库管理系统 DBMS 的设计方法和技巧、大中型通用应用系统的设计方法和技巧,同时还详细介绍了 IDL 6.3的生成器的具体使用方法。

本书内容丰富、深入浅出、循序渐进、通俗易懂、结构严谨、注重实用,并且含有大量取材新颖的已上机调试通过的例题和习题,因此,本书不但是初学者的入门读物,而且是中级水平读者进行提高的必备教材,同时也是高级编程人员难得的实用工具书。

本书在编写过程中,得到了有关单位的领导和同事的大力支持,在此一并向他们表示诚挚的感谢!

同时,在本书编写过程中,还得到 ITT VIS 公司在中国的唯一代理公司——北京星图环宇科技有限公司——的大力支持,该公司李勇经理、李静经理和技术部王志成经理等在百忙之中审阅了本书,并提出了很好的修改建议,在此对他们表示衷心的感谢。

鉴于作者水平有限,错误与不妥之处在所难免,敬请专家和读者指正。

本书中所有程序代码,请到西北工业大学出版社网站下载。网址:http://www.nwpup.com/www/download.asp。

韩培友

2006 年 6 月 9 日于杭州

目　录

第 1 章　IDL 6.3 环境与操作

交互数据语言 IDL(Interactive Data Language)是进行交互数据分析和可视化应用工程跨平台开发的高效软件和理想工具。IDL 作为第 4 代语法简单的面向矩阵运算的计算机语言，拥有丰富的分析工具包，采用高速的图形显示技术，是集可视化、交互数据分析、大型商业开发为一体的高级集成开发环境，让用户的数据处理、科学研究和商用开发真正做到快捷有效。美国 ITT VIS 公司(ITT Visual Information Solutions)于 2006 年 4 月推出了最新的 IDL 6.3 及其系列产品。目前国外很多高校已经将 IDL 作为必修课程。本书详细介绍了 Windows 版本 IDL 6.3 的基本使用方法和高级应用技巧。

1.1　IDL 6.3 的功能特点

IDL 6.3 的主要特点是拥有高级图像处理能力、交互二维和三维图形技术、面向对象的编程方式、OpenGL 图形加速、量化可视化表示、集成数学与统计算法、灵活的数据输入输出方式、图形用户界面工具包、跨平台大型应用开发、连接 ODBC 兼容数据库和多种外部程序扩展工具。具体表现在以下几个方面：

(1)具有 Windows 风格的图形用户界面。IDL 6.3 全面采用了以窗口、菜单、对话窗口和联机帮助为特征的图形界面技术和操作方法。

(2)可以运行在 Windows，Macintosh 和 UNIX 等多种操作平台上，从而可以很方便地进行跨平台开发应用程序。

(3)完全面向矩阵运算。IDL 6.3 具有快速分析超大规模数据的能力，极大地提高了数据分析和数据可视化的速度，数据越大，速度优势越明显。

(4)同时支持多种工作方式。IDL 6.3 同时支持“命令交互”、“程序执行”和“菜单操作”三种工作方式，使不同用户可以根据需要选择配合使用。

(5)支持多种标准格式数据的输入与输出，同时支持任意自定义格式数据的输入和输出。

(6)拥有强大的信号处理和图像处理分析能力。

(7)提供了先进的数据分析和统计分析能力。

(8)采用先进的图形技术和 OpenGL 图形加速技术的二维和三维数据的交互可视化能力；同时拥有面向对象的编程方法。

(9)多功能集成开发环境 IDLDE、项目管理器和 GUI 设计等多种应用程序环境和开发工具。

(10)提供了真正的编译器。可以将 IDL 的应用程序编译为直接在 OS 下运行的可执行(.EXE)文件。

(11)提供了数据库管理功能(DataMiner)。支持目前流行的 ODBC 数据库以及 Oracle，Informix，Sybase，MS SQL Server 和 Visual FoxPro 等多种数据库语言。

(12)大量功能丰富的命令、函数和程序模块，使数据分析和可视化更加简单、灵活、快捷、方便。

(13)提供了与 Visual C，Visual Basic 和 Fortran 等多种语言的标准接口工具以及 ActiveX 接口。

(14)图形化智能工具 iTools(Intelligent Tools):iTools 是拥有一系列交互功能的图形化智能工具包。它将数据分析、可视化任务和高品质图形表现结合在一起,对一系列交互功能进行了集成。在 IDL 6.3中,预建了多个智能工具,为后续的交互使用服务。每个智能工具围绕一种专门的图形或者可视类型设计,具体包括:二维图形或三维图形(iPlot)、曲面表达(iSurface)、等值线(iContour)、地图显示(iMap)、图像处理(iImage)、矢量操作(iVector)和体可视化(iVolume)等。IDL 程序可以轻松地使用这些工具来进行数据分析和创建可视化环境。这些图形化智能工具可以单独作为某个完整应用程序来使用,也可以作为某个大的应用程序的一部分为其他应用程序所调用或者进行二次开发。

(15)应用程序发布模块 IDL VM(Virtual Machine):IDL VM 是用于 IDL 的代码协作和应用软件发布的工具。用户可以方便地向团体和个人发布 IDL 程序。

(16)提供了内容丰富详尽的帮助系统和帮助文档。用户可以通过这些帮助文档快捷掌握 IDL 6.3 的详细使用方法(X:\RSI\IDL 63\Help*.*或者索取全部 PDF 文档)。

(17)提供了丰富的外部应用开发工具和应用软件产品。用户通过这些工具和产品可以快速实现各种数据可视化分析和应用软件的二次开发等。其主要工具和产品如下:

1)ENVI(the Environment for Visualizing Image)是功能齐全、精确易用的遥感影像处理系统,是对各种遥感影像进行可视化分析和表达的理想工具。从影像的正射校正、信息提取到地理信息系统的信息整合,ENVI 提供了整个过程所需要使用的各种工具,并且完全由 IDL 开发,方便灵活,可扩展性强。

2)VIP(Visual IDL Programming)是 IDL 可视化开发工具,是用 IDL 开发的高性能可视化编程环境。用户不需要写任何代码,就可以用流程图(DFM,Data Flow Model)的方式创建、编辑、调试和运行大型的 IDL 工程应用。VIP 为用户提供了最完善、最灵活和最有效的开发环境。

3)ION(IDL On Net)是网络数据发布工具,是一个能够将 IDL 程序在网络环境上运行的系列产品,它给了 Intranet 或者 Internet 用户在网上共享 IDL 的数据可视化与分析的能力。它能够将数据分析和可视化表示程序结合到网络客户中。ION 包括 ION Script 和 ION Java。ION Script 是一种基于可扩展标记语言 XML(eXtensible Markup Language)的,能够在局域网或者 Internet 的网页上发布 IDL 的可视化与分析及交互应用功能的标记语言。ION Java 是基于 Java 和 Internet 技术的,用于在 WEB 上发布高效的数据可视化与分析的 Java 应用产品。利用 ION Java,用户可以灵活、全面地开发用于发布 IDL 可视化与分析功能的客户端或者服务器端的 Java 应用。

4)EON(ENVI On the Internet)是基于网络的遥感影像处理软件。它是在网络上实现影像浏览、分析、信息提取和共享的理想工具,是在 ENVI,IDL 和 ION 基础上推出的专门针对 Intranet 或者 Internet 上进行影像数据浏览、分析和数据发布的软件方案。

5)RiverTools 是专业的地形和河流网系提取和分析软件。它能够进行三维数字地形显示和分析、河流网系分析和洪水淹没模拟。主要用于地貌和水利分析,其功能齐全,可以处理大数据量 DEM,实现地形模型可视化。

6)NOESYS 是超文本数据管理系统,是一套界面友好的科学数据分析和可视化软件。用户可以方便快捷地管理并分析海量数据,综合管理二维数据、三维数据、矢量数据和文本信息,是管理 HDF 和 CDF 等通用科学数据格式的最佳工具。支持 ASCII 码,二进制码,DTED,HDF－EOS,FITS,net－CDF 和 GeoTIFF 等数据格式。由 IDL 开发并且易于扩展。

1.2 IDL 6.3 的安装

安装和运行 IDL 6.3 的环境:安装有 WindowsNT 4.0 或 Windows2000 或 WindowsXP 或更高版本 Windows 系统,具备 32 位(或者 64 位)Intel x86 或更高 CPU 的计算机系统;至少 250 MB 硬盘空间;同时安装 Windows Internet Explorer 5.0 或更高版本,以及 Adobe Acrobat Reader 3.0 或更高版本。

安装 IDL 6.3 系统前,请按以下方式获取 IDL 6.3 和注册文件 License.dat :

Email：info@ittvis.com 或者 support@ittvis.com 或者 support@imagetekinfo.com；

访问公司主页：http://www.ittvis.com 或者 http://www.imagetekinfo.com；

电话：(303) 786－9900；010－62054260/1/2/3；或者传真：(303) 786－9909。

IDL 6.3 在 Window NT4.0/2000/XP/2003 中的安装方法如下：

(1)把 IDL CD－ROM 放入光驱，IDL 安装程序会自动运行。如果安装程序不能自动运行，请在“我的电脑”或者“资源管理器”中双击光盘中的 DEMO.EXE 运行安装向导。如果用户下载的是 IDL 6.3 压缩程序包 IDL 63.exe，则可以双击该文件运行安装向导。

(2)在安装向导窗口中单击 Next；在协议窗口中单击 Yes，然后在版本说明窗口中单击 Next。

(3)在用户信息窗口中输入用户名称(如 HappyYou)和单位名称(如 ZJGSU)，然后单击 Next。

(4) 在选择安装应用程序 IDL 或 IDL Virtual Machine 的窗口中，选择 IDL，然后单击 Next。

注意：安装 IDL 包含了 IDL Virtual Machine。

(5)在选择安装目录窗口中，选择要安装的目录(如 D:\RSI)，然后单击 Next。

(6)在选择安装组件窗口(见图1.1)中，选择要安装的组件，然后单击 Next。如果用户选择了所有组件，则还需要在 Java 服务器配置窗口中输入 Web 服务的默认目录(如 D:\RSI\Apache Group\Apache2\htdocs)，然后单击 Next；并且需要在 Web 服务器的 CGI 配置窗口中输入 Web 服务的默认目录(如 D:\RSI\Apache Group\Apache2\cgi－bin)，然后单击 Next。

(7)在安装组件证实窗口中，单击 Next；进入系统安装界面。

(8)在运行注册程序窗口中，单击 No；在系统安装完成窗口中，单击 finish。

(9)把注册文件 License.dat 复制到安装目录的 license 文件夹中(如：D:\RSI\license)。或者运行：开始→程序→RSI IDL 6.3→License 进行注册。

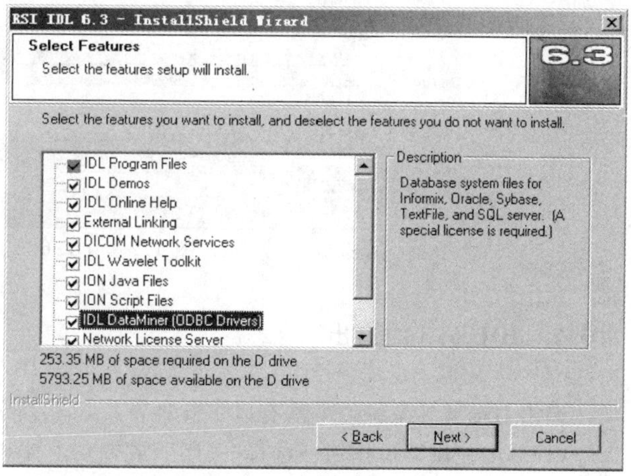

图 1.1　IDL 6.3 组件安装选择窗口

1.3　IDL 6.3 的启动和退出

1.3.1　IDL 6.3 的启动

IDL 6.3 的启动方法有以下几种：

(1)在桌面上双击 IDL 6.3 的快捷方式。

(2)单击“开始”→“程序”→“RSI IDL 6.3”→“IDL”。

(3)双击“我的电脑”→双击 D:→双击 RSI→双击 IDL63→双击 bin→双击 bin.x86→双击 idlde.exe。

(4)单击“开始”→“程序”→“附件”→“Windows 资源管理器”，在资源管理器的左边窗口中单击 D:\RSI\IDL 63\bin\bin.x86 文件夹，在右边窗口中双击 idlde.exe。

(5)单击“开始”→单击“运行(R)…”，在运行窗口中找到“打开(O)”项目，并在右边文本框中输入：D:\RSI\IDL 63\bin\bin.x86\idlde.exe，然后单击确定。

利用上述五种方法之一启动 IDL 6.3 后的主界面窗口如图 1.2 所示。

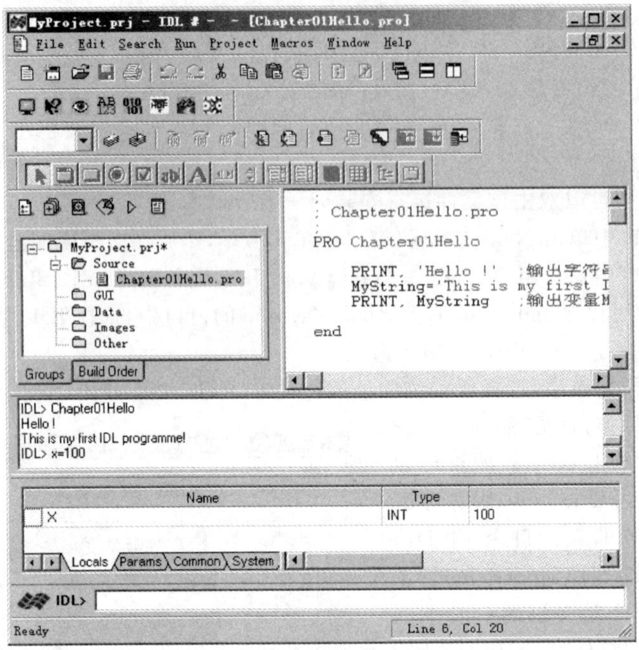

图 1.2 IDL 6.3 的系统窗口

1.3.2 IDL 6.3 的退出

退出 IDL 6.3 系统的方法有以下几种：

(1)单击控制菜单按钮→选择“关闭”；或者双击控制菜单按钮。

(2)单击关闭按钮。

(3)单击 File 菜单选项→选择 Exit 选项；或者 Ctrl ＋Q 。

(4)在命令行中输入命令：EXIT，并按回车键。

(5)按下组合键：Alt＋F4。

1.4 IDL 6.3 的命令格式

在 IDL 6.3 中进行各种操作时，需要在命令行或程序中输入命令，而这些命令（即语句）应该符合 IDL 6.3 的语法要求。

1.4.1 IDL 6.3 的命令结构

在 IDL 6.3 中，对数据的处理都是由命令来完成的，命令通常是由两部分组成的。第一部分是命令动词，指明该命令的功能。第二部分是跟在命令动词后面供选择的若干个动词短语，这些选项通常用来对所要执行的命令进行某些具体的限制。

IDL 6.3 中命令的基本格式如下：

命令动词 [，参数 1，…，参数 n] [，关键字 1，…，关键字 n]

其中，命令动词：用来表示该命令所要完成的操作。参数和关键字：对所要执行的命令进行某些具体的限制。

格式中符号的约定(下面的符号不是命令本身的符号,只是用于说明用法)如下:

"[ ]"表示可选项,省略时使用系统默认值。

"|"或者"{x|y}"或者"{ x |y |z }"表示前后两项(或者多项)中选择一项。

"…"表示同类项允许重复多次,项与项之间用逗号分开。

1.4.2 命令的书写规则

IDL 6.3 命令的书写格式应满足如下规则:

(1)每条命令必须以命令动词开始,动词后面的选择项可以必选或者可选,但必须符合命令格式的规定。

(2)参数在命令动词的右边一般有确定的顺序和确定的类型,而且一般为必选项。

(3)关键字在命令动词的右边一般有确定的类型,但是其顺序一般是任意的,而且一般为可选项。

(4)用逗号来分隔每条命令中的各个选择项。

(5)如果一条命令太长,一行写不下时,可以使用续行符"$"在行尾进行分行,并在下一行继续书写。

技巧提示:在不使用续行符时,一条命令的长度不能超过 253 个字符;但是如果使用续行符,则一条命令的长度原则上没有限制,因此可以任意长。

(6)命令中字母大小写可以混合使用。系统的保留字和命令动词一般用大写。

(7)一行可以写多条命令,但是在命令之间必须使用续命令符"&"。

(8)以分号";"开头的语句为注释语句,IDL 对该语句不进行编译和执行。另外,注释语句也可以写在命令行的末端,用于对该行进行说明。

例如:分别按 3,6,9 位输出数 300,600 和 900,则可以在命令行输入如下命令:

```
IDL>PRINT, 300, 600, 900, FORMAT='(I3, I6, I9)'
```

1.5 IDL 6.3 的工作方式

IDL 6.3 给用户提供了三种不同的工作方式:命令交互方式、程序执行方式和菜单操作方式。因此用户可以根据实际需要来配合使用。

1.5.1 命令交互方式

IDL 6.3 是一种命令式语言。用户每发出一条命令,IDL 6.3 立即执行并完成一项任务。许多命令执行后会在屏幕上显示出必要的反馈信息,包括命令的执行结果或者错误信息(如在执行过程中发生了错误)等。这种工作方式直截了当,可以对各种数据直接进行处理,相当灵活,但是需要用户掌握IDL 6.3 的命令及其用法。IDL 6.3 系统拥有丰富的命令、函数和功能模块,常用的命令和函数就有几百个,掌握它们需要时间,所以命令交互方式一般适合于掌握一定命令和函数的用户或程序员使用。

采用交互方式工作时,命令均在命令行输入,命令的执行结果会在 IDL 主界面的结果和信息窗口中显示。同时不同的操作和数据显示使用不同的窗口,避免了相互混淆。

命令交互方式还存在以下缺点:

(1)执行完一条命令后才能输入下一条命令。机器执行和用户操作相互交替进行,限制了执行速度,不能充分发挥计算机速度快的特点。

(2)在程序设计过程中,有许多需要重复执行的操作。采用命令交互方式时,要在命令行反复输入内容相同或者相似的命令集合,不但费时,而且令人乏味。但是,使用日志文件可以解决这个问题。

(3)在进行快速复杂的数据处理时,命令交互方式就满足不了实际的需要,需要使用程序执行方式。

1.5.2 程序执行方式

程序执行方式是指用户根据需要把对数据处理的一系列操作命令，使用程序控制语句按照一定顺序把它们组成命令序列，以文件的形式存储起来，即命令文件(或程序文件)。用户可以使用调用命令，让计算机执行该文件，命令文件被执行后，系统会自动连续地依次执行程序中的各条命令，从而完成用户预先指定的任务。同时也充分利用了计算机速度快的特点，提高了工作效率。

通常把编写命令文件(程序文件)的过程称为程序设计。程序设计好之后，可以长期保存，并根据需要可以对它进行编辑、修改和反复调用。

1.5.3 菜单操作方式

菜单操作方式是指利用 IDL 美观、直观的图形界面和系统提供的丰富的下拉菜单和弹出菜单，并结合鼠标的单击、双击和拖动等操作来实现数据处理的工作方式。

随着应用程序的快速发展，支持菜单操作的应用软件越来越多，如 Office 2003，Photoshop 9.0，AutoCAD 2005，3DS MAX 7.0 和 WPS Office 2005 等。在这些应用软件中，菜单操作是它们主要的甚至是唯一的工作方式，而 IDL 6.3 是全面支持菜单操作方式、命令交互方式和程序执行方式三种方式的新型数据可视化交互语言。

菜单操作的优点是直观易懂、操作简单。对于不熟悉 IDL 6.3 命令，又没有或者不想花时间去学习它们的最终用户十分适合。

菜单操作的缺点是，操作环节多，步骤繁琐，因而速度较慢，效率不高。

综上所述，IDL 6.3 是同时支持三种工作方式的少数流行软件之一，因而在实际操作过程中，用户只有把这三种工作方式有效地结合起来，才能充分发挥 IDL 6.3 的强大功能，提高工作效率。因此学习 IDL 6.3 可以使读者对软件的工作方式有比较全面的理解。

1.6 IDL 6.3 的帮助系统

IDL 6.3 提供了功能丰富的帮助系统，通过它可以快速获得关于 IDL 6.3 的各种操作和各个项目的详细帮助信息和使用方法，它是初学者或程序员学习和掌握 IDL 6.3 的一种很好的帮助工具。IDL 6.3 帮助系统的使用方法主要有以下几种。

(1)联机帮助。是指在启动 IDL 6.3 后的任何时候，均可以启动帮助系统。

操作方法：用户启动 IDL 6.3 后，直接按下组合键 Ctrl+F1，屏幕上会弹出如图 1.3 所示的系统帮助窗口。在该窗口中，用户可以使用目录、索引、搜索和书签 4 个标签来寻找指定项目的帮助信息。

图 1.3 联机式帮助系统界面

(2)命令帮助。是指用 IDL 6.3 的帮助命令启动帮助系统。

操作方法：在命令行中输入帮助命令"?"，并按回车键，可以启动 IDL 6.3 帮助系统。

(3)菜单帮助。是指用菜单操作方式来启动帮助系统。

操作方法：在 IDL 6.3 系统启动界面的菜单栏中单击"Help"选项，再选择"Contents"后，就可以启动 IDL 6.3 的帮助系统(见图 1.3)。

(4)主题帮助。是指直接快速获得某一主题的帮助信息。操作方法有以下几种：

方法 1：在命令行输入帮助命令"?" 主题名称，然后按回车键；如 IDL>? MAX。

方法 2：在编辑窗口中，将插入点定位到某一主题处，然后按 F1。

方法 3：在编辑窗口中，将插入点定位到某一主题处，然后在 Help 菜单中选择"Find Topic …"子菜单。

通过上述操作就可以快速显示出关于指定主题的详细使用说明及相应的应用范例。

(5)文档帮助：是指使用 Adobe Acrobat Reader 软件直接打开系统提供的 PDF 帮助文档。

1.7　IDL 6.3 的基本操作

1.7.1　IDL 6.3 的环境设置

IDL 6.3 的环境可以通过 File 菜单中 Preference... 命令设置，其操作界面如图 1.4 所示。

界面中 7 个标签的具体功能包括：General 用于设置 IDL 启动和退出等的基本工作环境；Layout 用于设置 IDL 操作界面的布局；Graphics 用于设置图形图像处理的环境设置；Editor 用于设置编辑窗口的风格和格式；Startup 用于设置 IDL 主目录、工作目录和启动文件；Fonts 用于设置界面的字体、字形和字号；Path 用于设置文件的搜索路径，路径将存入系统变量！PATH中。

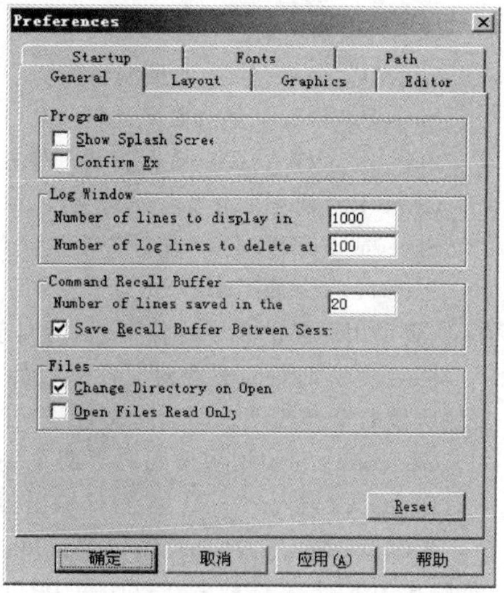

图 1.4　IDL 6.3 环境设置界面

1.7.2　IDL 6.3 的基本操作

IDL 6.3 给用户提供了功能丰富的菜单系统和交互窗口。用户通过菜单系统，配合相应的窗口环境，能够实现 IDL 6.3 的各种控制功能。用户要想很快地熟练掌握 IDL 6.3，首先必须熟练掌握 IDL 6.3 的鼠标操作、键盘操作、菜单操作和窗口操作等。

一、IDL 6.3 的操作界面

IDL 6.3 给用户提供了美观的操作界面，启动 IDL 6.3 后的系统操作界面(见图 1.2)是由标题栏、菜单栏、工具栏、项目编辑窗口、多文档编辑窗口、信息输出窗口、变量跟踪窗口、命令编辑行、状态栏等组成，这些项目的相互配合使用，使得用户的操作灵活、方便、快捷、清晰、整洁。

二、IDL 6.3 的菜单系统

菜单栏给出了菜单系统的主菜单，用户按照菜单系统的操作方法可实现各种操作。

1. 菜单系统的结构

菜单系统由主菜单和弹出菜单组成的标准下拉弹出菜单结构。主菜单中的主菜单项有 File，Edit，Search，Run，Project，Macros，Window 和 Help 共 8 项。每一个主菜单项都有一个"弹出菜单"，而弹出菜单中的各个子功能项称为子菜单项，如 New，Open 等。带有"▶"的菜单项还有下一级弹出菜单，带有"…"的菜单项，选择后会弹出对话窗口。按 Esc 键可以从下一级菜单中退回到上一级菜单，可以继续按 Esc 键逐级退出。菜单系统可以直接用鼠标操作，也可以使用键盘的单键和组合键操作。如"Alt＋热键"打开主菜单（打开 File 菜单的组合键为 Alt＋F）。键盘和鼠标常常配合使用。

2. File 菜单

File 菜单提供了关于文件操作的功能菜单，它的各子菜单项的功能如下：

New\Editor（或 Ctrl＋N，或使用.EDIT 命令）：打开文档编辑窗口建立一个程序文件（＊.PRO）。

New\GUI：打开图形用户界面窗口，建立一个图形用户界面（GUI）文件（＊.PRC）。

New\Project...：打开项目编辑窗口，建立一个项目文件（＊.PRJ）。

New\Visualization\iContour | iImage | iMap | iPlot | iSurface | iVector | iVolume：打开智能工具编辑窗口，建立一个指定类型的可视化文件（＊.ISV）。

Open…（或 Ctrl＋O）：打开一个已经存在的上述格式的文件。

Close：关闭当前正在操作的文件。

Open Project...：在项目编辑窗口，打开一个已经存在的项目文件（＊.PRJ）。

Save Project：保存项目文件（＊.PRJ）。

Save Project As...：另存为另一个指定的项目文件（＊.PRJ）。

Close Project：关闭当前项目文件。

Save（或 Ctrl＋S）：以当前文件名保存当前正在编辑的文件，但是不关闭文件。

Save As...（或 Ctrl＋W）：另存为另一个指定的文件。将正在编辑的文件用另一个新文件名予以保存，或者仍用原来的名字。保存后，会自动关闭原文件，同时打开新命名的文件并使之处于编辑状态。

Revert to Saved：放弃对文件做过的修改，恢复到修改前的状态（取消从上一次保存后，对当前编辑文件所做的全部改动），即装入文件最后一次保存的版本。

Generate .pro：把图形用户界面文件（＊.PRC）转换成程序文件（＊.PRO）

Print...（或 Ctrl＋P）：在默认输出设备上打印输出当前文件。

Print Setup...：打开打印设置窗口，设置打印机和打印选项。在指定输出设备上打印输出当前文件（如输出为 PDF 文件或者在打印机上打印输出）。

Recent Files：打开最近建立或者打开过的文件。

Recent Projects：打开最近建立或者打开过的项目文件。

Preferences...：设置 IDL 6.3 的工作环境。

Exit（或 Ctrl＋Q）：退出 IDL 6.3 系统。

3. Edit 菜单

Edit 菜单主要用于对文本文件的编辑操作。它的各子菜单项的功能如下：

Undo（或 Ctrl＋Z）：取消最后一次编辑操作，连续使用则连续取消。

Redo（或 Ctrl＋Y）：恢复被 Undo 命令取消的编辑操作，连续使用则连续恢复。

Cut（或 Ctrl＋X）：删除选定的文本，并把删除的文本复制到剪贴板（即剪切）。

Copy（或 Ctrl＋C）：把选定的文本块内容复制到剪贴板上。

Paste(或 Ctrl+V):将剪贴板上的内容复制到编辑窗口中当前光标处(即粘贴)。

Comment:把当前非注释行变成注释行。

Uncomment:把当前注释行变成非注释行。

Delete(或 Del):删除选定的文本,但不把删除的内容复制到剪贴板。

Select All:选定当前编辑窗口中的全部文本。

Clear All(或 Ctrl+Del):删除当前编辑窗口中的全部文本。

Clear Log(或 Ctrl+Y):清除信息输出窗口中的内容。

Properties:打开图形用户界面 GUI 的属性对话窗口,进行属性设置。

Menu:打开图形用户界面的菜单系统编辑对话窗口,创建用户自己的菜单系统。

4. Search 菜单

Search 菜单主要用于对文本文件的查找操作。它的各子菜单项的功能如下:

Find...(或 Ctrl+F):打开搜索对话窗口,在文件中查找或查找并替换字符串。

Find Again(或 F3):继续查找由 Find 定义的下一个字符串,该选项必须在执行过 Find 后才有效,即继续查找。

Find Selection(或 Ctrl+E):在选择的文本中继续查找由 Find 定义的下一个字符串,该选项必须在执行过 Find 后才有效,即继续查找。

Replace...(或 Ctrl+H):打开搜索对话窗口,在文件中查找并替换或查找字符串。

Replace Again(或 Shift+F3):对使用 Find... 或者 Replace... 查找到的字符串进行替换,并继续查找下一个满足条件的字符串,即替换并继续查找。或重复 Replace... 操作。

Go To Line...(或 Ctrl+G):打开行定位对话窗口,输入行号,单击 OK,将光标移动到文本中的指定行。

Go To Definition(或 Ctrl+D):定位用户编写的程序或者函数。即当光标处在任何调用函数或程序的地方时,使用该菜单项,可以快速把光标定位到该函数或者程序的源代码处,并用一个蓝色箭头进行标记。该功能在调试程序时经常使用。

5. Run 菜单

Run 菜单用于调试、编辑和运行程序,它的各个子菜单项的功能如下:

Compile filename.pro(或 Ctrl+F5;或使用.Compile):编译打开的文件。

Compile filename.pro from Memory(或 Ctrl+F6;或使用.Compile -f):编译当前编辑窗口中修改的文件到一个临时文件,而不影响最后一次存储的源文件。

Compile All:编译当前编辑窗口中打开的所有文件。

Run filename(或 F5):运行当前编辑窗口中打开的文件。需要先对其进行编译。

Resolve Dependencies(或 RESOLVE_ALL, /QUIET):编译程序或者函数中所调用的没有被编译的程序和函数。

Profile:打开程序剖析对话窗口,用于分析程序的运行模式和运行时间等运行情况。

Test GUI(或 Ctrl+T):测试图形用户界面。用 Esc 或者单击关闭按钮退出测试。

Break(或 Ctrl+Break):中断程序运行。

Stop(或 Ctrl+R):终止程序运行,并且返回到主程序层。

Reset(或使用.RESET_SESSION):初始化 IDL 6.3 环境,使其返回到 IDL 启动后的初始状态,而不必重新启动 IDL。

Step Into(或 F8;或使用.STEP):继续单步跟踪运行被错误或者 STOP 命令或者键盘中断的程序。主要用于调试程序。

Step Over(或 F10;或使用.STEPOVER):同 Step Into,但是在继续单步跟踪被中断的程序时,如果又调用了另一个程序,则不跟踪被调用的程序,直到被调用的程序运行完后再跟踪。用于调试程序。

Step Out(或 Ctrl+F8;. OUT):继续运行被错误或者 STOP 命令或者键盘中断的程序,直到当前程序结束。

Trace...(或使用. TRACE):打开跟踪运行对话窗口,设置并跟踪运行程序。

Run to Cursor(或 F7):运行当前程序,直到遇到断点。

Run to Return(或 Ctrl+F7):运行当前程序,直到遇到 RUTRUN。

Set Breakpoint(或 F9):在当前程序行设置或者清除断点。

Disable Breakpoint|Enable Breakpoint(或 Ctrl+F11):使断点有效或者无效。

Edit Breakpoint...:打开断点编辑窗口,编辑断点。

Up Stack(或 Ctrl+Up):单层上移调用堆栈。

Down Stack(或 Ctrl+Down):单层下移调用堆栈。

List Call Stack(或使用 HELP, /TRACEBACK):列出程序和函数的嵌套调用关系。

6. Project 菜单

Project 菜单主要用于项目文件的编辑和管理。它的各子菜单项的功能如下:

Add/Remove Files...:打开添加或删除文件对话窗口,用于添加或删除文件。

Groups...:打开项目组编辑对话窗口,用于编辑、添加或删除项目中的组。

Options...:打开项目组选项对话窗口,用于设置项目管理环境。

Compile\All Files|Modified Files:编译当前项目中的所有文件或最近修改过的文件。

Build:把项目文件生成源代码程序文件(*.PRO)或者压缩程序文件(*.SAV)。

Run:运行由项目文件组成的应用程序。

Export:打开项目输出对话窗口,选择输出文件夹输出项目文件(*.PRJ)。

7. Macros 菜单

Macros 菜单主要用于编辑宏。它的各子菜单项的功能如下:

Edit...:打开编辑宏对话窗口,用于添加、删除和编辑宏。

Import...:导入已经存在的宏。

Print Var(或使用 PRINT):在信息输出窗口中,输出所选择变量的值。

Help On Var:在信息输出窗口中,输出所选择变量的值和类型等信息。

Import Image:打开文件选择对话窗口,导入图像文件。

Import ASCII:打开文件选择对话窗口,导入 ASCII 文件。

Import Binary:打开文件选择对话窗口,导入二进制文件。

Import HDF:打开文件选择对话窗口,导入 HDF 文件。

Demo:运行 IDL 6.3 的演示程序。演示程序几乎包括了 IDL 6.3 的所有应用技巧。

Export Bridge Assistant:将 IDL 的对象导出为 Java 或 COM 对象,使用户在其他编程语言中轻松调用 IDL。

8. Window 菜单

Window 菜单主要用于设置多文档编辑窗口排列方式和界面风格。它的各子菜单项的功能如下:

Next(或 F6):切换并激活下一个文档编辑窗口。

Previous(或 Shift+F6):切换并激活上一个文档编辑窗口。

Cascade:在主窗口中,按层叠方式排列所有的文档窗口。

Tile Horizontally:在主窗口中,按水平方式排列所有的文档窗口。

Tile Vertically:在主窗口中,按垂直方式排列所有的文档窗口。

Arrange Icons:重新排列所有最小化的编辑或图形窗口。

Close All:关闭所有打开的文件。

Command Input(或 Ctrl+I):在主窗口中,显示或隐藏命令编辑行。

Output Log(或 Ctrl+L)：在主窗口中，显示或隐藏信息输出窗口。

Variable Watch(或 Ctrl+A)：在主窗口中，显示或隐藏变量跟踪窗口。

Project：在主窗口中，显示或隐藏项目编辑窗口。

Toolbars\Standard|Run & Debug|Macros|GUIBuilder：在主窗口中，显示或隐藏标准工具栏、运行和调试工具栏、宏工具栏和图形用户界面编辑工具栏。

Status Bar：在主窗口中，显示或隐藏状态栏。

9. Help 菜单

Help 菜单给出了 IDL 6.3 的详细帮助信息。它的各子菜单项的功能如下：

Contents...(或 Ctrl+F1)：打开 IDL 6.3 的在线帮助。参阅 1.6 节 IDL 6.3 的帮助系统。

Find Topic...(或 F1)：打开选定项目的在线帮助。参阅 1.6 节 IDL 6.3 的帮助系统。

About IDL...：显示用户所用 IDL 的版本信息。

三、IDL 6.3 的工具栏

IDL 6.3 的工具栏包括标准工具栏、运行和调试工具栏、宏工具栏和图形用户界面编辑工具栏。工具栏上的每一个工具按钮均与菜单系统中的相应菜单项相对应。用户通过单击工具按钮，可以快速实现相应的操作。因此使用工具栏，可以提高工作效率。详细用法请参阅本书第 4 章 4.10 节。

四、IDL 6.3 的窗口操作

在 IDL 6.3 中，用户与系统的信息交流都是在窗口环境下进行。其中，常用的窗口有项目管理窗口、文档编辑窗口、信息输出窗口、变量跟踪窗口和命令编辑行等。

1. 项目管理窗口

项目管理窗口是编辑、添加、删除和编译文件以及生成和运行项目文件的编辑器。使用项目管理窗口，配合菜单系统可以实现对项目文件的管理，具体用法详见本书第 16 章。项目管理窗口可以使用 Window\Project 或者 File\Preferences\Layout 来显示或者隐藏。

2. 文档编辑窗口

文档编辑窗口是编辑、添加、删除、编译和运行程序文件的文本文件编辑器。使用文档编辑窗口，配合菜单系统、键盘和鼠标操作可以实现对程序文件的管理。

(1)文档编辑窗口的功能。文档编辑窗口具有以下常用功能：

1)在文本编辑状态下，可以编辑内容很多的大文档文件。

2)用户可以同时打开多个文本编辑器，同时编辑多个文件。

3)在文本编辑状态下，用户可以利用主菜单项 File 中的 Preferences 功能选项来设置文本内容的字体、字号大小和界面风格。

4)用户可以在同一个文件内部或者不同文件之间对文本内容进行复制和移动。

5)在文本编辑状态下，用户可以利用主菜单项 Edit 中的 Search 功能选项来进行查找指定的字符串或者进行查找替换。

6)支持 Windows 下的键盘和鼠标操作。

(2)文档编辑窗口的启动。使用命令.EDIT 或者 File\New\Editor 或者 File\Open 或者使用组合热键 Ctrl+N，均可以启动 IDL 6.3 系统的文档编辑窗口。

例如：在命令行输入.EDIT Chapter01Hello.pro 后，编辑器窗口如图 1.5 所示。

(3)文档编辑窗口的操作。在文档编辑窗口中，IDL 6.3 提供了丰富的编辑功能键(即功能热键)和鼠标操作，其具体操作方法与 Windows 环境下的操作一致。用户就可以配合使用键盘、鼠标、工具栏、和菜单系统等进行程序的建立、编辑和存储。

文档编辑器中鼠标操作的新特点：在文本编辑器中，利用鼠标操作除了能够进行移动、单击、双击、拖动、右击以及对文本内容的选取、复制、删除、剪切、粘贴等基本操作外，还提供了三种选择方法。

具体操作：在编辑区右击鼠标，在弹出的快捷菜单中选择 Selection Mode\Stream | Line | Box，实现选择文本串、选择行和选择矩形区域的文本。

文件的存盘：使用 File\Save | Save as... 或者工具栏中的保存按钮把编辑好的文件存盘。

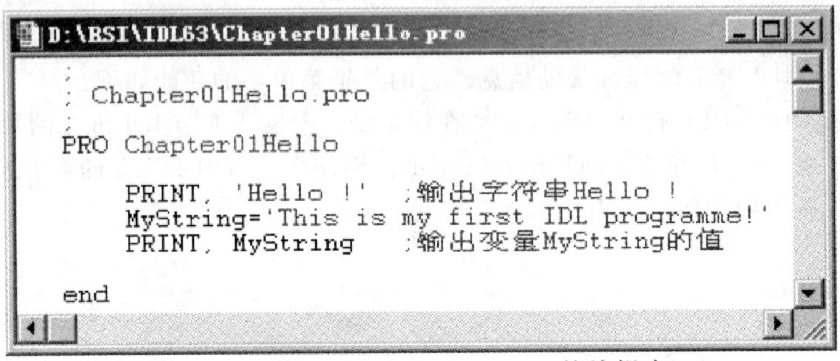

图 1.5 程序 Chapter01Hello.pro 的编辑窗口

3. 信息输出窗口

信息输出窗口用于输出数据处理过程中的初始数据、中间结果、最终结果和运行状态信息等各种信息。信息输出窗口可以使用 Window\Output Log 或者 File\Preferences\Layout 来显示或隐藏。该窗口主要用于程序调试，并且其内容可以复制使用。

4. 变量跟踪窗口

变量跟踪窗口用于跟踪数据处理过程中各种数据的初始值、中间结果和最终结果以及数据的类型、大小和结构等多种信息。变量跟踪窗口可以使用 Window\Varaible Watch 或者 File\Preferences\Layout 来显示或隐藏。该窗口主要用于程序调试。

注意：通过该窗口下的 Locals，Params，Common 和 System 4 个标签可以直接观察操作过程中的局部变量、参数、公共变量和系统变量的具体值。

5. 命令编辑行

命令编辑行（简称命令行）是用户与系统进行交互操作的命令编辑输入和运行的接口。在命令行中，可以输入各种 IDL 6.3 命令，命令的执行结果显示在信息输出窗口，其变量信息在变量跟踪窗口中显示，使得用户的操作清晰、整洁。

IDL 6.3 能自动记忆用户所输入的命令，用户随时可以用方向键↑，↓或者右击鼠标查看前面或后面所输入的命令，掌握操作过程中命令的使用情况或者重复选取并执行某条命令。

在命令行中，可以输入单个命令，也可以使用续行符“$”和续命令符“&”输入长命令或者连续输入多条命令。命令行可以使用 Window\Command Input 或者 File\Preferences\Layout 来显示或隐藏。命令行主要用于交互数据处理和程序调试。

在 IDL 6.3 环境中，程序的运行和调试方法请参阅本书第 4 章 4.10 节。

1.8 IDL 6.3 的常用命令

IDL 命令分为点命令和程序命令两大类。其中点命令只能在命令行使用，而程序命令既可以在命令行使用，也可以在程序中使用。前者用于调试程序，后者用于程序设计。

1.8.1 IDL 6.3 的点命令

IDL 6.3 的点命令包括：.EDIT，.COMPILE，.RUN，.GO，.RNEW，.STEP，.RETURN，

. CONTINUE, . SKIP, . STEPOVER, . OUT, . TRACE, . RESET_SESSION, . FULL_RESET_SESSION。这些命令相互配合,可以方便地用于程序的运行和调试。具体用法如下:

格式:. EDIT 文件 1 [文件 2 … 文件 n]

功能:打开文本编辑器,编辑一个或者多个已经存在的程序文件或文本文件。

说明: *文件名中的扩展名可以省略。若省略时,则其默认扩展名为. PRO。*

格式:. COMPILE [文件 1 … 文件 n]

功能:编译文件 1 到文件 n,但不运行。若省略文件名,则进入命令行状态。

格式:. RUN [文件 1,…,文件 n]

功能:编译并可能运行文件 1 到文件 n 。若省略文件名,则进入命令行状态。

格式:. GO

功能:运行编译过的主程序。

注意:只能是主程序。

格式:. RNEW [文件 1,…,文件 n]

功能:同. RUN。但是运行前先释放掉主程序中除公共快以外的所有变量。

格式:. CONTINUE

功能:继续运行被错误或者 STOP 命令或者键盘中断的程序。

格式:. STEP [n] 或者 . S [n]

功能:继续单步跟踪运行被错误或者 STOP 命令或者键盘中断的程序。主要用于调试程序。其中,可选项 n 是指先跳到第 n 条命令,然后跟踪运行。

格式:. STEPOVER [n] 或者 . SO [n]

功能:同. STEP。但是在继续单步跟踪运行被中断的程序时,如果又调用了另一个程序,则不跟踪被调用的程序,直到被调用的程序运行完后再跟踪。主要用于调试程序。

格式:. SKIP [n]

功能:继续单步跟踪被错误或者 STOP 命令或者键盘中断的程序,但是不运行程序。主要用于调试程序。其中,可选项 n 是指直接跳到第 n 条命令。一般与. STEP 和. STEPOVER 配合使用。

格式:. TRACE

功能:同. CONTINUE。但是在运行前将跟踪显示每一个命令代码行。

格式:. RETURN

功能:继续运行被错误或者 STOP 命令或者键盘中断的程序,直到遇到程序命令 RETURN 或者 END 暂停程序运行。主要用于调试程序。可以用于观察局部变量。

格式:. OUT

功能:继续运行被错误或者 STOP 命令或者键盘中断的程序,直到当前程序结束。

格式:. RESET_SESSION

功能:初始化 IDL 系统,使其返回到 IDL 启动后的初始状态,而不必重新启动 IDL。

格式:. FULL_RESET_SESSION

功能:除了具有. RESET_SESSION 的功能外,还卸载并初始化共享动态连接模块。

1.8.2 IDL 6.3 的程序命令

IDL 6.3 给用户提供了大量丰富的命令,本节只介绍若干个常用的命令。

1. 改变目录命令 CD

格式:CD [,目录路径] [,CURRENT=变量]

功能:改变工作目录到指定的目录路径中,并把当前目录存入到指定变量中。

说明:目录路径是合法的路径字符串;可选项 CURRENT=变量是指把当前目录存入到指定变量中。

例如:改变目录到'E:\RSI',并把当前目录存入变量 MyDirectory 中的操作命令如下:

IDL> CD, 'E:\RSI', Current=MyDirectory

2. 建立目录命令 FILE_MKDIR

格式:FILE_MKDIR ,新目录名

功能:创建一个指定的新目录。

例如:在当前目录下建立一个新目录'MyWory'的操作命令如下:

IDL> FILE_MKDIR, 'MyWory'

3. 删除目录命令 FILE_DELETE

格式:FILE_DELETE ,目录名或者文件名

功能:删除一个指定的目录或者文件。

例如:在当前目录下删除一个目录'MyWory'的操作命令如下:

IDL> FILE_DELETE, 'MyWory'

4. 添加路径命令 ADDPATH

格式:ADDPATH

功能:把当前目录添加到系统变量! Path 中,即添加当前目录到系统搜索路径中。

说明:该命令需要从网上下载 ADDPATH. PRO 文件复制到系统搜索目录中。

5. 返回调用程序层命令 RETURN

格式:RETURN

功能:返回到调用该程序的上一层程序。

6. 返回主程序层命令 RETALL

格式:RETALL

功能:返回到主程序层,相当于多次使用 RETURN 命令,直到返回到主层程序。

7. 暂停程序运行命令 STOP

格式:STOP [,表达式 1,…,表达式 n]

功能:暂停程序运行,输出表达式 1 到表达式 n 的值,返回到命令交互方式,等待调试,并可以使用点命令继续运行程序。

8. 暂停程序运行命令 WAIT

格式:WAIT,n

功能:暂停程序运行 n 秒,然后继续运行程序。

注意:n 可以是实数。

9. 复制文件命令 FILE_COPY

格式:FILE_COPY, 源文件名, 目的文件名[, /OVERWRITE]

功能:复制源文件或者目录到目的文件或者目录,即给源文件或者目录进行备份。

说明: /OVERWRITE 是指在复制文件时,覆盖目的文件。

例如:复制 D:RSI\license\中的注册文件 License. dat 到 D:\RSI\IDL 63 中。操作命令如下:

IDL> FILE_COPY,'0D:\RSI\license\License. dat','D:\RSI\IDL 63',/OVERWRITE

10. 移动文件命令 FILE_MOVE

格式:FILE_MOVE, 源文件名, 目的文件名[, /OVERWRITE]

功能:移动源文件或者目录到目的文件或者目录。

技巧提示:关于文件和目录的操作命令,请参考以 FILE_开头的命令(即 FILE_ *)。

11. 外部程序执行命令 SPAWN

格式:SPAWN [, 可执行外部程序名]

功能:执行指定的外部可执行程序。

说明：在省略可执行外部程序名时，将运行 Windows 的 DOS 命令窗口。

例如：运行 D:\Acrobat50\Acrobat\Acrobat.exe 的操作命令如下：

IDL> SPAWN, "D:\Acrobat50\Acrobat\Acrobat.exe"

例如：运行 Windows 的 DOS 命令窗口的操作命令如下：

IDL> SPAWN

1.9　IDL 6.3 的程序和运行

1.9.1　IDL 6.3 的程序和分类

程序文件是指把一系列操作命令（即语句），根据数据处理需要，使用程序控制语句，按照一定规律把它们排列成的命令序列所组成的文件。程序文件简称程序。其扩展名为.PRO。通常把编写程序的过程称为程序设计。程序设计好之后，可以长期保存，并根据需要可以对其进行编辑、修改和反复调用。

为了使用户的数据处理更加方便，IDL 6.3 提供了多种程序操作方式，具体有命令行程序、包含文件、批处理文件、日志文件、函数、过程、过程文件和主程序。

程序的运行过程一般分为建立、编辑、调试、编译和运行等。

1.9.2　程序的建立和编辑

建立和编辑程序的方法有点命令.EDIT；文件菜单 File\New\Editor，File\Open；组合键 Ctrl+N 或者工具栏的新文件按钮。

【例 1.1】　打开 IDL 6.3 的文档编辑窗口，输入并编辑下面的程序，然后保存到程序文件 Chapter01HelloWho.pro 中。编辑后的文档编辑器窗口如图 1.6 所示。

```
; Chapter01HelloWho.pro
PRO Chapter01HelloWho
    Name=''
    ；按提示信息输入姓名，并保存到变量 Name 中
    READ, Name, PROMPT = '请输入姓名：'
    ；依次输出字符串 Hello、变量 Name 的值和字符串“!”
    PRINT, 'Hello, ', name, '! '
    end
```

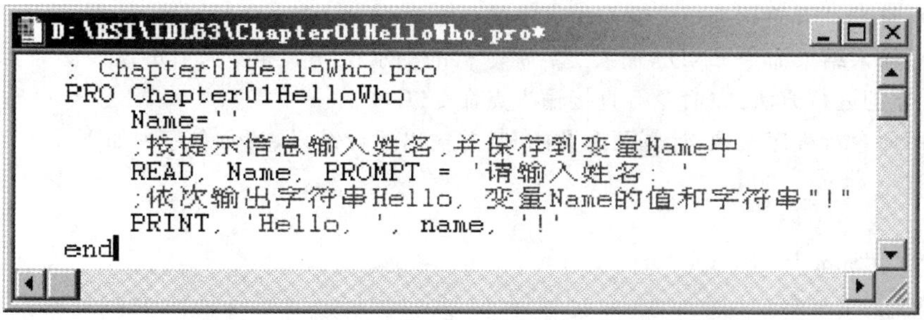

图 1.6　程序 Chapter01HelloWho.pro 的编辑窗口

说明：

1）文档编辑窗口的编辑方法，详见 1.7 和 1.8 节。

2）文件名中扩展名可以省略。若省略，则系统会自动加上默认扩展名. PRO。

3）建立程序可以采用任何一种文本编辑软件，如用 WPS，WORD 等进行编辑和修改，但是，其格式必须为文本格式，扩展名必须为 . PRO。具体方法请参阅有关的资料。

1.9.3 程序的编译

程序在运行之前必须进行编译。编译的方法有组合键 Ctrl＋F5；工具栏的编译按钮；运行菜单 Run\Compile 或者点命令. COMPILE，. RUN，. RNEW。

例如：编译程序 Chapter01Hello. pro 的命令如下：

IDL>. COMPILE Chapter01Hello

【练习】 分别利用菜单方式、点命令方式、组合键方式和工具栏的编译按钮方式编译程序 Chapter01HelloWho. pro 。

说明：

1）文件名中扩展名可以省略。若省略，则系统会自动加上默认扩展名. PRO。

2）当使用点命令. RUN 和. RNEW 进行编译时，如果需要在信息输出窗口中观察编译结果的列表，可以使用参数－T，其用法格式如下：

格式：. RUN |. RNEW －T 文件 1，…，文件 n

例如：编译程序 Chapter01HelloWho. pro，并显示编译结果的命令如下：

IDL>. RUN －T Chapter01HelloWho

如果需要把编译结果保存到一个指定文件中，可以使用参数－L，其用法格式如下：

格式：. RUN |. RNEW －L 文件名 文件 1，…，文件 n

其中，文件名为用于存放编译结果的文件的名称，其默认扩展名为. LIS，该文件的内容可以用文本编辑器查看；文件 1 到文件 n 为要编译的文件。该用法主要用于调试程序。

例如：编译程序 Chapter01HelloWho. pro，把编译结果存入 Chapter01HelloWho. LIS 的命令如下：

IDL>. RNEW －L Chapter01HelloWho. LIS Chapter01HelloWho. pro

3）程序在编译过程中，如果存在语法错误，则需要返回编辑状态继续编辑。该过程一般需要重复操作，直到编译通过为止。然后转向运行程序。

1.9.4 IDL 6.3 的命令行程序和运行

命令行程序是指在命令行直接编辑并运行的程序。其方法步骤（分 3 步）如下：

(1)在命令行输入点命令. RUN。输入之后命令行的提示符会变为“－”。

(2)在提示符“－”下的命令行中输入程序中的命令序列。

(3)在最后输入结束命令 END，输入之后命令行的提示符“－”会变为 IDL>。

命令行程序的运行方法：在命令行直接输入点命令. GO 。

例如：利用命令行程序实现：计算两个数的和，并输出运行结果，其命令序列如下：

```
x = 200 & y = 600
Sum = x + y
PRINT, 'Sum = ', Sum
```

其操作方法如下：

```
IDL>. RUN
- x = 200 & y = 600
```

```
    - Sum = x + y
    - PRINT, 'Sum = 0', Sum
    - end
    IDL>.GO
```

输出结果:Sum = 800

1.9.5 IDL 6.3 的批处理文件和运行

批处理文件是指包含一系列命令的文件,其扩展名为.PRO。其格式如下:

命令 1

…

命令 n

批处理文件的编辑方法:同 1.9.2 节。

批处理文件的运行方法:@文件名 。

例如:建立批处理文件 Chapter01BatchSum.pro,计算并输出两个数的和。程序如下:

```
; Chapter01BatchSum.pro
x = 500 & y = 600
Sum = x + y
PRINT, 'Sum = ', Sum
```

运行批处理文件 Chapter01BatchSum.pro 的命令如下:

```
IDL> @Chapter01BatchSum
```

输出结果:Sum = 1100

说明:在批处理文件中不能直接使用具有多行结构的语句。例如:

```
FOR i = 1, 10 DO BEGIN
PRINT, i
ENDFOR
```

但是可以使用续命令符"&"来实现。例如:上述循环结构可改写如下:

```
FOR i = 1, 10 DO BEGIN & PRINT, i & ENDFOR
```

1.9.6 IDL 6.3 的日志文件和运行

为了记录在交互方式下所使用过的命令,IDL 6.3 提供了日志文件来解决这一问题。

日志文件是记录在交互方式下所使用过的命令的文件,其扩展名为.PRO。

建立日志文件需要使用命令 Journal。其使用方法如下:

格式:JOURNAL [,'文件名']

功能:建立一个用于记录在交互方式下所使用过的命令的文件。

说明:文件名为建立的日志文件的名字;若省略文件名,则在当前目录下建立一个文件名为 idlsave.pro的日志文件。另外,文件名的扩展名可以省略,省略后的日志文件将不再有扩展名。

建立日志文件的方法可以分为 3 步,具体步骤如下:

(1)在命令行输入命令:JOURNAL ,'文件名';

(2)在命令行依次输入各个交互命令;

(3)在命令行输入命令:JOURNAL。

注意:该处的 JOURNAL 不能带参数。

日志文件的运行方法为@文件名 。

例如：建立日志文件 Chapter01JournalSum. pro，记录在交互方式下，计算并输出两个数的和的所有命令，并运行日志文件。其操作命令如下：

```
IDL> JOURNAL, 'Chapter01JournalSum. pro'
IDL> ; Chapter01JournalSum. pro
IDL> x = 800  &  y = 900
IDL> Sum = x + y
IDL> PRINT, 'Sum = ', Sum
IDL> JOURNAL
```

运行日志文件 Chapter01JournalSum. pro 的命令如下：

```
IDL> @Chapter01JournalSum
```

输出结果：Sum = 1700

1.9.7 IDL 6.3 的过程和运行

过程是 IDL 6.3 使用最多的程序方式。用户在程序设计过程中，把能够完成某一指定功能，而且在程序中多次重复使用的由若干个语句组成的程序段，作为一个整体来调用，这个整体称为过程。即过程是完成某一特定功能的若干条命令语句组成的程序段。过程可以以独立的文件形式存储在磁盘上，这时文件的文件名就是过程名。过程也可以建立在过程文件中。

因此，一个完整的应用系统是由一个主程序文件(即主控程序)和若干个过程组成。由主程序调用其他过程，其他过程之间可以任意相互调用，给用户的程序设计提供了方便、灵活的处理问题的方法。过程的扩展名为.PRO。

过程有固定的格式。其格式如下：

```
PRO 过程名 [,参数 1,…,参数 n] [,关键字 1,…,关键字 n]
    命令序列
END
```

说明：

1)参数和关键字用于过程调用时数据之间的传递。参数一般有确定的顺序和确定的类型，而且一般为必选项。关键词一般有确定的类型，但是其顺序一般是任意的，而且一般为可选项。其详细用法请参阅本书第 4 章 4.5 节。

2)过程的格式必须以 PRO 作为第一个可执行语句开始，以 END 为结束语句。

3)保存过程的文件名的主文件名必须与 PRO 后的文件名相同。

4)过程的扩展名可以省略。若省略，则系统会自动加上默认扩展名.PRO。

过程的运行过程：编辑、编译和运行。

过程的编辑方法：同 1.9.2 节。

过程的编译方法：同 1.9.3 节。

过程的运行方法：功能热键 F5；工具栏的运行按钮；运行菜单 Run\Run 或者直接在命令行输入程序的名称。过程也可以被其他过程调用，过程的调用格式如下：

过程名 [,参数 1,…,参数 n] [,关键字 1,…,关键字 n]

例如：运行程序 Chapter01HelloWho. pro 的命令如下：

```
IDL> Chapter01HelloWho
```

【练习】 分别利用菜单、功能热键和工具栏的运行按钮运行程序 Chapter01Hello. pro 。

【例 1.2】 编辑过程文件 Chapter01ProcedureSum. pro，要求从键盘任意输入两个数据，然后计算它们的和，最后输出结果。请编辑、编译和运行该程序。其程序如下：

```
; Chapter01ProcedureSum. pro
```

```
PRO Chapter01ProcedureSum
    READ, PROMPT = "请输入 X = ?", x
    READ, PROMPT = "请输入 Y = ?", y
        Sum = x + y
        PRINT, x , " + " , y , " = ", Sum
END
```

编译过程文件 Chapter01ProcedureSum. pro 的方法是在命令行输入命令：

IDL> .COMPILE Chapter01ProcedureSum

运行过程文件 Chapter01ProcedureSum. pro 的方法是在命令行输入命令：

IDL> Chapter01ProcedureSum

1.9.8 IDL 6.3 的函数和调用

函数是 IDL 6.3 使用最多的程序方式之一。函数与过程的格式和用法非常类似，其不同之处是函数调用后要返回一个函数值。函数的扩展名为. PRO。

IDL 6.3 系统提供了大量的函数。这些函数的类型丰富，功能齐全，使用方便。每一个函数均能够执行特殊的运算，实现相应的功能。它们不仅简化了运算，而且给程序设计带来了极大的方便。函数既可以在命令中直接调用，也可以在表达式和程序中调用。

函数可以分为两大类：标准库函数和用户自定义函数。标准库函数的详细用法请参阅第 2 章 2.7 节；用户自定义函数的详细用法请参阅第 4 章 4.4 节。本节主要介绍函数的格式和使用方法。

函数有固定的格式。函数的一般格式如下：

```
FUNCTION 函数名 [,参数 1,…,参数 n] [,关键字 1,…,关键字 n]
        命令序列
        RETURN, 表达式
END
```

说明：

1)保存函数的文件名的主文件名必须与 FUNCTION 后的函数名相同。

2)函数的格式必须以 FUNCTION 作为第一个可执行语句开始，以 END 为结束语句。

3)函数的扩展名可以省略。若省略，则系统会自动加上默认扩展名. PRO。

4)若函数名后没有参数和关键字，该函数称为无参函数，否则称为有参函数。

函数的调用格式：

格式：函数名([,参数 1,…,参数 n] [,关键字 1,…,关键字 n])

说明：在调用函数时，参数和关键字必须是具有确定的值的表达式，而且必须弄清楚每一个函数所要求的变量的个数和数据类型以及函数值的类型；对省略该选项的无参函数，可以不传递任何数据，而直接调用。函数的调用结果总是返回一个具有确定类型的值，即函数值。

【例 1.3】 编辑函数 Chapter01FunctionSum. pro 实现计算两个数的和，然后编辑过程文件 Chapter01ProcedureFunctionSum. pro 调用该函数。要求从键盘任意输入两个数据，然后计算它们的和，最后输出结果。请编辑、编译和运行该程序。函数的程序如下：

```
; Chapter01FunctionSum. pro
FUNCTION Chapter01FunctionSum, u, v
    w = u + v
    RETURN, w
END
```

过程的程序如下：

```
; Chapter01ProcedureFunctionSum. pro
PRO Chapter01ProcedureFunctionSum
    READ, PROMPT = "请输入 X = ?", x
    READ, PROMPT = "请输入 Y = ?", y
    Sum = Chapter01FunctionSum(x, y)
    PRINT, x , " + " , y , " = ", Sum
END
```

编译函数和过程的方法是在命令行输入命令：

IDL>. COMPILE Chapter01ProcedureFunctionSum Chapter01FunctionSum

运行过程文件 Chapter01ProcedureFunctionSum. pro 的方法是在命令行输入命令：

IDL> Chapter01ProcedureFunctionSum

1.9.9　IDL 6.3 的包含文件和调用

包含文件是指包含一系列 IDL 命令的文件，其默认扩展名为. INC。包含文件中的命令序列可以直接插入到程序和函数中使用。包含文件的格式如下：

命令 1

⋮

命令 n

包含文件的编辑方法：同 1.9.2 节。

包含文件的调用方法：@文件名。

【例 1.4】　编辑包含文件 Chapter01IncludeNumber. inc 包含 4 个数，然后编写过程文件 Chapter01IncludeSum. pro 调用该包含文件。要求计算并输出包含文件中 4 个数的和。请编辑、编译和运行该程序。包含文件的程序如下：

```
; Chapter01IncludeNumber. inc
u = 200 & v = 400
w = 600 & x = 800
```

过程的程序如下：

```
; Chapter01IncludeSum. pro
PRO Chapter01IncludeSum
    @Chapter01IncludeNumber. inc
    Sum = u + v + w + x
    PRINT, u , ' + ', v , ' + ', w , ' + ' , x , ' = ' , Sum
END
```

编译包含文件和过程文件的方法是在命令行输入命令：

IDL> . COMPILE Chapter01IncludeSum

运行过程文件 Chapter01IncludeSum. pro 的方法是在命令行输入命令：

IDL> Chapter01IncludeSum

1.9.10　IDL 6.3 的过程文件和运行

过程文件是 IDL 6.3 使用最多的程序方式之一。在使用 IDL 6.3 编写复杂的应用系统时，通常需要建立很多过程；如果每一个过程都分别建立一个独立的命令文件，则会影响系统的运行速度。因为系统每调用一次过程，就要访问磁盘一次，而作为一个应用系统，又需要多次调用过程，因此，访问磁盘的次越多，系统的运行速度自然就会越慢。

为了解决这方面的问题，IDL 6.3 系统提供了使用过程文件来管理过程的办法。

根据编程需要，把若干个过程按照一定格式存放在同一个文件中进行统一管理；用于存放这些过程的文件称为过程文件，即过程文件是用于存放多个过程和函数的文件。

在 IDL 6.3 系统中，一个过程文件允许存放任意多个过程和函数，在程序运行过程中，只要打开过程文件，该过程文件中的过程和函数就可以任意调用(其调用方法与过程和函数的调用方法相同)，从而减少了访问磁盘的次数，提高了程序的运行速度。

过程文件有固定的格式，其扩展名为.PRO。其格式如下：

```
PRO 过程名 1 [,参数 1,…,参数 n] [,关键字 1,…,关键字 n]
    命令序列
END
…………………
PRO 过程名 n [,参数 1,…,参数 n] [,关键字 1,…,关键字 n]
    命令序列
END
…………………
FUNCTION 函数 1 [,参数 1,…,参数 n] [,关键字 1,…,关键字 n]
    命令序列
    RETURN, 表达式
END
…………………
FUNCTION 函数 m [,参数 1,…,参数 n] [,关键字 1,…,关键字 n]
    命令序列
    RETURN, 表达式
END
```

说明：

1)过程的扩展名可以省略。若省略，则系统会自动加上默认扩展名.PRO。

2)保存过程文件的文件名的主文件名可以与过程文件中的某一个过程名相同，也可以不相同。若相同，则同名过程必须放在过程文件的最后，而且编译后可以直接使用过程文件的文件名运行；若不相同，则可以按照过程和函数的调用方法，任意调用过程文件中的函数或者过程。

过程文件的编辑、编译和运行方法与过程相同。

【例 1.5】 编辑过程文件 Chapter01ProcedureFileSum.pro，分别调用包含文件 Chapter01IncludeNumber.inc和函数 Chapter01FunctionSum.pro。要求计算并输出包含文件中 4 个数的和。请编辑、编译和运行该程序。过程文件的程序如下：

```
; Chapter01ProcedureFileSum.pro
;-----------------------------------------------------------
; Chapter01FunctionSum.pro
    FUNCTION Chapter01FunctionSum, u, v
    w = u + v
    RETURN, w
END
```

```
;--------------------------------------------------------------
; Chapter01ProcedureFileSum. pro
PRO Chapter01ProcedureFileSum
    @Chapter01IncludeNumber. inc
    Sum1 = Chapter01FunctionSum(u, v)
    Sum2 = Chapter01FunctionSum(w, x)
    Sum = Chapter01FunctionSum(Sum1, Sum2)
    PRINT, u , ' + ', v , ' + ', w , ' + ' , x , ' = ' , Sum
END
;--------------------------------------------------------------
```

编译过程文件的方法是在命令行输入命令：

IDL> .COMPILE Chapter01ProcedureFileSum

运行过程文件 Chapter01ProcedureFileSum. pro 的方法是在命令行输入命令：

IDL> Chapter01ProcedureFileSum

1.9.11 IDL 6.3 的主程序和运行

完整的应用系统是由一个主程序文件(即主控程序)和若干个过程组成。由主程序调用其他过程，其他过程之间可以任意相互调用，给用户的程序设计提供了方便、灵活的处理问题的方法。一般一个应用系统只允许有一个主程序。

主程序是包含一系列 IDL 命令，并且控制和调用其他过程和函数的程序。

主程序有固定的格式，其扩展名为. PRO。其格式如下：

　　命令序列

END

说明：

1)过程的扩展名可以省略。若省略，则系统会自动加上默认扩展名. PRO。

2)主程序与过程的不同点是第一个可执行语句不能是 PRO，而结束必须为 END。

3)主程序的运行可以直接使用点命令. GO，. RUN，. RNEW。

主程序的运行过程：编辑、编译和运行。

主程序的编缉方法：同 1.9.2 节。

主程序的编译方法：同 1.9.3 节。

主程序的运行方法：功能热键 F5；点命令. GO，. RUN，. RNEW；工具栏的运行按钮或者运行菜单 Run\Run。

注意：不能在命令行直接输入主程序的文件名。

【例 1.6】 编辑主程序文件 Chapter01MainSum. pro，分别调用包含文件 Chapter01IncludeNumber. inc 和函数 Chapter01FunctionSum. pro。要求计算并输出包含文件中 4 个数的和。请编辑、编译和运行该程序。主程序文件的程序如下：

```
; Chapter01MainSum. pro
@Chapter01IncludeNumber. inc
Sum1 = Chapter01FunctionSum(u, v)
Sum2 = Chapter01FunctionSum(w, x)
Sum = Chapter01FunctionSum(Sum1, Sum2)
```

```
PRINT, u , ' + ', v , ' + ', w , ' + ' , x , ' = ' , Sum
END
```

编译主程序文件的方法是在命令行输入下列命令之一：

```
IDL> .COMPILE Chapter01MainSum          ;编译主程序,但是不运行
IDL> .RUN Chapter01MainSum              ;编译并运行主程序
IDL> .RNEW Chapter01MainSum             ;编译并运行主程序
```

运行主程序文件 Chapter01MainSum.pro 的方法是在命令行输入命令：

```
IDL> .GO
```

习　　题

1. 简述 IDL 6.3 系统的特点、运行环境和安装过程。
2. 简述 IDL 6.3 的启动和退出方法。
3. 简述 IDL 6.3 的命令格式和书写规则。
4. IDL 6.3 系统提供了哪三种工作方式？简述三种工作方式的特点。
5. 简述 IDL 6.3 帮助系统的使用方法。
6. 练习 IDL 6.3 环境下鼠标和键盘的操作方法,以及菜单系统和窗口系统的操作方法。
7. 练习 IDL 6.3 常用命令和函数的使用方法。
8. 上机练习本章中所有程序的编辑、调试、编译和运行方法。

第2章 数 据

本章将详细介绍 IDL 6.3 中数据的使用方法，这是 IDL 6.3 高级应用的基础。

IDL 6.3 数据的分类：根据数据在使用过程中是否发生变化，可以分为常量和变量；而根据数据的生效范围，可以分为局部变量和全局变量。

2.1 数据类型

根据数据的实际意义，IDL 6.3 共定义了 12 种基本数据类型(见表 2.1)和 4 种组合数据类型。

表 2.1 IDL 6.3 的基本数据类型

类 型	组 成	范 围	长度/字节
字节型	数字	0～255	1
整 型	正负号和数字	－32 768～＋32 767	2
无符号整型	数字	0～65 535	2
长整型	正负号和数字	$-2^{31} \sim +2^{31}-1$	4
无符号长整型	数字	$0 \sim 2^{32}-1$	4
64 位长整型	正负号和数字	$-2^{63} \sim +2^{63}-1$	8
浮点型	数字、小数点、正负号和浮点数标记 E	$-10^{38} \sim +10^{38}$	4
双精度浮点型	数字、小数点、正负号和浮点数标识 E	$-10^{308} \sim +10^{308}$	8
复 数	数字、小数点、正负号、浮点数标识 E 和复数标识 i	$-10^{38} \sim +10^{38}$	8
双精度复数	数字、小数点、正负号、浮点数标识 E 和复数标识 i	$-10^{308} \sim +10^{308}$	16
字符串	汉字、数字、字母及 ASCII 码中可打印的其他专用字符	0～32 767	每个字符占 1

4种组合数据类型如下：

(1)数组类型(array)：由一个或者多个相同类型的数据组成的组合数据类型，是一组有序数据的集合。数组是由一组名字相同，而下标不同的多个元素组成。一般用于存储一组类型相同的数据。

(2)结构类型(structure)：由一个或者多个不同的数据类型组成的组合数据类型。结构类型又可分为匿名结构和署名结构两种。一般用于存储一组类型不同的数据。

(3)对象类型(object)：对象类型与结构类型十分相似，是指一种具有特定类的组合数据类型，而类描述了由一个或者多个不同的数据类型以及对这些数据类型定义的一系列操作或函数。每一个对象都有自己的属性、事件和方法，占4个字节。

(4)指针类型(pointer)：用于表示或存储各种类型数据的存储地址的数据类型。指针数据一般是指数据在内存中的存储地址，即指针就是地址，占4个字节。

2.2　常　　量

常量是指在程序运行过程中其值始终不会发生变化的数据。IDL 6.3中的常量有三种类型：字符型常量、数值型常量、逻辑型常量。

1. 字符型常量

字符型常量是指用定界符括起来的任意一串字符。又称为字符串。IDL 6.3提供了两种定界符：单引号和双引号。如果某种定界符本身是字符型常量的组成部分，就应该选择另一种定界符。

注意：字符串中英文字母的大小写是有区别的；定界符必须配对使用。

例如："IDL 6.3"、"数学系[95]"、"2004/10/20"、"I 'm a boy."、""(即空串)、" "(即空格串)、"12.45"和"PC 32－bits"等均为字符型常量。

2. 数值型常量

数值型常量是指由数字、小数点、正负号、浮点数标识E或D和复数标识i组成的可以进行算术运算的整数、浮点数和双精度浮点数和复数。

数值型常量的书写格式和示例详见表2.2和表2.3。其中复数由实部和虚部两部分组成，实部和虚部可以是浮点数或者双精度浮点数，其格式为COMPLEX(实部，虚部)或者COMPLEX(实部)。

例如：COMPLEX(10.2,2)，COMPLEX(100.25)。

3. 逻辑型常量

逻辑型常量是表示逻辑判断结果的数据，它的值只有真和假两种。其中真用字节型值1表示；假用字节型值0表示，因此逻辑型常量总是一个字节型的数据。

逻辑型常量真是指逻辑判断结果为真的数据，它包括以下几种情况：

(1)字节型、整型和长整型的奇数；

(2)非零的浮点型、双精度型和复数类型(包括单精度和双精度)；

(3)非空的字符串类型。

逻辑型常量假(非真)是指非真的数据，它包括以下几种情况：

(1)字节型、整型和长整型的零和偶数；

(2)浮点型、双精度型和复数类型(包括单精度和双精度)的零；

(3)空的字符串类型。

表 2.2　整型常量格式表

进　制	类　型	格　式	示　例
八进制	字节型	″nB	″12B
	整　型	″n	″12
		'n'O	'377'O
	无符号整型	″nU	″12U
		'n'OU	'377'OU
	长整型	″nL	″12L
		'n'OL	'777 777'OL
	无符号长整型	″nUL	″12UL
		'n'OUL	'777 777'OUL
	64 位长整型	″nLL	″12LL
		'n'OLL	'777 777'OLL
	无符号 64 位长整型	″nULL	″12ULL
		'n'OULL	'777 777'OULL
十进制	字节型	nB	12B,34B
	整425S型	n 或 nS	12. 12S,425
	无符号整型	nU 或 nUS	12U,12US
	长整型	nL	12L,94L
	无符号长整型	nUL	12UL,94UL
	64 位长整型	nLL	12LL,94LL
	无符号 64 位长整型	nULL	12ULL,94ULL
十六进制	字节型	'n'XB	'2E'XB
	整　型	'n'X	'0F'XB
	无符号整型	'n'XU'	0F'XU
	长整型	'n'XL	'FF'XL
	无符号长整型	'n'XUL	'FF'XUL
	64 位长整型	'n'XLL	'FF'XLL
	无符号 64 位长整型	'n'XULL	'FF'XULL

表 2.3　浮点数和双精度浮点数常量格式表

浮　点　数		双精度浮点数	
n.	102.	n.	102.
. n	. 102	. n	. 102
n. n	10. 2	n. n	10. 2
nE	10E	nD	10D
nEsx	10E5	nDsx	10D5
n. Esx	10. E－3	n. Dsx	10. D－3
. nEsx	. 1E＋12	. nDsx	. 1D＋12
n. nEsx	2. 3E12	n. nDsx	2. 3D12

2.3 变　量

变量是指在程序运行过程中其值可以发生变化的数据。变量名是指给变量起的名字。变量的功能是用来存储各种数据类型的常量。

变量名的命名规则：变量名由英文字母、数字、下划线和符号 $ 组成，而且必须以英文字母开头，长度最多不能超过 128 个字符，中间不能有空格。

注意：变量名不能是系统内部用于特殊用途的保留字的名称。

例如：CLASS_M_1，CITY，B12 等均为合法变量名；2AB，姓名，AB?，34，FOR，if 等均为非法变量名。

根据数据在程序中的作用和功能，变量又可以分为系统变量和内存变量。

注意：通过变量跟踪窗口下的 Locals，Params，Common 和 System4 个标签可以直接观察操作过程中的局部变量、参数、公共变量和系统变量的具体值。

2.3.1 系统变量

系统变量根据其读写性可以分为只读系统变量和读写系统变量。

系统变量根据其来源可以分为内部系统变量和自定义系统变量。

1. 内部系统变量

内部系统变量是 IDL 6.3 系统自动提供、自动生成和维护的一组特殊变量。系统变量的名称均由感叹号“!”开头。系统变量用于反馈系统运行中的状态或者被 IDL 6.3 的程序直接调用。内部系统变量的类型和结构不能改变，也不能从内存中释放掉。

内部系统变量又分为只读内部系统变量和读写内部系统变量。只读内部系统变量是指其值在使用过程中不能改变的变量；读写内部系统变量是指其值在使用过程中可以改变的变量。

内部系统变量的名称、类型、缺省值和含义详见附录 B。

2. 自定义系统变量

自定义系统变量是指用户根据实际需要自己定义的，用于描述系统运行中的状态或者用于某种特殊用途的变量。自定义系统变量的名称也必须以“!”开头，定义的格式如下：

格式：DEFSYSV，‘变量名’，表达式 [，Read_Only]

功能：定义一个值等于表达式的值的自定义系统变量。

说明：

1) 变量名必须以“!”开头，而且变量名两边的单引号不能省略。

2)选项 Read_Only 是指定义的变量是只读变量，否则是读写变量。

3)自定义系统变量一旦被定义，它的类型和结构不能再改变。

格式：DEFSYSV，‘变量 1’，EXISTS = 变量 2

功能：测试变量 1 是否存在，并且把测试结果存放到变量 2 中。若变量 1 存在，则变量 2 的值是真(1)；否则变量 2 的值是假(0)。

2.3.2 内存变量

内存变量是指临时存储于内存中的变量，用来存放操作或程序运行过程中所需要的各种类型的原始数据、中间结果和最终结果。

由于内存变量是一种临时存在于内存中的变量，因此，每定义一个内存变量，在内存中就开辟一个存储单元，用于存放该变量的数据。内存变量需要时可以临时定义，不用时可以随时释放(注：系统变量不能释放)。每一个内存变量都是相互独立的。但是，一旦退出 IDL 6.3 系统或关掉计算机，其内存中所有内存变量的值将全部丢失。

1. 内存变量的数据类型

内存变量的数据类型有 17 种：未定义、字节型、整型、无符号整型、长整型、无符号长整型、64 位长整型、64 位无符号长整型、浮点型、双精度浮点型、复数、双精度复数、字符串、数组类型、结构类型、对象类型、指针类型。

内存变量的具体类型是由它所存放的数据的类型来确定。例如：

```
IDL> A = 125.45         ;内存变量 A 是浮点型，其值为数值 125.45
IDL> B = '125.45'       ;内存变量 B 是字符型，其值为字符串 125.45
```

2. 内存变量的赋值

格式：变量 = 表达式

功能：将表达式的值赋值给变量。

说明："="是赋值号，而不是等号。例如：

```
IDL> myVar1 = 10.5           ;把 10.5 赋值给变量 myVar1
IDL> myVar1 = a + 30         ;把 a +10.5 的值 40.5 赋值给变量 myVar2
IDL> myString1 = "IDL 6.3"   ;把字符串"IDL 6.3"赋值给变量 myString1
IDL> myString2 = myString1 + "for Windows"
```

3. 内存变量的引用和输出

内存变量可以直接参加各种数据运算，也可以把其结果输出。内存变量的引用方法是直接用在表达式中；内存变量的输出使用 PRINT 和 HELP 命令，具体用法如下：

格式 1：PRINT [,表达式 1,表达式 2,…,表达式 n] [,FORMAT=格式]

功能：计算各表达式的值，并依次在指定位置，按照指定格式输出各表达式的值。

说明：如果省略所有表达式，则输出一个空行。详细用法见第 3 章 3.1 和 3.2 节。例如：

```
IDL> a = 10.35 & b = '6.2'
IDL> PRINT, a + 100, (a + 200) / 2
IDL> PRINT, "IDL" + b + "for Windows", (a^2 + a) / 2
```

格式 2：HELP,表达式 1,表达式 2,…,表达式 n [,NAMES ='通配符']
[,OUTPUT = 变量] [,/SYSTEM_VARIABLES] [,/STRUCTURES]

功能：显示各个变量或者表达式的名称、类型和值。

说明：

1)省略所有选项时，显示所有内存变量的信息。这些信息中包括内存变量或数组的名称、数据类型和具体的值。

2)NAMES ='通配符'是指只显示与通配符相匹配的变量的信息。

3)OUTPUT = 变量，是指把变量的信息存入到变量中。

4)/SYSTEM_VARIABLES，是指所有系统变量的当前信息，其他参数无效。

5)/STRUCTURES，是用于显示结构变量的详细信息。例如：

```
IDL> HELP, a, OUTPUT = var        ;把变量 a 的信息存入到变量 var 中
IDL> HELP, NAME = 'a*'            ;显示所有以 a 开头的变量的信息
IDL> HELP, ! D, /STRUCTURES       ;显示系统变量! D 的结构信息
```

4. 内存变量的存储

驻留在内存中的内存变量，一旦退出系统或关掉计算机，内存中所有内存变量的值将全部丢失，为了保存某些有价值的内存变量的值，则可以使用 SAVE 命令将其存储在指定的文件中。其用法如下：

格式：SAVE [,变量 1,…,变量 n] [,/ALL] [,/COMM,/VARIABLES]
[,/COMPRESS] [,FILENAME ='文件名'] [, /ROUTINES]
[,/SYSTEM_VARIABLES]

功能：把指定的一个或多个内存变量存储到指定的文件中。

说明：

1)变量 1,…,变量 n:把变量 1,…,变量 n 存储到指定的文件中。

2)/ALL:把所有变量存储到指定的文件中。

3)/COMM,/VARIABLES :把公共块及其变量的内容存储到指定的文件中。

4)/COMPRESS:以压缩的形式存储指定的变量。

5)FILENAME ='文件名':把变量保存到'文件名'指定的文件中。

6)/ROUTINES:把所编译的程序和函数存储到指定的文件中。

7)/SYSTEM_VARIABLES:把所有系统变量存储到指定的文件中。

8)省略所有选项时，则是对所有的内存变量、公共块和已经编译的程序和函数存储到文件 idlsave.dat 中。建议文件名的扩展名为 .sav 。

例如：存储程序 Hello.pro(需要先编译)到文件 MyRoutines.sav 中，命令如下：

IDL> SAVE, /ROUTINES, 'Hello', FILENAME = 'MyRoutines.sav'

例如：存储变量 a,b,c 到文件 myVars.sav 中，命令为 IDL> SAVE, a, b, c, FILENAME = 'myVars.sav'

5. 内存变量的释放

在程序运行过程中，对内存变量的管理是非常重要的。所以对内存中没有用的内存变量要及时清除掉，释放掉其占用的内存空间，供其他内存变量使用。对内存中将来有用，而现在没有用的内存变量，可用 SAVE 命令先将其存储到指定的内存变量文件中，然后再将其从内存中释放掉，将来有用时，还可以用 RESTORE 命令将其从内存变量文件中恢复到内存中使用。释放内存变量可以使用如下的命令：

格式：.RESET_SESSION 或者 .FULL_RESET_SESSION

功能：关闭所有文件，释放掉所有用户定义的变量、指针、对象等，初始化 IDL 环境，其中后者还将卸载所有的动态库。

提示：也可以使用 Run 菜单的 Reset 命令选项。

6. 内存变量的恢复

恢复内存变量是把保存在文件中的内存变量调入内存使用。

格式：RESTORE [[,"文件名"] | [,FILENAME="文件名"]]

功能：把文件中变量，或者公共块，或者程序，或者函数恢复到内存中。

说明：若省略所有选项，则恢复文件 idlsave.dat 中的变量、公共块、程序和函数。

2.3.3 数据类型的转换

IDL 6.3 提供了数据类型之间的转换函数。表 2.4 中显示了每种数据类型的字节数、创建变量的方法和数据类型之间的强制转换函数。

表 2.4 数据类型和转换函数

数据类型	字节数	创建变量	数据类型函数
字节型	1	Var=0B	Var2=Byte(Varl)
有符号整型	2	Var=0	Var2=Fix(Varl)
无符号整型	2	Var=0U	Var2=Ulnt(Varl)
有符号长整型	4	Var=0L	Var2=Long(Varl)
无符号长整型	4	Var=0UL	Var2=ULong(Varl)
64 位有符号整型	8	Var=0LL	Var2=Long64(Varl)
64 位无符号整型	8	Var=0ULL	Var2=Ulong64(Varl)
浮点型	4	Var=0.0	Var2=Float(Varl)
双精度浮点型	8	Var=0.0D	Var2=Double(Varl)
复数	8	Var=Complex(0.0,0.0)	Var2=Complex(Varl)
双精度复数	16	Var=Dcomplex(0.0D,0.0D)	Var2=DComplex(Varl)
字符串	0～3 276	Var="或 Var=""	Var2=String(Varl)

2.4 数　　组

数组是一组有序数据的集合。数组是由一组名字相同，而下标不同的多个元素组成。数组中的每一个元素称为一个数组元素，而每一个数组元素又相当于一个内存变量。由于数组的创建方法简单，结构有规律，数组元素的调用直观、灵活，因此给数据处理带来了很大方便。IDL 6.3 系统允许用户使用一维数组到八维数组。

2.4.1 数组的格式

格式：数组名[下标列表]

说明：

1) 数组名：是数组的名字，其命名规则与变量名的命名规则相同。

2)下标列表：用于表示数组中的数组元素的位置，它可以是常量、变量、数组或表达式；若为实数，则自动取整；下标列表中的下标之间要用逗号隔开。

2.4.2 数组的创建

数组的创建方法有两种：直接创建法和函数创建法。

1. 数组的直接创建法

用方括号括起来的一个或者多个数据直接创建数组，该方法只能创建一维数组到三维数组。

格式：数组名= [表达式表]

说明：

1)表达式表：是数组中数组元素的值。

2)数组元素的总个数等于各维数组元素个数的乘积。

3)数组各维下标的计数是从 0 开始，到各维数组元素个数减 1 结束。

例如：创建一个有 6 个元素，值分别为 21 到 26 的一维数组 myArray[6]的格式如下：

```
IDL> myArray = [21, 22, 23, 24, 25, 26]
```

myArray 的数组元素分别为 myArray[0]，myArray[1]，…，myArray[5]，其值依次为 21，22，23，24，

25,26。

例如:创建一个2行3列,值分别为1到6的二维数组 myArray[3,2]的格式如下:

IDL> myArray = [[1, 2, 3], [4, 5, 6]]

myArray 的数组元素分别如下:

myArray[0,0] = 1　　myArray[1,0] = 2　　myArray[2,0] = 3

myArray[0,1] = 4　　myArray[1,1] = 5　　myArray[2,1] = 6

例如:创建一个2行(第2维)3列(第1维)2层(第3维),值分别为1到12的三维数组 myArray[3,2,2]的格式如下:

IDL> myArray = [[[1, 2, 3], [4, 5, 6]], [[7, 8, 9], [10, 11, 12]]]

myArray 的数组元素分别如下:

myArray[0,0,0] = 1　　myArray[1,0,0] = 2　　myArray[2,0,0] = 3

myArray[0,1,0] = 4　　myArray[1,1,0] = 5　　myArray[2,1,0] = 6

myArray[0,0,1] = 7　　myArray[1,0,1] = 8　　myArray[2,0,1] = 9

myArray[0,1,1] = 10　　myArray[1,1,1] = 11　　myArray[2,1,1] = 12

2. 数组的函数创建法

用数组创建函数创建数组,该方法可以创建一维数组到八维数组,其格式如下:

格式:数组名= 数组创建函数

常用数组创建函数的格式和功能见表2.5。创建数据的关键字 TYPE 的代码及其含义见表2.6。

表2.5　数组创建函数

创建数组的类型	创建数组初值为零的函数	创建数组初值为索引号的函数
字节型	BYTARR(D1[,…,D8],[,/NOZERO])	BINDGEN(D1,[,…,D8]
有符号整型	INTARR(D1[,…,D8][,/NOZERO])	INDGEN(D1[,…,D8,*]
无符号整型	UINTARR(D1[,…,D8][,/NOZERO])	UINDGEN(D1,[,…,D8])
有符号长整型	LONARR(D1[,…,D8][,/NOZERO])	LINDGEN(D1[,…,D8])
无符号长整型	ULONARR(D1[,…,D8][,/NOZERO])	ULINDGEN(D1[,…,D8])
64位有符号整型	LON64ARR(D1[,…,D8][,/NOZERO])	L64INDGEN(D1[,…,D8])
64位无符号整型	ULON64ARR(D1[,…,D8][,/NOZERO])	UL64INDGEN(D1[,…,D8])
浮点型	FLTARR(D1[,…,D8][,/NOZERO])	FINDGEN(D1[,…,D8])
双精度浮点型	DBLARR(D1[,…,D8][,/NOZERO])	DINDGEN(D1[,…,D8])
复数	COMPLEXARR(D1[,…,D8][,/NOZERO])	CINDGEN(D1[,…,D8])
双精度复数	DCOMPLEXARR(D1[,…,D8][,/NOZERO])	DCINDGEN(D1[,…,D8])
字符串	STRARR(D1[,…,D8][,/NOZERO])	SINDGEN(D1[,…,D8])
与表达式同类型	REPLICATE(表达式,D1[,…,D8]**)	

注:

(1)参数 D1[, . . . , D8]用于指创建一维数组到八维数组,其中 Di 表示第 i 维数组元素的个数。关键字/NOZERO 是指创建数组的初值为随机数。

(2)*代表如下关键字:[, /BYTE | , /COMPLEX | , /DCOMPLEX | ,/DOUBLE | , /FLOAT | , /L64 | , /LONG | , /STRING | , /UINT | , /UL64 | , /ULONG][, TYPE = value],用于创建各种类型的数组。其中,TYPE = value 中 value 的值及其含义详见表2.6。

(3)**REPLICATE 用于创建一个所有数组元素的值均是表达式的值的一维数组或者多维数组。

表 2.6 关键字 TYPE 的代码及其含义

创建数组的类型	类型代码	类型名称	创建数组的类型	类型代码	类型名称
未 定 义	0	UNDEFINED	结构型	8	STRUCT
字 节 型	1	BYTE	双精度复数	9	DCOMPLEX
有符号整型	2	INT	指针型	10	POINTER
浮 点 型	4	FLOAT	无符号整型	12	UINT
双精度浮点型	5	DOUBLE	无符号长整型	13	ULONG
复 数	5	COMPLEX	64 位有符号整型	14	LONG64
字 符 串	7	STRING	64 位无符号整型	15	ULONG64

例如：创建一个有 100 个元素，初值均为 0 的一维整型数组 myArray 的格式如下：

IDL> myArray = INTARR(100)

myArray 的数组元素分别为 myArray[0]=0，myArray[1]=0，…，myArray[99]=0。

例如：创建一个 20 行 30 列，值依次为索引号的二维浮点型数组 myArray 的格式如下：

IDL> myArray = FINDGEN(30,20)

myArray 的数组元素分别如下：

myArray[0,0]=0.00000 myArray[1,0]=1.00000 … myArray[29,0]=29.0000
myArray[0,1]=30.0000 myArray[1,1]=31.0000 … myArray[29,1]=59.0000
⋮ ⋮ ⋮
myArray[0,19]=570.000 myArray[1,19]=571.000 … myArray[29,19]=599.000

2.4.3 数组的存储

IDL 6.3 中数组元素的存储是按列存储的（同 FORTRAN 语言）。下面以一维数组到三维数组为例，介绍具体的存储方法，其他多维数组的存储方法与此类同。

1. 一维数组的存储

n 个数组元素的一维数组 myArray[n]中数组元素的排列格式和存储顺序如下：

myArray[0] → myArray[1] → … → myArray[n−1]

2. 二维数组的存储

m 行 n 列二维数组 myArray[n,m]中数组元素的排列格式和存储顺序如下：

myArray[0,0] → myArray[1,0] → … → myArray[n−1,0] →
→ myArray[0,1] → myArray[1,1] → … → myArray[n−1,1] →
⋮ ⋮ ⋮
→ myArray[0,m−1] → myArray[1,m−1] → … → myArray[n−1,m−1]

3. 三维数组的存储

m 行 n 列 t 层三维数组 myArray[n,m,t]中数组元素的排列格式和存储顺序如下：

myArray[0,0,0] → myArray[1,0,0] → … → myArray[n−1,0,0] →
→ myArray[0,1,0] → myArray[1,1,0] → … → myArray[n−1,1,0] →
⋮ ⋮ ⋮
→ myArray[0,m−1,0]→ myArray[1,m−1,0] → … → myArray[n−1,m−1,0]→
→ myArray[0,0,1] → myArray[1,0,1] → … → myArray[n−1,0,1] →

→myArray[0,1,1] → myArray[1,1,1] → … → myArray[n−1,1,1] →
⋮ ⋮ ⋮
→myArray[0,m−1,1]→ myArray[1,m−1,1] → … → myArray[n−1,m−1,1]→
⋮ ⋮ ⋮
⋮ ⋮ ⋮
→myArray[0,0,t−1]→ myArray[1,0,t−1] → … → myArray[n−1,0,t−1]→
→myArray[0,1,t−1]→ myArray[1,1,t−1] → … → myArray[n−1,1,t−1]→
⋮ ⋮ ⋮
→myArray[0,m−1,t−1]→myArray[1,m−1,t−1]→…→ myArray[n−1,m−1,t−1]

2.4.4 数组的赋值

数组的赋值格式如下：

格式 1：数组名[下标列表]＝表达式

功能：把表达式的值赋值给数组中的下标列表指定的数组元素。

格式 2：数组名[(D11：D12 [,…,D81：D82])]＝表达式

功能：把表达式的值赋值给下标范围为 Di1～Di2(i=1,…,8)的数组元素。

说明：

1)Di1：Di2 是指数组元素的下标范围为 Di1 到 Di2。

2)格式 1 和 2 中的下标列表、Di1 和 Di2 中，均可以使用星号 *，代表任意的下标。

3)数组必须先创建，然后才可以进行赋值操作。

4)数组中的每一个元素的类型必须是同一种类型。对于不同类型的数据可以使用结构类型来存储。

例如：对 6 行 9 列二维数组 myArray[9,6]的操作如下(结果可以用 print 和 help 输出)：

```
IDL>myArray = indgen(9,6)          ;创建 6 行 9 列的二维数组 myArray[9,6]，其值为 0～53
IDL>myArray[6,2] = 100             ;把 100 赋值给数组元素 myArray[6,2]
;把 200 赋值给列下标和行下标范围依次为 1～5 和 2～4 的数组元素
IDL>myArray[1:5,2:4] = 200
;把 300 赋值给列下标和行下标范围依次为 3 ～ 8(末下标)和 0(首下标) ～ 4 的数组元素
IDL>myArray[3:*, *:4] = 300
IDL>myArray[*, *] = 400                    ;把 400 赋值给数组的所有数组元素
IDL>myArray[*] = 500                       ;把 500 赋值给数组的所有数组元素
IDL>index = [[0, 2], [3, 2], [5, 3]]       ;创建下标数组
IDL>myArray[index] = 600                   ;把 600 赋值给下标为 index 的数组元素
```

2.4.5 数组的引用

数组的引用有以下几种格式：

格式 1：数组名

功能：直接用数组的名字调用整个数组，使所有数组元素一起参加各种运算。

格式 2：数组名[下标列表]

功能：用数组名加下标的格式，即数组名[下标]，直接调用下标列表指定的数组元素。

格式 3：数组名[(D11:D12 [,…,D81:D82])]

功能：在指定下标范围内，用数组名[下标]格式，直接调用局部数组元素。

格式 4：(数组名表达式)[下标列表]

功能:使用包含数组名的表达式,按照(数组名表达式)[下标]的格式,直接调用下标列表指定的数组元素一起参加“数组名表达式”指定的运算。

说明:

1)“数组名表达式”和“下标列表”必须严格按照格式 4 书写。

2)数组中的每一个元素均是一个内存变量,其使用方法与变量相同。

3)数组必须先创建,后使用。

例如:对 6 行 9 列二维数组 myArray[9,6]的调用如下(结果可以用 print 和 help 输出):

```
IDL>myArray = indgen(9,6)    ;创建 6 行 9 列的二维数组 myArray[9,6],其值为 0~53
IDL>abc = myArray + 100      ;把 myArray 的所有元素的值加 100 赋值给同维数组 abc
;计算列下标和行下标范围依次为 1~5 和 2~4 的数组元素的和值,并赋值给变量 xy
IDL>xy = total(myArray[1:5,2:4])
;把 500 赋值给列下标和行下标范围依次为 3 ~ 末下标(8)和所有行的数组元素
IDL>myArray[3:* ,*] = 500
IDL>sum = total(myArray)     ;计算 myArray 的所有元素的和值,并赋值给变量 sum
;myArray 的所有元素乘以 10,然后赋值给同维的数组 tomArray
IDL>tomArray = (myArray * 10)[*,*]
IDL>index = [[0,2],[3,2],[5,3]]        ;创建下标数组
;把下标为 index 的数组元素乘以 20,再加上 50,然后除以 10,最后对这 3 个数组元素求和,并且把该和值赋值给变量 var
IDL>var = total(((myArray * 20+50) / 10)[index]) ;total 是对所有元素求和
```

2.5　结　　构

结构是由一组类型不同的常量、变量和数组组合而成的组合数据类型。结构中的每一个变量或者数组成为结构的成员。

结构分为匿名结构(Anonymous Structures)和署名结构(Named Structures)。如果在使用过程中,结构成员的个数和类型可能发生变化,一般使用匿名结构;否则使用署名结构。

2.5.1　匿名结构

匿名结构是指没有名字的结构。

1. 匿名结构的创建

格式 1:结构变量 = {成员 1:表达式 1,成员 2:表达式 2,…,成员 n:表达式 n}

功能:创建一个有 n 个成员(成员 i 的初值为表达式 i(i=1~n))的匿名结构,再利用该匿名结构创建结构变量。

格式 2:结构变量 1 = CREATE_STRUCT('成员 1',表达式 1[,…,'成员 n':表达式 n] [,结构变量 2] [,NAME ='结构名'])

功能:利用创建结构函数创建一个有 n 个成员(成员 i 的初值为表达式 i(i=1~n))和一个结构变量 2(或者多个结构)的匿名结构,再利用该匿名结构创建结构变量 1。

说明:NAME ='结构名',用于创建一个以“结构名”为名称的署名结构。

格式 3:结构变量 1 = CREATE_STRUCT(['成员 1',…,'成员 n'],表达式 1,…,表达式 n [,结构变量 2] [,NAME = '结构名'])

功能:利用创建结构函数创建一个有 n 个成员(成员 i 的初值为表达式 i(i=1~8))和一个结构变量 2(或者多个结构)的匿名结构,再利用该匿名结构创建结构变量 1。

说明:[‘成员1’,…,‘成员n’]中的“[”和“]”不能省略。

另外,使用函数n_tags和tag_name可以检测结构成员的个数和名称,其用法如下:

格式:变量 = N_TAGS(结构变量 [, /DATA_LENGTH] [, /LENGTH])

功能:检测结构成员的个数。

说明:

1)/DATA_LENGTH:返回所有结构成员的值的长度的和。

2)/LENGTH:返回结构的长度。

格式:变量 = TAG_NAMES(结构变量 [, /STRUCTURE_NAME])

功能:检测结构成员的名字。

说明:/STRUCTURE_NAME,检测结构的名字。

技巧提示:无成员名称的结构,其成员名称默认为:Field1,Field2,… ,Fieldn

例如:创建匿名结构{ X:10,Y:‘music’},再利用该匿名结构创建结构变量xStruct的命令如下:

IDL> xStruct = { X: 10,Y: 'music' }

;创建匿名结构{ A:1,B:‘xxx’},然后利用该匿名结构创建结构变量yStruct

IDL> yStruct = CREATE_STRUCT('A',1,'B','xxx')

;在yStruct中,添加成员FIRST=0和LAST=3,然后再赋值给结构变量yStruct

IDL> yStruct = CREATE_STRUCT('FIRST',0, p,'LAST',3)

IDL> s1 = {Tag1: 'AAA',Tag2: 'BBB'}

IDL> s2 = {TagA: 100,TagB: 200}

;创建结构{A:1, B:2,C:{Tag1:‘AAA’,Tag2:‘BBB’},TagA:100,TagB:200},并用该结构创建结构变量s3

IDL>s3 = CREATE_STRUCT(['A','B','C'],1,2,s1,s2)

2. 匿名结构的赋值

格式:结构变量.成员 = 表达式

功能:把表达式的值赋值给结构变量的成员。

例如:创建结构{TagA:100,TagB:200},并把其成员的值扩大3倍再加50,命令如下:

IDL>s = {TagA: 100,TagB: 200}

IDL>s. TagA = 3 * s. TagA + 50

IDL>s. TagB = 3 * s. TagB + 50

3. 匿名结构的调用

格式:结构变量.成员

例如:创建结构{TagA:100,TagB:200},并计算其成员的平均值,命令如下:

IDL> s = {TagA: 100,TagB: 200}

IDL> ave = (s. TagA + s. TagB) / 2

2.5.2 署名结构

1. 署名结构的创建

格式1:结构变量={结构名,成员1:表达式1,成员2:表达式2, …,成员n:表达式n}

功能:创建一个有n个成员(成员i的初值为表达式i(i=1~8))的署名结构,再利用该匿名结构创建结构变量。

说明:结构名是指创建署名结构的结构名称。

格式2:结构变量1 = CREATE_STRUCT(‘成员1’,表达式1[,…,‘成员n’:表达式n] [,结构变量2] ,NAME =‘结构名’)

功能:利用创建结构函数创建一个有 n 个成员和一个结构变量 2(或者多个结构)的,结构名为"结构名"的署名结构,再利用该署名结构创建结构变量 1。

格式 3:结构变量 1 = CREATE_STRUCT(['成员 1',…,'成员 n'],表达式 1,…,表达式 n [,结构变量 2][,NAME ='结构名')

功能:利用创建结构函数创建一个有 n 个成员和一个结构变量 2(或者多个结构)的结构名为"结构名"的署名结构,再利用该署名结构创建结构变量 1。

格式 4:结构变量 = {结构名}

功能:利用已有署名结构的结构名,创建成员初值为 0 和空字符串的结构变量。

例如:创建署名结构{MTV, A: 1,B:'xxx'},并利用该署名结构创建结构变量 xy,命令如下:

```
IDL> xy ={MTV,A: 1,B: 'xxx'}
;在 xy 中,添加成员 FIRST=0 和 LAST=3,然后再创建结构变量 xyStruct
IDL>xyStruct = CREATE_STRUCT('FIRST',0,xy,'LAST',3,NAME = 'TV')
IDL>s1 = {Struct1,Tag1: 'AAA',Tag2: 'BBB'}
IDL>s2 = {Struct2,TagA: 100,TagB: 200}
;创建结构{Struct3,A:1,B:2,C:{Struct1,Tag1:'AAA',Tag2:'BBB'},TagA:100,TagB:200},并用该结构创建结构变量 s3。
IDL>s3=CREATE_STRUCT(NAME= 'Struct3',['A','B','C'], 1,2,s1,s2)
```

2. *署名结构的赋值*

格式 1:结构变量.成员= 表达式

功能:把表达式的值赋值给结构变量的成员。

格式 2:结构变量 = {结构名,表达式 1,…,表达式 n}

功能:把表达式 i 的值依次赋值给成员 i;其中表达式 i 的类型必须与成员 i 的类型相一致。

例如:创建结构{MTV,TagA:100,TagB:200},并用该署名结构创建一个结构成员的初值为默认值的结构变量 s1,然后创建结构成员的初值依次为 60 和 90 的结构变量 s2,命令如下:

```
IDL>s = {MTV,TagA: 100,TagB: 200}
IDL>s1 = {MTV} & s2 = {MTV, 60,90}
```

3. *署名结构的调用*

格式:结构变量.成员

2.5.3 结构数组

结构数组可以使用已有的结构变量和函数 REPLICATE 创建,对于署名结构还可以使用结构名创建,其格式如下:

格式 1:结构数组名 = REPLICATE(结构变量,D1[, … ,D8])

格式 2:结构数组名 = REPLICATE(结构名,D1[,… ,D8])

2.6 指 针

内存是由内存单元组成的。内存变量的值存放在内存中指定的内存单元中。

内存单元是由内存单元的地址和内存单元的内容组成的存储单位。

内存单元的地址是指用于存放内存变量值的那个内存单元的地址。通常也称为内存变量的地址。

内存单元的内容是指用于存放内存变量值的那个内存单元的值。

指针是用于存放内存变量地址的特殊变量,指针即地址。

2.6.1 指针的创建

格式:指针变量 = PTR_NEW([变量])

功能:创建用于存储变量地址的指针变量,即指针变量指向变量的地址。

说明:没有参数的 PTR_NEW( ),将创建一个不指向任何变量的空指针。

例如:创建一个空指针 MyPtr 和分别指向变量 x=30,y=60,z=90 的指针变量 myPtrX,myPtrY,myPtrZ;然后再把空指针 MyPtr 指向变量 y=60。其操作命令如下:

```
IDL> x = 30 & y = 60 & z = 90
IDL> myPtr = PTR_NEW( )            ;创建不指向任何变量的空指针
IDL> myPtrX = PTR_NEW(x)           ;创建指向变量 x 的指针
IDL> myPtrY = PTR_NEW(y)           ;创建指向变量 y 的指针
IDL> myPtrZ = PTR_NEW(z)           ;创建指向变量 z 的指针
IDL> myPtr = myPtrY                ;把指针 myPtr 指向变量 y
```

2.6.2 指针的调用

格式:* 指针变量

功能:用于取出指针变量所指向地址中的数据。

例如:输出上例创建的指针所指向的变量的值。其操作命令如下:

```
IDL> PRINT, *myPtr, *myPtrX, *myPtrY, *myPtrZ
```

输出结果:60 30 60 90

技巧提示:在变量跟踪窗口中,可以跟踪观察指针变量的类型和所指向的数据。

2.6.3 指针的检测

格式:变量 = PTR_VALID([指针变量 1,… ,指针变量 n])

功能:检测指定指针变量 i 或者所有指针变量的有效性;有效时值为 1,无效时为 0。

说明:没有参数的 PTR_VALID( ),将返回所有指针变量的有效值组成的数组。

例如:创建一个指向变量 xyz=60 的指针变量 myPtr,并对其进行操作,命令如下:

```
IDL> xyz = 100 & myPtrXYZ = PTR_NEW(xyz)
IDL> myVar = (*myPtrXYZ) * 10 + 36          ;把 myPtr 指向的变量的值扩大 10 倍,再加 36
IDL> myValid = PTR_VALID(myPtrXYZ)          ;检测 myPtrXYZ 的有效性,返回值为真
```

2.6.4 指针的释放

格式:PTR_FREE, 指针变量 1,… ,指针变量 n

功能:释放指针变量 1,… ,指针变量 n。

说明:指针变量被释放后,可以对它进行重新定义。

例如:先测上述示例创建的指针变量的有效性,然后释放 myPtr,myPtrX,myPtrY 和 myPtrZ。最后再检测它们的有效性。其操作命令如下:

```
IDL> PRINT, PTR_VALID([myPtr, myPtrX, myPtrY, myPtrZ, myPtrXYZ])
```

输出结果:1 1 1 1 1

```
IDL> PTR_FREE, myPtr, myPtrX, myPtrY, myPtrZ ;释放指定的指针变量
```

IDL> PRINT, PTR_VALID([myPtr, myPtrX, myPtrY, myPtrZ, myPtrXYZ])

输出结果:0　0　0　0　1

技巧提示 1:在程序设计过程中,建议尽量使用指针变量,这样会大大提高程序的运行速度;但是指针变量在被使用之后,一定要及时释放掉以后不再使用的指针变量,否则这些指针变量会一直占用内存,反而会影响程序的运行速度,甚至造成内存溢出。

技巧提示 2:释放所有的指针可以使用命令:IDL> HEAP_GC, /PTR, /VERBOSE 或者 IDL> .RESET_SESSION 或者使用菜单:Run -> Reset

2.6.5　指针数组

格式:指针数组名 = PTRARR(D1, … , D8 [, /ALLOCATE_HEAP | , /NOZERO])

功能:创建指针数组。

说明:

1)省略所有参数,创建一个初值均为空指针的指针数组。

2)/ALLOCATE_HEAP:创建一个初值均为未定义的指针数组。

3)/NOZERO:创建一个初值为空指针或者为未定义的指针数组。

例如:创建一个指针数祖 MyPtrArr[3],并且分别指向变量 x=30,y=60,z=90,然后利用指针计算并输出这 3 个变量的平均值,最后释放指针数组,同时检测指针数组的有效性。其操作命令如下:

```
IDL> x = 30 & y = 60 & z = 90
IDL> MyPtrArr = PTRARR(3)                       ;创建不指向任何变量的空指针数组
IDL> MyPtrArr[0] = PTR_NEW(x)                   ;指针数组的第 1 个元素指向变量 x
IDL> MyPtrArr[1] = PTR_NEW(y)                   ;指针数组的第 2 个元素指向变量 y
IDL> MyPtrArr[2] = PTR_NEW(z)                   ;指针数组的第 3 个元素指向变量 z
IDL> Average = ( * MyPtrArr[0]+ * MyPtrArr[1]+ * MyPtrArr[2])/3          ;计算平均值
IDL> PRINT, 'Average = ', Average               ;输出平均值 Average = 60
IDL> PRINT, PTR_VALID(myPtrArr)                 ;检测 myPtrArr 的有效性: 1  1  1
IDL> PTR_FREE, myPtrArr                         ;释放指针变量 myPtr
IDL> PRINT, PTR_VALID(myPtrArr)                 ;检测 myPtrArr 的有效性: 0 0 0
```

技巧提示:创建指针数组后,指针数组中的每一个元素相当于一个指针变量,因此指针数组的使用方法与一般数组的使用方法相同,其不同之处在于,只需要把指针数组中的每一个元素按照指针变量使用即可。

注意:使用之后,不要忘记要及时释放。

2.7　函　　数

函数分为两类:标准库函数和用户自定义函数 UDF(User Defined Function),为了使用户掌握函数的语法和使用方法。本节主要介绍常用标准库函数的功能、格式和使用方法。IDL 6.3 系统在提供大量丰富函数的同时,还允许用户设计满足实际需要的自定义函数,进一步掌握自定义函数将在第 4 章 4.4 节中作详细介绍。

2.7.1　数值函数

格式:ABS(expN)

功能:计算 expN 的值的绝对值。

例如：IDL>PRINT, 10－200, ABS(10－200)　　;输出：－190　　190

格式：CEIL(expN [, /L64])

功能：返回大于等于 expN 的值的最小整数。

例如：IDL>PRINT, CEIL(5.1)　　;输出：6

　　IDL>PRINT, CEIL(3000000000.1D, /L64)　　;输出：3000000001

格式：FLOOR(expN [, /L64])

功能：返回小于等于 expN 的值的最小整数。

例如：IDL>PRINT, FLOOR(5.9)　　;输出：5

　　IDL>PRINT, FLOOR(3000000000.1D, /L64)　　;输出：3000000000

格式：ROUND(expN [, /L64])

功能：返回最接近 expN 的值的整数。

例如：IDL>PRINT, ROUND(5.1, 5.9)　　;输出：5　　6

　　IDL>PRINT, ROUND(3000000000.1D, /L64)　　;输出：3000000000

格式：SQRT(expN)

功能：计算 expN 的值的平方根，且 expN 的值大于等于零。

例如：IDL>PRINT, SQRT(145)　　;输出：12.0416

格式：EXP(expN)

功能：计算以 e=2.718…为底，以＜expN＞的值为指数的指数函数的值。

例如：IDL>PRINT, EXP(10.35)　　;输出：31257.1

格式：ALOG(expN)

功能：计算 expN 的值的自然对数，且 expN 的值大于零。

例如：IDL>PRINT, ALOG(10.45)　　;输出：2.34660

格式：ALOG10(expN)

功能：计算 expN 的值的常用对数，且 expN 的值大于零。

例如：IDL>PRINT, ALOG10(10.45)　　;输出：1.01912

2.7.2　字符串函数

格式：SYSTIME( )

功能：以 24 个字符的串形式：WW MM DD HH:MM:SS YEAR 返回当前系统的日期。

例如：IDL>PRINT, SYSTIME( )　　;输出字符串：Tue Oct 05 08:13:56 2004

格式：STRCMP(expC1, expC2 [, N] [, /FOLD_CASE])

功能：比较以字符串是否相同；若返回 1，则相同；若返回 0，则不相同。

说明：N：是指只比较前 N 个字符；/FOLD_CASE：是指忽略大小写。

例如：IDL>PRINT, STRCMP('abcd',"Abdc" , 2 , /FOLD_CASE)　　;输出：1

　　IDL>PRINT, STRCMP('abcd',"Abdc" , 2)　　;输出：0

格式：STRCOMPRESS(expC [, /REMOVE_ALL])

功能：去除 expC 中单词间多于一个的空格；/REMOVE_ALL 是指去除所有空格。

例如：IDL>PRINT, STRCOMPRESS('I am a boy! ')　　;输出：I am a boy!

　　IDL>PRINT, STRCOMPRESS('I am a boy! ', /REMOVE_ALL)　　;输出：Iamaboy!

格式：LEN(expC)

功能：计算字符串 expC 的长度。空串的返回值为 0。

例如：IDL>PRINT, STRLEN('IDL is fun! ')　　;输出：11

格式：STRLOWCASE(expC)

功能:把 expC 中的所有大写字母转换成小写字母,其他非字母字符不转换。

例如:IDL>PRINT, STRLOWCASE('IDL is fun') ;输出:idl is fun!

格式:STRUPCASE(expC)

功能:把 expC 中的所有大写字母转换成小写字母,其他非字母字符不转换。

例如:IDL>PRINT, STRUPCASE('IDL is fun') ;输出:IDL IS FUN!

格式:STRMATCH(expC1, expC2 [, /FOLD_CASE])

功能:测试 expC2 是否能与 expC1 中串匹配。若匹配,则返回 1;否则返回 0。

例如:IDL>PRINT, STRMATCH(['IDL 6.3','for','Windows'],'for') ;输出: 0 1 0

格式:STRMID(expC, N [, expN] [, /REVERSE_OFFSET])

功能:返回值是从字符串<expC>中的第 N 个位置开始,取出 expN 个字符的子字符串。若省略 expN,则取到字符串的末尾。/REVERSE_OFFSET 指 N 的位置从串尾计数。

例如:IDL>PRINT, STRMID('IDL 6.3 is fun! ', 7, 2) ;输出:is

IDL>PRINT, STRMID('IDL 6.3 is fun! ', 3, 3,/REVERSE_OFFSET);输出:fun

格式:STRJOIN(expC1 [, 'expC2'])

功能:用定界符 expC2 把 expC1 中的字符串连接起来。若省略 expC2,则直接连接。

例如:输出字符串常量:IDL 6.3 $ + $ is $ + $ fun!,操作命令如下:

IDL>PRINT,STRJOIN(['IDL 6.3', 'is', 'fun! '],' $ + $ ')

IDL>PRINT,STRJOIN(['IDL 6.3', 'is', 'fun! ']) ;输出:IDL 6.3isfun!

格式:STRSPLIT(expC1 [, ' 定界符 '] [, /EXTRACT | , LENGTH= 数组]
[, ESCAPE=expC2] [, COUNT= 变量] [, /PRESERVE_NULL])

功能:根据指定的定界符把字符串 expC1 分割成子串。默认定界符为空格或 Tab。

说明:

1)/EXTRACT:返回包含子串的数组。默认返回包含子串首位置的值的数组。

2)LENGTH=数组:把每一个子串的长度存储到数组中,与前者不能同用。

3)ESCAPE=expC2: 在 expC1 中包含 expC2 的字符串将被忽略。

4)COUNT= 变量:把提取的子字符串的个数存储到变量中。

5)/PRESERVE_NULL:提取所有的的子字符串。省略时,不提取空子串。

例如:IDL>PRINT, STRSPLIT('a\ ,b', ',' ,ESCAPE=' \', /EXTRACT) ;输出:a,b

IDL>PRINT,STRSPLIT('IDL 6.3 is fun! ') ;输出:0 7 10

IDL>PRINT,STRSPLIT('IDL 6.3 is fun! ', /EXTRACT) ;输出:IDL 6.3 is fun!

IDL>x=STRSPLIT('IDL 6.3 is fun! ', LENGTH= y, COUNT=z)

IDL>PRINT, x , y , z ;输出:0 7 10;6 2 4;3

格式:STRPOS(expC1, expC2 [,N][, /REVERSE_OFFSET][,/REVERSE_SEARCH])

功能:检测 expC2 是否在 expC1 中出现。若出现返回出现的位置,否则返回-1。

说明:N:搜索开始的位置;/REVERSE_SEARCH:反向搜索。

例如:IDL>PRINT, STRPOS('IDL is fun', 'fun') ;输出:7

格式:STRPUT, expC1, expC2 [, N]

功能:用 expC2 从第 N 个位置开始替换 expC1 中的字符,并保持 expC1 的长度不变。

例如:IDL>s1= 'IBM is hot'

IDL>STRPUT, s1, 'IDL' ;用 IDL 替代 IBM

IDL>PRINT,s1 ;输出:IDL is hot

IDL>STRPUT, s1, 'funny' , 7 ;用 funny 替代 hot,多出部分裁掉

IDL>PRINT,s1 ;输出:IDL is fun

格式:STRTRIM(expC [, N])

功能:去掉字符串 expC 的前部或者尾部的空格,返回去掉空格后的字符串。

说明:省略 N 或 N=0 去掉尾部空格;N=1 去掉前部空格;N=2 去掉前部和尾部空格。

例如:IDL>PRINT, STRPOS('IDL is fun', 'fun')　　;输出:7

2.7.3 数组函数

格式:MAX(数组 [, MIN=变量])

功能: 输出数组中的最大值,并把数组中的最小值存储到变量中。

例如:IDL>PRINT, MAX([−99, −200, −100], MIN=xy), xy　　;输出:−99 −200

格式:MIN(数组 [, MAX=变量])

功能:输出数组中的最小值,并把数组中的最大值存储到变量中。

例如:IDL>PRINT, MIN([−99, −200, −100], MIN=xy), xy　　;输出:−200 −99

格式:N_ELEMENTS(数组)

功能:输出数组中元素的个数。对于无定义的数组或变量返回 0。

例如:IDL>PRINT, N_ELEMENTS([−99, −200, −100])　　;输出:3

格式:SIZE(数组 [, /L64] [, /DIMENSIONS | , /N_DIMENSIONS | ,/N_ELEMENTS | , /TNAME | , /TYPE])

功能:输出数组的大小和类型信息。默认值为维数、列、行、类型和元素个数。

说明:/N_DIMENSIONS , /N_ELEMENTS ,/DIMENSIONS , /TNAME, /TYPE:依次返回数组的维数、元素个数、每一维的维数、类型名称和类型代码(详见表 2.7)。

例如:IDL>PRINT, SIZE(FINDGEN(10, 20))　　;输出:2　10　20　4　200

表 2.7　数据类型代码表

类型代码	类型名称	数据类型	类型代码	类型名称	数据类型
0	UNDEFINED	Undefined	8	STRUCT	Structure
1	BYTE	Byte	9	DCOMPLEX	Double-precision complex
2	INT	Integer	10	POINTER	Pointer
3	LONG	Longword integer	11	OBJREF	Object reference
4	FLOAT	Floating point	12	UINT	Unsigned integer
5	DOUBLE	Double-precision floating	13	ULONG	Unsigned longword integer
6	COMPLEX	Complex floating	14	LONG64	Longword 64-bit integer
7	STRING	String	15	ULONG64	Unsigned64-bit integer

格式:MEAN(数组 [, /DOUBLE])

功能:计算数组的平均值。/DOUBLE:用于返回双精度值。

例如:IDL>PRINT, MEAN(FINDGEN(10, 20))　　;输出:99.5000

格式:VARIANCE(数组 [, /DOUBLE])

功能:计算数组的方差。/DOUBLE 用于返回双精度值。

例如:IDL>PRINT, VARIANCE(FINDGEN(10, 20))　　;输出:3 350.00

格式:STDDEV(数组 [, /DOUBLE])

功能:计算数组的标准偏差。/DOUBLE:用于返回双精度值。

例如:IDL>PRINT, STDDEV(FINDGEN(10, 20)) ;输出:57.879 2

格式:MOMENT(数组 [, /DOUBLE] [, MDEV=变量 1] [, SDEV=变量 2])

功能:计算数组的平均值、方差、倾斜度和峰值。MDEV=变量 1:用变量 1 存储数组的平均绝对偏差;SDEV=变量 2:用变量 2 存储数组的标准偏差。

例如:计算数组 FINDGEN(10, 20)的平均值、方差、倾斜度、峰值、平均绝对偏差和标准偏差,并把平均绝对偏差和标准偏差分别存入变量 1 和变量 2,命令如下:

IDL>PRINT, MOMENT(FINDGEN(10, 20),MDEV= x , SDEV= y)

格式:WHERE(数组表达式 [, 变量 1] [, COMPLEMENT=变量 2]
[, /L64] [, NCOMPLEMENT=变量 3])

功能:返回满足指定条件(即数组表达式)的数组元素的下标所组成一维数组。

说明:

1) 数组表达式:是由数组名或者数组元素组成的逻辑表达式。

2) 变量 1:存储满足条件的数组元素的个数。

3) 变量 2:存储不满足条件的数组元素的下标所组成一维数组。

4) 变量 3:存储不满足条件的数组元素的个数。

5) 对于多维数组,WHERE 的返回值是一维数组(按列存储的顺序)。

例如:寻找 array 中满足条件(值大于 5)的数组元素的个数 num1 和其下标组成的一维数组 x;不满足条件的数组元素的个数 num2 和其下标组成的一维数组 y。其操作命令如下:

IDL>array = INDGEN(10)

IDL>PRINT, 'array = ', array ;输出:array = 0 1 2 3 4 5 6 7 8 9

x = WHERE(array GT 5, num1, COMPLEMENT= y , NCOMPLEMENT=num2)

;输出 array 中所有值大于 5 的数组元素的个数 num1 和其下标组成的一维数组 x;所有值小于等于 5 的数组元素的个数 num2 和其下标组成的一维数组 y

IDL>PRINT, num1, x, num2, y ;输出:4 6 7 8 9 6 0 1 2 3 4 5

格式:REFORM(数组, D1 [, . . . , D8] [, /OVERWRITE])

功能:在不改变数组元素个数的前提下,重新生成新的维数的数组。

说明:/OVERWRITE:在生成新数组的同时覆盖原数组。

例如:利用数组 a [10,10,10],生成新数组 b[200,5],操作命令如下:

IDL>a = INTARR(10,10,10) ;生成数组 a [10, 10, 10]

IDL>b = REFORM(a ,200,5) ;生成新数组 b [200, 5]

格式:REVERSE(数组 [, N] [, /OVERWRITE])

功能:按指定的维数 N,逆序排列后生成新数组。默认按第一维数逆序排序。

例如:对数组 a [3, 2],分别按列和行输出逆序后的数组,操作命令如下:

IDL>a = INDGEN(3 , 2) ;生成数组 a [3, 2]

IDL>PRINT, a , REVERSE(a) , REVERSE(a , 1) , REVERSE(a , 2)

;输出结果为

```
0  1  2     2  1  0     2  1  0     3  4  5
3  4  5     5  4  3     5  4  3     0  1  2
```

格式:ROTATE(数组, N)

功能:按指定的 N 值,旋转或者转置数组后生成新数组。

说明:N 的取值为 0,1,…,7。其中 0,1,2 和 3 分别表示旋转 0°,90°,180°和 270°;4,5,6 和 7 分别表示在转置的同时旋转 0°,90°,180°和 270°。

格式:TRANSPOSE(数组)

功能:返回转置数组后生成的新数组。

格式:SHIFT(数组 , S1, . . . , Sn)

功能:按指定的平移量 S1,…,Sn,分别对第 1,…,n 维进行平移后生成新数组。其中 Sn 为正表示向前平移;Si 为负表示向后平移,操作命令如下:

例如:对数组 a [4,3],输出分别按列和行平移 2 和 1 后的数组,其操作命令如下:

```
IDL> a = INDGEN(4 , 3)                ;生成数组 a [4, 3]
IDL> PRINT, a , SHIFT(a , 2 , 1)
;输出结果为
0    1    2    3        10    11    8    9
4    5    6    7        2     3     0    1
8    9    10   11       6     7     4    5
```

格式:SORT(数组 [, /L64])

功能:返回对数组升序排序后,每一个数组元素所对应的下标组成的一维数组,其操作命令如下:

例如:对数组 a [6]其值为[20,53,36,89,20,15]升序排序后,输出排序后的数组。

```
IDL>a = [20 , 53 , 36 , 89 , 20 , 15]          ;生成数组 a [6]
IDL>PRINT, a , SORT(a), a [SORT(a)]          ;输出结果为
     20    53    36    89    20    15
     5     4     0     2     1     3
     15    20    20    36    53    89
```

格式:REBIN(数组, D1 [, . . . , D8] [, /SAMPLE])

功能:改变数组的维数和大小,把数组的维数调整为 D1 [, . . . , D8]指定的维数。

说明:在默认情况下,当扩大维数时,采用线性内插法;当缩小维数时,采用临近值平均法。/SAMPLE是指使用最近临值抽样法。

注意:生成数组的维数可以改变,但数组每一维元素个数必须是原数组的整数倍。

例如:对值为 [0, 10, 20, 30]的数组 a [4],则插值后结果如下:

```
IDL>a = [0, 10, 20, 30]          ;生成数组 a [4]
IDL>b = REBIN(a, 12)
IDL>PRINT, b
0  3  6  10  13  16  20  23  26  30  30  30
IDL> c = REBIN(a, 16, 4)
IDL> PRINT, c
0  2  5  7  10  12  15  17  20  22  25  27  30  30  30  30
0  2  5  7  10  12  15  17  20  22  25  27  30  30  30  30
0  2  5  7  10  12  15  17  20  22  25  27  30  30  30  30
0  2  5  7  10  12  15  17  20  22  25  27  30  30  30  30
```

格式:CONGRID(数组, X, Y, Z [, /INTERP] [, CUBIC=变量]

功能:把数组调整为同维任意大小的数组。

说明:默认情况下,采用最近临值抽样法;/INTERP 是指采用线性内插法;CUBIC=变量采用卷积内插法,且变量的取值范围在−1 到 0 之间。X, Y, Z 分别为生成数组的维数。

注意:生成的维数不能改变,但数组的大小可以任意改变。

例如:对值为 [0, 10, 20, 30]的数组 a [4],则插值后结果如下:

```
IDL>a = [0, 10, 20, 30]          ;生成数组 a [4]
IDL>b = CONGRID(a, 15, /INTERP)
IDL>PRINT, b
0  2  5  8  10  13  16  18  21  24  26  29  30  30  30
```

格式:INTERPOLATE(数组, X [, Y [, Z]][, CUBIC=变量] [, /GRID]

功能:把数组调整为同维任意大小的数组。

说明:默认情况下,采用线性内插法;CUBIC=变量采用卷积内插法,且变量的取值范围在-1到0之间。X, Y, Z分别为生成数组维数的下标组成的一维数组,用于定位插值元素的位置。/GRID是指数组的插值点按网格生成,否则按线性生成。

注意:生成的维数不能改变,但数组的大小可以任意改变,且能任意定位插值点。

例如:对值为FINDGEN(4,4)的数组p[4,4],则插值后结果如下:

```
IDL>p = FINDGEN(4,4)
IDL>PRINT, INTERPOLATE(p, [.5, 1.5, 2.5], [.5, 1.5, 2.5], /GRID)
2.500 00   3.500 00   4.500 00
6.500 00   7.500 00   8.500 00
10.500 0   11.500 0   12.500 0
```

其相应的插值点如下:

(.5, .5), (1.5, .5), (2.5, .5),

(.5, 1.5), (1.5, 1.5), (2.5, 1.5),

(.5, 2.5), (1.5, 2.5), (2.5, 2.5)

```
IDL>PRINT, INTERPOLATE(p, [.5, 1.5, 2.5], [.5, 1.5, 2.5])
2.500 00      7.500 00      12.500 0
```

其相应的插值点为(.5, .5), (1.5, 1.5), (2.5, 2.5)

```
IDL>PRINT, INTERPOLATE(p, [0, 1, 2, 3], [0, 1, 2, 3], /GRID)
```

其结果和数组p相同,其值如下:

```
    0.000 00      1.000 00      2.000 00      3.000 00
    4.000 00      5.000 00      6.000 00      7.000 00
    8.000 00      9.000 00     10.000 0      11.000 0
   12.000 0      13.000 0      14.000 0      15.000 0
```

2.8 表达式

表达式是IDL 6.3命令的重要组成部分,而且在程序设计过程中经常使用。表达式是指用IDL 6.3的运算符把常量、变量、数组和函数按照一定语法规则连接起来的有意义的式子,用expR表示。表达式中的所有字符必须写在一行上。表达式运算后有一个确定的值,根据表达式值的类型,表达式可分为四种:数值型表达式、字符型表达式、关系型表达式和逻辑型表达式。

2.8.1 数值型表达式

1. 数值型运算符(算术运算符)

数值型运算符和含义如下:

()	圆括号	+	加	++	自加	-	减	--	自减
MOD	模	*	乘	/	除	^	乘方	<	求最小
>	求最大	[ ]	数组或下标	#	矩阵列乘	##	矩阵行乘	·	结构成员操作

数值型运算符的优先级,按由高到低依次如下:

( ) [] → · → ^ ++ -- → * # ## / MOD → + -

数值型运算符的结合方向:同等级运算符由左向右结合。

++,--,<,>,#和##的用法说明如下:

(1)++和--:使变量的值进行自加或自减。常用的用法包括:

1)++A:A 的值先加 1,然后再使用;A++:先使用 A 的值,然后再加 1;

2)--A:A 的值先减 1,然后再使用;A--:先使用 A 的值,然后再减 1。

例如:IDL>A =10 & B= 20

IDL>x = A++ & y =++B

IDL>PRINT, x , A , y , B ;输出:10 11 21 21

(2)< 和> :求多个数的最小值和最大值。

例如:IDL>PRINT, 10 < 25 < 60 < 5 < 96 ;输出:5

IDL>PRINT, 10 > 25 > 60 > 5 > 96 ;输出:96

(3)#和## :两个矩阵进行列乘和行乘。

例如:IDL>array1=[[1,2,1],[2,-1,2]] & array2=[[1, 3],[0, 1],[1, 1]]

IDL>PRINT, array1 # array2 , array1 ## array2

;输出结果如下:

```
7    -1    7    2    6
2    -1    2    4    7
3     1    3
```

2. 数值型表达式

数值型表达式是指用数值型运算符,把数值型的常量、变量、数组和函数按照语法规则连接起来的有意义的式子。其运算结果为数值型数据,用 expN 表示。

例如:一元二次方程的求解公式的 IDL 6.3 表达式可以写为

$$\frac{-b+\sqrt{b^2-4ac}}{2a} \rightarrow (-b+sqrt(b\^{}2-4*a*c))/(2*a)$$

2.8.2 字符型表达式

1. 字符型运算符

字符型运算符及其含义如下:

+:把两个字符串直接连接成一个新字符串。

字符型运算符的结合方向:由左向右结合。

2. 字符型表达式

字符型表达式是指用字符型运算符,把字符型的常量、变量、数组和函数按照语法规则连接起来的有意义的式子。其运算结果为字符型数据,用 expC 表示。

例如:IDL>m ="IDL 6.3"+" "+"for"+" "+"Windows"

IDL>PRINT, m ;输出:IDL 6.3 for Windows

2.8.3 关系型表达式

1. 关系型运算符

关系型运算符及其含义如下:

EQ	等于	LT	小于	GT	大于
NE	不等于	LE	小于等于	GE	大于等于

关系型运算符的优先级:均为同一等级。

关系型运算符的结合方向:由左向右结合。

2. 关系型表达式

关系型表达式是指用关系型运算符把各种同类型的表达式按照语法规则连接起来的有意义的式子。其运算结果为逻辑值，即只有真(1)或假(0)两个值，用 expL 表示。

表达式真的情况和假的情况同前述。

2.8.4 逻辑型表达式

1. 逻辑型运算符

逻辑型运算符及其含义如下：

~ 逻辑非运算 && 逻辑与运算 || 逻辑或运算

NOT 按位非运算 AND 按位与运算 OR 按位或运算XOR 按位异或运算

逻辑型运算符的优先级由高到低依次为 NOT→AND→OR/XOR→~→&&→||。

结合方向：NOT 和~ 的结合方向为由右向左；其他的结合方向为由左向右。

2. 逻辑型表达式

逻辑型表达式是指用逻辑型运算符，把逻辑型常量、变量、数组、函数和结果为逻辑值的表达式按照一定语法规则连接起来的有意义的式子，用 expL 表示。

逻辑运算的真值表见表 2.8 和表 2.9(A,B 均为关系型或者逻辑型表达式)。

表 2.8 逻辑运算的真值表

A	B	A&&B	A‖B	~A
真	真	真	真	假
真	假	假	真	假
假	真	假	真	真
假	假	假	假	真

表 2.9 按位逻辑运算的真值表

1	1	1	1	0	0
1	0	0	1	1	0
0	1	0	1	1	1
0	0	0	0	0	1

2.8.5 赋值表达式

1. 赋值运算符(op)

赋值运算符及其含义如下：

= ##= #= *= += -= /= <= >= AND=

EQ= GE= GT= LE= LT= MOD= NE= OR= XOR= ^=

赋值运算符的结合方向：由右向左。

2. 赋值表达式

赋值表达式指用赋值运算符把常量、变量、数组和函数等按照一定语法规则连接起来的有意义的式子。

格式：变量 1 op （变量 2 op （…（变量 n op 表达式）））

功能：把表达式的值依次赋值给变量 n、变量 n−1、… 、变量 2 和变量 1。

说明：除了"="以外的其他运算符称为复合运算符。

复合运算符(cop)的用法格式如下：

格式：变量 cop 表达式

功能：把变量和表达式的值先进行复合运算，然后再把运算结果赋值给变量。

例如：IDL>m = 100

IDL>n=(m +=200) ；先把 m 的值加 200，然后再赋值给 m，最后再赋值给 n

IDL>PRINT, m , n ；输出：300 300

2.8.6 表达式的一般格式

运算符(op)，运算符的优先级和结合方向见表 2.10。

表达式的一般格式如下：

表达式 op 表达式 op 表达式 … op 表达式

表 2.10 IDL 6.3 运算符的优先级和结合

优先级	运 算 符	结合方向
1	( )圆括号 [ ]数组	由内向外
2	.成员访问 ( )函数调用圆括号 [ ]数组下标	从右向左
3	* 指针 ^(从左向右) ++ --	从右向左
4	* 乘 / # ## MOD	从左向右
5	+ - < > NOT(从右向左)	从左向右
6	EQ NE LE LT GT GE	从左向右
7	AND OR XOR	从左向右
8	&& ‖ ~(从右向左)	从左向右
9	exprR1? expr2:expr3	由内向外
10	= ##= #= *= += -= /= <= >= AND= EQ= GE= GT= LE= LT= MOD= NE= OR= XOR= ^=	从右向左

例如：创建一个取值范围在-50 到 50 之间的数组 MyArray{100, 100}，其各元素的值为随机值，按照下列要求完成相应的运算。

(1)把所有值大于等于 30 的元素的值改为 30；并统计其个数，存入变量 SMax。

(2)把所有值小于等于-30 的元素的值改为-30；并统计其个数，存入变量 SMin。

(3)计算所有取值在-20 到 20 之间的数的个数 SMid，然后对其绝对值分别开平方。

(4)统计数组中所有剩余元素的个数，存入变量 SRest，并把其值清 0。

(5)输出数组中所有元素的值以及 SRest，SMax 和 SMin 的值。其操作命令如下：

```
IDL>a=-50.0 & b=50.0
IDL>MyArray =(b-a) * RANDOMU(Seed, 10, 10) + a
IDL>IndexGt30 = WHERE( MyArray GE 30, SMax )
IDL>MyArray[IndexGt30 ] = 30
IDL>IndexLtN30 = WHERE( MyArray LE -30, SMin )
IDL>MyArray[IndexLtN30 ] = -30
IDL>IndexAbs2030 = WHERE (MyArray GT -30 AND MyArray  LT  -20  OR  $
                        MyArray GT 20 AND MyArray LT 30, SRest) ;或者
IDL>IndexAbs2030 = WHERE(ABS(MyArray) GT 20 AND ABS(MyArray) LT 30, SRest)
IDL>IndexAbsLe20 = WHERE(ABS(MyArray) LE 20, SMid)
IDL>MyArray[ IndexAbs2030 ] = 0
IDL>MyArray[IndexAbsLe20] = SQRT(ABS(MyArray[IndexAbsLe20]))
IDL>PRINT, SMin, SMid, SMax, SRest, MyArray
```

【思考题】 创建范围在-100 到 100 之间的整型数组 MyArray{500, 100}，该怎么做？

提示：IDL>MyArray = FIX((b-a) * RANDOMU(Seed, 10, 10) + a)

习 题

1. IDL 6.3 的数据类型有哪几种?

2. 什么是常量? 常量有哪几种类型?

3. 什么是变量? 变量分别有哪几种类型?

4. 什么是系统变量? 系统变量分别有哪几种类型? 如何定义自定义系统变量?

5. 什么是内存变量? 内存变量有哪几种类型? 如何确定内存变量的数据类型?

6. 什么是表达式? 表达式的类型有哪几种?

7. 填空:

(1)若要把内存中的所有内存变量存入文件 MM.SAV 中,其操作命令为________。

(2)若要显示内存中内存变量的使用情况,应使用操作命令______________和______________。

(3)若要把文件 HH.SAV 中的内存变量恢复到内存中,应使用操作命令__________。若要求把文件 DD.SAV 中的内存变量恢复到内存中并附加在内存中已存在的内存变量之后,则应使用操作命令____________________。

8. 在往内存中装入内存变量文件时,内存中原来的内存变量还存在吗?

9. 依次执行下列各命令,并说明各命令的功能和运行结果。

```
IDL>n = 100
IDL>a1 = 4^2  &  a2 = a1  &  a3 = a2
IDL>d1 = "北京"
IDL>d3 = '01/01/12005'  &  d4 = d3
IDL>HELP,! D,/STRUCTURES
IDL>HELP,/SYSTEM_VARIABLES
IDL>HELP,a1,a2,a3,a4,OUTPUT = Var
IDL>HELP,NAME = 'd*'
IDL>SAVE,/VARIABLES,FILENAME = 'variables1.sav'
IDL>SAVE,a1,a2 ,a3 ,FILENAME = 'myVars.sav'
IDL>SAVE
IDL>b ='6.3'
IDL>PRINT, "IDL" + b + " for Windows"
IDL>HELP
IDL>.RESET_SESSION
IDL>HELP
IDL>RESTORE, 'myVars.sav'
IDL>HELP
IDL>RESTORE
IDL>HELP
```

10. 设 a=1,b=2,c=3,age=25,sex="男",salary=900,marry=1,duty="教授"。计算下列各表达式的值。

(1)a LT b && age LE 25 || salary GT 200 && ~ marry;

(2)age GE 20 && salary GE 300 && ~ Marry && (a +b) GT c;

(3)c GT b && duty ="教授"|| marry && ~ sex ="女";

(4)(a + b)^2 * c + STRLEN("中国"+"上海")。

11. 根据下列各描述,写出相应的 IDL 表达式。

(1)$e^x+\frac{1+x}{2a}$　　(2)$\frac{\sqrt{b^2-a^2}}{a+b}+\sin x$　　(3)$e^x+\frac{x-y}{a+b}+\lg x+\cos x+|a+b|$

12. 试上机练习本章中所有例题,并分析其运行结果。

第3章 数据的输入和输出

在使用IDL处理数据时，经常需要输入一些数据，而且常常需要把处理好的数据输出。本章详细介绍数据的标准输入、输出方法和数据的格式输入、输出方法，这是IDL高级应用的重要环节。

3.1 数据的标准输入和输出

数据的标准输入和输出是指按照IDL 6.3默认的格式输入和输出数据。

3.1.1 数据的标准输出

数据的标准输出可以使用PRINT命令，其用法格式如下：

格式：PRINT [,表达式1,…,表达式n]

功能：按照系统默认的格式依次输出表达式1,…,表达式n的值。

说明：

1）省略选项，则只输出一个空行；

2）系统默认的输出格式详见表3.1。

表3.1 IDL 6.3系统默认的输出格式

输出的数据类型	默认输出格式	所占宽度/位
Byte	I4	4
Int, UInt	I8	8
Long, ULong	I12	12
Float	G13.6	总长13，其中小数位6
Long64, ULong64	I22	22
Double	G16.8	总长16，其中小数位8
Complex	'(',G13.6,',',G13.6,')'	总长29，其中小数位6
Double-precision Complex	'(',G16.8,',',G16.8,')'	总长35，其中小数位8
String	Output full string on current line.	字符串的长度

3.1.2 数据的标准输入

数据的标准输入可以使用READ命令，其用法格式如下：

格式：READ,变量1,…,变量n [,PROMPT ='提示信息']

功能：暂停程序运行，按照提示信息等待用户从键盘输入多种类型的数据。

说明：

1)PROMPT＝'提示信息'：用于在命令输入行输出提示信息，提示用户按照提示信息输入数据。若省略该选项，在命令输入行的提示信息为冒号(:)。

2)变量1，…，变量n：用于接受从命令输入行输入的多个数据。如果变量类型没有事先确定，则按浮点型处理；如果要输入指定类型的数据，则必须事先把变量初始化为相应的类型，然后再使用。

3)数据的输入规则：①输入的数据之间必须用逗号、空格或Tab隔开，或者回车换行后再依次输入；②如果输入行的数据少于变量个数，则会在下一行继续读入，直到输入数据的总数等于变量的个数；③如果输入行的数据多于变量个数，则多余的数据将被忽略；④对于字符型变量，则一次读入当前行的所有字符直到回车；⑤复数数据必须有实数和虚数两部分，用逗号分隔，并用括号括起来。如果仅仅提供了单个数值，它将被认为是实数部分，而虚数设置为0。

例如：可通过键盘读入复数数据：

```
IDL> value = ComplexArr(2)
IDL> READ, value, PROMPT='请输入两个复数：'
请输入两个复数：(3, 4)
请输入两个复数：(4.4, 25.5)
IDL> PRINT, value
```

例如：按照标准输入输出格式输入两个双精度浮点数和一个字符串，然后输出，操作命令如下：

```
IDL> x = 0D & y = 0D & s = ''                         ;初始化两个双精度变量和字符型变量
IDL> READ, x ,y, PROMPT='请输入两个双精度数：'   ;输入两个双精度数
IDL> READ, s, PROMPT='请输入一个字符串：'          ;输入一个字符串 Hello World!
IDL> PRINT, x , y , s                                  ;输出：10.250 000 10.250 000Hello World!
```

3.2 数据的格式输入和输出

数据的格式输入和输出是指按照用户自己设计的格式输入和输出数据。

3.2.1 数据的格式输出

数据的格式输出可以使用带格式的PRINT命令，其用法格式如下：

格式：PRINT ，表达式1，…，表达式n ，FORMAT＝'(格式描述)'

功能：按照格式描述指定的格式依次输出表达式1，…，表达式n的值。

说明：

(1)FORMAT＝'(格式描述)'中的格式描述是由表3.2中指定的格式和字符串以及逗号组成的格式描述。其中字符串照原样输出，并且格式描述可以重复使用。

(2)格式描述的使用规则：

1)若格式代码多于输出的变量，则从左向右使用格式代码，多余的格式代码无效。

2)若格式代码少于输出的变量，则从左向右使用格式代码，用完后则从头开始重复使用，并且输出的结果将换行输出。

3)格式描述中的字符串必须用双引号引起来。

4)对于I，F，D，E和G格式，若输出宽度少于实际数据，则输出一串星号(＊…＊)以示数据溢出。

表 3.2　IDL 6.3 的输入输出格式代码

格式代码	格 式 含 义
[n]A[w]	输入 w 个字符(重复 n 次)若省略 w,输出字符串中所有字符
:	若没有有效的变量,则终止输入输出
$	使下一个输出数据输出到该输出数据所在行的后面(仅用于输出)
[n]I[w]or[n]I[w. m]	输出 w 位十进制整数(其中在最右边的 m 位中的空格位置以 0 填充)
[n]O[w]or[n]O[w. m]	输出 w 位八进制整数(其中在最右边的 m 位中的空格位置以 0 填充)
[n]Z[w]or[n]Z[w. m]	输出 w 位十六进制整数(其中在最右边的 m 位中的空格位置以 0 填充)
[n]F[w. d]	输出 w 位单精度浮点数(其中小数位 d 位)
[n]D[w. d]	输出 w 位双精度浮点数(其中小数位 d 位)
[n]E[w. d]or[n]E[w. dEe]	以指数形式(科学格式)输出 w 位浮点数(其中小数位 d 位,指数位 e 位)
[n]G[w. d]or[n]G[w. dEe]	根据数据大小自动选择科学格式或者 F,D 格式输出
Tn	在当前行的第 n 列(约对位置)输出变量的值
TLn	从当前位置向左移动 n 列,然后输出变量的值
TRn or nX	从当前位置向右移动 n 列,然后输出变量的值
/	换行输出

3.2.2　数据的格式输入

数据的格式输入可以使用带格式的 READ 命令,其用法格式如下:

格式:READ,变量 1,…,变量 n ,FORMAT=‘(格式描述)’[,PROMPT =‘提示信息’]

功能:暂停程序运行,根据提示信息,按照格式描述指定的格式等待用户从键盘输入多种类型的数据。

说明:FORMAT=‘(格式描述)’的使用方法同上。

例如:输入 3 个整数:年(2004)、月(12)和日(26),按格式 2004/12/26 输出,操作命令如下:

```
IDL> year = 0  &  month = 0  &  day = 0          ;初始化三个整型变量:年月日
IDL> READ,year,month,day,PROMPT= '请输入年月日:', FORMAT='(I4,I2,I2)'
IDL> PRINT,year,month,day, FORMAT='(I4,"/",I2,"/",I2)'      ;输出:2004/12/26
```

如果用户希望从字符型变量中,按照指定格式读取数据,则可以使用 READS 命令。

格式:READS,字符变量,变量 1,…,变量 n ,FORMAT=‘(格式描述)’

功能:按照格式描述指定的格式,从字符变量中读取 n 个数据,并依次存入变量 1,…,变量 n 中。

说明:FORMAT=‘(格式描述)’的使用方法同上。

例如:已知字符型变量 Date =‘2004/12/26’,按照格式“2004 年 12 月 26 日”输出,操作格式如下:

IDL> year = 0 & month = 0 & day = 0 ;初始化 3 个整型变量:年月日

IDL> Date ='2004/12/26' ;字符型变量:Date

;从变量 Date 中读取 3 个整数:2004、12 和 26,存入变量:year,month 和 day

IDL> READS ,Date , year, month ,day , FORMAT='(I4,1X ,I2 ,1X ,I2)'

IDL> PRINT,year,month,day, FORMAT='(I4,"年",I2,"月",I2,"日")'

3.3 数据的文件格式输入和输出

数据的标准输入输出和格式输入输出对于一般的应用已经能够满足要求,但是对于大量数据的格式输入输出,上述方法就无能为力了。为此 IDL 6.3 给用户提供了数据的文件格式输入输出,用它可以以任意格式用文件的方式进行大容量数据的输入和输出。

3.3.1 文件的基本操作

文件的基本操作主要包括文件的选择、文件的打开、文件的读、文件的写和文件的关闭等一系列操作。用于文件操作的过程和函数主要有 FILEPATH,FINDFILE,DIALOG_PICKFILE,GET_LUN,FREE_LUN,OPENR,OPENW,OPENU,FSTAT 和 CLOSE。其用法格式如下:

格式:变量 = FILEPATH(‘文件名’[,ROOT_DIR=字符型变量 1][,SUBDIRECTORY=字符型变量 2])

功能:返回由字符型变量 1、字符型变量 2 和文件名组成的完整路径。

说明:

1)ROOT_DIR=字符型变量 1:文件所在的根目录;省略时,使用! DIR 的值。

2)SUBDIRECTORY=字符型变量 2:文件所在的子根目录;省略时,使用 IDL 的主工作目录(X:\RSI\IDL 63)。

例如:生成根目录为 D:\MyWork,子目录为 IDL 63 的文件 abc. dat 的完整路径,操作命令如下:

IDL>MyPath=FILEPATH('abc. dat', ROOT_DIR= 'D:\MyWork', SUBDIRECTORY=['IDL 63'])

IDL>PRINT, MyPath ;输出:D:\MyWork\IDL 63\abc. dat

格式:数组名 = FINDFILE([‘文件名描述’] [,COUNT = 变量])

功能:返回满足文件名描述的所有文件名组成的字符型数组。

说明:

1)文件名描述:由盘符、路径或文件名以及通配符“ * ”和“?”组成;省略时,返回指定目录中的所有文件和下一级子目录组成的字符型数组。

2)COUNT = 变量:统计满足条件的所有文件和子目录的个数,并存入变量。

格式:字符型数组名 = DIALOG_PICKFILE([DEFAULT_EXTENSION=‘扩展名’]
[,/DIRECTORY] [,DIALOG_PARENT=父对话窗口 ID]
[,FILE=‘文件名描述 1’] [,FILTER=‘文件名描述 2’] [,/FIX_FILTER]
[,GET_PATH=路径变量] [,/MULTIPLE_FILES][,/MUST_EXIST]
[,/OVERWRITE_PROMPT] [,/READ | ,/WRITE]
[,PATH=‘初始路径’] [,TITLE=‘对话窗口标题’])

功能:以对话窗口的方式进行交互式的选择一个或者多个文件,并且返回包含所选文件的完整路径的字符型数组。若没有选择文件,则返回空串。

说明：

1)DEFAULT_EXTENSION＝'扩展名'：给选择的文件加上扩展名。若选择的文件已经有扩展名，则不再追加。

2)/DIRECTORY：只显示当前目录中已经存在的目录，以便交互选择。

3)DIALOG_PARENT＝父对话窗口 ID：在上一级父对话窗口中打开该窗口。

4)FILE＝'文件名描述 1'：用指定的文件名或用通配符、盘符路径给出的文件名描述；初始化选择的文件名，然后选择文件。

5)FILTER＝'文件名描述 2'：用指定的文件名或用通配符、盘符路径给出的文件名描述；过滤选择的文件名，然后选择文件。

6)/FIX_FILTER：只有满足 FILTER＝'文件名描述 2'的文件才能被选择。

7)GET_PATH＝路径变量：把所选择文件的所在路径存入路径变量中。

8)/MULTIPLE_FILES：可以选择多个文件。

9)/MUST_EXIST：只有存在的文件，才可以被选取。

10)/OVERWRITE_PROMPT：与 /WRITE 配合，在打开已经存在的文件进行写入操作，并且要覆盖文件的内容时，是否给出提示信息。

11)/READ | /WRITE：使对话窗口的标题是"Please Select a File for Reading"或者是"Please Select a File for Writing"。

12)PATH＝'初始路径'：给出进行文件选择的初始路径为'初始路径'。

13)TITLE＝'对话窗口标题'：使对话窗口的标题是'对话窗口标题'。省略时，默认的标题是"Please Select a File"。

例如：打开文件选择对话窗口，选择一个扩展名为. pro 的文件，并存入变量 file。其操作命令如下(请观察操作界面)：

```
IDL> file = DIALOG_PICKFILE(/READ, FILTER = '*. pro')
```

格式：GET_LUN，变量

功能：申请一个合法的逻辑设备号(100 ～ 128)，并存入变量中。

说明：逻辑设备号是 IDL 6.3 允许使用的逻辑设备的编号。由于文件的读写操作是通过与该文件相关联的逻辑设备号来对该文件进行读写的，所以在对文件读写时，必须先打开文件，并且赋以一个逻辑设备号。IDL 6.3 允许使用的逻辑设备号的范围为－2，－1，0，…，128；其中－2，－1 和 0 分别用于标准错误、标准输出和标准输入；1～ 99 为用户可以使用的逻辑设备号；100 ～ 128 为使用关键字 /GET_LUN 时，系统自动分配给文件的逻辑设备号。

格式：FREE_LUN，变量 1[，变量 2，…，变量 n]

功能：释放变量 1，变量 2，…，变量 n 指定的逻辑设备号，同时关闭相应的文件。

格式：OPENR，变量 1，'文件名'[，/DELETE][，ERROR= 变量 2][，/GET_LUN]

功能：按变量指定的逻辑设备号，以只读(不能写)的形式打开已经存在的文件。

说明：

1)变量 1：是指定的逻辑设备号。

2)文件名：是打开的文件的名字。它可以包含盘符和路径。

3)/DELETE：在使用 CLOSE 命令关闭文件时，同时删除该文件。

4)ERROR= 变量 2：在打开文件出现错误时，则把错误信息存入变量 2 中。

5)/GET_LUN：申请一个 100 ～128 中当前还没有被使用的合法逻辑设备号。

格式：OPENW，变量 1，'文件名'[，/DELETE][，ERROR= 变量 2][，/GET_LUN][，WIDTH=表达式]

功能：按变量 1 指定的逻辑设备号，打开文件用于读写。如果该文件不存在，则建立新文件；如果该文件已经存在，则覆盖旧文件。

说明:WIDTH = 表达式:按照表达式指定的宽度向文件中输出每一行数据。

格式:OPENU,变量 1,'文件名'[,/APPEND][,/DELETE][,ERROR= 变量 2][,/GET_LUN]
[,WIDTH=表达式]

功能:按变量 1 指定的逻辑设备号,打开已经存在的文件,进行读写操作。

说明:/APPEND:在原数据的后面以追加的形式,向文件写入数据。

格式:结构变量 = FSTAT(变量)

功能:返回变量指定的逻辑设备号所对应的文件的信息,以便进行读写操作。

说明:返回值是一个结构变量,其中包含所打开文件的多种信息。结构变量的常用成员有 UNIT(逻辑设备号)、NAME(文件名)、OPEN(打开状态)、READ(读状态)、WRITE(写状态)、CUR_PTR(当前指针位置)和 SIZE(文件大小)等。访问成员的方法为结构变量.成员。

格式:CLOSE [,变量 1,变量 2,…,变量 n][, /ALL][, /FILE]

功能:释放变量 1,变量 2,…,变量 n 指定的逻辑设备号,同时关闭相应的文件。

说明:

1)/ALL:关闭所有的文件(1 ～ 128)。

2)/FILE:关闭所有逻辑设备号 1 ～ 99 的文件;100 ～128 的文件不受影响。

3.3.2 数据的文件格式输入

数据的文件格式输入包括文本文件读取和二进制文件的读取。文件指针定位的过程为 POINT_LUN;读取文本文件的过程为 READF;读取二进制文件的过程为 READU;交互读取 ASCII 格式文件命令 ASCII_TEMPLATE 和 READ_ASCII;交互读取二进制格式文件命令 BINARY_TEMPLATE 和 READ_BINARY。其用法格式如下:

格式:POINT_LUN,设备号变量,表达式

功能:把设备号变量所对应的文件中指针,定位到表达式的值所给定的位置。

例如:若文件 abcd. dat 中包含一个 512 行和 512 列的字节型数据,而且包含 1 024 字节的文件头,请读取该文件中的数据。其操作命令如下:

```
IDL>OPENR, lun ,'abcd. dat ',/GET_LUN          ;打开文件 abcd. dat
IDL>POINT_LUN, lun, 1024L
IDL>data = BYTARR(512,512)
IDL>READU , lun , data
IDL>FREE_LUN, lun
```

格式:EOF(设备号变量)

功能:返回设备号变量所对应的文件的指针是否在文件尾。若是,则返回真(1);否则,则返回假(0)。

格式:READF,设备号变量,变量 1,…,变量 n [,FORMAT='(格式描述)']

功能:按照格式描述指定的格式从设备号变量所对应的文本文件中读取多种类型的数据,并依次读入到变量 1,…,变量 n 中。

说明:

1)设备号变量是打开文件时,赋以该文件的逻辑设备号。

2)FORMAT='(格式描述)'的使用方法同上。

例如:在 D:\MyWork 中的文件 Chapter03Data. dat 的内容如下,把该文件的内容读到一个数组中。

```
100,200,800,400,500,360,890,100,200,300,400,500,300
600,210,300,460,580,400,890,100,200,300,400,500,300
800,230,300,600,200,900,890,100,200,300,400,500,300
IDL>OPENR, lun ,'D:\MyWork\Chapter03Data. dat ', /GET_LUN
```

IDL>xy = INTARR(13,3)

IDL>READF, lun, xy 或者 IDL> READF, lun, xy, FORMAT='(12(I3,1X), I3)'

IDL>FREE_LUN, lun

格式:READU,设备号变量,变量 1,…,变量 n

功能:从设备号变量对应的二进制文件中读取多种类型数据,并依次读入变量 1,…,变量 n 中。

例如:D:\MyWork 中,文件 Chapter03Image. dat 的内容为 256×256 的图像数据,每一个像素匀为字节型,把该文件的内容读到一个数组中,操作命令如下:

IDL>OPENR, lun , 'd:\MyWork\Chapter03Image. dat' , /GET_LUN

IDL>MyData = BYTARR(256,256)

IDL>READU , lun , MyData

IDL>FREE_LUN, lun

IDL>TVSCL , MyData

为了方便地读取任意格式的文件,IDL 6.3 提供了交互读取格式文件的工具。具体方法可以分为两步:首先利用 ASCII_TEMPLATE 或者 BINARY_TEMPLATE 建立指定格式的临时结构变量;然后再利用 Read_ASCII 或者 READ_BINARY 读取数据。

注意:当读取已知格式的文件时,可以使用带格式的 Read_ASCII 或者 READ_BINARY 直接读取。

交互读取 ASCII 格式文件的命令有 ASCII_TEMPLATE 和 READ_ASCII,其用法如下:

格式:ASCII_TEMPLATE([‘文件名’] [, CANCEL = 变量])

功能:交互读取或者建立任意 ASCII 格式文件,并返回指定格式的临时结构变量。

说明:ASCII_Template 会启动一个向导,引导读者按步骤定义自己的列数据。该向导分 3 步,需要设置 3 个页面,可以给每列数据命一个名字,告诉 IDL 数据类型,甚至可以跳过一些列。运行该程序的结果是表示数据文件结构信息的临时结构变量。然后再用 Read_ASCII 读取其数据。其中选项的含义如下:

1)文件名:要读取的文件的名字,一般要指定具体的路径,如 d:\xy\abcd. dat 。

2)CANCEL = 变量:是用于记录在操作过程中是否按下 Cancel 按钮。若按了,则把值 1 存入到变量中,否则,则把值 0 存入到变量中。

格式:READ_ASCII([‘文件名’] [, COMMENT_SYMBOL=‘注释符’]
　　[, COUNT=变量 1] [, DATA_START=变量 2] [, DELIMITER=‘定界符’]
　　[, NUM_RECORDS=变量 3] [, TEMPLATE=变量 4])

功能:按指定格式直接读取 ASCII 格式文件,并返回指定格式的结构变量。

说明:

1)文件名:要读取文件的名字,一般要指定具体的路径,如 d:\xy\abcd. dat 。

2)COMMENT_SYMBOL=‘注释符’:文件中用于注释数据的定界符是注释符。

3)COUNT=变量 1:把读取文件数据的总行数存储到变量 1 中。

4)DATA_START=变量 2:变量 2 用于指定开始读取文件数据行的行号。

5)DELIMITER=‘定界符’:定界符用于说明文件中数据之间的定界符。

6)NUM_RECORDS=变量 3:变量 3 用于指定准备读取文件数据的行数。

7)TEMPLATE=变量 4:变量 4 是用 ASCII_TEMPLATE 生成的临时结构变量。

例如:按默认格式读取 D:\RSI\IDL63\Chapter03Myfile. dat,并存入 MyData 中,操作如下:

IDL>MyData = READ_ASCII('D:\RSI\IDL63\Chapter03Myfile. dat')

例如:按默认格式从 D:\RSI\IDL63\Chapter03Myfile. dat 的第 5 行读数据到变量 Data 中,操作如下:

IDL>Data = READ_ASCII('D:\RSI\IDL63\Chapter03Myfile. dat', DATA_START=5)

例如:读取文件 Chapter03ASCII. dat,并且把读取的结果放入结构变量 MyData 中,操作如下:

IDL>FileTemplate=ASCII_Template('Chapter03ASCII. dat')

启动后的对话窗口如图 3.1 所示。

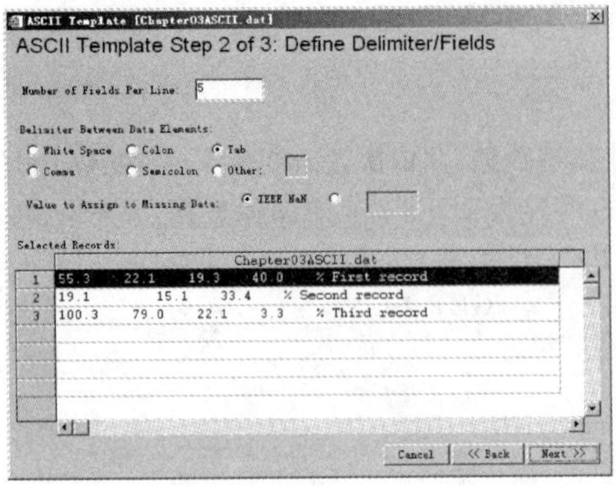

图 3.1 读取 ASCII 格式文件的界面之一

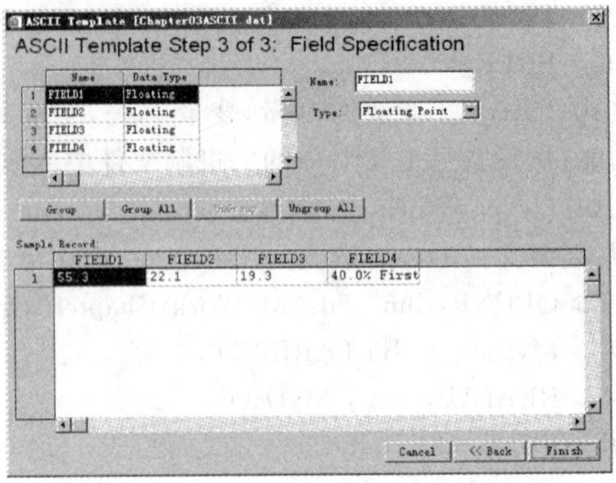

图 3.2 读取 ASCII 格式文件的界面之二

在该窗口中，可以看到数据文件的样本行，左边有它们的行号。在标有 Data Starts at Line 的编辑行中输入 4，这允许在文件中跳过一行的文件头。在组件的右下角选择 Next 按钮进入下一页(见图 3.2)。

在图 3.2 的窗口中，每行的字段数列出的是 5 个，现在把 Number of Fields Per Line 的编辑行中输入 4，并选择 Tab 单选按钮作为数据分隔符。若信息正确，就点击 Next 按钮进入最后一页(见图 3.3)。

在图 3.3 的窗口中，数据组可以被命名并且可以被指定数据类型。如果想在数据中跳过一列或多列，可在界面的右上角的下拉式列表框 Type 中将其设为 Skip Field 类型。通过界面右上角的 Name 文本组件，将 4 个字段分别命名为 Data1，Data2，Data3 和 Data4。这些字段都是浮点类型。

在完成命名和选择数据列的数据类型后，选择界面上的 Finish 按钮。运行结果是一个用于描述文件中数据的结构变量 FileTemplate，它们可以用 Read_ASCII 命令读取。

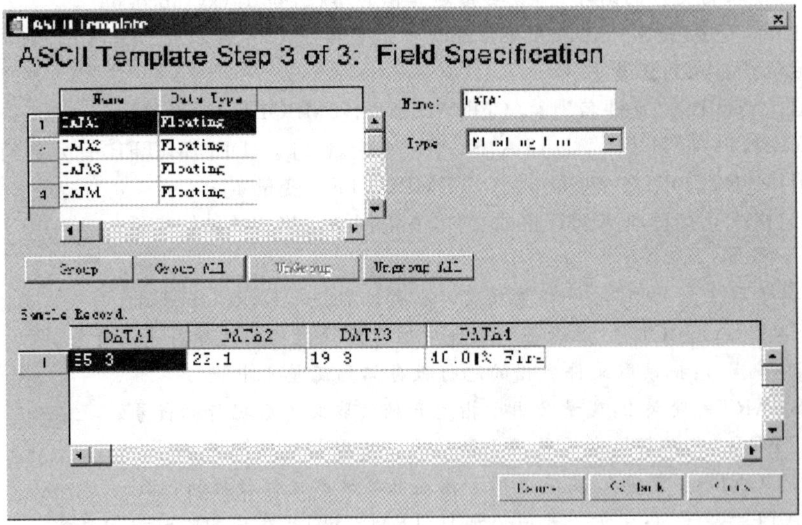

图 3.3 读取 ASCII 格式文件的界面之三

调用结构变量 FileTemplate 中字段 Data1，Data2，Data3 和 Data4 的值的方法如下：

```
IDL>HELP, FileTemplate, /structure            ;显示临时结构 fileTemplate
IDL>data = Read_ASCII ('Chapter03ASCII.dat', Template= FileTemplate)
IDL>HELP, data, /structure
IDL>PRINT, data
```

或者

IDL>data=READ_ASCII('Chapter03ASCII.dat',TEMPLATE=fileTemplate,DATA_START=3)

或者调用结构变量 data 中字段 Data1,Data2,Data3 和 Data4 的值：

IDL>ThisData1 = data.data1

IDL>ThisData2 = data.data2

IDL>ThisData3 = data.data3

IDL>ThisData4 = data.data4

IDL>PRINT, data.data1, data.data2, data.data3, data.data4

交互读取二进制格式文件可以使用命令 BINARY_TEMPLATE 和 READ_BINARY,其用法如下：

格式:BINARY_TEMPLATE([‘文件名’] [, CANCEL = 变量])

功能:交互读取或者建立任意二进制格式文件,并返回指定格式的临时结构变量。

说明:BINARY_Template 会启动一个向导,引导读者按步骤定义自己的数据。该向导分两步,需要设置两个页面,可以给每一组数据命一个名字,告诉 IDL 数据类型,运行该程序的结果是表示数据文件结构信息的临时结构变量。然后再用 Read_BINARY 读取其数据。其中选项的含义如下：

1)文件名:要读取的文件的名字,一般要指定具体的路径,如 d:\xy\abcd.dat 。

2)CANCEL = 变量:用于记录在操作过程中是否按下 Cancel 按钮。若按了,则把值 1 存入到变量中;否则,则把 0 存入到变量中。

格式:READ_BINARY(‘文件名’| 文件的逻辑设备号

　　[, TEMPLATE = 变量 1] | [[, DATA_START = 变量 2]

　　[, DATA_TYPE = 变量 3] [, DATA_DIMS = 变量 4]])

功能:按指定格式直接读取二进制格式文件,并返回指定格式的结构变量。

说明:该命令的使用方法与读取 ASCII 格式文件类同。具体用法如下：

1)文件名:要读取的文件的名字,一般要指定具体的路径,如 d:\xy\abcd.dat 。

2)TEMPLATE=变量 1:变量 1 是用 BINARY_TEMPLATE 生成的临时结构变量。

3)DATA_START=变量 2:变量 2 用于指定开始读取文件数据的偏移量,默认值为 0。

4)DATA_TYPE=变量 3:变量 2 用于指定读取文件中,数据的类型,默认值为 1。

5)DATA_DIMS=变量 4:变量 3 用于指定准备读取文件数据的维数。

6)选项文件名和文件的逻辑设备号,二者只能选一。

7)选项 TEMPLATE=变量 1 和其后面的 3 个选项(DATA_START=变量 2、DATA_TYPE=变量 3、DATA_DIMS=变量 4),二者只能选一。

例如:读取 5 行 10 列的整型数据文件 Chapter03Integer.dat,并存入变量 MyData 中,操作如下：

IDL>MyTemplate = BINARY_TEMPLATE('Chapter03Integer.dat')

在打开 Binary Template 窗口中单击 New Field... 按钮,在随后弹出的 New Field 窗口中建立数据字段如下,并单击 OK 返回 Binary Template 窗口。

Field name(字段名):A0　　　　Type(数据类型):Integer(16 bits)

Offset(偏移量):>0　　　　Number of dimension(数据维数):1

1st:Size(维数大小):10

重复上述操作,并按下列数据建立数据字段,单击 OK 把结构存入临时结构变量。

A1	Integer(16 bits)	>0	1	10
A2	Integer(16 bits)	>0	1	10
A3	Integer(16 bits)	>0	1	10

A4 Integer(16 bits) >0 1 10

最后,使用 READ_BINARY 读取临时结构变量。操作命令如下:

```
IDL>MyData = READ_BINARY('Chapter03Integer.dat', TEMPLATE=template)
IDL>HELP, MyData, /structure
IDL>PRINT, MyData
```

上述操作,可以不使用 BINARY_TEMPLATE,而直接使用 READ_BINARY。操作命令如下:

```
IDL>MyData=READ_BINARY('Chapter03BOut.dat', DATA_TYPE=2, DATA_DIMS=[10,5])
IDL>PRINT, MyData          ;显示读取的结果
```

3.3.3 数据的文件格式输出

数据的文件格式输出包括文本文件的写入和二进制文件的写入。写入文本文件的过程为 PRINTF;写入二进制文件的过程为 WRITEU。用法格式如下:

格式:PRINTF, 设备号变量, 表达式 1, …, 表达式 n , FORMAT='(格式描述)'

功能:按照格式描述指定的格式把表达式 1, …, 表达式 n 的值依次写入到设备号变量所对应的文本文件中。

例如:D:\MyWork 中的文件 Chapter03Data.dat 的内容如下,把该文件的内容读到一个数组中;然后用#作为分隔符写入文本文件 Chapter03DataOut.dat 中,操作命令如下:

```
100,200,800,400,500,360,890,100,200,300,400,500,300
600,210,300,460,580,400,890,100,200,300,400,500,300
800,230,300,600,200,900,890,100,200,300,400,500,300
IDL> OPENR, lun ,'D:\MyWork\Chapter03Data.dat',/GET_LUN
IDL> xy = INTARR(13,3) & READF, lun, xy
或者
IDL> READF, lun, xy, FORMAT='(12(I3,1X),I3)' & FREE_LUN, lun
IDL> OPENW, lun ,'D:\MyWork\Chapter03DataOut.dat ',/GET_LUN
IDL> PRINTF, lun , xy, FORMAT= '(12(I3,"#"),I3)' IDL> FREE_LUN, lun
```

格式:WRITEU, 设备号变量, 表达式 1, …, 表达式 n

功能:把表达式 1, …, 表达式 n 的值依次写入到设备号变量所对应的二进制文件中。

例如:把 MyData = INDGEN(10,5)分别写入 D:\MyWork 中的文本文件 Chapter03TOut.dat 和二进制文件 Chapter03BOut.dat 中,然后再从二进制文件 Chapter03Bout.dat 中读取数据到 1 个数组中,并且输出,操作命令如下:

```
IDL> MyData = INDGEN(10,5)
IDL> OPENW, lun ,'D:\MyWork\Chapter03TOut.dat ' , /GET_LUN
IDL> PRINTF, lun , MyData  &  FREE_LUN, lun
IDL> OPENW, lun ,'D:\MyWork\Chapter03BOut.dat ' , /GET_LUN
IDL> WRITEU , lun , MyData  &  FREE_LUN, lun
IDL> OPENR, lun ,'D:\MyWork\Chapter03BOut.dat ' , /GET_LUN
IDL> READU , lun , MyData  &  FREE_LUN, lunIDL> PRINT , MyData   ;输出 MyData 的值
```

注意:如果把 MyData =INDGEN(10,5)改为 MyData =INDGEN(100,100),可以看出,对于同一组数据,按照不同的方式存储,生成的文件所占用的磁盘空间差别很大,其中 Chapter03TOut.dat 和

Chapter03BOut.dat 的大小分别为 81KB 和 20KB。结果表明使用二进制格式存储可以节省大量的空间。

3.3.4　数据文件的关联输入

实际使用的大量数据通常是大型的二进制数据文件，而这些数据文件通常都有一系列的固定格式的重复单元组成。例如，一个卫星每隔一段时间就要拍摄一幅 1 024×768 像素的浮点图像，并将这些图像一个接一个地存储在一个数据文件里，而数据文件的大小从 100MB 到 100GB。为了解决这类文件的读取问题，IDL 6.3 提供了使用关联变量的方式来快速读取这类文件。

关联变量是把一个数组或结构变量的结构映射到数据文件的内容上。文件被看做是重复关联变量的一个数组。第一个单元的索引号是 0，第二个单元的索引号是 1，等等。关联变量不像常规变量那样将整个数据组都存储在内存里。而是仅当关联变量被引用时，仅对需要的部分数据执行相关的输入或输出请求，并只把部分数据读入内存。因此，用关联变量读取数据文件时，其容量大小不受限制，而且可以快速处理大型数据文件。

定义关联变量可以使用 Assoc 命令，其用法格式如下：

格式：关联变量 = ASSOC(设备号变量，数组名或者结构变量 [，偏移量变量])

功能：建立一个与指定文件相关联的关联变量。

说明：设备号变量是文件打开后的设备逻辑号；数组名或者结构变量用于指定创建关联变量的结构；偏移量变量是给定文件头的大小或文件头在文件中的偏移量。关联变量一旦被建立，其使用方法与一般的变量、数组和结构的使用方法相同。

例如：在文件 Chapter03Image16.dat 中含有 16 幅图像，每幅图像都是 64×64 个字节型数组，试使用关联变量读取该数据文件，并且显示这些图像。操作命令如下：

```
IDL>FileName = Filepath('Chapter03Image16.dat')
IDL>MyTempVar = BytArr(64,64)
IDL>OPENR, lun, FileName, /GET_LUN
IDL>Image = ASSOC(lun, MyTempVar)          ;建立关联变量 image
IDL>TvScl, Image (6)                       ;显示第 7 幅图像
IDL>TvScl, Image (10)                      ;显示第 11 幅图像
```

可以用 Free_Lun 或 Close 命令关闭关联变量和文件之间的联系。操作命令如下：

```
IDL>Free_Lun, lun  &  Close, lun
```

注意 1：请运行程序 Chapter03DisplayImage16.pro 观看运行结果。

注意 2：如果文件中包含有文件头信息，则需要使用 Assoc 命令的第 3 个参数指定文件头的大小或文件头在文件中的偏移量。因此，通过改变文件的偏移量，可以用关联变量来实现随机读写数据。

例如，假设文件 abnorm.dat 中含有 4 096 个字节的文件头信息，则需要使用如下命令：

```
IDL> Image = Assoc(lun, BytArr(64,64), 4096)
```

技巧提示：用户可以直接使用宏工具栏中的输入数据工具按钮来输入图像文件、文本文件、二进制文件和 HDF 文件。

另外，IDL 6.3 除了能够进行上述任意格式文件的读写之外，还支持多种科学数据格式和图形图像格式。其中主要包括：

HDF (Hierarchical Data Format)

HDF-EOS (Hierarchical Data Format—Earth Observing System)

CDF (Common Data Format)

NetCDF(Network Common Data Format)

以及 BMP，DICOM，DXF，GIF，Interfile，JPEG，PICT，PBM/PPM，PNG，PostScript，Sun ，SYLK，TIFF/GeoTIFF，WAVE，X11－Bitmap 和 XWD 等。

同时提供了丰富的读写这些数据格式文件的过程和函数。详细用法请参阅 IDL Reference Guide (http://www.nwpup.com/www/down/oad.asp 上资料提供的 refguide.pdf)。

习　题

1. 练习 PRINT 和 READ 命令的使用方法。

2. 简述进行文件操作的基本步骤?

3. 练习 FILEPATH，FINDFILE，DIALOG_PICKFILE，GET_LUN，FREE_LUN，OPENR，OPENW，OPENU，FSTAT，CLOSE 的使用方法。

4. 练习 POINT_LUN，READF，READU，PRINTF，WRITEU，交互读取 ASCII 格式文件命令 ASCII_TEMPLATE 和 READ_ASCII，交互读取二进制格式文件命令 BINARY_TEMPLATE 和 READ_BINARY 的使用方法。

5. 什么是关联变量？简述关联变量的使用方法。

6. 试上机练习本章中所有例题，并分析其输出结果。

第 4 章　程序设计

IDL 6.3 给用户提供了三种不同的工作方式：命令执行方式、菜单操作方式和程序执行方式。IDL 6.3的所有命令均可以在命令行以交互方式使用。对于处理简单的数据处理问题，使用命令执行方式或者菜单操作方式极为方便；而对于复杂的数据处理问题，就需要在命令执行方式和菜单操作方式的配合下使用程序执行方式。

4.1　程序设计的基本结构

在程序设计过程中，为了使程序结构清晰，易读性强，常采用结构化程序设计方法，以提高程序设计的质量和效率。结构化程序一般由若干个基本结构组成，每一个基本结构可以包含一个或多个语句。

结构化程序的基本结构有三种：顺序结构、选择结构和循环结构。

4.1.1　顺序结构

顺序结构是指在程序执行过程中，根据程序中各条语句的先后排列顺序，依次执行每一条语句，具有这种结构的程序称为顺序结构化程序。顺序结构是程序中最简单、最常用和最基本的结构。

如果某程序中有语句序列 A 和语句序列 B，而且语句序列 A 在语句序列 B 之前，则在执行该程序时，先执行语句序列 A，然后再执行语句序列 B，即根据语句序列排列的先后顺序执行。其流程图可用图 4.1 表示。

【例 4.1】　编程序 Chapter04Average. pro，要求从键盘任意输入两个数据，然后计算它们的平均值，最后输出结果。程序如下：

```
; Chapter04Average. pro
    PRO Chapter04Average
    READ, PROMPT="请输入 X = ?", x
    READ, PROMPT="请输入 Y = ?", y
    Average = (x + y)/2
    PRINT, 'Average =', Average
END
```

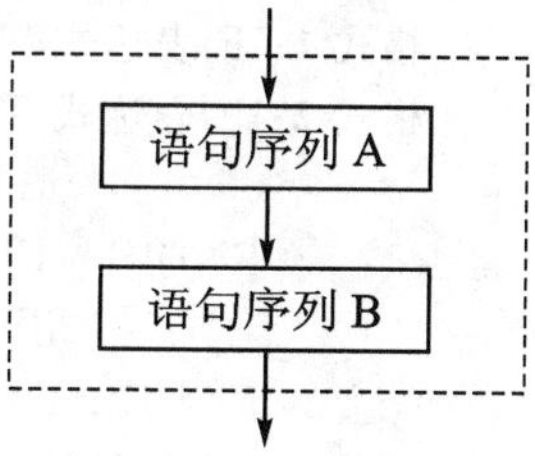

图 4.1　顺序结构流程图

4.1.2　选择结构

选择结构是指在程序运行过程中，程序中的某一段程序是否被执行取决于某个条件，若该条件满足了，就执行这段程序，否则这段程序将不被执行。具有这种结构的程序为选择结构程序。

如果某程序中有语句序列 A 和语句序列 B，而且当指定条件表达式的值为真时，则只执行语句序列 A；否则，则只执行语句序列 B。显然，该程序中是执行语句序列 A 还是语句序列 B，不是取决于这两个语句序列在该程序中的排列顺序，而是取决于条件表达式的值。选择结构的流程图可以用图 4.2 来表示。

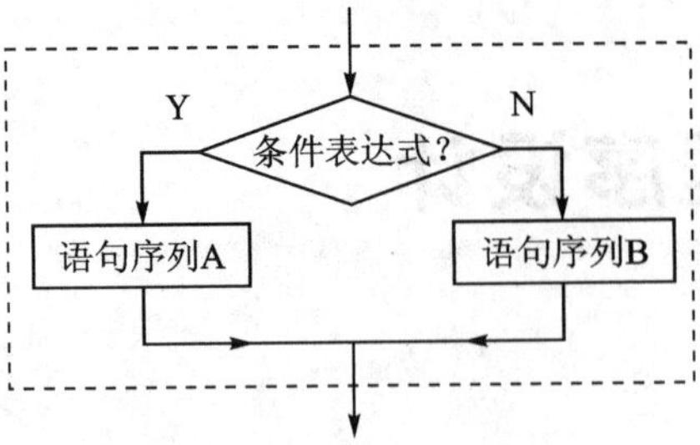

图 4.2 选择结构流程图

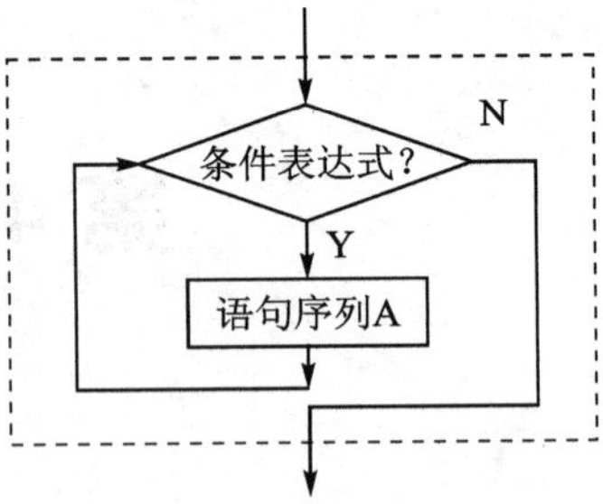

图 4.3 循环结构流程图

4.1.3 循环结构

循环结构是指在程序执行过程中，根据实际需要，程序中的某一段程序需要循环执行若干次，具有这种结构的程序称为循环结构程序。

如果某个程序中有语句序列 A，该语句序列 A 要根据指定条件表达式的值循环执行，直到条件表达式的值为假为止。显然语句序列 A 在程序执行过程中，要循环执行若干次。流程图如图 4.3 所示。

结构化程序设计的三种基本结构是进行程序设计的基础，合理地使用这三种基本结构，可以处理任何复杂的问题。需要强调的是，在今后的程序设计过程中，应当尽量采用结构化程序设计的方法。

4.2 程序设计的选择控制

在程序执行方式下，程序文件中的语句是按顺序执行的，而用户在实际程序设计过程中，有时需要控制程序的执行方向，即根据不同条件去执行不同的程序段，这时就必须使用相应的控制语句。IDL 6.3 系统提供了三种用于选择控制的语句：IF 语句、CASE 语句和 SWITCH 语句。

4.2.1 IF 语句

1. IF 语句

格式 1：IF 表达式 THEN 语句 1 [ELSE 语句 2]

格式 2：IF 表达式 THEN BEGIN

```
IF 表达式 THEN BEGIN
            语句序列 1
ENDIF [ ELSE BEGIN
            语句序列 2
ENDELSE]
```

功能：根据表达式的值，选择执行语句序列 1 和语句序列 2 二者之一(见图 4.2)。

说明：

1)表达式的值按逻辑值使用，其值为真或假。

2)执 IF 语句时，首先判断表达式的值，若该值为真，则执行语句序列 1；若该值为假，则执行语句序列 2。因此，在该语句执行过程中，两个语句序列只有一个而且只能有一个被执行。

3)在格式 2 中，IF 与 ENDIF，ELSE 与 ENDELSE 必须配对。

4)中括号[ ]表示该项为可选项。

【例 4.2】 编程序，计算并输出 y 的值，其中 x 的值要求从键盘任意输入。程序如下：

$$y=\begin{cases}5x^2+9 & x\leqslant 0\\ 5x^2-9 & x>0\end{cases}$$

```
; Chapter04SFunction. pro
PRO Chapter04SFunction
    READ, PROMPT='请输入 X = ? ', x
    IF x LE 0 THEN BEGIN
      y = 5 * x^2 + 9
    ENDIF ELSE BEGIN
      y = 5 * x^2 - 9
    ENDELSE
    PRINT, 'y = ', y
END
```

2. IF 语句的嵌套

IF 语句的嵌套是指把 IF 语句作为语句再放入 IF…ENDIF…ENDELSE 中的语句序列中使用。从而在一个 IF 语句中又套用了另一个 IF 语句，构成了 IF 语句的嵌套。由于 IDL 6.3 系统允许用户嵌套多层，因此，使用 IF 语句的嵌套给程序设计带来了方便。下面仅以两层嵌套的实例说明其用法。

格式:

```
IF 表达式 1 THEN BEGIN
        IF 表达式 2 THEN BEGIN
            语句序列 1
        ENDIF ELSE BEGIN
            语句序列 2
        ENDELSE
    ENDIF ELSE BEGIN
        IF <条件表达式 3> THEN BEGIN
            语句序列 3
        ENDIF ELSE BEGIN
            语句序列 4
        ENDELSE
    ENDELSE
```

功能:根据 3 个表达式的值来选择执行 4 个语句序列中的一个。

流程图如图 4.4 所示。

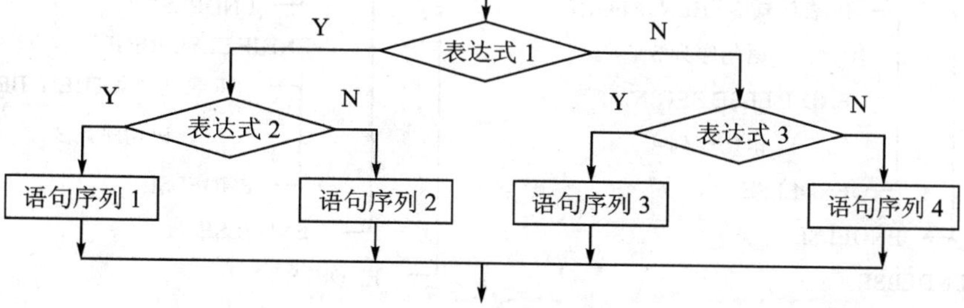

图 4.4　IF 语句嵌套流程图

【例 4.3】　编程序，计算并输出 y 的值，其中 x 的值要求从键盘任意输入。程序如下：

$$y=\begin{cases}3x^2-x+1 & x\leqslant -6\\ 5x^2-3x+1 & -6<x\leqslant -3\\ 7x^2 & -3<x\leqslant 3\\ 5x^2+3x+1 & 3<x\leqslant 6\\ 3x^2+x+1 & x>6\end{cases}$$

```
; Chapter04MS5Function. pro
PRO Chapter04MS5Function
READ, PROMPT="请输入 X = ?", x
IF x LE 3 THEN BEGIN
    IF x LE -6 THEN BEGIN
        y = 3 * x^2 - x + 1
    ENDIF ELSE BEGIN
        IF x LE -3 THEN BEGIN
            y = 5 * x^2 - 3 * x + 1
        ENDIF ELSE BEGIN
            y = 7 * x^2
        ENDELSE
    ENDELSE
ENDIF ELSE BEGIN
    IF x LE 6 THEN BEGIN
        y = 5 * x^2 + 3 * x + 1
    ENDIF ELSE BEGIN
        y = 3 * x^2 + x + 1
    ENDELSE
ENDELSE
PRINT, "y = ", y
END
```

图 4.5 给出了 IF 语句嵌套的另外两种常见格式，请读者分析该图的执行过程。

```
IF 表达式 1 THEN BEGIN
    语句序列 1
ENDIF ELSE BEGIN
    IF 表达式 2 THEN BEGIN
        语句序列 2
    ENDIF ELSE BEGIN
        IF 表达式 3 THEN BEGIN
            语句序列 3
        ENDIF ELSE BEGIN
            语句序列 4
        ENDELSE
    ENDELSE
ENDELSE
```

```
IF 表达式 1 THEN BEGIN
    IF 表达式 2 THEN BEGIN
        IF 表达式 3 THEN BEGIN
            语句序列 1
        ENDIF ELSE BEGIN
            语句序列 2
        ENDELSE
    ENDIF ELSE BEGIN
        IF 表达式 4 THEN BEGIN
            语句序列 3
        ENDELSE
    ENDELSE
ENDELSE
```

图 4.5 常见 IF 语句嵌套

4.2.2 CASE 语句

格式:CASE 表达式 OF

```
        表达式 1:BEGIN
                语句序列 1
            END
```

```
  ……
  表达式 n:BEGIN
          语句序列 n
        END
  [ ELSE :BEGIN
          语句序列 n+1
        END ]
ENDCASE
```

功能:根据表达式的值与表达式 1 到 表达式 n 中的每一个表达式的值相比较,来选择执行 n+1 个语句序列中的一个语句序列。

流程图如图 4.6 所示。

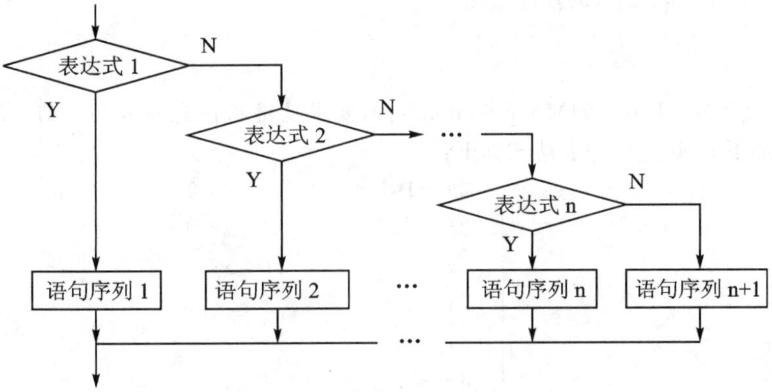

图 4.6　CASE 语句流程图

说明:

1)执行 CASE 语句时,先计算表达式的值,然后把该值依次与表达式 1 到 表达式 n 中的每一个表达式的值相比较,如果表达式的值与表达式 i(即第 i 个表达式)的值相等,则执行语句序列 i,然后转向执行 ENDCASE 后面的语句;如果表达式的值与表达式 1 到 表达式 n 中的每一个表达式的值均不相等,则执行 ELSE 中语句序列 n+1,然后转向执行 ENDCASE 后面的语句。

因此,在执行 CASE 语句的过程中,只有一个语句序列被执行,即表达式的值与第几个表达式的值相等,就只执行与它相应的语句序列,然后转向执行 ENDCASE 后面的语句;否则,则只执行语句序列 n+1,然后转向 ENDCASE 后面的语句。由此看出,CASE 语句像是一个单刀多掷开关,因此 CASE 语句又称为开关语句。用 CASE 语句来控制一对多的多分支条件判断极其方便,在大多数情况下可以代替 IF 语句的嵌套。

2)选项 ELSE…END 可以省略。但是若省略,而且表达式的值与表达式 1 到表达式 n 中的每一个表达式的值均不相等,则 CASE 语句会出现语法错误,因此在这种情况下要写上一个不包含任何语句的 ELSE,并且 ELSE 后边的冒号不能省略。

3)CASE 和第一个表达式之间不应安排任何语句。

4)CASE 与 ENDCASE 必须配对使用。

5)对于表达式 1,…,表达式 n 为关系表达式时,这是 CASE 后面的表达式一般是值为逻辑真的表达式,常常取值 1。

6)如果表达式 i 后面的 BEGIN …END 中的语句序列只有一个语句,则可以省略 BEGIN …END,而把该语句直接写在冒号的后面。

7)BEGIN…END 是一个程序块的开始和结束标示。用于建立一个程序控制块。

【例 4.4】　编程序 Chapter04Month. pro,输入 1 月到 12 月中的任意一个月份数字,输出该月份的英文单词。程序如下：

```
; Chapter04Month. pro
PRO Chapter04Month
READ, PROMPT="请输入月份(1 ，... ，12)：", m
CASE m of
    1 : PRINT, "January"      &    2 : PRINT, "February"
    3 : PRINT, "March"        &    4 : PRINT, "April"
    5 : PRINT, "May"          &    6 : PRINT, "June"
    7 : PRINT, "July"         &    8 : PRINT, "August"
    9 : PRINT, "September"    &    10 : PRINT, "October"
    11 : PRINT, "November"    &    12 : PRINT, "December"
    ELSE : PRINT, "输入的月份无效!"
ENDCASE
END
```

【例 4.5】 设计程序 Chapter04MS6Function. pro，要求从键盘任意输入一个值 x，计算并输出函数 $f(x)$ 的值，程序如下。其中 $f(x)$ 表达式如下：

$$f(x)=\begin{cases} 2x+1 & x<0 \\ 3x+2 & 0\leqslant x<1 \\ 4x+3 & 1\leqslant x<2 \\ 5x+4 & 2\leqslant x<3 \\ 6x+7 & 3\leqslant x<4 \\ 8x^2+1 & 4\leqslant x \end{cases}$$

```
; Chapter04MS6Function. pro
PRO Chapter04MS6Function
READ, PROMPT="请输入 X = ?", x
CASE 1 of
      x LT 0: y = 2 * x + 1
      x LT 1: y = 3 * x + 2
      x LT 2: y = 4 * x +3
      x LT 3: y = 5 * x + 4
      x LT 4: y = 6 * x + 7
      ELSE: y = 8 * x * x + 1
ENDCASE
PRINT, " f ( x ) = ", y
END
```

说明：1 被认为是真，所以按顺序与下面的关系表达式的值相匹配，相匹配的语句序列被执行。

4.2.3 SWITCH 语句

格式：SWITCH 表达式 OF

```
        表达式 1:BEGIN
                语句序列 1
              END
        ……
```

```
表达式 n:BEGIN
            语句序列 n
          END
[ELSE :BEGIN
            语句序列 n+1
         END ]
ENDSWITCH
```

功能:根据表达式的值与表达式 1 到 表达式 n 中的每一个表达式的值相比较,来选择执行 n+1 个语句序列中的一个或者多个语句序列。

流程图如图 4.7 所示。

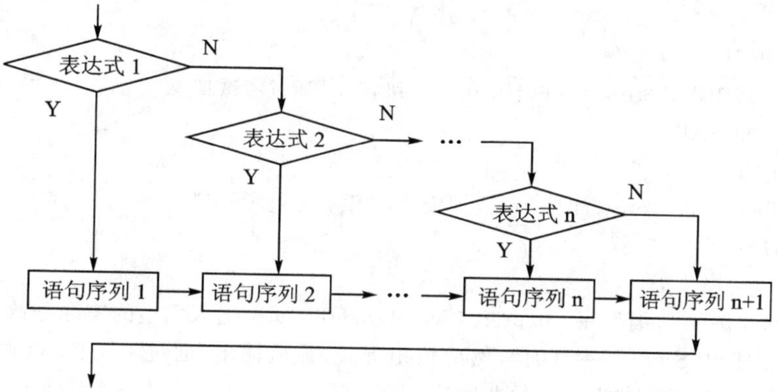

图 4.7　SWITCH 语句流程图

说明:

1)执行 SWITCH 语句时,先计算表达式的值,然后把该值依次与表达式 1 到表达式 n 中的每一个表达式的值相比较,如果表达式的值与表达式 i(即第 i 个表达式)的值相等,则执行从语句序列 i 到语句序列 n+1 之间的所有语句,然后转向执行 ENDSWITCH 后面的语句;如果表达式的值与表达式 1 到 表达式 n 中的每一个表达式的值均不相等,则执行 ELSE 中语句序列 n+1,然后转向执行 ENDSWITCH 后面的语句。

因此,在执行 SWITCH 语句的过程中,可能有一个或者多个语句序列被执行,即表达式的值与第几个表达式的值相等,就执行与它相应的语句序列和它后面的所有语句序列,然后转向执行 ENDSWITCH 后面的语句, 否则,则执行语句序列 n+1,然后转向 ENDSWITCH 后面的语句,由此看出,SWITCH 语句也像是一个单刀多掷开关,因此 SWITCH 语句也称为开关语句。用 SWITCH 语句来控制一对多的多分支的条件判断极其方便,在大多数情况下可以代替 IF 语句的嵌套。

2)选项 ELSE…END 可以省略。但是若省略,而且表达式的值与表达式 1 到 表达式 n 中的每一个表达式的值均不相等,则 SWITCH 语句不执行任何语句。

3)SWITCH 和第一个表达式之间不应安排任何语句。

4)SWITCH 与 ENDSWITCH 必须配对使用。

5)对于表达式 1,…,表达式 n 为关系表达式时,这时 CASE 后面的表达式一般是值为逻辑真的表达式,常常取值 1。

6)如果表达式 i 后面的 BEGIN …END 中的语句序列只有一个语句,则可以省略 BEGIN …END,而把该语句直接写在冒号的后面。

7)SWITCH 语句可以实现 CASE 语句的功能,但是每一个语句序列的最后一个语句必须是 BREAK 语句,其功能是跳出 SWITCH 语句,然后转向 ENDSWITCH 后面的语句。

【例 4.6】　编程序 Chapter04ScoreGrade. pro,输入学生成绩的等级 A,B,C,D,E,如果输入的是 A,B,C 和 D 级,则输出“Score >= 60!”,然后输出等级,最后输出“通过考试!”,否则输出“Score <=

60!”,然后输出等级,最后输出“没有通过考试!”。其中 A 表示优秀(90～100)、B 表示良好(80～89)、C 表示中等(70～79)、D 表示及格(60～69)、E 表示不及格(0～59)。程序如下:

```
; Chapter04ScoreGrade . pro
PRO Chapter04ScoreGrade
m = " "
READ, PROMPT="请输入等级(A , B, C, D, or E):", m
m = STRUPCASE(m)
SWITCH m of
    'A' :
    'B' :
    'C' :
    'D' : BEGIN
          PRINT,"Score>=60!", m + "级," , "通过考试!"
          BREAK
        END
    'E' : PRINT," Score<60!", m + "级,", "没有通过考试!"
ENDSWITCH
END
```

【思考题】 修改例 4.6,编程序 Chapter04ScoreGrade1 . pro,输入学生的实际分数,如果输入的分数大于等于 60 分,则输出“Score >= 60!”,然后输出等级,最后输出“通过考试!”,否则输出“Score <= 60!”,然后输出等级,最后输出“没有通过考试!”。

思考题答案,请参阅西北工业大学出版社网站上资料中的程序 Chapter04ScoreGrade1. pro。

【例 4.7】 使用 SWITCH 语句编写程序 Chapter04MS61Function. pro,要求实现程序的功能。程序如下:

```
; Chapter04MS61Function. pro
PRO Chapter04MS61Function
READ, PROMPT="请输入 X = ?", x
SWITCH 1 of
        x LT 0: BEGIN
                  y = 2 * x + 1  &  BREAK
                END
        x LT 1: BEGIN
                  y = 3 * x + 2  &  BREAK
                END
        x LT 2: BEGIN
                  y = 4 * x +3  &  BREAK
                END
        x LT 3: BEGIN
                  y = 5 * x + 4  &  BREAK
                END
        x LT 4: BEGIN
                  y = 6 * x + 7  &  BREAK
                END
        ELSE: BEGIN
```

```
        y = 8 * x * x + 1
      END
ENDSWITCH
PRINT, " f ( x ) = ", y
END
```

最后,IF 语句、CASE 语句和 SWITCH 语句均可以在另外的 IF 语句、CASE 语句和 SWITCH 语句中的语句序列中使用,从而构成多个选择语句之间的相互嵌套,形成复杂的嵌套结构,从而可以满足设计复杂程序的需要,提高程序设计的质量。

4.3　程序设计的循环控制

在程序设计过程中,使用顺序结构或选择结构时,则程序中每一条语句,至多只能被执行一次。如果用户需要让程序中某一段程序循环执行多次,则就需要使用循环语句。IDL 6.3 系统给用户提供了丰富的循环语句:WHILE…ENDWHILE,REPEAT…UNTIL,FOR…ENDFOR 以及有关的语句 BREAK,CONTINUE,RETURN 和 GOTO。

4.3.1　WHILE 语句

格式 1:WHILE 表达式 DO 语句

格式 2:WHILE 表达式 DO BEGIN

　　　　语句序列 A

　　ENDWHILE

功能:根据表达式的值,循环执行语句序列 A 若干次。

说明:

1)在格式 2 中,WHILE 和 ENDWHILE 必须配对出现。

2)执行 WHILE 语句时,先计算表达式的值,若该值为假,则跳过 WHILE 与 ENNWHILE 之间的语句序列 A,结束循环,执行 ENDWHILE 后面的语句;若该值为真,则执行语句序列 A,当遇到 ENDWHILE 时,就返回到 WHILE 处,再次计算表达式 的值,重复上述操作,一直到表达式的值为假。循环语句的流程图可以用图 4.3 表示。

3)使用循环语句时,一定要避免造成死循环。若出现死循环,则在循环体内必须包含有出口语句 BREAK 或者 GOTO 语句。

【例 4.8】 设计程序 Chapter04Sum1 000.pro,计算并输出 1 + 2 + … + 1 000。程序如下:

```
; Chapter04Sum1000.pro
PRO Chapter04Sum1000
sum = 0L & i = 1
WHILE i LE 1000 DO BEGIN
    sum = sum + i  &  i++
ENDWHILE
PRINT, '1 + 2 + … + 1000 = ', sum
END
```

4.3.2　CONTINUE 语句

格式:CONTINUE

功能:用在循环语句中,用于终止本次循环,转向 WHILE 进行下一次循环。

说明:CONTINUE 语句只能在循环语句中使用。在循环语句执行的过程中,若遇到 CONTINUE 语句,则 CONTINUE 和 ENDWHILE 之间的语句不再被执行,而直接返回到 WHILE,进行下一次循环。

循环语句 WHILE 和 CONTINUE 语句的组合格式如下:

格式:
```
WHILE 表达式 1 DO BRGIN
     语句序列 1
     IF 表达式 2 THEN BEGIN
          语句序列 2
          CONTINUE
     ENDIF
     语句序列 3
ENDWHILE
```

流程图如图 4.8 所示。

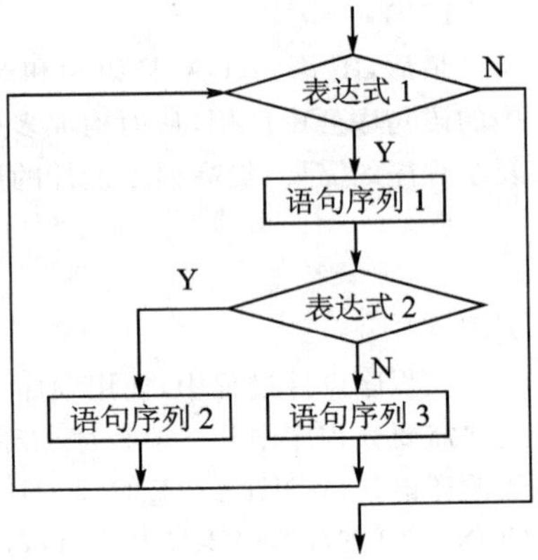

图 4.8 WHILE…CONTINUE 流程图

【例 4.9】 计算并输出 2 + 4 + … + 1 000,设计程序如下:

```
; Chapter04SumEven1000. pro
PRO Chapter04SumEven1 000
sum = 0L  &  i = 1
WHILE  i LE  1000  DO  BEGIN
    IF  i MOD  2  THEN  BEGIN
          i++  &  CONTINUE
    ENDIF
    sum = sum + i  &  i++
ENDWHILE
PRINT, '2+4+ … +1000 =', sum
END
```

4.3.3 BREAK 语句

格式:BREAK

功能:用在循环语句中。用于无条件退出包含该 BREAK 语句的最内层循环,转向执行该层循环语句 ENDWHILE 后面的语句。WHILE 和 BREAK 的组合格式如下:

格式:
```
WHILE 表达式 1 DO BEGIN
          语句序列 1
          IF  表达式 2
          语句序列 2
          BREAK
          ENDIF
     语句序列 3
ENDWHILE
```

流程图如图 4.9 所示。

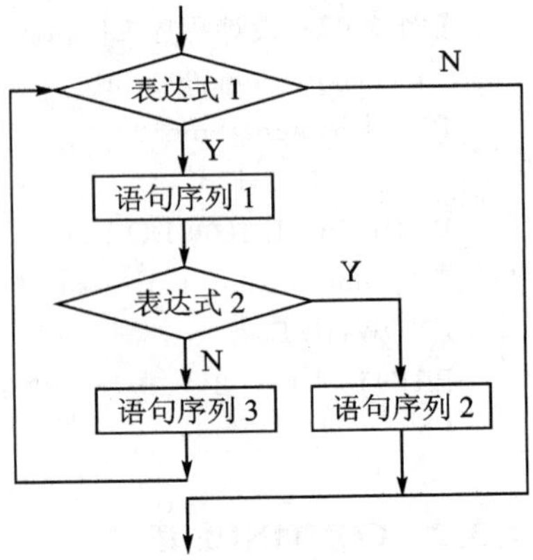

图 4.9 WHILE…BREAK 流程图

【例 4.10】 编程序 Chapter04MSum. pro,要求从键盘任意输入两个数,计算并输出这两个数的和;然后询问是否重复执行上述操作,直到不愿意执行为止。

```
; Chapter04MSum.pro
PRO Chapter04MSum
yn = "  "
WHILE 1 DO BEGIN
  READ,PROMPT="请输入 X=", x
  READ,PROMPT="请输入 Y=", y
  PRINT,x,"+",y,"=", x+y
  READ,PROMPT="继续吗?(Y/N):", yn
  IF STRUPCASE(yn) EQ "Y" THEN BEGIN
    CONTINUE
  ENDIF ELSE BEGIN
    BREAK
  ENDELSE
ENDWHILE
END
```

本例中的循环语句构成了死循环,但在循环语句内部用 BREAK 语句设置了出口。因此 BREAK 语句常用于给某些程序建立出口。

下面给出 WHILE 语句、CONTINUE 语句和 BREAK 语句的组合格式:

格式: WHILE 表达式 1 DO BEGIN
```
    语句序列 1
    IF 表达式 2 THEN BEGIN
        语句序列 2
        CONTINUE
    ENDIF
    语句序列 3
    IF 表达式 3 THEN BEGIN
        语句序列 4
        BREAK
    ENDIF
    语句序列 5
ENDWHILE
```

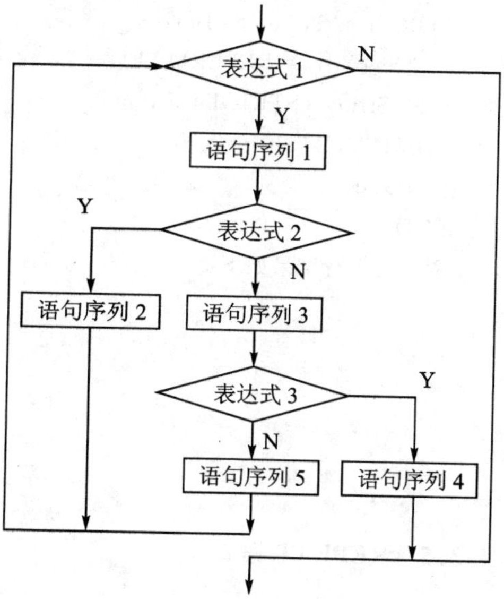

图 4.10 组合嵌套流程图

流程图如图 4.10 所示。

【思考题】 百钱买百鸡:如果公鸡 9 元 1 只,母鸡 6 元 1 只,小鸡 1 元 2 只,试编程序输出用 100 元钱买 100 只鸡的所有购买方案。

4.3.4 FOR 语句

格式 1: FOR 变量 = 初值,终值 [,步长] DO 语句

格式 2: FOR 变量 = 初值,终值 [,步长] DO BEGIN
```
        语句序列 A
    ENDFOR
```

功能: 用变量来控制循环次数,使语句序列 A 循环执行指定的次数。

说明：

1）变量用于控制循环的次数。

2）初值是指循环开始时，变量的初始值。

3）终值是指循环结束时，变量的终止值。

4）步长是指变量每次变化的长度；若步长为正，则终值必须大于初值，变量由小到大变化；若为负，则终值必须小于初值，变量由大到小变化；若省略步长，则默认为 1。

5）循环语句中语句序列 A(即循环体)的循环次数为(终值>0)INT((终值 − 初值)/ 步长)+1。

6）该语句的执行过程为(终值>0)：首先用初值给变量赋值，进行初始化，然后判断变量是否大于终值来决定是否继续执行程序。若不成立，则变量的值按照步长自动增加，并且返回，继续判断变量是否大于终值…，重复上述过程；若成立，即变量大于终值，则结束循环。流程图如图 4.11 所示。

【例 4.11】 编程序 Chapter04Graphics. pro，用 FOR…ENDFOR 语句输出下面图形，其中最底层为 15 个 *。程序如下：

```
; Chapter04Graphics. pro
PRO  Chapter04Graphics
FOR  i = 1, 15 DO BEGIN
  StringArray=REPLICATE(" * ",i)
  MyString=STRJOIN(StringArray)
  PRINT, MyString
ENDFOR
END
```

程序的运行结果如下：

```
*
*  *
*  *  *
  …  …
*  * …  *  *
```

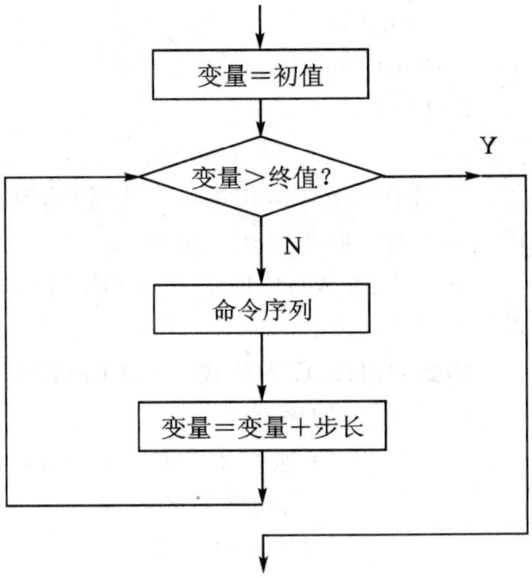

图 4.11　FOR…ENDFOR 流程图

4.3.5　REPEAT 语句

格式 1：REPEAT 语句 UNTIL 表达式

格式 2：REPEAT BEGIN

　　语句序列

　　ENDREP UNTIL 表达式

功能：循环执行语句序列若干次，直到表达式的值为真，结束循环。

说明：

1）REPEAT 语句的执行过程为先执行语句序列，然后判断表达式的值，如果表达式的值为假，则返回继续循环执行语句序列；如果表达式的值为真，则结束循环。流程图如图 4.12 所示。

2）REPEAT 语句中的语句序列至少执行一次。

3）格式 2 中 REPEAT 与 ENDREP 必须配对。

【例 4.12】 设计 Chapter04MMul. pro，要求任意输入两个数，计算并输出这两个数的乘积；然后询问是否重复执行上述操作，直到输入 N 结束。程序如下：

```
; Chapter04MMul.pro
PRO   Chapter04MMul
yn = "  "
REPEAT BEGIN
    READ, PROMPT = "请输入 X = ?", x
    READ, PROMPT = "请输入 Y = ?", y
    PRINT, x , " * " , y , " = " , x * y
    READ, PROMPT = "继续计算吗?(Y or N):", yn
    yn = STRUPCASE(yn)
ENDREP UNTIL yn EQ "N"
END
```

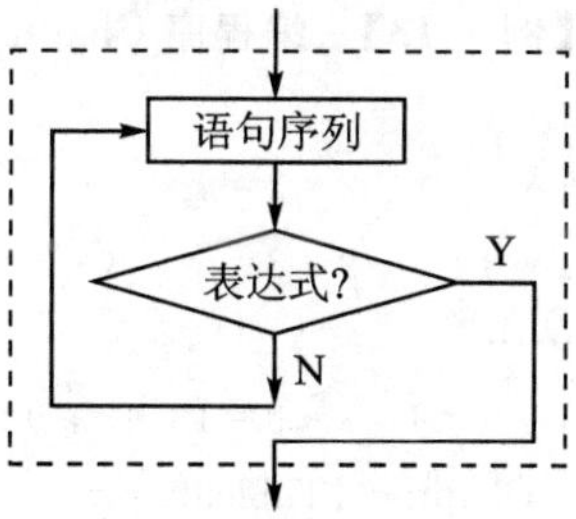

图 4.12　REPEAT 语句流程图

4.3.6　循环语句的嵌套

循环语句的嵌套是指循环语句作为语句可以在另外的循环语句中的语句序列中使用，构成在一个循环语句中包含另外一个或多个循环语句的程序结构。使用循环语句的嵌套结构，使得程序设计的方法非常灵活、方便。循环语句的嵌套允许嵌套多层，下面仅仅给出 WHILE 语句的 3 层嵌套的格式，其他嵌套形式请读者自行给出。

格式：

```
WHILE 表达式 1 DO BEGIN
          语句序列 1
      WHILE 表达式 2 DO BEGIN
              语句序列 2
              WHILE 表达式 3 DO BEGIN
                      语句序列 3
              ENDWHILE
      ENDWHILE
ENDWHILE
```

说明：

1)循环语句嵌套时，WHILE 和 ENDWHILE 必须一一配对。而且各对 WHILE… ENDWHILE 之间要完全嵌套或者平行使用，不允许出现交叉。

2)上述各种选择语句和循环语句之间也可以相互嵌套，这样就构成了更丰富的程序结构。请读者自己总结。注意：在语句之间相互嵌套时，不能出现交叉，图 4.13 给出了合法和非法的嵌套结构，其中图 4.13(a)、(b)所示为合法结构，图 4.13(c)、(d)所示为非法结构。

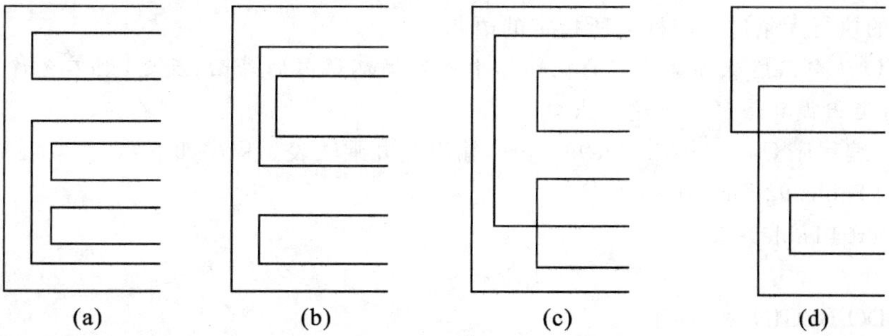

图 4.13　控制语句的嵌套与交叉结构

【例 4.13】 编程序 Chapter04Table99.pro,输出下列九九乘法表。程序如下:

```
1*1=1
1*2=2  2*2=4
1*3=3  2*3=6   3*3=9
……
1*9=9  2*9=18  3*9=27  4*9=36  5*9=45  6*9=54  7*9=63  8*9=72  9*9=81
```

```
; Chapter04Table99.pro
PRO Chapter04Table99
  i = 1
  WHILE  i  LT  10  DO  BEGIN
    j = 1
    WHILE  j  LE  i  DO  BEGIN
        PRINT,j,'*',i,'=',i*j, FORMAT='(4X,I1,1X,A1,1X,I1,1X,A1,1X,I2,$)'
        j = j +1
    ENDWHILE
    PRINT, FORMAT = '( / )'
    i = i +1
  ENDWHILE
END
```

注意:语句 PRINT, FORMAT= '(/)',可以用 PRINT 代替。请读者自己比较运行结果。

该例(例 4.13)的程序还可以用 FOR…NEXT 语句编写。程序如下:

```
; Chapter04Table991For.pro
PRO Chapter04Table991For
  FOR  i = 1, 9  DO  BEGIN
    FOR j = 1, i DO  BEGIN
      PRINT,j,'*',i,'=',i*j,FORMAT='(4X,I1,1X,A1,1X,I1,1X,A1,1X,I2,$)'
    ENDFOR
    PRINT
  ENDFOR
END
```

4.3.7 GOTO 语句

格式:GOTO,标号

功能:程序的执行无条件转向标号所指定的语句。

说明:GOTO 语句只能从循环语句的循环体中转到循环语句的外面;反之,则不允许。另外,GOTO 语句常用于强行退出循环语句或者建立出口。

【例 4.14】 编程序 Chapter04Table992.pro,输出九九乘法表。程序如下:

```
; Chapter04Table992For.pro
PRO Chapter04Table992For
i = 1
WHILE 1 DO BEGIN
    IF i GT 9 THEN GOTO, MyLabel
```

```
    FOR j = 1, i DO BEGIN
        PRINT,j,'*',i,'=',i*j,FORMAT='(4X,I1,1X,A1,1X,I1,1X,A1,1X,I2,$)'
    ENDFOR
    PRINT    &    i++
ENDWHILE
MyLabel: PRINT,'九九乘法表输出结束!'
END
```

4.4 自定义函数

IDL 6.3 系统为用户提供了几百个系统函数，这些函数均有自己的功能，为用户的程序设计带来了很大的方便。但有时这些函数仍然满足不了用户的需要，为此，IDL 6.3 系统允许用户根据实际需要自己定义具有特定功能的函数。

4.4.1 自定义函数的概念

IDL 6.3 允许用户使用的函数可分为标准库函数(内部函数)和自定义函数。

内部函数是指 IDL 6.3 系统内部提供给用户的函数。自定义函数是指用户根据实际需要自己定义的具有特定功能的函数。自定义函数一般用于实现一个特定的功能，因此自定义函数本身就是使用 IDL 6.3语句编写的程序文件，即自定义函数既可以以独立的程序文件的形式存储在磁盘上(这时程序文件的主文件名就是自定义函数的函数名)；也可以直接建立在程序文件中，这时需要在自定义函数内容的前面用 FUNCTION 标识加以说明。

4.4.2 自定义函数的建立

自定义函数可分为无参自定义函数和有参自定义函数。无参自定义函数是指在函数调用时不需要传递数据的函数；有参自定义函数是指在函数调用的同时，还需要传递一些具体数据的函数。

无参自定义函数的一般形式如下：

```
FUNCTION 函数名
    语句序列
    RETURN ,表达式
END
```

有参自定义函数的一般形式如下：

```
FUNCTION 函数名 [,参数 1,…,参数 n] [,关键字 1,…,关键字 n]
    命令序列
    RETURN, 表达式
END
```

说明：根据自定义函数的结构形式可知，自定义函数的结构是由 FUNCTION 语句、函数体、RETURN 语句和 END 语句 4 个部分组成，其中各部分的用法如下：

1)函数的格式必须以 FUNCTION 作为第一个可执行语句开始，以 END 为结束语句。

2)FUNCTION 语句：该语句必须放在开头，用于定义函数名、参数和关键字，以便在函数调用时接受所传递的各个参数和关键字的值。其中参数 1，…，参数 n 为形式参数，简称形参。关键字 1，…，关键字 n 为形式关键字，简称形字。

3)函数体:函数体是由若干条语句组成的程序段,用来完成各种数据运算。

4)RETURN 语句:自定义函数是通过 RETURN 语句返回一个函数值,格式如下:

RETURN ,表达式

5)END 语句:自定义函数的结束标志。

6)函数如果以文件的方式保存,则保存函数的文件名的主文件名必须与 FUNCTION 后的函数名相同,文件的主文件名就是自定义函数的函数名,文件的扩展名可以省略。若省略,则系统会自动加上默认扩展名. PRO。

注意:过程也可分为无参过程和有参过程,其格式与函数基本相同,不同之处是只需把 FUNCTION 改为 PRO 即可。

自定义函数是一种特殊类型的过程,它与一般过程的区别是自定义函数的最后一个语句要返回一个函数值。因此自定义函数的建立方法与程序文件的建立方法完全相同。

4.4.3 自定义函数的调用

调用自定义函数的一般格式如下;

格式 1:函数名()

功能:调用无参自定义函数。

格式 2:函数名(参数 1,…,参数 n [,关键字 1,…,关键字 n])

功能:调用有参自定义函数。

说明:

1)函数名是建立自定义函数时的程序文件名。注意不要带扩展名。

2)参数 1,…,参数 n 为实际参数(简称实参),是多个表达式。在函数调用时,必须有确定的值,各个实参之间用逗号分开。

3)实参的个数要与形参的个数相等,顺序必须相一致,而且各实参的数据类型与相应的形参的数据类型要一致。

4)关键字 1,…,关键字 n 为实际关键字(简称实字),是短语动词或者表达式。在函数调用时,实字是可选项,选择时必须有确定的值,各个实字之间用逗号分开。

5)自定义函数的函数值是 RETURN 语句带回的表达式的值,其函数值的类型是带回的表达式的值的类型。

注意:过程的调用方法和格式与函数基本相同,不同之处是只需把参数 1,…,参数 n [,关键字 1,…,关键字 n]直接放在过程名的后面即可,即

过程名,实参 1,…,实参 n [,实字 1,…,实字 n]

【例 4.15】 编写自定义函数 Chapter04MyFactorial(n) = n!,计算并输出 0 ~ 9 的阶乘,程序名为 Chapter04Factorial09. pro。Chapter04MyFactorial(n)的程序(Chapter04Factorial. pro)清单如下:

```
; Chapter04MyFactorial. pro
FUNCTION Chapter04MyFactorial, n
y = 1LL
IF  n EQ 0  THEN BEGIN
    y = 1LL
ENDIF ELSE BEGIN
    FOR i = 1, n DO BEGIN
        y = y * i
    ENDFOR
ENDELSE
```

```
RETURN, y
END
```

Chapter04Factorial09. pro 程序清单如下：

```
; Chapter04Factorial09. pro
PRO Chapter04Factorial09
FOR i = 0, 9 DO BEGIN
    PRINT, i , " ! = ", Chapter04MyFactorial ( i )
ENDFOR
END
```

该程序的运行结果如下：

```
        0 ! =                  1
        1 ! =                  1
        ……
        9 ! =                  362880
```

4.5　参数和关键字

IDL 6.3 的过程和函数可以接受两种类型的数据，即参数和关键字。

4.5.1　参数

参数是在函数和过程相互调用时，进行相互传输和交换的数据。因此参数的功能主要用于实现数据在过程和函数之间的相互传递。正确使用参数是程序设计的关键。

参数的定义是在设计函数和过程时定义的。参数的定义语法如下：

```
PRO 过程名,参数 1,…,参数 n
  语句序列
END
FUNCTION 函数名,参数 1,…,参数 n
  语句序列
  RETURN,表达式
END
```

定义参数应该有以下要求：

(1)参数一般要有确定的顺序和类型。

(2)参数在定义时可以没有确定的值，而只需要定义其类型和位置。

(3)参数在定义时可以是变量、数组、结构、指针或对象。

参数的使用一般是在函数和过程的相互调用时，参数的使用应该有以下要求：

(1)参数在使用时，一般是必选项。

(2)参数在使用时，可以是有确定值的常量、变量、函数、数组、结构、指针或对象，或者由它们组成的有确定值的表达式。

(3)参数在使用时，必须先定义，再使用。

(4)参数在使用时，参数的个数、类型和顺序要和定义时保持一致。

4.5.2　关键字

关键字是在函数和过程相互调用时，进行相互传输和交换的数据或者进行运行环境设置。因此关键字的功能也主要用于实现数据在过程和函数之间的相互传递或者使某些运行环境配置生效。关键字可以是开关数据。正确使用关键字是程序设计的关键。

关键字的定义是在设计函数和过程时定义的。关键字的定义语法如下：

```
PRO　过程名,关键字 1 = 关键字变量 1,…,关键字 n = 关键字变量 n
    语句序列
END
FUNCTION 函数名,关键字 1 = 关键字变量 1,…,关键字 n = 关键字变量 n
    语句序列
    RETURN,表达式
END
```

说明：等号左边的是关键字名字，也是在调用函数和过程时，在函数和过程的名称后直接使用的关键字的名字；等号右边是在过程和函数中关键字所赋的值，也是在过程和函数内部的语句序列中所使用的变量。

例如：在过程 ImageOut. pro 中，定义关键字 ColorTable。其定义和使用方法如下：

```
PRO　ImageOut, LookHere, ColorTable = ThisColorTable
      ……
      ThisColorTable = ThisColorTable + 10
      ………
END
```

调用方法：

IDL>ImageOut, 'C:\Data', ColorTable = 3

定义关键字应该有以下要求：

(1)关键字一般要满足确定的类型。

(2)关键字的顺序一般是任意的。

(3)关键字在定义时可以没有确定的值，而需要确定其类型。

(4)关键字在定义时可以是变量、数组、结构、指针或对象。

关键字的使用一般是在函数和过程的相互调用时，使用关键字应该满足以下要求：

(1)关键字在使用时，一般是可选项。

(2)关键字在使用时，可以是有确定值的常量、变量、函数、数组、结构、指针或对象，或者由它们组成的有确定值的表达式。

(3)关键字在使用时，必须先定义，再使用。

(4)关键字在使用时，其类型要和定义时保持一致。

(5)关键字在使用时，其个数可以比定义时少。

(6)关键字在使用时，其顺序可以和定义时不一致，而且其顺序是可以任意的。

例如：显示结构 MyStruct={a:1,b:2}的信息，可以使用 HELP 命令。试分析如下结果：

IDL>MyStruct = {a: 1, b: 2}

IDL>HELP, MyStruct

IDL>HELP, MyStruct, /STRUCTURE

在该例中，MyStruct 是 HELP 的实参，/STRUCTURE 是 HELP 的开关关键字。

例如：输出数组 MyArray=[1,2,3,4]的值，可以使用 PRINT 命令。试分析如下结果：

IDL>MyArray=[1,2,3,4]

IDL>PRINT, MyArray

IDL>PRINT, MyArray, FORMAT='(4I20)'

在该例中，MyArray 是 PRINT 的实参，FORMAT= '(4I20)' 是 PRINT 的格式关键字。

4.5.3　参数和关键字的传递

函数和过程在相互调用时，参数和关键字的传递方式是传输和交换数据的关键。正确使用和掌握它们的传递方式是程序设计的关键。

为了更好地说明参数和关键字的传递过程，首先介绍数据的值、数据的地址和数据单元的概念。

数据的值：数据本身的值的大小和类型。例如：10，20.26，'My Cat!'等。

数据的地址：内存中用于存放数据的值的内存单元的地址。

数据单元：数据的值和数据的地址作为一个整体称为数据单元。

例如：MyVar＝10.26 是指在内存中申请一个内存单元（4 个字节）用于存放 10.26。其中，10.26 是存放在该内存单元中的数据的值；内存单元的地址是数据 10.26 的地址。

在 IDL 6.3 中，用于存放数据的变量名、数组名、结构名和指针均代表数据的地址。常量、数组元素、结构的成员、和表达式（在这里不包含变量）均代表数据的值。

参数和关键字的传递方式分为按值传递和按地址传递两种方式。

参数和关键字的按值传递是指在调用函数和过程时，仅仅把参数和关键字的值传递给相应函数和过程的形参。在函数和过程运行的过程中，所有对参数和关键字的操作，在函数和过程调用结束后不影响参数和关键字的原值。

按值传递的数据有常量、数组元素、结构的成员、系统变量和表达式（在这里不包含变量）。

参数和关键字按地址传递是指在调用函数和过程时，把参数和关键字的地址传递给相应函数和过程的形参。在函数和过程运行过程中，所有对参数和关键字的操作，在函数和过程调用结束后，将直接影响参数和关键字的原值。即改变后的值，在调用结束后将替代参数和关键字的原值。因此按地址传递可以返回调用过程中产生的中间结果。

按地址传递的数据有变量名、数组名、结构名和指针等。

【例 16】　使用过程 Chapter04Square.pro 实现按值传递和按地址传递，分析如下程序。

```
; Chapter04Square.pro
PRO   Chapter04Square, Argument
      Argument = Argument * Argument
END
IDL>MyArray = [1, 2, 3, 4]
IDL>Chapter04Square, MyArray                ;按地址传递
IDL>PRINT, MyArray
```

运行结果如下：

```
        1        4        9        16
```

```
IDL>MyArray = [1, 2, 3, 4]
IDL>Chapter04Square, MyArray[0 : 3]         ;按值传递
IDL>PRINT, MyArray
```

运行结果如下：

```
        1        2        3        4
```

4.5.4　参数和关键字的检测

在设计函数和过程时，为了保证参数和关键字在使用时有意义，常常需要对它们进行检测，并且进行

处理或者初始化。

检测函数和过程的参数和关键字的程序包括：N_PARAMS( )，N_ELEMENTS( )，SIZE( )，ARG_PRESENT( )，KEYWORD_SET( )，MESSAGE。其用法如下：

格式：N_PARAMS( )

功能：返回参数的个数。

注意：不包括关键字。

格式：N_ELEMENTS(变量 | 数组名)

功能：返回变量或者数组中元素的个数。

注意：0 表示没有定义。

格式：SIZE(变量 [, /L64] [, /DIMENSIONS | ,/N_DIMENSIONS |
, /N_ELEMENTS | , /STRUCTURE | , /TYPE])

功能：返回变量的类型和大小等信息。详细用法请参阅 2.7.3 节。

格式：ARG_PRESENT(变量)

功能：测试变量存在性。如果变量存在，并且按地址传递，则返回真(1)。

格式：KEYWORD_SET(变量)

功能：如果变量被定义，并且其值非零，则返回真(1)；否则返回假(0)。

格式：MESSAGE, ' 提示信息字符串 ' [, /CONTINUE]

功能：显示指定的提示信息字符串的内容，并中断运行。

说明：选项/CONTINUE 的功能是显示提示信息字符串之后，继续运行程序。

4.5.5 特殊关键字

在设计函数和过程时，IDL 允许使用两个特殊关键字：_EXTRA 和_REF_EXTRA。用法格式如下：

_EXTRA = EXTRA_KEYWORDS

_REF_EXTRA = EXTRA_KEYWORDS

_EXTRA 和_REF_EXTRA 的功能：在设计函数和过程时，如果需要调用另外一个已建立好的程序，而且又需要保留该程序中原有的关键字仍然生效。这时就需要在新设计的函数或者过程中使用特殊关键字_EXTRA 或者_REF_EXTRA。

_EXTRA 和_REF_EXTRA 的使用方法如下：

```
;PeopleProcedure.pro
PRO PeopleProcedure ,Name ,Time = WorkTime ,Score = WorkScore
    语句序列
END
;MyProcedure.pro
PRO MyProcedure ,MyName ,_EXTRA = EXTRA_KEYWORDS
    语句序列 A
    PeopleProcedure ,MyName ,_EXTRA = EXTRA_KEYWORDS
    语句序列 B
END
```

说明：过程 PeopleProcedure.pro 定义了一个参数 Name 和两个关键字 Time 和 Score。对于过程 MyProcedure.pro，由于使用了特殊关键字 _EXTRA，而且在该过程的内部调用了已知过程

PeopleProcedure.pro，所以 PeopleProcedure.pro 中关键字 Time 和 Score 在 MyProcedure 中仍然有效。

假设 MyName='Happy You'，Time='2005/01/30'和 Score=96，则可以使用如下命令调用过程 MyProcedure.pro：

```
IDL>MyProcedure, 'Happy You', Time = '2005/01/30', Score=96
```

_EXTRA 和_REF_EXTRA 的传递方式：

_EXTRA 是按值传递，_REF_EXTRA 是按地址传递。

【例 4.17】 设计程序 Chapter04MyPlot.pro，使其拥有 Plot 命令的所有关键字和功能，同时添加一个关键字 Name，并且在调用时能够输出调用时传入的姓名和系统时间。程序如下：

```
; Chapter04MyPlot.pro
PRO Chapter04MyPlot, x, y, Name=Name, _EXTRA = EXTRA_KEYWORDS
    IF (N_PARAMS() NE 2) THEN MESSAGE , '使用格式为:Chapter04MyPlot, x, y '
    IF (N_ELEMENTS(x) EQ 0) THEN MESSAGE , '参数 x 没有定义! '
    IF (N_ELEMENTS(y) EQ 0) THEN MESSAGE , '参数 y 没有定义! '
    IF (N_ELEMENTS(name) EQ 0) THEN Name = ' Happy You '
    PLOT, x, y, _EXTRA = EXTRA_KEYWORDS
    Date = SYSTIME()
    XYOUTS, 0.0, 0.0, Name, align = 0.0, /NORMAL
    XYOUTS, 1.0, 0.0, Date, align = 1.0, /NORMAL
END
```

利用程序 Chapter04MyPlot.pro 绘制正弦曲线。操作如下：

```
IDL>x = FINDGEN(200) * 0.1
IDL>Chapter04MyPlot, x, SIN(x), XRANGE=[0,15], XTITLE='X', YTITLE='SIN(X)'
```

4.6 程序的相互调用

IDL 6.3 提供了命令行程序、包含文件、批处理文件、日志文件、函数、过程、过程文件和主程序等多种程序操作方式。因此，在程序设计过程中，这些程序之间可以相互调用，从而设计出高质量的功能强大的程序。

4.6.1 程序的调用

若包含文件、批处理文件、日志文件、函数、过程和主程序所对应的程序分别如下：

MyIncludeFile.inc　　MyBatchFile.pro

MyJournalFile.pro　　MyFunctionFile.pro

MyProcedureFile.pro　　MyMainFile.pro（注意：一个应用系统只允许有一个主程序）

则它们的调用方法如下（详细用法请参阅 1.9 节）：

```
@MyIncludeFile.inc
@MyBatchFile
@MyJournalFile
MyFunctionFile( 实参 1,…,实参 n [,实字 1,…,实字 n])
MyProcedureFile,实参 1,…,实参 n [,实字 1,…,实字 n]
.GO 或.RUN 或.RNEW（注意：主程序只能调用其他程序，反之，不可以）
```

4.6.2 程序的嵌套调用

程序的嵌套调用是指在第 1 个过程调用第 2 个过程时，允许第 2 个过程继续调用第 3 个过程，依次进行有限次调用，这种关系称为过程的嵌套调用。IDL 6.3 系统允许过程嵌套调用的层数没有限制。程序嵌套调用的示意图如图 4.14 所示。

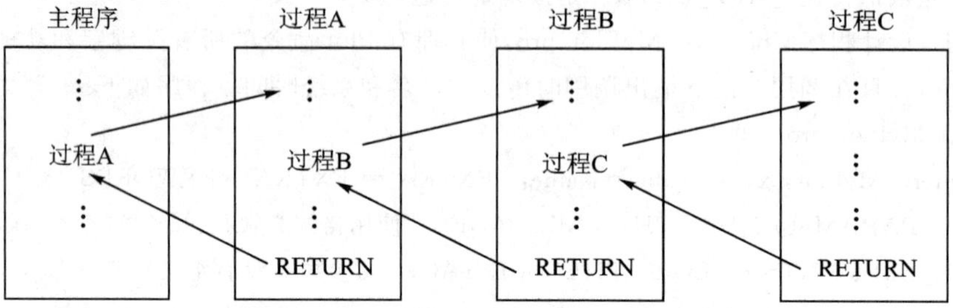

图 4.14 程序嵌套调用的示意图

图 4.14 给出的是 3 个过程嵌套调用的示意图，每一个过程均使用 RETURN 语句返回到上一层调用语句的下一条语句处。RETURN 语句在过程中的用法如下：

格式：RETURN

功能：终止该程序的运行，返回到上一层调用程序中调用语句的下一条语句。

过程的嵌套调用均可以使用无参调用或者有参调用，具体用法同前述。另外，在程序调用过程中一定要注意参数和关键字的传递是值传递还是传递地址。

4.6.3 程序的相互调用

设计一个完整的应用系统时，程序之间的相互调用方法为主程序调用其他程序（主程序也可以是一个主控过程），其他程序之间相互调用（主程序也可以是一个过程）。具体操作：主程序（或者主控过程）调用一级功能模块；一级功能模块再调用二级功能模块；……；第 N 级功能模块再调用 N+1 级功能模块；依此类推。

【例 4.18】 分别用无参函数和有参函数，打印下面图形（每行 16 个星，共 15 行）。

```
* * * * * * * * * * * * * * * *
* * * * * * * * * * * * * * * *
   …     …     …     …
* * * * * * * * * * * * * * * *
```

无参过程程序清单如下：

```
; Chapter04GraphicsMain.pro
PRO  Chapter04GraphicsMain
    i = 1
    WHILE  i LE 15 DO BEGIN
        TempString = STRJOIN(REPLICATE(' ', i,1))
        PRINT, TempString + Chapter04GraphicsStar()   &   i =i +1
    ENDWHILE
END
```

函数如下：

```
; Chapter04GraphicsStar.pro
```

```
FUNCTION  Chapter04GraphicsStar
    RETURN, STRJOIN(REPLICATE('*', 16,1))
END
```

有参过程程序清单如下：

```
; Chapter04GraphicsParaMain. pro
PRO  Chapter04GraphicsParaMain
    FOR i= 1, 15 DO BEGIN
        PRINT, Chapter04GraphicsParaStar(i)
    ENDFOR
END
```

函数 Chapter04GraphicsParaStar. pro 如下：

```
; Chapter04GraphicsParaStar. pro
FUNCTION Chapter04GraphicsParaStar, n
    TempString1 = STRJOIN(REPLICATE(' ', n,1))
    TempString2 = STRJOIN(REPLICATE('*', 16,1))
    RETURN, TempString1 + TempString2
END
```

【例 4. 19】 利用有参过程调用,计算任意一个长方体的体积。主控程序如下：

```
; Chapter04CubeVolumeMain. pro
PRO  Chapter04CubeVolumeMain
    TempVolume = 0
    READ, PROMPT = "请输入长方体的长 x = ?", x
    READ, PROMPT = "请输入长方体的宽 y = ?", y
    READ, PROMPT = "请输入长方体的高 z = ?", z
    Chapter04CubeVolume, x, y, z, TempVolume
    PRINT, "Cube Volume = " , TempVolume
END
```

计算长方体体积的过程 Chapter04CubeVolume. pro 如下：

```
; Chapter04CubeVolume. pro
PRO  Chapter04CubeVolume, Length, Width, Hight, Volume
    Volume = Length * Width * Hight
END
```

【例 4. 20】 设计程序 Chapter04Algrithm. pro,分别调用加函数 Chapter04Plus. pro、减函数 Chapter04Minus. pro 和乘函数 Chapter04Product. pro,实现数据的加、减和乘运算。要求数据从键盘输入,按 Y 继续运算,按其他键退出。程序清单如下：

```
; Chapter04Algrithm. pro
PRO  Chapter04Algrithm
yn = " "
REPEAT BEGIN
    READ,  PROMPT = "请选择运算方式(1— 加, 2— 减, 3— 乘 ):", n
    IF n EQ 1 || n EQ 2 || n EQ 3 THEN BEGIN
        READ, PROMPT = "请输入 X = ?", x
        READ, PROMPT = "请输入 Y = ?", y
        CASE x OF
            1: PRINT, x, '+', y, '=', Chapter04Plus(x, y)
```

```
            2: PRINT, x, '-', y, '=', Chapter04Minus(x, y)
            3: PRINT, x, '*', y, '=', Chapter04Product(x, y)
        ENDCASE
    ENDIF ELSE BEGIN
        PRINT, " 选择运算方式错误!"
    ENDELSE
    READ, PROMPT = "继续计算吗?(Y or N):", yn
    yn = STRUPCASE(yn)
ENDREP UNTIL yn NE "Y"
END
; Chapter04Plus.pro
FUNCTION Chapter04Plus, m , n
    RETURN, m + n
END
; Chapter04Minus.pro
FUNCTION Chapter04Minus, m , n
    RETURN, m - n
END
; Chapter04Product.pro
FUNCTION Chapter04Product, m , n
    RETURN, m * n
END
```

4.7 全程变量和局部变量

根据数据在程序执行过程中的作用范围,变量又可分为全程变量和局部变量。

4.7.1 全程变量

全程变量是指在整个程序运行过程中,始终有效的变量。

IDL 6.3 给用户提供了两种类型的全程变量:系统变量和公共变量。

系统变量的用法见 2.3.1 节。

公共变量的用法见 4.7.3 节。

系统变量根据其读写性可以分为只读系统变量和读写系统变量。

系统变量根据其来源可以分为内部系统变量和自定义系统变量。

系统变量(包括内部系统变量和自定义系统变量)在整个 IDL 6.3 环境中的任何程序中均可以直接使用。对于只读系统变量,则用户只能使用其值,而不能改变其值;对于读写系统变量,则用户既可以使用其值,也可以改变其值。

【例 4.21】 设计程序 Chapter04TestSearchPath.pro,测试 IDL 6.3 的搜索路径。如果 D:\IDL\JTIDL63 在搜索路径中,则输出"目录在搜索路径中!";否则输出"目录不在搜索路径中!"。如果不在,则询问是否把该目录添加到 IDL 6.3 的搜索路径中,按 Y 添加,并输出"目录已经添加到搜索路径中!"和搜索路径;按其他键不添加,并输出"目录没有添加到搜索路径中!"。程序如下:

```
; Chapter04TestSearchPath.pro
PRO    Chapter04TestSearchPath
```

```
    MyPath = 'D:\IDL\JTIDL63'
    MyExist = STRPOS( ! Path, MyPath)
    IF  MyExist NE -1  THEN  BEGIN
        PRINT,'目录在搜索路径中!'  &  PRINT,! PATH
    ENDIF  ELSE  BEGIN
        PRINT,'目录不在搜索路径中!'
        yn = ''
        READ, PROMPT = "添加目录吗? (Y or N):", yn
        yn = STRUPCASE(yn)
        IF yn EQ "Y" THEN BEGIN
            ! PATH = ! PATH + ';' + MyPath
            PRINT,'目录已经添加到搜索路径中!'  &  PRINT,! PATH
        ENDIF ELSE BEGIN
             PRINT,'目录没有添加到搜索路径中!'
        ENDELSE
    ENDELSE
END
```

4.7.2 局部变量

局部变量是指在整个程序运行过程中,仅在程序中局部有效的内存变量。

在编写大型应用管理系统时,往往需要多个人参加不同模块的编写工作,为了使每一个工作人员所使用的变量之间不发生冲突和相互影响,各个程序模块中的变量,均应该使用局部变量。

IDL 6.3 规定:在任何程序内部定义的变量均为局部变量,且使用时应遵循如下规则:

(1)局部变量的作用范围仅在该程序文件内有效,且退出它所在的程序文件后,自动取消,该局部变量所占用的内存空间自动释放。

(2)若在程序中调用了下一级程序,则在该程序中的局部变量在下一级程序中无效。

(3)在程序调用时,若下一级程序中的局部变量与调用它的上一级程序的局部变量同名(即发生了冲突)时,下一级程序中的局部变量优先生效;而上一级程序的局部变量暂时隐藏起来,其值不受下一级程序中的局部变量的影响,等到下一级程序运行结束并返回上一级程序后,上一级程序的局部变量会自动生效,而下一级程序中的局部变量自动取消。

综上所述:任何程序中的局部变量,不管其名称是否相同。均仅在本程序内部有效,即进入程序生效,退出程序取消,并自动释放其所占的内存空间。

【例 4.22】 全程变量和局部变量的用法示例。请读者上机运行程序,并分析程序运行过程中各局部变量发生的变化。程序清单如下:

```
; Chapter04VarMain. pro
PRO  Chapter04VarMain
    Var1 =100  &  Var2 =200  &  Var3 =300
    PRINT, 'Var1= ',  Var1, ',  Var2= ',  Var2 , ',  Var3= ',  Var3
    Chapter04VarSub
    PRINT, 'Var1= ',  Var1, ',  Var2= ',  Var2 , ',  Var3= ',  Var3
END
;Chapter04VarSub. pro
PRO Chapter04VarSub
```

```
    Var2 = 600
    PRINT, 'Sub Var2 = ' , Var2
END
```

输入如下命令,其运行结果如下:

```
IDL> Chapter04VarMain
Var1=      100, Var2=      200, Var3=      300
Sub      Var2 =      600
Var1=      100, Var2=      200, Var3=      300
```

在该例中,虽然 Chapter04VarSub. pro 中的 Var2 与 Chapter04VarMain. pro 中 Var2 同名,但是在程序运行过程中,二者互不影响。

4.7.3 公共变量

在程序之间相互调用时,为了实现数据的相互传递,可以使用系统变量、指针、结构和数据的地址传递,同时还可以使用 IDL 6.3 提供的公共变量。

定义公共变量可以使用 COMMON 语句,其用法格式如下:

格式:COMMON 公共变量块名,变量 1,…,变量 n

功能:定义一个包含多个公共变量的公共变量块。

说明:公共变量块名是定义的公共变量块的名称。变量 i 是定义的公共变量的名称。需要注意的是:一旦公共变量块定义后,其内的公共变量的个数不能再改变,但是,其内的公共变量的类型和数值可以改变。

公共变量的使用方法:公共变量一旦被定义,就可以在任意程序中进行引用,但是需要先声明,后引用。声明的格式与定义时的格式相同。

注意:声明时可以只声明公共变量块名,而不声明公共变量,这时,定义时的所有公共变量均可以使用。但是如果声明时,只声明了部分公共变量,则只有声明的公共变量可以使用。

【例 4.23】 使用公共变量实现个人信息的设置和读取。请读者上机运行程序,并分析程序运行过程中各公共变量发生的变化。程序清单如下:

```
; Chapter04SetPeople. pro
PRO  Chapter04SetPeople
    COMMON SetPeopleInformation, MyName, MyAge, MySex, MyTime
    MyName ='' &  MySex =''
    READ, PROMPT = "请输入姓名:", MyName
    READ, PROMPT = "请输入年龄:", MyAge
    READ, PROMPT = "请输入性别(Male 或 Female):", MySex
    MyTime = SYSTIME()
END
; Chapter04GetPeople. pro
PRO  Chapter04GetPeople
    COMMON SetPeopleInformation, MyName, MyAge, MySex, MyTime
    PRINT, ' 姓名:' , MyName & PRINT, ' 年龄:' , MyAge
    PRINT, ' 性别:' , MySex & PRINT, ' 登记时间:' , MyTime
END
```

输入如下命令,其运行结果如下:

```
IDL> Chapter04SetPeople            ;输入该命令,其执行结果为
```

请输入姓名：Happy You
请输入年龄：36
请输入性别(Male 或 Female)：Male
IDL> Chapter04GetPeople　　　　;输入该命令，其运行结果为
姓名：Happy You
年龄：36
性别：Male
登记时间：Tue Feb 01 20:27:08 2005

说明 1：若修改 Chapter04GetPeople.pro 中的 COMMON 语句如下，则运行结果同上。

COMMON SetPeopleInformation

说明 2：若修改 Chapter04GetPeople.pro 中的 COMMON 语句如下，则运行会出错误。

COMMON SetPeopleInformation, MyName, MyAge

4.8　中断处理

随着计算机的不断发展和功能的逐步完善，用户对应用软件的功能和稳定性要求越来越高，而影响软件稳定性和可靠性的一个重要因素就是应用软件的中断处理功能。

4.8.1　中断处理的概念

应用程序在数据处理过程中，会遇到一些异常情况或特殊请求，应用程序遇到这些特殊情况后，就应该暂停现行程序的运行，转向对这些异常情况和特殊请求的处理，待处理完这些特殊情况后，再返回并恢复现行程序的运行，这种数据处理的过程称为中断处理。

中断处理的过程一般包括设置中断、中断发生、保护现场、中断处理、恢复现场和中断返回等。下面主要介绍进行中断处理的常用语句及其用法。

4.8.2　常用中断处理语句

如果在程序运行过程中出现了错误时，就需要进行中断处理。中断处理可以使用 ON_IOERROR，ON_ERROR，CATCH，CHECK_MATH，FINITE 和系统变量！EXCEPT 等。

1. ON_IOERROR 语句

格式：ON_IOERROR，标号变量

功能：在程序运行过程中，若发生输入输出错误时，则跳转到标号变量处执行中断处理。

说明：如果在程序运行过程中出现了输入输出错误，就会立即跳转到由标号变量指定的语句处，执行相应的中断处理。因此 ON_IOERROR 与 GOTO 语句相似。

【例 4.24】　设计程序 Chapter04TestON_ERROR.pro，要求从键盘输入一个数，如果输入的是一个数，则输出“你输入的数据有效！”，否则输出错误提示信息“你输入的数据无效！”。直到输入正确数据结束。程序清单如下：

```
; Chapter04TestON_ERROR.pro
PRO   Chapter04TestON_ERROR
    Number = 0D & ValidFlag = 0
    WHILE ValidFlag EQ 0 DO BEGIN
        ON_IOERROR, ErrorLabel
```

```
        READ, PROMPT='请输入一个数:', Number
        ValidFlag = 1
        PRINT, '你输入的数据', Number, '有效!'
        ErrorLabel: IF ~ ValidFlag THEN BEGIN
                        PRINT, '你输入的数据无效!'
                    ENDIF
    ENDWHILE
END
```

2. ON_ERROR 语句

格式:ON_ERROR,变量

功能:在程序运行出现错误时,由变量设置中断处理的方法。

说明:在程序运行过程中,如果出现错误,就根据变量的值来指定该做怎样的中断处理。变量的有效值为 0,1,2,3,其默认值为 0。变量的值及其含义见表 4.1。

在程序运行过程中出现错误,则程序将在出错的语句停止运行(因为 ON_ERROR 的默认值为 0)。这时如果用户需要跟踪观察变量的值,则需要使用命令 RETALL(返回主程序),从而获得变量的实际值。

为了调试程序方便,RETALL 是用户最重要的工具。在程序不能正常退出时,常常使用 RETALL 来恢复。因此,最好把 ON_ERROR,1 加到正在调试的程序中。如果程序运行出错了,IDL 将会自动执行 RETALL 命令,从而返回到 IDL 主程序上。

表 4.1 ON_ERROR 语句的参数含义

变量的值	执行的中断处理
0	在错误处立即停止,这是默认的中断处理
1	立即停止运行,并返回主程序
2	立即停止运行,返回调用出错程序的上一级程序
3	立即停止运行,返回出错程序

3. CATCH 语句

在程序运行过程中,如果用户需要自己手动截取错误,并且需要自己手动进行中断处理,则可以使用 CATCH 语句。

在 ON_IOERROR,ON_ERROR 和 CATCH 这 3 个语句中,CATCH 语句可能是最灵活、最有效的进行中断处理的工具,它与 GOTO 语句相似。CATCH 语句的用法如下:

格式:CATCH,变量 | [, /CANCEL]

功能:在程序运行过程中,用于建立自己的错误中断处理程序。

说明:在程序运行过程中,当程序执行到这条语句时,CATCH 语句就为该程序创建一个错误处理器(中断处理),同时将变量的值初始化为 0。错误处理器的激活方法、处理方法和注意事项如下:

(1)如果在程序运行过程中出现了错误,则错误处理器会被激活,并产生一个错误代码,同时把该错误代码保存到变量中,然后无条件转向执行 CATCH 语句后的第一个语句。因此在 CATCH 语句后一般是用户根据变量的值建立的错误中断处理程序。格式如下:

```
CATCH, MyVariable
IF MyVariable NE 0 THEN BENGIN
     中断处理程序模块
ENDIF
```

(2)程序运行过程中的不同错误,会产生相应的错误代码。即不同的运行错误,变量被赋予相应的错误值(每个错误都有与之相对应的数值),然后无条件转向执行 CATCH 语句后的第一个语句。

(3)在中断处理结束后,由 CATCH 语句创建的错误处理器会自动删除。用户也可以使用如下

CATCH 语句手动删除错误处理器，而且变量和关键字/CANCEL 不能同时使用。

```
CATCH，/CANCEL
```

【例 4.25】 设计程序 Chapter04OpenJPGFile.pro，从磁盘选择一个文件，测试该文件是否为.JPG 文件。如果是，则输出"文件类型为 JPG 图像文件!"，并显示该图像；否则，输出错误信息"文件类型非 JPG 图像文件！不能正常打开!"。程序清单如下：

```
; Chapter04OpenJPGFile.pro
PRO   Chapter04OpenJPGFile
    FileName = PICKFILE()
    CATCH ,EerrorVariable
    IF EerrorVariable NE 0 THEN BEGIN
        CATCH, / CANCEL
        PRINT, '文件类型非 JPG 图像文件！不能正常打开！'  &  RETURN
    ENDIF
    READ_JPEG , FileName , ImageData, TRUE=1
    WINDOW , 10, RETAIN= 2, TITLE='My Window', XSIZE=640, YSIZE=480
    WSET , 10  &  TV, ImageData, TRUE=1  &  CATCH, /CANCEL
END
```

【例 4.26】 设计程序 Chapter04TestArray.pro，测试试图调用超出数组元素个数以外的数组元素所产生的错误，并输出相应的错误。程序清单如下：

```
; Chapter04TestArray.pro
PRO   Chapter04TestArray
    MyArray = FLTARR(10)  &  CATCH, ErrorStatus
    IF ErrorStatus NE 0 THEN BEGIN
        PRINT, '错误代码:', ErrorStatus
        PRINT, '错误信息:', ! ERROR_STATE.MSG
        MyArray = FLTARR(19)  &  CATCH, /CANCEL
    ENDIF
    MyArray[16]=60  &  HELP, MyArray
END
```

输入下面命令后，程序的运行结果如下：

```
IDL> Chapter04TestArray
错误代码:        -161
错误信息:Attempt to subscript MYARRAY with <INT ( 16)> is out of range.
MYARRAY          FLOAT     = Array[19]
```

说明：由于数组 MyArray 的元素个数为 10，因此，在把 60 赋值给 MyArray[16]时就会出现错误，从而激活错误处理器进行错误中断处理(即 IF…ENDIF 模块)。错误中断处理的功能是首先输出错误代码和错误信息，然后将数组 MyArray 重新初始化为 19 个元素，最后取消错误处理器。经过中断处理，由于 MyArray 的元素个数为 19，所以再在把 60 赋值给 MyArray[16]时就不会出现错误了。

4. 数学错误处理语句

在进行数学计算时，常常会产生无意义的数据，IDL 6.3 提供了特殊的浮点值 NaN(不是一个数)和 Inf(无限数据)来代替产生错误的值，从而可以避免由于数学非法运算而引起的程序运行中断。

处理数学错误可以使用 CHECK_MATH，FINITE 和系统变量！EXCEPT 等。用法如下：

格式：FINITE(表达式 [, /INFINITY] [, /NAN])

功能：测试表达式的值是否为有限值、NaN 或者 Inf，并返回一个逻辑值。

说明：

1)省略选项/INFINITY 和/NAN，若表达式的值是有限值，则返回真；若为 NaN 或者 Inf 等无意义的值，则返回假。

2)/INFINITY：若表达式的值是正无穷大（＋Inf）或负无穷大（－Inf），则返回真；否则，返回假。

3)选择 /NAN：若表达式的值是 NaN，则返回真；若为其他情况，则返回假。

例如：输入下列命令，并分析其运行结果：

```
IDL>! EXCEPT=0
IDL>PRINT, 1.0/0.0, -1.0/0.0, sqrt(-1.0) , -sqrt(-1.0)
       Inf      -Inf      -NaN      NaN
IDL>PRINT, FINITE(20*60), FINITE('NaN'), FINITE('Inf')
    1    0    0
IDL>PRINT,FINITE(20*60,/NaN),FINITE('NaN',/NaN),FINITE('Inf',/INFINITY)
    0    1    1
```

格式：CHECK_MATH([/NOCLEAR] [, /PRINT])

功能：测试是否有数学非法运算，并返回所有非法运算的错误代码的和值。

说明：

1)非法运算代码：0 表示无非法运算；1 表示整数被零除；2 表示整数溢出；16 表示浮点数被零除；32 表示浮点数下溢出；64 表示浮点数溢出；128 表示其他非法运算。

2)选择/NOCLEAR：在累加非法运算的错误代码的和值时，不清除以前的结果，而是继续累加。省略该选项，则先清除以前的累加结果，再继续累加（系统默认值）。

3)选择/PRINT：在检测和累加非法运算的错误代码和值的同时，打印产生错误的信息。省略该选项，则只检测和累加结果，不打印出错信息（系统默认值）。

例如：输入下列命令，并分析其运行结果：

```
IDL> PRINT, 1.0/0.0, 1/0
         Inf      1
IDL> PRINT, CHECK_MATH()
         17
IDL> PRINT, -1.0/0.0, 1/0
         -Inf      1
DL> PRINT, CHECK_MATH(/PRINT)
% Program caused arithmetic error: Integer divide by 0
% Program caused arithmetic error: Floating divide by 0
         17
```

系统变量！EXCEPT 的值和功能如下：

(1)！EXCEPT ＝ 0，进行数学非法运算时，不输出错误信息。

(2)！EXCEPT ＝ 1，进行数学非法运算后，当返回交互命令状态时，输出错误信息。

(3)！EXCEPT ＝2，进行数学非法运算后，立即输出错误信息。

例如：输入下列命令，并分析其运行结果：

```
IDL>! EXCEPT=0
IDL> PRINT, 1.0/0.0, -1.0/0.0, ALOG(-1.0) , -ALOG(-1.0)
       Inf      -Inf      -NaN      NaN
IDL> ! EXCEPT=1
IDL> PRINT, 1.0/0.0, -1.0/0.0, ALOG(-1.0) , -ALOG(-1.0)
       Inf      -Inf      -NaN      NaN
```

```
% Program caused arithmetic error: Floating divide by 0
% Program caused arithmetic error: Floating illegal operand
IDL> ! EXCEPT=2
IDL> PRINT, 1.0/0.0, -1.0/0.0, ALOG(-1.0) , -ALOG(-1.0)
        Inf      -Inf      -NaN      NaN
% Program caused arithmetic error: Floating divide by 0
% Program caused arithmetic error: Floating illegal operand
% Detected at  $MAIN$
```

用户在进行错误中断处理时，除了可以使用上述命令和变量外，还可以使用系统变量！ERR，！ERROR_STATE，！ERROR，！ERR_STRING 和！SYSERROR。这些命令和变量的相互配合使用可以实现多种中断处理。

4.8.3 中断处理的优先级

如果在程序中同时设置了多种错误中断处理，则这些中断处理器之间有优先级关系，一般情况下，在同一个程序中只用一个中断处理器生效。它们的关系如下：

ON_IOERROR → CATCH → ON_ERROR

如果在程序模块中使用了 ON_IOERROR，那么 ON_IOERROR 将屏蔽其他的错误处理语句。如果使用的是 CATCH 语句，那么它将屏蔽 ON_ERROR 语句。

如果没有设置任何错误中断处理器，那么默认的 ON_ERROR 在程序中生效。

4.9 高效程序设计

4.9.1 高效程序的概念

通过本章内容的学习，设计并实现具有一定功能的程序，应该说不是难事；但是如果要想设计出高效的应用程序，还是有一定难度的。这不但要求用户要熟练掌握 IDL 6.3 的语法和用法，同时还要有多年的编程经验。希望读者根据下面的分析介绍，结合自己的编程经验来领悟高效程序的设计思想，从而设计出满足实际需要的高效程序。

高效程序一般是指使用相同的开发平台和开发工具，在实现相同功能的前提下，设计出的占用内存资源最少，运行速度最快，编写程序代码最短的程序。

设计高效程序应该重点掌握以下 3 个方面的技能：

(1)熟练掌握 IDL 6.3 的语法、用法和面向对象的结构化程序设计方法，这是设计高效程计的重要基础。

(2)高效的内存管理方法。

(3)掌握多种高效的算法。

在熟练掌握上述这 3 个主要方面的技能的基础上，将它们有效地配合起来使用，就可以设计出高效的应用程序。

4.9.2 内存管理

在程序设计过程中，内存管理可以说是最重要的一个方面。内存管理主要包括内存的申请、内存的使用和内存的释放。

内存管理的总体思想:用时申请,合理使用,用完释放。

内存的申请应该做到如下几个方面:

(1)需要的时候再申请,因此在设计程序时,使用的变量越少越好。

(2)多申请局部变量,少申请全程变量。IDL 6.3 的优势是程序中变量均为局部变量。

(3)尽量避免使用公共块变量。

(4)多申请指针变量,少申请变量。

内存的使用应该做到如下几个方面:

(1)熟练掌握内存的工作原理以及它在 IDL 6.3 中的工作特点。

(2)合理地分配内存。在设计程序时,从整体考虑,合理地分配内存区。

(3)合理地使用内存。在分配的内存区内,充分利用内存区。

(4)合理地管理内存。在设计程序时,从整体角度,合理地管理内存区。

(5)多使用局部变量,少使用全程变量。其原因是全程变量会全程占用内存空间。

(6)多使用数组,少使用变量。在内存中,管理数组要比管理变量更为方便快捷。

(7)尽量少用内存区。每个时段使用内存的时间尽量短。

内存的释放应该做到及时释放任何不再使用的内存空间。因为在一个模块运行结束后,其局部变量会自动释放,所以合理地多使用局部变量能很好地解决内存占用。

例如:利用 TEMPORARY()函数可以节省内存占用。试分析下面语句的区别。

```
IDL>MyVariable = DIST(800, 800)
IDL>MyVariable = MyVariable + 90
IDL>MyVariable = TEMPORARY(MyVariable) + 90
```

在上例中,第三条语句要比第二条语句少占用 800×800 个字节。因此多使用系统内部函数和高效算法也可以节省大量的内存。

4.9.3 高效程序设计方法

在程序设计过程中,在合理地分配、使用和管理内存的同时,还需要多使用高效的算法。高效算法不但可以节省大量内存,而且还可以大幅度提高程序的运算速度。

高效程序设计的方法应该考虑以下几个方面:

(1)多使用高效算法。多使用系统函数。

(2)多用数组运算,少用变量运算。IDL 6.3 是全面面向数组和矩阵运算的可视化语言。

(3)在允许使用的内存范围内,充分利用内存。

(4)多使用指针,少使用变量。因为指针的运行速度要比非指针快多倍。

(5)尽量使用面向对象的结构化程序设计方法。

例如:试运行并分析下面两种计算和值的语句的运行时间。

```
IDL>MyVariable = DIST(200, 200)
IDL>Sum = 0.0
IDL>FOR i = 0, N_ELEMENTS(MyVariable)-1L DO Sum = Sum + MyVariable[i]
IDL>Sum = 0.0 & Sum = TOTAL(MyVariable)
```

【思考题 1】 设计两个程序,分别计算 DIST(1 000, 1 000)中所有元素的和值,并输出计算结果和运行时间。参考程序如下。

```
; Chapter04TestRunTime1.pro
PRO  Chapter04TestRunTime1
    MyVariable = DIST(1000, 1000)
```

```
    Sum = 0.0  &  StartTime = SYSTIME(/SECONDS)
    FOR i = 0, 999 DO BEGIN
        FOR j = 0, 999 DO BEGIN
            Sum = Sum + MyVariable[i,j]
        ENDFOR
    ENDFOR
    EndTime = SYSTIME(/SECONDS)
    PRINT, '数组的和:', Sum
    PRINT, '使用时间:' , EndTime - StartTime
END
; Chapter04TestRunTime2.pro
PRO  Chapter04TestRunTime2
    MyVariable = DIST(1000, 1000)
    Sum = 0.0                  &     StartTime = SYSTIME(/SECONDS)
    Sum = TOTAL(MyVariable)    &     EndTime = SYSTIME(/SECONDS)
    PRINT, '数组的和:', Sum      &
    PRINT, '使用时间:' , EndTime - StartTimeEND
```

运行结果如下：

```
IDL> Chapter04TestRunTime1
数组的和：3.82622e+008
使用时间：2.1630001
IDL> Chapter04TestRunTime2
数组的和：3.82598e+008
使用时间：0.039999962
```

从上述运行结果可以看出：程序 2 比程序 1 块 50 多倍。而且处理的数据越多越大，运行速度的差距就会越大。因此设计出高效的应用程序是每一个程序员的最终目标。

【思考题 2】 设计两个程序，分别计算 DIST(1 000, 1 000)中所有值大于 100.0 的元素的和值，并输出计算结果和运行时间。

答案略。

技巧提示：设计高效程序的捷径：大量阅读系统提供的演示程序(DEMO)，吸取精华、举一反三。IDL 6.3 给用户提供了大量的应用实例(D:\RSI\IDL63\EXAMPLES)。

4.10　IDLDE 的调试工具及应用

4.10.1　标准调试工具及其用法

在 IDLDE 中，标准的程序调试(DEBUG)工具如图 4.15 所示。其用法如下：

图 4.15　标准程序调试工具

：同菜单项 File\New\Editor。打开文档编辑窗口建立一个程序文件(*.PRO)。

：同菜单项 File\New\GUI：打开图形用户界面窗口，建立一个图形用户界面文件(*.PRC)。

：同菜单项 File\Open…：打开一个已经存在的 IDL 格式的文件。

：同菜单项 File\Save：以当前文件名保存当前正在编辑的文件，但不关闭文件。

：同菜单项 File\Print...（或 Ctrl＋P）：在默认输出设备上打印输出当前文件。

：前者同菜单项 Edit\Undo（或 Ctrl＋Z），取消最后一次编辑操作，连续使用则连续取消。后者同菜单项 Edit\Redo（或 Ctrl＋Y），恢复被 Undo 命令取消的编辑操作，连续使用则连续恢复。

：前者同菜单项 Edit\Cut（或 Ctrl＋X），删除选定的文本，并把删除的文本复制到剪贴板（即剪切）。中间同菜单项 Edit\Copy（或 Ctrl＋C），把选定的文本块内容复制到剪贴板上。后者同菜单项 Edit\Paste（或 Ctrl＋V），将剪贴板上的内容复制到编辑窗口中当前光标处（即粘贴）。

：同菜单项 Search\Find...（或 Ctrl＋F）：打开搜索对话窗口，在文件中查找或查找并替换字符串。

：前者同菜单项 Edit\Comment，把当前非注释变成注释行。后者同菜单项 Edit\ Uncomment，把当前注释行变成非注释行。

：前者同菜单项 Window\Cascade，主窗口中，按层叠方式排列所有的文档窗口。中间同菜单项 Window\Tile Horizontally，主窗口中，按水平方式排列所有的文档窗口。后者同菜单项 Window\Tile Vertically，主窗口中，按垂直方式排列所有的文档窗口。

4.10.2 高级调试工具及其用法

在 IDLDE 中，标准的程序调试（DEBUG）的工具如图 4.16 所示。其用法如下（假设当前打开了文件 Chapter08SurfaceTrack.pro）：

图 4.16 高级程序调试工具

Chapter0：在 Chapter08SurfaceTrack.pro 中，把编辑光标直接定位到所调用的过程或者函数的开始处。

：前者同菜单项 Run\Compile filename.pro（或 Ctrl＋F5；或使用.Compile），编译打开的文件。后者同菜单项 Run\Run filename（或 F5），运行当前编辑窗口中打开的文件。需要先对其进行编译。

：前者同菜单项 Run\Step Into（或 F8；或使用.STEP），继续单步跟踪运行被错误或者 STOP 命令或者键盘中断的程序。中间同菜单项 Run\Step Over（或 F10；或使用.STEPOVER），同 Step Into，但是在继续单步跟踪运行被中断的程序时，如果又调用了另一个程序，则不跟踪被调用的程序，直到被调用的程序运行完后再跟踪。后者同菜单项 Run\Step Out（或 Ctrl＋F8；.OUT），继续运行被错误或者 STOP 命令或者键盘中断的程序，直到当前程序结束。主要用于调试程序。

：前者同菜单项 Run\Break（或 Ctrl＋Break），中断程序运行。后者同菜单项 Run\Stop（或 CTRL＋R），终止程序运行，并且返回到主程序层。

：前者同菜单项 Run\Set Breakpoint（或 F9），在当前程序行设置或者清除断点。中间同菜单项 Run\Disable Breakpoint|Enable Breakpoint（或 Ctrl＋F11），使断点有效或者无效。后者同菜单项 Run\Edit Breakpoint...：，打开断点编辑窗口，编辑断点。编辑窗口如图 4.17 所示，在该窗口中可以添加（Add）、清除（Remove，Remove All）和定位（Goto）断点。

：前者同菜单项 Run\Up Stack（或 Ctrl＋Up），单层上移调用堆栈。中间同菜单项 Run\Down Stack（或 Ctrl＋Down），单层下移调用堆栈。后者同菜单项 Run\List Call Stack（或使用 HELP，/

TRACEBACK),列出程序和函数的嵌套调用关系。

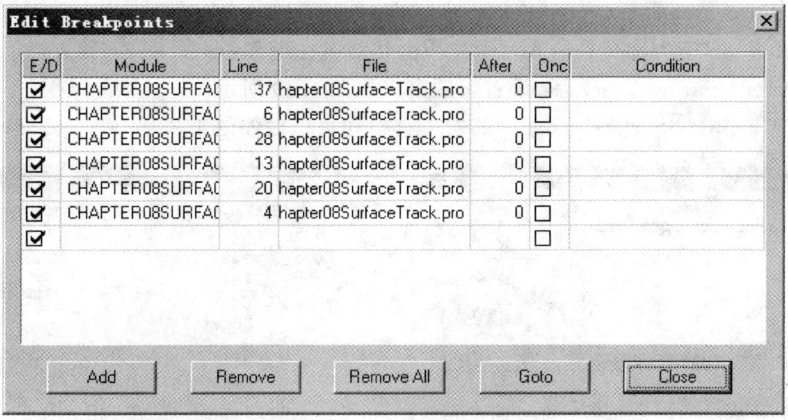

图 4.17　断点编辑窗口

4.10.3　宏调试工具及其用法

在 IDLDE 中,宏编辑工具如图 4.18。其用法如下:

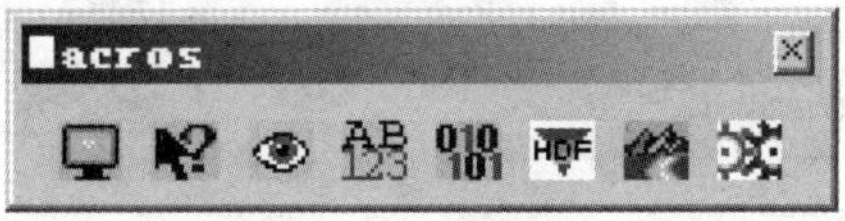

图 4.18　宏编辑工具

:同菜单项 Macros\Print Var(或使用 PRINT),在信息输出窗口中,输出所选择变量的值。

:同菜单项 Macros\Help On Var,在信息输出窗口中,输出所选择变量的值和类型等信息。

:分别同以下菜单项:

Macros\Import Image:打开文件选择对话窗口,导入图像文件。

Macros\Import ASCII:打开文件选择对话窗口,导入 ASCII 文件。

Macros\Import Binary:打开文件选择对话窗口,导入二进制文件。

Macros\Import HDF:打开文件选择对话窗口,导入 HDF 文件。

:同菜单项 Macros\Demo,运行 IDL 6.3 的演示程序。演示程序几乎包括了 IDL 6.3 的所有应用技巧。

:同菜单项 Macros\Export Bridge Assistant,功能将 IDL 的对象导出为 Java 或 COM 对象,使用户在其他编程语言中轻松调用 IDL。

利用宏编辑工具来编辑宏的方法如下:

(1)利用 Macros\Edit... 打开宏编辑窗口如图 4.19 所示。

(2)在宏编辑窗口中,利用按钮 Add 和 Remove 添加和删除宏;利用按钮 Move Up 和 Move Down 上下移动宏。例如:添加宏 Chapter08SurfaceTrack,运行第 8 章的例题 Chapter08SurfaceTrack.pro。

(3)在"IDL Command:"下方输入用于在 IDL 命令行启动宏的命令。例如:Chapter08SurfaceTrack。

(4)在"Menu item name:"后输入与宏相对应的菜单项的名称。例如:Surface &Track。

(5)在"Toolbar bitmap file:"后输入与宏相对应的宏工具栏中的图标所对应的图标文件。例如:D:\RSI\IDL63\Chapter04MacroButton.bmp

(6)在"Tooltip text:"后输入当鼠标指向宏工具栏中的相应图标时所弹出的提示信息。例如:Track the Surface。

(7)在“Status bar text:”后输入当鼠标指向菜单中与宏相应的菜单项时，在状态栏显示的提示信息。例如：Track the Surface。

(8)在“Accelerator”下方选择和输入与宏相应的快捷键。例如：Alt；“Key:”输入：T。

添加宏 Chapter08SurfaceTrack 后，设置宏的窗口如图 4.19 所示。

成功添加宏 Chapter08SurfaceTrack 后的宏工具栏和菜单栏如图 4.20 所示。

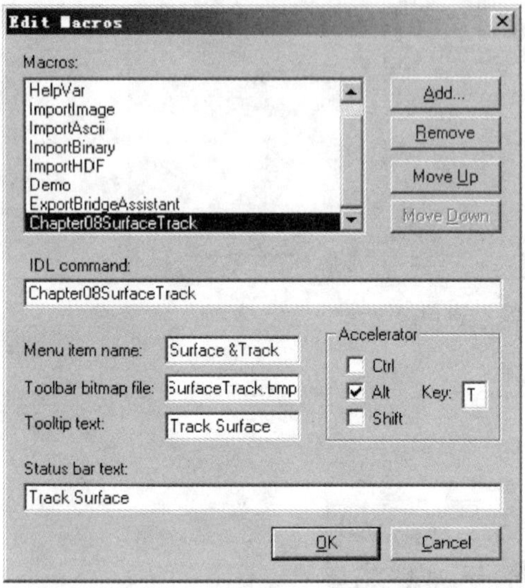

图 4.19　宏编辑对话框

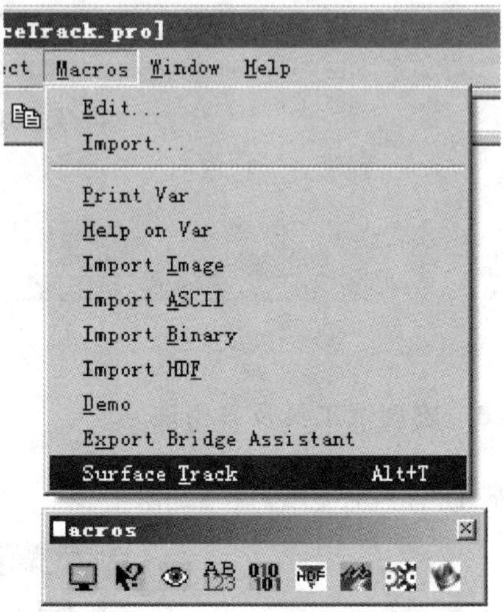

如图 4.20　宏工具栏和菜单栏

4.11　IDL 与其他语言的接口

IDL 是新一代交互式的、跨平台(可以运行于 Unix，VMS，Windows 和 Macintosh 等)的、面向对象的应用程序开发语言，它具有较强的数据分析和可视化功能。在 IDL 语言中往往只需要几条语句就能执行大量的、复杂的数据处理或者二维、三维图形的绘制功能，在其他语言中往往需要上百条的语句才能实现。但是，其他语言在某些方面也有自己的优点。如果在一个应用程序的开发过程中能实现 IDL 与其他语言的相互调用，使得语言之间进行“优势互补”，这无疑会大大加速程序的开发进程。因此 IDL 语言提供了与其他语言的接口功能。

通过 IDL 链接外部程序，或者将 IDL 作为其他语言的外部程序或图形引擎，IDL 可以成为你现有开发工具的强有力补充。IDL 开放性的、通用性的、跨平台的计算环境，可以整合现有的软硬件技术并保护和利用过去的、现有的和将来的资源。

使用 Export Bridge Assistant，或者 IDL_IDLBridge 类，可以轻松将 IDL 的对象导出为 Java 或 COM 对象，使用户在其他编程语言中轻松调用 IDL。

可以从 IDL 调用其他语言编写的程序或算法，也可以从其他语言调用 IDL 的子程序。IDL 既是 ActiveX 控件，又是 ActiveX 容器。利用 ActiveX 技术，可以将 IDL 的图形嵌入到 VB 和 VC＋＋等 Windows 程序中。利用 IDL 支持 Java，网络和第三方的功能，可以从 IDL 程序访问 Java 对象。还可以通过动态链接库方式通过 IDL 调用 C 和 Fortran。

4.11.1　IDL 与 ActiveX 控件及其用法

作为 ActiveX 技术的最早技术前身的 OLE，其最初含义是指在程序之间链接和嵌入对象数据

(Object Link Embeded)。微软公司在1991年制定的OLE 1.0规范主要解决多个应用程序之间的通信和消息传递问题，并希望第三方开发商能够遵守这个规范，以使在当时的Windows平台上的应用程序能够相互协调工作，更大地提高工作效率。为此，微软公司于1993年发布了新的规范OLE 2.0，并对OLE 1.0进行了完善和增强。

随着国际互联网技术的超速发展，微软公司在1996年重新制订了一个关于OLE的规范，即OLE 96规范。这个规范扩展了OLE控件的能力，并贯彻微软的Internet战略，使它更易于在网络环境中使用，同时给OLE控件贴上一个新标签：ActiveX控件，从而出现了ActiveX控件技术。同时希望ActiveX控件技术能够成为国际互联网上解决软件组件问题的标准。

综上所述，ActiveX是Microsoft提出的一组使用COM并使得软件部件在网络环境中进行交互的技术集。它与具体的编程语言无关。作为针对Internet应用开发的技术，ActiveX被广泛应用于WEB服务器以及客户端的各个方面。同时，ActiveX技术也被用于方便地创建普通的桌面应用程序。

ActiveX既包含服务器端技术，也包含客户端技术。其主要内容如下：

(1)ActiveX控制(ActiveX Control)：用于向WEB页面、Microsoft Word等支持ActiveX的容器(Container)中插入COM对象。

(2)ActiveX文档(ActiveX Document)：用于在WEB Browser或者其他支持ActiveX的容器中浏览复合文档，例Microsoft Word文档，Microsoft Excel文档或用户自定义的文档等。

(3)ActiveX脚本描述(ActiveX Scripting)：用于从客户端或者服务器端操纵ActiveX控制和Java程序，传递数据，协调它们之间的操作。

(4)ActiveX服务器框架(ActiveX Server Framework)：提供了一系列针对WEB服务器应用程序设计各个方面的函数及其封装类，诸如服务器过滤器、HTML数据流控制等。

ActiveX提供了一种扩展包括Java在内的任何编程语言的机制，Java的开发人员可以在Applet中使用ActiveX技术，直接嵌入ActiveX控制，或者以ActiveX技术为桥梁，将其他开发商提供的多种语言的程序对象集成到Java中。与Java的字节码技术相比，ActiveX提供了"代码签名"(Code Signing)技术保证其安全性。在Internet Explorer中内置Java虚拟机(Java Virtual Machine)，从而使Java Applet能够在Internet Explorer上运行，并可以与ActiveX控制通过脚本描述语言进行通信。

ActiveX控制可以用于所有支持COM规范的容器中，或者作为Internet控制嵌入到WEB页面中。用户访问该页面时将下载该控制并自动在本地注册。利用脚本描述语言(Script)可以在控制之间以及客户与服务器之间通过设置属性(Property)、调用方法(Method)和激活事件(Event)进行通信。

目前，很多第三方开发商编制了各式各样的ActiveX控制。在Internet上，有超过1000个ActiveX控制供用户下载使用。在WINDOWS的SYSTEM目录下，保存有很多Windows提供的ActiveX控制。

为了实现IDL与其他语言的相互嵌入，IDL完全支持ActiveX技术。通过ActiveX技术，IDL能够很方便地实现与VC++，VB，Java和Fortran等的相互调用。其具体用法请参阅4.11.2节。在IDL中使用AiveX技术的基本方法如下：

(1)利用OLE/COM对象浏览器OLE/COM Object Viewer获取ActiveX控件的程序ID，或者类的ID。其中OLE/COM对象浏览器可以从微软网站http://www.microsoft.com/com获得；ActiveX控件的程序ID是格式为OWC.Spreadsheet.9的ActiveX控件的唯一标识；ActiveX控件类ID是格式为{0002E510－0000－0000－C000－000000000046}的ActiveX控件的唯一标识。

(2)使用WIDGET_ACTIVEX类函数在Windows环境下注册指定的ActiveX控件。注册方法可以使用如下方法之一：

```
wAx = WIDGET_ACTIVEX(wBase, '0002E510-0000-0000-C000-000000000046')
wAx = WIDGET_ACTIVEX(wBase, 'OWC.Spreadsheet.9', ID_TYPE=1)
```

(3)调用相应的ActiveX控件。

(4)使用WIDGET_CONTROL, wAx, /DESTROY撤销ActiveX控件。

下面通过两个完整的实例说明在IDL中ActiveX技术的使用方法。

【例 4.27】 在 IDL 中调用 Windows 的电子日历 ActiveX 控件，设计如图 4.21 所示格式的电子日历程序 Chapter04Calendar.pro。其中电子日历 ActiveX 控件的程序 ID 和类 ID 分别为 MSCAL.Calendar.7 和{8E27C92B－1264－101C－8A2F－040224009C02}。电子日历具体设计方法如下：

```
;创建过程 Chapter04Calendar.pro
PRO Chapter04Calendar
    wBase = WIDGET_BASE(COLUMN = 1, SCR_XSIZE = 400, $ ;创建顶级 Base
        TITLE='IDL ActiveX Chapter04Calendar')
    ;建立创建年月日的标签，并对其初始化
    wSubBase = WIDGET_BASE(wBase, /ROW)
    wVoid = WIDGET_LABEL(wSubBase, value = 'Month: ')
    wMonth = WIDGET_LABEL(wSubBase, value = 'October')
    wSubBase = WIDGET_BASE(wBase, /ROW)
    wVoid = WIDGET_LABEL(wSubBase, VALUE = 'Day: ')
    wDay = WIDGET_LABEL(wSubBase, VALUE = '22')
    wSubBase = WIDGET_BASE(wBase, /ROW)
    wVoid = WIDGET_LABEL(wSubBase, VALUE = 'Year: ')
    wYear = WIDGET_LABEL(wSubBase, VALUE = '1999')
    ;利用类 ID 注册 ActiveX 控件
    wAx=WIDGET_ACTIVEX(wBase, '{8E27C92B-1264-101C-8A2F-040224009C02}')
    ;激活顶级 BASE，并设置顶级 BASE 的用户值为包含年月日控件 ID 的匿名结构
    WIDGET_CONTROL, wBase, /REALIZE
    WIDGET_CONTROL, wBase, SET_UVALUE={month:wMonth,day:wDay,year:wYear}
    ;获取 IDLcomActiveX 对象的 ID
    WIDGET_CONTROL, wAx, GET_VALUE = oAx
    oAx->GetProperty, month=month, day=day, year=year
    ;设置年月日控件的当前日期
    WIDGET_CONTROL, wMonth, SET_VALUE=STRTRIM(month, 2)
    WIDGET_CONTROL, wDay, SET_VALUE=STRTRIM(day, 2)
    WIDGET_CONTROL, wYear, SET_VALUE=STRTRIM(year, 2)
    ;循环控制 Chapter04Calendar
    XMANAGER, 'Chapter04Calendar', wBase
END
;创建 Chapter04Calendar 的事件过程
PRO Chapter04Calendar_event, ev
    ;使用 GET_VALUE 获取电子日历对象的值
    WIDGET_CONTROL, ev.ID, GET_VALUE = oCal
    ;使用 GET_UVALUE 获取顶级 BASE 的用户值
    WIDGET_CONTROL, ev.TOP, GET_UVALUE = state
    ; 获取电子日历对象的年月日
    ocal->GetProperty, month=month, day=day, year=year
    ;使用 WIDGET_CONTROL 设置标签控件年月日的值
    WIDGET_CONTROL, state.month, SET_VALUE = STRTRIM(month,2)
    WIDGET_CONTROL, state.day, SET_VALUE = STRTRIM(day,2)
    WIDGET_CONTROL, state.year, SET_VALUE = STRTRIM(year,2)
    ;使用 HEAP_FREE 释放事件
```

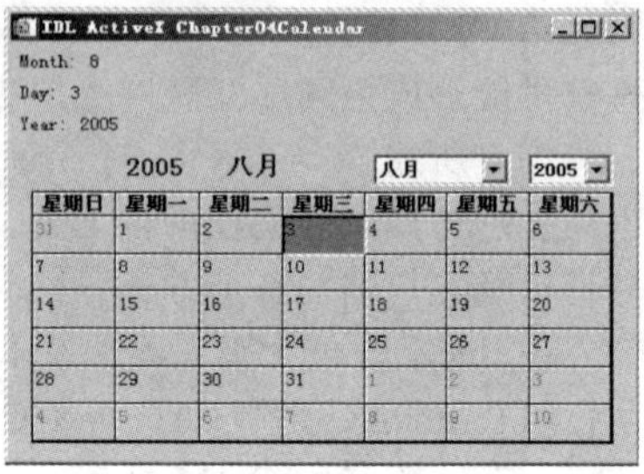

图 4.21 电子日历

```
    HEAP_FREE, ev
END
```

【例 4.28】 在 IDL 中调用 Windows 的电子表格 ActiveX 控件，设计如图 4.22 所示格式的电子表格 Chapter04Excel.pro。其中电子表格 ActiveX 控件的程序 ID 和类 ID 分别为 OWC.Spreadsheet.9 和 类 ID{0002E510－0000－0000－C000－000000000046}。具体设计方法如下：

```
;创建获取电子表格的选择区域的数据的函数
FUNCTION excel_getSelection, oExcel, aData
  ;获取电子表格中,选择区域的对象
  oExcel－>GetProperty, SELECTION＝oSel
  ;获取电子表格中,选择表元的总数
  oSel－>GetProperty, COUNT＝nCells
  ;如果没有表元被选择,释放表元对象,并且返回 0
  IF (nCells LT 1) THEN BEGIN
     OBJ_DESTROY, oSel & RETURN, 0
  ENDIF
  ;获取电子表格中,选择表元的维数
  oSel－>GetProperty, COLUMNS＝oCols, ROWS＝oRows
  ;获取电子表格中,选择区域行列维数,并释放行列表元对象
  oCols－>GetProperty, COUNT＝nCols & OBJ_DESTROY, oCols
  oRows－>GetProperty, COUNT＝nRows & OBJ_DESTROY, oRows
  ;产生一个与选择区域相同维数的浮点型数组 aData
  aData = FLTARR(nCols, nRows, /NOZERO)
  ;获取每一个表元对象及其表元的值,然后赋值给数组 aData 的相应元素,最后释放表元对象
  FOR i＝1, nCells DO BEGIN
       oSel－>GetProperty, ITEM＝oItem, i
       oItem－>GetProperty, VALUE＝vValue
       aData[i－1] = vValue & OBJ_DESTROY, oItem
  ENDFOR
  ;释放电子表格的选择区域对象
  OBJ_DESTROY, oSel & RETURN, 1 ;返回 1,结束函数
END
;创建设置电子表格的数据的过程
PRO excel_setData, oExcel
    nX = 20 ;定义数组大小
    oExcel－>GetProperty, ActiveSheet＝oSheet ;获取电子表格对象
    ;获取电子表格中表元的对象
    oSheet－>GetProperty, CELLS＝oCells
    ;创建电子表格数据
    im = BESELJ(DIST(nX))
    ;对每一个数组元素和电子表格中相应的表元,获取表元对象,获取表元的值
    ; 然后把数组 aData 中元素的值赋值给电子表格的相应元素,最后释放相应的对象
    FOR i＝0, nX－1 DO BEGIN
          FOR j＝0, nX－1 DO BEGIN
```

```
            oCells->GetProperty, ITEM=oItem, i+1, j+1
            oItem->SetProperty, VALUE=im(i,j)  &  OBJ_DESTROY, oItem
        ENDFOR
      ENDFOR
      ;释放表格对象和表元对象,结束过程
      OBJ_DESTROY, oSheet  &  OBJ_DESTROY, oCells
END
PRO ActiveXExcel_event, ev     ;创建 ActiveX Excel 组件的事件处理过程
    ;获取包含 ActiveXExcel 组件 ID 的顶级 BASE 组件的用户值
    WIDGET_CONTROL, ev.TOP, GET_UVALUE=sState, /NO_COPY
    ;利用事件结构的 DISPID 域的值,控制电子表格中选择操作是否变化事件
    IF (ev.DISPID EQ 1513) THEN BEGIN
    ;通过 excel_getSelection 函数,把电子表格中选择的数据放入 aData
    ;同时检查函数 excel_getSelection 是否成功返回
    IF (excel_getSelection(sState.oExcel, aData) NE 0) THEN BEGIN
        szData = SIZE(aData)      ;获取 aData 的维数信息
      ;如果是二维数据,绘制曲面;否则,绘制曲线
      IF (szData[0] GT 1 AND szData[1] GT 1 AND szData[2] GT 1) $
        THEN SURFACE, aData ELSE PLOT, aData
    ENDIF
    ENDIF
    ;重新设置顶级 BASE 组件的用户值,结束过程
    WIDGET_CONTROL, ev.TOP, SET_UVALUE=sState, /NO_COPY
END
PRO ActiveXExcel      ;注册 ActiveX 控件,并设计主控程序
        ! EXCEPT=0 ; Ignore floating-point underflow errors.
        ;创建顶级 BASE 组件
        wBase = WIDGET_BASE(COLUMN=1, $
            TITLE="IDL ActiveX Spreadsheet Example")
        ;创建并注册电子表格控件
        wAx=WIDGET_ACTIVEX(wBase, $
            '{0002E510-0000-0000-C000-000000000046}', $
            SCR_XSIZE=600, SCR_YSIZE=400)
        ;激活顶级 BASE 组件及其下级组件
        WIDGET_CONTROL, wBase, /REALIZE
        WIDGET_CONTROL, wAx, GET_VALUE=oExcel        ;获取电子表格控件对象
        ;关闭电子表格倥件的工具栏属性
        oExcel->SetProperty, DisplayTitleBar=0
        ;把函数 excel_setData 产生的数据,放入电子表格
        excel_setData, oExcel
        ;把电子表格控件对象放入顶级 BASE 的用户值
        WIDGET_CONTROL, wBase, SET_UVALUE={oExcel:oExcel}
        ;循环控制 Chapter04Excel,结束全过程
```

```
        XMANAGER,'Chapter04Excel', wBase, /NO_BLOCK
    END
```

电子表格运行结果如图 4.22 和图 4.23 所示。

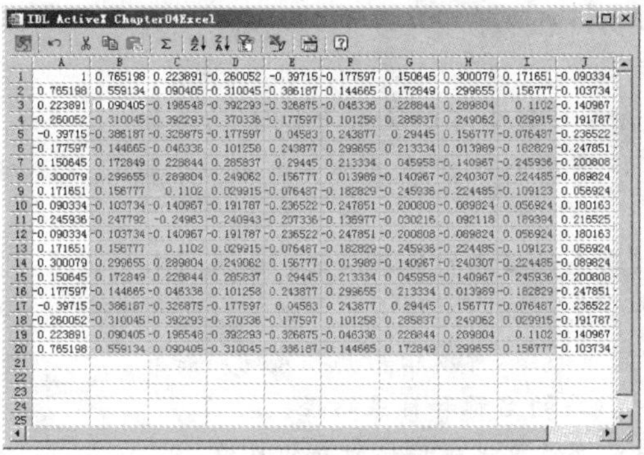

图 4.22　电子表格

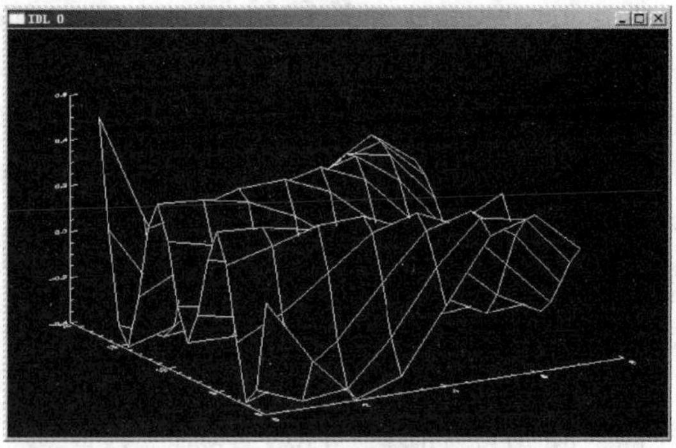

图 4.23　选择区数据的可视化

4.11.2　IDL 与 Visual C 的接口

IDL 作为新一代交互式的、跨平台的、面向图形对象的应用程序开发语言，具有较强的数据分析和可视化功能。Visual C/C++语言灵活、效率高，具有良好的集成开发环境、便捷的界面开发功能，开发者能方便地利用 Windows 资源或 MFC 类库开发出功能强大的 Win32 应用程序。为了实现 IDL 与 Visual C/C ++的相互调用，从而大大扩充 IDL 的数据处理能力和编程能力，IDL 语言提供了与 Visual C/C ++的接口功能。

1. IDL 调用 Visual C

利用 IDL 与 Visual C 的接口，可以方便地实现在 IDL 中调用 Visual C 中的函数。方法如下：

(1)在 Visual C 中，编写被 IDL 调用的 Visual C 的函数。

(2)在 IDL 中创建与 Visual C 函数中定义的数据结构相匹配(并且需要精确匹配)的数据结构。

注意：对于非结构数据的传输，可以省略该步骤。对于结构数据的传输，如果能够确保结构数据的正确性，不需要对结构数据进行检测，也可以省略该步骤。

(3)在 IDL 中编译 Visual C 的函数，生成在 IDL 中可以使用的动态连接库 DLL。

(4)在 IDL 中利用外部调用命令，通过动态连接库调用 Visual C 的函数。

在 IDL 中调用 Visual C 函数的具体方法如下：

(1)在 Visual C 中，利用 Visual C 编辑器(或者任意文本编辑器)编写 Visual C 源程序 MyVCProg.c，其中包含被 IDL 调用的 Visual C 函数 MyFunction(Type Parameters)。

(2)按照如下格式创建与 Visual C 函数中定义的数据结构精确匹配的数据结构：

```
PRO MyStructure__define
  ；定义与 C 语言定义的结构精确匹配的数据结构
  s1 = { MyStructure, var1 : value1, ... , varn : valuen }
           ……      ……      ……      ……
  s2 = { MyStructure, var1 : value1, ... , varn : valuen }
END
```

(3)利用 MAKE_DLL，编译 Visual C 的函数，生成在 IDL 中可以使用的动态链接库 DLL。MAKE_DLL 的格式和用法如下：

格式：MAKE_DLL , InputFiles [, OutputFile], ExportedRoutineNames
　　　　[, COMPILE_DIRECTORY=path] [, DLL_PATH=variable]

[, INPUT_DIRECTORY=path] [, OUTPUT_DIRECTORY=path]

功能:按照指定的目录和过程名编译 Visual C 的函数,生成在 IDL 中可以使用的动态链接库 DLL。

说明:

1)InputFiles:给出包含被 IDL 调用的 Visual C 函数的源代码程序 MyVCProg. c。其中源代码文件的扩展名可以省略。

2)[, OutputFile]:给出编译 Visual C 函数后,生成的在 IDL 中可以使用的 DLL 的名称。

3)ExportedRoutineNames :给出编译后所生成的可以调用的过程的名称。该名称一般与 Visual C 源代码程序中函数名同名。

4)[, COMPILE_DIRECTORY=path]:给出用于存放动态链接库的目录路径。如果省略该选项,则存放动态链接库的目录为系统内存变量! MAKE_DLL. COMPILE_DIRECTORY 中指定的目录路径。

技巧提示:! MAKE_DLL. COMPILE_DIRECTORY 中的值,可以由用户指定新路径。

5) [, DLL_PATH=variable]:给出用于存放动态链接库的名称和目录路径。

6)[, INPUT_DIRECTORY=path]:给出 Visual C 函数的源代码程序所在的目录。

7)[, OUTPUT_DIRECTORY=path:给出用于存放动态链接库的目录路径。一般与 [, COMPILE _DIRECTORY=path]和 [, DLL_PATH=variable]配合使用。

(4)利用外部调用命令 CALL_EXTERNAL,通过动态链接库调用 Visual C 的函数。CALL_EXTERNAL 的格式和用法如下:

格式:Result = CALL_EXTERNAL(Image, Entry [, P0, ..., PN-1]
[, /B_VALUE | , /D_VALUE | , /F_VALUE | , /I_VALUE | , /L64_VALUE |
, /S_VALUE | , /UI_VALUE | , /UL_VALUE | , /UL64_VALUE] [, /CDECL]
[, RETURN_TYPE=value][, COMPILE_DIRECTORY=string]

功能:通过指定目录的动态链接库,调用 Visual C 的函数。

说明:

1)Image :给出动态链接库 DLL 路径和名称。

2)Entry:给出调用 Visual C 函数所对应的过程名。

3)[, P0, ..., PN-1] :给出调用 Visual C 函数时,需要传递的数据。

4)[, /B_VALUE | , /D_VALUE | , /F_VALUE | , /I_VALUE | , /L64_VALUE |, /S_VALUE | , /UI_VALUE | , /UL_VALUE | , /UL64_VALUE] :指定函数调用后,返回值的类型。

5)[, /CDECL]:用于指出使用微软 Windows 系统提供的两种数据传递标准的哪一种。/STDCALL 用于 Visual Basic 与 IDL 的数据传输;/CDECL 用于 Visual C 与 IDL 的数据传输。

6)[, RETURN_TYPE=value]:用类型代码的形式指定函数调用后,返回值的类型。

7)[, COMPILE_DIRECTORY=string] :用于指出动态链接库 DLL 的所在路径。

下面通过传输单个变量、一维数组、二维数组、结构变量和数组求和的完整示例,详细说明 IDL 调用 Visual C 的方法。

【例 4.29】 编写 Visual C 函数 Chapter04IDLToVCSimpleVars. c,要求输入字节型、整型、长整型、浮点型和双精度型 5 个数据,返回它们的平方。并在 IDL 中编写 chapter04IDLToVCSimpleVars. pro 实现对该函数的调用。如果没有输入数据,则使用默认值:2b,3,4L,5.0 和 6.0D。函数设计如下:

```
#include <stdio.h>
#include "idl_export.h"              /* IDL external definitions */
int Chapter04IDLToVCSimpleVarsNatural(char *byte_var, short *short_var,
    IDL_LONG *long_var, float *float_var, double *double_var)
{      /* Square each variable. */
    *byte_var *= *byte_var;
    *short_var *= *short_var;
```

```
        * long_var *= * long_var;
        * float_var *= * float_var;
        * double_var *= * double_var;
        return 1;
}
int Chapter04IDLToVCSimpleVars(int argc, void * argv[])
{      /* Insure that the correct number of arguments were passed in */
if(argc != 5) return 0;
        return Chapter04IDLToVCSimpleVarsNatural((char *) argv[0], (short *) argv[1],
                (IDL_LONG *) argv[2], (float *) argv[3], (double *) argv[4]);
}
```

IDL 过程 chapter04IDLToVCSimpleVars. pro 设计如下：

```
; Chapter04IDLToVCSimpleVarsGetLib. pro
function Chapter04IDLToVCSimpleVarsGetLib
  common Chapter04IDLToVCSimpleVarsBlock, Chapter04IDLToVCSimpleVarsShlib
  ；测试共享库是否存在。若存在,则直接调用;否则,创建共享库
  build_lib = n_elements(Chapter04IDLToVCSimpleVarsShlib) eq 0
  if (not build_lib) then $
    build_lib = not FILE_TEST(Chapter04IDLToVCSimpleVarsShlib, /READ)
  if (build_lib) then begin
    ；定位函数 CALL_EXTERNAL 调用 C 语言函数所在的目录
    call_ex_dir ='D:\RSI\IDL63\'
    source = [ 'Chapter04IDLToVCSimpleVars' ]
    export_rtns = [ 'Chapter04IDLToVCSimpleVarsNatural', $
    'Chapter04IDLToVCSimpleVars' ]
    ；创建动态连接库的目录
    FILE_MKDIR, 'D:\RSI\IDL63\Chapter04IDLToVCSimpleVarsDLL'
    ! MAKE_DLL. COMPILE_DIRECTORY = 'D:\RSI\IDL63\ $
    Chapter04IDLToVCSimpleVarsDLL'
    ；编译 C 语言函数,创建动态连接库
    MAKE_DLL, source, 'Chapter04IDLToVCSimpleVarsDLLLib', export_rtns, $
        INPUT_DIR=call_ex_dir, DLL_PATH=Chapter04IDLToVCSimpleVarsShlib
  endif
  return, Chapter04IDLToVCSimpleVarsShlib
end
; chapter04IDLToVCSimpleVars. pro
PRO chapter04IDLToVCSimpleVars, b, i, l, f, d
    b_l = (SIZE(b,/TYPE) EQ 0) ? 2b : byte(b[0])
    i_l = (SIZE(i,/TYPE) EQ 0) ? 3 : fix(i[0])
    l_l = (SIZE(l,/TYPE) EQ 0) ? 4L : long(l[0])
    f_l = (SIZE(f,/TYPE) EQ 0) ? 5.0 : float(f[0])
    d_l = (SIZE(d,/TYPE) EQ 0) ? 6.0D : double(d[0])
    PRINT, 'Calling IDLToVCSimpleVars with the following arguments:'
    PRINT, b_l, i_l, l_l, f_l, d_l
    HELP, b_l, i_l, l_l, f_l, d_l
```

```
    func = 'Chapter04IDLToVCSimpleVars'
    DLLLib = Chapter04IDLToVCSimpleVarsGetLib()
    Result = CALL_EXTERNAL(DLLLib, func, b_l, i_l, l_l, f_l, d_l, /CDECL)
    PRINT,'After calling Chapter04IDLToVCSimpleVars:'
    PRINT, b_l, i_l, l_l, f_l, d_l
    HELP, b_l, i_l, l_l, f_l, d_l
END
```

【思考题 1】 编写 Visual C 函数 Chapter04IDLToVCIncrStruct. c,要求输入字节型、长整型、浮点型、双精度型和含有两个元素的整型数组这 5 个数据,返回它们的值加 1。并在 IDL 中编写 Chapter04IDLToVCIncrStruct. pro 实现对该函数的调用。如果没有输入数据,则使用默认值为 0b,0L,0.0,0.0D 和(0,0)。

【思考题 2】 编写 Visual C 函数 Chapter04IDLToVCSum2DArray. c,要求输入双精度二维数组、第一维的下标开始位置(可以任意指定一个有效下标)和结束位置、第二维的下标开始位置和结束位置,返回它们的和值。并在 IDL 中编写 Chapter04IDLToVCSum2D Array. pro,实现对该函数的调用。如果没有输入数据,则使用默认值为 DINDGEN(20, 20)、下标为数组的起始和终止下标。

【思考题 3】 编写 Visual C 函数 Chapter04IDLToVCStringArray. c,要求输入一维字符串数组,返回字符串数组中最长的字符串。并在 IDL 中编写 Chapter04IDLToVCStringArray. pro,实现对该函数的调用。如果没有输入数据,则使用默认值为['a', 'bb', 'ccc', 'd']。

【思考题 4】 编写 Visual C 函数 Chapter04IDLToVCSumArray. c,要求输入浮点型一维数组,返回浮点型数组的所有元素的和值。并在 IDL 中编写 Chapter04IDLToVCSumArray. pro,实现对该函数的调用。如果没有输入数据,则使用默认值为 FINDGEN(10)。

思考题 1 至思考题 4 的参考答案,请参阅网上资料(http=//www. nwpvp. com/www/down/oad. asp)。

另外,读者还可以使用 LINKIMAGE 接口函数实现 Visual C 函数的调用,简述如下:

格式: LINKIMAGE,Name,Image,[,Type[,Entry]][,/DEVICE][,/FUNCT][,/KEYWORDS][,MAX_ ARGS=value][,MIN_ ARGS=value]

其中,Name 代表 IDL 要调用的函数或过程名;Image 代表包含程序代码的文件名;[ ]内是可选内容;Type 表明被调用的是函数还是过程,0 代表过程,1 代表函数;Entry 表示过程或函数入口的符号名,是一个可选的参数;/DEVICE,/FUNCT,/KEYWORDS,MAX _ARG=value,MIN_ ARGS=value 是程序调用的关键字,在不同的操作系统中有不同的用法。其具体用法,请参阅网上(网址同上)资料中的帮助文档 edg. pdf。

在 IDL 中使用 LINKIMAGE 调用其他语言程序,程序开发者需要有丰富的有关 IDL 系统内部的知识。这种方法不适合一般的程序开发者使用,RSI 公司也不赞成程序开发者使用 LINKIMAGE。如果需要在 IDL 程序中调用动态链接程序,RSI 公司建议编程者使用 CALL_EXTERNAL。

技巧提示: 当用 Visual C 语言进行动态链接库设计时,应注意 IDL 的数据类型与 Visual C 语言的数据类型之间的区别。表 4.2 列出了 IDL 数据类型与 Visual C 语言数据类型之间的对应关系。值得注意的是,在 IDL 程序中不能释放在动态链接库中分配的内存空间。如果在动态链接库中动态分配内存,并把它返回给了 IDL 程序,就会造成内存泄漏。因此,在动态库链接设计时,应避免将动态分配的内存返回给 IDL 程序,程序员可以在动态链接库中使用静态数据解决这一问题。

表 4.2　IDL 与 C 语言数据类型之间的匹配关系表

IDL	Visual C	IDL	Visual C
BYTE	char, unsigned char	ULONG64	IDL_ULONG64
INT	short	FLOAT	float
UINT	unsigned short	DOUBLE	double
LONG	IDL_LONG	STRING	IDL_STRING
ULONG	IDL_ULONG	STRUCT	C STRUCT
LONG64	IDL_LONG64		

2. Visual C 调用 IDL

利用 IDL 与 Visual C 的接口，可以方便地在 Visual C 中调用 IDL 的命令、过程和函数。方法如下：

(1)利用 IDL_Win32Init()初始化 IDL。在 Visual C 的中调用 IDL 语句之前，首先必须通过 IDL_Win32Init()对 IDL 进行初始化，并且在一个程序中只能初始化一次。IDL_Win32Init()函数在 IDL 的动态链接库中，此函数的调用形式如下：

```
int IDL_Win32Init(int iOpts, void * hinstExe, void * hwndExe, void * hAccel)
```

其中，iOpts 是一个保留参数，总是取 0 值；hinstExe 是调用 IDL 的应用程序句柄；hwndExe 是应用程序的窗口句柄；hAccel 是一个保留参数，总是取 NULL。如果 IDL 在应用程序中初始化成功，IDL_Win32Init()返回“TRUE”，否则返回“FALSE”。

(2)输出内容的定向。在基于图形用户界面的应用程序中，所有输出均在一个逻辑窗口 Log Window 中。当调用 IDL 后，默认的输出函数将在程序开始时自动被 IDL 的函数取代，可以通过 IDL_ToutPush()和 IDL_ToutPop()改变、转移 IDL 的输出结果到指定的函数中去。其实在系统内部，IDL 维持着一个堆栈，通过 IDL_ToutPush()和 IDL_ ToutPop()实现结果信息的进栈和出栈。每次从栈中弹出的输出结果都是以字符串的形式使用，因此用户设计的用于输出 IDL 的结果信息到指定地方的函数类型如下：

```
typedef void ( * IDL_TOUT_OUTF)(int flags, char * buf, int buf)
```

其中，flags 的取值为 IDL_TOUT_F_STDERR 和 IDL_TOUT_F_NLPOST，用来确定怎样输出文本数据；buf 指输出的字符串；n 是 buf 中要输出的字符数。

技巧提示：所有宏的定义，均包含在 IDL 的头文件 idl_export.h 中。

(3)在 Visual C 中调用并执行 IDL 命令、过程或者函数。在前两个步骤初始化成功后，用户就可以通过 IDL 提供的接口函数 IDL_ExecuteStr()和 IDL_Execute()调用并执行 IDL 的命令、过程或者函数。这两个函数的用法如下：

```
int IDL_Execute(int argc, char * argv[])
```

其中，argc 是指在 argv[]中的命令数；argv[]是由 IDL 命令字符串组成的字符串数组。

```
int IDL_ExecuteStr(char * cmd)
```

其中，cmd 是一个 IDL 命令字符串。

(4)关闭 IDL 调用。在 Visual C 的应用程序调用 IDL 的任务完成后，应该通过调用关闭函数 IDL_Cleanup()关闭 IDL。通常在主程序退出之前执行 IDL_Cleanup(TRUE)关闭 IDL。IDL_Cleanup()的使用方法如下：

```
int IDL_Cleanup(int just_cleanup)
```

其中，just_cleanup 的取值为 TRUE(关闭所有任务，但没有真正退出)和 FALSE(该值是默认值；表示退出)。

综上所述，在 Windows 平台下，实现在 Visual C 中调用 IDL 命令、过程或者函数的具体方法如下：

(1)在 Visual C 中,建立基于对话框 Dialog 的应用程序。

(2)把 IDL 系统中"D:\RSI\IDL63\external\include"目录下的头文件 idl_export.h 复制,并且添加到应用程序中。

(3)把 IDL 系统目录 D:\RSI\IDL63\bin\bin.x86 下的标准库文件 IDL32.LIB 复制,并且添加到应用程序中。

(4)把 IDL 系统目录 D:\RSI\IDL63\bin\bin.x86 下的动态链接库 IDL32.DLL 复制到 Windows 系统目录或者应用程序目录中,并且添加到应用程序中。

(5)利用 IDL_Win32Init()初始化 IDL。

(6)利用 IDL_ToutPush()与 IDL_ToutPop()改变、转移 IDL 的输出结果到指定的函数中。

(7)在 Visual C 中调用函数 IDL_ExecuteStr()和 IDL_Execute(),并执行 IDL 命令、过程或者函数。

(8)把执行结果输出到指定窗口中。

(9)关闭 IDL 调用。

【例 4.30】 设计一个基于对话框类型的应用程序 Chapter04VCToIDL,程序的 GUI 界面如图 4.24。具体要求如下:

(1)在 GUI 中设计两个文本编辑窗口和一个标签;

(2)在 GUI 下方的编辑窗口中输入 IDL 命令;

(3)在下方的编辑窗口中输入 IDL 命令后,运行结果在 GUI 上方的编辑窗口中输出。

应用程序 Chapter04VCToIDL 的详细设计过程如下:

(1)在 Visual C 中,利用 Visual C 的程序向导 AppWizard 创建基于对话框的工程 Chapter04VCToIDL。

(2)在该工程中,建立如图 4.24 所示的 GUI 界面。具体控件和属性如下:

多行 Edit Box;ID:IDC_EDIT_LOG

单行 Edit Box;ID:IDC_EDIT_COMMAND

静态文本标签 Static Text;ID:IDC_STATIC;Caption:IDL>

触发按钮 Button;ID:IDC_SEND;Caption:Send

为 IDC_EDIT_LOG 添加变量 m_LogWindow;类型为 CEdit

为 IDC_EDIT_COMMAND 添加变量 m_Command;类型为 CEdit

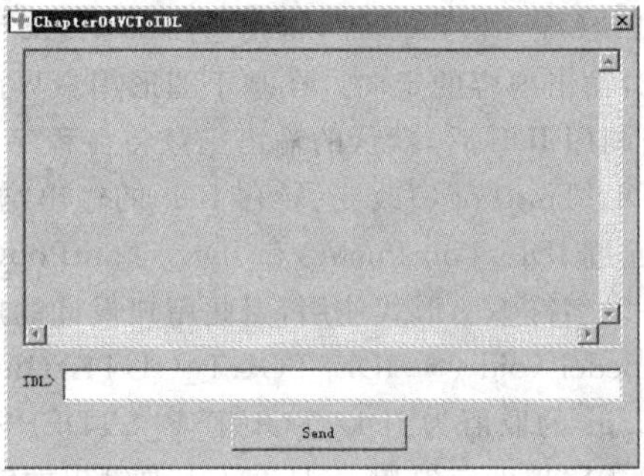

图 4.24 工程 Chapter04VCToIDL 的 GUI 界面

(3)把 IDL 安装目录下的头文件 idl_export.h、系统库 IDL32.LIB 和动态链接库 IDL32.DLL 复制到该工程的所在目录中,并添加到工程 Chapter04VCToIDL 中。

(4)在 CChapter04VCToIDLApp::InitInstance()中,利用 IDL_Win32Init()初始化 IDL。即在函数 InitInstance()中的"int nResponse = dlg.DoModal();"的前面添加如下代码:

```
pMyDlg =  &dlg;  // pMyDlg 为指向本程序对话框的全局指针
IDL_ToutPush(OutFunction); //注册 IDL 信息的输出函数 OutFunction
if (! IDL_Win32Init(0, m_pMainWnd, m_pMainWnd->m_hWnd, NULL))
    return FALSE;  //初始化 IDL
```

(5)在对话框源代码文件中添加全局 IDL 信息输出函数 OutFunction()如下:

```
void OutFunction(int flags, char * buf, int n)
{ if(n>0) pMyDlg->OutPutLog(0, buf); //如果 IDL 中有消息输出,则输出到对话框中
  if(flags & IDL_TOUT_F_NLPOST)
    pMyDlg->OutPutLog(0, "\r\n\0"); //若需要换行,则换行输出到对话框中
```

```
}
```

(6)在对话框中，为对话框中的命令按钮 Send 添加响应函数 OnSend()如下：

```
void CChapter04VCToIDLDlg::OnSend()
{	LPSTR lpCommand, lpOut; //定义用于传递命令的字符串变量
	lpCommand = (LPSTR)new char[256]; //为字符串变量分配空间
	lpOut = (LPSTR)new char[256];
	if (! lpCommand || ! lpOut) return;
	// 取出对话框中，命令行中输入的 IDL 命令
	m_Command.GetWindowText(lpCommand, 255);
	m_Command.SetWindowText(""); //清空对话框中命令行中的内容
	lstrcpy(lpOut, "\r\nIDL> ");
	lstrcat(lpOut, lpCommand);
	/ * 把提示信息"IDL"和命令行中的内容输出到对话框中 * /
	OutFunction(IDL_TOUT_F_NLPOST, lpOut, strlen(lpOut));IDL_ExecuteStr(lpCommand);
	delete lpCommand;
	delete lpOut;
}
```

(7)在对话框中，添加函数 OutPutLog()，将获得的 IDL 结果输出到对话窗口 IDC_EDIT_LOG 中，并进行滚动显示。函数内容如下：

```
void CChapter04VCToIDLDlg::OutPutLog(int flags, char * buf)
{	/ * 关闭显示窗口的只读属性和重绘功能 * /
	::SendMessage(pMyDlg->m_LogWindow, EM_SETREADONLY, FALSE, 0L);
	::SendMessage(pMyDlg->m_LogWindow, WM_SETREDRAW, FALSE, 0L);
	/ * 将要显示的信息在显示窗口中显示 * /
	::SendMessage(pMyDlg->m_LogWindow, EM_REPLACESEL, 0, LPARAM(buf));
	/ * 恢复显示窗口的只读属性和重绘功能 * /
	::SendMessage(pMyDlg->m_LogWindow, WM_SETREDRAW, TRUE, 0L);
	::SendMessage(pMyDlg->m_LogWindow, EM_SETREADONLY, TRUE, 0L);
}
```

(8)利用函数 IDL_Cleanup()关闭 IDL。在对话框中为对话框添加关闭消息(WM_CLOSE)响应函数，即在"CDialog::OnClose()"前加入如下关闭 IDL 的语句：IDL_Cleanup(TRUE)。

应用程序 Chapter04VCToIDL 的完整代码请参阅网上资料。运行该程序后，用户可以在对话框的命令行中键入 IDL 命令，然后按"Send"命令按钮，命令行中输入的命令以及通过 IDL 执行后的结果将在上面的窗口中显示，该应用程序的运行结果如图 4.25 和如图 4.26 所示。

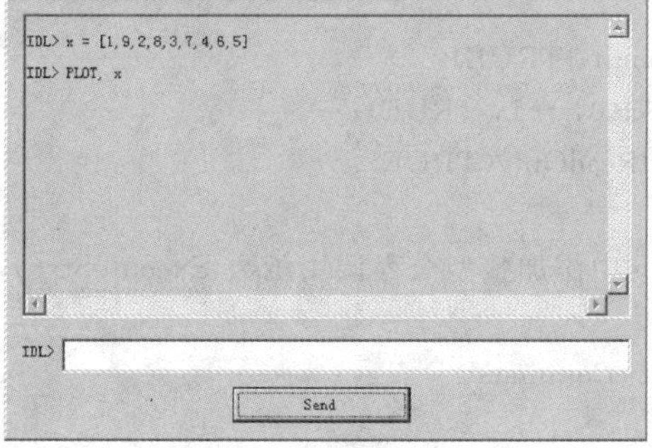

图 4.25　运行结果窗口

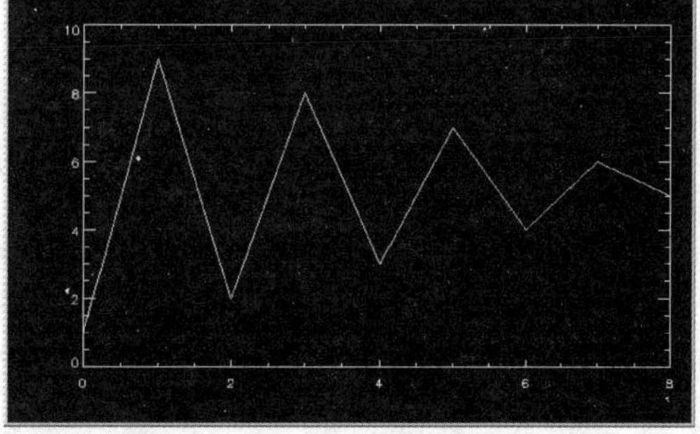

图 4.26　运行结果的绘图窗口

在 VC 中调用 IDL 的命令、过程和函数，还可以使用 IDLDrawWidget ActiveX Control 来更直接方便地实现，同时在 IDLDrawWidget 中支持对象绘图。下面通过工程 Chapter04DrawVCToIDL，详细说明 VC 调用 IDL 的实现方法。

【例 4.31】 设计 GUI 如图 4.27 所示的工程 Chapter04DrawVCToIDL。实现在 GUI 下方的编辑窗口中输入 IDL 命令后；IDL 命令的运行结果在 GUI 上方的编辑窗口中输出；在绘图区可以交互操作对象。实现方法如下：

(1)在 VC 中创建基于对话框的工程 Chapter04DrawVCToIDL。

(2)建立如图 4.27 所示的 GUI 界面。其控件和属性如下：

绘图区 IDC_IDLDRAWWIDGET1：ID 为 IDC_IDLDRAWWIDGET1；添加 CIDLDrawX3 类型变量 m_IDLDrawWidget。

多行 Edit Box：ID 为 IDC_IDLOutputLog；添加 CEdit 类型变量 m_ IDLOutputLog。

单行 Edit Box：ID 为 IDC_IDLCommand；添加 CString 类型变量 m_IDLCommand。

标签 Static Text：ID 为 IDC_STATIC；Caption：IDL>。

(3)设计操作绘图区对象的 IDL 程序，并把它们复制到工程的目录中。如果不需要交互控制绘图区，则可以省去该步骤。

(4)初始化 IDL。使用绘图对象的 InitIDL 方法初始化 IDL。在 CChapter04DrawVCToIDLDlg::OnInitDialog()中"return TRUE"语句的前面添加如下命令：

```
CString strVal; RECT Rect;
m_IDLDrawWidget.GetWindowRect(&Rect);
m_IDLDrawWidget.SetXsize(Rect.right - Rect.left);
m_IDLDrawWidget.SetYsize(Rect.bottom - Rect.top);
m_IDLDrawWidget.SetXviewport(Rect.right - Rect.left);
m_IDLDrawWidget.SetYviewport(Rect.bottom - Rect.top);
m_IDLDrawWidget.SetOutputWnd((long) m_IDLOutputLog.m_hWnd);
m_IDLDrawWidget.InitIDL((long) m_hWnd);
long i = m_IDLDrawWidget.CreateDrawWidget();
if (i == -1) return TRUE;
```

(5)设计结果信息输出函数和结果信息的定向。在 CChapter04DrawVCToIDLDlg 中，为 IDC_IDLOutputLog 添加 EN_UPDATE 响应函数 OnUpdateIDLOutputLog()，操作命令如下：

```
void CChapter04DrawVCToIDLDlg::OnUpdateIDLOutputLog()
{int nLines = m_IDLOutputLog.GetLineCount();
int nUpperLimit = m_IDLOutputLog.LineIndex(nLines - 1);
if (nUpperLimit > 10000) {
    int nLowerLimit = m_IDLOutputLog.LineIndex(20);
    m_IDLOutputLog.SetReadOnly(FALSE);
    m_IDLOutputLog.SetSel(nLowerLimit, nUpperLimit, TRUE);
    m_IDLOutputLog.Cut(); m_IDLOutputLog.SetSel(0, -1, TRUE);
    m_IDLOutputLog.Paste(); m_IDLOutputLog.SetReadOnly(TRUE);
    m_IDLOutputLog.UpdateWindow();}}
```

(6)创建调用函数。在 CChapter04DrawVCToIDLDlg 中添加整型全程调用函数 ExecuteStr()，操作命令如下：

```
int CChapter04DrawVCToIDLDlg::ExecuteStr(CString cCommand)
{VARIANT vDrawID; VariantInit(&vDrawID);
V_VT(&vDrawID) = VT_I4;
```

```
vDrawID. lVal = m_IDLDrawWidget. GetDrawId();
m_IDLDrawWidget. SetNamedData("IDLDrawWidget1", vDrawID);
int iStat = m_IDLDrawWidget. ExecuteStr(cCommand);return (iStat);}
```

(7)调用并执行 IDL 命令。在 CChapter04DrawVCToIDLDlg 中添加为 IDC_IDLCommand 添加响应函数 OnOK(),操作命令如下:

```
void CChapter04DrawVCToIDLDlg::OnOK()
{int iExit;int iSemicolon;
CString s_IDLCommand;UpdateData(TRUE);
ExecuteStr((CString)
"PRINT, 'IDL> ' + \"" + m_IDLCommand + "\"");
ExecuteStr(m_IDLCommand. GetBuffer(100));
s_IDLCommand = m_IDLCommand;
s_IDLCommand. MakeUpper();
if ((iExit = s_IDLCommand. Find("EXIT")) ! = -1) {
  if ((iSemicolon = s_IDLCommand. Find(';')) ! = -1){
        if (iSemicolon >> iExit) {ExecuteStr("RETALL");
          m_IDLDrawWidget. DoExit(); exit(1);}
  } else {ExecuteStr("RETALL");
        m_IDLDrawWidget. DoExit(); exit(1);}}
m_IDLCommand = ""; UpdateData(FALSE);}
```

【例 4.32】 利用 IDLDrawWidget ActiveX Control 设计并实现例 4.30 中的基于对话框类型的工程 Chapter04IDLDrawX3VCToIDL。具体要求和例 4.30 相同,另外要求添加绘图窗口 DrawWidget,同时去掉"Send "按钮,命令的执行直接用回车键替代,即输入命令后,按回车键发送并执行相应的命令。Chapter04IDLDrawX3VCToIDL 的完整代码请参阅随书配套光盘。运行结果如图 4.28 所示。

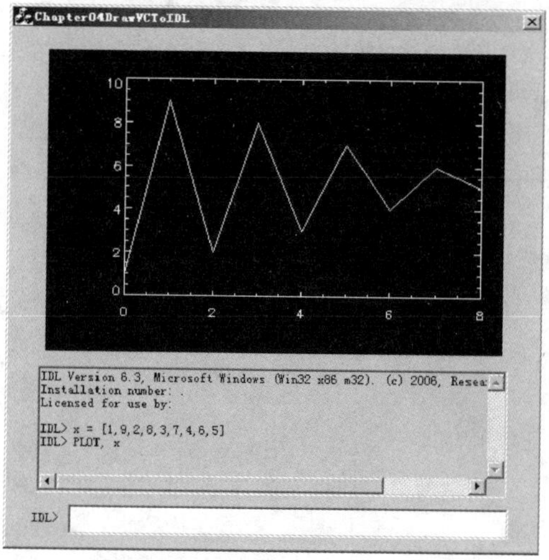

图 4.27　Chapter04DrawVCToIDL 运行窗口

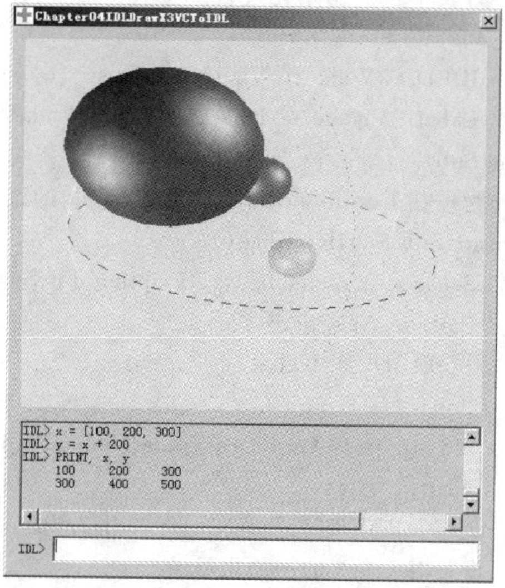

图 4.28　Chapter04IDLDrawX3VCToIDL 运行窗口

4.11.3　IDL 与 Visual Basic 的接口

为了实现 IDL 与 Visual Basic 的相互调用,从而大大扩充 IDL 的数据处理能力和编程能力,IDL 语言提供了与 Visual Basic 的接口功能。

用户利用 IDL 提供的与 Visual Basic 的接口，可以方便地在 Visual Basic 中调用 IDL 中的命令、过程和函数。其方法与 Visual C 基本相同。下面通过一个完整的例子，详细介绍在 Visual Basic 中调用 IDL 中的命令、过程和函数的方法。

【例 4.33】 利用 IDLDrawWidget ActiveX control 设计并实现如图 4.29 所示的 Standard EXE 类型的工程 Chapter04VBToIDL。具体要求如下：

(1)在初始界面中，单击“Start IDL”按钮启动 IDL 和工程。

(2)在绘图窗口中，可以交互操作可视化对象。

(3)在命令行可以输入 IDL 命令，回车后运行结果在上面的 LOG 窗口中显示。

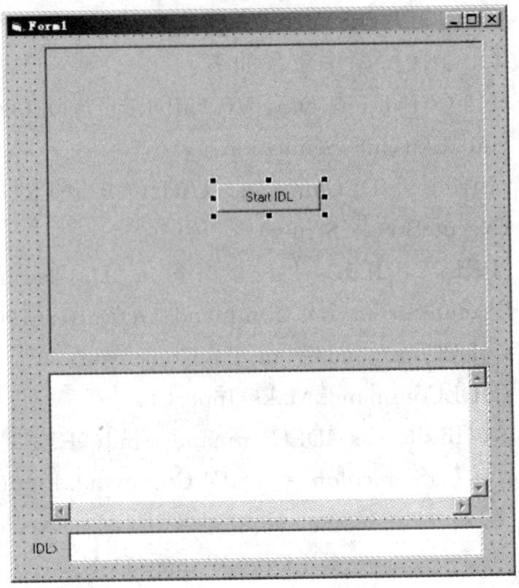

图 4.29 工程 Chapter04VBToIDL 的 GUI 界面

工程 Chapter04VBToIDL 的详细设计过程如下：

(1)在 Visual Basic 中，创建 Standard EXE 类型的工程 Chapter04VBToIDL。

(2)在该工程中，建立如图 4.29 所示的 GUI 界面。具体控件和属性如下：

按钮 CommandButton：Name：StartIdl；Caption：Start IDL。

绘图区 IDLDrawWidget1：具体设置如图 4.29；其他设置为默认值。

多行文本编辑区 TextBox：Name：LogWnd。

静态文本标签 Label：Name：Label1；Caption：IDL>。

单行文本编辑区 TextBox：Name：CmdLine。

(3)为表单建立初始化过程如下：

```
Private Sub Form_Load()
    IDLDrawWidget1. Visible = False  &  CmdLine. Visible = False
    Label1. Visible = False  &  LogWnd. Visible = False
End Sub
```

(4)为按钮 CommandButton 建立 Click 的过程如下：

```
Private Sub StartIdl_Click()
    Set fs = CreateObject("Scripting. FileSystemObject") ；设置 IDL 运行环境
    Path = App. Path
    ；获取 IDL 6.3 目录
    For i = 0 To 3
      Path = fs. GetParentFolderName(Path)
    Next
  Path = Path & "\bin\bin. x86\idl32. dll"
  ；设置 IDL 6.3 的初始化目录
  IDLDrawWidget1. IdlPath = Path
  ；初始化输出窗口：多行文本编辑区 TextBox
  IDLDrawWidget1. SetOutputWnd LogWnd. hWnd
  If m_inited = 0 Then
    ；初始化 IDL
    m_inited = IDLDrawWidget1. InitIDL(Chapter04VBToIDL. hWnd)
```

```
    If m_inited = 0 Then
      MsgBox "InitIDL failed"
      Exit Sub
    End If
    StartIdl. Visible = False
    IDLDrawWidget1. Visible = True
    CmdLine. Visible = True
    Label1. Visible = True
    LogWnd. Visible = True
  End If
  If m_inited > 0 Then
    ;创建并初始化绘图区 IDLDrawWidget1
    wId = IDLDrawWidget1. CreateDrawWidget()
    If wId < 0 Then
      MsgBox "Create draw failed"
      Exit Sub
    End If
  End If
End Sub
```

(5)为单行文本编辑区 TextBox 建立运行 IDL 命令的过程如下：

```
Private Sub CmdLine_KeyPress(KeyAscii As Integer)
    If KeyAscii = vbKeyReturn Then
      If Len(CmdLine. Text) > 0 Then
        ;发送并运行 IDL 命令,然后清空编辑行
        LogWnd. Text = LogWnd. Text & CmdLine. Text
        bRet = IDLDrawWidget1. ExecuteStr("print")
        bRet = IDLDrawWidget1. ExecuteStr(CmdLine. Text)
        CmdLine. Text = ""
      End If
  End If
End Sub
```

(6)最后,把 Chapter04VBToIDLTBall__define. pro 和 Chapter04VBToIDL. pro 复制到工程所在目录,就可以运行工程了。该工程的完整代码请参阅随书网上资料。运行结果如图 4.30 和 4.31 所示。

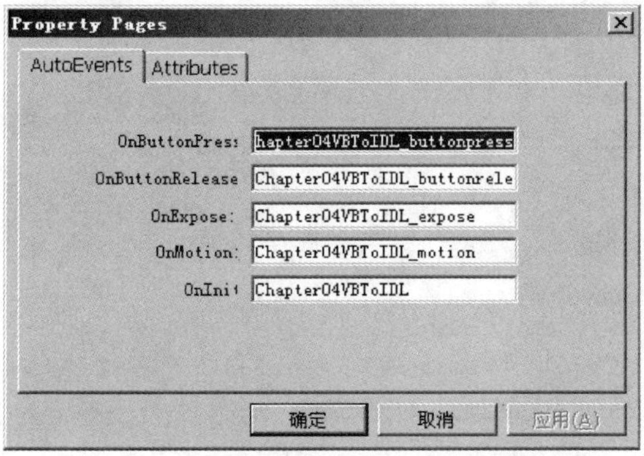

图 4.30　绘图区 IDLDrawWidget1 的设置界面

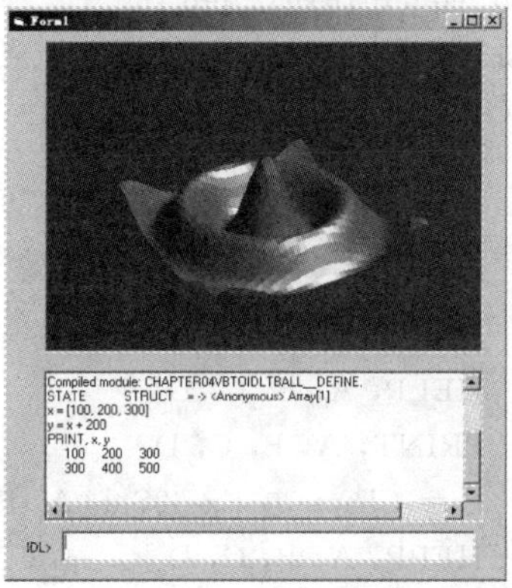

图 4.31　Chapter04VBToIDL 运行窗口

技巧提示：如果用户希望在 IDLDrawWidget 中支持直接图形系统的操作，也可以很方便地实现，具体方法与例 4.31 类似。习题 17 给出了详细用法。

通过上述例子可以看出，利用 IDLDrawWidget ActiveX control 实现 IDL 与其他语言的接口，相当简单方便。

在下面指定的 IDL 安装目录中，提供了很多关于 Visual Basic 中调用 IDL 命令、过程和函数的 DEMO 程序，请读者自行阅读。

D:\RSI\IDL63\examples\doc\ActiveX

D:\RSI\IDL63\external\ActiveX\vb

注意：调用 IDL 有诸多优点，但是要在应用程序开发中很好地实现这种技术，还需编程者了解 Windows 编程知识和 IDL 应用接口 IDL API 等多方面的知识。

习　题

1. 结构化程序设计的基本结构是什么？简述每一种结构的特点，并绘出流程框图。
2. 简述 CONTINUE 语句、BREAK 和 RETURN 语句在循环语句中的功能？
3. 给出至少四种循环语句的嵌套形式。
4. 给出选择语句和循环语句的嵌套形式。
5. 解释下列概念。

(1)程序文件　(2)过程　(3)过程文件　(4)程序的嵌套调用

(5)自定义函数　(6)局部变量　(7)全程变量　(8)中断处理

6. 写出下列程序的运行结果。

(1)Chapter04Exe61.pro

```
; Chapter04Exe61.pro
PRO  Chapter04Exe61
    a = 1
    b = 1
    WHILE a LT 10 DO BEGIN
        x = a * b
        PRINT, STRING(a) + ' * ' + STRING(b) + ' = ', x
        a = a + 1
        b = b + 1
    ENDWHILE
END
```

(2)Chapter04Exe62.pro

```
; Chapter04Exe62.pro
PRO  Chapter04Exe62
    A = 'A'
    B = 'B'
    C = 'C'
    D = 'D'
    HELP, A, B, C, D
    PRINT, A, B, C, D
    E = Chapter04Exe62Sub(A, B, C)
    HELP, A, B, C, D
    PRINT, A, B, C, D
```

```
    E =Chapter04Exe62Sub(A, B, D)
    HELP, A, B, C, D
    PRINT, A, B, C, D
END
; Chapter04Exe62Sub.pro
FUNCTION Chapter04Exe62Sub, X, Y, D
    HELP, X, Y, D
    PRINT, X, Y, D
    X = X + 'U'
    Y = Y + 'V'
    D = X + Y
    A = 'W'
    HELP, X, Y, D, A
    PRINT, X, Y, D, A
    RETURN, A
END
```

(3)Chapter04Exe63.pro

```
; Chapter04Exe63.pro
PRO  Chapter04Exe63
    M = 3
    WHILE M LT 10 DO BEGIN
        N = 2
        WHILE N LE M - 1 DO BEGIN
        IF M MOD N EQ 0 THEN BEGIN
                BREAK
            ENDIF
            IF N EQ M - 1 THEN BEGIN
                PRINT, M
            ENDIF
            N = N + 1
        ENDWHILE
        M = M + 1
    ENDWHILE
END
```

7. 编程序，任意输入实数 x，计算并输出 $f(x)$的值，要求：

(1)在屏幕上先输出“x =”，然后输出 x 的值。

(2)在屏幕上先输出“$f(x)$=”，然后输出函数 $f(x)$的值。

其中 $f(x)$为

$$f(x)=\begin{cases} x^2+2x+1 & x<-1 \\ 4x-2 & 1\leqslant x<1 \\ x^2-2x-1 & x\geqslant 1 \end{cases}$$

8. 编程序，打印出所有的“水仙花数”，所谓水仙花数是指一个 3 位数，其各位数字的立方和等于该数本身。例如：153 是水仙花数，因为 $153=1^3+5^3+3^3$。

9. 编程序，计算并输出：

$$\sum_{i=1}^{10} n! = 1! + 2! + 3! + \cdots + 10!$$

10. 编程序，计算并输出 S=A + AA + AAA + … + AA…A，其中 A 是一个数字，要求 N，A 均由键盘输入。例如：N=4，A=3，则 S=3 + 33 + 333 + 3333。

11. 编程序，输出下面各图形，每个图形均为 15 行。

```
(1)* * * * * * * * * * *
     * * * * * * * * * * *
       * * * * * * * * * * *
             …  …  …
           * * * * * * * * * * *
```

```
(2)            *
              * * *
            * * * * *
              …  …
      * * * * * * * * * * *
```

12. 用过程文件改写例 4.20。

13. 利用自定义函数分别编程，计算并输出函数 $f(x)$ 的值，其中 x 的值由键盘输入。

(1) $f(x)=e^x+3x+\frac{x^2+1}{3x+4}+e^{2x}$　　(2) $f(x)=\frac{x^2+x^4+4}{(x^2+x^4)^{3/5}\lg(x^2+x^4+2)}$

(3) $$f(x)=\begin{cases} 4x+1 & x<0 \\ 6x-2 & 0\leqslant x<1 \\ 10x+5 & 1\leqslant x<2 \\ x^3+4 & 2\leqslant x<3 \\ 8x^2+1 & 3\leqslant x \end{cases}$$

14. 修改例 4.20，设计除函数 Chapter04Division.pro，在该例中添加除运算功能。实现数据的加、减、乘和除运算。

提示：在做除运算时，注意判断分母为零的情况。

15. 修改例 4.30，去掉 Send 按钮，改为在单行 Edit Box 中按下回车键实现命令的执行，并把执行结果显示在上面的多行 Edit Box 中。提示：在对话框类中添加一个 OnOK() 函数，函数的内容同原 OnSend() 函数的内容。(请读者参考随书网上资料提供的目录 Chapter04VCToIDLExercise 中的工程)。

16. 修改例 4.33，在该例题中去掉 Strat IDL 按钮和初始界面，直接启动 IDL，同时直接运行工程 Chapter04VBToIDLExercise。其他功能不变(请读者参考随书网上资料提供的目录 Chapter04VBToIDLExercise 中的工程)。

17. 利用 IDLDrawWidget ActiveX control 设计并实现如图 4.32 所示的 Standard EXE 类型的工程 Chapter04DrawVBToIDL。要求在命令行输入 IDL 命令，回车后运行结果在上面的 LOG 窗口中显示。详细设计过程请读者参考随书网上资料提供的目录 Chapter04DrawVBToIDL。

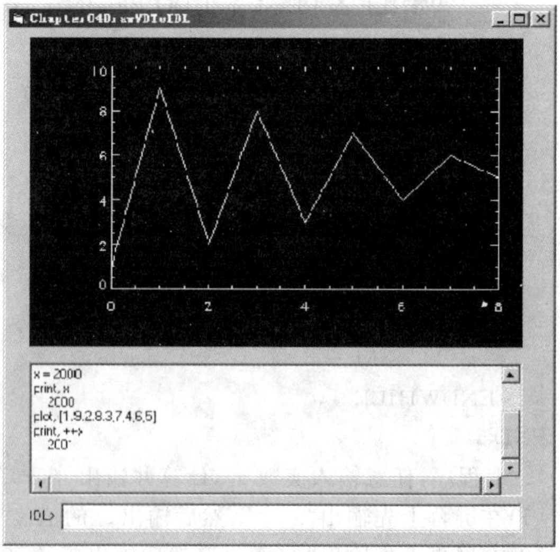

图 4.32　工程 Chapter04DrawVBToIDL 的 GUI 界面

第5章　图形系统

IDL 6.3 为用户提供了两种独立的图形系统：直接图形系统和对象图形系统。

5.1　图形系统概述

5.1.1　直接图形系统

直接图形系统是指直接利用用户设定的默认图形设备(如显示器和打印机等)来进行数据显示的图形系统。IDL 6.3 支持多种图形设备，用户可以根据需要设定。在设定了图形设备之后，数据处理的结果将直接显示在设定的图形设备上。直接图像系统直接依赖于用户使用的当前图形设备，而且创建在图形设备上的内容将不能再更改和重复利用。其优点是显示速度快。

5.1.2　对象图形系统

对象图形系统是指首先利用对象引导程序创建用于显示的图形窗口对象，然后在窗口对象中进行数据显示的图形系统。对象图形系统不直接依赖于用户使用的图形设备，所以使用对象图形系统设计的应用系统，可以直接运行在各种计算机系统中，而且不需要进行图形设备的设置，同时还可以重复利用。缺点是显示速度比直接图形系统稍慢。

5.1.3　直接图形系统和对象图形系统的比较

直接图形系统和对象图形系统的共同点是用于数据的显示或者输出。二者的区别主要表现在以下几方面：

(1)对图形设备依赖性。直接图形系统依赖于当前图形设备，可以在当前图形设备上直接创建数据显示。

对象图形系统使用对象引导程序接口创建图形对象，然后在该窗口对象中创建数据显示。它不依赖于当前的图形设备，相对独立于设备，任何数据显示均可以在创建目标对象的任何物理设备上显示。在使用对象图形系统时，没有当前图形设备的概念。

(2)可编辑性和可重复利用性。利用直接图形系统创建在默认图形设备上的数据显示，一旦创建之后，将不能再更改或再使用。即用户需要在不同的设备上再创建数据显示，用户必须重新给出相应的创建数据显示的命令。

在对象图形系统中，图形对象可以创建，也可以重新利用，即用户可以创建一组图形对象，更改其属性，绘制到用户的计算机屏幕的窗口上，再次更改属性，然后再把它们绘制到打印机设备上，而不用再给出创建对象的所有 IDL 命令。

(3)运行速度的快慢。直接图形系统比对象图形系统运行稍快，原因是对象图形系统提供了许多在绘制直接图形对象时不需要的操作，包括线面标准矢量的计算、照明考虑和一般对象架空等。因此渲染的时间要长。

(4)可交互性。直接图形系统没有交互控制接口，不能进行交互控制。

对象图形系统提供了交互控制接口，既适合于程序设计也适合于交互控制。

(5)在内存管理方面。直接图形系统使用默认的内存管理模式，对内存的占有较少，但管理不太灵活。对象图形系统需要用户自己管理内存的分配和释放，并且创建的数据显示将一直占有存储空间，所以程序员必须有效地管理内存：使用时建立，使用完释放。否则会出现内存不足。

综上所述，用户可以根据实际需要，有效地把二者结合起来使用。

5.2 坐标系统

IDL 6.3 为用户提供了三种独立的坐标系统：数据坐标系统、设备坐标系统和正交坐标系统。坐标系统决定着图像如何显示以及显示在窗口的位置。用户可以选用三种坐标系统的一种作为默认坐标系统，也可以在应用系统中同时使用多种坐标系统。

5.2.1 数据坐标系统

数据坐标系统是指与通常数据范围相同的窗口坐标系统。该系统可以是二维的或者三维的，也可以是线型的、对数的或者半对数的。该坐标系统是系统默认的坐标系统。

5.2.2 设备坐标系统

设备坐标系统是选定设备的实际坐标系统。设备坐标是整数，范围从显示窗口的左下角(0,0)到右上角(V_x-1,V_y-1)。V_x 和 V_y 是设备(例如显示窗口)的列序号和行序号。

注意：对于图像，数据坐标与设备坐标相一致。图像的设备坐标与图像内的像素位置直接相关。

5.2.3 正交坐标系统

正交坐标系统是指把数据坐标系统或者设备坐标系统中的行列数据范围转换到[0,1]，即在设备上的行和列的数据范围均为从 0 到 1。

5.2.4 坐标系统间的相互转换

1. 数据坐标系统、设备坐标系统和正交坐标系统之间的相互转换

用户可以使用 CONVERT_COORD 实现三种坐标系统之间的相互转换。用法如下：

格式：CONVERT_COORD(X[, Y[, Z]][, /DATA |, /DEVICE |, /NORMAL]
[, /DOUBLE][, /TO_DATA |, /TO_DEVICE |, /TO_NORMAL])

功能：实现三种坐标系统之间的相互转换。

说明：

1)X, Y 和 Z：需要转换的数据。

2)/DATA,/DEVICE 和/NORMAL：用于指明数据 X,Y 和 Z 所用的坐标系统分别为数据坐标系统、设备坐标系统和正交坐标系统，并且三者只能选一。

3)/DOUBLE：数据 X, Y 和 Z 转换后的数据类型为双精度浮点型。如果数据 X, Y 和 Z 转为双精

度浮点型,则转换后的数据类型默认为双精度浮点型;否则为单精度浮点型。

4)/TO_DATA ,/TO_DEVICE 和/TO_NORMAL:用于指明转换后的坐标系统分别为数据坐标系统、设备坐标系统和正交坐标系统,并且三者只能选一。

例如:绘制折线(1,3)、(2,2)、(3,4)、(4,3),并把点转换成设备坐标。命令如下:

```
IDL>x = [1,2,3,4]    &    y = [3,2,4,3]
IDL>PLOT, x, y
IDL>d = CONVERT_COORD(x, y, /TO_DEVICE)
IDL>PRINT, x ,y
    1     2     3     4
    3     2     4     3
IDL>HELP, d
D     FLOAT     = Array[3, 4]
;输出设备坐标,即数据坐标点(1,3)对应的设备坐标为(70,293,0)。分辨率:1 280 * 800
IDL> PRINT, d
      70.0032    293.502    0.000000
      253.003    213.002    0.000000
      436.003    374.002    0.000000
      619.003    293.502    0.000000
IDL>d = CONVERT_COORD(x, y, /TO_NORMAL)
;输出正交坐标,即数据坐标点(1,3)对应的正交坐标为(0.109 380,0.733 755,0.000 000)
IDL> PRINT, d
      0.109380    0.733755    0.000000
      0.395317    0.532505    0.000000
      0.681255    0.935005    0.000000
      0.967192    0.733755    0.000000
```

2. 笛卡尔坐标、极坐标、柱面坐标和球面坐标之间的相互转换

IDL 6.3 给用户提供了实现笛卡尔坐标、极坐标、柱面坐标和球面坐标系统之间相互转换的工具 CV_COORD,其用如下:

格式:CV_COORD([, /DEGREES] [, /DOUBLE] [, FROM_CYLIN = cyl_coords |
, FROM_POLAR = pol_coords | , FROM_RECT = rect_coords |
, FROM_SPHERE = sph_coords]
[, /TO_CYLIN | , /TO_POLAR | , /TO_RECT | , /TO_SPHERE])

功能:实现四种坐标系统之间的相互转换。

说明:

1)/DEGREES:转换数据时,角度采用度数,默认值是弧度。

2)FROM_CYLIN = cyl_coords,FROM_POLAR = pol_coords,FROM_RECT = rect_coords 和 FROM_SPHERE = sph_coords:指明需要转换的数据分别为柱面坐标、极坐标、笛卡尔坐标和球面坐标,且四者只能选一。其中等式右边的变量是待转换的数据。

3)/DOUBLE:X, Y 和 Z 转换后的数据类型为双精度浮点型。如果 X,Y 和 Z 转为双精度浮点型,则转换后的数据类型默认为双精度浮点型;否则为单精度浮点型。

4)/TO_CYLIN,/TO_POLAR,/TO_RECT 和 /TO_SPHERE:用于指明转换后的坐标系统分别为柱面坐标、极坐标、笛卡尔坐标和球面坐标,并且四者只能选一。

例如:把球面坐标转换为笛卡尔坐标的命令如下:

```
IDL>sph_coord = [[45.0, -60.0, 10.0], [0.0, 0.0, 0.0]]
```

IDL>rect_coord = CV_COORD(FROM_SPHERE = sph_coord, /TO_CYLIN, /DEGREES)

例如:把笛卡尔坐标转换为极坐标的命令如下:

IDL>rect_coord = [10.0, 10.0]

IDL>polar_coord = CV_COORD(FROM_RECT = rect_coord, /TO_POLAR)

3. 坐标信息系统变量

在 IDL 6.3 中,系统提供了 1 组用于存储坐标系统信息的系统变量。其用法如下:

!D是 1 个结构变量,用于给出图形设备的属性,它为只读系统变量。

!P是 1 个结构变量,用于给出图形绘制的基本属性,它为读写系统变量。

!X,!Y,!Z是 3 个结构变量,用于给出 X,Y,Z 轴的属性,它为读写系统变量。

5.3 显示模式和颜色表

5.3.1 显示模式

根据显示器类型的不同,用户可以选择不同的显示模式。显示器分为单色显示器和彩色显示器。在单色显示器下,由于它只能以不同的灰度级($2^8 = 256$ 级)显示一种颜色,所以 RGB 彩色信息需要转换成灰度信息才能显示。具体转换方法:$x_{ij} = 0.29900\ R_{ij} + 0.58700\ G_{ij} + 0.11400\ B_{ij}$。其中,$x_{ij} \in \{0,1,\cdots,255\}$ ($i \in \{1,2,\cdots,m\}$, $j \in \{1,2,\cdots,n\}$, $m \times n$ 为显示器的分辨率)表示每个像素的灰度值;R_{ij},G_{ij},B_{ij}分别表示每个像素的红、绿、蓝颜色分量值。

在彩色显示器下,由于每个像素的颜色是红(R)、绿(G)、蓝(B)三种颜色的合成色,而 RGB 又分别有 256 级(即 28),所以它可以显示 16 777 216(即 256×256×256)种颜色。因此在彩色显示器下,既可以使用彩色模式(即真彩)显示彩色图形图像,又可以使用单色(灰度)模式(即伪彩)显示灰度图形图像。本书按彩色显示器处理。

IDL 6.3 提供了两种显示模式:8 位模式(伪彩模式)和 24 位模式(真彩模式)。

8 位模式是指用 256(即 28)种颜色来创建数据的图形显示的显示模式。

在 8 位模式下,需要显示在屏幕中的每一个显示对象均对应一个颜色表(即调色板)。而颜色表是由索引表和颜色列表组成。显示对象的每一个像素分别对应索引表中的一个索引值(范围为 0～255),由该索引值再在颜色列表中找到一组相应的颜色,最后利用这一组颜色的合成色显示该像素。8 位模式的示意图如图 5.1 所示。

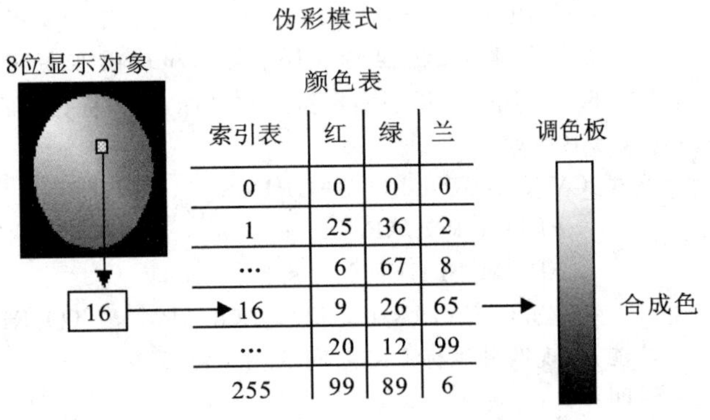

图 5.1 伪彩模式示意图

在 8 位模式下存储显示对象时,一般使用二维数组,其存储方法有两种:一是只存储每一个像素的索引值,不存储相应的颜色表,这种情况在显示时,利用系统的默认颜色表;二是既存储每一个像素的索引值,同时也存储相应的颜色表,这种情况在显示时,利用其自身的颜色表。

24 位模式是指用红(R)、绿(G)、蓝(B)三种颜色合成色的 16 777 216 种颜色来创建数据的图形显示的显示模式。

在 24 位模式下,需要显示在屏幕中的每一个显示对象不需要颜色表。因为 24 位模式下的显示对象,在存储时,使用的是三维数组,它自身已经包含了红(R)、绿(G)、蓝(B)三种颜色通道,因此,可以在显示器中直接显示。

5.3.2　颜色表

颜色表是指在伪彩模式下创建一个显示对象时，所使用的颜色列表。颜色表是由索引表和颜色列表组成(见图 5.1)。其中索引表内索引值的范围为 0～255。

IDL 6.3 提供了 41 种颜色表，可用不带参数的 LOADCT 命令获得。其代码和名称如下：

0　B－W LINEAR	1　BLUE/WHITE	2　GRN-RED-BLU-WHT
3　RED TEMPERATURE	4　BLUE/GREEN/RED/YELLOW	5　STD GAMMA-II
6　PRISM	7　RED-PURPLE	8　GREEN/WHITE LINEAR
9　GRN/WHT EXPONENTIAL	10 GREEN-PINK	11 BLUE-RED
12 16 LEVEL	13 RAINBOW	14 STEPS
15 STERN SPECIAL	16 Haze	17 Blue-Pastel-Red
18 Pastels	19 Hue Sat Lightness 1	20 Hue Sat Lightness 2
21 Hue Sat Value 1	22 Hue Sat Value 2	23 Purple-Red＋Stripes
24 Beach	25 Mac Style	26 Eos A
27 Eos B	28 Hardcandy	29 Nature
30 Ocean	31 Peppermint	32 Plasma
33 Blue-Red	34 Rainbow	35 Blue Waves
36 Volcano	37 Waves	38 Rainbow18
39 Rainbow＋white	40 Rainbow＋black	

在 IDL 6.3 中，一个颜色表可以用 3×256 个字节型二维数组或者用包含 256 个元素的 3 个字节型一维数组来表示。用户可以直接使用 IDL 6.3 提供的 41 种预定义颜色表，也可以自己创建新的颜色表。

5.4　直接图形系统

5.4.1　图形设备和显示模式

在直接图形系统中，用户可以灵活地选择图形设备，同时还可以对选定的图形设备进行各种属性设置。在 IDL 6.3 中，可以使用的主要图形设备的代码、描述和名称如下：

设备代码	设备描述	设备名称
WIN	微软 Windows	显示器(Windows 的默认设备)
X	X Window 系统(Unix)	显示器(Unix 的默认设备)
PRINTER	打印机	打印机
Z	Z 缓冲器	内存
PS	PostScript 格式文件	文件
CGM	计算机图形文件	显示器

METAFILE	Windows 增强图元文件(WMF)	文件
NULL	空设备(无输出)	内存

用户可以使用 SET_PLOT 命令在图形设备间切换。用 DEVICE 控制当前图形设备的属性,既可以获取设备的当前属性信息,又可以设置设备的属性。其用法如下:

格式:SET_PLOT, '设备代码'

功能:把当前设备设置为设备代码指定的设备。

说明:系统变量 ! D.NAME 中存储的是当前设备的设备代码。

例如:把当前设备设置为微软 Windows 操作系统下的显示器的操作命令中下:

IDL>SET_PLOT, 'WIN'

格式:DEVICE, 关键字

功能:设置当前图形设备的特性。

说明:DEVICE 可以方便地设置当前图形设备的各种特性,下面仅介绍常用关键字。

1)RETAIN = 0 | 1 | 2:设置备份存储模式,即当窗口被改变或者被刷新时其内容是否备份。0 表示不备份,1 表示由操作系统备份,2 表示由 IDL 6.3 系统备份。建议使用 RETAIN = 2。如果窗口内容需要重新显示,则要备份。

2)DECOMPOSED = 0 | 1 :设置显示模式为 8 位伪彩模式或者 24 位真彩模式。

例如:设置显示模式为 24 位真彩模式和 8 位伪彩模式的命令分别如下:

IDL>DEVICE, DECOMPOSED = 1

IDL>DEVICE, DECOMPOSED = 0

3)GET_DECOMPOSED = 变量:获取当前设备的显示模式,并放入变量中。

4)GET_SCREEN_SIZE = 变量:获取当前设备的分辨率,并放入变量中。

5)GET_VISUAL_DEPTH = 变量:获取当前设备的颜色深度,并放入变量中。

6)GET_VISUAL_NAME = 变量:获取当前设备的显示模式名称,并放入变量中。

7)SET_FONT = '字体变量':设置字体。字体变量是字体名称。例如:

IDL>DEVICE, SET_FONT = 'Times New Roman'

8)SET_CHARACTER_SIZE = [字体变量 1, 行间距变量 2]:设置字体大小和行间距。例如:

IDL>DEVICE, SET_CHARACTER_SIZE = [10, 12]

9)FILENAME = 文件名:创建一个输出文件。

10)CLOSE_DOCUMENT:关闭打印文档

11)CLOSE_FILE | /CLOSE:关闭文件

【例 5.1】 建立 PostScript 文件 myfile.ps 绘制正弦曲线,并恢复原始设备。程序如下:

```
; Chapter05SinPS.pro
PRO Chapter05SinPS
mydevice = ! D.NAME         ;获取当前设备,并存入变量 mydevice
SET_PLOT, 'PS'              ;设置当前设备为 PostScript
DEVICE, FILENAME = 'myfile.ps', /LANDSCAPE     ;建立 PostScript 文件 myfile.ps
PLOT, SIN(FINDGEN(100)/10)                     ;绘制正弦曲线
DEVICE, /CLOSE              ;关闭 PostScript 文件 myfile.ps
SET_PLOT, mydevice          ;恢复原始设备 mydevice
END
```

技巧提示:预览和打印 PostScript 文件,可以使用软件 Gsview 和 Ghostview,在本书的网上资料中可以找到,也可以到该软件的公司网站上下载。

【例 5.2】 设计程序 Chapter05TestScreenSize.pro,测试计算机显示器的分辨率,如果分辨率高于

800×600，则输出当前分辨率；否则输出“显示器分辨率太低！请调整到 800 * 600”。程序清单如下：

```
; Chapter05TestScreenSize. pro
PRO Chapter05TestScreenSize
    DEVICE, GET_SCREEN_SIZE = ScreenSize
    IF ScreenSize[0] GE 800 THEN BEGIN
        PRINT, '显示器的分辨率为', ScreenSize[0], '*', ScreenSize[1]
    ENDIF ELSE BEGIN
        PRINT, '显示器分辨率太低！请调整到 800 * 600'
    ENDELSE
END
```

5.4.2 颜色表

关于颜色表的操作包括创建颜色表、装入颜色表、修改颜色表和存储颜色表。

1. 装入颜色表

装入颜色表可以使用 LOADCT，XLOADCT，TVLCT 和 XPALETTE。其用法如下：

格式：LOADCT [，颜色表索引变量] [，BOTTOM = 起始颜色变量] [，FILE = 颜色表文件名变量] [，GET_NAMES = 颜色表名变量][，NCOLORS = 颜色数变量]

功能：装入指定颜色表文件中的指定颜色表。

说明：省略所有选项时，则显示所有可以使用的颜色表。其他选项的用法如下：

1)颜色表索引变量：给出要装入的颜色表的代号。其范围为 0～40。

2)BOTTOM = 起始颜色变量：颜色表中颜色的起始颜色索引号，其默认值为 0。颜色的索引范围为从 BOTTOM 到 BOTTOM + NCOLORS−1。

3)FILE = 颜色表文件名变量：要装入的颜色表所在文件的文件名。其默认文件为 colors1. tbl。

4)GET_NAMES = 颜色表名变量：获取颜色表文件中的所有颜色表的名称。

5)NCOLORS = 颜色数变量：给出颜色表中可以使用的颜色数。其默认值存放在系统变量！D. TABLE_SIZE 中。

例如：装入 IDL 6. 3 的系统颜色表文件 colors1. tbl 中的第 26 个颜色表。操作命令如下：

IDL>LOADCT，25

格式：XLOADCT [，BOTTOM = 起始颜色变量] [，FILE = 颜色表文件名变量] [，NCOLORS = 颜色数变量]

功能：以交互方式装入或修改指定颜色表文件中的指定颜色表。

说明：输入 XLOADCT 后的界面如图 5. 2 所示。通过 Tables 可以选择颜色表，通过 Options 和 Function 可以修改颜色表。最后单击 Done 按钮关闭。

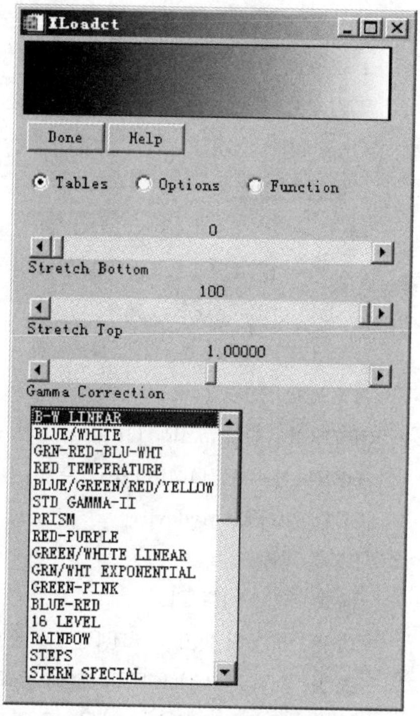

图 5. 2　XLOADC示意图

格式 1：TVLCT，红色分量数组，绿色分量数组，蓝色分量数组 [，起始颜色变量] [，/GET] [，/HLS | ，/HSV]

格式 2:TVLCT, 颜色表数组[, 起始颜色变量][, /GET][, /HLS | , /HSV]

功能:获取或装入 RGB、HSV 或者 HLS 三种颜色系统的颜色表。

说明:

1)在格式 1 中,红色分量数组、绿色分量数组和蓝色分量数组分别为 RGB 颜色系统的红、绿、蓝颜色分量的一维数组,其默认元素个数为 256。在 HLS 系统中它们分别为 HLS 颜色系统的 HLS 颜色分量的一维数组。在 HSV 系统中它们分别为 HSV 颜色系统的 HLS 颜色分量的一维数组。

2)在格式 2 中,颜色表数组为 RGB 颜色系统的红、绿、蓝颜色分量的 N 行 3 列二维数组。在 HLS 系统中它为 HLS 颜色系统的 HLS 颜色分量的二维数组。在 HSV 系统中它为 HSV 颜色系统的 HLS 颜色分量的二维数组。

3)/HLS | /HSV:获取或装入 HSV 或 HLS 颜色系统的颜色表。默认是 RGB 颜色系统。

4)/GET:用于获取 RGB,HSV 或者 HLS 颜色系统的颜色表。省略时,用于装入 RGB,HSV 或者 HLS 颜色系统的颜色表。

【例 5.3】 创建一个颜色表,利用该颜色表绘制图形,并恢复原始设备的颜色表。程序如下:

```
; Chapter05DrawDist.pro
PRO Chapter05DrawDist
;获取当前设备,并存入变量 mydevice
mydevice = ! D.NAME
;设置当前设备为微软 Windows
SET_PLOT, 'WIN'
;使用为伪彩显示模式
DEVICE, DECOMPOSED = 0
; 获取原始颜色表
TVLCT, OriginalR, OriginalG, $
OriginalB, /GET
; 创建新颜色表
MyR = BYTSCL(SIN(FINDGEN(256)))
MyG = BYTSCL(COS(FINDGEN(256)))
MyB = BINDGEN(256)
TVLCT, MyR, MyG, MyB                      ;装入新颜色表
TVSCL, DIST(400)                          ;显示 DIST(400)
TVLCT, OriginalR, OriginalG, OriginalB    ;恢复原始颜色表
DEVICE, DECOMPOSED = 1                    ;恢复为真彩显示模式
SET_PLOT, mydevice                        ;恢复原始设备 mydevice
END
```

格式:XPALETTE

功能:可以以交互方式创建、修改或装入 RGB,CMY,HSV 或者 HLS 四种颜色系统的颜色表。

说明:输入 XPALETTE 后的界面如图 5.3 所示。通过控件创建、修改或装入各种颜色表。具体方法:单击 Predefined 按钮调出如图 5.2 所示的对话窗口,通过 Tables 可以选择颜色表,通过 Options 和 Function 修改颜色表,然后在图 5.3 的对话窗口中,通过控件对选定的颜色表以及它的每一种颜色再做

进一步的调整。最后单击 Done 按钮关闭。

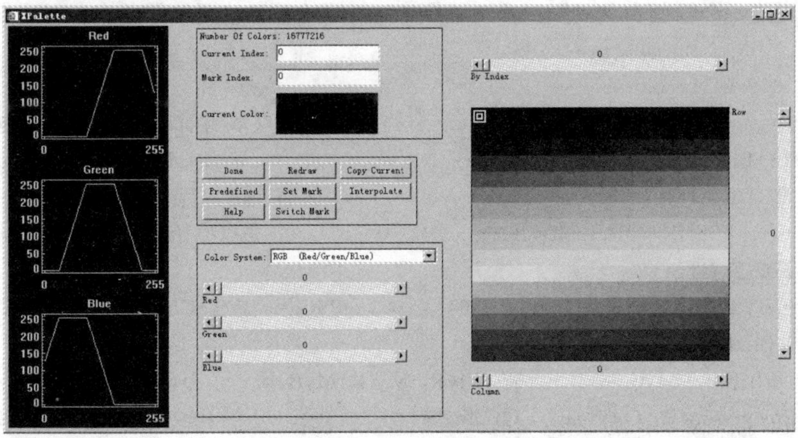

图 5.3　XPALETTE

2. 创建和修改颜色表

创建和修改颜色表可以使用 LOADCT，XLOADCT，TVLCT 和 XPALETTE。也可以使用 MODIFYCT。其用法如下：

格式：MODIFYCT，颜色表索引变量，颜色表名变量

，红色分量数组，绿色分量数组，蓝色分量数组 [，FILE = 颜色表文件名变量]

功能：修改指定颜色表文件中的指定颜色表。

说明：用红色分量数组、绿色分量数组、蓝色分量数组修改颜色表文件中颜色表索引变量指定的颜色表，生成一个名称为颜色表名变量的新颜色表。颜色表名变量为一个长度不超过 32 字符的字符串。

例如：下面操作演示了利用伪彩显示模式装入第 36 个颜色表，然后修改该颜色表，并建立一个新颜色表，其名为 My abcd，最后装入新颜色表。请读者自行分析。

```
IDL> DEVICE, DECOMPOSED = 0
IDL>LOADCT            ;装入 41 种系统预定义颜色表
IDL>LOADCT, 35        ;装入第 36 种系统预定义颜色表
% LOADCT: Loading table Blue Waves
IDL> MyR = BYTSCL(SIN(FINDGEN(256)))
IDL> MyG = BYTSCL(COS(FINDGEN(256)))
IDL> MyB = BINDGEN(256)
IDL> MODIFYCT, 35, 'My abcd' , MyR, MyG, MyB
IDL>LOADCT, 35
% LOADCT: Loading table My abcd
```

注意：利用 TVLCT，按照例 5.3 的用法可以恢复原始颜色表。

3. 存储颜色表

存储颜色表可以通过 TVLCT 和 SAVE 的配合使用来实现。其方法如下：

(1)使用 XLOADCT，TVLCT，XPALETTE，MODIFYCT 或者直接创建颜色表。

(2)使用带关键字/GET 的 TVLCT 获取建立好的颜色表。

(3)使用 CONGRID 调整颜色表中颜色的个数到需要的个数。

(4)使用 SAVE 保存颜色表到指定的颜色表文件。

需要装入颜色表时，可以通过 RESTORE 和 TVLCT 的配合使用来实现。其方法如下：

(1)使用 RESTORE 恢复颜色表文件。

(2)使用不带关键字/GET 的 TVLCT 装入颜色表。

【例 5.4】 创建一个颜色表 MyColorable.tbl,并恢复原始设备的原始颜色表。程序如下:

```
; Chapter05SaveMyColorable.pro
PRO Chapter05SaveMyColorable
    mydevice = ! D.NAME                              ;获取当前设备,并存入变量 mydevice
    SET_PLOT, 'WIN'                                  ;设置当前设备为微软 Windows
    DEVICE, DECOMPOSED = 0                           ;使用为伪彩显示模式
    TVLCT, OriginalR, OriginalG, OriginalB, /GET     ; 获取原始颜色表
    ; 创建新颜色表
    MyR = BYTSCL(SIN(FINDGEN(256)))  &  MyG = BYTSCL(COS(FINDGEN(256)))
    MyB = BINDGEN(256)
    SAVE, FILE = 'MyColorable.tbl', MyR, MyG, MyB        ;存储新颜色表
    TVLCT, OriginalR, OriginalG, OriginalB               ; 恢复原始颜色表
    DEVICE, DECOMPOSED = 1                               ;恢复为真彩显示模式
    SET_PLOT, mydevice                                   ;恢复原始设备 mydevice
END
```

【例 5.5】 恢复颜色表文件 MyColorable.tbl,并利用该颜色表绘制图形 DIST(400),最后恢复原始设备的原始颜色表。程序如下:

```
; Chapter05RestoreMyColorable.pro
PRO Chapter05RestoreMyColorable
mydevice = ! D.NAME                              ;获取当前设备,并存入变量 mydevice
SET_PLOT, 'WIN'                                  ;设置当前设备为微软 Windows
DEVICE, DECOMPOSED = 0                           ;使用为伪彩显示模式
TVLCT, OriginalR, OriginalG, OriginalB, /GET     ; 获取原始颜色表
RESTORE, 'MyColorable.tbl'
TVLCT, MyR, MyG, MyB                       ;装入新颜色表
TVSCL, DIST(400)                           ;显示 DIST(400)
TVLCT, OriginalR, OriginalG, OriginalB     ; 恢复原始颜色表
DEVICE, DECOMPOSED = 1                     ;恢复为真彩显示模式
SET_PLOT, mydevice                         ;恢复原始设备 mydevice
END
```

5.4.3 窗口系统

在直接图形系统中,数据的可视化需要一个显示窗口,如果用户没有建立,则系统会建立一个默认的窗口。窗口系统的操作包括:窗口的建立、窗口的激活和内容清除、窗口的显示和隐藏、窗口的移动和缩放、窗口的删除等。

1. 窗口的建立

格式:WINDOW [, 窗口索引变量] [, /FREE] [, /PIXMAP][, RETAIN = 0 | 1 | 2][, TITLE = 标题变量][, XPOS = 变量 1][, YPOS = 变量 2][, XSIZE = 变量 3][, YSIZE = 变量 4]

功能:建立一个指定属性的窗口。

说明:在省略所有选项时,WINDOW 命令创建索引号为 0,标题为 IDL 0 的图形窗口。

1)窗口索引变量:窗口的索引号。在 IDL 6.3 中,每个图形窗口都有唯一的索引号。并且可以同时打开 128 个图形窗口。用户可以使用窗口索引变量为 0 到 31 号图形窗口指定一个索引号。对于 32 到

127 号图形窗口，可以用带关键字 FREE 的 WINDOW 命令来创建。当前窗口的索引号存放在系统变量！D.WINDOW 中。

例如：创建一个索引号为 20 的图形窗口，可以使用命令：

IDL> WINDOW, 20

如果指定索引号的图形窗口已经存在，再用 WINDOW 命令创建相同索引号的图形窗口，WINDOW 命令将先删除旧窗口，然后建立一个该索引号的新窗口。

2)/FREE：用于创建一个索引号在 32 和 127 之间，而且还没有被使用的图形窗口。具体的索引号由系统对还没有使用的索引号，从小到大自动选取。

例如：IDL>WINDOW, /FREE，默认创建 32 号图形窗口。

3)RETAIN = 0 | 1 | 2：设置备份存储模式，即当窗口被刷新时其内容是否备份。0 表示不备份，1 表示由操作系统备份，2 表示由 IDL 6.3 系统备份。建议使用 RETAIN = 2。如果窗口内容需要重新显示，则需要备份。

4)TITLE = 标题变量：标题变量用于给出窗口标题的字符串。

例如：创建标题为 My Window 的窗口的命令如下：

IDL>WINDOW, TITLE = 'My Window'

5)XPOS = 变量 1, YPOS = 变量 2：变量 1 和变量 2 给出窗口在 X 和 Y 方向的具体位置。

6)XSIZE = 变量 3, YSIZE = 变量 4：变量 3 和变量 4 给出窗口在 X 和 Y 方向的具体大小。

例如：创建标题为 My Window，位置在(100,200)，大小为 400 像素×500 像素的窗口的命令如下：

IDL>WINDOW, TITLE = 'My Window', XPOS = 100, YPOS = 200, XSIZE = 400, YSIZE = 500

7)/PIXMAP：创建存在于内存中的不可见位图映射窗口，即位图映射窗口仅存在于内存中，对用户来说不可见。位图映射窗口在创建动画显示时很有用。

【例 5.6】 利用位图映射窗口模拟布朗运动。程序设计如下：

```
; Chapter05BrownianRotation. pro
PRO Chapter05BrownianRotation
xSize = 300   &   ySize = 300
WINDOW, TITLE = 'My Window', XPOS = 100, YPOS = 100, XSIZE = xSize, YSIZE = ySize
VisualWindow = ! D. WINDOW
PLOT, [0], /NODATA, XRANGE = [-1,1], YRANGE = [-1,1] ;绘制无数据的空坐标轴
WINDOW, /FREE, /PIXMAP, XSIZE = xSize, YSIZE = ySize        ;创建位图映射窗口
PixelWindow = ! D. WINDOW
;复制可见窗口内容到位图映射窗口
DEVICE,COPY = [0,0,xSize,ySize,0,0,VisualWindow]
Seed = -1L
x = RANDOMN(Seed, 50) * 0.1           ;产生 50 个随机值
y = RANDOMN(Seed, 50) * 0.1           ;产生 50 个随机值
WSET, VisualWindow                    ;激活可见窗口
FOR i = 1L, 250 DO BEGIN
      ;复制位图映射窗口内容到可见窗口
      DEVICE,COPY = [0,0,xSize,ySize,0,0,PixelWindow]
      PLOTS, x, y, PSYM = 3
      x = x + 0.02 * RANDOMN(Seed,50) * 0.1      ;产生 50 个随机值
      y = y + 0.02 * RANDOMN(Seed,50) * 0.1      ;产生 50 个随机值
ENDFOR
END
```

2. 窗口的激活和内容清除

活动窗口(即当前窗口)是指当前处于活动状态的窗口。窗口被创建后,自动处于激活状态,而且设置为当前窗口。若同时打开了多个窗口,则只有一个是当前窗口,其他窗口称为非当前窗口。当前窗口用于显示图形命令的输出结果。当前窗口的索引号总是存储在! D. Window 系统变量中,因此在创建一个窗口时,可以通过系统变量! D. Window 存储窗口的索引号,以便以后删除该窗口或使其成为活动窗口。如果没有创建和打开图形窗口,系统变量! D. Window 的值为-1。

例如:创建一个窗口,并把其索引号存储到变量 ThisWindowIndex 中。其操作如下:

IDL>WINDOW, /FREE

IDL>ThisWindowIndex = ! D. Window

窗口的激活是指使非当前窗口变为当前窗口。激活窗口可以使用 WSET 命令,其用法如下:

格式: WSET [, 窗口索引变量]

功能: 把窗口索引变量指定的窗口设置为当前窗口。

说明: 在省略选项时,WSET 命令把索引号为 0 的窗口变为当前窗口。如果索引号为 0 的窗口不存在,则自动创建索引号为 0 的窗口,并把它设置为当前窗口。

例如:把索引号为 16 的窗口变为当前窗口,可以键入命令:

IDL>WSET, 16

清除窗口的内容可以使用 ERASE 命令。其用法如下:

格式: ERASE [, 背景颜色变量] | [, COLOR = 背景颜色变量]

功能: 使用背景颜色变量指定的背景颜色清除当前窗口的内容。

说明: 在省略所有选项时,ERASE 使用系统变量! P. BACKGROUND 指定的背景颜色清除当前窗口的内容。背景颜色变量或者 COLOR = 背景颜色变量用于指定背景颜色。在 24 位真彩颜色模式下,背景颜色变量的取值范围为 0 ~ 16 777 215,可以使用十六进制,其取值范围为 0 ~'FFFFFF'XL;在伪彩模式下,背景颜色变量的取值范围为 0 ~ 255。

在 24 位真彩颜色模式下,常用颜色的取值为

黑色:'000000'XL	紫色:'FF00FF'XL	青色:'FFFF00'XL
黄色:'00FFFF'XL	绿色:'00FF00'XL	红色:'0000FF'XL
蓝色:'FF0000'XL	白色:'FFFFFF'XL	金色:'00BBFF'XL

例如:在 24 位真彩颜色模式下,用红色背景颜色(255 或者'0000FF'XL)清除当前窗口的内容,可以键入命令:

IDL>DEVICE, DECOMPOSED = 1

IDL>ERASE, 255 或者 IDL>ERASE, COLOR = 255

3. 窗口的显示和隐藏

窗口的显示和隐藏可以使用 WSHOW 命令。其用法如下:

格式: WSHOW [, 窗口索引变量 [, 0 | 1]] [, /ICONIC]

功能: 显示窗口索引变量指定的窗口,并把该窗口放在所有窗口的最前面。

说明: 在省略所有选项时,WSHOW 用于显示当前窗口,即把当前窗口放在最前面。

1)0 | 1:0 指隐藏窗口,1 指显示窗口。省略时,其默认值为 1(显示)。窗口被隐藏后,虽然用户看不到该窗口,但是该窗口在内存中仍然存在,仍可以被显示或激活。

2)/ICONIC:把窗口最小化。

3)WSHOW 命令不改变当前窗口,即 WSHOW 命令只是将窗口显示在最前面,并不将窗口改变为当前窗口。也就是说,如果一个窗口不是当前窗口,即使使用 WSHOW 命令把这个窗口显示在所有窗口的最前面,该窗口仍然不是当前窗口。如果既想将该窗口显示到前面,又想将其变为当前窗口,那么必须同时键入 WSHOW 和 WSET 命令。

4)用 Alt + Tab 键可以循环显示已经打开的窗口，并把该窗口设置为当前窗口。

例如：把索引号为 16 的窗口显示在所有窗口的最前面，可以键入命令：

IDL>WSHOW，16

例如：把索引号为 16 的窗口最小化，可以键入命令：

IDL>WSHOW，16，/ICONIC

例如：把索引号为 16 的窗口隐藏起来，可以键入命令：

IDL>WSHOW，16，0

4. 窗口的删除

删除窗口可以使用 WDELETE 命令。其用法如下：

格式：WDELETE [，窗口索引变量 [，...]]

功能：删除窗口索引变量指定的窗口，并释放窗口所占有的内存空间。

说明：在省略所有选项时，WDELETE 用于删除当前窗口。

例如：删除索引号依次为 10，12，14 和 16 的窗口，可以键入命令：

IDL>WDELETE，10，12，14，16

例如：删除打开的所有窗口，可以键入命令：

IDL>WHILE ! D.Window NE −1 DO WDELETE，! D.Window

5. 窗口的移动和缩放

窗口的移动和缩放可以使用 WINDOW，WSET，WSHOW，WDELETE 和 ERASE 的配合使用来实现。

窗口移动的方法：第一，先创建一个窗口，然后在该窗口内输出内容；第二，使用 WAIT 命令或者空循环语句使该窗口显示一段时间后将其删除；第三，在下一个位置重复第一步和第二步，直到结束。

【例 5.7】 创建窗口绘制正弦曲线，并把该窗口从显示器左边移动到右边。程序清单如下：

```
; Chapter05MoveWindow.pro
PRO Chapter05MoveWindow
FOR i = 1 400 DO BEGIN
     WINDOW, TITLE = 'My Window', XPOS = i, YPOS = 100, XSIZE = 300, YSIZE = 300
    PLOT, SIN(FINDGEN(100)/10)
    WAIT, 0.01   &   WDELETE
ENDFOR
END
```

窗口缩放的方法：第一，先创建一个窗口，然后在该窗口内输出内容；第二，使用 WAIT 命令或者空循环语句使该窗口显示一段时间后将其删除；第三，在下一个位置创建一个小(大)窗口，并重复第一步和第二步，直到结束。

【例 5.8】 创建窗口绘制正弦曲线，并把该窗口从大到小进行缩小。程序清单如下：

```
; Chapter05ScaleWindow.pro
PRO Chapter05ScaleWindow
FOR i = 1 200 DO BEGIN
    WINDOW,TITLE = 'My Window',XPOS = 100+i,YPOS = 100+i,XSIZE = 400-i,YSIZE = 400-i
    PLOT, SIN(FINDGEN(100)/10)
    WAIT, 0.01   &   WDELETE
ENDFOREND
```

5.4.4 直接图形系统的组成和应用实例

直接图形系统由图形设备、窗口系统、坐标系统、显示模式和颜色表等组成。

调用直接图形系统的方法如下：

(1)设定图形设备，设置显示属性。

(2)选定坐标系统，设置坐标系统属性。

(3)创建窗口系统，设置窗口属性。

(4)设置显示模式；装入颜色表。

(5)进行数据的绘制和显示等可视化操作。

(6)删除并释放图形对象，恢复默认系统默认设置。

【例 5.9】 利用直接图形系统以霓虹灯的形式显示 DIST(500)。程序如下：

```
; Chapter05DirectGrapgics. pro
  PRO Chapter05DirectGrapgics
  mydevice = ! D. NAME          ; 获取当前设备，并存入变量 mydevice
  SET_PLOT, 'WIN'               ; 设置当前设备为微软 Windows
  DEVICE, DECOMPOSED = 0        ; 使用为伪彩显示模式
  TVLCT, OriginalR, OriginalG, OriginalB, /GET     ; 获取原始颜色表
  WINDOW, TITLE = 'My Window', XPOS = 100, YPOS = 100, XSIZE = 500, YSIZE = 500
  DEVICE, DECOMPOSED = 0
  FOR i = 1 100 DO BEGIN
      LOADCT, i MOD 41   &   TVSCL, DIST(500)
      WAIT, 0.1   &   ERASE
  ENDFOR
  WDELETE
  TVLCT, OriginalR, OriginalG, OriginalB      ; 恢复原始颜色表
  DEVICE, DECOMPOSED = 1                      ; 恢复为真彩显示模式
  SET_PLOT, mydevice                          ; 恢复原始设备 mydevice
  END
```

程序运行结果如图 5.4 所示。

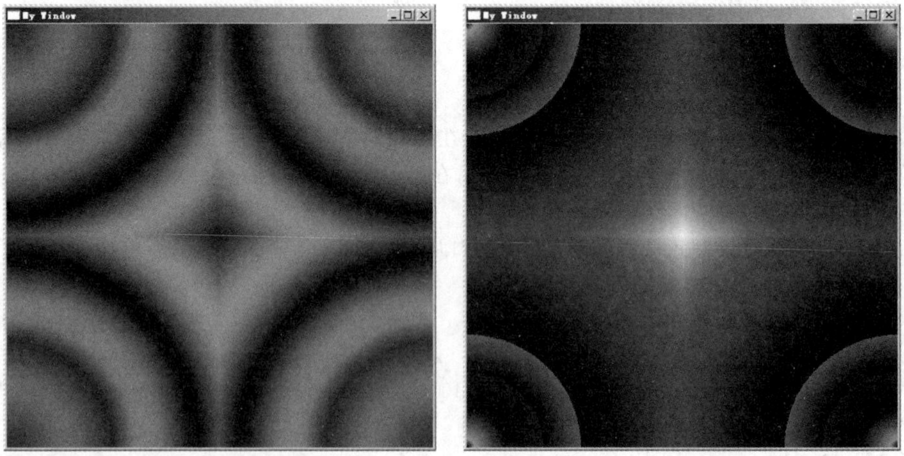

(a) (b)

图 5.4 DIST(500)的霓虹灯效果

(a)霓虹灯效果之一； (b)霓虹灯效果之二

说明：把 ERASE 语句改为注释语句后，再运行该程序。请分析运行结果的区别。

【思考题】 利用例 5.3 中的方法建立自己的动态颜色表，然后利用 TVLCT 语句装入动态颜色表替

换例 5.9 中 LOADCT 语句。程序如下：

```
; Chapter05DirectGrapgicsLight.pro
PRO Chapter05DirectGrapgicsLight
mydevice = ! D.NAME                                    ;获取当前设备，并存入变量 mydevice
SET_PLOT, 'WIN'                                        ;设置当前设备为微软 Windows
DEVICE, DECOMPOSED = 0                                 ;使用为伪彩显示模式
TVLCT, OriginalR, OriginalG, OriginalB, /GET           ; 获取原始颜色表
WINDOW, TITLE = 'My Window', XPOS = 100, YPOS = 100, XSIZE = 400, YSIZE = 400
DEVICE, DECOMPOSED = 0
MyR = INDGEN(256)  &  MyG = 150-INDGEN(256)  &  MyB = 250-INDGEN(256)
FOR i = 0, 1 DO BEGIN
    FOR j = 0, 255 DO BEGIN
        MyR = (MyR+j) Mod 256  &  MyG = (MyG+j) Mod 256  &  MyB = (MyB+j) Mod 256
        TVLCT, MyR, MyG, MyB  &  TVSCL, DIST(400)  &  WAIT, 0.005
    ENDFOR
ENDFOR
WDELETE
TVLCT, OriginalR, OriginalG, OriginalB          ; 恢复原始颜色表
DEVICE, DECOMPOSED = 1                          ; 恢复为真彩显示模式
SET_PLOT, mydevice                              ; 恢复原始设备 mydevice
END
```

5.5　对象图形系统

由于对象图形系统是利用对象引导程序创建用于显示的图形窗口，并且在窗口中进行数据显示的图形系统。因此对象图形系统不直接依赖于用户使用的图形设备，即在对象图形系统中，图形的显示不针对固定的图形设备，而是在默认设备上由对象引导程序创建的对象图形窗口。

5.5.1　类和对象

1. 类

类是一组性质相同的对象的程序描述。它是由用于描述对象的一组数据结构和数据、对象的操作事件以及事件的处理方法等信息组成的集合。类是对象的抽象描述。

例如：按钮类是由以下信息组成的集合：

按钮的数据结构和数据：数据结构定义为由长、宽和名称组成的结构。其数据的默认值定义为长 30 个像素，宽 10 个像素，名称为“按钮”。

按钮的操作事件：允许对按钮进行的操作。如单击。

事件的处理方法：单击按钮之后，所采取的具体处理方法。如单击按钮之后，显示说明信息“欢迎使用 IDL 6.3!”。每一种处理方法对应一个过程，这里只提供与过程链接的接口，过程的具体处理程序由用户根据实际需要自行设计。

根据上述描述，我们定义了一个具有固定的数据结构（长、宽和名称）、默认的数据（30、15、按钮）、确定的操作事件（单击）以及相应操作方法的按钮类。这样用户就可以使用按钮类创建进行各种操作控制的按钮，并且只需要给出长、宽和名称三个数据，然后编写相应的处理程序即可。

2. 对象

对象是给出具体描述的类。它是由描述对象的一组具体数据、确定的操作事件以及具体的事件处理

方法等一系列具体信息组成的集合。即对象是拥有具体数据和确定操作的类的实例。对象是类的特例。例如:设计一个能够进行加法运算的按钮实例。只需要给出长、宽和名称的数据:32、12、“加法运算”,然后编写一个进行加法运算的过程 Chapter01ProcedureSum. pro。

3. 属性

属性是用于描述对象的一组数据结构和数据,不同的对象可以定义不同的属性。

例如:按钮类的长、宽和名称是按钮对象的属性,给出不同的属性可以定义不同的按钮。如分别给出20、10、“确定”和 20、10、“取消”,则定义了两个按钮:确定按钮和取消按钮。

4. 事件和方法

事件是预先设定的允许对对象进行的一系列具体操作。如单击鼠标、移动等。

方法是指当事件发生(被激活)后,所采取的具体处理方法。如单击按钮之后,关闭按钮所在的窗口。或者单击按钮之后,调用一个指定的过程。

事件的处理方法一般是由一系列过程组成,每一个事件对应相应的方法,每一个方法对应相应的过程,从而进行相应的处理。

类的常用方法有 DEFINE,INIT,SETPROPERTY 和 GETPROPERTY 等方法。

例如:运行 Chapter05WelcomeButton. pro,单击 Welcome 按钮,输出“欢迎使用 IDL 6. 3!”;单击 cancel 按钮,关闭窗口并退出程序。

5. 5. 2 对象图形系统的类和对象

IDL 6. 3 为对象图形系统提供了丰富的类,利用这些类可以创建相应的图形对象。

对象图形系统的类包括:IDLgrAxis,IDLgrBuffer,IDLgrClipboard,IDLgrColorbar,IDLgrContour,IDLgrFont, IDLgrImage, IDLgrLegend, IDLgrLight, IDLgrModel, IDLgrMPEG, IDLgrPalette,IDLgrPattern,IDLgrPlot,IDLgrPolygon,IDLgrPolyline,IDLgrPrinter,IDLgrROI,IDLgrROIGroup,IDLgrScene,IDLgrSurface,IDLgrSymbol,IDLgrTessellator,IDLgrText,IDLgrView,IDLgrViewgroup,IDLgrVolume,IDLgrVRML,IDLgrWindow。

对象图形系统的每一个类,均提供了功能丰富的属性和方法,其具体内容请参阅 IDL 6. 3 提供的用户参考手册 IDL Reference Guide(refguide. pdf)。

(1)创建对象图形系统的对象可以使用 OBJ_NEW 函数。其用法如下:

格式:OBJ_NEW([类名[,属性关键字 1 = 属性值 1,…,属性关键字 n = 属性值 n]])

功能:用于创建一个指定属性的对象,其返回值是一个对象。

说明:类名是 IDL 6. 3 提供的类的名称。属性关键字是类本身提供的关键字,属性值用于给出创建指定对象的属性的值。省略所有选项,创建一个空对象。

例如:创建一个标题为 MyWindow 的窗口对象 MyWindowObject。可以键入命令:

IDL>MyWindowObject = OBJ_NEW('IDLgrWindow', TITLE = ' MyWindow ')

(2)删除对象图形系统的对象可以使用 OBJ_DESTROY 过程。其用法如下:

格式:OBJ_DESTROY, 对象变量

功能:用于删除对象变量指定的对象,并释放其所占有的内存空间。

说明:由于对象在创建之后,一直占有内存空间,所以对于不再使用的对象,一定要及时删除。

例如:删除窗口对象 MyWindowObject。可以键入命令:

IDL>OBJ_DESTROY, MyWindowObject

(3)检测对象的有效性,可以使用 OBJ_VALID 函数。其用法如下:

格式:OBJ_VALID([对象变量][, COUNT = 变量])

功能:用于检测对象变量指定对象的有效性。若有效返回值为 1,否则返回 0。

说明:选项 COUNT = 变量中的变量用于存放当前所有有效的对象的个数。省略所有选项,则返回所有有效的对象;如果没有有效的对象,则返回空对象。

5.5.3　对象图形系统的组成结构和调用

对象图形系统是由窗口对象(Window)、场景对象、视图组对象、视图对象、模式对象和基本图元对象组成。它们的层次关系如下:

(1)场景对象(Scene)是由一个或者多个视图组对象(Viewgroup)组成。

(2)视图组对象(Viewgroup)是由一个或者多个视图对象(View)组成。

(3)视图对象(View)是由一个或者多个模式对象(Models)组成。

(4)模式对象(Model)是由一个或者多个基本图元对象组成(Atomic Graphic Object)。

(5)基本图元对象是由 IDLgrAxis,IDLgrContour,IDLgrImage,IDLgrLight,IDLgrPlot,IDLgrPolygon,IDLgrPolyline,IDLgrSurface,IDLgrText 和 IDLgrVolume 等利用 OBJ_NEW 函数创建。

(6) 最后把最终的场景再在窗口对象中显示。

对象图形系统的组成结构如图 5.5 所示。

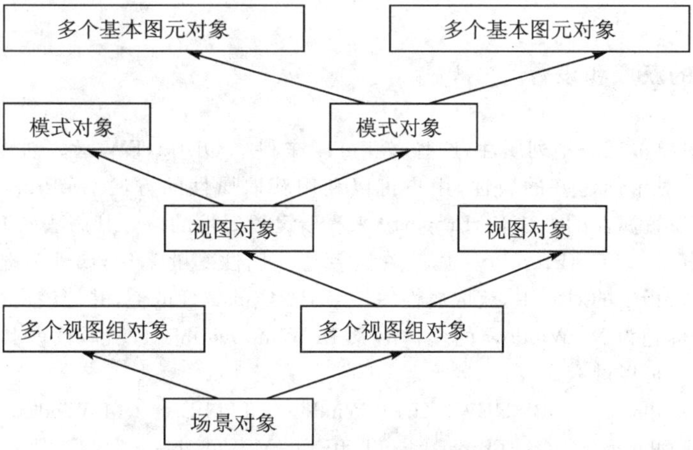

图 5.5　对象图形系统组成结构

在对象图形系统中,所有的场景均是在由类 IDLgrWindow 创建的窗口对象中显示;并且场景对象、视图组对象和视图对象均可以作为图形对象的根结点创建图形显示。

根据对象图形系统的组成结构,对象图形系统中各种对象的创建过程描述如下:

(1)由窗口类 IDLgrWindow 创建窗口对象;

(2)由场景类 IDLgrScene 创建场景对象;

(3)由视图组类 IDLgrViewgroup 创建视图组对象;

(4)由视图类 IDLgrView 创建视图对象;

(5)由模式类 IDLgrModel 创建模式对象;

(6)由基本图元类创建基本图元对象;

(7)利用模式对象的 ADD 方法,把基本图元对象添加到模式对象中;

(8)利用视图对象的 ADD 方法,把模式对象添加到视图对象中;

(9)利用视图组对象的 ADD 方法,把视图对象添加到视图组对象中;

(10)利用场景对象的 ADD 方法,把视图对象添加到场景对象中;

(11)利用窗口对象的 DRAW 方法,在窗口对象中绘制场景对象;

(12)显示结束后,删除所有不再使用的对象。

技巧提示:场景对象、视图组对象和视图对象三者可以同时使用,也可以只使用其中之一。

【例5.10】 利用对象图形系统绘制正弦曲线。程序如下:

```
; Chapter05ObjectGrapgicsSin.pro
PRO Chapter05ObjectGrapgicsSin
    MyWindow = OBJ_NEW('IDLgrWindow')                          ;创建窗口对象
    MyView = OBJ_NEW('IDLgrView',VIEWPLANE_RECT = [0,-1,100,2]);创建视图对象
    MyModel = OBJ_NEW('IDLgrModel')                            ;创建模式对象
    MyPlot = OBJ_NEW('IDLgrPlot',SIN(FINDGEN(100)/10))         ;创建正弦曲线图元对象
    MyModel -> ADD, MyPlot                                     ;添加 MyPlot 对象到 MyModel
    MyView -> ADD, MyModel                                     ;添加 MyPlot 对象到 MyModel
    MyWindow -> DRAW, MyView                                   ;添加 MyPlot 对象到 MyModel
    WAIT, 20                                                   ;暂停 10 s
    OBJ_DESTROY, MyView                                        ;删除 MyView 对象
    OBJ_DESTROY, MyWindow                                      ;删除 MyWindow 对象
END
```

5.5.4 对象属性的获取和设置

每一个创建的对象都有一系列属性,这些属性可以在利用OBJ_NEW函数创建时,直接使用属性关键字和属性值创建。对于创建好的属性,用户可以利用获取属性的方法GetProperty获得对象的属性值,同时还可以利用设置属性的方法SetProperty来重新设置属性的值。其用法如下:

格式1:对象变量 -> GetProperty, 属性关键字1 = 属性变量1,…,属性关键字n = 属性变量n)

功能:从对象变量指定的对象中,获取属性关键字i指定的属性的值,并把该值存入属性变量i中。

例如:创建一个标题为MyWindow的窗口对象MyWindowObject,然后读取其标题属性值,并存入变量MyVariable中。可以键入命令:

```
IDL>MyWindowObject = OBJ_NEW( 'IDLgrWindow', TITLE = ' MyWindow ' )
IDL>MyWindowObject -> GetProperty , TITLE = MyVariable
IDL>PRINT, MyVariable                ;输出结果为:MyWindow
```

格式2:对象变量 -> SetProperty,属性关键字1 = 属性变量1,…,属性关键字n = 属性变量n)

功能:用属性变量i的值去重新设置对象变量指定对象的属性关键字i的属性值。

例如:创建一个标题为MyWindow的窗口对象MyWindowObject,然后把该窗口的标题属性值改为:YourWindow,可以键入命令:

```
IDL>MyWindowObject = OBJ_NEW( 'IDLgrWindow', TITLE = ' MyWindow ' )
IDL>MyWindowObject -> SetProperty , TITLE = 'YourWindow '
```

技巧提示:对象图形系统的每一个类,均提供了功能丰富的属性,其具体内容请参阅IDL 6.3提供的用户参考手册IDL Reference Guide(refguide.pdf)。

5.5.5 对象的方法和调用

对象的方法分为过程方法和函数方法。对象的每一个方法均对应一个过程或者函数,其中与过程方法相对应的是过程,与函数方法对应的是函数。其用法如下:

格式1:对象变量 -> 方法过程名[,参数1,…,参数n][,关键字1,…,关键字n]

功能:在对象变量指定对象中,调用该对象的方法过程名指定的方法。

例如：在例 5.10 中，语句 MyView -> ADD, MyModel 是指调用对象 MyView 的 ADD 方法，添加对象 MyModel 到对象 MyView 中。语句 MyWindow -> DRAW, MyView 是指调用对象 MyWindow 的 DRAW 方法，在窗口对象 MyWindow 中绘制对象 MyView。

格式 2：对象变量 -> 方法函数名([,参数 1,…,参数 n][,关键字 1,…,关键字 n])

功能：在对象变量指定对象中，调用该对象的方法函数名指定的方法。

【例 5.11】 利用 IDLgrView 的 Count 方法统计例 5.10 中，MyView 所包含的对象的个数。程序如下：

```
; Chapter05ObjectGrapgicsCount.pro
PRO Chapter05ObjectGrapgicsCount
    MyWindow = OBJ_NEW('IDLgrWindow')          ;创建窗口对象
    MyView = OBJ_NEW('IDLgrView', VIEWPLANE_RECT = [0,-1,100,2]);创建视图对象
    MyModel = OBJ_NEW('IDLgrModel')            ;创建模式对象
    MyPlot = OBJ_NEW('IDLgrPlot',SIN(FINDGEN(100)/10)) ;创建正弦曲线图元对象
    MyModel -> ADD, MyPlot                     ;添加 MyPlot 对象到 MyModel
    MyView -> ADD, MyModel                     ;添加 MyPlot 对象到 MyModel
    MyWindow -> DRAW, MyView                   ;添加 MyPlot 对象到 MyModel
    ObjectNumber = MyView -> Count()           ;统计 MyView 中对象的个数
    ;输出对象的个数
    Result = DIALOG_MESSAGE( STRING(ObjectNumber), /INFORMATION )
    WAIT, 6                                    ;暂停 6 s
    OBJ_DESTROY, MyView                        ;删除 MyView 对象
    OBJ_DESTROY, MyWindow                      ;删除 MyWindow 对象
END
```

说明：在例 5.11 中，语句 ObjectNumber = MyView -> Count()是通过调用方法函数 Count()，来统计对象 MyView 中所包含的对象的个数(输出结果为 1)。

技巧提示：对象图形系统的每一个类，均提供了功能丰富的方法，其具体内容请参阅 IDL 6.3 提供的用户参考手册 IDL Reference Guide(refguide.pdf)。

5.5.6 显示模式和颜色表

1. 对象图形系统的显示模式

对象图形系统的显示模式是通过类 IDLgrWindow 的属性 COLOR_MODEL 进行设置的。如果 COLOR_MODEL 的值为 0，则显示模式为 RGB 真彩模式；如果 COLOR_MODEL 的值为 1，则显示模式为伪彩模式(即索引模式)。

显示模式的设置可以在建立 IDLgrWindow 对象时，直接把属性 COLOR_MODEL 的值设置为 0 或者 1；也可以对建立好的窗口对象，通过属性设置，把 COLOR_MODEL 的值设置为 0 或者 1。

真彩模式的常用格式为下列的格式 1 和格式 2；伪彩模式的常用格式为格式 3 和格式 4。

格式 1：窗口对象名 = OBJ_NEW('IDLgrWindow', COLOR_MODEL = 0)

格式 2：窗口对象名 -> SetProperty , COLOR_MODEL = 0

格式 3：窗口对象名 = OBJ_NEW('IDLgrWindow', COLOR_MODEL = 1)

格式 4：窗口对象名 -> SetProperty , COLOR_MODEL = 1

通过 IDLgrView 的属性 COLOR 设置视窗的背景颜色。默认为白色，即 COLOR = [255,255,255]。

例如：创建一个标题为 MyWindow，显示模式为真彩模式，位置在(100,100)，大小为 360 像素×360

像素的窗口对象 MyWindow，可以键入命令：

```
IDL>MyWindow = OBJ_NEW( 'IDLgrWindow', TITLE = ' MyWindow ' , $
     COLOR_MODEL = 0, LOCATION = [100, 100], DIMENSIONS = [360, 360])
```

2. 对象图形系统的颜色表

对象图形系统的颜色表是通过类 IDLgrPalette 的方法 GetRGB，SetRGB，Init 和 LoadCT 进行设置的。

对于真彩模式，则通过类 IDLgrPalette 的方法 GetRGB，SetRGB 和 Init 进行设置。

对于索引伪彩模式，则可以通过类 IDLgrPalette 的方法 LoadCT 进行设置。

真彩模式的常用格式为下列的格式 1 到格式 4；伪彩模式的常用格式为格式 5。

格式 1：颜色表对象名 = OBJ_NEW('IDLgrPalette', [红色分量数组，绿色分量数组，蓝色分量数组])

格式 2：颜色表对象名－>[IDLgrPalette::]Init([红色分量数组，绿色分量数组，蓝色分量数组])

格式 3：颜色表对象名 －>[IDLgrPalette::]GetRGB(颜色索引变量)

功能：在颜色表对象名指定的颜色表对象中，获取颜色索引变量指定的颜色的 RGB 分量值。

说明：返回值是含有 RGB 颜色分量值的 3 个元素的一维数组。颜色索引变量的取值范围为 0 ～ N_COLORS，其中 N_COLORS 的值是类 IDLgrPalette 的属性 N_COLORS 的值，可以通过类 IDLgrPalette 的方法 GetProperty 获取。

格式 4：颜色表对象名 －>[IDLgrPalette::]SetRGB，颜色索引变量，红色分量值，绿色分量值，蓝色分量值功能：在颜色表对象名指定的颜色表对象中，用红色分量值，绿色分量值，蓝色分量值设置颜色索引变量指定的颜色的 RGB 分量值。

格式 5：颜色表对象名 －> [IDLgrPalette::]LoadCT，颜色表索引变量 [，FILENAME = 颜色表文件名变量]

功能：颜色表文件名变量指定的颜色表文件中的颜色表索引变量指定的颜色表。

说明：颜色表索引变量的取值范围为 0 ～ 40。

例如：创建一个标题为 MyWindow，显示模式为伪彩模式，颜色表为标准的 256(0～255)级灰度颜色表的反向表，位置在(100,100)，大小为 360 像素×360 像素的窗口对象 MyWindow，可以键入以下命令：

```
IDL>rval = (gval = (bval = REVERSE(INDGEN(256))))
IDL>MyPalette = OBJ_NEW('IDLgrPalette', rval, gval, bval)
IDL>MyWindow = OBJ_NEW( 'IDLgrWindow', TITLE = ' MyWindow ' , $
     COLOR_MODEL = 1, LOCATION = [100, 100], DIMENSIONS = [360, 360])
IDL>MyWindow -> SetProperty, PALETTE = MyPalette
```

5.5.7　窗口系统

对象图形系统的窗口系统是由窗口类 IDLgrWindow、场景类 IDLgrScene、视图组类 IDLgrViewgroup、视图类 IDLgrView、模式类 IDLgrModel 等创建的对象组成。

1. 窗口的建立

窗口的建立需要使用类 IDLgrWindow 和函数 OBJ_NEW()。

IDLgrWindow 的常用属性与描述如下：

(1)COLOR_MODEL = 0 | 1：用于设置显示模式。真彩模式(0)；伪彩模式(1)。

(2)DIMENSIONS = [宽，高]：用于设置窗口大小。

(3)LOCATION = [行，列]：用于设置窗口的位置。

(4)N_COLORS = 值：在 COLOR_MODEL = 1 时，设置可以使用的颜色数，范围为2～255。

(5)PALETTE = 颜色表对象：用于设置窗口的颜色表。

(6)QUALITY = 0|1|2:用于设置窗口的绘制质量。低质量 0;中质量 1;高质量 2。

(7)RENDERER = 0|1:用于设置窗口的绘制平台。OpenGL(0);IDL 6.3(1)。

(8)RETAIN = 0|1|2:用于设置窗口内容的备份方式。不备份(0);Windows 系统(1);IDL 6.3(2)。

(9)TITLE = 标题变量:用于设置窗口标题栏中的标题。

窗口建立的方法如下:

格式:窗口对象名 = OBJ_NEW('IDLgrWindow' [, 属性关键字 1 = 属性值 1,…, 属性关键字 n = 属性值 n])

功能:用于创建一个指定属性的窗口对象,其返回值是一个对象。

例如:创建一个标题为 MyWindow,显示模式为真彩模式,位置在屏幕中央,大小为 460 像素×460 像素的,可保留窗口内容的高绘制质量的窗口对象 MyWindow,可以键入以下命令:

```
IDL>DEVICE, GET_SCREEN_SIZE = ScreenSize
IDL>XPosition = (ScreenSize[0]-460)/2  &  YPosition = (ScreenSize[1]-460)/2
IDL>MyWindow = OBJ_NEW('IDLgrWindow', TITLE = 'MyWindow', COLOR_MODEL = 0 $
    , LOCATION = [XPosition,YPosition], DIMENSIONS = [460, 460] $
    , RETAIN = 2 ,QUALITY = 2 )
```

2. 窗口内容的绘制和清除

窗口内容的绘制需要使用 IDLgrWindow 的方法 Draw。其用法如下:

格式:窗口对象名-> [IDLgrWindow::]Draw [, 视图对象名]

功能:在窗口对象中绘制视图对象。

说明:视图对象名可以是 IDLgrView 对象、IDLgrViewgroup 对象或 IDLgrScene 对象。

窗口内容的清除需要使用 IDLgrWindow 的方法 Erase。其用如下:

格式:窗口对象名-> [IDLgrWindow::]Erase [, COLOR = 颜色表索引 | [红,绿,蓝]]

功能:使用指定的背景颜色清除窗口的内容。

说明:颜色表索引是在伪彩模式下系统提供的 41(0 ～ 40)个颜色表之一。[红,绿,蓝]是在真彩模式下 RGB 三原色组成的数组。默认背景色为白色。

【例 5.12】 创建一个标题为 MyWindow,显示模式为真彩模式,位置在屏幕中央,大小为 300 像素×300 像素的窗口对象 MyWindow,然后用绿色清除窗口内容,程序如下:

```
; Chapter05ObjectGrapgicsErase. pro
PRO Chapter05ObjectGrapgicsErase
DEVICE, GET_SCREEN_SIZE = ScreenSize
XPosition = (ScreenSize[0]- 460)/2  &  YPosition = (ScreenSize[1]- 460)/2
MyWindow = OBJ_NEW('IDLgrWindow', TITLE = 'MyWindow', COLOR_MODEL = 0 $
                , LOCATION = [XPosition,YPosition], DIMENSIONS = [300, 300])
MyView = OBJ_NEW('IDLgrView', VIEWPLANE_RECT = [0,-1,100,2])
MyModel = OBJ_NEW('IDLgrModel')
MyPlot = OBJ_NEW('IDLgrPlot', SIN(FINDGEN(100)/10))
MyModel -> ADD, MyPlot  &  MyView -> ADD, MyModel
MyWindow -> IDLgrWindow::DRAW, MyView  &  WAIT, 6
MyWindow -> IDLgrWindow::Erase, COLOR = [0, 255, 0]  &  WAIT, 2
OBJ_DESTROY, MyView  &  OBJ_DESTROY, MyWindow
END
```

3. 窗口的显示和隐藏

窗口的显示和隐藏需要使用 IDLgrWindow 的方法 Show。其用法如下:

格式:窗口对象名-> [IDLgrWindow::]Show , 0 | 1

功能:用于显示或者隐藏窗口对象。隐藏窗口(0);显示窗口(1 或者非零值)。

例如:创建一个标题为 MyWindow,显示模式为伪彩模式的窗口对象 MyWindow,然后隐藏该窗口,然后再显示出来,可以键入以下命令:

```
IDL>MyWindow = OBJ_NEW('IDLgrWindow', TITLE = 'MyWindow', COLOR_MODEL = 1 )
IDL>MyWindow -> Show, 0    &    MyWindow -> Show, 1
```

4. 窗口的最小化和还原

窗口的最小化和还原需要使用 IDLgrWindow 的方法 Iconify。其用法如下:

格式:窗口对象名-> [IDLgrWindow::]Iconify ,0 | 1

功能:用于最小化和还原窗口对象。还原窗口(0);最小化窗口(1 或者非零值)。

例如:创建一个标题为 MyWindow,显示模式为伪彩模式的窗口对象 MyWindow,然后最小化该窗口,然后再还原出来,可以键入以下命令:

```
IDL>MyWindow = OBJ_NEW('IDLgrWindow', TITLE = 'MyWindow', COLOR_MODEL = 1 )
IDL>MyWindow -> Iconify, 1
IDL>MyWindow -> Iconify, 0
```

5. 窗口指针的设置

窗口指针的设置需要使用 IDLgrWindow 的方法 SetCurrentCursor。其用法如下:

格式:窗口对象名-> [IDLgrWindow::]SetCurrentCursor ,指针名 | IMAGE = 位图数组

功能:用于窗口对象中,设置指针的形状。

说明:选项 IMAGE = 位图数组中的位图数组是一个表示位图的 16×16 短整型数组,用于自定义一个指针形状。指针名为下列名称之一:ARROW,CROSSHAIR,ICON ,IBEAM,MOVE,ORIGINAL,SIZE_NE ,SIZE_NW,SIZE_SE ,SIZE_SW,SIZE_NS ,SIZE_EW,UP_ARROW。

例如:创建一个标题为 MyWindow,显示模式为伪彩模式的窗口对象 MyWindow,然后把指针形状变为向上的箭头,然后再还原为原来的形状,可以键入以下命令:

```
IDL>MyWindow = OBJ_NEW('IDLgrWindow', TITLE = 'MyWindow', COLOR_MODEL = 1 )
IDL>MyWindow -> SetCurrentCursor, 'UP_ARROW'
IDL>MyWindow -> SetCurrentCursor, 'ORIGINAL'
```

6. 窗口的删除

窗口的删除需要使用 IDLgrWindow 的方法 Cleanup 或者 OBJ_DESTROY 过程。

格式 1:窗口对象名-> [IDLgrWindow::]Cleanup

格式 2:OBJ_DESTROY,窗口对象名

功能:删除窗口对象,并且释放窗口对象所占有的内存空间。

例如:创建一个标题为 MyWindow,显示模式为伪彩模式的窗口对象 MyWindow,然后删除,可以键入以下命令:

```
IDL>MyWindow = OBJ_NEW('IDLgrWindow', TITLE = 'MyWindow', COLOR_MODEL = 1 )
IDL>MyWindow -> Cleanup
```

7. 视窗的大小和位置

在窗口对象中,对它的下一级 IDLgrView 对象,可以设置 IDLgrView 对象在窗口对象中的大小和位置。其用法是通过对 IDLgrView 对象的属性 LOCATION 和属性 DIMENSIONS 的设置来实现,具体方法与窗口类 IDLgrWindow 中的用法相同。

例如:创建一个大小为 200 像素×200 像素,位置为(100,100)的视窗对象 MyWiew,然后改变其大小为 100 像素×100 像素,位置为(10,10),可以键入以下命令:

```
IDL>MyWindow = OBJ_NEW('IDLgrWindow', TITLE = 'MyWindow', COLOR_MODEL = 0 )
IDL>MyView = OBJ_NEW('IDLgrView', LOCATION = [100,100], DIMENSIONS = [200,200])
IDL>MyWindow -> Draw, MyView
```

IDL>MyWindow -> Erase, Color = [0, 255, 0]

IDL>myView -> SetProperty, LOCATION = [10,10], DIMENSIONS = [100,100]

IDL>MyWindow -> Draw, MyView

8. 视窗的投影方式和视点的位置

在 IDLgrView 对象中,视窗的投影方式有两种:平行投影方式和透视投影方式。设置投影方式需要使用 IDLgrView 对象的属性 PROJECTION。其用法如下:

格式 1:视窗对象名 = OBJ_NEW('IDLgrView', PROJECTION = 1 | 2)

格式 2:视窗对象名 -> SetProperty, PROJECTION = 1 | 2

功能:设置视窗对象的投影方式。平行投影方式(1);透视投影方式(2)。

在 IDLgrView 对象中,设置视点位置需要使用 IDLgrView 对象的属性 EYE。其用法如下:

格式 1:视窗对象名 = OBJ_NEW('IDLgrView', EYE = 变量)

格式 2:视窗对象名 -> SetProperty, EYE = 变量

功能:设置视窗对象中视点的位置。

说明:视点的位置以 Z = 0 为基准。

例如:MyView -> SetProperty, EYE = 5 或者 MyView -> SetProperty, EYE = -5

9. 视窗的裁剪平面和裁剪方式

在 IDLgrView 对象中,设置裁剪平面需要使用 IDLgrView 对象的属性 VIEWPLANE_RECT。其用法如下:

格式 1:视窗对象名 = OBJ_NEW('IDLgrView',
　　VIEWPLANE_RECT = [x 起点, y 起点, x 终点, y 终点])

格式 2:视窗对象名 -> SetProperty, VIEWPLANE_RECT = [x 起点, y 起点, x 终点, y 终点]

功能:设置视窗对象的裁剪平面的裁剪窗口的大小。

说明:裁剪平面的位置永远在 Z = 0。裁剪范围为[x 起点, y 起点, x 终点, y 终点]。

例如:MyView -> SetProperty, VIEWPLANE_RECT = [0.0, 0.0, 1.0, 1.0]

在 IDLgrView 对象中,设置裁剪方式需要使用 IDLgrView 对象的属性 ZCLIP。用法如下:

格式 1:视窗对象名 = OBJ_NEW('IDLgrView', ZCLIP = [z 起点, z 终点])

格式 2:视窗对象名 -> SetProperty, ZCLIP = [z 起点, z 终点]

功能:设置视窗对象的裁剪范围。

说明:视窗对象的裁剪范围以 Z = 0 为基准。水平(x 向和 y 向)裁剪范围为[x 起点, y 起点, x 终点, y 终点],垂直(Z 向)裁剪范围为[z 起点, z 终点]。

例如:MyView -> SetProperty, ZCLIP = [2.0, -3.0]

注意:为了达到满足要求的最佳视觉效果,通常需要把 PROJECTION, VIEWPLANE_RECT, ZCLIP 和 EYE 等属性进行相互调整和配合。

10. 模式对象的几何变换

在 IDLgrView 对象中,可以对其中的 IDLgrModel 对象进行几何变换。

对 IDLgrModel 对象的几何变换包括:平移变换、旋转变换和放缩变换。通过这些变换可以在 IDLgrView 对象中对 IDLgrModel 对象进行平移、旋转、放缩及其组合操作。在进行几何变换时,需要使用变换矩阵,变换矩阵的大小为 4×4 数组,默认的变换矩阵为 4×4 单位矩阵,即

$$\begin{bmatrix} 1.0 & 0.0 & 0.0 & 0.0 \\ 0.0 & 1.0 & 0.0 & 0.0 \\ 0.0 & 0.0 & 1.0 & 0.0 \\ 0.0 & 0.0 & 0.0 & 1.0 \end{bmatrix}$$

设置变换矩阵需要使用 IDLgrModel 对象的属性 TRANSFORM。其用法如下：

格式 1:模式对象名 = OBJ_NEW('IDLgrModel' , TRANSFORM = 变换矩阵)

格式 2:模式对象名 -> SetProperty, TRANSFORM = 变换矩阵

功能:用于设置模式对象的变换矩阵。变换矩阵是一个 4×4 数组。

(1)平移变换。对 IDLgrModel 对象进行平移(即移动)操作,需要使用 IDLgrModel 对象的属性 TRANSFORM 或者方法 Translate。其用法如下：

方法 1:将 IDLgrModel 对象在 x,y,z 向分别平移 XLength,YLength,ZLength,则使用如下格式：

格式:模式对象名-> [IDLgrModel::]Translate, XLength, YLength, ZLength

方法 2:IDLgrModel 对象在 x,y,z 向分别平移 XLength,YLength,ZLength 的平移矩阵如下：

```
TranslateMatrix = [ [1.0, 0.0, 0.0, XLength], $
                    [0.0, 1.0, 0.0, YLength], $
                    [0.0, 0.0, 1.0, ZLength], $
                    [0.0, 0.0, 0.0, 1.0 ] ]
```

通过 IDLgrModel 对象的方法 GetProperty 可以获取 IDLgrModel 对象的原变换矩阵 OldTranslateMatrix ,其用法如下：

格式:模式对象名 -> GetProperty, TRANSFORM = OldTranslateMatrix

根据 TranslateMatrix 和 OldTranslateMatrix,可以得到变换后的变换矩阵 NewTranslateMatrix 为

NewTranslateMatrix = OldTranslateMatrix # TranslateMatrix

最后,通过 IDLgrModel 对象的方法 SetProperty,对 IDLgrModel 对象进行平移操作。

格式:模式对象名 -> SetProperty, TRANSFORM = NewTranslateMatrix

例如:将 IDLgrModel 对象在 x 向平移一个单位。

利用方法 1,操作如下：

```
IDL>MyModel = OBJ_NEW( 'IDLgrModel' )
IDL>dx = 1   &  dy = 0   &  dz = 0
IDL>MyModel -> Translate, dx, dy, dz
```

利用方法 2,操作如下：

```
IDL>MyModel = OBJ_NEW( 'IDLgrModel' )
IDL>myModel -> GetProperty, TRANSFORM = oldT
IDL>transT = [[1.0, 0.0, 0.0, dx], $
              [0.0, 1.0, 0.0, dy], $
              [0.0, 0.0, 1.0, dz], $
              [0.0, 0.0, 0.0, 1.0]]
IDL>newT = oldT # transT
IDL>myModel -> SetProperty, TRANSFORM = newT
```

(2)旋转变换。对 IDLgrModel 对象进行旋转操作,需要使用 IDLgrModel 对象的属性 TRANSFORM 或者方法 Rotate。其用法如下：

方法 1:将 IDLgrModel 对象在 x,y,z 轴分别旋转 Xangle,Yangle,Zangle,则可以将其做如下分解：

(1)将 IDLgrModel 对象在 x 轴分别旋转 Xangle,0,0;

(2)将 IDLgrModel 对象在 y 轴分别旋转 0,Yangle,0;

(3)将 IDLgrModel 对象在 z 轴分别旋转 0,0,Zangle。

可以依次使用如下用法：

格式 1:模式对象名-> [IDLgrModel::] Rotate, [1, 0, 0], Xangle

格式 2:模式对象名-> [IDLgrModel::] Rotate, [0, 1, 0], Yangle

格式 3:模式对象名-> [IDLgrModel::] Rotate, [0, 0, 1], Zangle

方法 2:由于将 IDLgrModel 对象在 x,y,z 轴分别旋转 Xangle,Yangle,Zangle 的旋转矩阵分别为

```
XRotateMatrix = [[ 1.0, 0.0, 0.0, 0.0 ], $
                 [ 0.0, COS(Xangle), -SIN(Xangle), 0.0 ], $
                 [ 0.0, SIN(Xangle), COS(Xangle), 0.0 ], $
                 [ 0.0, 0.0, 0.0, 1.0 ] ]
YRotateMatrix = [[ COS(Yangle), 0.0, SIN(Yangle), 0.0 ], $
                    [ 0.0, 1.0, 0.0, 0.0 ], $
                 [ -SIN(Yangle), 0.0, COS(Yangle), 0.0 ], $
                 [ 0.0, 0.0, 0.0 , 1.0 ] ]
ZRotateMatrix = [[ COS(Zangle), -SIN(Zangle), 0.0, 0.0 ], $
                 [ SIN(Zangle), COS(Zangle), 0.0, 0.0 ], $
                 [ 0.0, 0.0, 0.0, 0.0 ], $
                 [ 0.0, 0.0, 0.0, 1.0 ] ]
```

通过 IDLgrModel 对象的方法 GetProperty 可以获取该对象的原变换矩阵 OldRotateMatrix ,其用法如下:

格式:模式对象名 -> GetProperty, TRANSFORM = OldRotateMatrix

根据 XRotateMatrix,YRotateMatrix,ZRotateMatrix 和 OldRotateMatrix,可以得到变换后的变换矩阵 NewRotateMatrix 为

NewRotateMatrix = ((OldTranslateMatrix # XRotateMatrix) # YRotateMatrix) # ZRotateMatrix

最后,通过 IDLgrModel 对象的方法 SetProperty,对 IDLgrModel 对象进行旋转操作。其用法如下:

格式:模式对象名 -> SetProperty, TRANSFORM = NewRotateMatrix

例如:将 IDLgrModel 对象绕 x 轴旋转 90°。

利用方法 1 的操作如下:

```
IDL>MyModel = OBJ_NEW( 'IDLgrModel' )
IDL>axis = [0, 1, 0]   &  angle = 90
IDL>MyModel -> myModel -> Rotate, axis, angle
```

利用方法 2 的操作如下:

```
IDL>MyModel = OBJ_NEW( 'IDLgrModel' )
IDL>MyModel -> GetProperty, TRANSFORM = oldT
IDL>axis = [0,1,0]   &  angle = 90
IDL>sina = SIN(! DTOR * angle)   &  cosa = COS(! DTOR * angle)
IDL>rotT = [[ cosa, 0.0, sina, 0.0], [0.0, 1.0, 0.0, 0.0], $
           [-sina, 0.0, cosa, 0.0], [0.0, 0.0, 0.0, 1.0]]
IDL>newT = oldT # rotT
IDL>MyModel -> SetProperty, TRANSFORM = newT
```

说明:*在方法 1 中,旋转角度的单位是度;在方法 2 中,旋转角度的单位是弧度。*

(3) 放缩变换。对 IDLgrModel 对象进行放缩操作,需要使用 IDLgrModel 对象的属性 TRANSFORM 或者方法 Scale。其用法如下:

方法 1:将 IDLgrModel 对象在 x,y,z 向放缩 XScale,YScale,ZScale 倍,则可以使用如下用法:

格式:模式对象名-> [IDLgrModel::] Scale, XScale, YScale, ZScale

方法 2:由于将 IDLgrModel 对象在 x,y,z 向分别放缩 XScale,YScale,ZScale 倍的放缩矩阵为

```
ScaleMatrix = [ [XScale, 0.0, 0.0, 0.0], $
                [ 0.0, YScale, 0.0, 0.0], $
```

```
[ 0.0, 0.0, ZScale, 0.0], $
[ 0.0, 0.0, 0.0, 1.0 ] ]
```

通过 IDLgrModel 对象的方法 GetProperty 可以获取 IDLgrModel 对象的原变换矩阵 OldScaleMatrix，其用法如下：

格式：模式对象名 -> GetProperty, TRANSFORM = OldScaleMatrix

根据 ScaleMatrix 和 OldScaleMatrix，可以得到变换后的变换矩阵 NewScaleMatrix 为

NewScaleMatrix = OldScaleMatrix # ScaleMatrix

最后，通过 IDLgrModel 对象的方法 SetProperty，对 IDLgrModel 对象进行放缩操作。其用法如下：

格式：模式对象名 -> SetProperty, TRANSFORM = NewScaleMatrix

例如：将 IDLgrModel 对象在 y 向放缩 2 个单位。

利用方法 1 的操作如下：

```
IDL>MyModel = OBJ_NEW( 'IDLgrModel' )
IDL>sx = 1  &  sy = 2  &  sz = 1  &  MyModel -> Scale, sx, sy, sz
```

利用方法 2 的操作如下：

```
IDL>MyModel = OBJ_NEW( 'IDLgrModel' )
IDL>MyModel -> GetProperty, TRANSFORM = oldT
IDL>scaleT = [[ sx, 0.0, 0.0, 0.0], [0.0, sy, 0.0, 0.0], $
            [0.0, 0.0, sz, 0.0], [0.0, 0.0, 0.0, 1.0]]
IDL>newT = oldT # scaleT
IDL>MyModel -> SetProperty, TRANSFORM = newT
```

【例 5.13】 利用对象图形系统创建一个曲面。程序如下：

```
; Chapter05ObjectSurface.pro
PRO Chapter05ObjectSurface, VIEW = oView, MODEL = oModel, $
    SURFACE = oSurface, WINDOW = oWindow
    zData = DIST(60)
    oView = OBJ_NEW('IDLgrView', COLOR = [60,60,60], $
          VIEWPLANE_RECT = [-1,-1,2,2])
    oModel = OBJ_NEW('IDLgrModel')  &  oView->Add, oModel
    oSurface = OBJ_NEW('IDLgrSurface', zData, color = [255,0,0])
    oModel->Add, oSurface
    oSurface->GetProperty, XRANGE = xrange, YRANGE = yrange, ZRANGE = zrange
    xs = [-0.5, 1/(xrange[1]-xrange[0])]
    ys = [-0.5, 1/(yrange[1]-yrange[0])]
    zs = [-0.5, 1/(zrange[1]-zrange[0])]
    oSurface->SetProperty, XCOORD_CONV = xs, YCOORD_CONV = ys,
    ZCOORD_CONV = zs
    oModel->Rotate,[1,0,0], -90  &  oModel->Rotate,[0,1,0], 30
    oModel->Rotate,[1,0,0], 30
    oWindow = OBJ_NEW('IDLgrWindow')  &  oWindow->Draw, oViewEND
```

技巧提示：本例支持关键字 SURFACE，MODEL，VIEW 和 WINDOW。请依次在命令行输入以下命令，观察并分析其运行的结果。

```
IDL>test_surface, VIEW = myview, MODEL = mymodel, SURFACE = mysurf, WINDOW = mywin
IDL>mymodel -> Translate, 0.2, 0, 0  &  mywin -> Draw, myview
IDL>mymodel -> Rotate, [0,1,0], 45  &  mywin -> Draw, myview
```

```
IDL>mymodel -> Scale, 0.5, 0.5, 0.5  &  mywin -> Draw, myview
IDL>mymodel -> Scale, 1, 0.5, 1  &  mywin -> Draw, myview
IDL>mymodel -> Scale, 1, 2, 1  &  mywin -> Draw, myview
IDL>mymodel -> Rotate, [0,0,1], 45  &  mywin -> Draw, myview
IDL>mysurf -> SetProperty, COLOR = [0, 255, 0]
IDL>mywin -> Draw, myview  &  myview->SetProperty, PROJECTION = 2, EYE = 2
IDL>mywin -> Draw, myview  &  IDL>myview -> SetProperty, EYE = 1.1
IDL>mywin -> Draw, myview  &  IDL>myview -> SetProperty, EYE = 6
IDL>mywin -> Draw, myview
```

习　题

1. IDL 6.3 的图形系统包括哪两种图形系统？
2. 什么是直接图形系统？什么是对象图形系统？简述二者的区别。
3. 简述直接图形系统和对象图形系统的优缺点。
4. IDL 6.3 提供了几种坐标系统？简述每一种坐标系统的特征。
5. 简述数据坐标系统、设备坐标系统和正交坐标系统之间的转换方法。
6. 简述直接图形系统的组成结构和调用方法。
7. 简述对象图形系统的组成结构和调用方法。
8. 简述对象属性的获取和设置方法。
9. 简述对象方法的调用方法。
10. 简述视窗的投影方式和视点位置的设置方法。
11. 简述视窗的裁剪方式和裁剪方法。
12. 对于模式对象，IDL 6.3 提供了几种几何变换？简述每一种几何变换的用法。
13. 解释下列概念。

(1)显示模式　(2)颜色表　(3)几何变换　(4)对象
(5)属性　(6)事件　(7)方法　(8)类

第 6 章　数据可视化

科学计算和分析的基本要求就是以图形的形式来直观显示所研究的数据，从而更直接地观察和分析数据。IDL 6.3 提供了丰富的数据可视化工具。

技巧提示：读者可以运行如下命令或者运行过程 Chapter06ReverseDisplay.pro（本书自带程序），设置反向输出（即白色背景和黑色前景）。

IDL＞ DEVICE, DECOMPOSED＝1

IDL＞！P.BACKGROUND＝'FFFFFF'XL

IDL＞！P.COLOR＝'000000'XL

或者执行程序：Chapter06ReverseDisplay.pro

说明：如果要恢复正常显示，只需把系统变量！P.BACKGROUND 和！P.COLOR 的值互换或者运行过程 Chapter06StandardDisplay.pro 即可。

6.1　绘制线 PLOT

PLOT 过程适用于在单个坐标系中绘制单个直线或者曲线。在绘制线的过程中，用户可以在自定义的任意格式的坐标系统中，绘制任意的曲线或者直线。

6.1.1　PLOT 的格式和功能

格式：PLOT，[X，] Y [，关键字]

功能：在当前窗口中，按照指定的格式绘制直线或者曲线。如果当前窗口不存在，则系统按照默认设置创建一个默认窗口。

说明：格式中符号约定如果没有特殊声明，均按下述用法。

(1)/后面的大写单词和 = 前面的大写单词均为系统保留字，使用时，用户不能更改。

(2)小写单词为用户自定义内容，使用时，用户可以根据需要设定相应的数据。

(3)[ ]：[ ]中的内容为可选型。

(4)LINESTYLE＝{0 | 1 | 2 | 3 | 4 | 5}：指 LINESTYLE 的值只能取 0,1,2,3,4,5 中的一个。

(5){X | Y | Z}CHARSIZE：等价于 XCHARSIZE，YCHARSIZE，ZCHARSIZE。

(6)GRIDSTYLE＝integer{0 to 5}：指 GRIDSTYLE 的值只能取 0 到 5 之间的整数。

(7)ZVALUE＝value{0 to 1}：指 ZVALUE 的值只能取 0 到 1 之间的数。

(8)＝ 后面的 value，array，integer，string，left，min，max，scalar，right，variable，integer，color_index，string_array，X0，Y0 等均为用户根据需要设定的相应数据类型。

6.1.2　PLOT 的参数和使用方法

◆X：绘制线的 X 轴坐标组成的数组。省略时 X 的取值为 0～N。其中，N 为 Y 的个数。

◆Y:绘制线的 Y 轴坐标组成的数组。

注意:在绘图时,X,Y 被转换为双精度浮点型数据。

例如:绘制 0～2π 的正弦曲线。可以使用如下命令(结果见图 6.1 和图 6.2。):

IDL>x = FINDGEN(101) * (0.01 * 2.0 * ! PI)　&　y = SIN(x)

IDL>PLOT, x, y　&　WAIT, 2　&　PLOT, y ;结果如图 6.1 和图 6.2 所示。

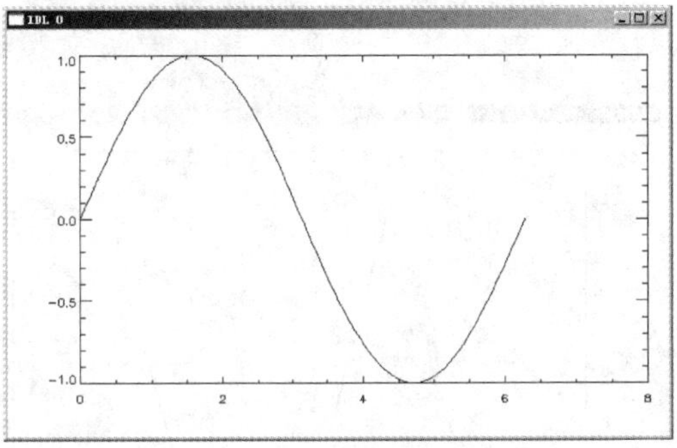

图 6.1　PLOT 绘图 1

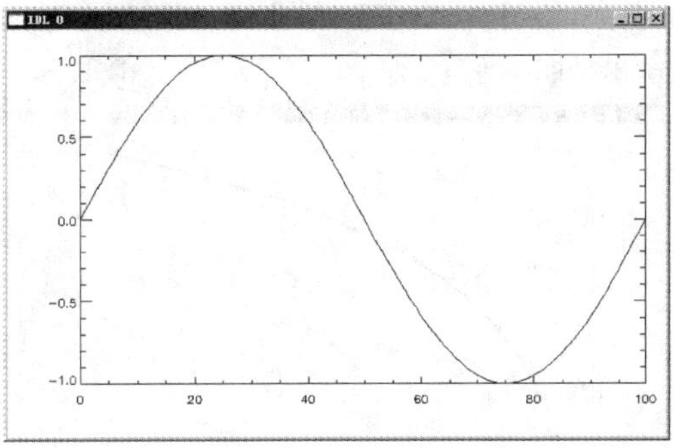

图 6.2　PLOT 绘图 2

6.1.3　PLOT 的关键字和使用方法

◆/ISOTROPIC:强行把 X 轴和 Y 轴转换成等比例。例如:

IDL>PLOT, x, y, /ISOTROPIC　;运行结果与图 6.1 进行比较

◆/POLAR:绘制极坐标系下的线。这时的用法如下:

格式:PLOT, r, theta, /POLAR

说明:r 为极半径;theta 为极角,单位是弧度。

例如:在极坐标系下,绘制一个螺旋线。可以使用如下命令(结果见图 6.3):

IDL>r = FINDGEN(100) * 0.01　&　t = 4.0 * ! PI * r

IDL>PLOT, r, t, /POLAR

◆THICK=value:用于设定绘制线的粗细。默认厚度为 1。

例如:绘制 0～2π 的正弦曲线,其粗细为 5。可以使用如下命令(结果见图 6.4):

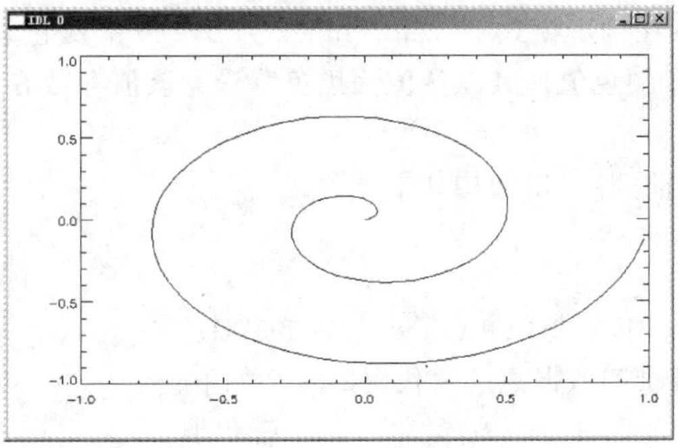

图 6.3　PLOT 绘图 3

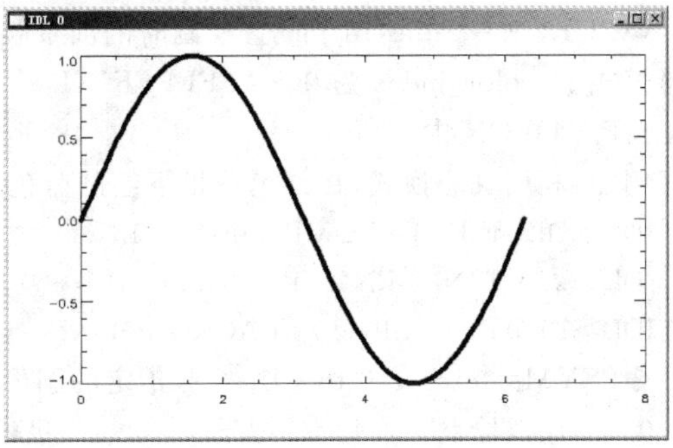

图 6.4　PLOT 绘图 4

IDL>x = FINDGEN(101) * (0.01 * 2.0 * ! PI)

IDL>PLOT, x, SIN(x), THICK = 5

◆/XLOG,/YLOG:用于创建对数 X 数轴、对数 Y 数轴。

例如:绘制一条指数曲线,其粗细为 3。可以使用如下命令(结果见图 6.5):

IDL>x = FINDGEN(200) * 0.1 + 1.0

IDL>PLOT, x, x^3, THICK = 3, /YLOG

◆/YNOZERO:用于设置当绘制的所有数据为正时,Y的最小值不为零。

◆MAX_VALUE=value:指定绘制数据的最大值,即大于指定的值不予绘制。默认为最大值。

◆MIN_VALUE=value:指定绘制数据的最小值,即小于指定的值不予绘制。默认为最小值。

例如:绘制0~2π的正弦曲线,其粗细为2,而且只绘制其值在-0.5~0.5的部分。可以使用如下命令(结果见图6.6):

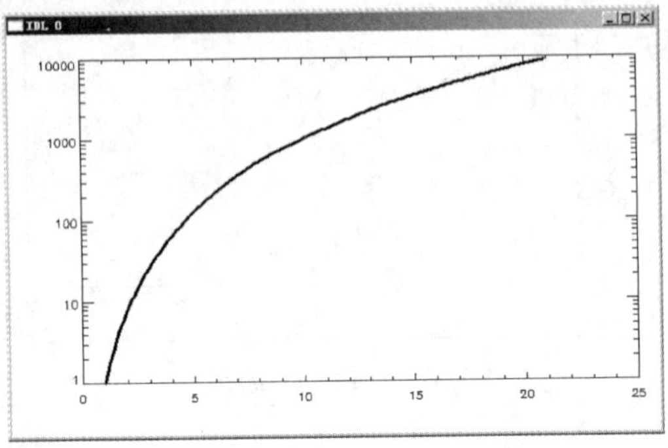

图6.5 PLOT绘图5

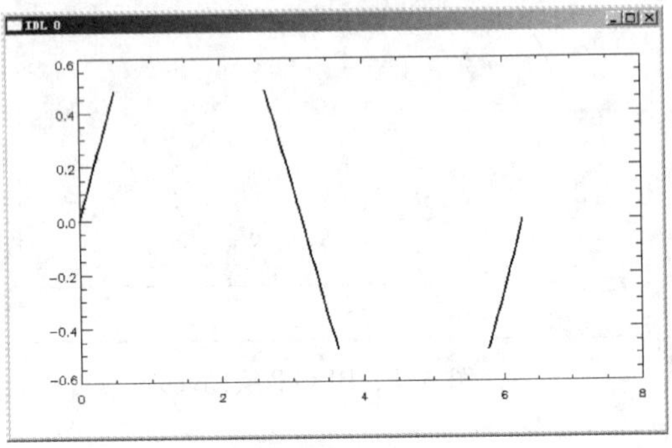

图6.6 PLOT绘图6

IDL>x = FINDGEN(101) * (0.01 * 2.0 * ! PI)

IDL>PLOT, x, SIN(x), THICK = 2, MIN_VALU=-0.5, MAX_VALUE=0.5

◆NSUM=value:在绘制线时,value用于给定绘制点的间隔个数,即每隔value个点绘制一个点。因此最终绘制的点数N为绘制数据的总点数与NSUM指定的值value的商。

例如:若绘制的点数为100,而且NSUM=10,则每隔10个点绘制一个点,最终只绘制10(100/10)个点。分析下列命令的绘制结果:

IDL>x = FINDGEN(101) * (0.01 * 2.0 * ! PI)

IDL>PLOT, x, SIN(x), THICK = 2, NSUM=10

◆BACKGROUND=color_index:用于设置绘制时的背景颜色。在伪彩模式下,color_index为0~40的颜色表;在真彩模式下,color_index为0~'FFFFFF'XL的RGB颜色值。其默认值为黑色背景。该值存放在系统变量! P.BACKGROUND中。

◆COLOR=value:用于设置绘制时的前景颜色。在伪彩模式下,color_index为0~40的颜色表;在真彩模式下,color_index为0~'FFFFFF'XL的RGB颜色值。其默认值为黑色背景。该值存放在系统变量! P.COLOR中。

例如:利用真彩模式,在红色背景下绘制蓝色正弦曲线,可以使用如下命令:

IDL>DEVICE, DECOMPOSED = 1

IDL>x = FINDGEN(101) * (0.01 * 2.0 * ! PI)

IDL>PLOT, x, SIN(x), BACKGROUND = '0000FF'XL, COLOR = 'FF0000'XL

◆PSYM=integer{0 to 10}:按照指定的图形符号绘制数据点。其代码的含义如下:

0	用线绘制	1	加号	2	星号	4	菱形	5	三角形
6	正方形	7	交叉号	8	用户定义	9	未定义	10	柱状图

注意:正代码是指仅在每一个数据点绘制符号;负代码是指在每一个数据点绘制符号的同时,再用线把绘制点连接起来。

例如:绘制0~2π的正弦曲线,其中绘制点使用正方形,并且用线连接起来。可以使用如下命令(结果见图6.7):

IDL>x = FINDGEN(101) * (0.01 * 2.0 * ! PI) & PLOT, x, SIN(x), PSYM=-6

◆SYMSIZE＝value：用于设定 PSYM 指定的符号的大小。

◆CLIP＝[X0, Y0, X1, Y1]：设置裁剪区域为[X0, Y0, X1, Y1]。裁剪区域存放在系统变量！P.CLIP。

◆/NOCLIP：用于设置禁止裁剪。

◆LINESTYLE＝{0 | 1 | 2 | 3 | 4 | 5}：按照指定的线型绘制线。其代码的含义如下：

0	实线	1	点	2	虚线
3	点虚线	4	点点虚线	5	长虚线

例如：绘制 0～2π 的点点虚线正弦曲线。可以使用如下命令(结果见图 6.8)：

```
IDL>x = FINDGEN(101) * (0.01 * 2.0 * ! PI)  &  PLOT, x, SIN(x), LINESTYLE=4
```

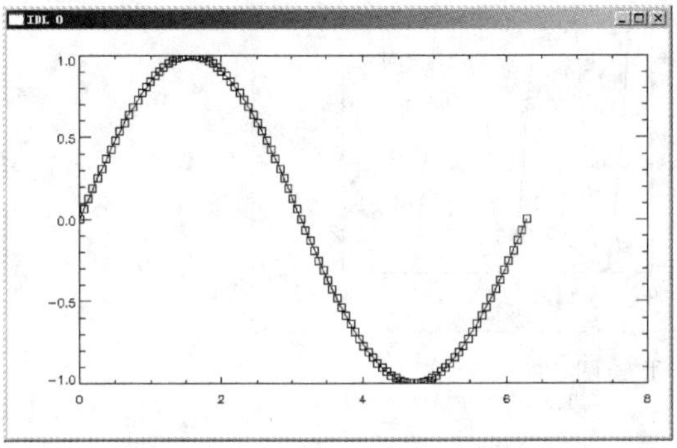

图 6.7　PLOT 绘图 7

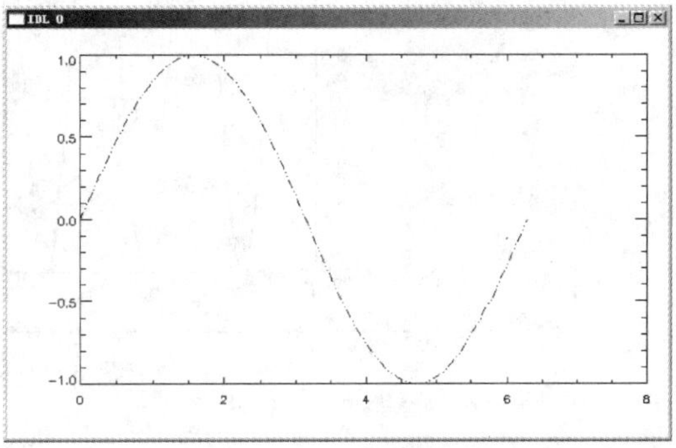

图 6.8　PLOT 绘图 8

◆/NOERASE：在当前窗口中绘制新图形时，不擦除原有内容。默认擦除原有内容。

例如：在当前窗口中，绘制 0～2π 的正弦曲线和余弦曲线。可以使用如下命令(结果见图 6.9)：

```
IDL>x = FINDGEN(101) * (0.01 * 2.0 * ! PI)
IDL>PLOT, x, SIN(x)  &  WAIT, 2  &  PLOT, x, COS(x), /NOERASE
```

◆TITLE＝string：给绘图区绘制的图形添加一个标题。

◆SUBTITLE＝string：给绘图区绘制的图形添加一个副标题。

例如：绘制 0～2π 的正弦曲线，并给绘制的图形添加一个内容为 My Sin(x)的标题。可以使用如下命令(结果见图 6.10)：

```
IDL>x = FINDGEN(101) * (0.01 * 2.0 * ! PI)  &  PLOT, x, SIN(x), TITLE='My Sin(x)'
```

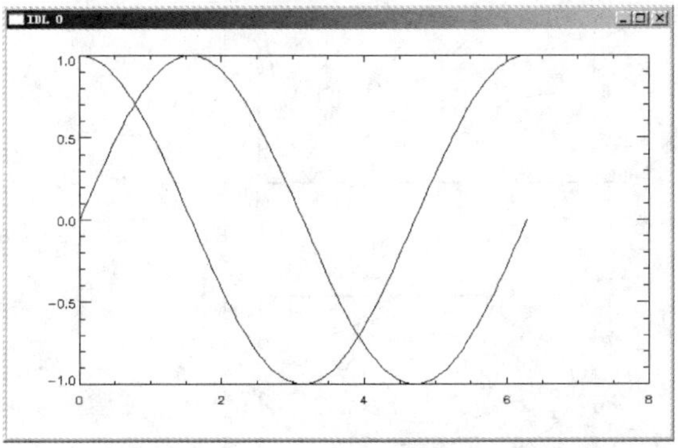

图 6.9　PLOT 绘图 9

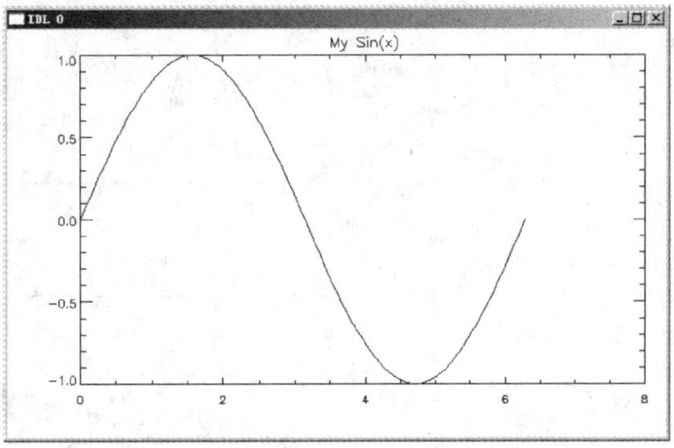

图 6.10　PLOT 绘图 10

◆POSITION＝[X0, Y0, X1, Y1]：把图形定位绘制到[X0, Y0, X1, Y1]指定的区域。图形的绘图区域存储在系统变量！P.POSITION。

例如：绘制 0～2π 的正弦曲线和余弦曲线，并绘制到指定的窗口中(见图 6.11)，操作命令如下：

IDL>WINDOW, /FREE, XSIZE=640, 512 & x = FINDGEN(200) * 0.1

IDL>PLOT, x, SIN(x), POSITION=[0.1, 0.1, 0.45, 0.9]

IDL>PLOT, x, COS(x), POSITION=[0.55, 0.1, 0.9, 0.9], /NOERASE

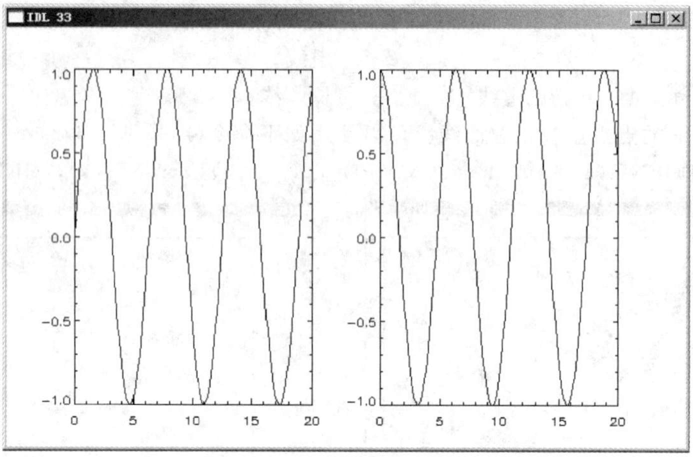

图 6.11 PLOT 绘图 11

技巧提示:系统变量! P. MULTI 提供了定位绘制多个图形的方法。其用法如下：

格式:! P. MULTI=[j, k, l, m, n]

说明:! P. Multi 是一个包含 5 个元素的数组,各个元素的用法如下:

1)! P. Multi[0]:给出在显示窗口中需要绘制的剩余的图形数目,其默认值为 0。

注意:在绘制一个图形时,用户根据需要可以选择关键字/NOERASE。

2)! P. Multi[1]:给出绘制图形的列数。

3)! P. Multi[2]:给出绘制图形的行数。

4)! P. Multi[3]:给出在 Z 方向上叠加绘制图形的数目(仅适用于已经建立了三维坐标系的情况)。

5)! P. Multi[4]:给出绘图方式。按行显示图形(! P. Multi[4]=0),按列显示图形(! P. Multi[4]=1)。

例如:在当前窗口中绘制 4 个图形。可以使用如下命令(结果见图 6.12):

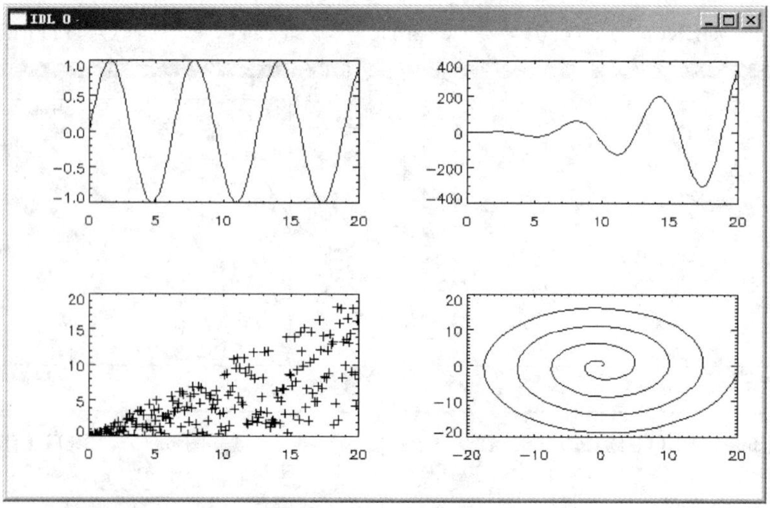

图 6.12 PLOT 绘图 12

IDL>! P.MULTI=[0, 2, 2, 0, 0] & x = FINDGEN(200) * 0.1

IDL>PLOT, x, SIN(x) & PLOT, x, SIN(x) * x^2

IDL>PLOT, x, RANDOMU(1, 200) * x,PSYM=1 & PLOT, x ,4.0 * ! PI * x * 0.1,/POLAR

◆/NODATA:指只绘制坐标轴,不绘制数据点。

◆/DATA,/DEVICE,/NORMAL:用于设定绘制线的坐标系统为数据坐标系统、设备坐标系统或者正交坐标系统。

◆CHARSIZE=value:用于设置绘制注释和标注字体的大小。

◆{X | Y | Z}CHARSIZE=value:用于设置 X 轴、Y 轴和 Z 轴上绘制注释和标注字体的大小。其值存放在系统变量! [XYZ]. CHARSIZE 中。

◆CHARTHICK=integer:用于设置绘制注释和标注字体的粗细。

◆FONT=integer:用于设置绘制注释和标注字体所使用的字体系统。-1 是指 Hershey 矢量字体;0 是指设备字体系统;1 是指 TrueType 字体系统。默认值为-1。

◆TICKLEN=value:用于设置绘制注释和标注中小刻度的尺度。

例如:绘制 0~2π 的正弦曲线,并给绘制的图形添加一个内容为 My Sin(x)的标题和一个内容为 Happy You 的副标题。可以使用如下命令(结果见图 6.13):

IDL>x = FINDGEN(101) * (0.01 * 2.0 * ! PI)

IDL>PLOT,x,SIN(x),TITLE='My Sin(x)',SUBTITLE='Happy You',TICKLEN = -0.02

◆{X | Y | Z}GRIDSTYLE=integer{0 to 5}:设置 X 轴、Y 轴和 Z 轴以及其上刻度的栅格的类型。其取值范围和线型与 LINESTYLE 相同。

◆{X | Y | Z}MARGIN=[left, right]:设置 X,Y 和 Z 轴边界的空白。默认 X:[10, 3];Y:[4, 2]。

◆{X | Y | Z}MINOR=integer:设置 X 轴、Y 轴和 Z 轴上最小刻度间隔的数目。

◆{X | Y | Z}RANGE=[min, max]:设置 X 轴、Y 轴和 Z 轴的最小和最大范围。

例如:按指定的范围绘制正弦曲线。可以使用如下命令(结果见图 6.14):

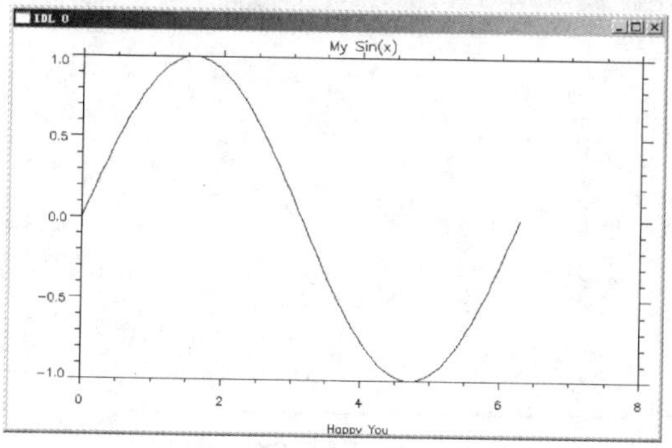

图 6.13　PLOT 绘图 13

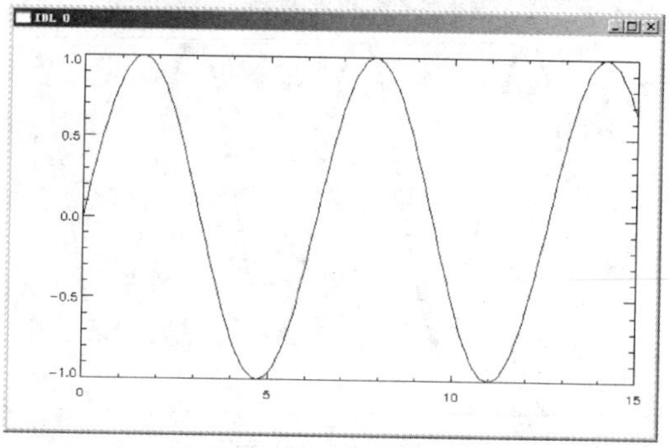

图 6.14　PLOT 绘图 14

IDL>x = FINDGEN(200) * 0.1 & PLOT, x, SIN(x), XRANGE=[0, 13.5]

◆{X | Y | Z}STYLE=value:设置 X 轴、Y 轴和 Z 轴的类型。其代码和含义如下:

0　由{X | Y | Z}RANGE 指定轴的精确范围	2　在轴范围的每一边留有空余
4　不显示整个坐标轴	8　只在左边或下边显示坐标轴
16 不把 Y 轴的起始值强行规定为 0。	

技巧提示:{X | Y | Z}STYLE 设定的值可以以加的形式出现,来实现多重功能。如 YSTYLE=2+8。例如:按指定的范围绘制正弦曲线。可以使用如下命令(结果见图 6.15):

IDL>x = FINDGEN(200) * 0.1

IDL>PLOT, x,SIN(x),XRANGE=[0,13.5],XSTYLE=1,YRANGE=[-2.5, 2.5],YSTYLE=1

IDL>PLOT，x,SIN(x),XSTYLE=8，YRANGE=[-2，2]，YSTYLE=1+8 ;如图 6.16 所示

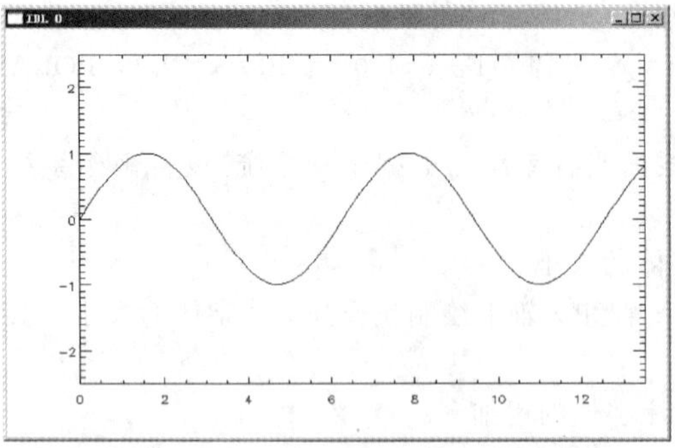

图 6.15　PLOT 绘图 15

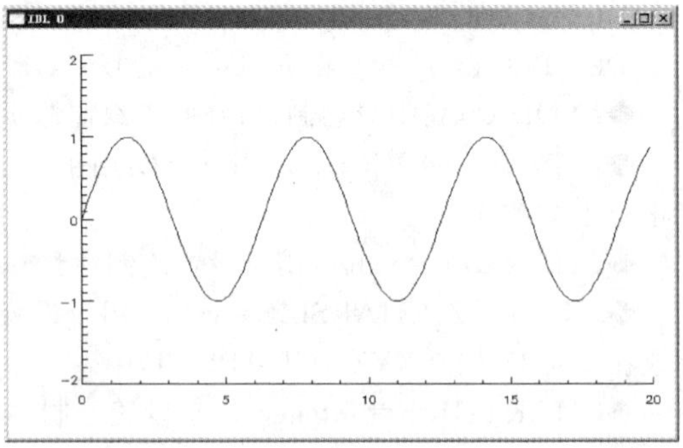

图 6.16　PLOT 绘图 16

◆{X | Y | Z}THICK=value:设置 X 轴、Y 轴和 Z 轴和刻度的粗细。其默认值为 1。

例如:按指定的字体和粗细绘制正弦曲线。可以使用如下命令(结果如图 6.17):

IDL>x = FINDGEN(200) * 0.1

IDL>PLOT，x，SIN(x)，TITLE='SIN(X)'，SUBTITLE='IDL PLOT' $

，CHARSIZE=1.25，FONT=1，LINESTYLE=3，THICK=2.0，PSYM=-1

◆{X | Y | Z}TICK_GET=variable:获取 X 轴、Y 轴或者 Z 轴上刻度的一个数组,并把返回的结果放入变量 variable 中 。

◆{X | Y | Z}TICKFORMAT=string:给出 X 轴、Y 轴和 Z 轴上刻度标注的格式代码,从而设定刻度标注的具体格式。格式代码详见第 3 章。

例如:绘制 X 轴和 Y 轴的标注格式分别为 F6.2 和 F7.2。用如下命令(见图 6.18):

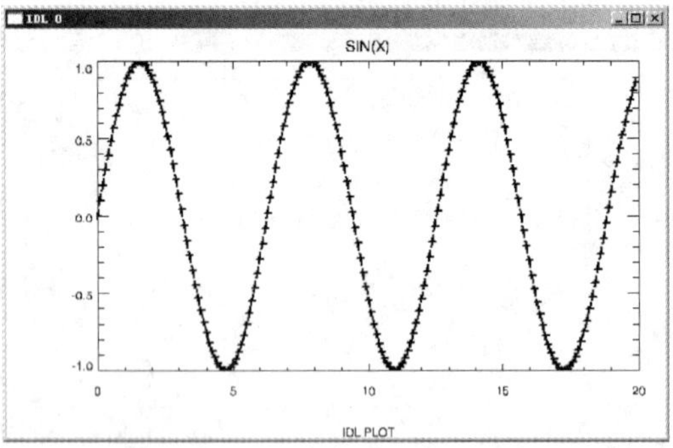

图 6.17　PLOT 绘图 17

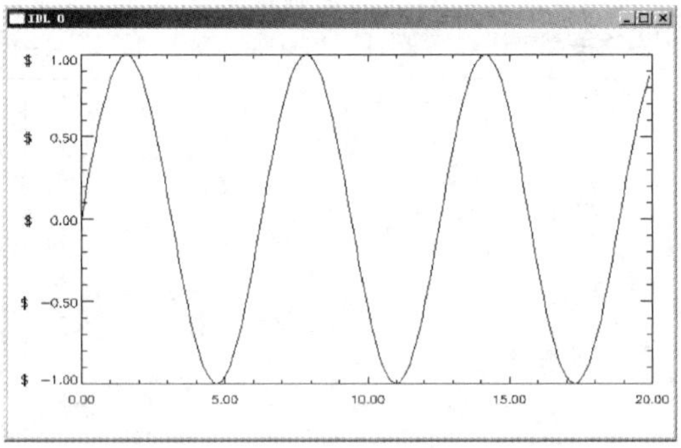

图 6.18　PLOT 绘图 18

IDL>x = FINDGEN(200) * 0.1

IDL>PLOT，x，SIN(x)，XTICKFORMAT='(F6.2)'，YTICKFORMAT='("$"，F7.2)'

◆{X | Y | Z}TICKUNITS=string:设置 X 轴、Y 轴和 Z 轴的标注刻度的单位。有效字符串为 Numeric,Years,Months,Days,Hours,Minutes,Seconds,Time 和空串。

例如:绘制 X 轴和 Y 轴的标注为日期标注。可以使用如下命令(结果见图 6.19):

IDL>dummy = LABEL_DATE(DATE_FORMAT='%M %Z')

IDL>mytimes = TIMEGEN(12，UNITS='MONTHS'，START=JULDAY(1,1,2000))

IDL>y = FINDGEN(12)

IDL>PLOT，mytimes，y，XTICKUNITS='Time'，XTICKFORMAT='LABEL_DATE'

其中,标注的标签格式使用带关键字的 DATE_FORMAT 的函数 LABEL_DATE 得到。

◆{X | Y | Z}TICKINTERVAL= value：同{X | Y | Z}TICKS，但是其优先级高于{X | Y | Z}TICKS。

◆{X | Y | Z}TICKLAYOUT=scalar：设置 X 轴、Y 轴和 Z 轴的刻度的布局风格。当其有效值为 0 时，轴线、主刻度标注、刻度标签、次刻度标注仅显示在主层坐标轴上。该参数是默认值。当其有效值为 1 时，仅显示 主刻度标注的刻度标签，轴线、主刻度标注和次刻度标注均省略。当其有效值为 2 时，每一个主刻度间隔均为一个矩形盒子，刻度标签从左到右放置在盒子中。

◆{X | Y | Z}TICKLEN=value：设置 X 轴、Y 轴和 Z 轴的刻度的长度，默认值为 0.02。

◆{X | Y | Z}TICKNAME=string_array：设置 X 轴、Y 轴和 Z 轴的刻度的标注。

◆{X | Y | Z}TICKS=integer：设置 X 轴、Y 轴和 Z 轴的主刻度的个数。

◆{X | Y | Z}TICKV=array：设置 X 轴、Y 轴和 Z 轴的刻度的值。

◆{X | Y | Z}TITLE=string：设置 X 轴、Y 轴和 Z 轴的标题。

技巧提示 1：上述关键字的值均存放在系统变量！P，！X，！Y，！Z 和！D 中，其用法格式如下：

！P.关键字名或者！X.关键字名或者！Y.关键字名或者！Z.关键字名或者！D.关键字名

技巧提示 2：通过变量跟踪窗口下放的 Locals，Params，Common 和 System4 个标签可以直接观察操作过程中的局部变量、参数、公共模块和系统变量的具体值。

例如：按指定的坐标格式绘制一条曲线。可以使用如下命令(结果见图 6.20)：

IDL> x = FINDGEN(11)

IDL> PLOT, x+5, XTICKS=6, XTICKV=[1,2,6,7,10,12], YTICKS=6, $
　YTICKV=[1,2,4,6,8,10], YTICKNAME=['A', 'B', 'C', 'D', 'E', 'F']

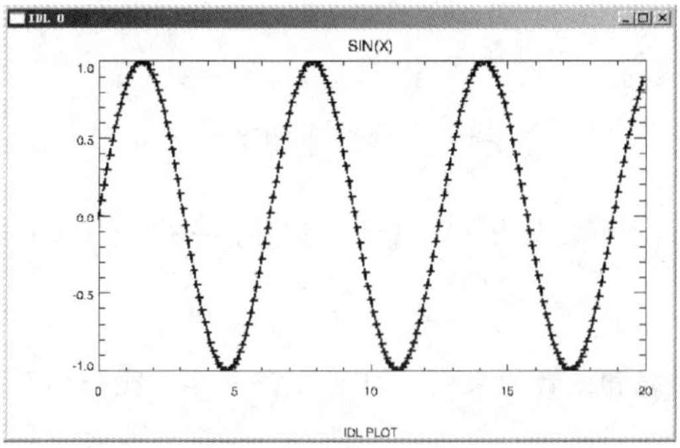

图 6.19　PLOT 绘图 19

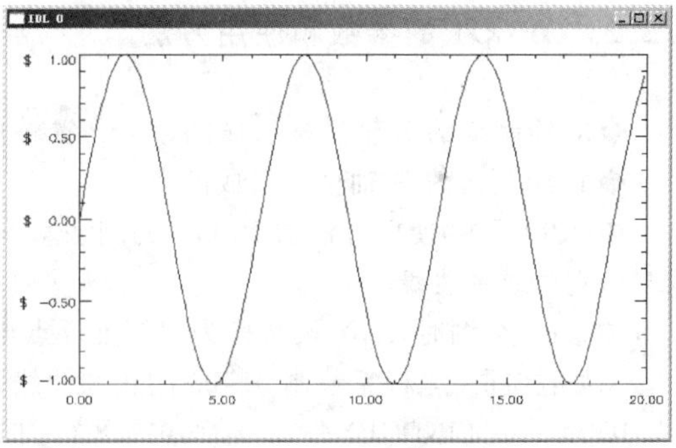

图 6.20　PLOT 绘图 20

例如：创建一个受激二氧化碳分子吸收图。可以使用如下命令(结果见图 6.21)：

IDL> x = FINDGEN(100) * 0.1 - 5.0 & y =1.0-EXP(-(x^2))

IDL>MyTitle = '!3CO!D2!N SpectralAbsorption Feature!X'

IDL>MyXTitle='!3Wave Number(cm!U-1!N)!X' & MyYTitle='!3Transmittance!X'

IDL> PLOT, x+805.0, y, TITLE=MyTitle, XTITLE=MyXTitle, YTITLE=MyYTitle

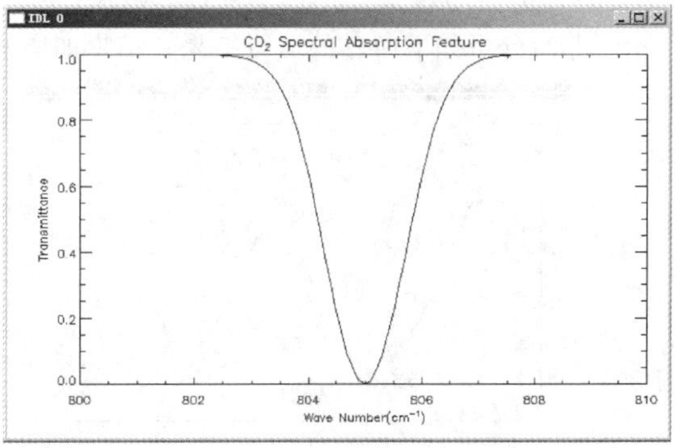

图 6.21　PLOT 绘图 21

例题说明：用户可以使用字体格式选择不同的字体和字体属性。常用字体格式如下：

！3	选择罗马字体(默认)	！4	选择希腊字体
！6	选择复杂罗马字体	！X	恢复起始字体

!C 开始新的一行 !D 下标开始标志

!U 上标开始标志 !N 恢复正常字符标志

技巧提示:关于字体的设置和使用方法,请参阅 IDL 参考手册(refguide. pdf)的附录 H。

◆/T3D:用于产生一个变换矩阵,并且把它存放到系统变量! P. T 中,以备后用。

◆ZVALUE=value{0 to 1}:用于设置 Z 轴上的数据值。其取值范围为 0 ~ 1。

6.2 绘制多线 OPLOT

OPLOT 过程适用于在单个坐标系中绘制多个直线或者曲线。在绘制线的过程中,用户可以在自定的任意格式的坐标系统中,绘制任意多个曲线或者直线。

6.2.1 OPLOT 的格式和功能

格式:OPLOT, [X,] Y [, MAX_VALUE=value][, MIN_VALUE=value][, NSUM=value]
[, /POLAR][, THICK=value][, CLIP=[X0, Y0, X1, Y1]][, COLOR=value][, /NOCLIP]
[, LINESTYLE={0 | 1 | 2 | 3 | 4 | 5}] [, PSYM=integer{0 to 10}][, SYMSIZE=value]

功能:在当前窗口中,按照指定的格式在同一个坐标系中绘制多个直线或者曲线。如果当前窗口不存在,则系统按照默认设置创建一个默认窗口。

6.2.2 OPLOT 的参数和使用方法

◆X:绘制线的 X 轴坐标组成的数组。省略时,X 取值为 0~N,其中 N 为 Y 的个数。

◆Y:绘制线的 Y 轴坐标组成的数组。

◆OPLOT 的使用方法与 PLOT 的用法基本相同,其不同之处是 OPLOT 可以在同一个坐标系中绘制多个直线或者曲线。

注意:在绘图时,X,Y 被转换为双精度浮点型数据。

例如:在同一坐标系绘制 0~2π 的正弦曲线、余弦曲线和二者的乘积。如图 6.22 所示。操作如下:

```
IDL>x = FINDGEN(101) * (0.01 * 2.0 * ! PI)
IDL>PLOT, x, SIN(x)  &  OPLOT, x, COS(x)
IDL>OPLOT, x, SIN(x) * COS(x)
```

例如:分析如下命令的运行结果。结果如图 6.23 所示。

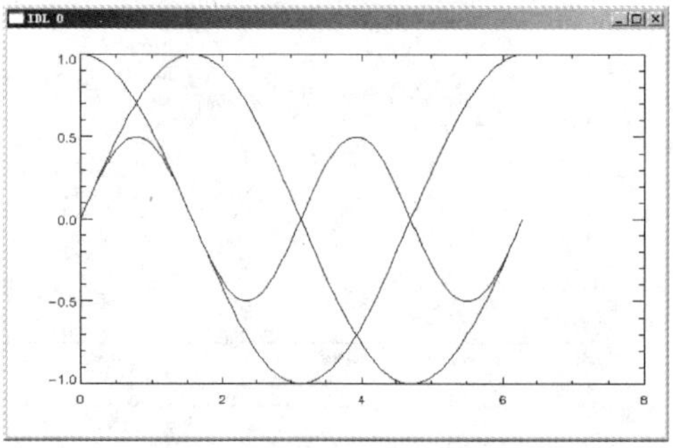

图 6.22 OPLOT 绘图 1

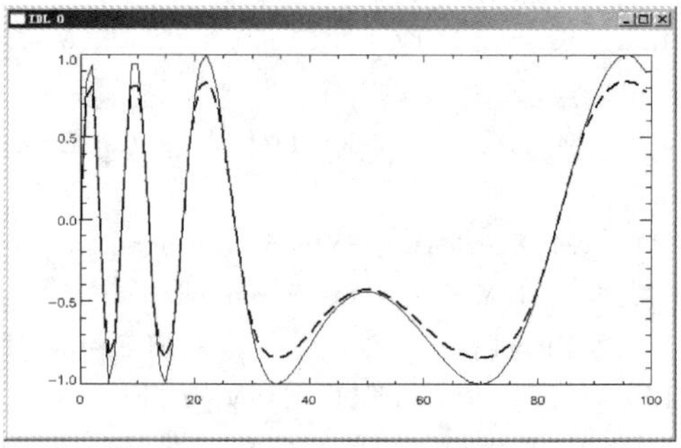

图 6.23 OPLOT 绘图 2

```
IDL>x = SIN(FINDGEN(100)/EXP(FINDGEN(100)/50))
IDL>PLOT, x  &  OPLOT, SIN(x), LINESTYLE = 5, THICK = 2
```

6.2.3　OPLOT 的关键字和使用方法

OPLOT 的关键字的使用方法与 PLOT 的用法相同。

6.3　绘制无坐标轴多线 PLOTS

PLOTS 过程适用于在坐标系中绘制任意多个直线或曲线。在绘制线的过程中,用户可以在当前窗口中绘制任意多个不带坐标轴的曲线或直线。

6.3.1　PLOTS 的格式和功能

格式:PLOTS, X [, Y [, Z]] [, /CONTINUE] [, CLIP=[X0, Y0, X1, Y1]][, /NOCLIP]
[, /DATA | ,/DEVICE | , /NORMAL] [, THICK=value][, SYMSIZE=value]
[, LINESTYLE={0 | 1 | 2 | 3 | 4 | 5}] [, PSYM=integer{0 to 10}] [, COLOR=value]

功能:在当前窗口中,按照指定的格式在多个坐标系中绘制直线或者曲线。如果当前窗口不存在,则系统按照默认设置创建一个默认窗口。

6.3.2　PLOTS 的参数和使用方法

◆X:绘制线的 X 轴坐标组成的数组。省略时,X 取值为 0~N。其中 N 为 Y 的个数。

◆Y,Z:绘制线的 Y,Z 轴坐标组成的数组。

◆在只有一个参数时(省略 Y 和 Z),则 X 必须是两个以上元素的数组。

◆PLOTS 的使用方法与 PLOT 的用法基本相同,其不同之处是 PLOTS 可以在同一个窗口中,绘制任意多个没有坐标轴的直线或者曲线。

◆连续使用 PLOTS 时,绘制内容会在同一个窗口中输出,并且不擦除原有的内容。

注意:在绘图时,X,Y,Z 被转换为双精度浮点型数据。

例如:使用如下命令,在当前窗口中绘制曲线。结果如图 6.24 所示。

```
IDL> X = SIN(FINDGEN(100))  &  Y = COS(FINDGEN(100))
IDL> PLOTS, X, Y, COLOR = BYTSCL(Y, TOP=! D.N_COLORS-1), /NORMAL
IDL> PLOTS, X, Y/2, COLOR = BYTSCL(Y, TOP=! D.N_COLORS-1), /NORMAL
IDL> PLOTS, X, Y/4, COLOR = BYTSCL(Y, TOP=! D.N_COLORS-1), /NORMAL
```

例如:使用如下命令,在当前窗口中绘制折线。结果如图 6.25 所示。

图 6.24　OPLOTS 绘图 1

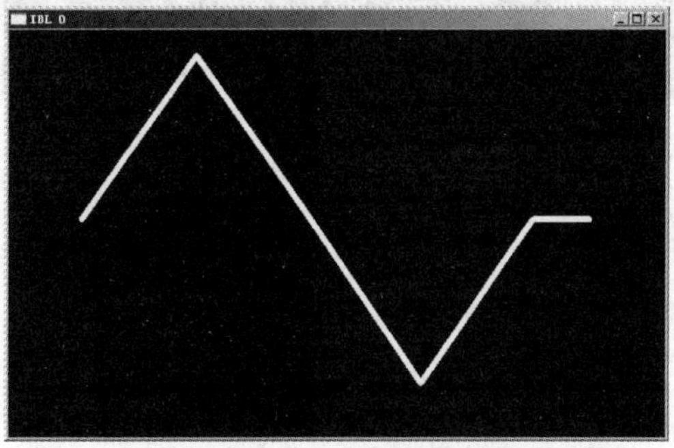

图 6.25　OPLOTS 绘图 2

IDL> x=[0, 10, 20, 30, 40, 50, 60, 70, 80, 90]

IDL> y=[0, 0.5, 1, 0.5, 0, −0.5, −1, −0.5, 0, 0]

IDL> PLOTS, x, y, THICK=6, /DATA & PLOTS, x, y, THICK=6, /DEVICE

6.3.3 PLOTS 的关键字和使用方法

◆ /CONTINUE:在最后一次的绘制点处继续连续绘制。

PLOTS 的其他关键字的使用方法与 PLOT 的用法相同。

例如:依次使用如下命令,可以在当前窗口中绘制如图 6.25 所示的折线。

IDL> PLOTS, 0, 0, THICK=6

IDL> PLOTS, 10, 0.5, THICK=6, /CONTINUE

IDL> PLOTS, 20, 1, THICK=6, /CONTINUE

IDL> PLOTS, 30, 0.5, THICK=6, /CONTINUE

IDL> PLOTS, 40, 0, THICK=6, /CONTINUE

IDL> PLOTS, 50, −0.5, THICK=6, /CONTINUE

IDL> PLOTS, 60, −1, THICK=6, /CONTINUE

IDL> PLOTS, 70, −0.5, THICK=6, /CONTINUE

IDL> PLOTS, 80, 0, THICK=6, /CONTINUE

IDL> PLOTS, 90, 0, THICK=6, /CONTINUE

例如:依次使用如下命令,可以在当前窗口中绘制如图 6.26 所示的折线。

IDL> x=[0, 10, 20, 30, 40]

IDL> y=[0, 0.8, 1, 0.8, 0]

IDL> PLOTS, x, y, THICK=6

IDL> u=[50, 60, 70, 80, 90]

IDL> v=[−0.3, −0.5, −0.3, 0, 0.6]

IDL> PLOTS, u, v, THICK=6, /CONTINUE

例如:依次使用如下命令,可以在当前窗口中绘制如图 6.27 所示的折线。

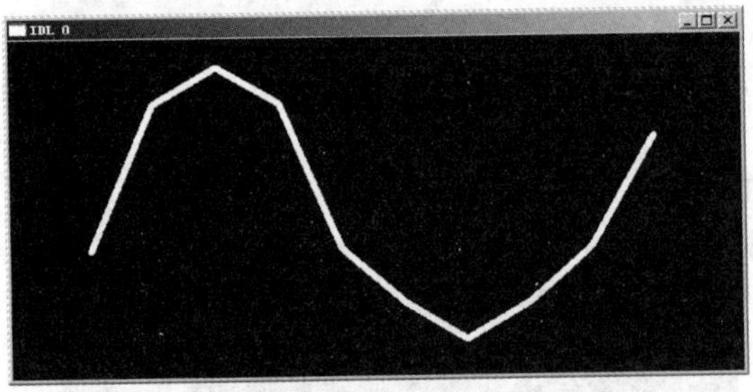

图 6.26 OPLOTS 绘图 1

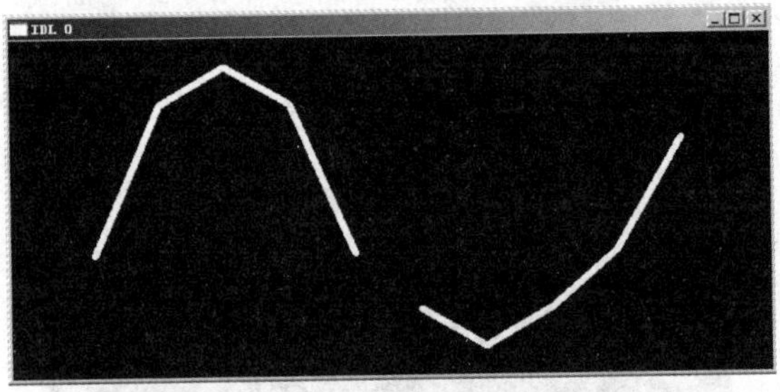

图 6.27 OPLOTS 绘图 2

IDL> x=[0, 10, 20, 30, 40]

IDL> y=[0, 0.8, 1, 0.8, 0]

IDL> PLOTS, x, y, THICK=6

IDL> u=[50, 60, 70, 80, 90]

IDL> v=[−0.3, −0.5, −0.3, 0, 0.6]

IDL> PLOTS, u, v, THICK=6

6.4　绘制坐标轴 AXIS

AXIS 过程适用于在坐标系中绘制任意格式的坐标轴。在绘制图形的过程中，用户可以在当前窗口中绘制任意格式的坐标轴。

6.4.1　AXIS 的格式和功能

格式：AXIS [，X [，Y [，Z]]] [，/XLOG] [，/YNOZERO] [，/YLOG] [，CHARSIZE=value]
[，XAXIS={0 | 1} | YAXIS={0 | 1} | ZAXIS={0 | 1 | 2 | 3}] [，CHARTHICK=integer]
[，COLOR=value] [，/DATA | ，/DEVICE | ，/NORMAL] [，FONT=integer]
[，/NODATA] [，/NOERASE] [，SUBTITLE=string] [，TICKLEN=value]
[，{X | Y | Z}CHARSIZE=value][，{X | Y | Z}MINOR=integer]
[，{X | Y | Z}GRIDSTYLE=integer{0 to 5}][，{X | Y | Z}STYLE=value]
[，{X | Y | Z}MARGIN=[left，right]] [，{X | Y | Z}RANGE=[min，max]]
[，{X | Y | Z}THICK=value] [，{X | Y | Z}TICKFORMAT=string]
[，{X | Y | Z}TICKINTERVAL= value] [，{X | Y | Z}TICKLAYOUT=scalar]
[，{X | Y | Z}TICKLEN=value] [，{X | Y | Z}TICKNAME=string_array]
[，{X | Y | Z}TICKS=integer] [，{X | Y | Z}TICKUNITS=string]
[，{X | Y | Z}TICKV=array] [，{X | Y | Z}TICK_GET=variable]
[，{X | Y | Z}TITLE=string]

功能：在当前窗口中，绘制任意格式的坐标轴。如果当前窗口不存在，则创建系统默认窗口。

6.4.2　AXIS 的参数和使用方法

◆X [，Y [，Z]]：给出创建坐标轴的具体位置。省略所有参数时，在默认位置创建。

例如：在(0,0.5,0)处创建 X 轴的命令如下：

IDL>AXIS，0，0.5，0，XAXIS = 0，XTITLE ='X－Axis Title'

6.4.3　AXIS 的关键字和使用方法

◆/SAVE ：保存 AXIS 创建的坐标轴的放缩比例，使得它在后续操作中继续有效。

◆XAXIS={0 | 1} ：创建 X 轴。XAXIS=0，在下方创建；XAXIS=1，在上方创建。

例如：创建上方 X 轴的命令为 AXIS，XAXIS = 1，XTITLE ='X－Axis Title'。

◆YAXIS={0 | 1} ：创建 Y 轴。YAXIS=0，在左侧创建；YAXIS=1，在右侧创建。

例如：创建右侧 Y 轴的命令为，AXIS，YAXIS = 1，YTITLE ='Y－Axis Title'。

◆ZAXIS={0 | 1 | 2 | 3} ：创建 Z 轴。ZAXIS=0，在右下方创建，刻度标注在左侧；ZAXIS=1，在左下方创建，刻度标注在右侧；ZAXIS=2，在左上方创建，刻度标注在右侧；ZAXIS=1，在右上方创建，刻度标注在左侧。

◆在给坐标轴添加标题时，必须使用相应的关键字 XAXIS，YAXIS 或者 ZAXIS。

例如：IDL>AXIS，YAXIS = 0，YTITLE ='Y－Axis Title'。

AXIS 的其他关键字的使用方法与 PLOT 的用法相同。

例如：创建指定格式的极坐标的命令如下：

IDL>r = FINDGEN(100) * 0.01　&　t = 4.0 * ! PI * r

```
IDL>PLOT, /POLAR, XSTYLE=4, YSTYLE=4, TITLE='Polar Plot', r, t
```

例如:利用下列命令绘制时间、速度和路程的关系图。结果如图 6.28 所示。

```
IDL>t = FINDGEN(11)  &  a = 9.8  &  v = a * t  &  x = 0.5 * a * t^2
IDL>PLOT, t, x, /NODATA, YSTYLE=4, XMARGIN=[10,10], XTITLE='Time(Sec.)'
IDL>AXIS, YAXIS=0, YRANGE=[0, 100], /SAVE , $
  YTITLE='Velocity(meters/Sec. , Solid line)'
IDL>OPLOT, t, v, LINESTYLE=0
IDL>AXIS, YAXIS=1, YRANGE=[0, 500], /SAVE , $
  YTITLE='Distance(meters, Dashed line)'
IDL>OPLOT, t, x, LINESTYLE=2
```

例如:利用下列命令绘制指数线。结果如图 6.29 所示。

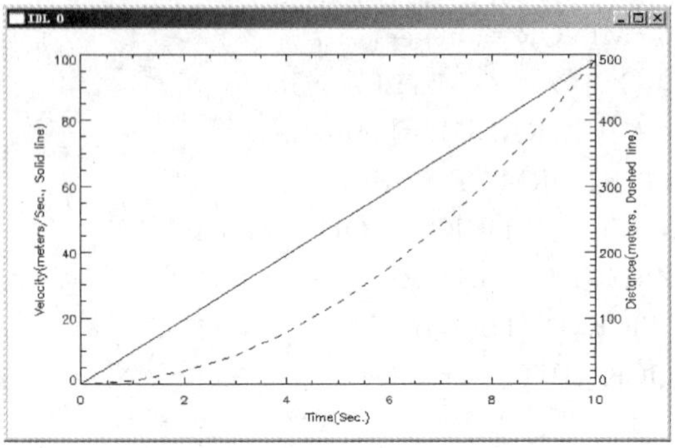

图 6.28　AXIS 绘图 1

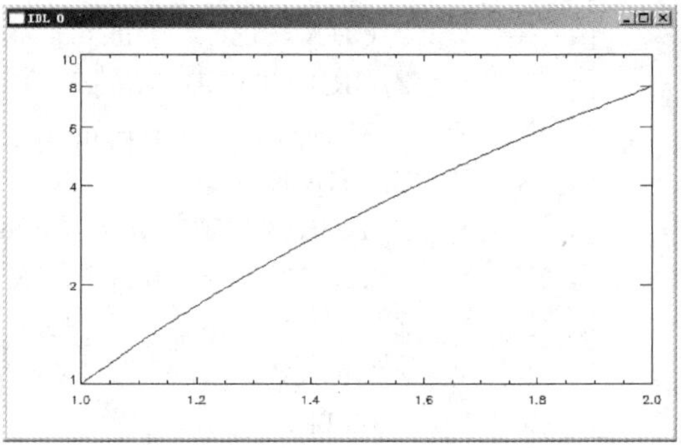

图 6.29　AXIS 绘图 2

```
IDL>x = FINDGEN(200) * 0.005 + 1.0  &  PLOT, x, x^3, /YLOG, YSTYLE=4
IDL>AXIS, YAXIS=0, /YLOG, YTICKS=6, YTICKV=[1,2,4,6,8,10]
IDL>AXIS, YAXIS=1, /YLOG, YTICKS=6, YTICKV=[1,2,4,6,8,10], $
  YTICKNAME=REPLICATE(' ', 6)
```

6.5　绘制文本 XYOUTS

XYOUTS 过程适用于在坐标系中绘制任意文本内容。在绘制的过程中,用户可以在当前窗口中的指定位置输出任意格式的文本信息。

技巧提示:关于字体的设置和使用方法,请参阅 IDL 参考手册(refguide.pdf)的附录 H。

6.5.1　XYOUTS 的格式和功能

格式:XYOUTS, [X, Y,] String [, ALIGNMENT=value{0.0 to 1.0}]
[, CHARSIZE=value][, CHARTHICK=value][, WIDTH=variable][, /T3D]
[, TEXT_AXES={0 | 1 | 2 | 3 | 4 | 5}][, CLIP=[X0, Y0, X1, Y1]]
[, COLOR=value][, /DATA | ,/DEVICE | , /NORMAL] [, FONT=integer]
[, ORIENTATION=ccw_degrees_from_horiz] [, /NOCLIP][, Z=value]

功能:在当前窗口中,按照指定的位置输出文本内容的值。如果当前窗口不存在,则系统按照默认设置创建一个默认窗口。

6.5.2 XYOUTS的参数和使用方法

◆X:绘制文本信息的X轴向上的位置。当文本内容String为数组时,X可以为数组。

◆Y:绘制文本信息的Y轴向上的位置。当文本内容String为数组时,Y可以为数组。

◆String:给出绘制文本信息的内容。

◆XYOUTS的使用方法与PLOT的用法基本相同,其不同之处是XYOUTS可以在同一个窗口中,绘制任意的文本信息。

◆连续使用XYOUTS时,绘制内容会在同一个窗口输出,并且不擦除原有的内容。

注意:在绘图时,X,Y,Z被转换为双精度浮点型数据。

例如:利用如下命令,在当前窗口的指定位置输出指定的文本信息。结果如图6.30所示。

IDL> XYOUTS, 100, 100, 'This is text', /DEVICE

IDL> XYOUTS, [0, 200, 250],[200, 50, 100],['This', 'is', 'text'], CHARSIZE=3, /DEVICE

6.5.3 XYOUTS的关键字和使用方法

◆ALIGNMENT=value{0.0 to 1.0}:设置输出的文本的对齐方式。ALIGNMENT=0.0是左对齐;ALIGNMENT=0.5是居中;ALIGNMENT=1是右对齐。

◆TEXT_AXES={0 | 1 | 2 | 3 | 4 | 5}]:在进行三维输出时,设置文本输出的平面。

当TEXT_AXES=0时,表示把文本输出到平面XY上;

当TEXT_AXES=1时,表示把文本输出到平面XZ上;

当TEXT_AXES=2时,表示把文本输出到平面YZ上;

当TEXT_AXES=3时,表示把文本输出到平面YX上;

当TEXT_AXES=4时,表示把文本输出到平面ZX上;

当TEXT_AXES=5时,表示把文本输出到平面ZY上。

◆WIDTH=variable:获取当前窗口中输出文本信息的宽度,并存入变量variable中。

◆ORIENTATION=ccw_degrees_from_horiz:输出文本信息的倾斜程度。默认水平输出。

◆Z=value :在参数Z不存在时,用Z=value给出Z的值。

XYOUTS的其他关键字的使用方法与PLOT的用法相同。

例如:使用如下命令,在指定窗口中的指定位置输出指定的文本信息,并把输出的文本信息的宽度存放到变量MyWidth中。结果如图6.31所示。

图6.30 XYOUTS绘图1

图6.31 XYOUTS绘图2

IDL>WINDOW, /FREE, XSIZE=400, YSIZE=300

```
IDL>XYOUTS, 300, 200, 'Check this out', CHARSIZE = 3, WIDTH=MyWidth $
    , ORIENTATION=20, ALIGNMENT=1.0, CHARTHICK=6, /DEVICE
IDL>WDELETE
```

例如：分析如下命令的运行结果。结果如图 6.32 所示。

```
IDL>XYOUTS,0,0.2,'! MI! S! A! E! 8x! R! B! Ip! N ! 7q! Ii! N! 8U! S! E2! R! Ii! Ndx',
SIZE=3,/NORMAL
```

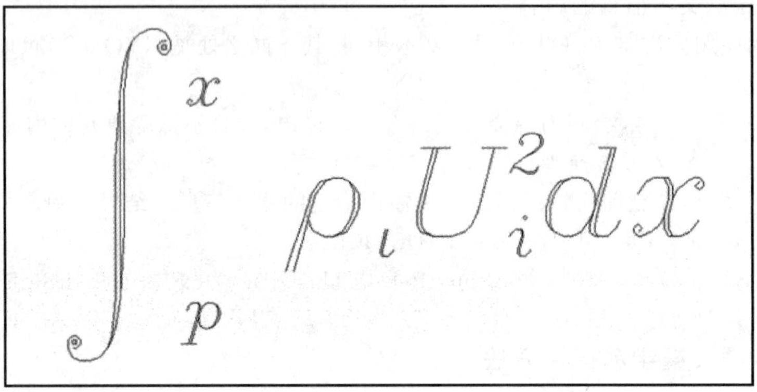

图 6.32 XYOUTS 绘图 3

6.6 绘制条形棒 BAR_PLOT

BAR_PLOT 过程适用于在坐标系中绘制任意条形棒图例。在绘制线的过程中，用户可以在当前窗口中的指定位置输出任意格式的条形棒图例。

6.6.1 BAR_PLOT 的格式和功能

格式：BAR_PLOT, Values [, BACKGROUND=color_index][, BARWIDTH=value]
 [, BARNAMES=string_array] [, BAROFFSET=scalar] [, BARSPACE=scalar]
 [, BASELINES=vector] [, BASERANGE=scalar{0.0 to 1.0}]
 [, COLORS=vector] [, /OUTLINE] [, /OVERPLOT] [, /ROTATE]
 [, TITLE=string] [, XTITLE=string] [, YTITLE=string]

功能：在当前窗口中，按照指定的位置绘制任意格式的条形棒图例。如果当前窗口不存在，则系统按照默认设置创建一个默认窗口。

6.6.2 BAR_PLOT 的参数和使用方法

◆Values：给出绘制条形棒图例的数据。Values 中的每一数据对应一个条形棒。

◆BAR_PLOT 的使用方法与 PLOT 的用法基本相同，其不同之处是 BAR_PLOT 可以在同一个窗口中，绘制任意的条形棒图例。

◆连续使用 BAR_PLOT 时，绘制内容将擦除原有内容。否则需要使用/OVERPLOT。

例如：使用如下命令，在当前窗口中的指定位置绘制指定的条形棒图例。

```
IDL> BAR_PLOT, [100, 200, 300], BARNAMES=[ '2001', '2002', '2003']
```

6.6.3 BAR_PLOT 的关键字和使用方法

◆BARNAMES=string_array：设置条形棒的文本标签的内容。

◆BAROFFSET＝scalar：设置条形棒图例中，第一个条形棒的位置。

◆BARSPACE＝scalar：设置条形棒图例中，两个条形棒之间的距离。

◆BARWIDTH＝value：设置条形棒图例中，条形棒的宽度。

◆BASELINES＝vector ：设置条形棒图例中，每一个条形棒底部在纵向上的起始位置。

◆BASERANGE＝scalar{0.0 to 1.0}：设置绘制的条形棒图例在整个绘图区中所占的比例，默认时为整个绘图区。

◆COLORS＝vector：设置条形棒图例中，每一个条形棒的具体颜色。

◆/OUTLINE ：在绘制条形棒图例时，给每一个条形棒加上外边界。

◆/OVERPLOT：设置在绘制新的条形棒图例时，将在原图上直接绘制，并且不擦除原有内容。

◆/ROTATE：设置在绘制图例时，绘制水平条形棒。默认值是绘制垂直条形棒。

BAR_PLOT 的其他关键字的使用方法与 PLOT 的用法相同。

例如：使用如下命令，在指定窗口中的指定位置输出指定的条形棒图例。如图 6.33 所示。

```
IDL> MyValue=[200, 160 , 460, 360, 560, 600]
IDL> Years = ['2000', '2001', '2002', '2003', '2004', '2005']
IDL> BAR_PLOT, MyValue, BARNAMES=Years $
        ,COLORS=['0000FF'XL, '00FF00'XL, 'FF0000'XL, $
                 '00FFFF'XL, 'FF00FF'XL, 'FFFF00'XL]
```

请读者继续输入如下语句，并分析其运行结果。

```
IDL> MyValue=[200,160,460,360]  &   Years=['2000','2001','2002','2003']
IDL> BAR_PLOT, MyValue/100, BARNAMES=Years $
         ,COLORS=['0000FF'XL,'00FF00'XL,'FF0000'XL,'00FFFF'XL],/OVERPLOT,/ROTATE
```

【例 6.1】 在指定窗口中的指定位置输出指定的条形棒图例。结果如图 6.34 所示。

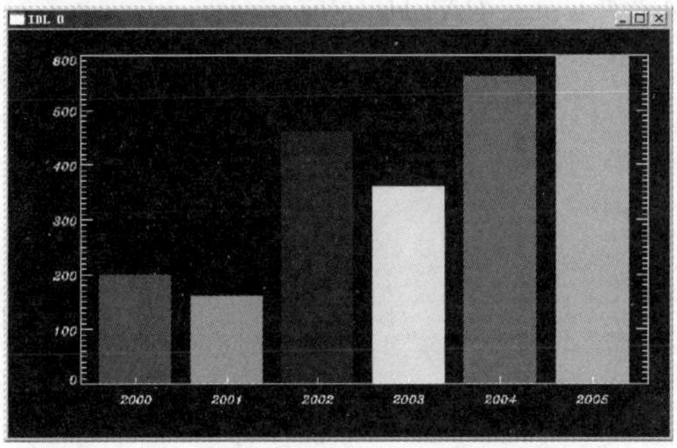

图 6.33　BAR_PLOT 绘图 1

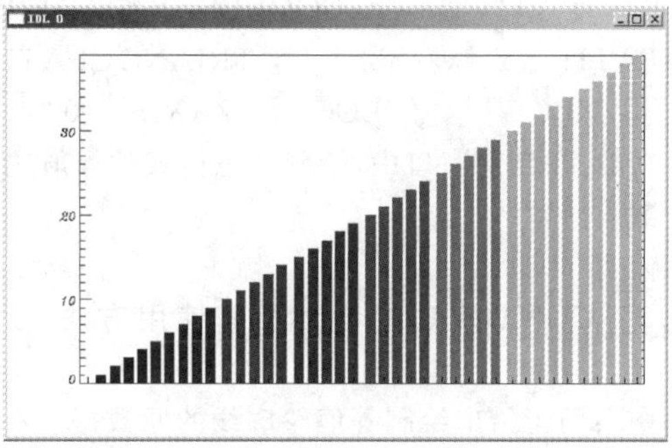

图 6.34　BAR_PLOT 绘图 2

```
; Chapter06DrawBar.pro
PRO Chapter06DrawBar
    DEVICE, DECOMPOSED=0   &   LOADCT, 5   &   ! P.COLOR=0
    array = INDGEN(5,8)   &   colors = INTARR(5,8)
    FOR I = 0, 7 DO colors[ * ,I]=(20 * I)+20
    ! Y.RANGE = [0, MAX(array)]
    nrows = N_ELEMENTS(array[0, * ])   &   base = INTARR(nrows)
    FOR I = 0, nrows-1 DO BEGIN
        BAR_PLOT, array[ * ,I], COLORS=colors[ * ,I], BACKGROUND=255, $
          BASELINES=base, BARWIDTH=0.75, BARSPACE=0.25, OVER=(I GT 0)
        base = array[ * ,I]
```

```
        ENDFOR
        ncols = N_ELEMENTS(array[ * ,0])
        FOR I = 0, nrows-1 DO BEGIN
        BAR_PLOT, array[ * ,I], COLORS=colors[ * ,I], BACKGROUND=255, $
          BARWIDTH=0.75, BARSPACE=0.25, BAROFFSET=I * (1.4 * ncols), $
          OVER=(I GT 0), BASERANGE=0.12
  ENDFOR
END
```

6.7 绘制等值轮廓线 COUNTOUR

CONTOUR 函数适用于在坐标系中绘制任意的等值轮廓线。在绘制的过程中,用户可以在当前窗口中绘制任意格式的等值轮廓线。

6.7.1 CONTOUR 的格式和功能

格式:CONTOUR, Z [, X, Y] [, C_ANNOTATION=vector_of_strings][, /CLOSED]
[, C_CHARSIZE=value] [, C_CHARTHICK=integer] [, C_COLORS=vector]
[, C_LABELS=vector{each element 0 or 1}] [, C_LINESTYLE=vector]
[{, /FILL |, /CELL_FILL} | [, C_ORIENTATION=degrees] [, C_SPACING=value]]
[, C_THICK=vector] [, /DOWNHILL][, NLEVELS=integer{1 to 60}][, /OVERPLOT]
[, /IRREGULAR] [, /ISOTROPIC] [, LEVELS=vector] [, MAX_VALUE=value]
[{, /PATH_DATA_COORDS, PATH_FILENAME=string, PATH_INFO=variable,
PATH_XY=variable} | , TRIANGULATION=variable] [, /PATH_DOUBLE]
[, /XLOG] [, /YLOG] [, ZAXIS={0 | 1 | 2 | 3 | 4}] [, MIN_VALUE=value]

功能:在当前窗口中,绘制任意格式的等值轮廓线。如果当前窗口不存在,则系统按照默认设置创建一个默认窗口。

6.7.2 CONTOUR 的参数及其使用方法

◆Z:用于给出绘制等值轮廓线的原数据。Z 为一维或者二维数组。

◆X,Y:给出绘制等值轮廓线的 X,Y 轴上的坐标数据。X,Y 为一维或二维数组。

◆CONTOUR 的使用方法与 PLOT 的用法基本相同,其不同之处是 CONTOUR 可以在同一个窗口中,绘制任意的等值轮廓线。

◆在连续使用 CONTOUR 时,绘制的内容,将擦除原有的内容,否则需要使用/OVERPLOT。

注意:在绘图时,X,Y,Z 被转换为双精度浮点型数据。

技巧提示:在绘制轮廓线之前可以使用函数 MIN_CURVE_SURF 对轮廓线进行光滑处理,然后再绘制。例如:使用如下命令,在当前窗口中的指定位置绘制指定的等值轮廓线。

```
IDL>MyData=DIST(500)   &   CONTOUR, MyData
```

6.7.3 CONTOUR 的关键字和使用方法

◆C_ANNOTATION=vector_of_strings:设置轮廓线的文本标注的内容。

◆LEVELS=vector:设置每一层轮廓线所对应的值所组成的数组 vector,即对于 vector 中的每一个值,在数据 Z 中与该值相同的值绘制轮廓线。

例如:绘制数据 DIST(100)中的值分别为 10.0,20.0 和 40.0 的带标注的等值线。可以使用如下操作。运算结果如图 6.35 所示。

```
IDL>CONTOUR, DIST(100), LEVELS = [10.0, 20.0, 40.0] $
        , C_ANNOTATION = ['low', 'medium', 'high']
```

◆C_CHARSIZE=value:设置轮廓线的文本标注的大小。

◆C_CHARTHICK=integer:设置轮廓线的文本标注的粗细。

◆C_COLORS=vector:设置绘制轮廓线的颜色文本标注的内容。

例如:使用红、绿、蓝三种颜色绘制数据 DIST(100)中的值分别为 10.0,20.0 和 40.0 的带标注的等值线。可以使用如下操作,运算结果如图 6.36 所示。

```
IDL>DEVICE, DECOMPOSED=1
IDL>CONTOUR, DIST(100), C_COLORS = ['0000FF'XL, '00FF00'XL, 'FF0000'XL]
```

◆C_LABELS=vector{each element 0 or 1}:设置是否在轮廓线上进行文本标注。C_LABELS=0 是指进行标注;C_LABELS=1 是指不进行标注。

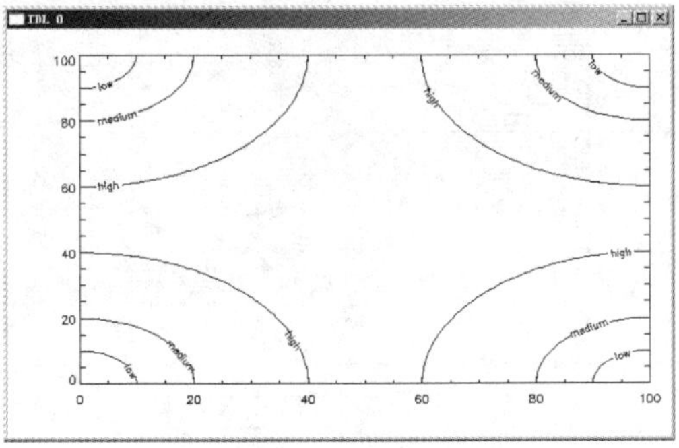

图 6.35　CONTOUR 绘图 1

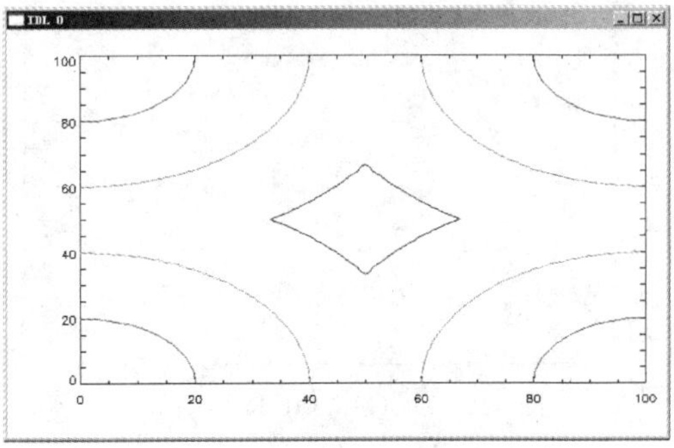

图 6.36　CONTOUR 绘图 2

例如:在数据 DIST(100)上绘制值分别为 10.0、20.0 和 40.0 的等值线。操作命令如下:

```
IDL>CONTOUR, DIST(100), LEVELS=[10.0, 20.0, 40.0],C_LABELS=[1,0,1]
```

◆C_LINESTYLE=vector:设置绘制轮廓线的线形。用法同 LINESTYLE。

◆/FILL |, /CELL_FILL:使用填充方式绘制轮廓线。有两种填充方法:全部填充和线形填充。前者可以用 C_COLOR 设置每一层的填充颜色;后者可以用 C_ORIENTATION,C_SPACING,C_COLOR,C_LINESTYLE 或者 C_THICK 设置填充属性。

◆C_ORIENTATION=degrees:如果选择了/FILL,则设置填充线的倾斜角度。

◆C_SPACING=value:如果选择了/FILL,则设置填充线之间的宽度。

◆C_THICK=vector:设置每一个轮廓线的粗细。

◆/CLOSED:用于把与边界相交的轮廓线进行闭合。

◆/DOWNHILL:使用与轮廓线垂直的短线标注轮廓线,即绘制带有垂直短线标示的轮廓线。

◆/IRREGULAR:用于说明使用的数据 Z 为非正规网格数据。

例如:下列命令说明了非正规网格数据的等值线的绘制方法。结果如图 6.37 所示。

```
IDL>x=RANDOMN(seed,50)  &  y=RANDOMN(seed, 50)  &  Z=EXP(-(x^2 + y^2))
IDL>TRIANGULATE, X, Y, MyTriangulate
IDL>CONTOUR, Z, X, Y, TRIANGULATION = MyTriangulate
```

◆/ISOTROPIC:强行把 X 轴和 Y 轴转换成等比例。

◆NLEVELS=integer{1 to 60}:设置绘制轮廓线的层数,最多 60 层。如果使用了关键字 LEVELS,则该关键字 LEVELS 生效,而 NLEVELS 无效。

例如：在数据 DIST(100)上绘制 10 层等值线。可以使用如下命令：

IDL>CONTOUR, DIST(100), NLEVELS=10, TITLE='Simple Contour Plot'

◆ZAXIS={0 | 1 | 2 | 3 | 4}：设置在轮廓线图例中，Z 轴的绘制位置。

CONTOUR 的其他关键字的使用方法与 PLOT 的用法相同。

例如：下列命令说明了数据的填充等值线的绘制方法。结果如图 6.38 所示。

IDL>DEVICE, DECOMPOSED=0

IDL>A = RANDOMU(seed, 5, 6) & B = MIN_CURVE_SURF(A)

IDL>TEK_COLOR

IDL>CONTOUR, B, /FILL, NLEVELS=5, C_COLOR=INDGEN(5)+2 ;结果如图 6.38 所示

IDL>CONTOUR, B, NLEVELS=5, /DOWNHILL, /OVERPLOT ;读者自行分析结果

IDL>CONTOUR, B, C_ORIENTATION=[0, 22, 45] ;读者自行分析结果

IDL>CONTOUR, B, /OVERPLOT, NLEVELS=5 ;读者自行分析结果

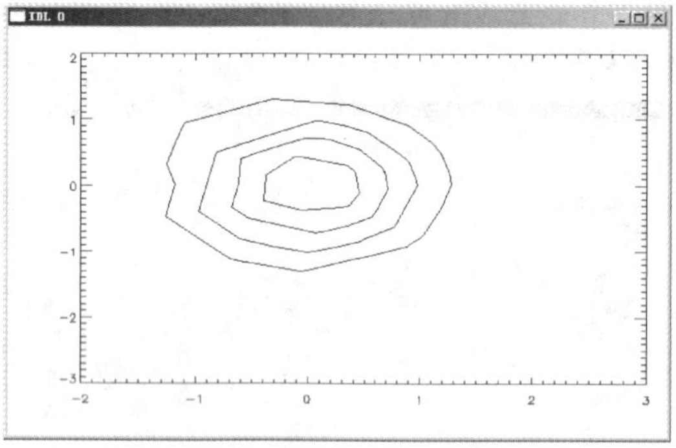

图 6.37 CONTOUR 绘图 3

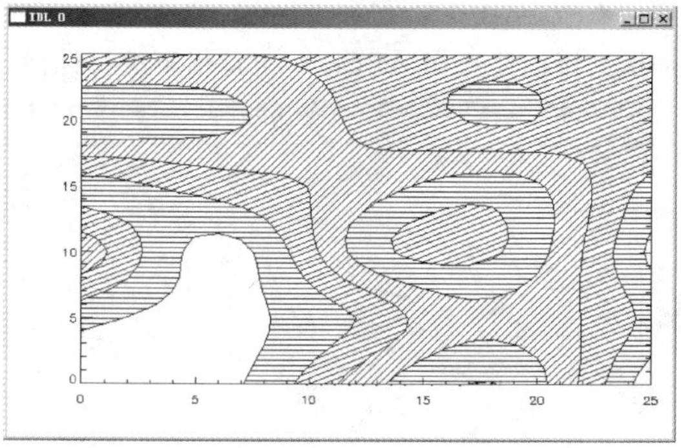

图 6.38 CONTOUR 绘图 4

6.8 绘制网格面 SURFACE

SURFACE 过程适用于在坐标系中绘制任意的三维网格面。在绘制线的过程中，用户可以在当前窗口中绘制任意格式的三维网格面。

6.8.1 SURFACE 的格式和功能

格式：SURFACE, Z [, X, Y] [, 关键字]

功能：在当前窗口中，按照指定的格式在坐标系中绘制任意格式的三维网格面。如果当前窗口不存在，则系统按照默认设置创建一个默认窗口。

6.8.2 SURFACE 的参数和使用方法

◆Z：用于给出绘制网格面的原数据。Z 为一维或者二维数组。

◆X，Y：给出绘制网格面的 X，Y 轴上的坐标原数据。X，Y 为一维或者二维数组。

◆SURFACE 的使用方法与 PLOT 的用法基本相同，其不同之处是 SURFACE 可以在同一个窗口中，绘制任意格式的三维网格面。

◆在连续使用 SURFACE 时，绘制的新内容将擦除原有的内容。

注意：在绘图时，X，Y，Z 被转换为双精度浮点型数据。

例如：使用如下命令，在当前窗口中绘制 DIST(50)的网格面。结果如图 6.39 所示。

```
IDL> z = DIST(50)  &  SURFACE, z
```

例如：使用如下命令，在当前窗口中绘制波浪曲面。结果如图 6.40 所示。

```
IDL> MyValue = FINDGEN(41) * 0.5 - 10.0
IDL> x = REBIN(MyValue, 41, 41, /SAMPLE)
IDL> y = REBIN(REFORM(MyValue, 1, 41), 41, 41, /SAMPLE)
IDL> MyTemporary = SQRT(x^2 + y^2) + 1.0E-6
IDL> z = SIN(MyTemporary) / MyTemporary  &  SURFACE, z
```

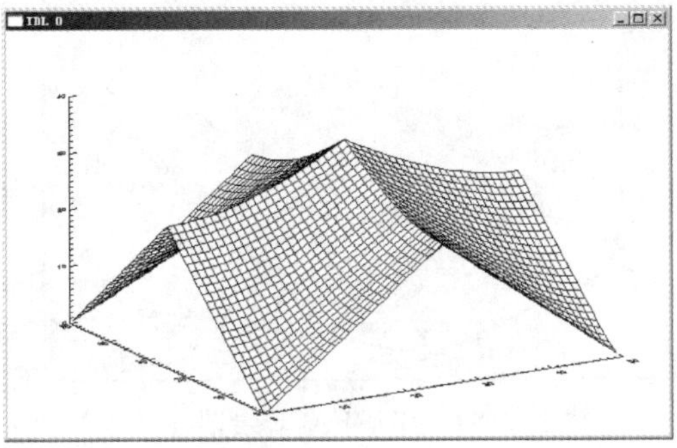

图 6.39　SURFACE 绘图 1

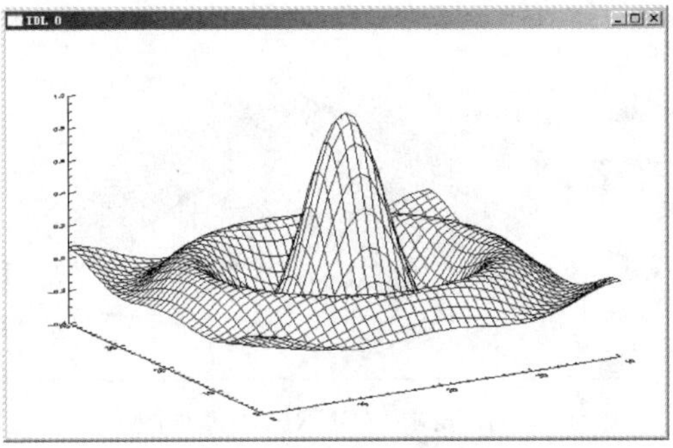

图 6.40　SURFACE 绘图 2

6.8.3　SURFACE 的关键字和使用方法

◆AX=degrees：设置网格面绕 X 轴旋转的角度。其默认值为 30°。

◆AZ=degrees：设置网格面绕 Z 轴旋转的角度。其默认值为 30°。

◆BOTTOM=index：设置绘制网格面的低层面的颜色索引。默认为顶层面的颜色。

◆/HORIZONTAL：设置使用单方向线绘制网格面。其默认值为使用交叉线绘制。

例如：使用如下命令，在当前窗口中使用单方向线绘制 DIST(50)的网格面。结果如图 6.41 所示。

```
IDL> SURFACE, DIST(50), /HORIZONTAL
```

◆/LEGO：设置使用柱状图绘制网格面。其默认值为使用交叉线绘制。

例如：使用如下命令，在当前窗口中使用柱状图绘制 DIST(50)的网格面。结果如图 6.42 所示。

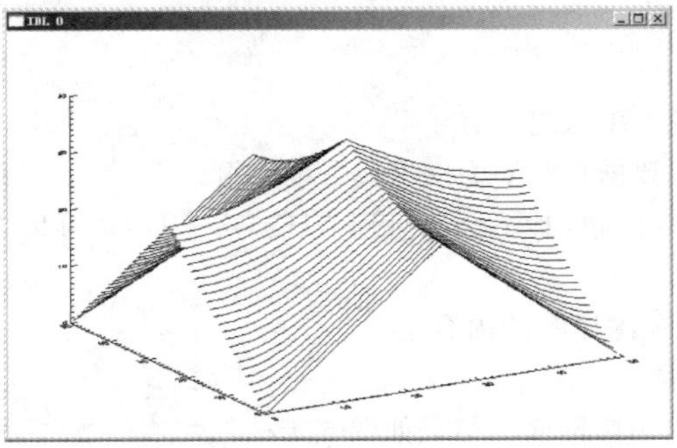

图 6.41　SURFACE 绘图 3

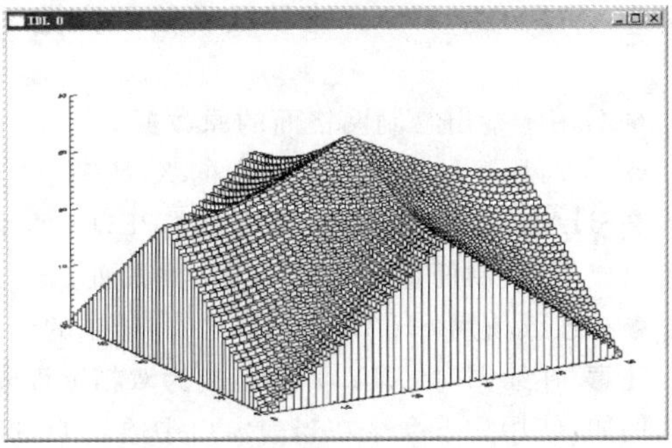

图 6.42　SURFACE 绘图 4

```
IDL> SURFACE, DIST(50), /LEGO
```

◆/LOWER_ONLY：用于设置只绘制网格面的低层面。其默认值为上下层均绘制。

◆/UPPER_ONLY：用于设置只绘制网格面的顶层面。其默认值为上下层均绘制。

◆/SAVE：获取网格面当前的变换矩阵，并把它存放到系统变量！P.T 中，以备后用。

◆SHADES=array：该数组用于设置网格面上网格线的颜色索引。

◆SKIRT＝value:给出绘制网格面四周边界面的 Z 值的最小值。默认不绘制边界面。

例如:使用如下命令,在当前窗口中绘制带边界面的 DIST(50)网格面。结果如图 6.43 所示。

```
IDL> SURFACE, DIST(50), SKIRT = 12
```

SURFACE 的其它关键字的使用方法与 PLOT 的用法相同。

例如:使用如下命令,在当前窗口中绘制 DIST(50)的点状网格面。结果如图 6.44 所示。

```
IDL> SURFACE, DIST(50), LINESTYLE = 1
```

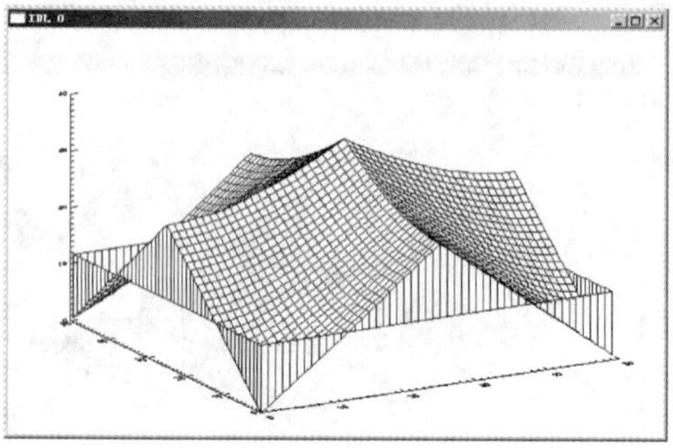
图 6.43　SURFACE 绘图 5

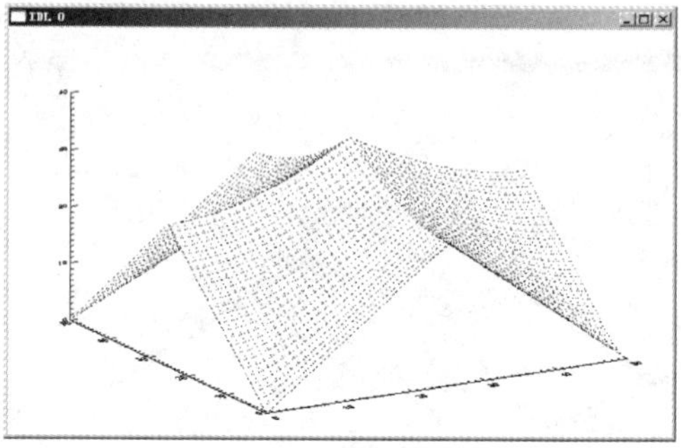
图 6.44　SURFACE 绘图 6

6.9　绘制阴影曲面 SHADE_SURF

SHADE_SURF 过程适用于在坐标系中绘制任意的三维阴影曲面。在绘制线的过程中,用户可以在当前窗口中绘制任意格式的三维阴影曲面。

6.9.1　SHADE_SURF 的格式和功能

格式:SHADE_SURF, Z [, X, Y] [, 关键字]

功能:在当前窗口中,按照指定的格式在坐标系中绘制任意格式的三维阴影曲面。如果当前窗口不存在,则系统按照默认设置创建一个默认窗口。

6.9.2　SHADE_SURF 的参数和使用方法

◆Z:用于给出绘制网格面的原数据。Z 为一维或者二维数组。

◆X,Y:用于给出绘制网格面的 X,Y 轴上的坐标原数据。X,Y 为一维或二维数组。

◆SHADE_SURF 的使用方法与 PLOT 的用法基本相同,其不同之处是 SHADE_SURF 可以在同一个窗口中,绘制任意格式的三维阴影曲面。

◆在连续使用 SHADE_SURF 时,绘制的新内容将擦除原有的内容。

注意:在绘图时,X,Y,Z 被转换为双精度浮点型数据。

例如:使用如下命令在当前窗口中绘制 DIST(50)的阴影网面。结果如图 6.45 所示。

```
IDL> z = DIST(50)    &    SHADE_SURF, z
```

例如:使用如下命令,在当前窗口中绘制波浪曲面。结果如图 6.46 所示。

```
IDL> MyValue = FINDGEN(41) * 0.5 - 10.0
IDL> x = REBIN(MyValue, 41, 41, /SAMPLE)
IDL> y = REBIN(REFORM(MyValue, 1, 41), 41, 41, /SAMPLE)
IDL> MyTemporary = SQRT(x^2 + y^2) + 1.0E-6
```

IDL> z = SIN(MyTemporary) / MyTemporary　&　SHADE_SURF, z

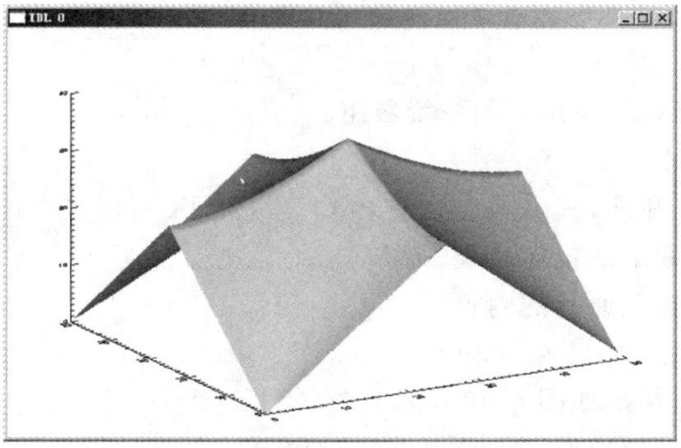

图 6.45　SHADE_SURF 绘图 1

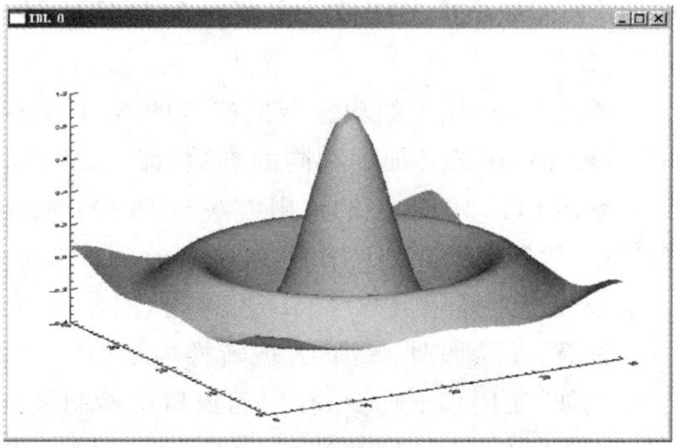

图 6.46　SHADE_SURF 绘图 2

6.9.3　SHADE_SURF 的关键字和使用方法

◆IMAGE=variable:将绘制的阴影曲面以图像的形式存放到 variable。默认不保存。

◆PIXELS=pixels:以像素单位设置图像的最大尺寸。默认值为默认的图形窗口。

SHADE_SURF 的其他关键字的使用方法与 PLOT 的用法相同。

例如:在当前窗口中绘制指定格式的阴影面。结果如图 6.47 和图 6.48 所示。

IDL> Data=DIST(200)　&　SHADE_SURF, Data, TITLE = 'Shaded Surface'

IDL> S = SIN(Data)　&　SHADE_SURF, Data, SHADES = BYTSCL(S)

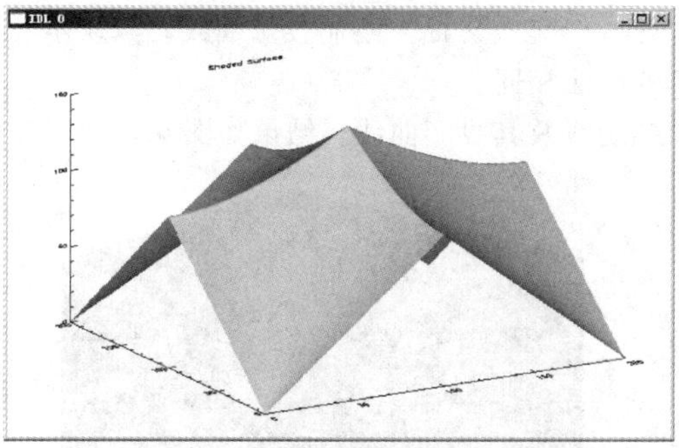

图 6.47　SHADE_SURF 绘图 1

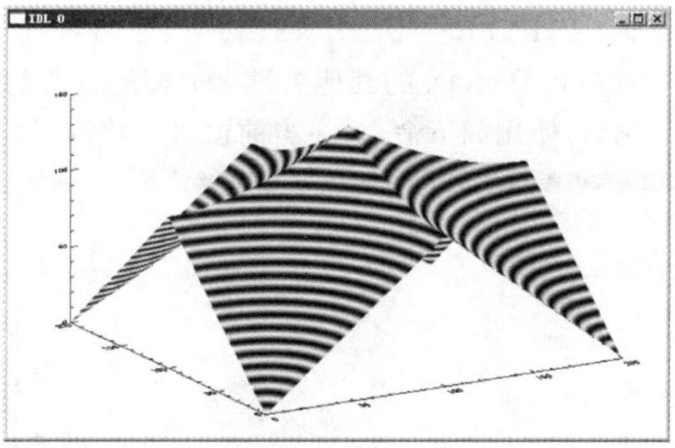

图 6.48　SHADE_SURF 绘图 2

6.10　绘制投影曲线 PLOT_3DBOX

PLOT_3DBOX 过程适用于在坐标系中绘制三维数据(z = f (x, y))的投影曲线。在绘制线的过程中,用户可以在当前窗口中绘制任意格式三维数据在坐标系的 3 个坐标平面上的投影曲线。

6.10.1　PLOT_3DBOX 的格式和功能

格式:PLOT_3DBOX, X, Y, Z [, 关键字]

功能:在当前窗口中,按照指定的格式在坐标系中绘制任意格式三维数据在坐标系的 3 个坐标平面上的投影曲线。若当前窗口不存在,则系统创建一个默认窗口。

6.10.2 PLOT_3DBOX 的参数和使用方法

◆X,Y,Z:用于给出绘制网格点的 X,Y,Z 轴上的坐标数据组成的一维数组。

◆X,Y 和 Z 必须为相同的维数,即 X,Y 和 Z 满足 Z = f (X , Y) 。

◆PLOT_3DBOX 的使用方法与 PLOT 的用法基本相同,其不同之处是 PLOT_3DBOX 可以在当前窗口中,绘制任意格式三维数据在坐标系的三个坐标平面上的投影曲线。

◆在连续使用 PLOT_3DBOX 时,绘制的新内容将擦除原有的内容。

注意:在绘图时,X,Y,Z 被转换为双精度浮点型数据。

例如:使用如下命令,在当前窗口中绘制波浪曲线。结果如图 6.49 所示。

```
IDL> x = FINDGEN(50) * 0.5 - 10.0   &   y = FINDGEN(50) * 0.5 - 10.0
IDL> MyTemporary = SQRT(x^2 + y^2) + 1.0E-6
IDL> z = SIN(MyTemporary) / MyTemporary   &   PLOT_3DBOX, x, y, z
```

6.10.3 PLOT_3DBOX 的关键字和使用方法

◆/SOLID_WALL:用关键字 COLOR 指定的颜色绘制坐标轴的三个投影面。其默认值为不绘制。

◆/XY_PLANE:绘制坐标轴的 XY 投影面。其默认值为不绘制。

◆/XZ_PLANE:绘制坐标轴的 XZ 投影面。其默认值为不绘制。

◆/YZ_PLANE:绘制坐标轴的 YZ 投影面。其默认值为不绘制。

◆XYSTYLE={0 | 1 | 2 | 3 | 4 | 5}:按照指定线型,在 XY 投影面上绘制投影曲线。默认不绘制。

◆XZSTYLE={0 | 1 | 2 | 3 | 4 | 5}:按照指定线型,在 XZ 投影面上绘制投影曲线。默认不绘制。

◆YZSTYLE={0 | 1 | 2 | 3 | 4 | 5}:按照指定线型,在 YZ 投影面上绘制投影曲线。默认不绘制。

PLOT_3DBOX 的其他关键字的使用方法与 PLOT 的用法相同。

例如:使用如下命令,在当前窗口中绘制指定格式的螺旋线及其投影曲线。结果如图 6.50 所示。

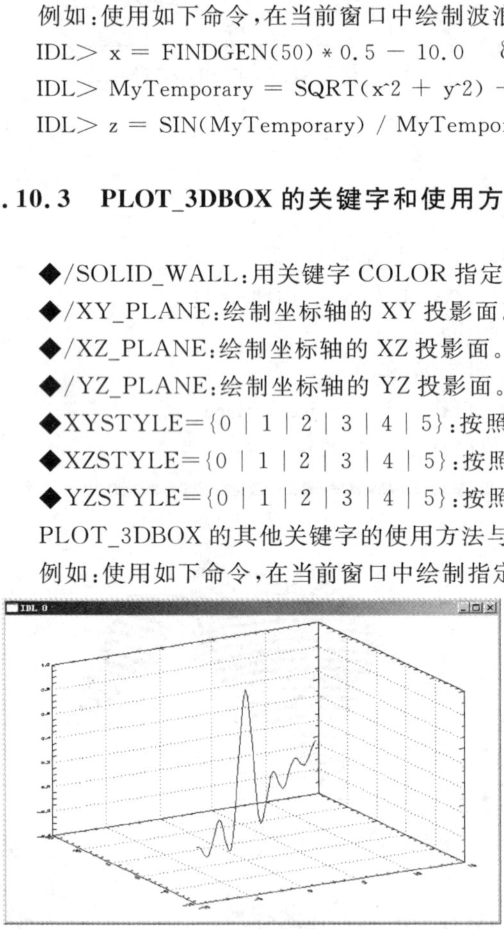

图 6.49 PLOT_3DBOX 绘图 1

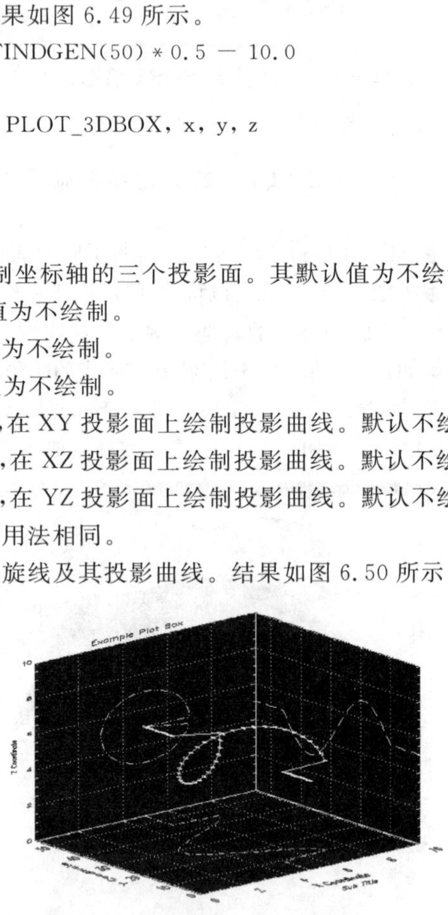

图 6.50 PLOT_3DBOX 绘图 2

```
IDL> X = REPLICATE(5., 10.)   &   X1=COS(FINDGEN(36) * 10. * ! DTOR) * 2. +5.
IDL> X = [X, X1, X]   &   Y =FINDGEN(56)
IDL> Z = REPLICATE(5., 10)   &   Z1=SIN(FINDGEN(36) * 10. * ! DTOR) * 2. +5.
IDL> Z = [Z, Z1, Z]
IDL> PLOT_3DBOX, X, Y, Z,/XY_PLANE,/YZ_PLANE,/XZ_PLANE,/SOLID_WALLS $
       , GRIDSTYLE=1, XYSTYLE=3,XZSTYLE=4,YZSTYLE=5,AZ=40 $
       , TITLE='Example Plot Box',XTITLE='X Coordinate',YTITLE='Y Coodinate' $
       , ZTITLE='Z Coordinate', SUBTITLE='Sub Title' $
```

, /YSTYLE, ZRANGE=[0,10], XRANGE=[0,10] , PSYM=−4, CHARSIZE=1.6

6.11　交互文本图形标注 ANNOTATE

ANNOTATE 过程适用于在坐标系中绘制文本和图形标注。在绘制线的过程中,用户可以在当前窗口中绘制任意格式的文本和图形标注。

6.11.1　ANNOTATE 的格式和功能

格式:ANNOTATE , DRAWABLE=widget_id | ,WINDOW=index

[, COLOR_INDICES=array][, /TEK_COLORS][, LOAD_FILE=filename]

功能:在指定窗口或者绘图区中,按照指定的位置绘制任意格式的文本和图形标注。并且可以把标注的结果,使用 TIFF,PNG 或者 PostScript 文件格式存储。也可以装入相应的文件。

说明:ANNOTATE 必须指定一个窗口对象或者绘图区对象。ANNOTATE 没有参数。

6.11.2　ANNOTATE 的关键字和使用方法

◆DRAWABLE=widget_id:用于指定一个进行标注的绘图区对象的 ID。

◆WINDOW=index:用于指定一个进行标注的窗口对象的索引号(即 ID)。

◆COLOR_INDICES=array:用于给出可以供用户选择使用的 10 种颜色索引。在省略 TEK_COLORS 和 COLOR_INDICES,默认装入 10 种默认的颜色。

例如:可以使用如下命令,装入 10 种指定的颜色。

```
IDL>WINDOW, /FREE
IDL>ANNOTATE, COLOR_INDICES = INDGEN(10) * (! D.N_COLORS−1) / 9
```

◆TEK_COLORS:用于装入 Tektronix 颜色表。

◆LOAD_FILE=filename:用于装入 filename 在指定的文件。

例如:使用如下命令,显示图像 HANNING(380,280)到默认窗口,然后对其进行标注。

```
IDL> TVSCL, HANNING(380,280)          ;结果如图 6.51 所示
IDL> ANNOTATE                          ;结果如图 6.52 所示
```

图 6.51　ANNOTATE 绘图 1

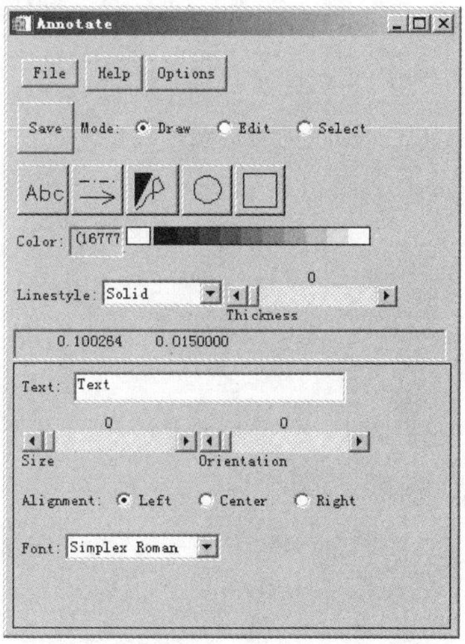

图 6.52　ANNOTATE 绘图 2

习 题

1. 熟练掌握绘制线命令 PLOT 的格式、功能、参数和关键字及其使用方法。
2. 熟练掌握绘制多线命令 OPLOT 的格式、功能、参数和关键字及其使用方法。
3. 熟练掌握绘制无坐标轴多线命令 PLOTS 的格式、功能、参数和关键字及其用法。
4. 熟练掌握绘制坐标轴命令 AXIS 的格式、功能、参数和关键字及其使用方法。
5. 熟练掌握绘制文本命令 XYOUTS 的格式、功能、参数和关键字及其使用方法。
6. 熟练掌握绘制条形棒命令 BAR_PLOT 的格式、功能、参数和关键字及其用法。
7. 熟练掌握等值轮廓线命令 COUNTOUR 的格式、功能、参数和关键字及其用法。
8. 熟练掌握绘制网格面命令 SURFACE 的格式、功能、参数和关键字及其用法。
9. 熟练掌握绘制阴影曲面命令 SHADE_SURF 的格式、功能、参数和关键字及其用法。
10. 熟练掌握绘制投影曲线命令 PLOT_3DBOX 的格式、功能、参数和关键字及其用法。
11. 熟练掌握文本图形标注命令 ANNOTATE 的格式、功能、参数和关键字及其用法。
12. 上机练习本章的所有例题，并分析其运行结果。

第 7 章　图形用户界面 GUI

图形用户界面 GUI 是用户与应用程序之间进行交互控制和相互传递数据和信息的图形界面。用户通过 GUI 可以方便、灵活、快捷的进行复杂的程序控制，即把复杂的程序控制转化为操作简单的 GUI。利用 GUI 编程可以在很大程度上简化编程的过程，缩短编程的时间，提高工作效率。

IDL 提供了两种设计 GUI 的方法：基于过程的 GUI 设计和基于 GUIBuilder 的 GUI 设计。

7.1　图形用户界面的组成结构

图形用户界面是由菜单系统、工具栏、基本容器(Base)、触发按钮(Button)、单选按钮(Radio Buttion)、复选按钮(Checkbox)、文本标签(Label)、文本编辑框(Text)、滑动条(Slider)、列表框(List Box)、下拉列表框(Droplist)、绘图区(Draw)、表格组件(Table Widget)、页面组件(Tab Widget)和树结构组件(Tree Widget)等组件(Widget)组成。

GUI 组件之间的关系：顶级基本容器(Base)是最上层的基本容器，每一个 GUI 只能包含一个顶级基本容器，它可以包括其他的任意组件；基本容器(Base)是包含在顶级基本容器中的基本容器，它也可以包含其他的任意组件；页面组件可以包含任意的组件；其余的组件均是基本组件，它们不能再包含有下一级组件。GUI 组件之间的关系可以使用图 7.1 表示。

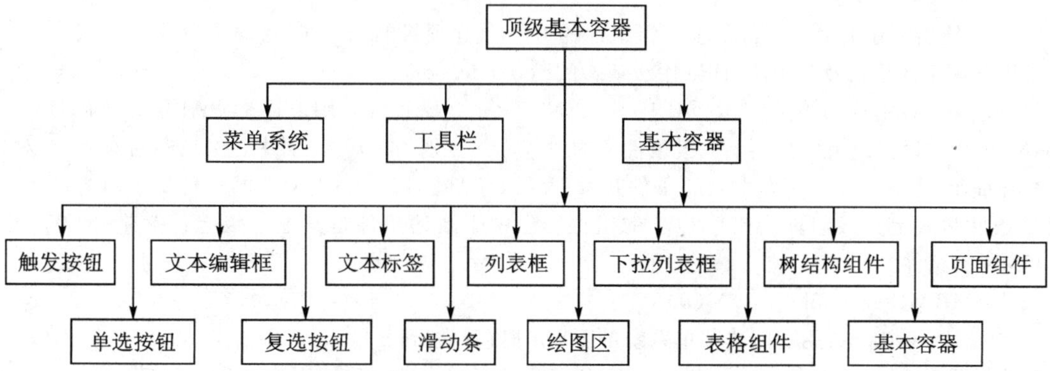

图 7.1　GUI 组成结构示意图

7.2　图形用户界面 GUI 的设计

由于 GUI 是用户和应用程序之间进行交互控制和相互传递数据和信息的重要桥梁，所以 GUI 设计的好坏，将直接影响应用程序的使用。因此，在设计 GUI 时，首先要认真分析应用程序的模块结构和用户需求，然后根据应用程序的需要给出结构和布局合理的 GUI 设计方案，最后再进行 GUI 设计。GUI 设计的方法主要包括以下几步：

(1)通过对用户的需求分析，给出应用程序的功能模块及其组成结构；

(2)根据 GUI 组件之间的关系,给出结构和布局合理的 GUI 设计方案;
(3)使用基于过程的 GUI 设计方法或者使用基于 GUIBuilder 的 GUI 设计方法,设计并实现 GUI;
(4)激活 GUI;
(5)对 GUI 进行循环控制;
(6)利用顶级 BASE 的 UVALUE 建立用于传递数据的结构变量;
(7)对 GUI 中组件的属性、事件进行设置和控制处理;
(8)设计并实现 GUI 中各个组件之间的相互控制;
(9)设计事件的具体处理方法,并设计与事件相对应的过程或者函数;
(10)设计 GUI 中的退出事件,用于关闭 GUI。

7.3 基于过程的 GUI 设计

基于过程的 GUI 设计是指直接使用过程和函数的方法来实现 GUI 设计的方法和过程。

IDL 6.3 提供了丰富的用于设计 GUI 的函数。主要有 WIDGET_BASE,WIDGET_BUTTON,WIDGET_LIST,WIDGET_DRAW,WIDGET_DROPLIST,WIDGET_COMBOBOX,WIDGET_LABEL,WIDGET_SLIDER,WIDGET_TABLE,WIDGET_TAB,WIDGET_TEXT,WIDGET_TREE,WIDGET_CONTROL,WIDGET_INFO,XREGISTERED 和 XMANAGER 等。

7.3.1 基本容器组件 WIDGET_BASE

创建基本容器组件 BASE 可以使用函数 WIDGET_BASE。其用法如下:

格式: Base_ID = WIDGET_BASE([Parent] [,关键字])

功能:创建一个基本容器 BASE 组件。其返回值为该组件的身份标识,即 ID。

常用参数及其用法:

Parent:给出创建 BASE 组件的上一级组件的 ID。创建顶级 BASE 时,省略该参数。

常用关键字的格式及其用法(详细用法请参阅 refguide.pdf):

(1)[, /ALIGN_BOTTOM | , /ALIGN_CENTER | , /ALIGN_LEFT | , /ALIGN_RIGHT | , /ALIGN_TOP]:设置该组件在其上一级组件中的对齐方式分别为下对齐、居中、左对齐、右对齐、上对齐。

技巧提示:左对齐和右对齐生效的条件是其上一级组件为带/COLUMN 的组件。下对齐和上对齐生效的条件是其上一级组件为带/ROW 的组件。居中生效的条件是其上一级组件为带/ROW 或带/COLUMN 的组件。

(2)[, MBAR=variable | , /MODAL]:

1)MBAR=variable:用于创建菜单系统的 ID,并把它存放到变量 variable 中。

技巧提示:该关键字只能用在顶级 BASE,用于创建菜单系统。详细用法见 7.3.10 节。

2)/MODAL:用于设计模态窗口组件,即该组件激活时,其它组件均被锁定,直到该组件释放为止。该选项不能与 SCROLL,MBAR,MAP 或者 APP_MBAR 同时使用。其详细用法,请参阅 7.3.15 节。

(3)[, /BASE_ALIGN_BOTTOM | , /BASE_ALIGN_CENTER | , /BASE_ALIGN_LEFT | , /BASE_ALIGN_RIGHT | , /BASE_ALIGN_TOP]:设置该组件的下一级组件在该组件中的对齐方式分别为,下对齐、居中、左对齐、右对齐、上对齐。

(4)[, /COLUMN | , /ROW]:设置该组件的下一级组件在该组件中的排列方式分别为按列或按行排列。

(5)[, /CONTEXT_EVENTS] :设置在该组件上右击鼠标时,产生一个弹出快捷菜单的事件。其详细用法,请参阅 7.3.16 节。

(6)[, /CONTEXT_MENU]:设置在该组件上右击鼠标时,产生一个弹出快捷菜单。其详细用法,请参阅 7.3.16 节。

(7)[, EVENT_FUNC=string] :string 给出在对该组件操作而产生事件时,调用的函数。

(8)[, EVENT_PRO=string]:string 给出在对该组件操作而产生事件时,调用的过程。

(9)[, /EXCLUSIVE | , /NONEXCLUSIVE] :设置该组件中只能包含 BUTTON 组件。

1)/EXCLUSIVE:用于创建单选按钮组件(Radio Button)。

2)/NONEXCLUSIVE:用于创建复选按钮组件(Check Box)。

(10)[, /FLOATING] :设置该组件为可以移动的组件。

(11)[, FRAME=width]:设置该组件边框的宽度。

(12)[, FUNC_GET_VALUE=string]:设置在使用带关键字 GET_VALUE 的 WIDGET_CONTROL 命令对该组件操作时,所调用的函数。

(13)[, PRO_SET_VALUE=string]:设置在使用带关键字 SET_VALUE 的 WIDGET_CONTROL 命令对该组件操作时,所调用的过程。

(14)[, GROUP_LEADER=widget_id:用于给出该组件的上一级组件。主要用于创建模态组件。在创建模态组件时,必须使用该关键字。

(15)[, KILL_NOTIFY=string] :string 给出该组件被释放时,所调用的过程。

(16)[, /MAP] :设置该组件为可见组件。或通过 WIDGET_CONTROL 设置 MAP=0,使该组件为不可见;或使用 MAP=1,使该组件为可见。技巧:该关键字对模态组件无效。

(17)[, /NO_COPY] :设置在调用该组件时,不对该组件进行备份。该法可以节省大量内存空间。

(18)[, NOTIFY_REALIZE=string] :string 给出在运行(激活)该组件时,调用的过程。

(19)[, SCR_XSIZE=width] [, SCR_YSIZE=height] [, /SCROLL(不能用于模态 BASE)]:

1)SCR_XSIZE=width:用于给出组件的宽度。其默认单位为像素。

2)SCR_YSIZE=height:用于给出组件的高度。其默认单位为像素。

3)/SCROLL:为组件添加水平和垂直滚动条。

注意:/SCROLL 不能用于模态 BASE。

(20)[, /SENSITIVE]:设置组件是否敏感。通过 WIDGET_CONTROL 设置 SENSITIVE=0,使该组件为不敏感(即不可操作);或使用 SENSITIVE=1,使该组件为敏感(即可操作)。

(21)[, TITLE=string] :给出组件的标题。

(22)[, TLB_FRAME_ATTR=value]:设置 BASE 组件是否可以最大/小化、是否可以改变大小、是否有菜单系统、是否可以移动、是否可以关闭和是否要标题等。其含义如下:

TLB_FRAME_ATTR=1 :BASE 不能改变大小、最大/小化;

TLB_FRAME_ATTR=2 :在 BASE 中,禁止显示系统菜单;

TLB_FRAME_ATTR=4 :在 BASE 中,禁止显示标题栏;

TLB_FRAME_ATTR=8 :BASE 不能被关闭;

TLB_FRAME_ATTR=16 :BASE 不能被移动。

注意:该关键字只能用于顶级 BASE,并且各个数值可以同时使用。

例如:如果设置 BASE 组件具有上述所有特征,则可以使用如下形式:

TLB_FRAME_ATTR=1+2+4+8+16 或者 TLB_FRAME_ATTR=31

(23)[, /TLB_ICONIFY_EVENTS]:设置组件在被最小化或者还原时,产生一个事件。

(24)[, /TLB_KILL_REQUEST_EVENTS]:设置组件在被删除时,产生一个事件。

(25)[, /TLB_MOVE_EVENTS]:设置组件在被移动时,产生一个事件。

(26) [, /TLB_SIZE_EVENTS]:设置组件在被改变大小时,产生一个事件。

注意:上述 4 个以 /TLB_ * 开头的关键字只能用于顶级 BASE。

(27)[, /TOOLBAR]:设置组件可以使用位图按钮创建工具栏。

(28)[, /TRACKING_EVENTS]:设置组件的跟踪事件。即当鼠标进入或者退出组件所在区域时，产生一个跟踪事件。

(29)[, UNAME=string]:为组件命名一个用户名。该名称用于后续对该组件的操作。

(30)[, UNITS={0 | 1 | 2}]:设置组件的单位。0:像素;1:英寸;2:厘米。

(31)[, UVALUE=value]:为组件设置一个用户值。该值用于后续对该组件的操作。

技巧提示:在设计程序时，为了实现各个过程之间的数据传输，通常把需要传递的数据创建一个结构变量，并利用 WIDGET_CONTROL，把该结构变量设置为顶级 BASE 的用户值(UVALUE);然后在其他过程或者函数中，通过获取顶级的用户值(UVALUE)来实现数据的传递。该用法在复杂程序设计过程中非常有用。

利用顶级 BASE 用户值传递数据的三种方法:直接法、指针法和关键字法。

直接法:是指在主程序中使用带关键字 SET_UVALUE 的 WIDGET_CONTROL 命令，把变量或者结构变量的值直接放入顶层 BASE 的用户值 UVALUE 中，然后在子程序中使用带关键字 GET_UVALUE 的 WIDGET_CONTROL 命令，把顶层 BASE 的用户值 UVALUE 再读到指定的变量或者结构变量中来进行数据处理的数据传递方法。

指针法(即地址法):是指在主程序中使用带关键字 SET_UVALUE 的 WIDGET_CONTROL 命令，把变量或者结构变量的地址放入顶层 BASE 的用户值 UVALUE 中，然后在子程序中使用带关键字 GET_UVALUE 的 WIDGET_CONTROL 命令，把顶层 BASE 的用户值 UVALUE 再读到指定的指针变量或者指针结构变量中，然后按照指针的使用方法来进行数据处理的数据传递方法。

关键字法:是指在直接法和指针法中使用带关键字/NO_COPY 的 WIDGET_CONTROL 命令，来实现主程序和子程序以及子程序之间的数据传递方法。用法如下:

```
WIDGET_CONTROL, wTopBase, SET_UVALUE = state, /no_copy
WIDGET_CONTROL, event.top, GET_UVALUE = state, /no_copy
WIDGET_CONTROL, event.top, SET_UVALUE = state, /no_copy
```

三种传递数据方法在使用时的优缺点和注意事项:

直接法直接把变量或者结构变量的值作备份后放入顶层 BASE 的用户值 UVALUE 中。因此其优点是在使用过程中即使改变了相应的 UVALUE 中变量或者结构变量的值，仍然可以使用原始的变量或者结构变量进行恢复。而且在子程序中 UVALUE 中变量或者结构变量使用后，会自动释放。因此不需要再使用释放命令进行变量的单独释放。其缺点是在备份数据时会浪费内存空间，尤其是对大数据量的变量或者结构变量。

地址法是把变量的地址或者结构变量的地址作备份后放入顶层 BASE 的用户值 UVALUE 中。因此其优点是在使用过程中，若改变了 UVALUE 中相应地址变量或者地址结构变量中的值，则会自动更新该地址中原始变量或者结构变量的值，同时由于是按地址操作，所以运算速度很快。因此在实际应用时，经常使用该方法来传递数据。其缺点是原始变量或者结构变量的值不能再恢复;除非事先作备份处理。另外，在子程序中 UVALUE 中指针变量或者指针结构变量使用后，不会自动释放，因此需要使用指针释放命令进行单独释放，否则会造成内存溢出。

关键字法是使用带关键字/NO_COPY 的 WIDGET_CONTROL 命令，实现程序之间的数据传递。其优点是把变量或者变量的地址，不作备份而直接放入顶层 BASE 的用户值 UVALUE 中，因此可以节省相应的内存空间。其缺点是原始的变量或者变量的地址将不再存在。因此必须同时使用下面的一对命令:

```
WIDGET_CONTROL, event.top, GET_UVALUE = state, /no_copy
WIDGET_CONTROL, event.top, SET_UVALUE = state, /no_copy
```

综上所述，在实际应用过程中，用户可以根据需要选择相应的数据传递方法。

(33)[, XOFFSET=value][, YOFFSET=value]:设置组件在其上一级组件中的始点的 X 向和 Y 向的位置。

(34)[, XPAD=value][, YPAD=value]:设置该组件的下一级组件在该组件中的 X 向和 Y 向的边界位置。

注意:在使用 EXCLUSIVE 或者 NONEXCLUSIVE 时,该关键字无效。

(35)[, XSIZE=value] [, YSIZE=value] :用于给出组件在 X 向和 Y 向上的宽度和高度。默认单位:像素。

(36)[, X_SCROLL_SIZE=value] [, Y_SCROLL_SIZE=value] :设置组件在显示设备上实际显示的宽度和高度。如果该值小于组件本身的宽度和高度,则为该组件添加滚动条。

【例 7.1】 创建一个包含一个按钮,并且标题为 MyBase 的大小为 500 像素×400 像素的 BASE 组件。要求:单击该按钮后,弹出一个信息对话窗口。程序如下:

```
;Chapter07BaseWidget.pro
PRO SubProcedure, event
     Result = DIALOG_MESSAGE('Happy
You! ',/INFORMATION)
END
PRO Chapter07BaseWidget
     MyBase = WIDGET_BASE(XSIZE = 400,
     YSIZE=200, TITLE='MyBase') ; 创建顶级 BASE
     MyButton=WIDGET_BUTTON(MyBase, VALUE='Welcome',XSIZE=100,YSIZE=60, $
         EVENT_PRO='SubProcedure',XOFFSET=150,YOFFSET=30 ) ; 创建触发按钮 WIDGET
     _CONTROL, MyBase, /REALIZE      ; 激活 MyBase
         ;循环控制 MyBase 的 Chapter07BaseWidget
         XMANAGER, 'Chapter07BaseWidget', MyBase
END
```

图 7.2　基本容器组件

结果见图 7.2。

7.3.2　按钮组件 BUTTON

1. 按钮组件 BUTTON

创建按钮组件 BUTTON 可以使用函数 WIDGET_BUTTON。该函数可以创建多种按钮。具体包括触发按钮、位图按钮(主要用于创建工具栏或者图形按钮)、单选按钮、复选按钮、标准菜单系统、按钮菜单系统和快捷菜单系统。其用法如下:

格式:Button_ID = WIDGET_BUTTON([Parent]

```
[, /ALIGN_CENTER | , /ALIGN_LEFT | , /ALIGN_RIGHT] [, /BITMAP]
[, /CHECKED_MENU] [, /DYNAMIC_RESIZE] [, EVENT_FUNC=string]
[, EVENT_PRO=string] [, FONT=string] [, FRAME=width]
[, FUNC_GET_VALUE=string] [, GROUP_LEADER=widget_id]
[, KILL_NOTIFY=string] [, /MENU] [, /NO_COPY] [, /NO_RELEASE]
[, NOTIFY_REALIZE=string] [, PRO_SET_VALUE=string]
[, /PUSHBUTTON_EVENTS] [, SCR_XSIZE=width] [, SCR_YSIZE=height]
[, /SENSITIVE] [, /SEPARATOR] [, TOOLTIP=string] [, UVALUE=value]
[, /TRACKING_EVENTS] [, UNAME=string] [, UNITS={0 | 1 | 2}] [, VALUE=value]
[, XOFFSET=value][, XSIZE=value][, YOFFSET=value][, YSIZE=value] )
```

功能:创建一个按钮组件。其返回值为该组件的身份标识,即 ID。

常用参数及其用法如下:

Parent:给出创建 BUTTON 组件的上一级组件的 ID。

常用关键字的格式及其用法(详细用法请参阅 refguide.pdf)如下：

1)[, /ALIGN_CENTER | , /ALIGN_LEFT | , /ALIGN_RIGHT]:设置按钮上文本标签的对齐方式分别为居中、左对齐、右对齐。

2)[, /BITMAP]:该关键字与 VALUE 配合使用。用于创建美观的图形(图片)按钮或者工具栏。其用法:先用关键字 VALUE 给出图形(图片)按钮所用的位图文件,然后使用关键字/BITMAP,即

```
Button_ID = WIDGET_BUTTON(Base_ID, VALUE='mybitmap.bmp', /BITMAP)
```

关键字/BITMAP 的详细用法请参阅 7.3.2 节。

3)[, /CHECKED_MENU]:设置菜单系统中的菜单项为开关菜单,即打勾生效,取消打勾无效。

4)[, /DYNAMIC_RESIZE]:设置按钮的大小随着其文本标签内容的自动调整。

5)[, FONT=string]:设置按钮上文本标签所使用的字体。

6)[, /MENU]:设置该按钮或者菜单还有下一级菜单。

7)[, /NO_RELEASE]: 该关键字使单选按钮和复选按钮产生一个选择事件。

注意:该关键字对触发按钮无效。

8)[, /PUSHBUTTON_EVENTS]:设置当鼠标单击按钮时,将产生一个单击事件。

注意:该关键字对单选按钮和复选按钮无效。

9)[, /SEPARATOR]:用于在该菜单项的上方创建一条分割线。

10)[, TOOLTIP=string]:给出当鼠标的指针移动到该组件上时所弹出的提示信息。

注意:其他关键字的用法与 WIDGET_BASE 的用法相同。

【例 7.2】 创建一个包含 4 个按钮,并且标题为 MyBase 的大小为 500 像素×400 像素的 BASE 组件。要求:单击每一个按钮后,弹出一个信息对话窗口。单击第 4 个按钮退出程序。程序如下(结果见图 7.3):

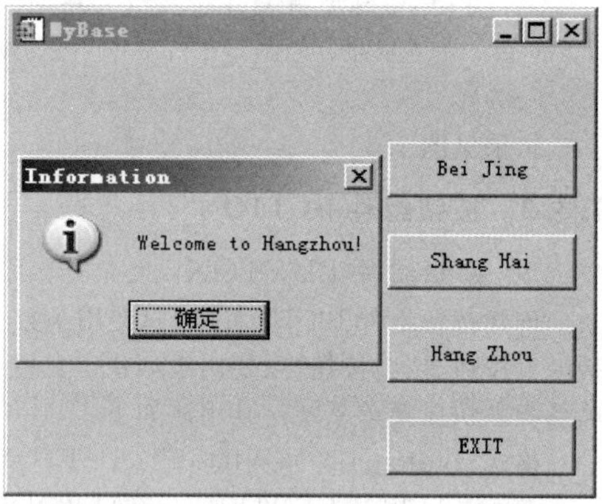

图 7.3 触发按钮

```
; Chapter07PushButtonWidget.pro
PRO BeijingProcedure, event      ; 单击 Bei Jing 按钮后的过程处理
    Result = DIALOG_MESSAGE('Welcome to Beijing! ',/INFORMATION)
END
PRO ShanghaiProcedure, event      ; 单击 Shanghai 按钮后的过程处理
    Result = DIALOG_MESSAGE ('Welcome to Shanghai! ',/INFORMATION)
END
PRO HangzhouProcedure, event      ; 单击 Hangzhou 按钮后的过程处理
    Result = DIALOG_MESSAGE('Welcome to Hangzhou! ',/INFORMATION)
END
PRO ExitProcedure, event      ; 单击 Exit 按钮后的过程处理
    WIDGET_CONTROL, event.TOP, /DESTROY
END
PRO Chapter07PushButtonWidget
    MyBase =WIDGET_BASE(XSIZE=500,YSIZE=400, TITLE='MyBase')      ;创建顶级 BASE
    MyButton = WIDGET_BUTTON(MyBase, VALUE='Bei Jing',   $      ; 创建触发按钮
                EVENT_PRO='BeijingProcedure', XSIZE=100, YSIZE=30, $
                XOFFSET=200, YOFFSET=100 )
    MyButton =WIDGET_BUTTON(MyBase, VALUE='Shang Hai', $
```

```
            EVENT_PRO='ShanghaiProcedure', XSIZE=100, YSIZE=30, $
            XOFFSET=200, YOFFSET=150 )
  MyButton =WIDGET_BUTTON(MyBase, VALUE='Hang Zhou', $
            EVENT_PRO='HangzhouProcedure', XSIZE=100, YSIZE=30, $
            XOFFSET=200, YOFFSET=200 )
  MyButton =WIDGET_BUTTON(MyBase, VALUE='EXIT', $
            EVENT_PRO='ExitProcedure', XSIZE=100, YSIZE=30, $
            XOFFSET=200, YOFFSET=250 )
  WIDGET_CONTROL, MyBase, /REALIZE
  XMANAGER, 'Chapter07PushButtonWidget', MyBase
END
```

2. 单选按钮

单选按钮是指在由多个按钮组成的按钮组中，只能有一个被选中。具体方法如下：

(1)创建一个带关键字/EXCLUSIVE 的 BASE 组件；

(2)在 BASE 组件中创建多个按钮；

(3)事件分支处理。

【例 7.3】 创建包含 4 个单选按钮，并且标题为 MyBase 的大小为 500 像素×400 像素的 BASE 组件。要求单击每一个按钮后，弹出一个信息对话窗口。单击第 4 个按钮退出程序。程序如下：

```
; Chapter07RadioButtonWidget. pro
PRO BeijingProcedure, event
  IF event. SELECT EQ 1 THEN BEGIN
    Result = DIALOG_MESSAGE('Welcome to Beijing! ',/INFORMATION)
   ENDIF
END
PRO ShanghaiProcedure, event
  IF event. SELECT EQ 1 THEN BEGIN
    Result = DIALOG_MESSAGE('Welcome to Shanghai! ',/INFORMATION)
  ENDIF
END
PRO HangzhouProcedure, event
  IF event. SELECT EQ 1 THEN BEGIN
    Result = DIALOG_MESSAGE('Welcome to Hangzhou! ',/INFORMATION)
  ENDIF
END
PRO ExitProcedure, event
  IF event. SELECT EQ 1 THEN BEGIN
    WIDGET_CONTROL, event. TOP, /DESTROY
  ENDIF
END
PRO Chapter07RadioButtonWidget
    MyBase =WIDGET_BASE(XSIZE=500,YSIZE=400, TITLE='MyBase')
    ;创建单选按钮
    MyButtonBase = Widget_Base(MyBase, FRAME=1, /BASE_ALIGN_CENTER  $
    ,XOFFSET=50 ,YOFFSET=50 ,XSIZE=400 ,YSIZE=300, /EXCLUSIVE, /ROW)
```

```
    MyButton =WIDGET_BUTTON(MyButtonBase, VALUE='Bei Jing', $
              EVENT_PRO='BeijingProcedure', XSIZE=100, YSIZE=30, $
              XOFFSET=150, YOFFSET=100 )
    MyButton = WIDGET_BUTTON(MyButtonBase, VALUE='Shang Hai', $
              EVENT_PRO='ShanghaiProcedure', XSIZE=100, YSIZE=30, $
              XOFFSET=150, YOFFSET=150 )
    MyButton =WIDGET_BUTTON(MyButtonBase, VALUE='Hang Zhou', $
              EVENT_PRO='HangzhouProcedure', XSIZE=100, YSIZE=30, $
              XOFFSET=150, YOFFSET=200 )
    MyButton = WIDGET_BUTTON(MyButtonBase, VALUE='EXIT', $
              EVENT_PRO='ExitProcedure', XSIZE=100, YSIZE=30, $
              XOFFSET=150, YOFFSET=250 )
    WIDGET_CONTROL, MyBase, /REALIZE
    XMANAGER, 'Chapter07RadioButtonWidget', MyBase
END
```

程序运行结果如图 7.4 所示。

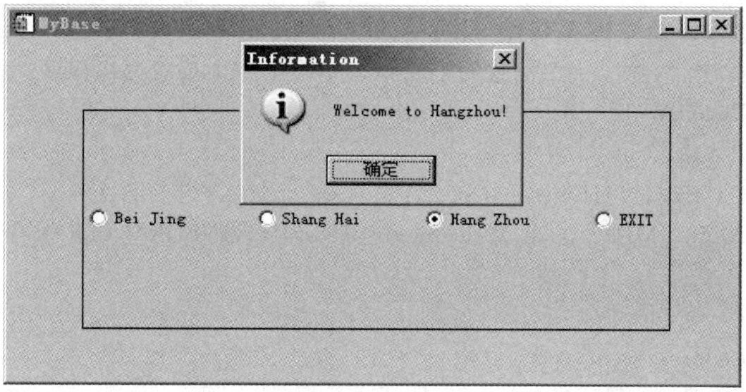

图 7.4　单选按钮

3. 复选按钮

复选按钮是指在由多个按钮组成的按钮组中，可以选中一个或者多个。具体方法如下：

(1)创建一个带关键字/NOEXCLUSIVE 的 BASE 组件；

(2)在 BASE 组件中创建多个按钮；

(3)事件分支处理。

【例 7.4】 创建一个包含 4 个复选按钮，并且标题为 MyBase 的大小为 500 像素×400 像素的 BASE 组件。要求：单击每一个按钮后，弹出一个信息对话窗口，输出按钮的选择情况。单击第 4 个按钮退出程序。

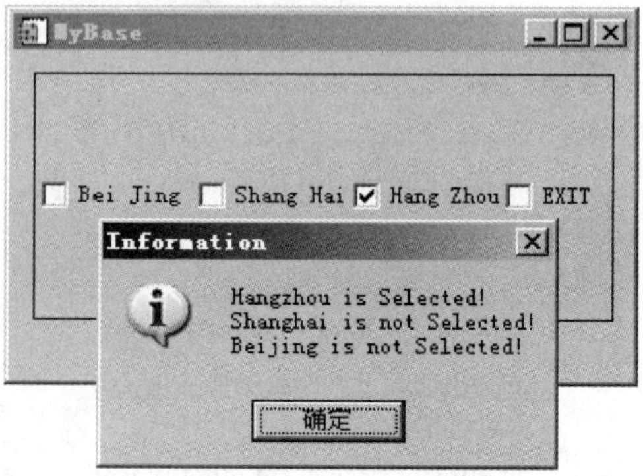

图 7.5　复选按钮

程序如下(运行结果见图 7.5)：

```
; Chapter07CheckButtonWidget. pro
  PRO BeijingProcedure, event
    WIDGET_CONTROL, Event. Top, GET_UVAL-
UE= pState
    MyString = STRARR(3)
    IF event. SELECT EQ 1 THEN BEGIN
```

```
  ( * pState). MyBeijingButtonStatus = 1              ；改变选中状态
  MyString[0] = 'Beijing is Selected! '
ENDIF ELSE BEGIN
      ( * pState). MyBeijingButtonStatus = 0          ；改变选中状态
      MyString[0] = 'Beijing is not Selected! '
ENDELSE
  IF ( * pState). MyShanghaiButtonStatus EQ 1 THEN BEGIN
      MyString[1] = 'Shanghai is Selected! V
ENDIF ELSE BEGIN
      MyString[1] = 'Shanghai is not Selected! '
ENDELSE
  IF ( * pState). MyHangzhouButtonStatus EQ 1 THEN BEGIN
      MyString[2] = 'Hangzhou is Selected! '
ENDIF ELSE BEGIN
      MyString[2] = 'Hangzhou is not Selected! '
ENDELSE
Result = DIALOG_MESSAGE(MyString,/INFORMATION)
WIDGET_CONTROL, Event. Top, SET_UVALUE= pState
END
  PRO ShanghaiProcedure, event
  WIDGET_CONTROL, Event. Top, GET_UVALUE= pState
  MyString = STRARR(3)
  IF event. SELECT EQ 1 THEN BEGIN
      ( * pState). MyShanghaiButtonStatus = 1
       MyString[0] = 'Shanghai is Selected! '
ENDIF ELSE BEGIN
      ( * pState). MyShanghaiButtonStatus = 0
      MyString[0] = 'Shanghai is not Selected! '
ENDELSE
IF ( * pState). MyBeijingButtonStatus EQ 1 THEN BEGIN
  MyString[1] = 'Beijing is Selected! '
ENDIF ELSE BEGIN
  MyString[1] = 'Beijing is not Selected! '
ENDELSE
IF ( * pState). MyHangzhouButtonStatus EQ 1 THEN BEGIN
  MyString[2] = 'Hangzhou is Selected! '
ENDIF ELSE BEGIN
     MyString[2] = 'Hangzhou is not Selected! '
ENDELSE
  Result = DIALOG_MESSAGE(MyString,/INFORMATION)
  WIDGET_CONTROL, Event. Top, SET_UVALUE= pState
END
PRO HangzhouProcedure, event
  WIDGET_CONTROL, Event. Top, GET_UVALUE= pState
  MyString = STRARR(3)
```

```
    IF event. SELECT EQ 1 THEN BEGIN
      ( * pState). MyHangzhouButtonStatus = 1
      MyString[0] = 'Hangzhou is Selected! '
    ENDIF ELSE BEGIN
        ( * pState). MyHangzhouButtonStatus = 0
        MyString[0] = 'Hangzhou is not Selected! '
    ENDELSE
  IF ( * pState). MyShanghaiButtonStatus EQ 1 THEN BEGIN
      MyString[1] = 'Shanghai is Selected! '
    ENDIF ELSE BEGIN
        MyString[1] = 'Shanghai is not Selected! '
    ENDELSE
    IF ( * pState). MyBeijingButtonStatus EQ 1 THEN BEGIN
      MyString[2] = 'Beijing is Selected! '
    ENDIF ELSE BEGIN
        MyString[2] = 'Beijing is not Selected! '
    ENDELSE
    Result = DIALOG_MESSAGE(MyString,/INFORMATION)
    WIDGET_CONTROL, Event. Top, SET_UVALUE= pState
    END
    PRO ExitProcedure, event
      IF event. SELECT EQ 1 THEN BEGIN
        WIDGET_CONTROL, event. TOP, /DESTROY
    ENDIF
  END
  PRO Chapter07CheckButtonWidget
      MyBase =WIDGET_BASE(XSIZE=500,YSIZE=400, TITLE='MyBase')
      ;创建复选按钮
      MyButtonBase = Widget_Base(MyBase, FRAME=1, /BASE_ALIGN_CENTER  $
        ,XOFFSET=50 ,YOFFSET=50 ,XSIZE=400 ,YSIZE=300, /NONEXCLUSIVE, /ROW)
      MyBeijingButton = WIDGET_BUTTON(MyButtonBase, VALUE='Bei Jing', $
                EVENT_PRO='BeijingProcedure', XSIZE=100, YSIZE=30, $
                XOFFSET=150, YOFFSET=100 )
      MyShanghaiButton = WIDGET_BUTTON(MyButtonBase, VALUE='Shang Hai', $
                EVENT_PRO='ShanghaiProcedure', XSIZE=100, YSIZE=30, $
                XOFFSET=150, YOFFSET=150 )
      MyHangzhouButton = WIDGET_BUTTON(MyButtonBase, VALUE='Hang Zhou', $
                  EVENT_PRO='HangzhouProcedure', XSIZE=100, YSIZE=30, $
                  XOFFSET=150, YOFFSET=200 )
      MyExitButton = WIDGET_BUTTON(MyButtonBase, VALUE='EXIT', $
                EVENT_PRO='ExitProcedure', XSIZE=100, YSIZE=30, $
                XOFFSET=150, YOFFSET=250 )
      WIDGET_CONTROL, MyBase, /REALIZE
      pState = PTR_NEW({   $    ;创建指针结构变量
        MyBeijingButton: MyBeijingButton,   $    ;注册 Beijing 按钮
```

```
        MyShanghaiButton：MyShanghaiButton，    $      ；注册 Shanghai 按钮
        MyHangzhouButton：MyHangzhouButton，    $      ；注册 Hangzhou 按钮
        MyBeijingButtonStatus：0，    $    ；Hangzhou 按钮选中状态
        MyShanghaiButtonStatus：0，    $    ；Hangzhou 按钮选中状态
        MyHangzhouButtonStatus：0    $    ；Hangzhou 按钮选中状态
    })
    ；把指针结构变量存入顶级 BAse 的 UVALUE
    WIDGET_CONTROL，MyBase，SET_UVALUE＝pState
    XMANAGER，'Chapter07CheckButtonWidget'，MyBase ；循环控制顶级 BASE
END
```

说明：指针结构 pState 用于记录 3 个按钮的 ID 和选中状态，同时把该指针结构存入顶级的 UVALUE。在使用时，需要先用带关键字 GET_UVALUE 的控制命令 WIDGET_CONTROL 读取指针结构 pState 的值，然后再对它的成员进行操作，最后再用带关键字 SET_UVALUE 的控制命令 WIDGET_CONTROL，把指针结构 pState 的值写回顶级的 UVALUE。

该用法在实际编程过程中经常使用，其优点是避免使用全程变量或者公共块来实现全程信息的传递。从而大大提高程序的运行速度。

另外，使用 pState 时，要按指针的用法，即按地址存储，其格式如下：

(＊pState). 成员

技巧提示：在退出程序时，一定要释放指针结构变量 pState。

【思考题】 在过程 ExitProcedure 中添加程序段，使得该程序在退出时能够释放指针结构变量 pState（参考 7.5 节例题 7.23 的程序 Chapter07MyPaint. pro）。

4. 三种菜单系统

IDL 6.3 提供了三种菜单系统：标准菜单系统、按钮菜单系统和快捷菜单系统。

(1)标准菜单系统：

标准菜单系统是指位于标题栏下方的标准下拉式菜单系统。其创建方法如下：

1)创建一个带关键字 MBAR 的 BASE 组件；

2)在 BASE 组件中创建带关键字/MENU 的 BUTTON 组件，即主菜单项或者是包含有下一级子菜单的菜单项；

3)使用 BUTTON 组件，建立每一个下级菜单项；

4)使用带关键字 SEPARATOR 的 BUTTON 组件，创建菜单项之间的分隔线；

5)事件分支处理。

【例 7.5】 创建一个包含 File，Edit 和 Help3 个主菜单项的菜单系统。要求如下：

图 7.6　标准菜单系统

1)File 菜单中包含：Open，Save 和 Exit，并且在 Save 和 Exit 之间要有分隔线，Exit 为退出系统菜单项；

2)Edit 菜单中包含：Copy 和 Paste；

3)Help 菜单中包含：Contents 和 Topic 。程序如下(结果见图 7.6)：

```
; Chapter07SystemMenu. pro
PRO OpenProcedure, event ; 过程处理
  Result = DIALOG_MESSAGE('File -> Open Selected! ', /INFORMATION)
END
PRO SaveProcedure, event
  Result = DIALOG_MESSAGE('File -> Save Selected! ', /INFORMATION)
END
PRO CopyProcedure, event
  Result = DIALOG_MESSAGE('Edit -> Copy Selected! ', /INFORMATION)
END
PRO PasteProcedure, event
  Result = DIALOG_MESSAGE('Edit -> Paste Selected! ', /INFORMATION)
END
PRO ContentsProcedure, event
  Result = DIALOG_MESSAGE('Help -> Contents Selected! ', /INFORMATION)
END
PRO FunctionProcedure, event
    Result = DIALOG_MESSAGE('Help -> Topic -> Function Selected! ', /INFORMATION)
END
PRO AboutProcedure, event
  Result = DIALOG_MESSAGE('Help -> Topic -> About Selected! ', /INFORMATION)
END
PRO ExitProcedure, event ; 退出程序
    WIDGET_CONTROL, event. TOP, /DESTROY
END
PRO Chapter07SystemMenu
     MyBase = WIDGET_BASE(XSIZE=500,YSIZE=400, TITLE='MyBase',   $
                        MBAR = SystemMenuBase) ; 创建菜单系统
     ; 创建 File 菜单
     FileMenu = WIDGET_BUTTON(SystemMenuBase, VALUE='&File', /MENU)
     MyOpen = WIDGET _ BUTTON ( FileMenu, VALUE = '&Open', EVENT _ PRO =
     'OpenProcedure')
     MySave = WIDGET_BUTTON(FileMenu, VALUE='&Save', EVENT_PRO='SaveProcedure')
     MyExit = WIDGET_BUTTON(FileMenu, VALUE='&Exit',   $   ; 创建 Exit 菜单
            EVENT_PRO='ExitProcedure', /SEPARATOR)
     ; 创建 Edit 菜单
     EditMenu = WIDGET_BUTTON(SystemMenuBase, VALUE='&Edit', /MENU)
     Mycopy = WIDGET _ BUTTON ( EditMenu, VALUE = '&Copy', EVENT _ PRO =
     'CopyProcedure')
     MyPaste = WIDGET _ BUTTON ( EditMenu, VALUE = '&Paste', EVENT _ PRO =
     'PasteProcedure')
     ; 创建 Help 菜单
     HelpMenu = WIDGET_BUTTON(SystemMenuBase, VALUE='&Help', /MENU)
     MyContents = WIDGET_BUTTON(HelpMenu, VALUE='C&ontents',   $
                EVENT_PRO='ContentsProcedure') ; 创建 Contents 菜单
```

```
    MyTopic = WIDGET_BUTTON(HelpMenu, VALUE='&Topic', /MENU) MyFunction =
    WIDGET_BUTTON(MyTopic, VALUE='&Function',    $
    EVENT_PRO='FunctionProcedure')
    MyAbout = WIDGET _ BUTTON ( MyTopic, VALUE = '&About', EVENT _ PRO =
    'AboutProcedure')
    WIDGET_CONTROL, MyBase, /REALIZE
    XMANAGER, 'Chapter07SystemMenu', MyBase
END
```

(2)按钮菜单系统：

按钮菜单系统是指在按钮上单击鼠标后，会弹出一个下拉式菜单系统。创建方法如下：

1)创建一个 BASE 组件。

2)在 BASE 组件中创建带关键字/MENU 的 BUTTON 组件，即主菜单项或者是包含有下一级子菜单的菜单项。

3)使用 BUTTON 组件，建立每一个下级菜单项。

4)事件分支处理。

【例 7.6】 创建一个包含 File，Edit 和 Help 三个菜单项的按钮菜单系统。要求：

1)创建一个包含 File，Edit 和 Help 的按钮；

2)File 菜单中包含：Open，Save 和 Exit；其中 Exit 为退出系统菜单项 ；

3)Edit 菜单中包含：Copy 和 Paste；

4)Help 菜单中包含：Contents 和 Topic。

程序 Chapter07ButtonMenu. pro 如下：

```
; Chapter07ButtonMenu. proPRO OpenProcedure, event     ; 过程分支处理
  Result = DIALOG_MESSAGE('File -> Open Selected! ', /INFORMATION)
END
PRO SaveProcedure, event
  Result = DIALOG_MESSAGE('File -> Save Selected! ', /INFORMATION)
END
PRO CopyProcedure, event
  Result = DIALOG_MESSAGE('Edit -> Copy Selected! ', /INFORMATION)
END
PRO PasteProcedure, event
  Result = DIALOG_MESSAGE('Edit -> Paste Selected! ', /INFORMATION)
END
PRO ContentsProcedure, event
  Result = DIALOG_MESSAGE('Help -> Contents Selected! ', /INFORMATION)
END
PRO FunctionProcedure, event
  Result = DIALOG_MESSAGE('Help -> Topic -> Function Selected! ', /INFORMA-
TION)
END
PRO AboutProcedure, event
  Result = DIALOG_MESSAGE('Help -> Topic -> About Selected! ', /INFORMATION)
END
PRO ExitProcedure, event ; 退出程序
```

```
  WIDGET_CONTROL, event.TOP, /DESTROY
END
PRO Chapter07ButtonMenu
    MyBase =WIDGET_BASE(XSIZE=500,YSIZE=400, TITLE='MyBase')
    MyButton = WIDGET_BUTTON(MyBase, XSIZE=100,YSIZE=60, XOFFSET = 200
    $    , YOFFSET = 160,VALUE='Menu Systemm', /MENU); 创建按钮菜单系统
    FileMenu = WIDGET_BUTTON(MyButton, VALUE='File', /MENU)
    MyOpen = WIDGET _ BUTTON ( FileMenu, VALUE = 'Open', EVENT _ PRO =
    'OpenProcedure')
    MySave = WIDGET _ BUTTON ( FileMenu, VALUE = 'Save', EVENT _ PRO =
    'SaveProcedure')
    MyExit = WIDGET _ BUTTON ( FileMenu, VALUE = 'Exit', EVENT _ PRO =
    'ExitProcedure')
    EditMenu = WIDGET_BUTTON(MyButton, VALUE='Edit', /MENU)
    Mycopy = WIDGET _ BUTTON ( EditMenu, VALUE = 'Copy', EVENT _ PRO =
    'CopyProcedure')
    MyPaste = WIDGET _ BUTTON ( EditMenu, VALUE = 'Paste', EVENT _ PRO =
    'PasteProcedure')
    HelpMenu = WIDGET_BUTTON(MyButton, VALUE='Help', /MENU)
    MyContents = WIDGET_BUTTON(HelpMenu, VALUE='C&ontents',  $
                  EVENT_PRO='ContentsProcedure')
    MyTopic = WIDGET_BUTTON(HelpMenu, VALUE='Topic', /MENU)
    MyFunction = WIDGET_BUTTON(MyTopic, VALUE='Function',   $
                        EVENT _ PRO =
    'FunctionProcedure')
    MyAbout = WIDGET_BUTTON(MyTop-
    ic, VALUE = 'About', EVENT _ PRO =
    'AboutProcedure')
    WIDGET_CONTROL, MyBase, /REALIZE
    XMANAGER,
    'Chapter07ButtonMenu', MyBase
END
```

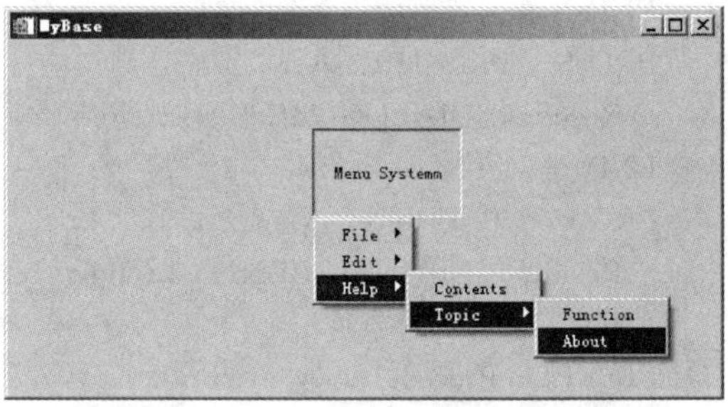

图 7.7 按钮菜单系统

程序运行结果如图 7.7 所示。

(3)快捷菜单系统:

快捷菜单系统是指当用户在 GUI 上右击鼠标时,弹出的菜单系统。创建方法:

1)创建一个带/CONTEXT_EVENTS 的组件。该组件可以是 BASE,DRAW,LISTTEXT 和 TREE 组件之一;

2)在 1)创建的组件上,创建带/CONTEXT_MENU 的 BASE 组件;

3)在 2)创建的组件上,使用"按钮菜单系统"的创建方法创建弹出菜单;

4)调用过程 WIDGET_DISPLAYCONTEXTMENU 显示快捷菜单;

5)事件分支处理。

过程 WIDGET_DISPLAYCONTEXTMENU 的用法如下:

格式:WIDGET_DISPLAYCONTEXTMENU, Parent, X, Y, ContextBase_ID

功能:在快捷菜单组件的上一级组件的位置点(X,Y)处激活并显示快捷菜单。

说明:

1)Parent:用于给出快捷菜单组件的上一级组件的 ID。

2)X,Y:用于给出快捷菜单组件在它的上一级组件中的显示位置。

3)ContextBase_ID:用于给出快捷菜单组件的顶级 BASE 的 ID。

注意:该 ID 不是指整个 GUI 的顶级 BASE 的 ID,而是快捷菜单组件本身的顶级 BASE 的 ID。

【例 7.7】 创建一个包含一个按钮,并且标题为 MyBase 的 BASE 组件。要求:右击鼠标后,弹出一个快捷菜单。程序如下:

```
; Chapter07BaseRightClick. pro
  PRO CBE_FirstEvent, event
    Result = DIALOG_MESSAGE('Selection 1 Pressed',/INFORMATION)
  END
  PRO CBE_SecondEvent, event
    Result = DIALOG_MESSAGE('Selection 2 Pressed',/INFORMATION)
  END
  PRO CBE_DoneEvent, event ; 退出控制
    Result = DIALOG_MESSAGE('Done Pressed and Cancel! ',/INFORMATION)
    WIDGET_CONTROL, event. TOP, /DESTROY
  END
  PRO Chapter07BaseRightClick_event, event ; 右击事件处理
    contextBase = WIDGET_INFO(event. ID, FIND_BY_UNAME = 'contextMenu')
    WIDGET_DISPLAYCONTEXTMENU, event. ID, event. X, event. Y, contextBase
  END
  PRO Chapter07BaseRightClick
   topLevelBase= WIDGET_BASE(/COLUMN,XSIZE=500,YSIZE=300, /CONTEXT_EVENTS)
   ; 创建右击鼠标快捷菜单
   contextBase = WIDGET_BASE(topLevelBase, /CONTEXT_MENU, UNAME = 'contextMenu')
   firstButton = WIDGET_BUTTON(contextBase,  $
                 VALUE = 'Selection 1', EVENT_PRO = 'CBE_FirstEvent')
   secondButton =WIDGET_BUTTON(contextBase,  $
                  VALUE = 'Selection 2', EVENT_PRO = 'CBE_SecondEvent')
   doneButton = WIDGET_BUTTON(contextBase, VALUE
                = 'Done',  $
                /SEPARATOR, EVENT _ PRO = 'CBE _
                DoneEvent')
   WIDGET_CONTROL, topLevelBase, /REALIZE
   XMANAGER, 'Chapter07BaseRightClick', topLevelBase
  END
```

程序运行结果见图 7.8 所示。

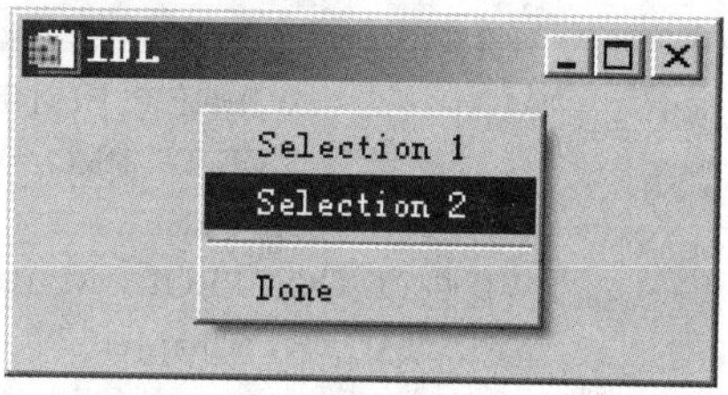

图 7.8 快捷菜单

5. 工具栏

工具栏是指位于标题栏下方或者标准菜单系统下方的一组图形按钮。工具栏可以快速实现相应的操作,目前已经成为 GUI 的标准组成结构。其创建方法如下:

(1)创建一个带关键字/TOOLBAR 和/ROW(或/COLUMN)的 BASE 组件。

(2)在 BASE 组件中创建带关键字/BITMAP 的图形按钮。即使用关键字 VALUE 指定位图文件(如 VALUE = ‘Arrow_Left. bmp’)创建位图(图形)按钮。

(3)事件分支处理。

【例 7.8】 创建标题为 MyBase 的大小为 500 像素×400 像素的 BASE 组件,并且含有由 5 个图形按钮组成的工具栏。要求:单击每一个按钮后,弹出一个信息对话窗口。单击第 5 个按钮退出程序。程序如下:

```
; Chapter07ToolBarSystem1. pro
    PRO Arrow_LeftProcedure, event      ; 事件分支处理
        Result = DIALOG_MESSAGE('Left Arrow Pressed! ',/INFORMATION)
    END
    PRO Arrow_RightProcedure, event
        Result = DIALOG_MESSAGE('Right Arrow Pressed! ',/INFORMATION)
    END
    PRO Arrow_UpProcedure, event
        Result = DIALOG_MESSAGE('Up Arrow Pressed! ',/INFORMATION)
    END
    PRO Arrow_DownProcedure, event
        Result = DIALOG_MESSAGE('Down Arrow Pressed! ',/INFORMATION)
    END
    PRO Arrow_ExitProcedure, event      ; 推出系统
        WIDGET_CONTROL, event. TOP, /DESTROY
    END
    PRO Chapter07ToolBarSystem1
        MyTopBase =WIDGET_BASE(XSIZE=500,YSIZE=400,  $
                    TITLE='MyBase', /TOOLBAR, /ROW) ; 创建工具栏
        MyBase = Widget_Base(MyTopBase, FRAME=1, /ROW)
        MyButton = WIDGET_BUTTON(MyBase, VALUE='Arrow_Left. bmp',  $
                   EVENT_PRO='Arrow_LeftProcedure', XSIZE=50, YSIZE=30,$
                   XOFFSET=200, YOFFSET=100, /BITMAP ) ; 创建图形按钮
        MyButton =WIDGET_BUTTON(MyBase, VALUE='Arrow_Right. bmp',  $
                  EVENT_PRO='Arrow_RightProcedure', XSIZE=50, YSIZE=30,  $
                  XOFFSET=200, YOFFSET=150, /BITMAP )
        MyButton =WIDGET_BUTTON(MyBase, VALUE='Arrow_Up. bmp',  $
                  EVENT_PRO='Arrow_UpProcedure', XSIZE=50, YSIZE=30,  $
                  XOFFSET=200, YOFFSET=200, /BITMAP )
        MyButton = WIDGET_BUTTON(MyBase, VALUE='Arrow_Down. bmp',  $
                   EVENT_PRO='Arrow_DownProcedure', XSIZE=50, YSIZE=30,  $
                   XOFFSET=200, YOFFSET=250, /BITMAP )
        MyButton =WIDGET_BUTTON(MyBase, VALUE='Arrow_Exit. bmp',  $
                  EVENT_PRO='Arrow_ExitProcedure', XSIZE=50, YSIZE=30,  $
                  XOFFSET=200, YOFFSET=250, /BITMAP )
        WIDGET_CONTROL, MyBase, /REALIZE
        XMANAGER, 'Chapter07ToolBarSystem1', MyBase
    END
```

程序运行结果如图 7.9 所示。

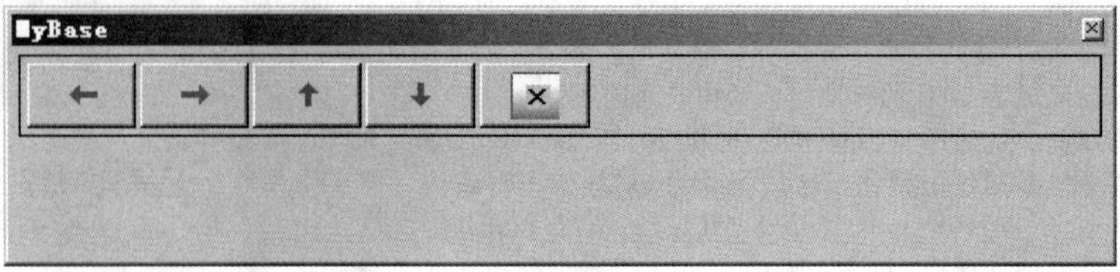

图 7.9 工具栏实例 1

工具栏的创建方法二如下：

(1)创建一个一般的 BASE 组件。

(2)在 BASE 组件中创建带关键字/BITMAP 的图形按钮。即使用关键字 VALUE 指定位图文件(例如：VALUE = 'Arrow_Left. bmp')创建位图(图形)按钮。

(3)使用 WIDGET_TEXT 或 WIDGET_BUTTON 创建工具栏上方和下方的两条横线。

(4)确定图形按钮和分隔线在 BASE 中的精确位置。

(5)事件分支处理。

【例 7.9】 创建标题为 MyBase 的大小为 500 像素×400 像素的 BASE 组件，并且含有由 5 个图形按钮组成的工具栏。要求：工具栏的上方和下方均有分隔横线；并且单击每一个按钮后，弹出一个信息对话窗口。单击第 5 个按钮退出程序。程序如下：

```
; Chapter07ToolBarSystem2. pro
PRO Arrow_LeftProcedure, event
    Result = DIALOG_MESSAGE('Left Arrow Pressed! ',/INFORMATION)
END
PRO Arrow_RightProcedure, event
    Result = DIALOG_MESSAGE('Right Arrow Pressed! ',/INFORMATION)
END
PRO Arrow_UpProcedure, event
    Result = DIALOG_MESSAGE('Up Arrow Pressed! ',/INFORMATION)
END
PRO Arrow_DownProcedure, event
    Result = DIALOG_MESSAGE('Down Arrow Pressed! ',/INFORMATION)
END
PRO Arrow_ExitProcedure, event
    WIDGET_CONTROL, event. TOP, /DESTROY
END
PRO Chapter07ToolBarSystem2
    MyBase =WIDGET_BASE(XSIZE=500,YSIZE=400, TITLE='MyBase')
    MyButton = WIDGET_BUTTON(MyBase, VALUE='Arrow_Left. bmp',    $
                 EVENT_PRO='Arrow_LeftProcedure', XSIZE=30, YSIZE=30,   $
                 XOFFSET=10, YOFFSET=10, /BITMAP ) ; 创建图形按钮
    MyButton =WIDGET_BUTTON(MyBase, VALUE='Arrow_Right. bmp',    $
                EVENT_PRO='Arrow_RightProcedure', XSIZE=30, YSIZE=30,   $
                XOFFSET=50, YOFFSET=10, /BITMAP ); 创建图形按钮
    MyButton =WIDGET_BUTTON(MyBase, VALUE='Arrow_Up. bmp',    $
                EVENT_PRO='Arrow_UpProcedure', XSIZE=30, YSIZE=30,   $
                XOFFSET=90, YOFFSET=10, /BITMAP )
    MyButton =WIDGET_BUTTON(MyBase, VALUE='Arrow_Down. bmp',    $
                EVENT_PRO='Arrow_DownProcedure', XSIZE=30, YSIZE=30,   $
                XOFFSET=130, YOFFSET=10, /BITMAP )
    MyButton = WIDGET_BUTTON(MyBase, VALUE='Arrow_Exit. bmp',    $
                 EVENT_PRO='Arrow_ExitProcedure', XSIZE=30, YSIZE=30,   $
                 XOFFSET=170, YOFFSET=10, /BITMAP )
    MyText1 = WIDGET_TEXT( MyBase, XOFFSET=0, SCR_XSIZE=500,    $
```

```
            YOFFSET=4, SCR_YSIZE=4 ) ; 创建文本组件
    MyText2 = WIDGET_TEXT( MyBase, XOFFSET=0, SCR_XSIZE=500,  $
            YOFFSET=42, SCR_YSIZE=4 ); 创建文本组件
    WIDGET_CONTROL, MyBase, /REALIZE
    XMANAGER, 'Chapter07ToolBarSystem2', MyBase
END
```

程序运行结果如图 7.10 所示。

图 7.10　工具栏实例 2

【思考题】 把标准菜单系统、快捷菜单和工具栏合并成一个同时包含三种菜单系统的完整 GUI。

7.3.3 标签组件 LABEL

创建标签组件 LABEL 可以使用函数 WIDGET_LABEL。其用法如下：

格式：Label_ID = WIDGET_LABEL([Parent] [, /DYNAMIC_RESIZE] [, FONT=string] [, /ALIGN_CENTER | , /ALIGN_LEFT | , /ALIGN_RIGHT] [, FRAME=width] [, VALUE=value] [, FUNC_GET_VALUE=string] [, GROUP_LEADER=widget_id][, UNITS={0 | 1 | 2}][, KILL_NOTIFY=string] [, /NO_COPY] [, NOTIFY_REALIZE=string] [, UVALUE=value][, PRO_SET_VALUE=string] [, SCR_XSIZE=width] [, SCR_YSIZE=height][, /SENSITIVE][, /SUNKEN_FRAME][, /TRACKING_EVENTS][, UNAME=string][, XOFFSET=value] [, XSIZE=value][, YOFFSET=value] [, YSIZE=value])

功能：创建一个标签组件。其返回值为该组件的身份标识，即 ID。

说明：标签主要用于 GUI 中的文字说明或者状态信息的输出。

常用参数及其用法如下：

Parent：给出创建标签组件的上一级组件的 ID。

常用关键字的格式及其用法（详细用法请参阅 refguide.pdf）如下：

1)[, /ALIGN_CENTER | , /ALIGN_LEFT | , /ALIGN_RIGHT]：设置按标签内容的对齐方式分别为居中、左对齐、右对齐。

2)[, /SUNKEN_FRAME]：用于创建一个具有三维效果的凹陷的立体标签。

注意：其他关键字的用法与 WIDGET_BASE 的用法相同。

【例 7.10】 修改例 7.9，在 GUI 中添加 1 个三维标签，使得当用户单击工具栏中的每一个工具按钮时，在标签中显示出相应的信息。单击第 5 个按钮退出程序。程序如下：

```
; Chapter07ToolBarLabel.pro
PRO Arrow_LeftProcedure, event
    WIDGET_CONTROL, Event.Top, GET_UVALUE= pState ; 获取顶级 BASE 的 UVALUE 值
    WIDGET_CONTROL, ( * pState).MyLabel, SET_VALUE='Left Arrow Pressed! ' ;改变标签
的值
```

```
        WIDGET_CONTROL, Event.Top, SET_UVALUE= pState ;设置回写顶级 BASE 的
        UVALUE 值
    END
    PRO Arrow_RightProcedure, event
        WIDGET_CONTROL, Event.Top, GET_UVALUE= pState
        WIDGET_CONTROL, (*pState).MyLabel, SET_VALUE='Right Arrow Pressed! '
        WIDGET_CONTROL, Event.Top, SET_UVALUE= pState
    END
    PRO Arrow_UpProcedure, event
        WIDGET_CONTROL, Event.Top, GET_UVALUE= pState
        WIDGET_CONTROL, (*pState).MyLabel, SET_VALUE='Up Arrow Pressed! '
        WIDGET_CONTROL, Event.Top, SET_UVALUE= pState
    END
PRO Arrow_DownProcedure, event
     WIDGET_CONTROL, Event.Top, GET_UVALUE= pState
     WIDGET_CONTROL, (*pState).MyLabel, SET_VALUE='Down Arrow Pressed! '
     WIDGET_CONTROL, Event.Top, SET_UVALUE= pState
    END
    PRO Arrow_ExitProcedure, event
        WIDGET_CONTROL, event.TOP, /DESTROY
    END
    PRO Chapter07ToolBarLabel
        MyBase =WIDGET_BASE(XSIZE=500,YSIZE=260, TITLE='MyBase')
        MyButton = WIDGET_BUTTON(MyBase, VALUE='Arrow_Left.bmp',     $
                   EVENT_PRO='Arrow_LeftProcedure', XSIZE=30, YSIZE=30,   $
                   XOFFSET=10, YOFFSET=10, /BITMAP )
        MyButton = WIDGET_BUTTON(MyBase, VALUE='Arrow_Right.bmp',     $
                   EVENT_PRO='Arrow_RightProcedure', XSIZE=30, YSIZE=30,   $
                   XOFFSET=50, YOFFSET=10, /BITMAP )
        MyButton = WIDGET_BUTTON(MyBase, VALUE='Arrow_Up.bmp',     $
                   EVENT_PRO='Arrow_UpProcedure', XSIZE=30, YSIZE=30,   $
                   XOFFSET=90, YOFFSET=10, /BITMAP )
        MyButton = WIDGET_BUTTON(MyBase, VALUE='Arrow_Down.bmp',     $
                   EVENT_PRO='Arrow_DownProcedure', XSIZE=30, YSIZE=30,   $
                   XOFFSET=130, YOFFSET=10, /BITMAP )
        MyButton = WIDGET_BUTTON(MyBase, VALUE='Arrow_Exit.bmp',     $
                   EVENT_PRO='Arrow_ExitProcedure', XSIZE=30, YSIZE=30,   $
                   XOFFSET=170, YOFFSET=10, /BITMAP )
        MyText1 = WIDGET_TEXT( MyBase, XOFFSET=0, SCR_XSIZE=500,    $
                  YOFFSET=4, SCR_YSIZE=4 ); 创建文本组件
        MyText2 = WIDGET_TEXT( MyBase, XOFFSET=0, SCR_XSIZE=500,    $
                  YOFFSET=42, SCR_YSIZE=4 ) ; 创建文本组件
        MyLabel = WIDGET_LABEL(MyBase, XOFFSET= 10, SCR_XSIZE= 480,    $   ;创建标签
                  组件
                  YOFFSET=200,SCR_YSIZE=20,/SUNKEN_FRAME, VALUE='Happy You! ')
```

```
    WIDGET_CONTROL, MyBase, /REALIZE
    pState = PTR_NEW({ MyLabel: MyLabel })
    WIDGET_CONTROL, MyBase, SET_UVALUE=pState
    XMANAGER, 'Chapter07ToolBarLabel', MyBase
END
```

程序运行结果如图 7.11 所示。

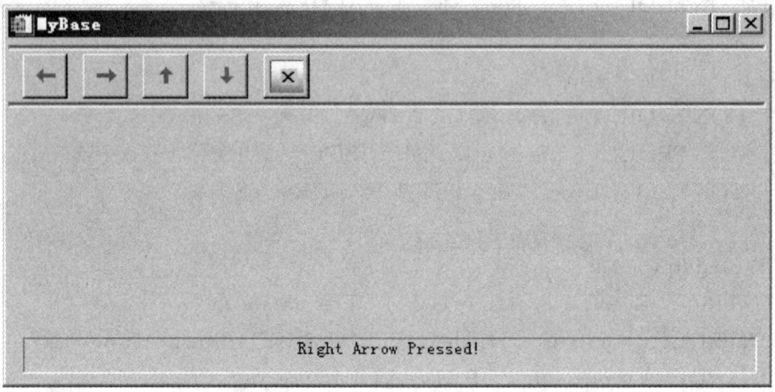

图 7.11 标签组件

7.3.4 绘图组件 DRAW

创建绘图组件 DRAW 可以使用函数 WIDGET_DRAW。其用法如下：

格式：Draw_ID = WIDGET_DRAW ([Parent] [, /APP_SCROLL] [, /BUTTON_EVENTS][, /COLOR_MODEL] [, COLORS=integer] [, EVENT_FUNC=string][, GROUP_LEADER=widget_id] [, EVENT_PRO=string] [, /EXPOSE_EVENTS] [, FRAME=width][, FUNC_GET_VALUE=string] [, GRAPHICS_LEVEL=2][, KILL_NOTIFY=string] [, /MOTION_EVENTS] [, /NO_COPY][, NOTIFY_REALIZE=string] [, PRO_SET_VALUE=string] [, RENDERER={0 |1}] [, /SCROLL] [, RETAIN={0 | 1 | 2}] [, SCR_XSIZE=width][, SCR_YSIZE=height] [, /SENSITIVE] [, TOOLTIP=string][, /TRACKING_EVENTS] [, UNAME=string] [, UNITS={0 | 1 | 2}][, UVALUE=value] [, VALUE=value] [, XOFFSET=value] [, XSIZE=value] [, X_SCROLL_SIZE=width][, YOFFSET=value] [, YSIZE=value] [, Y_SCROLL_SIZE=height])

功能：创建一个绘图组件。其返回值为该组件的身份标识，即 ID。

说明：绘图组件给用户提供了一个数据可视化的场所，在绘图区内可以绘图各种图形、显示各种图像和输出各种文字等。绘图组件等价于一个绘图窗口。

常用参数及其用法如下：

Parent：给出创建绘图组件的上一级组件的 ID。

常用关键字的格式及其用法(详细用法请参阅 refguide.pdf)如下：

1)[, /APP_SCROLL]：创建一个带有滚动条的绘图区。通过滚动条浏览整个内容。

2)[, /BUTTON_EVENTS]：当用户在绘图区内按下或释放鼠标左右按钮时，产生一个事件。

例如：测试用户是否单击鼠标右键，可以使用如下方法：

IF (event.release EQ 4) THEN ...

3)[, /EXPOSE_EVENTS]：当绘图区被隐藏后而又被显示出来时或者用户滚动了滚动条时，用于创建一个事件。

4)GRAPHICS_LEVEL=2：设置绘图区使用对象图形系统。否则使用直接图形系统。

5)[, /MOTION_EVENTS]:当鼠标指针在绘图区内移动时,用于产生一个事件。

6)[, RENDERER={0|1}]:设置图形生成的方式。RENDERER=0 是指使用 OpenGL;RENDERER=1 是指使用 IDL 系统。

7)[, X_SCROLL_SIZE=width]和[, Y_SCROLL_SIZE=height]:设置绘图组件在屏幕上用于滚动显示的实际宽度。而不是组件本身的大小。

注意:在调用绘图部件并对其进行相应的操作时,必须在顶级 BASE 实现后,通过 GET_VALUE 获得绘图部件的 ID,该 ID 才是用于绘图操作的 ID,然后再进行相应的操作。其他关键字的用法与 WIDGET_BASE 的用法相同。

【例 7.11】 创建一个包含 DRAW 组件的 GUI。要求:在该绘图区显示一个二进制图像,同时在绘图区上创建一个快捷菜单,用于装入不同的颜色表,从而用不同的颜色表重新显示该图象。另外,当用户在绘图上单击鼠标时,在信息输出窗口中输出鼠标的当前位置和该位置对应的图像像素点的灰度。程序如下:

```
; Chapter07DrawWidget. pro
  PRO CDE_LoadCTEvent, event
      XLOADCT, /BLOCK, GROUP = event. ID ; 装入颜色表
      imageDraw = WIDGET_INFO(event. TOP, FIND_BY_UNAME = 'imageDisplay')
      WIDGET_CONTROL, imageDraw, GET_VALUE = windowDraw ;获取绘图区 ID
      WIDGET_CONTROL, event. TOP, GET_UVALUE =i mage
      WSET, windowDraw ;激活绘图窗口
      TV, image ;显示图像
  END
  PRO CDE_PaletteEvent, event ;快捷菜单处理
      XPALETTE, /BLOCK, GROUP = event. ID
      imageDraw = WIDGET_INFO(event. TOP, FIND_BY_UNAME = 'imageDisplay')
      WIDGET_CONTROL, imageDraw, GET_VALUE = windowDraw
      WIDGET_CONTROL, event. TOP, GET_UVALUE = image
      WSET, windowDraw   &   TV, image
  END
  PRO CDE_DoneEvent, event
      WIDGET_CONTROL, event. TOP, /DESTROY
  END
  PRO CDE_DrawEvents, event ;绘图区事件
      WIDGET_CONTROL, event. TOP, GET_UVALUE = image
      PRINT, 'Column:', event. X   &   PRINT, ' Row:', event. Y
      PRINT, ' Value: ', image[event. X, event. Y]
      IF (event. RELEASE EQ 4) THEN BEGIN
      contextBase = WIDGET_INFO(event. TOP, FIND_BY_UNAME = 'drawContext')
      WIDGET_DISPLAYCONTEXTMENU, event. ID, event. X, event. Y, contextBase
      ENDIF
  END
  PRO Chapter07DrawWidget
      file = FILEPATH('worldelv. dat', SUBDIRECTORY = ['examples', 'data'])
      imageSize = [360, 360]
      image = READ_BINARY(file, DATA_DIMS = imageSize)
```

```
    topLevelBase = WIDGET_BASE(/COLUMN)
    ;创建绘图区
    imageDraw=WIDGET_DRAW(topLevelBase,/BUTTON_EVENTS,XSIZE=imageSize[0], $
    YSIZE=imageSize[1],EVENT_PRO='CDE_DrawEvents',UNAME='imageDisplay')
    ;创建快捷菜单
    contextBase=WIDGET_BASE(topLevelBase,/CONTEXT_MENU,UNAME='drawContext')
    loadCTButton = WIDGET_BUTTON(contextBase, VALUE = 'XLOADCT',  $
    EVENT_PRO = 'CDE_LoadCTEvent')
    paletteButton = WIDGET_BUTTON(contextBase, VALUE = 'XPALETTE',  $
    EVENT_PRO = 'CDE_PaletteEvent')
    doneButton = WIDGET_BUTTON(contextBase, VALUE = 'Done',  $
    /SEPARATOR, EVENT_PRO = 'CDE_DoneEvent')
    WIDGET_CONTROL, topLevelBase, /REALIZE
    WIDGET_CONTROL, topLevelBase, SET_UVALUE
    = image
    WIDGET_CONTROL, imageDraw, GET_VALUE
    = windowDraw
    WSET, windowDraw
    DEVICE, DECOMPOSED = 0 ;设置伪彩模式
    LOADCT, 5  &  TV, image
    column = imageSize[0]/2  &  row = imageSize
    [1]/2
    TVCRS, column, row
    XMANAGER, 'Chapter07DrawWidget', topLevel-
    Base, /NO_BLOCK
END
```

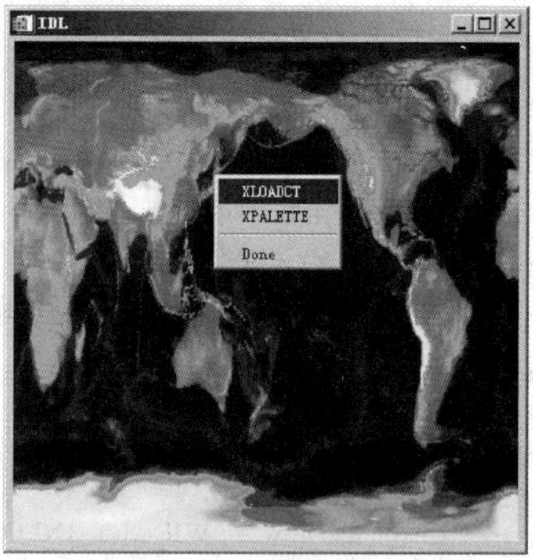

图 7.12 绘图组件

程序运行结果如图 7.12 所示。

【例 7.12】 创建一个包含两个 DRAW 组件的 GUI。要求：在第 1 个绘图区中绘制曲面 DIST(60)，在第 2 个绘图区绘制正弦曲线。程序如下：

```
; Chapter07DrawDistSin.pro
PRO Chapter07DrawDistSin
    MyBase=WIDGET_BASE(ROW=1,TITLE='My Draw',TLB_FRAME_ATTR=1)
    MyDraw1 = WIDGET_DRAW(MyBase, XSIZE=300, YSIZE=300) ;创建绘图区 1
    MyDraw2 = WIDGET_DRAW(MyBase, XSIZE=600, YSIZE=600,  $  ;创建绘图区 2
      X_SCROLL_SIZE=300, Y_SCROLL_SIZE=300)
    WIDGET_CONTROL, MyBase, /REALIZE
    WIDGET_CONTROL, MyDraw1, GET_VALUE=MyWindow1 获取
    WIDGET_CONTROL, MyDraw2, GET_VALUE=MyWindow2 ;获取绘图区的值
    WSET, MyWindow1  &  SHADE_SURF, DIST(60), CHARSIZE=1.5 ;绘曲面
    WSET, MyWindow2  &  PLOT, SIN(FINDGEN(200) * 0.1) ;绘正弦曲线
END
```

程序运行结果如图 7.13 所示。

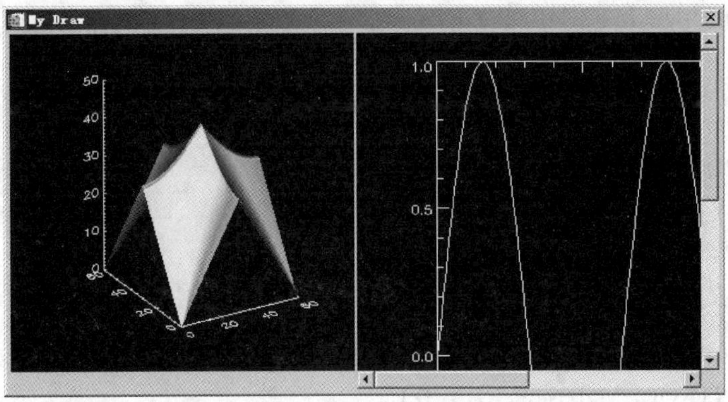

图 7.13　绘制 DIST 和 SIN

7.3.5　下拉列表组件 DROPLIST

创建下拉列表组件 DROPLIST 可以使用函数 WIDGET_DROPLIST 或者函数 WIDGET_COMBOBOX。其用法如下：

格式 1:Droplist_ID = WIDGET_DROPLIST([Parent] [, /DYNAMIC_RESIZE] [, /NO_COPY] [, EVENT_FUNC = string] [, EVENT_PRO = string] [, FONT = string] [, FRAME = value] [, FUNC_GET_VALUE = string] [, NOTIFY_REALIZE = string] [, PRO_SET_VALUE = string] [, GROUP_LEADER = widget_id] [, KILL_NOTIFY = string] [, SCR_XSIZE = width] [, SCR_YSIZE = height] [, /SENSITIVE] [, TITLE = string] [, /TRACKING_EVENTS] [, UNAME = string] [, UNITS = {0|1|2}] [, UVALUE = value] [, VALUE = value] [, XOFFSET = value] [, XSIZE = value] [, YOFFSET = value] [, YSIZE = value])

格式 2:Droplist_ID = WIDGET_DROPLIST([Parent] [, 关键字]

功能:创建一个下拉列表组件。其返回值为该组件的身份标识,即 ID。

说明:该事件发生后,用户选择的条目将按条目的序号(从 0 开始以此类推)存放在事件结构的成员 INDEX 中,即 EVENT.INDEX 中。格式 2 中的关键字比格式 1 的多一个 /EDITABLE,其他相同。

常用参数及其用法如下：

Parent:给出创建下拉列表组件的上一级组件的 ID。

常用关键字的格式及其用法(详细用法请参阅 refguide.pdf)如下：

1)[, TITLE = string]:用于给出下拉列表的标题。

2)[, VALUE = value]:用于给出下拉列表中的条目。该值一般为一个字符型数组。

注意:其他关键字的用法与 WIDGET_BASE 的用法相同。

【例 7.13】　创建一个包含 DROPLIST 组件的 GUI。要求:在 DROPLIST 组件中有 6 个条目,内容自定。当用户选择一个条目后,弹出信息窗口显示选择的信息。程序如下：

```
; Chapter07DroplistWidget.pro
  PRO Chapter07DroplistWidget_EVENT, event
    CASE event.INDEX OF ; 下拉列表分支处理
      0: MyTemp = DIALOG_MESSAGE('Item One Selcted',/INFORMATION)
      1: MyTemp = DIALOG_MESSAGE('Item Two Selcted',/INFORMATION)
      2: MyTemp = DIALOG_MESSAGE('Item Three Selcted',/INFORMATION)
      3: MyTemp = DIALOG_MESSAGE('Item Four Selcted',/INFORMATION)
```

```
    4: MyTemp = DIALOG_MESSAGE('Item Five Selcted',/INFORMATION)
    5: MyTemp = DIALOG_MESSAGE('Item Six Selcted',/INFORMATION)
  ENDCASE
END
PRO Chapter07DroplistWidget
  MyBase = WIDGET_BASE(TITLE='My Droplist', XSIZE = 500, /COLUMN)
  ListItems =['Item One', 'Item Two', 'Item Three',    $
          'Item Four', 'Item Five', 'Item Six' ]
  MyLabel = WIDGET_LABEL(MyBase,VALUE='Please Select: ', XSIZE = 100)
  ;创建下拉列表
  MyDList = WIDGET_DROPLIST(MyBase, VALUE = ListItems, XSIZE=400, YSIZE = 100)
  WIDGET_CONTROL, MyBase, /REALIZE
  XMANAGER, 'Chapter07DroplistWidget', MyBase
END
```

程序运行结果如图 7.14 所示。

技巧提示:创建下拉列表组件还可以使用函数 WIDGET_COMBOBOX。二者的不同之处是 WIDGET_COMBOBOX 创建的下拉列表组件,在列表区用户可以编辑和改变列表中条目的内容,而 WIDGET_DROPLIST 则只能选择,不能修改。在 WIDGET_COMBOBOX 中有一个关键字 /EDITABLE,是用设置列表区的内容是否可以被编辑。

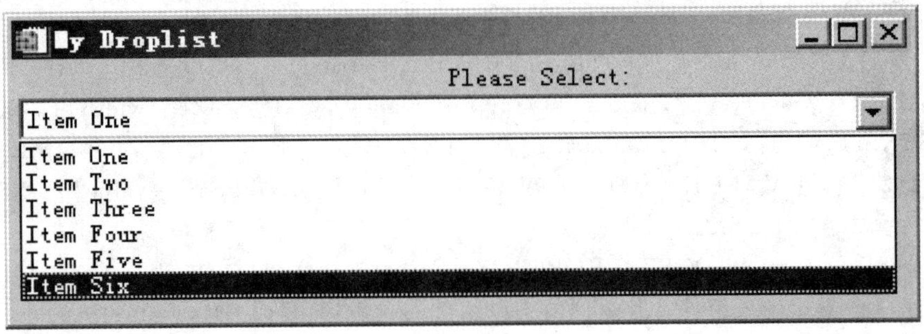

图 7.14 下拉列表 2

7.3.6 列表组件 LIST

创建列表组件 LIST 可以使用函数 WIDGET_LIST。其用法如下:

格式: List_ID = WIDGET_LIST([Parent] [, /CONTEXT_EVENTS][, FRAME=width] [, FUNC_GET_VALUE=string][, EVENT_FUNC=string] [, EVENT_PRO=string] [, FONT=string] [, GROUP_LEADER=widget_id] [, KILL_NOTIFY=string] [, /MULTIPLE] [, UNAME=string] [, /NO_COPY] [, NOTIFY_REALIZE=string] [, PRO_SET_VALUE=string] [, UNITS={0|1|2}] [, SCR_XSIZE=width] [, SCR_YSIZE=height][, /SENSITIVE] [, /TRACKING_EVENTS] [, UVALUE=value] [, VALUE=value] [, XOFFSET=value] [, XSIZE=value] [, YOFFSET=value] [, YSIZE=value])

功能:创建一个列表组件。其返回值为该组件的身份标识,即 ID。

说明:该事件发生后,用户选择的条目将按条目的序号(从 0 开始以此类推)存放在事件结构的成员 INDEX 中,即 EVENT. INDEX 中。

常用参数及其用法如下:

Parent:给出创建列表组件的上一级组件的 ID。

常用关键字的格式及其用法(详细用法请参阅 refguide. pdf)如下:

1) [, /MULTIPLE]:用于设置列表中的条目可以选多条。

2)[, VALUE=value]:用于给出下拉列表中的条目。该值一般为一个字符型数组。

注意:其他关键字的用法与 WIDGET_BASE 等的用法相同。

【例 7.14】 创建一个包含 LIST 组件的 GUI。要求:在 LIST 组件中有 10 个条目,内容自定。当用户选择一个条目后,弹出信息窗口显示选择的信息。程序如下:

```
; Chapter07ListWidget. pro
  PRO Chapter07ListWidget_EVENT, event
    CASE event. INDEX OF
      0: MyTemp = DIALOG_MESSAGE('Item One Selcted',/INFORMATION)
      1: MyTemp = DIALOG_MESSAGE('Item Two Selcted',/INFORMATION)
      2: MyTemp = DIALOG_MESSAGE('Item Three Selcted',/INFORMATION)
      3: MyTemp = DIALOG_MESSAGE('Item Four Selcted',/INFORMATION)
      4: MyTemp = DIALOG_MESSAGE('Item Five Selcted',/INFORMATION)
      5: MyTemp = DIALOG_MESSAGE('Item Six Selcted',/INFORMATION)
      6: MyTemp = DIALOG_MESSAGE('Item Seven Selcted',/INFORMATION)
      7: MyTemp = DIALOG_MESSAGE('Item Eight Selcted',/INFORMATION)
      8: MyTemp = DIALOG_MESSAGE('Item Nine Selcted',/INFORMATION)
      9: MyTemp = DIALOG_MESSAGE('Item Ten Selcted',/INFORMATION)
    ENDCASE
  END
  PRO Chapter07ListWidget
    MyBase = WIDGET_BASE(TITLE='My List', XSIZE = 500, /COLUMN)
    ListItems =['Item One', 'Item Two', 'Item Three',    $
               'Item Four', 'Item Five', 'Item Six',    $
               'Item Seven','Item Eight','Item Nine','Item Ten']
    MyLabel = WIDGET_LABEL(MyBase,VALUE='Please Select: ', XSIZE = 100)
    ;创建滚动列表
    MyDList = WIDGET_LIST(MyBase, VALUE = ListItems, XSIZE=400, YSIZE = 8)
    WIDGET_CONTROL, MyBase, /REALIZE
    XMANAGER, 'Chapter07ListWidget', MyBase
  END
```

程序运行结果如图 7.15 所示。

技巧提示:在列表组件中,用户可以创建快捷菜单,请参阅示例:

D:\RSI\IDL63\examples\widgets\context_list_example. pro

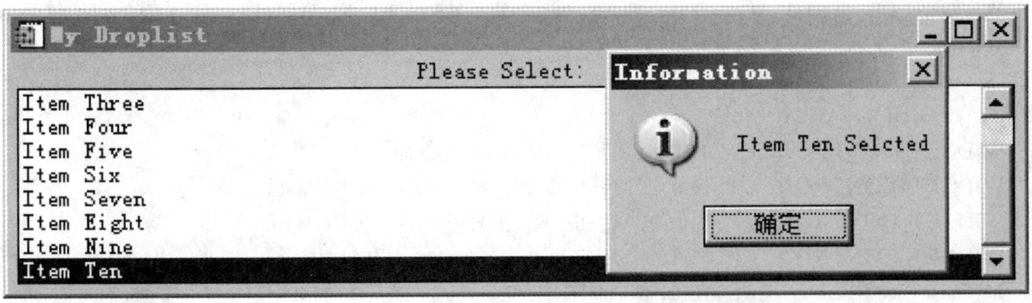

图 7.15　列表组件

7.3.7 滑动条组件 SLIDER

创建滑动条组件 SLIDER 可以使用函数 WIDGET_SLIDER。其用法如下：

格式：Slider_ID = WIDGET_SLIDER([Parent] [, /DRAG] [, EVENT_FUNC = string] [, EVENT_PRO=string] [, FONT=string][, FRAME=width][, FUNC_GET_VALUE=string] [, GROUP_LEADER=widget_id] [, KILL_NOTIFY=string] [, MAXIMUM=value] [, MINIMUM=value] [, /NO_COPY] [, NOTIFY_REALIZE= string] [, PRO_SET_VALUE= string][, SCR_XSIZE=width] [, SCR_YSIZE=height] [, SCROLL=units] [, /SENSITIVE] [, /SUPPRESS_VALUE] [, TITLE=string] [, /TRACKING_EVENTS] [, UNAME=string] [, UNITS={0 | 1 | 2}] [, UVALUE=value] [, VALUE=value] [, /VERTICAL] [, XOFFSET=value] [, XSIZE=value] [, YOFFSET=value] [, YSIZE=value])

功能：创建一个滑动条组件。其返回值为该组件的身份标识，即 ID。

说明：*滑动条组件是用于交互的获取或者设置指定范围内的一个整数值。滑动条事件发生后，用户可以读取滑动条的当前值，还可以设置滑动条的值、最小值和最大值。*

常用参数及其用法如下：

Parent：给出创建滑动条组件的上一级组件的 ID。

常用关键字的格式及其用法(详细用法请参阅 refguide.pdf)如下：

1) [, /DRAG]：当拖动滑块时，用于连续的产生事件。正常情况下，只能产生位置事件，即当用户拖动滑块到一个指定位置，并且释放鼠标后，才产生一个滑动条事件。

2)[, MAXIMUM=value] [, MINIMUM=value]：设置滑动条组件中的最小值和最大值。

3)[, /SUPPRESS_VALUE]：用于禁止显示滑动条组件的滑动块的值。

4)[, SCROLL=units] ：设置当单击滑动条两端的箭头时，滑动块滑动的单位长度。

5)[, /VERTICAL]：用于创建一个垂直滑动条组件。

注意：其他关键字的用法与 WIDGET_BASE 等的用法相同。

【例 7.15】 创建一个包含 3 个 SLIDER 组件和一个 LABEL 组件的 GUI。要求：在 SLIDER 组件中改变滑动块的值时，在下方的 LABEL 组件中显示出当前 SLIDER 的信息。程序如下：

```
; Chapter07SliderWidget.pro
PRO RProcedure, event
  WIDGET_CONTROL, Event.Top, GET_UVALUE= pState
  WIDGET_CONTROL, (*pState).MySliderR, GET_VALUE=RValue ; 获取滑动条的值
  WIDGET_CONTROL, (*pState).MySliderG, GET_VALUE=GValue ; 获取滑动条的值
  WIDGET_CONTROL, (*pState).MySliderB, GET_VALUE=BValue ; 获取滑动条的值
  MyStatus ='RColor:'+ STRTRIM(STRING(RValue),2) +' '+   $
            'GColor:'+ STRTRIM(STRING(GValue),2) +' '+   $
            'BColor:'+ STRTRIM(STRING(BValue),2)
  WIDGET_CONTROL, (*pState).MyLabel, SET_VALUE=MyStatus ;写状态信息到标签的值
  WIDGET_CONTROL, Event.Top, SET_UVALUE= pState
END
PRO GProcedure, event
  WIDGET_CONTROL, Event.Top, GET_UVALUE= pState
  WIDGET_CONTROL, (*pState).MySliderR, GET_VALUE=RValue
  WIDGET_CONTROL, (*pState).MySliderG, GET_VALUE=GValue
  WIDGET_CONTROL, (*pState).MySliderB, GET_VALUE=BValue
  MyStatus ='RColor:' + STRTRIM(STRING(RValue),2) +' '+ $
            'GColor:' + STRTRIM(STRING(GValue),2) +' '+ $
```

```
        'BColor:' + STRTRIM(STRING(BValue),2)
  WIDGET_CONTROL, ( * pState).MyLabel, SET_VALUE=MyStatus
  WIDGET_CONTROL, Event.Top, SET_UVALUE= pState
END
PRO BProcedure, event
  WIDGET_CONTROL, Event.Top, GET_UVALUE= pState
  WIDGET_CONTROL, ( * pState).MySliderR, GET_VALUE=RValue
  WIDGET_CONTROL, ( * pState).MySliderG, GET_VALUE=GValue
  WIDGET_CONTROL, ( * pState).MySliderB, GET_VALUE=BValue
  MyStatus = 'RColor:' + STRTRIM(STRING(RValue),2) +' '+ $
           'GColor:' + STRTRIM(STRING(GValue),2) +' '+ $
           'BColor:' + STRTRIM(STRING(BValue),2)
  WIDGET_CONTROL, ( * pState).MyLabel, SET_VALUE=MyStatus
  WIDGET_CONTROL, Event.Top, SET_UVALUE= pState
END
PRO ExitProcedure, event
  WIDGET_CONTROL, event.TOP, /DESTROY
END
PRO Chapter07SliderWidget
  MyBase =WIDGET_BASE(XSIZE=500,YSIZE=236, TITLE='MyBase')
  MySliderR = WIDGET_SLIDER(MyBase, MINIMUM = 0, MAXIMUM = 255,   $
              TITLE = 'R Color', /FRAME, UVALUE = 'SLIDE', XSIZE = 300,    $
              XOFFSET=100, YOFFSET=20,EVENT_PRO='RProcedure'); 创建滑动条
  MySliderG = WIDGET_SLIDER(MyBase, MINIMUM = 0, MAXIMUM = 255,   $
              TITLE = 'G Color', /FRAME, UVALUE = 'SLIDE', XSIZE = 300,    $
              XOFFSET=100, YOFFSET=60,EVENT_PRO='GProcedure'); 创建滑动条
  MySliderB = WIDGET_SLIDER(MyBase, MINIMUM = 0, MAXIMUM = 255,   $
              TITLE = 'B Color', /FRAME, UVALUE = 'SLIDE', XSIZE = 300,    $
              XOFFSET=100, YOFFSET=100,EVENT_PRO='BProcedure'); 创建滑动条
  MyExit = WIDGET_BUTTON(MyBase, VALUE='Exit',    $   ; 创建按钮
            EVENT_PRO='ExitProcedure', XSIZE=100, YSIZE=30, $
         XOFFSET=200, YOFFSET=150 )
  MyLabel = WIDGET_LABEL(MyBase, XOFFSET=10, SCR_XSIZE=480,   $
           YOFFSET=200,SCR_YSIZE=20,/SUNKEN_FRAME,    $
           VALUE='Happy You! ', /ALIGN_CENTER)
  WIDGET_CONTROL, MyBase, /REALIZE
  pState = PTR_NEW({ MyLabel: MyLabel, MySliderR: MySliderR,    $
                                    MySli-
derG: MySliderG, MySliderB: MySliderB })
  WIDGET_CONTROL, MyBase, SET_
UVALUE=pState
                                    XMANAGER,
'Chapter07SliderWidget', MyBase
END
```

程序运行结果如图 7.16 所示。

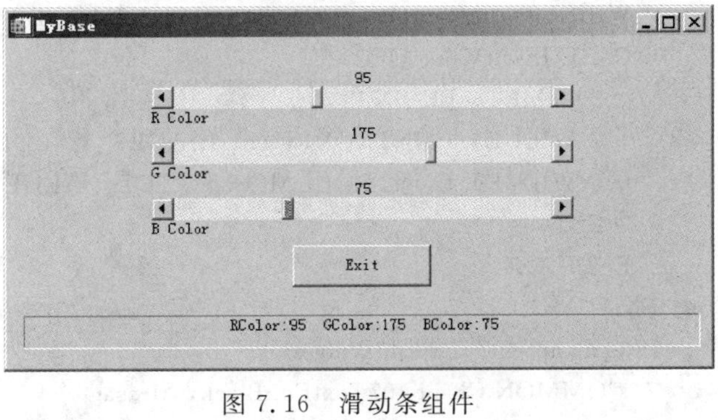

图 7.16　滑动条组件

7.3.8 文本编辑框组件 TEXT

创建文本框组件 TEXT 可以使用函数 WIDGET_TEXT。其用法如下：

格式：Text_ID = WIDGET_TEXT([Parent] [, /ALL_EVENTS] [, /CONTEXT_EVENTS]
[, /EDITABLE] [, EVENT_FUNC=string] [, EVENT_PRO=string] [, FONT=string] [, FRAME=width]
[, FUNC_GET_VALUE =string] [, GROUP_LEADER=widget_id][, KILL_NOTIFY=string]
[, /NO_COPY] [, /NO_NEWLINE] [, NOTIFY_REALIZE=string] [, PRO_SET_VALUE=string]
[, SCR_XSIZE=width] [, SCR_YSIZE=height][, /SCROLL] [, /SENSITIVE] [, /TRACKING_EVENTS]
[, UNAME=string][, UNITS={0 | 1 | 2}] [, UVALUE=value] [, VALUE=value] [, /WRAP]
[, XOFFSET=value][, XSIZE=value][, YOFFSET=value][, YSIZE=value])

功能：创建一个文本编辑框组件。其返回值为该组件的身份标识，即 ID。

说明：用于交互获取或编辑文本内容。当文本框的发生改变后，会产生一个事件。

常用参数及其用法：

Parent：给出创建文本编辑框组件的上一级组件的 ID。

常用关键字的格式及其用法(详细用法请参阅 refguide.pdf)如下：

1)[, /ALL_EVENTS]：当用户改变文本框的内容时，用于产生一个事件。

注意：如果使用了关键字 EDITABLE，则当用户改变文本框的内容或者按了回车键(Enter)时，即使省略了/ALL_EVENTS，也会产生一个事件。

2)[, /EDITABLE]：用于设置文本框处于可编辑状态。

3)[, /NO_NEWLINE]：在编辑多行文本内容时，将在原内容后添加新行。该关键字用于禁止该操作。

4)[, /WRAP]：设置文本框处于自动换行状态。

注意：其他关键字的用法与 WIDGET_BASE 等的用法相同。

【例 7.16】 创建一个包含文本编辑框和三维标签 LABEL 组件的 GUI。要求：当编辑文本编辑框中的内容时，其编辑结果在下方的 LABEL 组件中输出。程序如下：

```
; Chapter07TextEditWidget.pro
PRO Chapter07TextEditWidget_event, event
  COMMON Chapter07TextEditBlock, Message
  WIDGET_CONTROL, event.ID, GET_UVALUE = EventValue
  CASE EventValue OF
    "NAME" : BEGIN
      WIDGET_CONTROL, event.ID, GET_VALUE = NewName ; 读取文本编辑框的值
      WIDGET_CONTROL, Message, SET_VALUE = NewName ; 写入信息文本编辑框
    END
  ENDCASE
END
PRO Chapter07TextEditWidget
  COMMON Chapter07TextEditBlock, Message
```

```
    MyBase = WIDGET_BASE(TITLE = 'My Text Window', /COLUMN)
    MyRow1 = WIDGET_BASE(MyBase, /ROW, /FRAME)
    MyLabel = WIDGET_LABEL(MyRow1, VALUE = 'Name:')
    ;创建文本编辑框
    MyName=WIDGET_TEXT(MyRow1,/EDITABLE,XSIZE=95,YSIZE=1,UVALUE='NAME')
    MyRow2 = WIDGET_BASE(MyBase, /ROW, /FRAME)
    MessageLabel = WIDGET_LABEL(MyRow2, VALUE = 'Message: ')
    Message=WIDGET_TEXT(MyRow2,VALUE='Enter a name and press RETURN. ',    $
      XSIZE = 90, YSIZE = 1, UVALUE = 'MESSAGE')
    WIDGET_CONTROL, MyBase, /REALIZE
    XMANAGER, 'Chapter07TextEditWidget', MyBase, /NO_BLOCK
END
```

程序运行结果如图 7.17 所示。

图 7.17　文本编辑框

【例 7.17】 创建一个包含标签和文本编辑框的 GUI。要求在文本编辑框上创建一个快捷菜单，菜单的功能是用于改变文本编辑框前边的标签的内容。程序如下：

```
; Chapter07TextContextWidget.pro
PRO CTE_ColumnEvent, event ;列事件处理
  titleLabel = WIDGET_INFO(event.TOP, FIND_BY_UNAME = 'xyLabel')
  WIDGET_CONTROL, titleLabel, SET_VALUE = 'Column: '
END
PRO CTE_RowEvent, event ;行事件处理
  titleLabel = WIDGET_INFO(event.TOP, FIND_BY_UNAME = 'xyLabel')
  WIDGET_CONTROL, titleLabel, SET_VALUE = 'Row: '
END
PRO CTE_DoneEvent, event
  WIDGET_CONTROL, event.TOP, /DESTROY
END
PRO CTE_TextEvents, event ;快捷菜单列事件处理
  IF (TAG_NAMES(event,/STRUCTURE_NAME) EQ 'WIDGET_CONTEXT') THEN BEGIN
    contextBase = WIDGET_INFO(event.TOP, FIND_BY_UNAME = 'contextMenu')
    WIDGET_DISPLAYCONTEXTMENU, event.ID, event.X, event.Y, contextBase
  ENDIF ELSE BEGIN
    WIDGET_CONTROL, event.ID, GET_VALUE = textString
    ON_IOERROR, badnum
    IF ((FIX(textString) GE 0) AND (FIX(textString) LE 360)) THEN BEGIN
      textValue = FIX(textString)
  ENDIF ELSE BEGIN
      badnum:
```

```
      dialog=DIALOG_MESSAGE('Please enter a number between 0 and 360')
      WIDGET_CONTROL, event.ID, SET_VALUE=''
      RETURN
  ENDELSE
    titleLabel = WIDGET_INFO(event.TOP, FIND_BY_UNAME = 'xyLabel')
    WIDGET_CONTROL, titleLabel, GET_VALUE = MyLabel
    MyMessage = MyLabel + textString
    Result = DIALOG_MESSAGE( MyMessage, /INFORMATION)
  ENDELSE
END
PRO Chapter07TextContextWidget
  topLevelBase = WIDGET_BASE(/COLUMN)
  bigBase = WIDGET_BASE(topLevelBase, /COLUMN, /FRAME)
  bigLabel = WIDGET_LABEL(bigBase,VALUE='Enter a number between 1-360', $
         /DYNAMIC_RESIZE)
  textBase = WIDGET_BASE(bigBase, /ROW)
  titleLabel = WIDGET_LABEL(textBase, VALUE = 'My Title: ',   $
             /DYNAMIC_RESIZE, UNAME = 'xyLabel')
  locationText = WIDGET_TEXT(textBase, VALUE = '180',   $
               /EDITABLE,   UNAME = 'xyText', /CONTEXT_EVENTS,   $
               UVALUE = location, EVENT_PRO = 'CTE_TextEvents',XSIZE = 80)
  ;创建快捷菜单
  contextBase=WIDGET_BASE(topLevelBase, /CONTEXT_MENU, UNAME='contextMenu')
  columnButton = WIDGET_BUTTON(contextBase,   $
                VALUE = 'Column', EVENT_PRO = 'CTE_ColumnEvent')
  rowButton = WIDGET_BUTTON(contextBase,   $
           VALUE = 'Row', EVENT_PRO = 'CTE_RowEvent')
  doneButton = WIDGET_BUTTON(contextBase, VALUE = 'Done',   $
           /SEPARATOR, EVENT_PRO = 'CTE_DoneEvent')
  WIDGET_CONTROL, topLevelBase, /REALIZE
  XMANAGER, 'Chapter07TextContextWidget', topLevelBase
END
```

程序运行结果如图 7.18 所示。

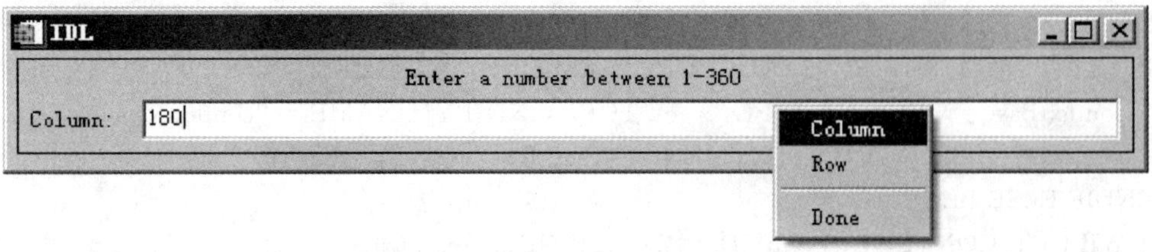

图 7.18 文本编辑框的快捷菜单

7.3.9 树结构组件 TREE

创建树结构组件 TREE 可以使用函数 WIDGET_TREE。其用法如下：

格式:Tree_ID = WIDGET_TREE([Parent] [,EVENT_FUNC=string][, /EXPANDED] [,/A-

LIGN_BOTTOM|,/ALIGN_CENTER|,/ALIGN_LEFT|,/ALIGN_RIGHT|,/ALIGN_TOP] [,BITMAP=array][,/CONTEXT_EVENTS] [,EVENT_PRO=string] [, /FOLDER][, /MULTIPLE] [, FUNC_GET_VALUE=string] [, GROUP_LEADER=widget_id] [, KILL_NOTIFY=string] [, /NO_COPY] [, NOTIFY_REALIZE=string] [, PRO_SET_VALUE=string][, /SENSITIVE] [, SCR_XSIZE=width] [, SCR_YSIZE=height][, /TRACKING_EVENTS] [, /TOP] [, UNAME=string] [, UNITS={0 | 1 | 2}] [, UVALUE=value] [, VALUE=string] [, XOFFSET=value] [, XSIZE=value] [, YOFFSET=value] [, YSIZE=value])

功能:创建一个树结构组件。其返回值为该组件的身份标识,即 ID。

说明:树结构组件是用于在树结构中,通过单击或者双击树结构中的节点来控制程序的分支运行。当用户单击或者双击树结构中的节点后,会产生一个事件。

常用参数及其用法:

Parent:给出创建树结构组件的上一级组件的 ID。

常用关键字的格式及其用法(详细用法请参阅 refguide. pdf)如下:

1)[, BITMAP=array]:给出树结构中节点右侧的图标。array 是一个表示 RGB 图像的 16×16×3 数组。

2)[, /EXPANDED]:用于设置文件夹节点处于打开状态。

3)[, /FOLDER]:用于创建树结构中的文件夹节点。

4)[, /MULTIPLE]:设置树结构中的节点处于可以多选状态。

5)[, /TOP]:用于设置创建的树节点处在其父节点的所有子节点的最上面。其默认值是在最下方。

注意:其他关键字的用法与 WIDGET_BASE 等的用法相同。

【例 7.18】 创建一个包含树结构的 GUI。要求:当用户双击树结构的页节点时,则页节点的值由 ON 变 OFF,或者由 OFF 变 ON。程序如下:

```
; Chapter07TreeWidget. pro
  PRO Chapter07TreeWidget_event, ev
    WIDGET_CONTROL, ev. ID, GET_UVALUE=uName
    IF (N_ELEMENTS(uName) NE 0) THEN BEGIN
      IF (uName EQ 'LEAF') THEN BEGIN
        IF (ev. CLICKS EQ 2) THEN TWE_ToggleValue, ev. ID
      ENDIF
      IF (uName EQ 'DONE') THEN WIDGET_CONTROL, ev. TOP, /DESTROY
    ENDIF
  END
  PRO TWE_ToggleValue, widID ; 节点值处理
    WIDGET_CONTROL, widID, GET_VALUE=curVal
    full_string = STRSPLIT(curVal, ':', /EXTRACT)
    full_string[1] = (full_string[1] EQ ' Off') ? ': On' : ': Off'
    WIDGET_CONTROL, widID, SET_VALUE=STRJOIN(full_string)
  END
  PRO Chapter07TreeWidget
    wTLB = WIDGET_BASE(/COLUMN,TITLE=' My Tree',XSIZE=600,YSIZE=160 )
    wTree = WIDGET_TREE(wTLB) ; 创建树结构组件
    wtRoot = WIDGET_TREE(wTree, VALUE='Root', /FOLDER, /EXPANDED) ; 创建树结构根节点
    ; 创建树结构页节点
    wtLeaf11 = WIDGET_TREE(wtRoot, VALUE='Setting 1-1: Off', UVALUE='LEAF')
    ; 创建树结构分支节点
```

```
  wtBranch12 = WIDGET_TREE(wtRoot,VALUE='Branch 1-2', /FOLDER,/EXPANDED)
  wtLeaf121 = WIDGET_TREE(wtBranch12, VALUE='Setting 1-2-1: Off', UVALUE='LEAF')
  wtLeaf122 = WIDGET_TREE(wtBranch12, VALUE='Setting 1-2-2: Off', UVALUE='LEAF')
  wtLeaf13 = WIDGET_TREE(wtRoot, VALUE='Setting 1-3: Off', UVALUE='LEAF')
  wtLeaf14 = WIDGET_TREE(wtRoot, VALUE='Setting 1-4: Off', UVALUE='LEAF')
  wDone = WIDGET_BUTTON(wTLB, VALUE="Done", UVALUE='DONE')
  WIDGET_CONTROL, wTLB, /REALIZE
  XMANAGER, 'Chapter07TreeWidget', wTLB, /NO_BLOCK
END
```

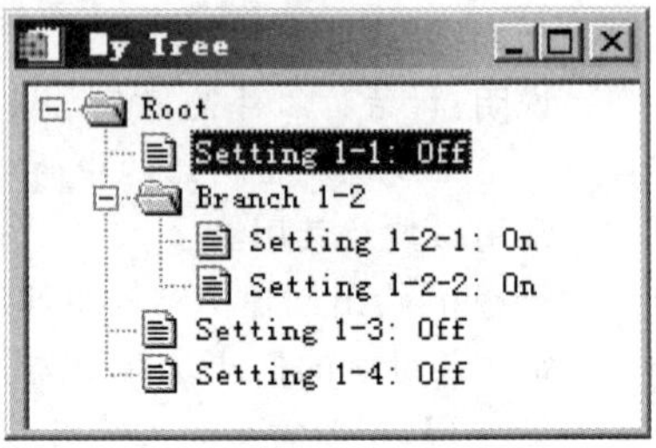

图 7.19　树结构

程序运行结果如图 7.19 所示。

【思考题】 把双击树结构页节点的操作改为单击，且实现同样的功能，该怎么实现。

提示： 只需把 IF (ev.CLICKS EQ 2) THEN TWE_ToggleValue, ev.ID 改为 IF (ev.CLICKS EQ 1) THEN TWE_ToggleValue, ev.ID 。

7.3.10　页面组件 TAB

创建页面组件 TAB 可以使用函数 WIDGET_TAB。其用法如下：

格式： Tab_ID = WIDGET_TAB([Parent]
[,/ALIGN_BOTTOM |,/ALIGN_CENTER |,/ALIGN_LEFT |,/ALIGN_RIGHT |,/ALIGN_TOP]
[, EVENT_FUNC=string] [, EVENT_PRO=string] [, FUNC_GET_VALUE=string]
[, GROUP_LEADER=widget_id] [, KILL_NOTIFY=string]
[, LOCATION={0|1|2|3}] [, MULTILINE= 0|1] [, /NO_COPY]
[, NOTIFY_REALIZE=string][, PRO_SET_VALUE=string] [, SCR_XSIZE=width]
[, SCR_YSIZE=height] [, /SENSITIVE] [, /TRACKING_EVENTS]
[, UNAME=string] [,UNITS={0 | 1 | 2}] [,UVALUE=value] [,XOFFSET=value]
[, XSIZE=value] [, YOFFSET=value] [, YSIZE=value])

功能： 创建一个页面组件。其返回值为该组件的身份标识，即 ID。

常用参数及其用法：

Parent：给出创建页面组件的上一级组件的 ID。

常用关键字的格式及其用法（详细用法请参阅 refguide.pdf）如下：

1)[, LOCATION={0|1|2|3}]：设置页面在页面组件中的位置分别为上方(0)、下方(1)、左边(2)和右边(3)

2)[, MULTILINE= 0 | 1]：用于设置页面在页面组件中支持多行显示。

注意： 其他关键字的用法与 WIDGET_BASE 等的用法相同。

【例 7.19】 创建包含 3 个页面的页面组件 GUI。程序如下：

```
; Chapter07TabWidget.pro
PRO MyCheck, ev
  WIDGET_CONTROL, ev.TOP, GET_UVALUE=stash
  IF ev.SELECT EQ 1 THEN BEGIN
    Result=DIALOG_MESSAGE('SWITCH is Selected! ',/INFORMATION)
  ENDIF ELSE BEGIN
    Result=DIALOG_MESSAGE("SWITCH isn't Selected! ",/INFORMATION)
```

```
  ENDELSE
END
PRO MySlider, ev
  WIDGET_CONTROL, ev.TOP, GET_UVALUE=stash
  WIDGET_CONTROL, ev.ID, GET_VALUE = SliderValue
  SliderValue = STRTRIM(STRING(SliderValue),2)
  Result=DIALOG_MESSAGE('Slider value:'+SliderValue,/INFORMATION)
END
PRO MyText, ev
  WIDGET_CONTROL, ev.TOP, GET_UVALUE=stash
  WIDGET_CONTROL, ev.ID, GET_VALUE = TextValue
  Result=DIALOG_MESSAGE('TextValue:'+TextValue,/INFORMATION)
END
PRO Chapter07TabWidget_event, ev
  WIDGET_CONTROL, ev.TOP, GET_UVALUE=stash
  IF (ev.ID EQ stash.bDone) THEN WIDGET_CONTROL, ev.TOP, /DESTROY
END
PRO Chapter07TabWidget, LOCATION=location
  wTLB = WIDGET_BASE(/COLUMN, /BASE_ALIGN_TOP, XSIZE=590,YSIZE=160)
  wTab = WIDGET_TAB(wTLB, LOCATION=location, XSIZE=560,YSIZE=100) ;创建页面
  wT1 = WIDGET_BASE(wTab, TITLE='TAB 1', /NONEXCLUSIVE,/ROW) ;创建页面 1
  wCB = WIDGET_BUTTON(wT1, VALUE='SWITCH', EVENT_PRO='MyCheck')
  wT2 = WIDGET_BASE(wTab, TITLE='TAB 2', /COLUMN) ;创建页面 2
  wLabel = WIDGET_LABEL(wT2, VALUE='Move the Slider')
  wSlider = WIDGET_SLIDER(wT2, EVENT_PRO='MySlider',XSIZE=520)
  wT3 = WIDGET_BASE(wTab, TITLE='TAB 3', /COLUMN) ;创建页面 3
  wLabel = WIDGET_LABEL(wT3, VALUE='Enter some text')
  wText=WIDGET_TEXT(wT3,/EDITABLE,EVENT_PRO='MyText',XSIZE=90)
  wControl = WIDGET_BASE(wTLB, /ROW)
  bDone = WIDGET_BUTTON(wControl, VALUE='Done')
  stash = { bDone:bDone, wCB:wCB, wSlider:wSlider,wText:wText }
  WIDGET_CONTROL, wTLB, /REALIZE
  WIDGET_CONTROL, wTLB, SET_UVALUE=stash
  XMANAGER, 'Chapter07TabWidget', wTLB, /NO_BLOCK
END
```

程序运行结果如图 7.20 所示。

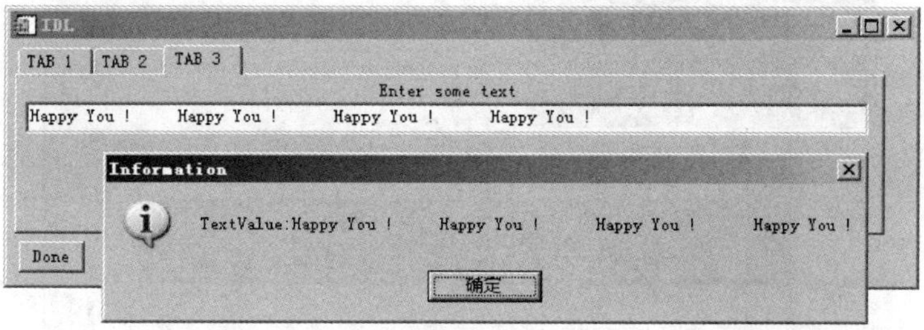

图 7.20　页面组件 GUI

7.3.11 表格组件 TABLE

创建表格组件 TABLE 可以使用函数 WIDGET_TABLE。其用法如下：

格式：Table_ID = WIDGET_TABLE([Parent] [, ALIGNMENT={0 | 1 | 2}] [, /ALL_EVENTS] [, COLUMN_LABELS=string_array][, ROW_LABELS=string_array] [, COLUMN_WIDTHS=array] [, /DISJOINT_SELECTION][, /EDITABLE] [, EVENT_FUNC=string] [, EVENT_PRO=string] [, FONT=string] [, FORMAT=value] [, FRAME=width] [, FUNC_GET_VALUE=string] [, GROUP_LEADER=widget_id] [, KILL_NOTIFY=string] [, /NO_COPY] [, /NO_HEADERS] [, NOTIFY_REALIZE=string] [, PRO_SET_VALUE = string][, /RESIZEABLE_COLUMNS] [, SCR_XSIZE=width] [, SCR_YSIZE=height] [, /SCROLL] [, /SENSITIVE] [, /TRACKING_EVENTS] [, UNAME=string] [, UNITS={0|1|2}] [, UVALUE=value] [, VALUE=value] [, XOFFSET=value] [, XSIZE=value] [, X_SCROLL_SIZE=width] [, YOFFSET=value] [, YSIZE=value] [, Y_SCROLL_SIZE=height])

功能：创建一个表格组件。其返回值为该组件的身份标识，即 ID。

说明：交互获取或者编辑表格的内容。当表格内容发生改变后，会产生一个事件。

常用参数及其用法如下：

Parent：给出创建表格组件的上一级组件的 ID。

常用关键字的格式及其用法（详细用法请参阅 refguide. pdf）如下：

1)[, ALIGNMENT={0 | 1 | 2}]：用于设置表格中数据的对齐方式分别为：左对齐(0)、居中(1)、右对齐。

2)[, COLUMN_LABELS=string_array][, ROW_LABELS=string_array]：用于设置表格的列标签和行标签。其默认值为“Column n”和“Row n”。

3)[, COLUMN_WIDTHS=array]：设置表格列宽。若 array 为一个值，则所有列相等。

4)[, /DISJOINT_SELECTION]：设置表格的表元支持不连续选择。默认值为不支持。

5)[, FORMAT=value]：设置表中数据格式。用法同 PRINT 的 FORMAT 的用法。

6)[, /NO_HEADERS]：设置表中不显示表头区。注意其列标签和行标签仍然显示。

7)[, /RESIZEABLE_COLUMNS]：设置表格中列宽可以调整大小。

注意：其他关键字的用法与 WIDGET_BASE 等的用法相同。

【例 7.20】 创建包含绘图区、文本区、按钮组和表格（见图 7.21）的 GUI。要求：

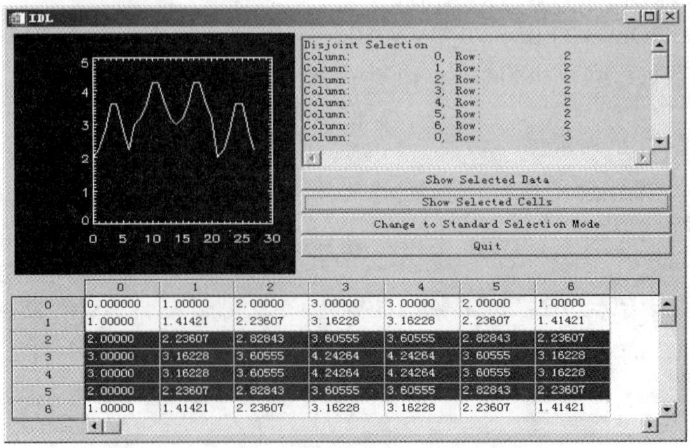

图 7.21 表格组件 GUI

(1)表格中的数据支持连续和不连续选区；

(2)通过按钮组，可以在绘图区绘制选择的数据；

(3)通过按钮组，可以在列表区显示选择的数据；

(4)通过按钮组，可以在列表区显示选择数据的位置；

(5)通过按钮组，可以切换表格中数据的连续和不连续选择方式。程序如下：

```
; Chapter07TableWidget.pro
PRO Chapter07TableWidget_event, ev ;事件分支处理
  WIDGET_CONTROL, ev.top, GET_UVALUE=stash
  disjoint = WIDGET_INFO(stash.table, /TABLE_DISJOINT_SELECTION)
  selection = WIDGET_INFO(stash.table, /TABLE_SELECT) ;获取表格选择操作
  IF (selection[0] ne -1) THEN hasSelection = 1 ELSE hasSelection = 0
  IF (hasSelection) THEN   $    ;测试表格选择信息
    WIDGET_CONTROL,stash.table,GET_VALUE=value,/USE_TABLE_SELECT ;获取表格选择
数据
  IF ((ev.ID eq stash.table) AND hasSelection) THEN BEGIN
    WSET, stash.draw   &   PLOT, value
  ENDIF
  IF ((ev.ID eq stash.b_value) AND hasSelection) THEN BEGIN
    IF (disjoint eq 0) THEN BEGIN
      WIDGET_CONTROL, stash.text, SET_VALUE=STRING(value, /PRINT)
    ENDIF ELSE BEGIN
      WIDGET_CONTROL, stash.text, SET_VALUE=STRING(value)
    ENDELSE
  ENDIF
IF ((ev.ID eq stash.b_select) AND hasSelection) THEN BEGIN
  IF (disjoint eq 0) THEN BEGIN
    list0 = 'Standard Selection'
    list1 = 'Left: ' + STRING(selection[0])
    list2 = 'Top: ' + STRING(selection[1])
    list3 = 'Right: ' + STRING(selection[2])
    list4 = 'Bottom: ' + STRING(selection[3])
    list = [list0, list1, list2, list3, list4]
  ENDIF ELSE BEGIN
    n = N_ELEMENTS(selection)
    list = STRARR(n/2+1)   &   list[0] = 'Disjoint Selection'
    FOR j=0,n-1,2 DO BEGIN
      list[j/2+1] = 'Column: ' + STRING(selection[j]) +   $
        ', Row: ' + STRING(selection[j+1])
    ENDFOR
  ENDELSE
  WIDGET_CONTROL, stash.text, SET_VALUE=list
ENDIF
  IF (ev.ID eq stash.b_change) THEN BEGIN
    IF (disjoint eq 0) THEN BEGIN
      WIDGET_CONTROL, stash.table, TABLE_DISJOINT_SELECTION=1
```

```
      WIDGET_CONTROL, stash.b_change,   $
        SET_VALUE='Change to Standard Selection Mode'
    ENDIF ELSE BEGIN
      WIDGET_CONTROL, stash.table, TABLE_DISJOINT_SELECTION=0
      WIDGET_CONTROL, stash.b_change,   $
        SET_VALUE='Change to Disjoint Selection Mode'
      ENDELSE
    ENDIF
  IF (ev.ID eq stash.b_quit) THEN WIDGET_CONTROL, ev.TOP, /DESTROY
END
PRO Chapter07TableWidget
  data = DIST(7)
  help = ['Select data from the table below using the mouse.']
  base = WIDGET_BASE(/COLUMN)
  subbase1 = WIDGET_BASE(base, /ROW)
  draw = WIDGET_DRAW(subbase1, XSIZE=250, YSIZE=250) ; 创建绘图区
  subbase2 = WIDGET_BASE(subbase1, /COLUMN)
  text = WIDGET_text(subbase2, XS=50, YS=8, VALUE=help, /SCROLL) ; 创建文本编辑区
  b_value = WIDGET_BUTTON(subbase2, VALUE='Show Selected Data')
  b_select = WIDGET_BUTTON(subbase2, VALUE='Show Selected Cells')
  b_change = WIDGET_BUTTON(subbase2,   $
    VALUE='Change to Disjoint Selection Mode')
  b_quit = WIDGET_BUTTON(subbase2, VALUE='Quit')
  table = WIDGET_TABLE(base, VALUE=data, /ALL_EVENTS) ; 创建表格组件
  WIDGET_CONTROL, base, /REALIZE
  WIDGET_CONTROL, draw, GET_VALUE=drawID
  stash = {draw:drawID, table:table, text:text, b_value:b_value,    $
        b_select:b_select, b_change:b_change, b_quit:b_quit}
  WIDGET_CONTROL, base, SET_UVALUE=stash
  XMANAGER, 'Chapter07TableWidget', base
END
```

7.3.12 GUI 的激活

用户创建的 GUI 是一个由顶层 BASE(根结点)和它的下级节点组成的树状结构。GUI 创建好之后,必须激活才能显示出来。激活的方法是使用带关键字/REALIZE 的过程 WIDGET_CONTROL。

格式:WIDGET_CONTROL, TopBase_ID, /REALIZE

功能:激活并显示由 TopBase_ID 指定的顶级 BASE 和它的下级节点组成的 GUI。

说明:详细用法见 7.3.15 节。TopBase_ID 为顶级 BASE 的 ID。

7.3.13 GUI 的循环控制

由于 GUI 是用户和程序之间交互控制的界面,所以在程序运行过程中,需要多次调用 GUI 来实现程序的交互控制和数据的交互传递,因此需要对 GUI 进行循环控制。

GUI 循环控制的方法是使用过程 XMANAGER。其用法如下：

格式：XMANAGER ，Name，ID [，CLEANUP＝string] [，/NO_BLOCK]
　　[，EVENT_HANDLER＝ 'procedure_name'] [，GROUP_LEADER＝widget_id]

功能：循环控制程序 Name 中由 ID 指定的顶级 BASE 和它的下级节点组成的 GUI。

常用参数及其用法如下：

1)Name：用于给出需要循环控制的过程的名称。

注意：只需要给出主文件名即可。

2)ID：用于给出需要循环控制的 GUI 的顶级 BASE 的 ID。

常用关键字的格式及其用法(详细用法请参阅 refguide.pdf)如下：

1)[，CLEANUP＝string]：用于给出在删除 GUI 时需要调用的过程的名称。

2)[，/NO_BLOCK]：设置在程序运行过程中，是否禁用 IDL 系统的命令编辑行。其默认值为禁用。

3)[，EVENT_HANDLER＝'procedure_name']：用于给出在循环控制的 GUI 中有事件发生时，需要调用的过程的名称。

技巧提示：若省略该关键字，则程序会自动调用由 Name、下划线(_)和 EVENT 组成的默认过程。即调用名称为 Name_EVENT 的过程，同时接受一个事件参数(即发生的事件)。

例如：如果循环控制的过程为 Chapter07TableWidget.pro，则当循环控制的 GUI 中有事件发生时，自动调用的过程为 Chapter07TableWidget_EVENT.pro。其使用格式如下：

```
PRO Chapter07TableWidget_EVENT, MyEvent
  语句序列
END
```

其中，MyEvent 是指具体发生的事件。MyEvent 是一个记录事件信息的结构变量。

注意：其他关键字的用法与 WIDGET_BASE 等的用法相同。

例如：如果循环控制的 GUI 的顶级 BASE 为 MyBase，循环控制的过程为 Chapter07TableWidget.pro，删除 GUI 时需要调用的过程为 Chapter07MyCleanUp.pro，GUI 中有事件发生时调用的过程为 Chapter07MyHandle.pro，同时要求不禁止命令编辑行的使用，则循环控制该 GUI 的格式如下：

```
XMANAGER,'Chapter07TableWidget',MyBase,CLEANUP='Chapter07MyCleanUp'   $
              , EVENT_HANDLER= 'Chapter07MyHandle', /NO_BLOCK
```

7.3.14　GUI 的事件处理

用户在对 GUI 进行循环控制的过程中，需要对 GUI 中的组件进行多种操作(例如：单击触发按钮)，而每一种操作都会产生一个事件，用户则根据产生的事件来调用与之相对应的过程，从而实现相应的处理。等到过程运行结束后，再返回 GUI 让，用户再进行下一个操作，直到退出 GUI。这就是应用程序运行的全过程。

1. 事件和事件结构

(1)事件。事件是指在 GUI 中对组件进行的具体操作。例如：单击鼠标、移动鼠标等。由于对不同组件的不同操作会产生不同的事件，所以事件本身包含了一系列的具体信息，用来记录和区分所发生的不同事件。因此用户在对事件进行处理之前，必须分析清楚事件的结构信息，然后再对其进行相应的操作。

事件是用户和过程(或函数)之间的桥梁。用户需要使用事件来实现过程的调用。

(2)事件结构。事件是一个记录事件信息的结构变量，它有固定的结构。事件结构的格式如下：

{ WIDGET，ID:0L，TOP:0L，HANDLER:0L，... }

说明：根据事件的结构可以知道，每一个事件均有一个事件名 WIDGET 和 3 个基本成员 ID，TOP 和 HANDLER，它们的初始值均为长整型数据 0。其具体用法如下：

1)WIDGET：用于说明事件的名称。

2)ID:用于给出产生事件的组件的ID。

3)TOP:用于给出产生事件的组件的顶级BASE组件的ID。

4)HANDLER:用于给出产生事件后所调用的函数或者过程的句柄,即函数或过程的标识ID。在使用时该标识ID与相应的函数或者过程相连。从而调用相应的函数或过程。

在事件结构中除了上述公共的成员外,不同的事件还含有其他的用于记录事件信息的成员。GUI中的每一个组件的事件均有相应的事件结构(注意:一个组件可以产生多个不同事件),下面以列表组件LIST和下拉列表组件DROPLIST为例说明事件的用法。其他组件的事件结构,请参阅附录A。

例如:下拉列表组件DROPLIST的事件结构如下:

{ WIDGET, ID:0L, TOP:0L, HANDLER:0L, INDEX:0L }

其中,结构成员INDEX用于记录用户在下拉列表选项中所选择选项的索引号(即序号)。选项的索引号是从零开始编号,即下拉列表中各选项的索引号从上到下依次为:0,1,2…。因此用户可以通过INDEX的值来判断用户选择的是哪一个列表选项,从而进行相应的处理,调用相应的函数或者过程。

例如:列表组件LIST的事件结构如下:

{ WIDGET, ID:0L, TOP:0L, HANDLER:0L, INDEX:0L, CLICKS:0L }

其中,结构成员CLICKS用于记录用户在列表选项中选择某一选项时,是使用单击(值为1),还是双击(值为2),从进行相应的处理,调用相应的函数或者过程。

(3)事件结构信息的获取。用户要想获得有关事件的结构信息,可以在事件Event产生后使用以下方法:

方法1:使用带关键字/STRUCTURE的HELP命令。:

格式:HELP, Event, /STRUCTURE

方法2:使用WIDGET_EVENT过程。:

格式: MyEvent = WIDGET_EVENT(Widget_ID)

说明:返回组件Widget_ID的事件的结构信息。并存放到事件结构变量MyEvent中。

2. 事件处理

在GUI中,用户一旦对组件进行了某一个具体的操作,则就会产生一个相应的事件,该事件的具体信息存放在该事件的结构变量中。因此用户可以通过事件结构变量的值来判断用户进行了何种操作,从而进行相应的处理,调用相应的函数或者过程。该过程即为事件处理。

事件处理是指用户在对GUI中的组件进行操作后,根据所产生的事件结构来进行相应处理的过程。

事件处理的具体方法有以下几种:

(1)在创建组件时,使用产生事件的关键字指定产生事件后所调用的过程或函数。

常用的产生事件的关键字有(其用法请参阅前面章节的详细介绍):

[, EVENT_FUNC=string]	[, EVENT_PRO=string]
[, FUNC_GET_VALUE=string]	[, KILL_NOTIFY=string]
[, NOTIFY_REALIZE=string]	[, PRO_SET_VALUE=string]
[, /TRACKING_EVENTS]	[, /TLB_ICONIFY_EVENTS]
[, /TLB_KILL_REQUEST_EVENTS]	[, /TLB_MOVE_EVENTS]
[, /TLB_SIZE_EVENTS]	[, /PUSHBUTTON_EVENTS]
[, /BUTTON_EVENTS]	[, /EXPOSE_EVENTS]
[, /MOTION_EVENTS]	[, /ALL_EVENTS]

例如:在顶级MyBase中,创建按钮MyButton,指定当单击事件产生后所调用的过程为MyProcedure.pro,则可以使用如下命令:

MyButtonID = WIDGET_BUTTON(MyBase, EVENT_PRO = 'MyProcedure')

(2)在循环控制命令XMANAGER中,直接指定事件产生后所调用的过程或者函数。其详细用法请参阅7.3.13。

(3)在事件产生后,根据事件结构变量的值,调用相应的过程或者函数。

格式:事件名称.事件成员名称

其详细用法请参阅前面各个小节中的例题。

例如:在使用 WIDGET_DRAW 创建的绘图区组件中,设置鼠标在绘图区内的移动事件,同时获取当前鼠标的位置。其程序段如下:

```
PRO MyProcedure, DrawEvent
    MyCursorPosition = [ DrawEvent.X, DrawEvent.Y ]
    PRITN, MyCursorPosition
END
PRO MyMainProcedure
    … … … … …
    MyDrawID = WIDGET_DRAW (MyBase,EVENT_PRO='MyProcedure',/MOTION_EVENTS)
    … … … … …
    WIDGET_CONTROL, MyBase, /REALIZE
    XMANAGER , 'MyMainProcedure', MyBase, /NO_BLOCK
END
```

7.3.15　GUI 组件的控制

在对 GUI 进行循环控制的过程中,用户需要对 GUI 中组件的属性进行编辑修改或重新设置。控制属性的命令有 WIDGET_CONTROL,WIDGET_INFO 和 TAG_NAMES。

1. 结构名称和成员名称的获取 TAG_NAMES

由于每一个事件均对应一个用于记录事件信息的结构变量,所以在进行事件处理时,搞清楚事件结构的名称和事件结构中所有成员的名称是非常重要的。用 TAG_NAMES 可以获取这些信息。

格式:TAG_NAMES(StructureVariable [, /STRUCTURE_NAME])

功能:返回指定结构的结构名称和结构中所有成员的名称。

说明:省略关键字/STRUCTURE_NAME 时,返回结构名称;否则返回结构中所有成员的名称。其中 StructureVariable 用于给出指定的结构变量。

例如:任意创建一个结构变量,要求获取并输出该结构变量的结构名称和结构中所有成员的名称。其操作命令如下:

```
IDL>MyStructure = {MyScreenSizePixel, MyWidth:1024L, MyHight:800L }
IDL>MyStructureName = TAG_NAMES( MyStructure, /STRUCTURE_NAME )
IDL>MyStruxtureElementName = TAG_NAMES( MyStructure )
IDL>PRINT,'结构名称:',MyStructureName,'成员名称:',MyStruxtureElementName
```

输出结果如下:

```
结构名称:MYSCREENSIZEPIXEL        成员名称: MYWIDTH MYHIGHT
```

2. 组件信息的获取 WIDGET_INFO

在一个 GUI 中,如果用户需要获取该 GUI 中每一个组件的详细信息,使用函数 WIDGET_INFO 是最有效的方法。其用法如下:

格式: MyWidgetInfo = WIDGET_INFO(Widget_ID [, 关键字])

功能:获取 GUI 中每一个组件的详细信息。

说明:该函数用于获取指定组件的各种信息。当用户选择不同的关键字时,可以获取不同的信息。

常用参数及其用法如下:

Widget_ID:给出需要获取组件信息的组件的 ID。

常用关键字的格式及其用法(详细用法请参阅 refguide.pdf)如下:

1)[, /ACTIVE]:若至少有一个被激活和循环控制的组件,则返回 1;否则返回 0。

2)[, /CHILD]:返回指定 ID 的第一个下一级(子组件)组件的 ID。

3)[, /EVENT_FUNC]:返回与指定 ID 相关联的事件函数的函数名。

4)[, /EVENT_PRO]:返回与指定 ID 相关联的事件过程的过程名。

5)[, FIND_BY_UNAME=string]:在创建的 GUI 树状组件结构中,从 Widget_ID 指定的组件开始的下面各级组件中,查找 UNAME 的值为 string 的组件,若查找的组件存在,则返回该组件的 ID(若存在多个,则返回第一个组件的 ID);否则返回 0。

技巧提示:该关键字常用于事件的分支处理。优点是不需要使用公共块和全程结构变量,就可以实现复杂 GUI 中多种事件的分支控制处理。用法如下:

(ⅰ)使用带关键字 EVENT_HANDLER 的 XMANAGER 指定事件处理过程,即

XMANAGER , Name, ID , EVENT_HANDLER= 'procedure_name'

(ⅱ)在指定过程 procedure_name 中,通过产生事件 Event 的顶级 BASE,在顶级 BASE 的组件树状结构中按照指定的 UNAME 的值找到相应的组件,并返回其 ID,即

WidgetID = WIDGET_INFO(event.TOP, FIND_BY_UNAME = 组件 UNAME 的值)

(ⅲ)根据找到的组件进行事件的分支处理。

6)[, /FONTNAME]:返回指定组件所使用的字体的名称。

7)[, /GEOMETRY]:以结构变量返回指定组件的位置、大小等属性值。其结构如下:

```
{ WIDGET_GEOMETRY, XOFFSET:0.0, YOFFSET:0.0, XSIZE:0.0, YSIZE:0.0,   $
  SCR_XSIZE:0.0, SCR_YSIZE:0.0, DRAW_XSIZE:0.0,    $
  DRAW_YSIZE:0.0, MARGIN:0.0, XPAD:0.0, YPAD:0.0,SPACE:0.0 }
```

8)[, /MANAGED]:若指定组件被循环控制,则返回 1;否则返回 0。

9)[, /MAP]:返回指定组件的可见(屏幕上可见)性。若可见则返回 1;否则返回 0。

10)[, /NAME]:返回指定组件的类型名。其值只能为下列名称之一:

BASE	BUTTON	COMBOBOX	DRAW	DROPLIST	LABEL	LIST
PROPERTYSHEET	SLIDER	TAB	TABLE	TEXT	TREE	

技巧提示:该关键字常常与 FIND_BY_UNAME 配合使用,用于事件的分支处理。

11)[, /PARENT]:返回指定组件的上一级组件的(父组件)ID。

12)[, /REALIZED]:返回指定组件的激活状态。若被激活则返回 1;否则返回 0。

13)[, /SENSITIVE]:返回指定组件的敏感状态(是否可以操作)。若敏感则返回 1;否则返回 0。

14)[, /SIBLING]:返回指定组件的兄弟组件的 ID。若有多个,则返回第一个 ID;若没有,则返回 0。

15)[, /TRACKING_EVENTS]:返回指定组件的跟踪事件状态。若跟踪有效返回 1;否则返回 0。

16)[, /TYPE]:返回指定组件的类型代码(与/NAME 对比)。其类型代码的含义如下:

0 Base	1 Button	2 Slider	3 Text	4 Draw	5 Label
6 List	8 Droplist	9 Table	10 Tab	11 Tree	12 Combobox

17)[, /UNAME]:返回指定组件的 UNAME 的值。

18)[, /UPDATE]:返回包含指定组件的 GUI 树状结构是否被更新。若更新,则返回 1;否则返回 0。

19)[, /VALID_ID]:返回指定组件的有效性。若有效,则返回 1;否则返回 0。

注意:上述关键字对所有的组件均有效。

技巧提示:对于不同的组件,均含有适合于该组件自己的一组关键字,用来获取该组件的相关信息,因此使用这些关键字,可以获取组件的各种信息。它们的用法和创建该组件时的关键字的用法相类似。下面给出各个组件的关键字。

WIDGET_BASE 组件的关键字:

[, /CONTEXT_EVENTS] [, /MODAL] [, /TLB_ICONIFY_EVENTS]

[, /TLB_KILL_REQUEST_EVENTS] [, /TLB_MOVE_EVENTS] [, /TLB_SIZE_EVENTS]

WIDGET_BUTTON 组件的关键字:

[, /BUTTON_SET] [, /DYNAMIC_RESIZE] [, /PUSHBUTTON_EVENTS] [, /TOOLTIP]

WIDGET_COMBOBOX 组件的关键字：

[, /COMBOBOX_GETTEXT] [, /COMBOBOX_NUMBER] [, /DYNAMIC_RESIZE]

WIDGET_DRAW 组件的关键字：

[, /DRAW_BUTTON_EVENTS] [, /DRAW_EXPOSE_EVENTS]

[, DRAW_KEYBOARD_EVENTS={0 | 1 | 2}] [, /DRAW_MOTION_EVENTS]

[, /DRAW_VIEWPORT_EVENTS] [, /TOOLTIP]

WIDGET_DROPLIST 组件的关键字：

[, /DROPLIST_NUMBER] [, /DROPLIST_SELECT] [, /DYNAMIC_RESIZE]

WIDGET_LABEL 组件的关键字：

[, /DYNAMIC_RESIZE]

WIDGET_LIST 组件的关键字：

[, /CONTEXT_EVENTS] [, /LIST_MULTIPLE] [, /LIST_NUMBER]

[, /LIST_NUM_VISIBLE] [, /LIST_SELECT] [, /LIST_TOP]

WIDGET_SLIDER 组件的关键字：

[, /SLIDER_MIN_MAX]

WIDGET_TAB 组件的关键字：

[, /TAB_CURRENT] [, /TAB_MULTILINE] [, /TAB_NUMBER]

WIDGET_TABLE 组件的关键字：

[, /COLUMN_WIDTHS] [, /ROW_HEIGHTS{not supported in Windows}]

[, /TABLE_ALL_EVENTS] [, /TABLE_DISJOINT_SELECTION]

[, /TABLE_EDITABLE] [, /TABLE_EDIT_CELL] [, /TABLE_SELECT]

[, /TABLE_VIEW] [, /USE_TABLE_SELECT]

WIDGET_TEXT 组件的关键字：

[, /CONTEXT_EVENTS] [, /TEXT_ALL_EVENTS] [, /TEXT_EDITABLE]

[, /TEXT_NUMBER] [, TEXT_OFFSET_TO_XY=integer] [, /TEXT_SELECT]

[, /TEXT_TOP_LINE] [, TEXT_XY_TO_OFFSET=[column, line]]

WIDGET_TREE 组件的关键字：

[, /TREE_EXPANDED] [, /TREE_ROOT] [, /TREE_SELECT]

3. 组件的控制 WIDGET_CONTROL

在 GUI 中，每一个组件均有自己的一组属性信息，而这些属性信息，用户既可以在创建组件时直接进行设置，也可以在组件的使用过程中对其进行重新设置。如果用户需要对 GUI 中组件的属性信息进行重新设置，则可以使用过程 WIDGETI_CONTROL。

格式：WIDGET_CONTROL , Widget_ID [, 关键字]

功能：获取 GUI 中每一个组件的详细信息。

说明：使用该过程几乎可以重新设置各种组件的各种属性。因此 WIDGETI_CONTROL 在组件的属性控制方面是最为理想的工具，其功能非常强大。

常用参数及其用法如下：

Widget_ID：给出需要重新设置属性信息的组件的 ID。

常用关键字的格式及其用法(详细用法请参阅 refguide.pdf)如下：

1)[, BAD_ID=variable]：在程序运行过程中，测试指定的 ID 是否有效。若无效，则把该无效的 ID 存放入变量 variable；否则把 0 存入 variable。该关键字主要用于程序调试。

2)[, DEFAULT_FONT=string]：设置 GUI 使用的默认字体。该关键字无需指定 ID。

3)[, /DESTROY]：用于删除指定的组件。

注意：被删除组件的下面各级组件也被自动删除。

4)[, GET_UVALUE=variable]：获取指定组件的 UVALUE 值，并存入变量 variable。

5)[, /REALIZE]:激活并显示指定的组件。

6)[, /HOURGLASS]:设置程序运行时,鼠标指针显示为沙漏。

注意:该关键字无需指定 ID。

7)[, /RESET]:删除所有已经激活的组件。

注意:该关键字相当于系统初始化,而且无需指定 ID。

8)[, SET_UNAME=string] :用 string 的值重新设置 UNAME 的值。

9)[, SET_UVALUE=value]:用 value 的值重新设置 UVALUE 的值。

10)[, /SHOW]:设置包含指定组件的 GUI 的可见状态。

11)[, TIMER=value]:用 value 的值为指定组件产生一个时间事件。

12)[, TLB_GET_OFFSET=variable]:获取指定组件顶级 BASE 的起始位置,并存入变量 variable。

13)[, TLB_GET_SIZE=variable]:获取指定组件的顶级 BASE 的大小,并存入 variable。

14)[, TLB_SET_XOFFSET=value]:用 value 的值设置指定组件的顶级 BASE 的 X 向的起始位置。

15)[, TLB_SET_YOFFSET=value]:用 value 的值设置指定组件的顶级 BASE 的 Y 向的起始位置。

16)[, TLB_SET_TITLE=string]:用 string 的值设置指定组件的顶级 BASE 的标题。

17)[, /TLB_KILL_REQUEST_EVENTS]:设置或者取消对顶级 BASE 的删除请求事件。

18)[, EVENT_FUNC=string] [, EVENT_PRO=string] [, FUNC_GET_VALUE=string] [, GROUP_LEADER=widget_id] [, KILL_NOTIFY=string] [, /MAP] [, /NO_COPY] [, NOTIFY_REALIZE=string] [, PRO_SET_VALUE=string] [, SCR_XSIZE=width] [, SCR_YSIZE=height] [, SEND_EVENT=structure] [, /SENSITIVE][, /TRACKING_EVENTS] [, UNITS={0 | 1 | 2}] [, XOFFSET=value][, XSIZE=value] [, YOFFSET=value] [, YSIZE=value]:这些关键字的用法与前述相同。

注意:上述关键字对所有的组件均有效。

技巧提示 1:对于不同的组件,均含有适合于该组件自己的一组关键字,用来设置和控制该组件的相关信息,因此使用这些关键字,可以重新设置和控制组件的各种属性。它们的用法和创建该组件时的关键字的用法相类似。

技巧提示 2:WIDGET_CONTROL 对以/开头的开关关键字,大部分可以通过设置该关键字的值为 1 使它生效或者设置该关键字的值为 0 使它无效。

【例 7.21】 创建一个如图 7.22 所示的 GUI。要求:

(1)改变 RGB 的值时,输出改变后的结果。

(2)通过按钮 RGB Color Enable / Disable,可以使 RGB 滑动条有效或者无效。

(3)通过按钮 OK 关闭程序。

(4)事件处理要使用 WIDGET_INFO,TAG_NAMES 和 WIDGET_CONTROL。程序如下:

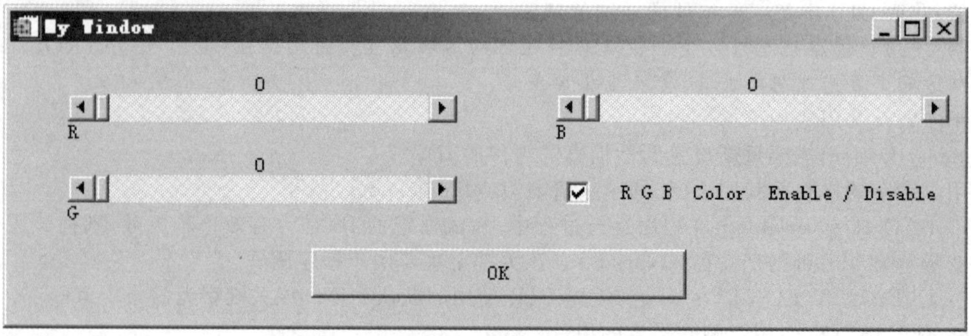

图 7.22 GUI 组件控制

```
; Chapter07WidgetInfo. pro
pro OK, Event ; 退出系统
    WIDGET_CONTROL, Event. TOP, /DESTROY
end
pro RColor, Event ; RColor 滚动条事件处理
    WIDGET_CONTROL, Event. ID, GET_VALUE = RValue
    MyTemp = DIALOG_MESSAGE('R Color: '+STRING(RValue),/INFORMATION)
end
pro GColor, Event ; GColor 滚动条事件处理
    WIDGET_CONTROL, Event. ID, GET_VALUE = RValue
    MyTemp = DIALOG_MESSAGE('G Color: '+STRING(RValue),/INFORMATION)
end
pro BColor, Event ; BColor 滚动条事件处理
    WIDGET_CONTROL, Event. ID, GET_VALUE = RValue
    MyTemp = DIALOG_MESSAGE('B Color: '+STRING(RValue),/INFORMATION)
end
pro RGBEnable, Event ; RGBEnable 复选框事件处理
    RColorID = Widget_Info(Event. TOP, FIND_BY_UNAME='WID_SLIDER_0')
    GColorID = Widget_Info(Event. TOP, FIND_BY_UNAME='WID_SLIDER_1')
    BColorID = Widget_Info(Event. TOP, FIND_BY_UNAME='WID_SLIDER_2')
    IF Event. SELECT EQ 1 THEN BEGIN
      WIDGET_CONTROL, RColorID, SENSITIVE = 1
      WIDGET_CONTROL, GColorID, SENSITIVE = 1
    WIDGET_CONTROL, BColorID, SENSITIVE = 1
    ENDIF ELSE BEGIN
      WIDGET_CONTROL, RColorID, SENSITIVE = 0
      WIDGET_CONTROL, GColorID, SENSITIVE = 0
      WIDGET_CONTROL, BColorID, SENSITIVE = 0
    ENDELSE
end
pro MyBase_event, Event ; MyBase 事件处理
    wTarget = (widget_info(Event. id,/NAME) eq 'TREE' ?   $   ; 获取事件信息
      widget_info(Event. id, /tree_root) : event. id)
    wWidget = Event. top
    case wTarget of ; 事件分支处理
      Widget_Info(wWidget, FIND_BY_UNAME='WID_BUTTON_0'): begin
        if( Tag_Names(Event, /STRUCTURE_NAME) eq 'WIDGET_BUTTON' )then   $
          OK, Event
end
Widget_Info(wWidget, FIND_BY_UNAME='WID_SLIDER_0'): begin
    if( Tag_Names(Event, /STRUCTURE_NAME) eq 'WIDGET_SLIDER' )then RColor, Event
end
Widget_Info(wWidget, FIND_BY_UNAME='WID_SLIDER_1'): begin
    if( Tag_Names(Event, /STRUCTURE_NAME) eq 'WIDGET_SLIDER' )then GColor, Event
end
```

```
Widget_Info(wWidget, FIND_BY_UNAME='WID_SLIDER_2'): begin
      if( Tag_Names(Event, /STRUCTURE_NAME) eq 'WIDGET_SLIDER' )then BColor, Event
end
Widget_Info(wWidget, FIND_BY_UNAME='WID_BUTTON_1'): begin
    if( Tag_Names(Event, /STRUCTURE_NAME) eq 'WIDGET_BUTTON' )then RGBEnable, Event
      end
      else:
    endcase
end
pro MyBase, GROUP_LEADER=wGroup, _EXTRA=_VWBExtra_
  MyBase = Widget_Base( GROUP_LEADER=wGroup, UNAME='MyBase'    $
      ,XOFFSET=5 ,YOFFSET=5 ,SCR_XSIZE=600 ,SCR_YSIZE=198 ,TITLE='My'+ $
      ' Window' ,SPACE=3 ,XPAD=3 ,YPAD=3)
  WID_BUTTON_0 = Widget_Button(MyBase, UNAME='WID_BUTTON_0'    $
                   ,XOFFSET=173 ,YOFFSET=118 ,SCR_XSIZE=214 ,SCR_YSIZE=29    $
                   ,/ALIGN_CENTER ,VALUE='OK')
  WID_SLIDER_0 = Widget_Slider(MyBase, UNAME='WID_SLIDER_0'    $
     ,XOFFSET=33 ,YOFFSET=16 ,SCR_XSIZE=223 ,SCR_YSIZE=41,TITLE='R')
  WID_SLIDER_1 = Widget_Slider(MyBase, UNAME='WID_SLIDER_1'    $
    ,XOFFSET=33 ,YOFFSET=63 ,SCR_XSIZE=223 ,SCR_YSIZE=41,TITLE='G')
  WID_SLIDER_2 = Widget_Slider(MyBase, UNAME='WID_SLIDER_2'    $
    ,XOFFSET=313 ,YOFFSET=15 ,SCR_XSIZE=223 ,SCR_YSIZE=41,TITLE='B')
  WID_BASE_0 = Widget_Base(MyBase, UNAME='WID_BASE_0'    $
    ,XOFFSET=316 ,YOFFSET=72 ,SCR_XSIZE=229 ,SCR_YSIZE=22    $
    ,TITLE='IDL' ,COLUMN=1 ,/NONEXCLUSIVE)
  WID_BUTTON_1 = Widget_Button(WID_BASE_0, UNAME='WID_BUTTON_1'    $
    ,/ALIGN_LEFT ,VALUE=' R G B Color Enable / Disable')
  Widget_Control, /REALIZE, MyBase
  WIDGET_CONTROL, WID_BUTTON_1, SET_BUTTON = 1
  XManager, 'MyBase', MyBase, /NO_BLOCK
end
pro Chapter07WidgetInfo, GROUP_LEADER=wGroup, _EXTRA=_VWBExtra_
  MyBase, GROUP_LEADER=wGroup, _EXTRA=_VWBExtra_
end
```

7.3.16 模态组件的设计

模态组件是指在对 GUI 控制过程中，如果某一个窗口(BASE)组件处于激活状态，则其他的所有窗口组件均处于非激活状态，直到该窗口关闭后，其他窗口才能被激活。

模态窗口在程序运行过程中，起着比较关键的作用。其使用方法如下：

(1)创建一个顶级(上级)GUI 。用于在该 GUI 上创建模态 GUI 窗口组件。

(2)使用带关键字 GROUP_LEADER 和/MODAL 的函数 WIDGET_BASE，创建模态组件的 BASE。

技巧提示：在创建模态组件的 BASE 时，必须使用关键字/MODAL；同时还需要使用关键字 GROUP

_LEADER 为模态组件指定一个上级组件 BASE。

(3)在创建的模态组件 BASE 中,创建模态窗口 GUI 中的各个组件。

(4)激活并循环控制模态 GUI。

(5)激活并循环控制模态 GUI 的上级 GUI。

【例 7.22】 创建一个简单的模态组件。

```
;Chapter07ModalWidget. pro
PRO SubSubProcedure, event
    WIDGET_CONTROL, event. TOP, /DESTROY
END
PRO SubProcedure, event ; 创建模态 BASE
    MySubBase = WIDGET_BASE(GROUP_LEADER = event. TOP, /MODAL, XSIZE = 300,
YSIZE=200)
    MySubButton = WIDGET_BUTTON(MySubBase, VALUE='CANCEL',  $
        /PUSHBUTTON_EVENTS, EVENT_PRO='SubSubProcedure',  $
        XSIZE=100,YSIZE=40, XOFFSET=100, YOFFSET=60)
    WIDGET_CONTROL, MySubBase, /REALIZE
END
PRO Chapter07ModalWidget
    MyBase =WIDGET_BASE(XSIZE=500,YSIZE=400)
    MyButton=WIDGET_BUTTON(MyBase,VALUE='Welcome',EVENT_PRO='SubProcedure',  $
            XSIZE=100, YSIZE=50, XOFFSET=200, YOFFSET=20 )
    WIDGET_CONTROL, MyBase, /REALIZE
    XMANAGER, 'Chapter07ModalWidget', MyBase
END
```

7.3.17　组件的删除

在 GUI 中,如果用户需要对不在使用的组件进行删除,则可以使用带关键字/DESTROY 的过程 WIDGETI_CONTROL。其用法如下:

格式: WIDGET_CONTROL , Widget_ID , /DESTROY

功能: 删除 GUI 中指定的组件。

说明: 如果用户删除了一个组件,则该组件的所有下级组件也被自动删除。如果用户删除了顶级的 BASE,则整个 GUI 将被全部删除。

7.3.18　常用组件及其用法

IDL 6.3 除了提供丰富的 GUI 工具之外,还提供了常用对话窗口和多功能复合组件。

1. 常用对话窗口

常用对话窗口主要有 DIALOG_MESSAGE,DIALOG_PICKFILE(请见第 3.3 节),DIALOG_PRINTERSETUP,DIALOG_PRINTJOB,DIALOG_READ_IMAGE(请参阅第 9.2 节),DIALOG_WRITE_IMAGE(请参阅第 9.2 节)。

(1)信息输出窗口 DIALOG_MESSAGE。

格式: Result = DIALOG_MESSAGE(Message_Text [, TITLE=string]
　　[, /DEFAULT_CANCEL | , /DEFAULT_NO] [, DIALOG_PARENT=widget_id]

[, /ERROR | , /INFORMATION | , /QUESTION] [, /CANCEL])

功能:以模态对话窗口的形式输出信息文本 Message_Text 的值。其返回值为用户在模态窗口中选择按钮的标签,即"Yes","No","OK"或者"Cancel"。

说明: Message_Text 用于给出输出的文本信息。其他选项的用法如下:

1)[, TITLE=string]:设置模态对话窗口的标题。

2)[, /DEFAULT_CANCEL | , /DEFAULT_NO]:设置默认的选择按钮为 CANCEL 或者 NO。

3)[, DIALOG_PARENT=widget_id]:设置模态对话窗口显示的位置是在 widget_id 指定组件上。其默认位置在屏幕中央。

4)[, /ERROR | , /INFORMATION | , /QUESTION]:设置模态对话窗口分别为错误对话窗口、信息窗口和问题对话窗口。默认为警告窗口。

5)[, /CANCEL]:用于在模态对话窗口中,添加一个 CANCEL 按钮。

例如:使用 DIALOG_MESSAGE 输出信息"Happy You !",并输出用户选择的结果。

```
IDL> Choice = DIALOG_MESSAGE('Happy You ! ', /INFORMATION)
IDL> PRINT, Choice          ;输出结果:OK
```

(2)打印控制窗口。

设置打印属性命令 DIALOG_PRINTERSETUP 的用法如下:

格式: Result = DIALOG_PRINTERSETUP([PrintDestination]
    [, DIALOG_PARENT=widget_id] [, TITLE=string])

功能:弹出打印机属性设置对话窗口,设置打印机属性。其返回值为用户在窗口中选择按钮的状态。若单击"确定",则返回 1;否则返回 0。

说明: PrintDestination 用于给出设置打印机的属性。

例如:使用 DIALOG_PRINTERSETUP 设置打印机属性。操作命令如下:

```
IDL> Result = DIALOG_PRINTJOB()
```

设置打印任务命令 DIALOG_PRINTJOB 的用法如下:

格式: Result = DIALOG_PRINTJOB([PrintDestination]
    [, DIALOG_PARENT=widget_id] [, TITLE=string])

功能:弹出打印任务设置对话窗口,设置打印机任务。其返回值为用户在窗口中选择按钮的状态。若单击"确定",则返回 1;否则返回 0。

说明: PrintDestination 用于给出打印的任务。

例如:使用 DIALOG_PRINTJOB 打印当前任务。操作命令如下:

```
IDL> Result = DIALOG_PRINTJOB()
```

2. 复合组件

IDL 6.3 提供的复合组件如下:

CW_ANIMATE	CW_ANIMATE_GETP	CW_ANIMATE_LOAD
CW_ANIMATE_RUN	CW_ARCBALL	CW_BGROUP
CW_BSELECTOR	CW_CLR_INDEX	CW_COLORSEL
CW_DEFROI	CW_FIELD	CW_FILESEL
CW_FORM	CW_FSLIDER	CW_LIGHT_EDITOR
CW_LIGHT_EDITOR_GET	CW_LIGHT_EDITOR_SET	CW_LOADSTATE
CW_ORIENT	CW_PALETTE_EDITOR	CW_PALETTE_EDITOR_GET
CW_PALETTE_EDITOR_SET	CW_PDMENU	CW_RGBSLIDER
CW_SAVESTATE	CW_TMPL	CW_ZOOM

这些复合组件均使用 IDL 编写,其对应的程序存放在目录"D:\RSI\IDL63\lib"中。使用复合组件可以直接、快速、方便的创建指定格式的组件,其用法与基本组件类似。

复合组件的事件结构请参阅附录 A。

7.4　基于 GUIBuilder 的 GUI 设计

基于 GUIBuilder 的图形用户界面设计是指使用 GUI 生成器 GUIBuilder 来实现 GUI 设计的方法和过程。IDL 6.3 提供了专门用于设计 GUI 的 GUI 生成器 GUIBuilder。

7.4.1　GUI 生成器 GUIBuilder 的使用方法

1. GUIBuilder 的启动和关闭

GUIBuilder 启动方法：File -> New -> GUI；或单击工具栏的 New GUI 按钮。

GUIBuilder 启动后的界面如图 7.23 所示。

GUIBuilder 关闭方法：File -> New -> Close；或者单击 GUIBuilder 界面的关闭按钮。

2. GUI 文件的打开和保存

GUI 文件的保存方法：File -> Save | Save As ；或者单击工具栏的 Save 按钮。其扩展名为 * PRC 。

GUI 文件的打开方法：File -> Open ；或者单击工具栏的 Open 按钮。

3. GUIBuilder 的用法

启动 GUIBuilder 后，用户就可以在如图 7.23 所示的界面中进行 GUI 设计。

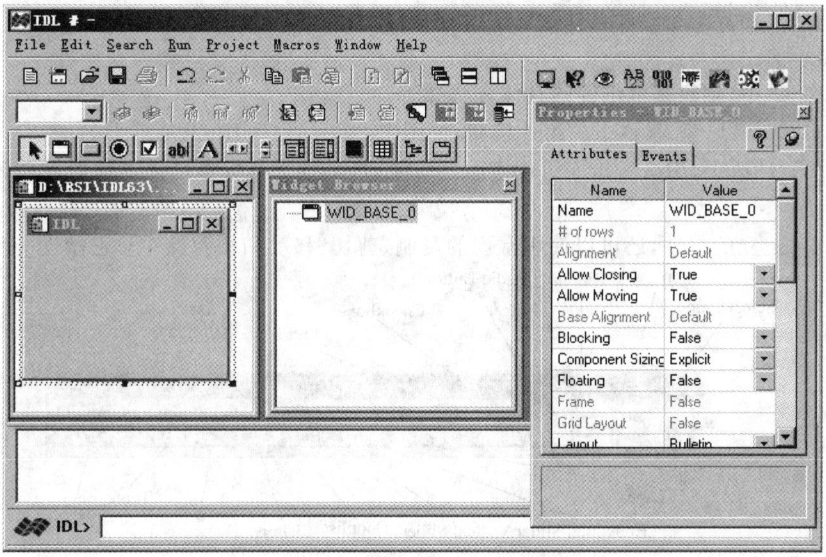

图 7.23　GUIBuilder 的界面

使用 GUIBuilder 设计 GUI 可以大大简化程序设计的过程，可以方便、灵活、直观、快捷的实现复杂程序的过程控制。使用 GUIBuilder 设计 GUI 的方法如下：

(1)按照设计好的 GUI 结构及其组件的组成层次，在 GUI 设计区，创建 GUI。

(2)在组件浏览器(Widget Browser)中，编辑 GUI 各个组件的组成层次结构。

(3)利用菜单编辑器(Menu Editor)，创建菜单系统。

(4)利用 GUIBuilder 工具栏中的 BUTTON 组件按钮，创建 GUI 中的组件。

(5)在属性窗口(Properties)的属性标签(Attributes)中，观察并编辑 GUI 的各个组件的属性。

(6)在属性窗口(Properties)的事件标签(Event)中,观察并编辑 GUI 的各个组件的事件处理方法,即为每一个事件指定一个当该事件产生时所调用的过程。

(7)测试 GUI。方法:File —> Run —> Test GUI。

(8)保存 GUI,并把创建的 GUI 界面文件(*.PRC)生成 IDL 的程序文件(*.PRO)。

(9)打开程序文件(*.PRO 和 *_EVENTCB.PRO),编辑设计事件的过程文件。

技巧提示:在设计复杂程序的应用程序时,一般是把基于过程的 GUI 设计方法和基于 GUIBuilder 的 GUI 设计方法配合起来使用。先使用 GUIBuilder 设计事先设计好的 GUI,然后把它转换成程序文件,最后在使用基于过程的 GUI 设计方法进行最终的程序设计。这样可以大幅度的缩短应用程序的开发时间,从而提高工作效率。

4. *GUI 程序的生成方法 PrcToPro*

在 GUIBuilder 中创建的 GUI 是以界面文件的形式保存的。界面文件的扩展名为.PRC。如果在 IDL 程序中使用创建的 GUI,则需要把 GUI 界面文件转换成相应的程序文件(*.PRO)。转换方法如下:

File —> Generate.pro :即用 File 的 Generate.pro 子菜单项,在弹出的窗口中保存文件。

注意:转换后的两个程序文件:一个是与界面文件同名的主程序文件;一个是存放过程的过程文件,并且其名称是由界面文件的主文件名和"_EVENTCB.PRO"组成。

例如:如果界面文件的文件名为 MyGUI.PRC,则转换后的程序文件如下:

MyGUI.PRO 和 MyGUI_EVENTCB.PRO

7.4.2 基本组件设计

在 GUIBuilder 中,创建基本组件的具体方法如下:

(1) 单击 GUIBuilder 工具栏中的组件按钮,如图 7.24 所示 GUIBuilder 工具栏。

(2)在 GUI 设计区中,用鼠标指向组件摆放的位置,然后按下鼠标左键并拖动鼠标调整组件的大小,最后释放鼠标。

技巧提示:对建立的组件,还可以使用常规的复制、剪切、移动和删除操作对它做进一步调整。

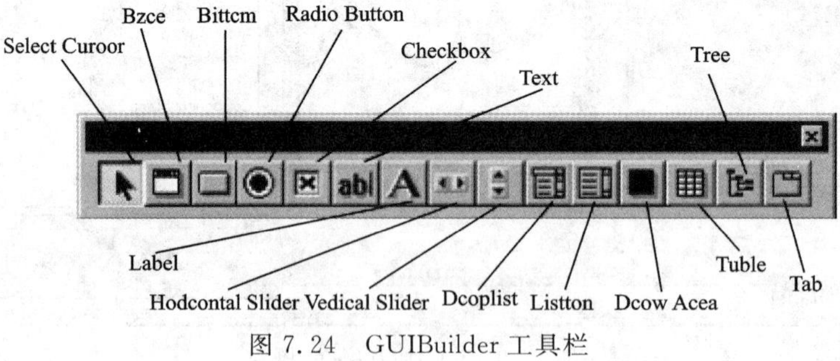

图 7.24 GUIBuilder 工具栏

7.4.3 组件浏览器和属性窗口

在 GUIBuilder 中,用户可以通过组件浏览器和属性窗口观察并编辑 GUI 中各个组件的组成层次结构。调出组件浏览器和属性窗口的具体方法如下:

(1)在 GUIBuilder 的工作区中,选中并右击组件,在弹出的快捷菜单中选择 Browse 或者 Properties 即可调出组件浏览器或者属性窗口(见图 7.23 中的 Widget Browser 窗口和 Properties 窗口)。

(2)在组件浏览器中,用户可以通过右击后的快捷菜单,对各个组件进行复制、剪切、移动和删除操作。同时还可以调整各个组件的组成层次结构。

(3)在属性窗口的属性标签(Attributes)中,用户可以观察并编辑 GUI 的各个组件的属性。各个属性的含义和用法同前述。

(4)在属性窗口的事件标签(Event)中,用户可以观察并编辑 GUI 的各个组件的事件处理方法,即为每一个事件指定一个当该事件产生时所调用的过程。各个事件的含义和用法同前述。

技巧提示:对建立的组件,还可以使用常规的复制、剪切、移动和删除操作对它做进一步调整。

7.4.4 菜单系统

在 GUIBuilder 中,用户可以利用菜单编辑器(Menu Editor)创建标准菜单系统和按钮菜单系统。

1. 标准菜单系统的创建方法

标准菜单系统的创建方法:在 GUI 工作区或者在组件浏览器中,右击鼠标,在弹出的快捷菜单中选择 Edit Menu 即可弹出菜单编辑器(见图 7.25)。

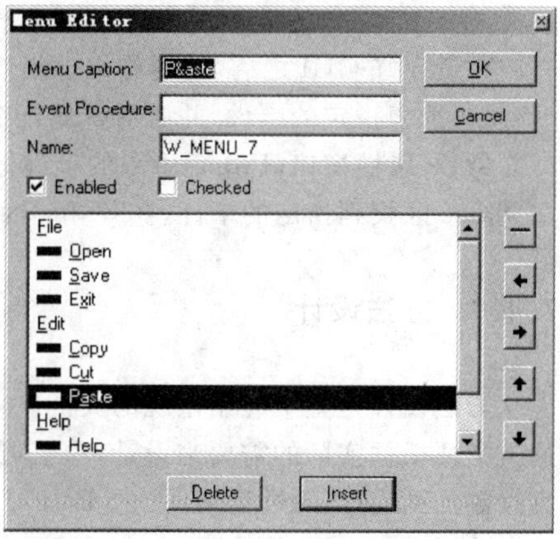

图 7.25　菜单编辑器

在菜单编辑器中,在 Menu Caption 中输入菜单项;在 Event Procedure 中输入该菜单项所调用的过程;在 Name 中输入菜单项用户名。

Enabled 选项用于使菜单项有效;Checked 选项用于设置该菜单项为开关菜单项。

下方的 Delete 和 Insert 按钮用于插入和删除菜单项。

右侧的分隔线按钮用于在菜单项之间插入分隔线。

右侧的方向箭头按钮用于调整菜单项的上下顺序(上下按钮)和菜单项的上级菜单与其下级子菜单的级联关系(左右按钮)。

右上角的 OK 和 Cancel 按钮用于使创建的菜单系统有效或无效,并关闭菜单编辑器。

按照上述使用方法,在菜单编辑器中,用户可以建立任意的标准菜单系统。

技巧提示:在 Menu Caption 中输入的菜单项中,可以加入 & 来定义该菜单项的功能热键。

2. 按钮菜单系统的创建方法

按钮菜单系统的创建方法如下:

(1)在 GUI 工作区,使用工具栏的 Button 按钮创建一个按钮,并激活其属性窗口。

(2)在属性窗口的属性标签(Attributes)中,设置该按钮的类型属性(Type)为菜单(Menu)。方法:在 Name 区找到 Type 属性,在 Value 区设置 Type 的属性值为 Menu。

(3)在 GUI 工作区或者在组件浏览器中,选中该按钮并右击鼠标,在弹出的快捷菜单中选择 Edit Menu 即可弹出菜单编辑器(见图 7.25)。

(4)在菜单编辑器中,创建该按钮的菜单系统。方法同上。

7.4.5 工具栏

利用 GUIBuilder 工具栏中的 BUTTON 组件按钮,可以创建工具栏。其具体方法如下:

(1)在 GUI 工作区,使用工具栏的 Button 按钮创建一个按钮,并激活其属性窗口。

(2)在属性窗口的属性标签(Attributes)中,设置该按钮的类型属性(Type)为位图(Bitmap)。方法:在 Name 区找到 Type 属性,在 Value 区设置 Type 的属性值为 Bitmap。

(3)在属性窗口的属性标签(Attributes)中,设置该按钮的位图图案(*.BMP)。方法:在 Name 区找到 Bitmap 属性，在 Value 区单击其右侧的三角箭头，在弹出的快捷菜单中选择：

1)Select Bitmap：用于选择一个位图文件（*.BMP）作为按钮的图案；

2)Edit Bitmap：用于打开位图编辑器，为按钮编辑位图图案（见图 7.26）；

3)New Bitmap：用于打开位图编辑器，为按钮创建新的位图图案（见图 7.26）。

(4)单击工具栏的保存按钮，保存位图图案。

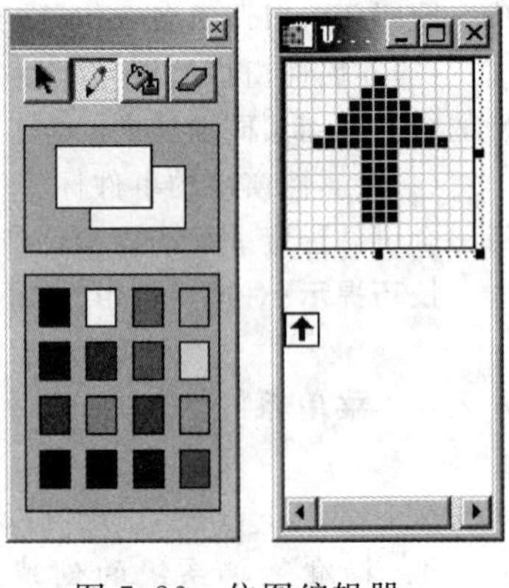

图 7.26　位图编辑器

7.4.6　事件处理

在设计好 GUI 之后，需要给组件上产生的每一个事件指定一个当该事件产生时所调用的过程。

(1)选中指定的组件，并激活其属性窗口。

(2)在属性窗口(Properties)的事件标签(Event)中，设置指定事件产生时所调用的过程。具体方法：在 Name 区找到指定的事件，在 Value 区输入事件产生时所调用的过程的名称。

7.4.7　方法设计

方法设计是整个应用系统的关键。对于 GUI 中不同事件，需要采用与其相对应的合理的处理方法。这就需要根据实际的需要来设计，这里可以使用前面学习的所有方法。每一个过程设计好之后，就可以直接添加到 GUI 的过程文件（*_EVENTCB.PRO）中，然后再对程序作最后的调试，这样一个应用系统就完成了。

假设程序文件为 MyGUI.PRO 和 MyGUI_EVENTCB.PRO 在过程文件中添加过程的方法如下：

(1)在文档编辑器中，打开文件 MyGUI.PRO 和过程文件 MyGUI_EVENTCB.PRO。

(2)在 MyGUI.PRO 中，进行组件的初始化处理，建立后续使用的结构变量（一般使用指针结构变量），并使用 WIDGET_CONTROL 命令把该结构变量设置为顶级 BASE 的 UVALUE 的值。

(3)在 MyGUI_EVENTCB.PRO 中，分别找到与事件相对应的过程，该过程已由 IDL 自动为你创建好了，但是只是一个没有语句的空过程，其格式如下：

```
PRO MySubProcedure, Event
END
```

(4)最后，把用户设置好的过程的内容，添加到相应的过程中。

技巧提示：在使用程序文件时，主程序文件和过程文件要一起使用，不能丢掉任意一个文件。但是用户根据需要，也可以把这两个文件合并成一个过程文件。这时需要注意的是，主文件必须放在最后。

7.5　GUI 设计实例分析

根据基于过程的 GUI 设计方法和基于 GUIBuilder 的 GUI 设计方法。下面用两个实际例子说明 GUI 的具体设计方法。

【例 7.23】　创建一个画图程序。画图程序的 GUI 如图 7.27 所示。其中包括 1 个 DRAW 组件、1 个标签和 2 个按钮。具体要求如下：

(1)单击 Erase 按钮时，清除 DRAW 绘图区。

(2)在 DRAW 绘图区中，按下鼠标左键或右键，并拖动鼠标时，可以任意画线。同时在标签组件中，显示鼠标的当前位置和绘图笔的状态。释放鼠标后不产生事件。

图 7.27　绘图界面

(3)单击 Exit 按钮时，退出程序。程序如下：

```
; Chapter07MyPaint. pro
PRO Chapter07MyPaintExit, Event ；退出系统
  WIDGET_CONTROL, Event. TOP, /DESTROY
END
PRO Chapter07MyPaintCleanUp, ID ；释放指针结构变量
  WIDGET_CONTROL, ID, GET_UVALUE=InfoPointer
  PTR_FREE, InfoPointer
END
PRO Chapter07MyPaint_EVENT, Event
    WIDGET_CONTROL, Event. TOP, GET_UVALUE=InfoPointer
    Info =  * InfoPointer
    WIDGET_CONTROL, Event. ID, GET_UVALUE=Widget
    CASE Widget of
      'Draw' : begin
        if (event. press gt 0) then begin ；测试鼠标按下
          WIDGET_CONTROL, event. ID, DRAW_MOTION_EVENTS=1
          Info. PEN = 1
          Info. X = event. X   &   Info. Y = event. Y ；获取鼠标位置
        endif
        if (event. release gt 0) then begin ；测试释放鼠标
          WIDGET_CONTROL, event. id, draw_motion_events=0
          Info. pen = 0
        endif
        if (Info. pen eq 1) then begin
          wset, Info. WinID
          ；按照 thick=2 指定的粗细画线
          plots,[Info. X,event. X],[Info. Y,event. Y],/device,thick=2
          Info. X = event. X   &   Info. Y = event. Y
        endif
        label_text = string(Info. x, Info. y, Info. pen,   $
```

```
            format='("X:", i3, 1x, "Y:", i3, 1x, "Pen:", i1)')
        WIDGET_CONTROL, Info.label, set_value=label_text ;在标签中显示鼠标状态信息
    end
    'Erase' : begin
      wset, Info.WinID  &  erase ; 擦除窗口内容
    end
    else :
    ENDCASE
    *InfoPointer = Info
END
PRO Chapter07MyPaint
  device, get_screen_size=screen_size
  xoffset = (screen_size[0]-600) / 2
  yoffset = (screen_size[1]-360) / 2
  MyBase = Widget_BASE(column=1, title='My Paint Window',   $
    xoffset=xoffset, yoffset=yoffset, TLB_FRAME_ATTR=1)
  draw = widget_draw(MyBase, xsize=600, ysize=260,uvalue='Draw', /button_events)
  label = widget_label(MyBase, value='X: Y: Pen:',/align_center, /dynamic_resize)
  base = widget_base(MyBase, row=1, /align_center)
  butt = widget_button(base, value='Erase', uvalue='Erase', xsize=100)
  butt = widget_button(base, value='Exit',   $
      uvalue='Exit', xsize=100, event_pro='Chapter07MyPaintExit')
  WIDGET_CONTROL, MyBase, /realize
  WIDGET_CONTROL, draw, get_value=WinID
  wset, WinID
  erase
  Info = {WinID:WinID, label:label, pen:0, x:-1L, y:-1L}
  InfoPointer = ptr_new(Info)
  WIDGET_CONTROL, MyBase, SET_UVALUE=InfoPointer
  xmanager, 'Chapter07MyPaint', MyBase,CLEANUP='Chapter07MyPaintCleanUp', /no_block
END
```

程序运行结果如图 7.27 所示。

程序设计方法分析如下：

(1)按照图 7.27 的结构和题意要求，创建如图 7.27 所示的 GUI。

(2)定义一个纪录 DRAW、LABEL、画笔状态、鼠标位置(x,y)的指针结构变量，并把它设置为顶级 BASE 的 UNAME 的值。

(3)设计 DRAW 事件。过程如下：

1)测试鼠标是否被按下的方法。判断 EVENT. PPRESS 的值是否大于 0(0 为不按下；1 为左键按下；2 为中间键按下；4 为右键按下)(请参阅附录 A 事件结构)。

如果按下，则设置鼠标移动事件有效，画笔状态置 1，用 EVENT. X 和 EVENT. Y 获取鼠标的位置。如果释放，则设置鼠标移动事件无效，画笔状态置 0。

2)测试画笔状态。如果画笔状态为 1，则用 OPLOT 绘制点，并把 EVENT. X 和 EVENT. Y 的值设置标签的值。如果画笔状态为 0，则不绘制。

(4)设计 ERASE 事件。只需使用 ERASE 清除绘图区即可。

(5)设计清内存 CLEANUP 事件。通过顶级 BASE 读取指针结构变量，然后释放。

(6)设计退出 EXIT 事件。只需使用 WIDGET_CONTROL, Event. TOP, /DESTROY。

【思考题】 在例 7.23 的 GUI 中，添加一个用于选择画笔粗细的下拉列表，用于控制画笔的粗细。

技巧提示：把选择的结果与下面语句中的关键字 thick 联系起来即可。

plots,[Info. X,event. X],[Info. Y,event. Y],/device,thick=2

【例 7.24】　使用 GUI Builder 改写例 7.21。要求：

(1)添加与界面功能相同的菜单系统。

(2)添加与界面功能相同的工具栏。

(3)完全使用 GUIBuilder 设计。

(4)其他要求同例 7.21。

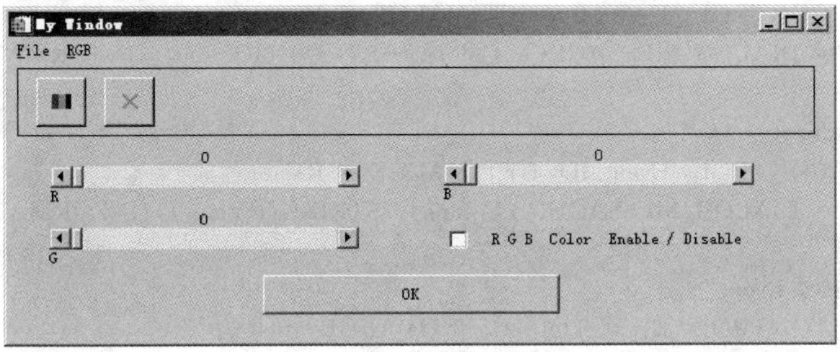

图 7.28　RGB GUI 设计

设计过程如下(文件名 Chapter07WidgetInfoGUIB. prc;参考界面见图 7.28)：

(1)在 GUI Builder 中,创建 R,G,B 3 个滑动条;RGB Color Enable / Disable 复选按钮;OK 按钮。

(2)启动 Menu Editor,创建菜单系统。具体内容如下：

　File －> OK ；RGB －> RGB Color Enable / Disable

(3)在 GUI Builder 的顶级BASE 中,创建一个下级BASE,在该下级BASE 中创建两个Bitmap 按钮。

(4)两个 Bitmap 按钮的创建方法:先建立两个 BUTTON 按钮,然后调出属性窗口,把这两个按钮的类型设置为 Bitmap,并启动位图编辑,按照图 7.28 创建两个位图文件 Chapter07WidgetInfoGUIB1. bmp 和 Chapter07WidgetInfoGUIB2. bmp,并把这两文件作为两个按钮的位图。

(5)为每一个组件的事件指定调用的过程。先启动属性窗口的 EVENT 标签,然后完成以下操作：

1)分别为 R,G 和 B 滑动条的 OnChangeValue 事件指定过程:RColor,GColor 和 BColor。

2)为复选按钮 RGB Color Enable/Disable 的 OnButtonPress 事件指定过程 RGBEnable。

3)为工具栏的"三色"按钮的 OnButtonPress 事件指定过程:RGBEnable1。

4)为触发按钮 OK 的 OnButtonPress 事件指定过程:OK。

5)为工具栏的"×"按钮 K 的 OnButtonPress 事件指定过程:OK 。

调出菜单编辑器：

6)在 OK 菜单的 Event Prodecure 中指定过程:OK。

7)在 RGB Color Enable / Disable 菜单的 Event Prodecure 中指定过程:RGBEnable1。

(6)把该 GUI 保存为 Chapter07WidgetInfoGUIB. prc。

(7)通过 File －> Generate. pro,把 Chapter07WidgetInfoGUIB. prc 转换成程序文件：

　Chapter07WidgetInfoGUIB. pro 和 Chapter07WidgetInfoGUIB_EVENTCB. pro 。

(8)启动文档编辑器;打开两个程序文件。

(9)在主文件中的下面两个语句之间插入一个语句。插入后的结果如下：

```
Widget_Control, /REALIZE, WID_BASE_3
State = {CheckStatus : 1}
WIDGET_CONTROL, WID_BUTTON_1, SET_BUTTON = 1
WIDGET_CONTROL, WID_BASE_3, SET_UVALUE = State
XManager, 'WID_BASE_3', WID_BASE_3, /NO_BLOCK
```

(10)在 Chapter07WidgetInfoGUIB_EVENTCB. pro 中的相应过程中添加如下过程。添加的结果如下：

```
PRO OK, Event
```

```
    WIDGET_CONTROL, Event.TOP, /DESTROY
END
PRO RColor, Event
    WIDGET_CONTROL, Event.ID, GET_VALUE = RValue
    MyTemp = DIALOG_MESSAGE('R Color: '+STRING(RValue),/INFORMATION)
END
PRO GColor, Event
    WIDGET_CONTROL, Event.ID, GET_VALUE = RValue
    MyTemp = DIALOG_MESSAGE('G Color: '+STRING(RValue),/INFORMATION)
END
PRO BColor, Event
    WIDGET_CONTROL, Event.ID, GET_VALUE = RValue
    MyTemp = DIALOG_MESSAGE('B Color: '+STRING(RValue),/INFORMATION)
END
PRO RGBEnable, Event
    WIDGET_CONTROL, Event.TOP, GET_UVALUE=State
    RColorID = Widget_Info(Event.TOP, FIND_BY_UNAME='WID_SLIDER_0')
    GColorID = Widget_Info(Event.TOP, FIND_BY_UNAME='WID_SLIDER_1')
    BColorID = Widget_Info(Event.TOP, FIND_BY_UNAME='WID_SLIDER_2')
    IF Event.SELECT EQ 1 THEN BEGIN
        State.CheckStatus = 1
        WIDGET_CONTROL, RColorID, SENSITIVE = 1
        WIDGET_CONTROL, GColorID, SENSITIVE = 1
        WIDGET_CONTROL, BColorID, SENSITIVE = 1
    ENDIF ELSE BEGIN
        State.CheckStatus = 1
        WIDGET_CONTROL, RColorID, SENSITIVE = 0
        WIDGET_CONTROL, GColorID, SENSITIVE = 0
        WIDGET_CONTROL, BColorID, SENSITIVE = 0
    ENDELSE
    WIDGET_CONTROL, Event.TOP, SET_UVALUE=State
END
PRO RGBEnable1, Event
     WIDGET_CONTROL, Event.TOP, GET_UVALUE=State
     RColorID = Widget_Info(Event.TOP, FIND_BY_UNAME='WID_SLIDER_0')
     GColorID = Widget_Info(Event.TOP, FIND_BY_UNAME='WID_SLIDER_1')
     BColorID = Widget_Info(Event.TOP, FIND_BY_UNAME='WID_SLIDER_2')
     ButtonID = Widget_Info(Event.TOP, FIND_BY_UNAME='WID_BUTTON_1')
     IF State.CheckStatus EQ 1 THEN BEGIN
        State.CheckStatus = 0
        WIDGET_CONTROL, RColorID, SENSITIVE = 0
        WIDGET_CONTROL, GColorID, SENSITIVE = 0
        WIDGET_CONTROL, BColorID, SENSITIVE = 0
        WIDGET_CONTROL, ButtonID, SET_BUTTON = 0
    ENDIF ELSE BEGIN
        State.CheckStatus = 1
        WIDGET_CONTROL, RColorID, SENSITIVE = 1
```

```
        WIDGET_CONTROL, GColorID, SENSITIVE = 1
        WIDGET_CONTROL, BColorID, SENSITIVE = 1
        WIDGET_CONTROL, ButtonID, SET_BUTTON = 1
    ENDELSE
    WIDGET_CONTROL, Event.TOP, SET_UVALUE=State
END
```

习　　题

1. 什么是图形用户界面 GUI？简述 GUI 的组成结构和设计 GUI 的两种基本方法。

2. 熟练掌握 GUI 的格式和使用方法。

3. 什么是触发按钮、单选按钮和复选按钮？掌握三者的创建方法和用法区别。

4. IDL 6.3 提供了哪三种菜单系统？简述三者的用法区别。

5. 熟练掌握三种菜单系统的创建方法和工具栏的创建方法。

6. 熟练掌握基本容器 WIDGET_BASE、按钮 BUTTON、标签 LABEL、绘图区 DRAW、下拉列表 DROPLIST、列表 LIST、滑动条 SLIDER、文本编辑框 TEXT、树结构 TREE、页面 TAB 和表格 TABLE 等组件的格式和使用方法。

7. 什么是事件处理？简述事件的结构和事件的常用处理方法。

8. 什么是模态组件？熟练掌握模态组件的设计方法。

9. 熟练掌握 GUI 生成器 GUIBuilder 的使用方法。简述 GUI 程序的生成方法。

10. 简述使用 GUIBuilder 设计 GUI 的全过程？简述 GUI 的循环控制方法。

11. 改写例 7.21。把该例中的输出单个 R,G,B 的值，改为每次同时输出 R,G,B 3 个值。把该例中绘图区的背景色和前景色互换，即在白色背景上，绘制黑色图案。

12. 设计一个包括标准菜单系统、工具栏和所有基本组件的一个完整 GUI。

第 8 章　面象对象程序设计

IDL 6.3 的程序设计分为标准过程程序设计和面向对象程序设计。标准过程程序设计是指用户为了实现具体的编程任务，使用程序语言的基本语句来直接设计相应的每一个过程的程序设计方法。第 1 章到第 4 章和第 6 章所使用的程序设计方法均属于该方法。

面向对象程序设计是利用语言系统提供的预先设计并封装好的类来创建满足需要的各种对象，实现相应的控制。面向对象程序设计与标准过程程序设计的不同之处表现在：用户在进行面向对象的程序设计时，不再是单纯地从代码的第 1 行一直到最后一行进行繁琐的编程，而是考虑如何利用类创建对象，再利用对象来简化程序设计，提供代码的可重用性，而不需要考虑类和对象本身的具体程序设计问题。

8.1　面象对象程序设计的特征

面象对象程序设计的特征是类和对象的封装性、继承性、持久性和多态性。从而使面象对象程序设计具有易理解性、可重用性、可扩展性、隐藏性、高安全性和易管理维护等优点。

8.1.1　封装性

封装是指把对象的属性、事件和方法封装起来组合在一起构成类。封装性是指让用户忽略类和对象的复杂的内部细节，使用户集中精力使用类和对象的属性、事件和方法。封装意味着类和对象应具有明确的功能，并且提供与其他类和对象的接口。封装后的类和对象的代码将处于隐藏和保护状态，从而使得程序更加安全和稳定。

封装使对象可以像一个可拆卸的部件，在程序之间调用，从而减少程序的复杂性。

同一个类的所有对象使用相同的数据结构、属性、事件和方法，但每一个对象都拥有各自的数据。定义一个类就相当于在程序中加入了一个新的数据类型，并且要求编译程序将它视为程序语言的内部数据类型。

8.1.2　继承性和持久性

继承是指在系统提供的基本类（简称基类）的基础上，建立用户自己的新子类，子类将继承基类的所有属性、事件和方法，同时又可以建立自己的新属性、事件和方法。

利用继承可以避免相同内容的重复出现，能够节省大量的时间和存储空间。通过继承可以从一个类派生出另一个新的派生类（也称为子类），而从新的派生类又可以派生出它的派生类，如此下去可以建立一个复杂的类的层状结构，给复杂程序设计带来了方便。

因此，继承的主要优点：一是允许建立类的层状结构（树状结构）；二是派生类可以继承基类的属性、事件和方法；三是派生类可以建立添加自己的属性、事件和方法，并且一旦建立将持久有效，即类的持久性。

8.1.3　多态性

多态性是指不同的类和对象中的属性、事件和方法提供相同的名字，即使这些同名的属性、事件和方法所指的内容可能不同。在调用同名的属性、事件和方法时，既可以使对象具有不同的性质和功能，也可以使对象具有相同的性质和功能。即在不同的类和对象中，可以使用同名的属性、事件和方法。

多态是创建类时，一种极为有效的手段。它可以使用户对具有相同功能的属性、事件和方法，采用某种标准进行统一命名。

例如：在窗口(WINDOWS)类和按钮(BUTTON)类中，均定义了 XSIZE 和 YSIZE 属性，分别代表窗口的长和宽、按钮的长和宽。其调用方式分别如下：

WINDOWS. XSIZE　　或者　　BUTTON. XSIZE

WINDOWS. YSIZE　　或者　　BUTTON. YSIZE

再如，在客户(CUSTOM)类和票据(INVOICE)类中，均可定义用于显示功能的方法 SHOW( )，其中 CUSTOM. SHOW( )用于显示客户窗口，而 INVOICE. SHOW( )，则用于显示票据窗口。

8.2　面象对象程序设计的方法

面象对象程序设计的方法如下：

(1)直接利用基类建立相应的对象；

(2)利用类创建派生类，定义派生类的属性、事件和方法，并建立相应的对象；

(3)创建新类，定义新类或其派生类的属性、事件和方法，并建立相应的对象；

(4)为对象设置各种属性；

(5)为对象选择指定的事件；

(6)为对象选择或者设计相应的方法；

(7)为对象或者其方法添加相应的过程；

(8)利用 GUI 完成各对象之间的相互调用，并实现最终的应用程序。

虽然面向程序设计的细节较为复杂；但是，从本质上说，它是一个简单、自然和愉快的过程。

8.3　类和对象的创建和调用

8.3.1　类的创建和初始化

根据第 5 章 5.5 节对类、对象、事件和方法的介绍可知，类是对一组性质相同的对象的整体描述。它是由用于描述对象的一组数据结构和数据、对对象的操作事件以及事件的处理方法等一系列信息组成的集合。类是对象的抽象描述。

因此，类的组成结构一般有以下 3 部分组成：

(1)具有一定数据类型的属性的集合；

(2)对类所定义的对象的操作事件的集合；

(3)事件的处理方法的集合。

对类的操作，一般使用 DEFINE，INIT，SETPROPERTY，GETPROPERTY 等方法。具体用法如下：

(1)DEFINE：用于定义类的结构；

(2)INIT:利用 DEFINE 定义的类结构,对创建的对象进行初始化;

(3)SETPROPERTY:用于设置对象的属性(请参阅第 5 章 5.5 节);

(4)GETPROPERTY:用于获取对象的属性(请参阅第 5 章 5.5 节)。

创建类可以使用包含指定结构变量,并且具有如下格式的过程:

格式:PRO ClassName__DEFINE

```
        struct = {ClassName, data1:value1, … , dataN:valueN }
    END
```

功能:创建一个指定的类。

说明:ClassName:用于指定创建类的名称。data1,…,dataN:用于给出类中成员的名称。value1,…,valueN:用于给出类中成员的初始值。

注意:类的名称 ClassName 和过程的名称 ClassName__DEFINE 的关系,必须严格按照上述格式。即过程的名称是由类的名称、两个下划线“_ _”和“DEFINE”组合而成。

例如:创建名为 Chapter08CRectangle 的包含矩形的长度和宽度的矩形类。程序如下:

```
PRO Chapter08CRectangle__DEFINE
    RectangleStruct = { Chapter08CRectangle, length:10L, width:10L }
END
```

例如:创建名为 Chapter08CCylinder 的包含圆柱的半径和高度的圆柱类。程序如下:

```
PRO Chapter08CCylinder__DEFINE
    CylinderStruct = { Chapter08CCylinder, radius:20L, high:20L }
END
```

8.3.2 子类的创建和初始化

根据类的继承性,可以使用基本类(即基类)创建子类。创建子类可以使用包含基类和指定结构变量,并且具有如下格式的过程:

格式:PRO ClassName__DEFINE

```
            struct={ClassName, INHERITS BaseClass, data1:value1, …, dataN: valueN}
    END
```

功能:在基类上,创建一个指定的子类。

说明:BaseClass:用于给出基类的名称。子类 ClassName 在拥有基类 BaseClass 的所有成员的基础上,还可以创建自己的成员:data1,…,dataN 。value1,…,valueN 是成员的初始值。

注意:在基类名称 BaseClass 的前面必须加上继承说明 INHERITS。

例如:在基类 Chapter08CRectangle 上,创建一个名为 Chapter08CCuboid 的包含立方体的长度、宽度和高度的立方体类。其程序如下:

```
PRO Chapter08CCuboid__DEFINE
    Cuboidstruct={Chapter08CCuboid,INHERITS Chapter08CRectangle,high:10L}
END
```

8.3.3 对象的创建和调用

1. 对象的创建

创建对象可以利用创建对象函数 OBJ_NEW()引用指定的类来创键。具体用法,请参阅第 5 章。

例如:利用矩形类 Chapter08CRectangle,创建一个名为 MyRectangle 的矩形对象。

```
IDL>MyRectangle = OBJ_NEW('Chapter08CRectangle')
```

例如：利用立方体类 Chapter08CCuboid，创建一个名为 MyCuboid 的立方体对象。

IDL>MyCuboid = OBJ_NEW('Chapter08CCuboid')

【思考题】 利用圆柱类 Chapter08CCylinder，创建一个名为 MyCylinder 的圆柱对象。

2. 对象的引用

对象被创建之后，就可以象使用结构变量一样来使用。因为对象本身就是一个结构变量。用户可以访问对象的成员，设置或者获取成员的值。

利用函数 OBJ_CLASS()返回一个类的名称，利用函数 OBJ_ISA()测试一个对象是否为某一个类的对象。其用法如下：

格式：OBJ_CLASS([ObjectName] [, /SUPERCLASS])

功能：用于返回指定对象的所在类的名称，或者其基类的名称。

说明：省略所有选项时，返回空串。[ObjectName]：用于指定对象的名称。[, /SUPERCLASS]：用于返回该对象所在类的基类的名称；若无基类，则返回空串。

例如：返回对象 MyCuboid 的类名。其命令如下（结果为 Chapter08CCuboid）：

IDL>MyCuboidClassName = OBJ_CLASS(MyCuboid)

例如：返回对象 MyCuboid 的基类的类名。命令如下（结果为 Chapter08CRectangle）：

IDL>MyCuboidClassName = OBJ_CLASS(MyCuboid, /SUPERCLASS)

格式：OBJ_ISA(ObjectName, ClassName)

功能：测试对象 ObjectName 是否为类 ClassName 的对象。若是返回 1；否则返回 0。

例如：测试对象 MyCuboid 是否为类 Chapter08CCuboid 的对象。其命令如下：

IDL>PRINT, OBJ_ISA(MyCuboid, 'Chapter08CCuboid') ;结果为 1

注意：对象使用结束后，可以使用函数 OBJ_VALID()测试其有效性，然后使用 OBJ_DESTROY 命令把该对象删除掉。

要想访问对象的成员，可以在该对象所在的类上创建相应的方法来实现，见 8.4 节。

8.4　事件和方法的创建和调用

8.4.1　事件和方法的创建

为了访问类和对象的成员，就需要为该对象设定相应的访问事件，同时在该对象所在的类上创建相应的方法来实现。下面首先给出方法的一般格式，然后用实例说明创建事件和方法的详细过程。

方法的格式为下面的过程或者函数：

```
PRO ClassName::MethodName [, 参数 1,… ,参数 n][, 关键字 1,… ,关键字 m]
    语句序列
END
FUNCTION ClassName::MethodName [, 参数 1,… ,参数 n][, 关键字 1,… ,关键字 m]
    语句序列
    RETURN, 表达式
END
```

例如：为了访问矩形类 Chapter08CRectangle 所创建的矩形对象的长和宽，并能计算和输出矩形的面积，则需要为矩形对象设置 4 个事件：

(1)设置矩形的长和宽的事件；

(2)获取矩形的长和宽的事件；

(3)计算矩形面积的事件；

(4)输出矩形面积的事件。

这 4 个事件对应的方法分别定义如下：

```
Chapter08CRectangle::SetProperty
Chapter08CRectangle::GetProperty
Chapter08CRectangle::CalculateArea
Chapter08CRectangle::PrintArea
```

根据上述要求，为矩形类设计的方法如下：

```
PRO Chapter08CRectangle::SetProperty, length=length, width=width
    self.length = length
    self.width = width
END
PRO Chapter08CRectangle::GetProperty, length=length, width=width
    length = self.length
    width = self.width
END
FUNCTION Chapter08CRectangle::CalculateArea
    SELF->GetProperty, length = length, width = width
    RETURN, length * width
END
PRO Chapter08CRectangle::PrintArea
    SELF->GetProperty, length = length, width = width
    Area = length * width
    void = DIALOG_MESSAGE('Area: ' + STRING(Area),/INFORMATION)
END
```

技巧提示：在设计方法的时候，IDL 为每一个方法提供了一个方便控制对象本身的隐含对象，即对象 SELF。SELF 用在过程或者函数中，SELF 是指类创建的当前对象自身。

下面的实例说明了在子类上，设置事件和建立相应方法的过程。

例如：为了访问立方体类 Chapter08CCuboid 所创建的立方体对象的长、宽和高，并能计算和输出长方体的体积，则需要为矩形对象设置 4 个事件：

(1)设置长方体的长、宽和高的事件；

(2)获取长方体的长、宽和高的事件；

(3)计算长方体体积的事件；

(4)输出长方体体积的事件。

这 4 个事件对应的方法分别定义如下：

```
Chapter08CCuboid::SetProperty
Chapter08CCuboid::GetProperty
Chapter08CCuboid::CalculateVolume
Chapter08CCuboid::PrintVolume
```

根据上述要求，为矩形类设计的方法如下：

```
PRO Chapter08CCuboid::SetProperty,length = length,width = width,high = high
    SELF->Chapter08CRectangle::SetProperty, length = length, width = width
    SELF.high = high
EN
PRO Chapter08CCuboid::GetProperty,length = length,width = width,high = high
```

```
    SELF->Chapter08CRectangle::GetProperty, length = length, width = width
    high = self.high
END
FUNCTION Chapter08CCuboid::CalculateVolume
    SELF->GetProperty, length = length, width = width, high = high
    RETURN, length * width * high
END
PRO Chapter08CCuboid::PrintVolume
    SELF->GetProperty, length = length, width = width, high = high
    Volume = length * width * high
    void = DIALOG_MESSAGE('Volume: ' + STRING(Volume),/INFORMATION)END
```

【思考题】 为了访问圆柱类 Chapter08CCylinder 所创建的圆柱对象的低面半径和高,并能计算和输出圆柱的体积,则需要为圆柱对象设置 4 个事件：

(1)设置圆柱的低面半径和高的事件；

(2)获取圆柱的低面半径和高的事件；

(3)计算圆柱体积的事件；

(4)输出圆柱体积的事件。

这 4 个事件对应的方法分别定义如下：

```
Chapter08CCylinder::SetProperty
Chapter08CCylinder::GetProperty
Chapter08CCylinder::CalculateVolume
Chapter08CCylinder::PrintVolume
```

根据上述要求,为圆柱类设计每一个方法。详见 Chapter08CCylinder__DEFINE.pro。

8.4.2 初始化事件和方法的建立

为了更好地访问类和对象,需要为该类及其创建对象进行初始化设置,或者进行相应的约束控制等。这时需要创建一个的初始化方法。其格式如下：

格式:PRO ClassName::Init [, 参数 1,… ,参数 n][, 关键字 1,… ,关键字 m]

　　语句序列

　END

功能:用于创建一个初始化方法。

说明:该方法将在每一次使用类创建对象时,被直接执行。

例如:如果用户在创建矩形对象时,没有给出矩形的长和宽,则提示用户,并终止创建对象,则矩形类 Chapter08CRectangle 创建的初始化方法如下：

```
FUNCTION Chapter08CRectangle::Init, length, width
    IF N_PARAMS() NE 2 THEN BEGIN
        void=DIALOG_MESSAGE('Init requires length and width arguments! ')
        RETURN, 0
    ENDIF ELSE BEGIN
        self.length = length
        self.width = width
        RETURN, 1
    ENDELSE
END
```

注意:在为矩形类 Chapter08CRectangle 创建初始化方法后,如果再利用该类创建矩形对象,则必须给出矩形的长和宽。

例如:如果用户在创建立方体对象时,没有给出矩形的长、宽和高,则提示用户,并终止创建对象。则立方体类 Chapter08CCuboid 创建的初始化方法如下:

```
FUNCTION Chapter08CCuboid::Init, length, width, high
    IF N_PARAMS() NE 3 THEN BEGIN
        void=DIALOG_MESSAGE('Init requires Length,width and High arguments! ')
        RETURN, 0
    ENDIF ELSE BEGIN
        SELF->Chapter08CRectangle::SetProperty,length = length,width = width
        SELF.high = high
        RETURN, 1
    ENDELSE
END
```

8.4.3 事件和方法的调用

对于创建好的对象,用户可以根据需要产生事件并调用相应的方法。调用格式如下:

格式 1:对象变量 -> 方法过程名 [,参数 1,…,参数 n][,关键字 1,…,关键字 n]

功能:在对象变量指定对象中,调用该对象的方法过程名指定的方法。

格式 2:对象变量 ->方法函数名([,参数 1,…,参数 n][,关键字 1,…,关键字 n])

功能:调用对象变量指定对象的方法函数名指定的方法。请参阅 5.5.5 节。

用户要想访问对象的成员,可以利用获取属性的方法 GetProperty 获得对象的属性值,同时还可以利用设置属性的方法 SetProperty 来重新设置属性的值。其用法如下:

格式:对象变量 -> SetProperty,属性关键字 1= 属性变量 1,…,属性关键字 n=属性变量 n)

功能:用属性变量的值重新设置对象变量指定对象的属性关键字指定的属性的值。

例如:设置对象 MyCuboid 的长、宽和高分别为 100,200 和 300。可以键入命令:

```
IDL>MyCuboid = OBJ_NEW('Chapter08CCuboid')
IDL>MyCuboid -> SetProperty, length=100, width=200, high=300
```

格式:对象变量 -> GetProperty,属性关键字 1= 属性变量 1,…,属性关键字 n=属性变量 n)

功能:获取对象变量指定对象的属性关键字指定的属性值,并存入属性变量。

例如:获取对象 MyCuboid 的长、宽和高的值。可以键入命令:

```
IDL>MyCuboid -> SetProperty, length=length, width=width, high=high
IDL>PRINT, length, width, high;输出结果为 100   200   300
```

例如:利用矩形类 Chapter08CRectangle 创建长为 50,宽为 60 的矩形对象,具体操作方法如下:

(1)使用方法 CalculateArea 计算并输出矩形的面积。

(2)设置矩形的长为 200,宽为 900。

(3)获取矩形的长和宽,并存入变量 MyLength 和 MyWidth,然后输出。

(4)使用方法 PrintArea 输出矩形的面积。

该例的操作命令如下:

```
IDL>MyRectangle=OBJ_NEW('Chapter08CRectangle', 50,60)
IDL>MyRectangleArea = MyRectangle->CalculateArea()
IDL>PRINT, MyRectangleArea                ;输出结果: 3000
IDL>MyRectangle->SetProperty, length=200, width=900
```

IDL＞MyRectangle－＞GetProperty，length＝MyLength，width＝MyWidth

IDL＞PRINT，MyLength，MyWidth　　　　;输出结果：200　900

IDL＞MyRectangle－＞PrintArea　　　　　;输出结果如图 8.1 所示

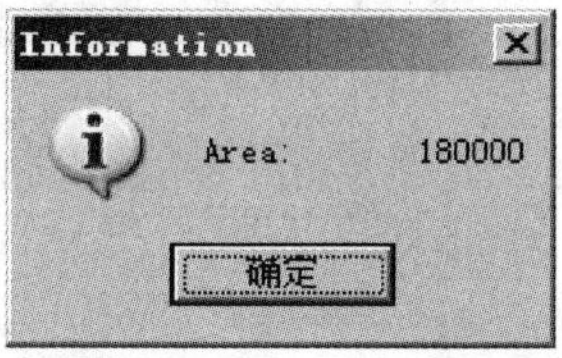

图 8.1　输出面积

【思考题】 利用立方体类 Chapter08CCuboid 创建长为 50、宽为 60、高为 70 的立方体对象，按照如下要求，给出相应的操作。

(1)使用方法 CalculateVolume 计算并输出长方体的体积。

(2)设置长方体的长为 300、宽为 600、高为 900。

(3)获取长方体的长、宽和高，并存入 MyLength，MyWidth 和 MyHigh，然后输出。

(4)使用方法 PrintVolume 输出长方体的体积。

8.5　类和方法的结构和封装

类和方法建立之后，就可以封装成一个类文件。封装后类的过程文件的结构格式如下：

```
; ClassName__DEFINE.PRO
; -------------------------------------------------------------------------
PRO ClassName::MethodName [, 参数 1,… ,参数 n][, 关键字 1,… ,关键字 m]
    语句序列
    END
; -------------------------------------------------------------------------
FUNCTION ClassName::MethodName [, 参数 1,… ,参数 n][, 关键字 1,… ,关键字 m]
    语句序列
    RETURN, 表达式
END
; -------------------------------------------------------------------------
PRO ClassName__DEFINE
    struct = { ClassName, data1:value1, … , dataN:valueN }
END
; -------------------------------------------------------------------------
```

对于封装好的类和方法，用户可以直接按照上述使用方法来使用，即使不进行编译，也可以使用，这时系统会自动进行编译。

例如：封装后的矩形类 Chapter08CRectangle 的过程文件如下：

```
; Chapter08CRectangle__DEFINE.PRO
; -------------------------------------------------------------------------
FUNCTION Chapter08CRectangle::Init, length, width
    IF N_PARAMS() NE 2 THEN BEGIN
        void=DIALOG_MESSAGE('Init requires length and width arguments! ')
        RETURN, 0
    ENDIF ELSE BEGIN
        self.length = length
        self.width = width
        RETURN, 1
    ENDELSE
END
```

```
;-------------------------------------------------------------------------------
PRO Chapter08CRectangle::GetProperty, length = length, width = width
    length = self.length
    width = self.width
END
;-------------------------------------------------------------------------------
PRO Chapter08CRectangle::SetProperty, length = length, width = width
    self.length = length
    self.width = width
END
;-------------------------------------------------------------------------------
FUNCTION Chapter08CRectangle::CalculateArea
    SELF->GetProperty, length = length, width = width
    RETURN, length * width
END
;-------------------------------------------------------------------------------
PRO Chapter08CRectangle::PrintArea
    SELF->GetProperty, length = length, width = width
    Area = length * width
    void = DIALOG_MESSAGE('Area: ' + STRING(Area),/INFORMATION)
END
;-------------------------------------------------------------------------------
PRO Chapter08CRectangle__DEFINE
    void = { Chapter08CRectangle, length:0L, width:0L }
END
;------------------------------------------------------
```

例如：封装后的长方体类 Chapter08CCuboid 的过程文件如下：

```
; Chapter08CCuboid__DEFINE.PRO
;-------------------------------------------------------------------------------
FUNCTION Chapter08CCuboid::Init, length, width, high
    IF N_PARAMS() NE 3 THEN BEGIN
        void=DIALOG_MESSAGE(    $    'Init requires Length, width and High arguments! ')
        RETURN, 0
    ENDIF ELSE BEGIN
        SELF->Chapter08CRectangle::SetProperty,length = length,width = width
        SELF.high = high
        RETURN, 1
    ENDELSE
END
;-------------------------------------------------------------------------------
PRO Chapter08CCuboid::SetProperty,length = length,width = width,high = high
        SELF->Chapter08CRectangle::SetProperty, length = length, width = width
        SELF.high = high
END
;-------------------------------------------------------------------------------
```

```
PRO Chapter08CCuboid::GetProperty,length = length,width = width,high = high
        SELF->Chapter08CRectangle::GetProperty , length = length, width = width
        high = self.high
END
;-----------------------------------------------------------------------------
FUNCTION Chapter08CCuboid::CalculateVolume
    SELF->GetProperty, length = length, width = width, high = high
    RETURN, length * width * high
END
;-----------------------------------------------------------------------------
PRO Chapter08CCuboid::PrintVolume
    SELF->GetProperty, length = length, width = width, high = high
    Volume = length * width * high
    void = DIALOG_MESSAGE('Volume: ' + STRING(Volume),/INFORMATION)
END
;-----------------------------------------------------------------------------
PRO Chapter08CCuboid__DEFINE
    void = {Chapter08CCuboid, INHERITS Chapter08CRectangle, high:0L}
END
;-----------------------------------
```

【思考题】 试对圆柱类 Chapter08CCylinder 进行封装,封装后的过程文件为 Chapter08CCylinder__DEFINE.PRO。

8.6 字体 Font 和文本 Text 的程序设计

设计文本及其字体和字号,可以使用字体类 IDLgrFont 和文本类 IDLgrText。

字体类 IDLgrFont 用于创建和设置文本对象的字体和字号。其用法如下:

(1)IDLgrFont 的初始化格式如下:

格式: MyFontID = OBJ_NEW('IDLgrFont', 字体格式串 [, 关键字=关键字的值])

(2)IDLgrFont 的常用参数:字体格式串:指定字体格式的格式串。

格式:'fontname * BOLD * ITALIC'

其中,fontname 是指 Courier, Helvetica, Monospace Symbol, Symbol, Hershey 和 Times 等字体之一。BOLD 和 ITALIC 分别指黑体字和斜体字。若指定的字体无效,则使用默认字体。

(3)IDLgrFont 的常用属性(关键字)如下:

1)SIZE:设置字体的大小。默认值为 12.0。

2)THICK:设置字体的粗细。默认值为 1.0;取值范围为 1.0 ~ 10.0。仅适用于字体 Hershey。

例如:创建粗细为 6.0,大小为 20,字体为 Hershey 的粗体斜体字对象 MyFont。

```
IDL>MyFont=OBJ_NEW('IDLgrFont', 'Hershey * BOLD * ITALIC', SIZE=20, THICK=6)
```

(4)IDLgrFont 的常用方法:

IDLgrFont::Cleanup, IDLgrFont::GetProperty, IDLgrFont::Init 和 IDLgrFont::SetProperty。

文本类 IDLgrText 用于创建和设置文本对象。其用法如下:

(1)IDLgrText 的初始化格式:

格式: MyTextID = OBJ_NEW('IDLgrText' [, 文本串][, 关键字=关键字的值])

(2)IDLgrText 的常用参数:

文本串:用于给出创建的文本内容。可以使用关键字 STRINGS 设置。

(3)IDLgrText 的常用属性(关键字)如下:

1)ALIGNMENT:设置文本按照基线的水平对齐方式。默认值为 0.0;取值范围为 0.0 ～ 1.0。其中,0.0=左对齐;1.0=右对齐;0.5=居中。

2)BASELINE:指定一个二维或者三维数值型数组,用于设置文本的基线。默认值为[1.0,0.0,0.0],即平行于 X 轴。

3)UPDIR:指定一个二维或者三维数值型数组来确定一个垂直方向,该方向与基线垂直,并且与基线配合,用于设置文本放置的平面。默认值为[0.0, 1.0, 0.0],即平行于 Y 轴。

4)COLOR:指定一个颜色表或者 RGB 值[R,G,B]。用于设置文本的颜色。默认值为[0, 0, 0]。

5)FONT:设置文本的字体。默认值为大小 12 的 Helvetica 字体。该字体由类 IDLgrFont 创建。

6)HIDE:设置文本是否被绘制。0=绘制;1=不绘制。默认值为 0。

7)LOCATIONS:指定一个二维或者三维数值型数组,用于设置文本的位置。默认值为[0,0,0]。

8)STRINGS:用于设置创建的文本内容。

9)VERTICAL_ALIGNMENT:设置文本按照基线的垂直对齐方式。默认值为 0.0;取值范围为 0.0 ～ 1.0。其中,0.0=下对齐;1.0=上对齐;0.5=居中。

(4)IDLgrText 的常用方法如下:

IDLgrText::Cleanup、IDLgrText::GetProperty、IDLgrText::Init 和 IDLgrText::SetProperty。

例如:创建位置在(6,6),颜色为绿色[0,255,0],文本内容为 Text String,字体为 MyFont 的文本对象 MyText。其命令如下:

```
IDL>MyText = OBJ_NEW('IDLgrText', 'Text String',   $
                    LOCATION=[4,4], COLOR=[0,255,0], FONT=MyFont)
```

【例 8.1】 设计两种字体,文本内容为 Happa You! 的文本对象,并且让它绕坐标原点从水平旋转到垂直。其参考程序如下:

```
; Chapter08FontText.pro
PRO Chapter08FontText
    Mywindow = OBJ_NEW('IDLgrWindow') ; 创建窗口对象
    Myfont1 = OBJ_NEW('IDLgrFont', 'times * BOLD', SIZE=50) ; 创建字体对象
    Myfont2 = OBJ_NEW('IDLgrFont', 'courier * BOLD * ITALIC', SIZE=50)
    Myview = OBJ_NEW('IDLgrView', VIEWPLANE_RECT=[0,0,10,10],   $
                    COLOR=[255,255,255])
    Mymodel = OBJ_NEW('IDLgrModel') ; 创建模式对象
    Mytext = OBJ_NEW('IDLgrText', 'Happy You! ', LOCATION=[2,2],   $
                    COLOR=[0,0,0], FONT=Myfont2) ; 创建文本对象
    Myview -> Add, Mymodel ; 添加模式到视图区
    Mymodel -> Add, Mytext
    ; 设置投影方式和裁剪面
    Myview -> SetProperty, PROJECTION=2, EYE=50, ZCLIP=[5,-5]
    FOR i=-5,0 DO BEGIN
        Mytext->SetProperty, BASELINE=[1,0,i] ; 改变基准线,沿基准线移动视图
        Mywindow->Draw, Myview
        WAIT, 0.1
    ENDFOR
    FOR i=0,5 DO BEGIN
        Mytext->SetProperty, BASELINE=[1,i,0] ; 改变基准线,沿基准线移动视图
```

```
        Mywindow－>Draw, Myview  &  WAIT, 0.1
    ENDFOR
    Mytext－>SetProperty, BASELINE=[0,1,0], UPDIR=[－1,0,0]
    Mywindow－>Draw, Myview  &  WAIT, 1
    Mytext －> SetProperty, FONT=Myfont1, BASELINE=[1,0,0],  $
            UPDIR=[0,1,0], COLOR=[200,100,0], LOCATION=[2,6]
    Mywindow－>Draw, Myview  &  WAIT, 1
    Mytext －> SetProperty, FONT=Myfont2, COLOR=[255,0,0], LOCATION=[2,3]
    Mywindow－>Draw, Myview
    var=''
    READ, var, PROMPT='press Return to destroy the window'
    OBJ_DESTROY, Mywindow  &  OBJ_DESTROY, Myview
    OBJ_DESTROY, Myfont1  &  OBJ_DESTROY, Myfont2
END
```

【思考题】 设计文本内容为 Happa You！的文本对象，制作让它从窗口左边移动到右边的动画。

8.7 填充模式 Pattern 和多边形 Polygon 的程序设计

设计填充模式和多边形绘图，可以用模式类 IDLgrPattern 和多边形类 IDLgrPolygon。

模式类 IDLgrPattern 用于创建和设置多边形绘图对象的填充模式。其用法如下：

(1)IDLgrPattern 的初始化格式：

格式：MyPatternID = OBJ_NEW('IDLgrPattern' [, Style] [, 关键字＝关键字的值])

(2)IDLgrPattern 的常用参数：

Style：指定数值。用于设置填充的风格。可以使用关键字 STYLE 设置。0 ＝ 单色填充(默认)；1 ＝ 线填充；2 ＝ 指定图案模式填充

(3)IDLgrPattern 的常用属性(关键字)：

1)ORIENTATION：在 STYLE 设置为 1 时，设置填充线的倾斜度。默认值为 0°。

2)PATTERN：在 STYLE 设置为 2 时，设置填充的图案。该值为 4 行 32 整型数组。

3)SPACING：在 STYLE 设置为 1 时，设置填充线之间的距离。

4)STYLE：设置填充的风格。0 ＝实心填充；1 ＝线填充；2 ＝按指定图案模式填充。

5)THICK：在 STYLE 设置为 1 时，设置填充线的粗细。默认 1.0；取值范围为 1.0 ～ 10.0。

(4)IDLgrPattern 的常用方法：

IDLgrPattern::Cleanup、IDLgrPattern::GetProperty、IDLgrPattern::Init 和 IDLgrPattern:SetProperty。

例如：创建粗细为 6.0，填充风格为 1，间距为 10，倾斜度为 30 度的填充模式对象 MyPattern。其命令如下：

```
IDL>MyPattern=OBJ_NEW('IDLgrPattern',1,SPACING=10,THICK=5,ORIENTATION=30)
```

多边形类 IDLgrPolygon 用于创建和设置多边形对象。其用法如下：

(1)IDLgrPolygon 的初始化格式如下：

格式：MyPolygonID=OBJ_NEW('IDLgrPolygon' [,X[,Y[,Z]]][, 关键字＝关键字的值])

(2)IDLgrPolygon 的常用参数：

X [, Y[, Z]]：二维或三维多边形的顶点数组。可以使用关键字 DATA 设置。

例如：IDL>MyPolygon = OBJ_NEW('IDLgrPolygon', [[0,0],[0,1],[1,1],[1,0]])

(3)IDLgrPolygon 的常用属性(关键字)：

1)COLOR:设置多边形的绘制颜色。可以是颜色索引或者 RGB 颜色值。默认值为[0, 0, 0]。

2)DATA:二维或三维多边形的顶点数组。设置多边形顶点的位置。

3)FILL_PATTERN:使用 IDLgrPattern 创建的填充模式设置多边形的填充方式。

例如:IDL>mypolygon -> SetProperty, STYLE=2, FILL_PATTERN=mypattern

4)HIDE:设置多边形是否被绘制。0=绘制;1=不绘制。默认值为 0。

5)LINESTYLE:设置多边形的风格。0 = 实线(默认);1 = 点;2 = 虚线;3 = 虚线点;4 = 虚线点点点,5 = 长虚线;6 =不绘制。

6)SHADING:设置多边形的面绘制风格。默认 0 = 平面绘制;1 =光滑曲面绘制。

例如:IDL>mypolygon -> SetProperty, STYLE=2, SHADING=1

7)STYLE:设置多边形的点、线、面绘制风格。0 = 只绘制顶点;1 =绘制顶点,同时用线连接各顶点;2 = 填充绘制(默认)。

例如:IDL>mypolygon -> SetProperty, STYLE=1, COLOR=[0,255,0,]

8)TEXTURE_MAP:使用由 IDLgrImage 创建的图像对象,设置多边形的文本贴图。

9)THICK:在 STYLE 设置为 0 或者 1 时,设置多边形顶点、线的粗细。默认值为 1.0;取值范围为 1.0 ~ 10.0。

10)VERT_COLORS:设置多边形顶点的颜色。该关键字与 SHADING 配合使用,可以绘制多色图形。

例如:IDL>vcolors =[[0,100,200],[200,150,200],[150,200,250],[250,0,100]]IDL>mypolygon -> SetProperty, STYLE=1, VERT_COLORS=vcolors

(4)IDLgrPolygon 的常用方法:

IDLgrPolygon::Cleanup,IDLgrPolygon::GetProperty,IDLgrPolygon::Init 和 IDLgrPolygon::SetProperty。

【例 8.2】 绘制一个三角形,要求使用随机产生的数组填充,填充方式为指定模式填充。其参考程序如下:

```
; Chapter08PatternPloygon. pro
pro Chapter08PatternPloygon
  pattern = BYTE(RANDOMN(seed, 32, 4) * 255)
  myPattern=OBJ_NEW('IDLgrPattern',STYLE=2, PATTERN=pattern);创建模板对象
  myView = OBJ_NEW('IDLgrView', VIEWPLANE_RECT=[0,0,10,10]) ;创建视图区
  myModel = OBJ_NEW('IDLgrModel') ;创建模式对象
  myPolygon=OBJ_NEW('IDLgrPolygon', [4, 7, 3], [8, 6, 3], $
    color=[255,0,255], fill_pattern=myPattern) ;创建多边形对象
  myView -> Add, myModel ; 添加模式对象到视图对象
  myModel -> Add, myPolygon ; 添加多边形对象到模式对象
  myWindow = OBJ_NEW('IDLgrWindow', RETAIN=2) ; 创建窗口对象  myWindow -> Draw,
myView ; 在窗口对象中绘制视图对象
  end
```

8.8 绘图符号 Symbol 与线 Plot 和折线 Polyline 的程序设计

设计绘图符号和线绘图,可以使用符号类 IDLgrSymbol、线类 IDLgrPlot 和折线类 IDLgrPolyline。符号类 IDLgrSymbol 用于创建和设置线对象的绘制符号。其用法如下:

(1)IDLgrSymbol 的初始化格式:

格式:MySymbolID = OBJ_NEW('IDLgrSymbol' [, Data] [, 关键字=关键字的值])

(2)IDLgrSymbol 的常用参数：

Data:指定的数值或者符号对象。用于指定绘图符号。可以使用关键字 DATA 设置。常用值为 1 = 加号+(默认);2 = 星号 *;3 = 点;4 = 菱形;5 = 三角形;6 = 正方形;7 = 交叉号。

(3)IDLgrSymbol 的常用属性(关键字)：

1)COLOR:设置符号的绘制颜色。可以是颜色索引或 RGB 颜色值。默认为[0, 0, 0]。

例如:IDL>mySymbol = OBJ_NEW('IDLgrSymbol', 5, COLOR=[255,0,0])

2)DATA:指定数值或者符号对象。用于指定绘图符号。

3)SIZE:一维、二维或三维浮点数组。设置绘制符号大小的比例因子。默认[1.0, 1.0, 1.0]。

例如:IDL>mySymbol -> SetProperty, SIZE=[0.1, 0.1]

4)THICK:设置绘制符号或者线的粗细。默认值为:1.0;取值范围为 1.0 ~ 10.0。

(4)IDLgrSymbol 的常用方法：

IDLgrSymbol::Cleanup,IDLgrSymbol::GetProperty,IDLgrSymbol::Init 和 IDLgrSymbol:SetProperty。

技巧提示:用户可以利用基本图元绘制一个图形作为符号使用。

例如:利用 IDLgrPolygon 创建一个五边形,然后把它作为符号使用。方法如下：

```
IDL>Pentagon=OBJ_NEW('IDLgrPolygon', [-0.8,0.0,0.8,0.4,-0.4],   $
                     [0.2,0.8,0.2,-0.8,-0.8], COLOR=[0,0,255])
IDL>mySymbol = OBJ_NEW('IDLgrSymbol', Pentagon)
```

线类 IDLgrPlot 用于创建和设置一条线对象。其用法如下：

(1)IDLgrPlot 的初始化格式如下：

格式: MyPlotID = OBJ_NEW('IDLgrPlot' [, [X,] Y] [, 关键字=关键字的值])

(2)IDLgrPlot 的常用参数：

1)X:X 向一维数组。用于给出绘制平面上点的 X 向分量。省略时,Y 向数组的个数。可以使用关键字 XDATA 设置。

2)Y:Y 向一维数组。用于给出绘制平面上点的 Y 向分量。可用关键字 YDATA 设置。

3)3 ×n 数组:给出绘制格式为[DataX, DataY, DataZ]的空间点。可以使用关键字 DATA 设置。例如：

```
IDL>myplot = OBJ_NEW('IDLgrPlot', [2,9,4,4,6,2,8])
IDL>datay = [2,9,4,4,6,2,8]
IDL>datax = [0,1,2,5,7,11,13]
IDL>myplot = OBJ_NEW('IDLgrPlot', datax, datay)
```

(3)IDLgrPlot 的常用属性(关键字)：

1)COLOR:设置线的绘制颜色。可以是颜色索引或者 RGB 颜色值。默认为[0, 0, 0]。

2)DATA:用于给出绘制的格式为[DataX, DataY, DataZ]的空间点。

3)XDATA:用于给出绘制平面上点的 X 向分量。

4)YDATA:用于给出绘制平面上点的 Y 向分量。

5)HISTOGRAM:用于绘制柱状图。

6)HIDE:设置线是否被绘制。0=绘制;1=不绘制。默认值为 0。

7)LINESTYLE:设置线的风格。0 = 实线(默认);1 = 点;2 = 虚线;3 = 虚线点;4 = 虚线点点点,5 = 长虚线;6 =不绘制。

8)MAX_VALUE:设置绘制线的最大值。即大于该值的数据点不再绘制。

9)MAX_VALUE:设置绘制线的最小值。即小于该值的数据点不再绘制。

例如:IDL>Myplot -> SetProperty, MAX_VALUE=8, MIN_VALUE=2

10)POLAR:用于绘制极坐标线。这时,XDATA 为极半径;YDATA 为极角。

11)SYMBOL:利用 IDLgrSymbol 创建的符号,设置线的绘制符号。

12)THICK:设置线的粗细。默认值为 1.0;取值范围为 1.0 ~ 10.0。

13)VERT_COLORS:设置线的颜色。该关键字可以绘制多色图形。

(4)IDLgrPlot 的常用方法:

IDLgrPlot::Cleanup,IDLgrPlot::GetProperty,IDLgrPlot::Init 和 IDLgrPlot::SetProperty。

【例 8.3】 任意生成数据,要求用三角形绘制这些数据点的线图和柱状图。程序如下:

```
; Chapter08Plot.pro
PRO Chapter08Plot
    Mywindow = OBJ_NEW('IDLgrWindow',RETAIN=2)
    Myview = OBJ_NEW('IDLgrView', VIEWPLANE_RECT=[-10,-10,20,20])
    Mymodel = OBJ_NEW('IDLgrModel')
    x = (FINDGEN(21) / 10.0 - 1.0) * 10.0
    y = [3.0, -2.0, 0.5, 4.5, 3.0, 9.5, 9.0, 4.0, 1.0, -8.0,   $
        -6.5, -7.0, -2.0, 5.0, -1.0, -2.0, -6.0, 3.0, 5.5, 2.5, -3.0]
    Myplot1 = OBJ_NEW('IDLgrPlot', x, y, COLOR=[120, 120, 120])
    Myplot2 = OBJ_NEW('IDLgrPlot', x, y, /HISTOGRAM, LINESTYLE=4)
    y2 = SMOOTH(y, 5)
    Myplot3 = OBJ_NEW('IDLgrPlot', x, y2, LINESTYLE=2)
    Myview -> Add, Mymodel  &  Mymodel -> Add, Myplot1
    Mymodel -> Add, Myplot2  &  Mymodel -> Add, Myplot3
    Mywindow -> Draw, Myview
END
```

程序运行结果如图 8.2 所示。

【思考题】 修改例 8.3,要求用自己设计的五角星符号绘制上图形,其他要求不变。

【例 8.4】 任意生成数据,要求用绘制这些数据点的极坐标图形。程序如下:

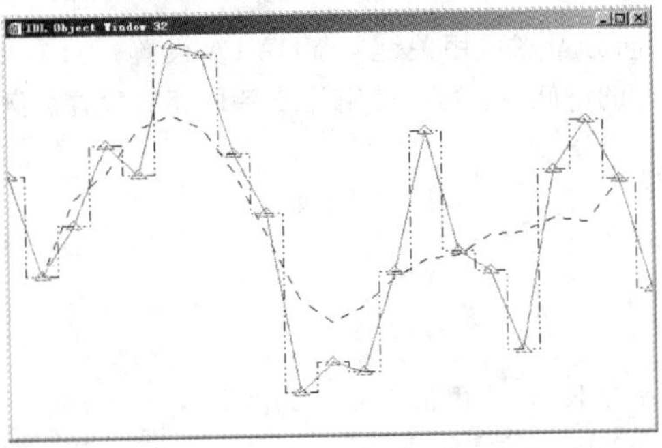

图 8.2 Plot 绘制

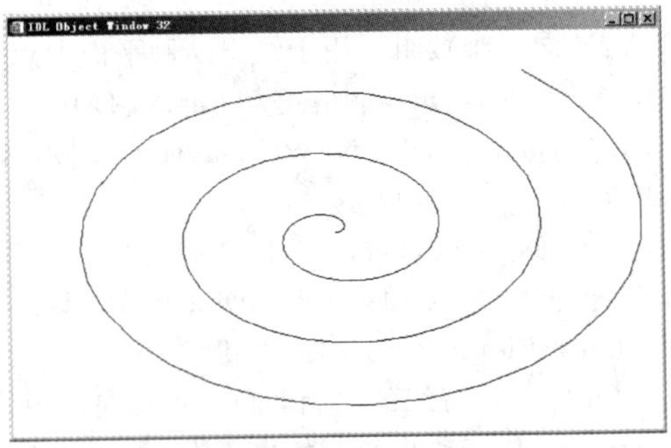

图 8.3 Polar 绘制

```
; Chapter08Polar.pro
PRO Chapter08Polar
    mywindow = OBJ_NEW('IDLgrWindow', RETAIN = 2)
    myview = OBJ_NEW('IDLgrView', VIEWPLANE_RECT=[-100,-100,200,200])
    mymodel = OBJ_NEW('IDLgrModel')
    r = FINDGEN(100)  &  theta = r/5
    mypolarplot = OBJ_NEW('IDLgrPlot', r, theta, /POLAR) ;创建极坐标对象
    myview -> Add, mymodel  &  mymodel -> Add, mypolarplot
    mywindow -> Draw, myview
END
```

程序运行结果见图 8.3

折线类 IDLgrPolyline 用于创建和设置折线对象。其用法如下：

(1)IDLgrPolyline 的初始化格式如下：

格式：MyPolylineID=OBJ_NEW('IDLgrPolyline' [,X [,Y[,Z]]][,关键字=关键字的值])

(2)IDLgrIDLgrPolyline 的常用参数：

X [, Y[, Z]]：二维或三维折线的顶点数组。可以使用关键字 DATA 设置。

例如：IDL>MyPolyline = OBJ_NEW('IDLgrPolyline', [[0,0],[0,1],[1,1],[1,0]])

(3)IDLgrIDLgrPolyline 的常用属性(关键字)：

1)COLOR：设置折线的绘制颜色。可以是颜色索引或 RGB 颜色值。默认为[0, 0, 0]。

2)DATA：二维或三维折线的顶点数组。设置折线顶点的位置。

3)HIDE：设置折线是否被绘制。0=绘制；1=不绘制。默认值为 0。

4)LINESTYLE：设置折线的风格。0 = 实线(默认)；1 = 点；2 = 虚线；3 = 虚线点；4 = 虚线点点点，5 = 长虚线；6 =不绘制。

5)SHADING：设置折线的面绘制风格。默认 0 = 平面绘制；1 = 曲面绘制(光滑)。

例如：IDL>MyPolyline -> SetProperty, STYLE=2, SHADING=1

6)SYMBOL：利用 IDLgrSymbol 创建的符号，设置线的绘制符号。

7)THICK：设置折线的粗细。默认值为 1.0；取值范围为 1.0 ～ 10.0。

8)VERT_COLORS：设置折线顶点的颜色。该关键字与 SHADING 配合使用，可以绘制多色图形。

例如：IDL>Vcolors =[[0,100,200],[200,150,200],[150,200,250],[250,0,100]]

IDL>MyPolyline -> SetProperty, STYLE=1, VERT_COLORS= Vcolors

(4)IDLgrPolyline 的常用方法：

IDLgrPolyline::Cleanup,IDLgrPolyline::GetProperty,IDLgrPolyline::Init 和 IDLgrPolyline::SetProperty。

【例 8.5】 绘制如图 8.4 所示的行星和太阳。要求：行星绕着太阳旋转，而且行星还要自转。其程序如下：

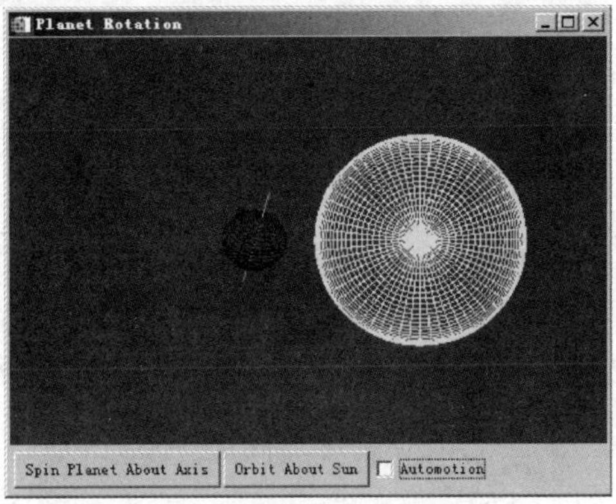

图 8.4　行星旋转 Planet Rotation

```
; Chapter08Polyline. pro
PRO Chapter08Polyline_event, sEvent
      IF  TAG _ NAMES ( sEvent,  /STRUCTURE _
NAME) EQ   $      ;检测退出事件
    'WIDGET_KILL_REQUEST' THEN BEGIN
         WIDGET _ CONTROL,  sEvent. top,  GET _
UVALUE=sState ;获取顶级 Base 的用户值
        OBJ_DESTROY, sState. oView    &   OBJ_DE-
STROY, sState. oWindow
        WIDGET_CONTROL, sEvent. top, /DESTROY
  &  RETURN
    ENDIF
    WIDGET_CONTROL, sEvent. id, GET_UVALUE=uval ;获取当前对象的用户值,进行分支处理
CASE uval OF
    'MOVE': BEGIN ; 关闭/开启自动旋转 automotion.
    WIDGET_CONTROl, sEvent. top, GET_UVALUE=sState
    sState. automotion  =  sEvent. select
    IF (sState. automotion EQ 1) THEN   $
      WIDGET_CONTROL, sState. wBase, TIMER=sState. timer ; 启动计时器
    WIDGET_CONTROL, sEvent. top, SET_UVALUE=sState
END
```

```
'DRAW': BEGIN ; Expose event.
  IF (sEvent.type EQ 4) THEN BEGIN
    WIDGET_CONTROL, sEvent.top, GET_UVALUE=sState
    sState.oWindow->Draw, sState.oView
    WIDGET_CONTROL, sEvent.top, SET_UVALUE=sState
  ENDIF
END
'Chapter08Polyline': BEGIN ; 绕自身坐标轴旋转事件
    WIDGET_CONTROL, sEvent.top, GET_UVALUE=sState
    sState.oRot->Rotate, [0,0,1], -30
    sState.oWindow->Draw, sState.oView
    WIDGET_CONTROL, sEvent.top, SET_UVALUE=sState
    END
'TIMER' : BEGIN ; 自动旋转的计时器时间
    WIDGET_CONTROL, sEvent.top, GET_UVALUE=sState
    IF (sState.automotion EQ 1) THEN BEGIN
    sState.oRot->Rotate, [0,0,1], -1
    sState.oOrbit->Rotate, [0,1,0], -1
    sState.oCorr->Rotate, [0,1,0], 1
  ENDIF
  IF (sState.automotion EQ 1) THEN BEGIN
     sState.oWindow->Draw, sState.oView
     WIDGET_CONTROL, sEvent.id, TIMER=sState.timer
  ENDIF
  WIDGET_CONTROL, sEvent.top, SET_UVALUE=sState
END
'SUN': BEGIN ; 太阳绕轨道 Chapter08Polyline 旋转
    WIDGET_CONTROL, sEvent.top, GET_UVALUE=sState
    sState.oOrbit->Rotate, [0,1,0], -6
    sState.oCorr->Rotate, [0,1,0], 6
    sState.oWindow->Draw, sState.oView
    WIDGET_CONTROL, sEvent.top, SET_UVALUE=sState
  END
  ENDCASE
END
PRO Chapter08Polyline ; 主程序 GUI
     xdim = 600  &  ydim = 300
     wBase = WIDGET_BASE(/COLUMN, XPAD=0, YPAD=0,TITLE='Planet Rotation', $
                /TLB_KILL_REQUEST_EVENTS)
     wDraw = WIDGET_DRAW(wBase, XSIZE=xdim, YSIZE=ydim, UVALUE='DRAW',   $
                RETAIN=0, /EXPOSE_EVENTS, GRAPHICS_LEVEL=2)
     wGuiBase = WIDGET_BASE(wBase, /ROW, UVALUE='TIMER' )
     wButton = WIDGET_BUTTON(wGuiBase, VALUE="Spin Planet About Axis", $
                UVALUE='Chapter08Polyline')
     wButton = WIDGET_BUTTON(wGuiBase,VALUE="Orbit About Sun",UVALUE='SUN')
```

```
    wBBase = WIDGET_BASE(wGuiBase, /NONEXCLUSIVE)
    wButton = WIDGET_BUTTON(wBBase, VALUE="Automotion", UVALUE='MOVE')
    WIDGET_CONTROL, wBase, /REALIZE
    WIDGET_CONTROL, wDraw, GET_VALUE=oWindow
    oWindow->Setproperty, QUALITY=0 ；设置窗口绘制质量
    aspect = FLOAT(xdim)/FLOAT(ydim)
    myview = [-2.0,-2.0,4.0,4.0]
    IF (aspect GT 1) THEN BEGIN ；设置窗口外观比例
      myview[0] = myview[0] - ((aspect-1.0) * myview[2])/2.0
      myview[2] = myview[2] * aspect
    ENDIF ELSE BEGIN
      myview[1] = myview[1] - (((1.0/aspect)-1.0) * myview[3])/2.0
      myview[3] = myview[3] / aspect
    ENDELSE
    oView = OBJ_NEW('IDLgrView', COLOR=[60,60,60], PROJECTION=2, EYE=4,   $
           ZCLIP=[2.0,-2.0], VIEWPLANE_RECT=myview )
    oTop = OBJ_NEW('IDLgrModel')
    oLight1=OBJ_NEW('IDLgrLight',LOCATION=[2,2,5],TYPE=2,INTENSITY=0.25)
    oTop->Add, oLight1
    oLight2 = OBJ_NEW('IDLgrLight', TYPE=0, INTENSITY=0.5) ；创建灯光对象
    oTop->Add,oLight2  &  oGalaxy = OBJ_NEW('IDLgrModel')
    oTop->Add, oGalaxy
    oSun = OBJ_NEW('Orb', COLOR=[255,255,0], DENSITY=3.0) ；创建太阳对象 oGalaxy-
    >Add, oSun  &  oOrbit = obj_new('IDLgrModel')
    oGalaxy->add,oOrbit  &  oOffset = OBJ_NEW('idlgrmodel')
    oOffset->Translate,1.5,0,0  &  oOrbit->Add, oOffset
    oCorr = OBJ_NEW('IDLgrModel')  &  oOffset->Add, oCorr
    oTilt = OBJ_NEW('IDLgrModel')  &  oTilt->Rotate, [1,0,0], -60-180
    oTilt->Rotate, [0,0,1], -30  &  oCorr->Add, oTilt
    oRot = OBJ_NEW('IDLgrModel')  &  oTilt->Add, oRot
    oAxis=OBJ_NEW('IDLgrPolyline',[[0,0,-0.5],[0,0,0.5]],COLOR=[0,255,0])
    oRot->Add, oAxis
    oChapter08Polyline = OBJ_NEW('Orb', COLOR=[0,0,255], $
        RADIUS=0.25, DENSITY=1.0, /TEX_COORDS) ；创建卫星对象
    oRot->Add, oChapter08Polyline  &  oView->Add, oTop
    oWindow->Draw, oView
    sState = {wBase: wGuiBase, timer: 0.05, automotion: 0, oRot:oRot,   $
           oOrbit:oOrbit, oCorr:oCorr, oWindow:oWindow, oView:oView}
    WIDGET_CONTROL, wBase, SET_UVALUE=sState
    XMANAGER, 'Chapter08Polyline', wBase, /NO_BLOCK
END
```

程序运行结果如图 8.4 所示。

8.9 坐标轴 Axis 的程序设计

坐标轴类 IDLgrAxis 用于创建和设置坐标轴对象。其用法如下：

(1)IDLgrAxis 的初始化格式：

格式：MyAxisID = OBJ_NEW('IDLgrAxis' [, Direction] [，关键字=关键字的值])

(2)IDLgrAxis 的常用参数：

Direction：一个整数。设置创建的轴向。0=创建 X 轴；1=创建 Y 轴；2=创建 Z 轴。可以用 DIRECTION 设定。

注意：每一次只能创建一个轴向。如果需要创建 X 轴、Y 轴和 Z 轴，则需要 3 次创建。

例如：创建默认的 X 轴、Y 轴和 Z 轴，则操作命令如下：

```
IDL>xaxis = OBJ_NEW('IDLgrAxis', 0)
IDL>yaxis = OBJ_NEW('IDLgrAxis', 1)
IDL>zaxis = OBJ_NEW('IDLgrAxis', 2)
```

(3)IDLgrAxis 的常用属性(关键字)：

1)AM_PM：二元串数组。用于设置 AM 和 PM 的精确格式。该关键字与 TICKFORMAT 配合使用。

2)COLOR：设置轴的绘制颜色。可以是颜色索引或者 RGB 颜色值。默认为[0，0，0]。

3)CRANGE：具有格式[minval，maxval]的双精度数组。设置轴的实际范围。

4)DAYS_OF_WEEK：七元串数组。设置星期的精确格式。该关键字与 TICKFORMAT 配合使用。

5)DIRECTION：设置创建的轴向。0=创建 X 轴；1=创建 Y 轴；2=创建 Z 轴。

6)EXACT：逻辑值。设置创建的轴是否严格按照指定格式。1=按照指定格式；0=不按照指定格式。

7)GRIDSTYLE：设置轴刻度线的风格。0 = 实线(默认)；1 = 点；2 = 虚线；3 = 虚线点；4 = 虚线点点点，5 = 长虚线；6 =不绘制。

8)HIDE：设置线是否被绘制。0=绘制；1=不绘制。默认值为 0。

9)LOCATION：格式为[x，y]或者[x，y，z]数组。设置坐标轴的位置。默认为[0，0，0]。

10)LOG：逻辑值。用于创建对数轴。

11)MAJOR：整数。设置轴上主刻度的个数。

12)MINOR：整数。设置轴上次刻度的个数。

例如：IDL>xaxis -> SetProperty，MINOR=0 ；禁止绘制次刻度。

13)MONTHS：12 元串数组。设置月的精确格式。常与 TICKFORMAT 配合使用。

14)NOTEXT：设置是否绘制刻度标签和轴标题。0=绘制(默认)；1=不绘制。

15)RANGE：设置轴的范围。默认值为[0.0，1.0]。

16)SUBTICKLEN：设置轴上次刻度的长度与主刻度长度的比例因子。默认为 0.5。

17)TEXTALIGNMENTS：格式为[x，y]的浮点数组。设置刻度标签的对齐方式。其取值范围为 0.0 ～1.0。水平为 0.0 为左对齐；0.5 为居中；1.0 为右对齐。垂直为 0.0 为下对齐；0.5 为居中；1.0 为上对齐。

18)TEXTBASELINE：设置刻度标签的对齐基线。

19)TEXTPOS：设置刻度标签是在坐标轴的下、左、左(X、Y、Z)方；还是在坐标轴的上、右、右(X、Y、Z)方。

20)TEXTUPDIR：设置刻度标签的对齐垂直基线。

21)THICK：设置轴的粗细。默认值为 1.0；取值范围为 1.0 ～ 10.0。

22)TICKDIR：设置刻度标记是在坐标轴的下、左、左(X、Y、Z)方；还是在坐标轴的上、右、右(X、Y、

Z)方。

例如:IDL>xaxis = OBJ_NEW('IDLgrAxis', 0, RANGE=[-5.0, 5.0], TICKDIR=1)

23)TICKFORMAT:设置刻度的格式。其代码与输入输出的格式代码一致。

24)TICKFRMTDATA:设置与刻度的格式相对应的刻度的值。

25)TICKINTERVAL:设置主刻度的刻度间隔。

26)TICKLAYOUT:设置主刻度的绘制风格。0 =绘制轴线、主刻度标记和刻度标签;1 =只绘制主刻度标签;2=在每一个主刻度区间使用盒子绘制。

27)TICKLEN:设置主刻度的刻度标记的长度。

28)TICKTEXT:设置主刻度的刻度标签。

29)TICKUNITS 设置主刻度的刻度单位。其值为 ''Numeric'', ''Years'', ''Months'', ''Days'', ''Hours'',''Minutes'',''Seconds'',''Time'' ,''　''。

30)TICKVALUES:设置主刻度的刻度值。

31)TITLE:设置轴的标题。

(4)IDLgrAxis 的常用方法:

IDLgrAxis::Cleanup,IDLgrAxis::GetProperty,IDLgrAxis::Init 和 IDLgrAxis::SetProperty。

【例 8.6】 绘制 XY 轴的刻度均为 0,20,40,60,80,100 的坐标轴。并绘制直线y=x。其程序如下:

```
; Chapter08Axis. pro
PRO Chapter08Axis
    data = FINDGEN(100)  &  myplot = OBJ_NEW('IDLgrPlot', data)
    xaxis = OBJ_NEW('IDLgrAxis', 0) ; 创 X 轴对象
    yaxis = OBJ_NEW('IDLgrAxis', 1) ; 创 Y 轴对象
    myplot -> GetProperty, XRANGE=xr, YRANGE=yr
    xaxis -> SetProperty, RANGE=xr ; 设置 X 轴范围
    yaxis -> SetProperty, RANGE=yr ; 设置 X 轴范围
    xtl = 0.02 * (xr[1] - xr[0])  &  ytl = 0.02 * (yr[1] - yr[0])
    xaxis -> SetProperty, TICKLEN=xtl ; 设置 X 轴刻度标记长度
    yaxis -> SetProperty, TICKLEN=ytl ; 设置 Y 轴刻度标记长度
    mymodel = OBJ_NEW('IDLgrModel')  &  myview = OBJ_NEW('IDLgrView')
    mywindow = OBJ_NEW('IDLgrWindow', RETAIN=2)
    mymodel -> Add, myplot  &  mymodel
    -> Add, xaxis
    mymodel -> Add, yaxis  &  myview -
    > Add, mymodel
    SET_VIEW, myview, mywindow  &  my-
    window -> Draw, myview
    val=''
    READ, val, PROMP='Press <Return> to
    destroy objects. '
    OBJ_DESTROY, mywindow  &  OBJ_DE-
    STROY, myview
END
```

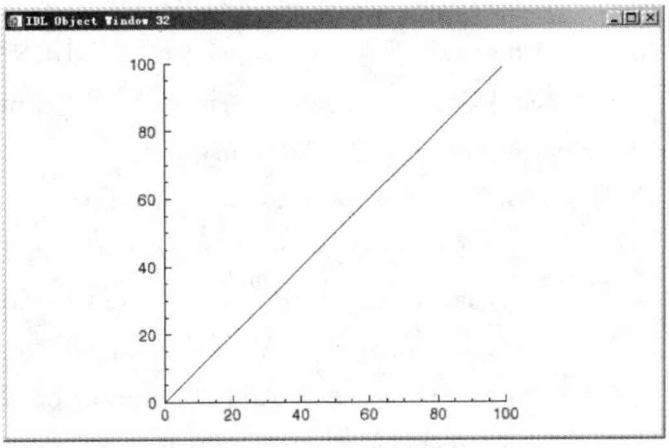

图 8.5　绘制 X,Y 轴

程序运行结果如图 8.5 所示。

【例 8.7】 随机产生 100 个数,绘制如图 8.6 所示的随机曲线。程序如下:

```
; Chapter08PlotAxis. pro
```

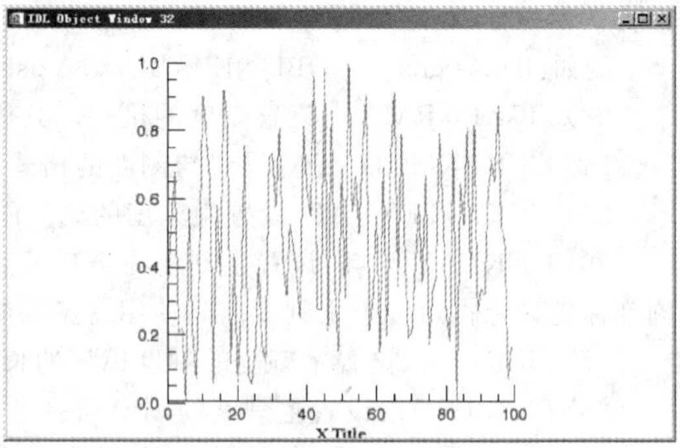

图 8.6 PlotAxis 绘制

```
FUNCTION NORM_COORD, range ; 正交坐标系统转换
    scale = [-range[0]/(range[1]-range[0]), 1/(range[1]-range[0])]
    RETURN, scale
END
PRO Chapter08PlotAxis, data, VIEW = myview,
    MODEL=mymodel, $
    WINDOW=mywindow, CONTAINER=mycontainer, $
    XAXIS=myxaxis, YAXIS=myyaxis,
    PLOT=myplot, _extra=e
    IF (N_ELEMENTS(data) EQ 0) THEN
    data = randomu(seed,100)
    mycontainer = OBJ_NEW('IDL_Container') ; 创建容器对象
    mywindow = OBJ_NEW('IDLgrWindow', RETAIN=2) ; 创建窗口对象
    myview = OBJ_NEW('IDLgrView') ; 创建视图对象
    mymodel = OBJ_NEW('IDLgrModel') ; 创建模式对象
    myfont = OBJ_NEW('IDLgrFont', 'times') ; 创建字体对象
    myplot = OBJ_NEW('IDLgrPlot', data, COLOR=[200,100,200]) ;创建图形对象
    myplot ->SetProperty, _extra=e
    myplot -> GetProperty, XRANGE=xr, YRANGE=yr
    myplot->SetProperty, XCOORD_CONV=norm_coord(xr), $
                        YCOORD_CONV=norm_coord(yr)
    myxaxis = OBJ_NEW('IDLgrAxis', 0, RANGE=[xr[0], xr[1]]) ;创建 X 轴对象
    myxaxis -> SetProperty, XCOORD_CONV=norm_coord(xr)
    myyaxis = OBJ_NEW('IDLgrAxis', 1, RANGE=[yr[0], yr[1]]) ;创建 Y 轴对象
    myyaxis -> SetProperty, YCOORD_CONV=norm_coord(yr)
    myxaxis -> SetProperty, TICKLEN=0.05
    myyaxis -> SetProperty, TICKLEN=0.05
    myview -> Add, mymodel  &  mymodel -> Add, myplot
    mymodel -> Add, myxaxis  &  mymodel -> Add, myyaxis
    SET_VIEW, myview, mywindow
    xtext = OBJ_NEW('IDLgrText', 'X Title', FONT=myfont) ; 创建文本对象
    myxaxis -> SetProperty, TITLE=xtext
    mycontainer -> Add, mywindow  &  mycontainer -> Add, myview
    mycontainer -> Add, myfont  &  mycontainer -> Add, xtext
    mywindow -> Draw, myview ; 绘制视图对象
    val=''
    READ, val, PROMP='Destroy objects? (y/n) [y]: '
    IF STRPOS(STRUPCASE(val),'N') EQ -1 THEN OBJ_DESTROY,mycontainer
END
```

【例 8.8】 设计程序，先绘制图 8.7，按回车后，再绘制图 8.8。

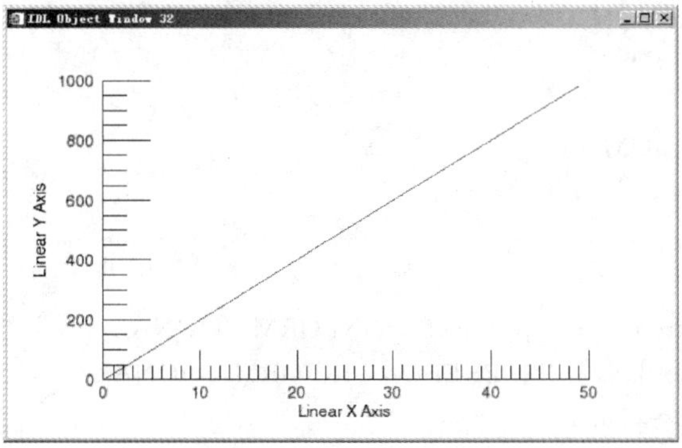

图 8.7　绘制线性坐标轴

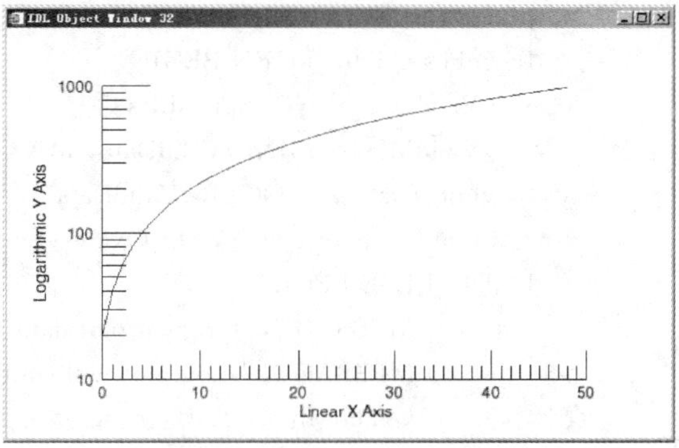

图 8.8　绘制对数坐标轴

其程序如下：

```
; Chapter08LogAxis. pro
    PRO Chapter08LogAxis
    oWindow = OBJ_NEW('IDLgrWindow',RETAIN=2)
    oView = OBJ_NEW('IDLgrView', VIEWPLANE_RECT=[-0.2,-0.2,1.4,1.4])

    oModel = OBJ_NEW('IDLgrModel') & oView->Add, oModel
    yData = FINDGEN(50) * 20. ；创建图形数据
    yMin = MIN(yData, MAX=yMax) & yRange = yMax - yMin
    xMin = 0 & xMax = N_ELEMENTS(yData)-1
    xRange = xMax - xMin
    oXTitle = OBJ_NEW('IDLgrText', 'Linear X Axis')
    oXAxis = OBJ_NEW('IDLgrAxis', 0, RANGE=[xmin,xmax], $
    TICKLEN=(0.1 * yRange), TITLE=oXTitle) ；创建 X 轴对象
    oModel->Add, oXAxis
    oYTitle = OBJ_NEW('IDLgrText','Linear Y Axis')
    oYAxis = OBJ_NEW('IDLgrAxis', 1, RANGE=[yMin,yMax], $
    TICKLEN=(0.1 * xRange), TITLE=oYTitle) ；创建 X 轴对象
    oModel->Add, oYAxis
    oPlot = OBJ_NEW('IDLgrPlot', yData, COLOR=[255,0,0]) ；创建图形对象
    oModel->Add, oPlot
    oModel->Scale, 1.0/xRange, 1.0/yRange, 1.0
    oModel->Translate, -(xMin/xRange), -(yMin/yRange), 0.0
    oXAxis->GetProperty, TICKTEXT=oXTickText
    oXTitle->SetProperty, RECOMPUTE_DIMENSIONS=2
    oXTickText->SetProperty, RECOMPUTE_DIMENSIONS=2
    oYAxis->GetProperty, TICKTEXT=oYTickText
    oYTickText->SetProperty, RECOMPUTE_DIMENSIONS=2
    oYTitle->SetProperty, RECOMPUTE_DIMENSIONS=2
    oWindow->Draw, oView ；绘制图形对象
    val=''
```

```
READ, val, PROMPT='Press <Return> to draw with a logarithmic Y axis.'
posElts = WHERE(yData GT 0, nPos)
IF (nPos GT 0) THEN BEGIN
   yValidData = yData[posElts]
   yValidMin = MIN(yValidData, MAX=yValidMax)
   yLogData = ALOG10(yValidData)
   oPlot->Setproperty, DATAY=yLogData
ENDIF ELSE BEGIN
         MESSAGE, 'Original plot data is entirely non-positive.', /INFORMATIONAL
         MESSAGE, ' Log plot will contain no data.',/NOPREFIX, /INFORMATIONAL
         yValidMin = 1.0   &   yValidMax = 10.0
         oPlot->SetProperty, /HIDE
ENDELSE
oYAxis->SetProperty, /LOG, RANGE=[yValidMin, yValidMax] ; 改变 Y 轴为对数轴属性
oYTitle->SetProperty, STRING='Logarithmic Y Axis'
oYAxis->GetProperty, CRANGE=crange
yLogMin = crange[0]   &   yLogMax = crange[1]
yLogRange = yLogMax - yLogMin
; 调整 X 轴属性
oXAxis->SetProperty, TICKLEN=(0.1 * yLogRange), LOCATION=[0,yLogMin,0]
oModel->Reset ; 初始化模式,并且重新设置模式属性
oModel->Scale, 1.0/xRange, 1.0/yLogRange, 1.0
oModel->Translate, -(xMin/xRange), -(yLogMin/yLogRange), 0.0
oWindow->Draw, oView ; 绘制对数坐标属性曲线
READ, val, PROMPT='Press <Return> to quit.'
OBJ_DESTROY, oView   &   OBJ_DESTROY, oWindow
OBJ_DESTROY, oXTitle   &   OBJ_DESTROY, oYTitleEND
```

【例 8.9】 设计程序,先绘制如图 8.9 所示的正弦曲线,按回车后,再绘制如图 8.10 所示的添加年月日后的正弦曲线。

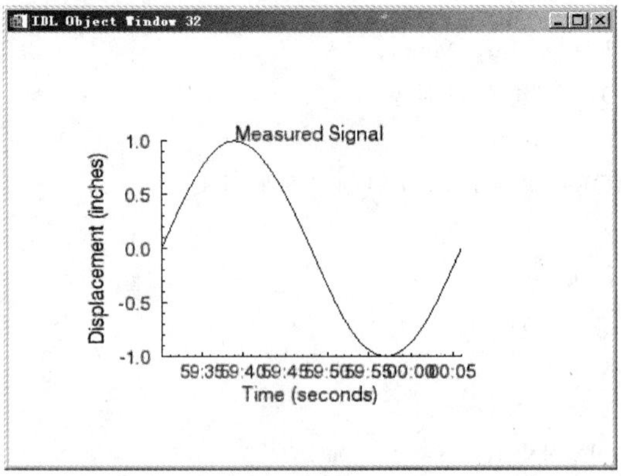

图 8.9　Date 坐标轴绘制

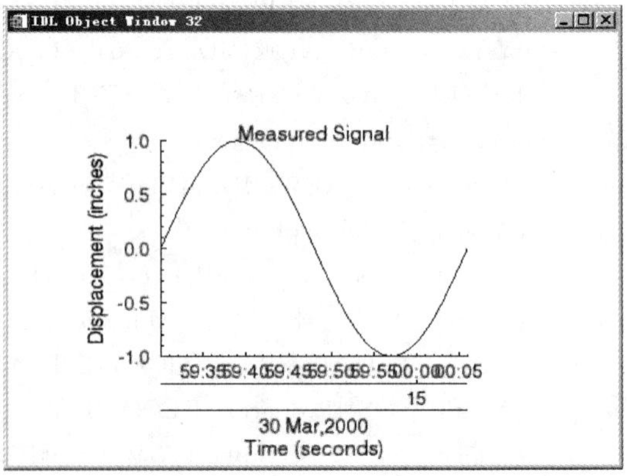

图 8.10　DateTitle 坐标轴绘制

其程序如下:

```
; Chapter08DateAxis.pro
PRO Chapter08DateAxis
```

```
number_samples = 37
date_time = TIMEGEN(number_samples, UNITS = 'Seconds',  $
START = JULDAY(3, 30, 2000, 14, 59, 30)) ; 创建日期时间
displacement = SIN(10. * ! DTOR * FINDGEN(number_samples)) ; 创建正弦曲线
date_label = LABEL_DATE(DATE_FORMAT = ['%I:%S']) ; 创建日期标签
oPlotWindow = OBJ_NEW('IDLgrWindow', RETAIN = 2, DIMENSIONS = [500, 360])
oPlotView = OBJ_NEW('IDLgrView', /DOUBLE)
oPlotModel = OBJ_NEW('IDLgrModel')
oPlot = OBJ_NEW('IDLgrPlot', date_time, displacement, /DOUBLE) ; 创建图形对象
oPlot -> GetProperty, XRANGE = xr, YRANGE = yr
xs = NORM_COORD(xr)  &  xs[0] = xs[0] - 0.5
ys = NORM_COORD(yr)  &  ys[0] = ys[0] - 0.5
oPlot -> SetProperty, XCOORD_CONV = xs, YCOORD_CONV = ys
; 按照指定属性创建坐标
oTextXAxis = OBJ_NEW('IDLgrText', 'Time (seconds)')
oPlotXAxis = OBJ_NEW('IDLgrAxis', 0, /EXACT, RANGE = xr,  $
XCOORD_CONV = xs, YCOORD_CONV = ys, TITLE = oTextXAxis,  $
LOCATION=[xr[0],yr[0]],TICKDIR=0,TICKLEN = (0.02 * (yr[1] - yr[0])),  $
TICKFORMAT = ['LABEL_DATE'], TICKINTERVAL = 5, TICKUNITS = ['Time'])
oTextYAxis = OBJ_NEW('IDLgrText', 'Displacement (inches)')
oPlotYAxis = OBJ_NEW('IDLgrAxis', 1, /EXACT, RANGE = yr,  $
XCOORD_CONV = xs, YCOORD_CONV = ys, TITLE = oTextYAxis,  $
LOCATION=[xr[0],yr[0]],TICKDIR=0, TICKLEN = (0.02 * (xr[1] - xr[0])))
oPlotText = OBJ_NEW('IDLgrText', 'Measured Signal',  $
LOCATIONS = [(xr[0] + xr[1])/2.,(yr[1]+(0.02 * (yr[0]+yr[1])))],  $
XCOORD_CONV = xs, YCOORD_CONV = ys, ALIGNMENT = 0.5)
oPlotModel -> Add, oPlot  &  oPlotModel -> Add, oPlotXAxis
oPlotModel -> Add, oPlotYAxis  &  oPlotModel -> Add, oPlotText
oPlotView -> Add, oPlotModel
oPlotWindow -> Draw, oPlotView ; 在坐标轴上绘制正弦曲线
val=''
READ, val, PROMPT='Press <Return> to draw next one.'
; 按照指定属性创建年月日坐标轴及其标签
date_label = LABEL_DATE(DATE_FORMAT=['%I:%S','%H','%D %M,%Y'])
oPlotXAxis -> SetProperty,  $
TICKFORMAT = ['LABEL_DATE', 'LABEL_DATE', 'LABEL_DATE'],  $
TICKUNITS = ['Time', 'Hour', 'Day']
oPlotWindow -> Draw, oPlotView ; 在坐标轴上重新绘制正弦曲线
READ, val, PROMPT='Press <Return> to quit.'
OBJ_DESTROY, oPlotView  &  OBJ_DESTROY, oTextXAxis
OBJ_DESTROY, oTextYAxis  &  OBJ_DESTROY, oPlotWindow
END
```

8.10　轮廓线 Contour 的程序设计

轮廓线类 IDLgrContour 用于创建和设置数据的轮廓线对象。其用法如下：

(1)IDLgrContour 的初始化格式如下：

格式：MyContourID = OBJ_NEW('IDLgrContour' [, Values][,关键字=关键字的值])

(2)IDLgrContour 的常用参数：

Values：二维数组。用于提供创建轮廓线的基本数据。

例如：创建数组 DIST(20)的轮廓线对象。则操作命令如下：

IDL>mycontour = OBJ_NEW('IDLgrContour', DIST(20))

(3)IDLgrContour 的常用属性(关键字)：

IDLgrContour 提供了大量的属性，其用法与 CONTOUR 和上述介绍的用法基本相同。

AM_PM	C_COLOR	C_FILL_PATTERN	C_LABEL_INTERVAL
C_LABEL_NOGAPS	C_LABEL_OBJECTS	C_LABEL_SHOW	C_LINESTYLE
C_THICK	C_USE_LABEL_COLOR	C_USE_LABEL_ORIENTATION	
C_VALUE	COLOR	DATA_VALUES	DAYS_OF_WEEK
FILL	HIDE	LABEL_FONT	LABEL_FORMAT
LABEL_FRMTDATA	LABEL_UNITS	MAX_VALUE	MIN_VALUE
MONTHS	N_LEVELS	POLYGONS	SHADING
TICKINTERVAL	TICKLEN	XCOORD_CONV	XRANGE
YCOORD_CONV	YRANGE	ZCOORD_CONV	ZRANGE

(4)IDLgrContour 的常用方法：

IDLgrContour::Cleanup，IDLgrContour::GetCTM(获取当前的变换矩阵)，IDLgrContour::GetLabelInfo(获取标号信息)，IDLgrContour::GetProperty，IDLgrContour::Init，IDLgrContour::SetProperty。

【例 8.10】 创建数组 DIST(20)的轮廓线对象，绘制如图 8.11 所示的轮廓线。

```
; Chapter08Contour. pro
PRO Chapter08Contour
    mywindow = OBJ_NEW('IDLgrWindow', RETAIN=2)
    myview = OBJ_NEW('IDLgrView', VIEWPLANE_RECT=[0,0,19,19])
    mymodel = OBJ_NEW('IDLgrModel')  &  data = DIST(20)
    ; 创建 DATA 下的轮廓线对象
    mycontour = OBJ_NEW('IDLgrContour', data, COLOR=[100,150,200],  $
        C_LINESTYLE=[0,2,4], /PLANAR, GEOMZ=0, C_VALUE=INDGEN(20))
    myview -> Add, mymodel  &  mymodel -> Add, mycontour
    mywindow -> Draw, myview ; 绘制轮廓线对象
    val = ''
    READ, val, PROMPT='Press <Return> to quit. '
    OBJ_DESTROY, myview  &  OBJ_DESTROY, mywindow
END
```

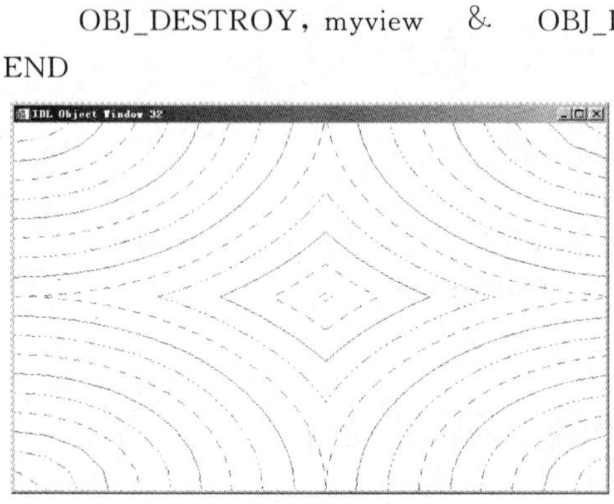

图 8.11　Contour 绘制

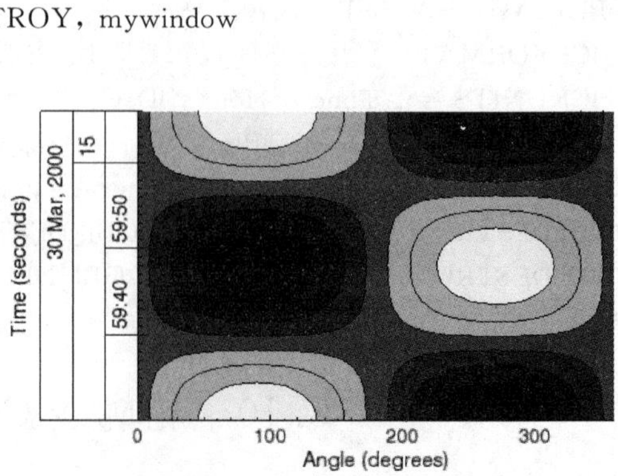

图 8.12　日期填充轮廓线

【例 8.11】 绘制如图 8.12 所示的日期填充轮廓线。程序如下：

```
; Chapter08DateContour. pro
PRO Chapter08DateContour
    number_samples = 37
    date_time = TIMEGEN(number_samples, UNITS = 'Seconds',  $
    START = JULDAY(3, 30, 2000, 14, 59, 30)) ; 创建日起时间
    angle = 10. * FINDGEN(number_samples)
    temperature = BYTSCL(SIN(10. * ! DTOR *   $    ; 创建临时数据 temperature
    FINDGEN(number_samples)) # COS(! DTOR * angle))
    ; 创建日期标签
    date_label = LABEL_DATE(DATE_FORMAT = ['%I:%S', '%H', '%D %M, %Y'])
    oContourPalette = OBJ_NEW('IDLgrPalette') ; 创建调色板对象
    oContourPalette -> LoadCT, 5
    oContourWindow = OBJ_NEW('IDLgrWindow', RETAIN = 2,  $
        DIMENSIONS = [760, 500])
    oContourView = OBJ_NEW('IDLgrView', /DOUBLE)
    oContourModel = OBJ_NEW('IDLgrModel')
    oContour = OBJ_NEW('IDLgrContour', temperature,  $   ; 创建填充数据轮廓线
        GEOMX = angle, GEOMY = date_time, GEOMZ = 0. ,  $
        /PLANAR, /FILL, PALETTE = oContourPalette,  $
         /DOUBLE_GEOM, C_VALUE = BYTSCL(INDGEN(8)),  $
        C_COLOR = BYTSCL(INDGEN(8)))
oContourLines = OBJ_NEW('IDLgrContour', temperature,  $  ;创建数据轮廓线
   GEOMX = angle, GEOMY = date_time, GEOMZ = 0.001,  $
   /PLANAR, /DOUBLE_GEOM, C_VALUE = BYTSCL(INDGEN(8)))
oContour -> GetProperty, XRANGE = xr, YRANGE = yr, ZRange = zr
xs = NORM_COORD(xr)   &   xs[0] = xs[0] - 0.5
ys = NORM_COORD(yr)   &   ys[0] = ys[0] - 0.5
oContour -> SetProperty, XCOORD_CONV = xs, YCOORD_CONV = ys
oContourLines -> SetProperty, XCOORD_CONV = xs, YCOORD_CONV = ys
oTextXAxis = OBJ_NEW('IDLgrText', 'Angle (degrees)')
oContourXAxis = OBJ_NEW('IDLgrAxis', 0, /EXACT, RANGE = xr,  $
   XCOORD_CONV = xs, YCOORD_CONV = ys, TITLE = oTextXAxis,  $
   LOCATION = [xr[0], yr[0], zr[0] + 0.001], TICKDIR = 0,  $
   TICKLEN = (0.02 * (yr[1] - yr[0]))) ; 创建 X 轴
oTextYAxis = OBJ_NEW('IDLgrText', 'Time (seconds)')
oContourYAxis = OBJ_NEW('IDLgrAxis', 1, /EXACT, RANGE = yr,  $
   XCOORD_CONV = xs, YCOORD_CONV = ys, TITLE = oTextYAxis,  $
   LOCATION = [xr[0], yr[0], zr[0] + 0.001], TICKDIR = 0,  $
TICKLEN = (0.02 * (xr[1] - xr[0])),  $
   TICKFORMAT = ['LABEL_DATE', 'LABEL_DATE', 'LABEL_DATE'],  $
   TICKUNITS = ['Time', 'Hour', 'Day'], TICKLAYOUT = 2) ; 创建 Y 轴
oContourText = OBJ_NEW('IDLgrText',  $   ; 创建文本数据对象
   'Measured Temperature (degrees Celsius)',  $
   LOCATIONS = [(xr[0]+xr[1])/2. , (yr[1]+(0.02 * (yr[0]+yr[1])))],  $
```

```
    XCOORD_CONV = xs, YCOORD_CONV = ys, ALIGNMENT = 0.5)
    ;添加各个轮廓对象到轮廓模式
    oContourModel -> Add, oContour
    oContourModel -> Add, oContourLines
    oContourModel -> Add, oContourXAxis
    oContourModel -> Add, oContourYAxis
    oContourModel -> Add, oContourText
    oContourView -> Add, oContourModel
    oContourWindow -> Draw, oContourView ;绘制轮廓视图
    val = ''
    READ, val, PROMPT='Press <Return> to quit.'
    OBJ_DESTROY, oContourView  &  OBJ_DESTROY, oContourWindow
END
```

8.11 图例 Legend 的程序设计

图例类 IDLgrLegend 用于创建和设置图例对象。图例是由边框、图案列和文本列组成。

(1)IDLgrLegend 的初始化格式如下：

格式：MyLegendID = OBJ_NEW('IDLgrLegend' [,aItemNames][,关键字=关键字的值])

(2)IDLgrLegend 的常用参数：

aItemNames：一维字符型数组。设置创建图例的条目。可以使用关键字 ITEM_NAME 设置。

例如：创建条目为 Cat 和 Mouse 的图例对象，则操作命令如下：

```
IDL>itemNameArr = ['Cat', 'Mouse']
IDL>mytitle = OBJ_NEW('IDLgrText', 'My Legend')
IDL>mysymbol = OBJ_NEW('IDLgrSymbol', 4)
IDL>mypattern = OBJ_NEW('IDLgrPattern', 1)
IDL>myLegend = OBJ_NEW('IDLgrLegend', itemNameArr, TITLE=mytitle,    $
  ITEM_TYPE=[0,1], ITEM_OBJECT=[mysymbol, mypattern], /SHOW_OUTLINE)
```

(3)IDLgrLegend 的常用属性(关键字)：

1)BORDER_GAP：浮点值。设置图例中由图案列和文本列组成的整体距外边框的距离，即四周的外边距。

2)COLUMNS：设置要显示条目的列数。默认值为 1 列。

3)FILL_COLOR：设置图例合的背景填充色。

4)FONT：使用由 IDLgrFont 创建的字体，设置图例标签的字体。默认为 12 号 Helvetica。

5)GAP：浮点值。设置图例中条目之间的间隔。

6)GLYPH_WIDTH：设置浮雕效果的宽度。

7)HIDE 和 TITLE：用法同上。

8)ITEM_COLOR，ITEM_LINESTYLE，ITEM_NAME，ITEM_OBJECT，ITEM_THICK 和 ITEM_TYPE：用于设置图例条目的颜色、线风格、条目名称、条目的图案、条目线的粗细、条目类型。

9)OUTLINE_COLOR：设置图例边框的颜色。

10)OUTLINE_THICK：设置图例边框的粗细。

11)SHOW_FILL：设置图例的背景是否指定的颜色填充。0 =不填充；1=填充。

12)SHOW_OUTLINE：设置图例的外边框是否显示。0 =不显示；1=显示。

13)TEXT_COLOR：设置图例的文本的颜色。

(4)IDLgrLegend 的常用方法：

IDLgrLegend::Cleanup,IDLgrLegend::GetProperty,IDLgrLegend::Init 和 IDLgrLegend::SetProperty。

【例 8.12】 绘制如图 8.13 所示的图例。其程序如下：

```
; Chapter08Legend.pro
PRO Chapter08Legend
    mywindow = OBJ_NEW('IDLgrWindow', RETAIN=2)
    myview = OBJ_NEW('IDLgrView')  &  mymodel = OBJ_NEW('IDLgrModel')
    myview -> Add, mymodel
    itemNameArr = ['Original Data', 'Histogram Plot',  $
'Boxcar-filtered (Width=5)']
    mytitle = OBJ_NEW('IDLgrText', 'Plot Legend')
    mysymbol = OBJ_NEW('IDLgrSymbol', 5, SIZE=[0.3, 0.3]) ; 创建符号对象
    myLegend = OBJ_NEW('IDLgrLegend', itemNameArr, TITLE=mytitle,  $
        BORDER_GAP=0.8, GAP=0.5,  $
        ITEM_TYPE=[0,1], ITEM_LINESTYLE=[0,4,2],  $
        ITEM_OBJECT=[mysymbol, OBJ_NEW(), OBJ_NEW()],  $
        GLYPH_WIDTH=2.0, /SHOW_OUTLINE) ; 创建图例对象
    mymodel -> Add, mylegend
    dims = mylegend->ComputeDimensions(mywindow)
    mymodel -> Translate, -(dims[0]/2.), -(dims[1]/2.), 0
    mywindow->Draw, myview ; 绘制图例(标注)
END
```

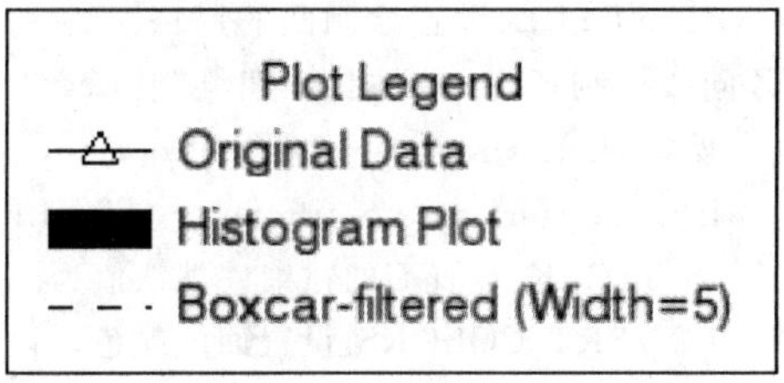

图 8.13　Legend 图例绘制

程序运行结果如图 8.13 所示。

8.12　曲面 Surface 的程序设计

曲面类 IDLgrSurface 用于创建和设置曲面对象。其用法如下：

(1)IDLgrSurface 的初始化格式：

格式:MySurfaceID=OBJ_NEW('IDLgrSurface' [, Z [,X,Y]][,关键字=关键字的值])

(2)IDLgrSurface 的常用参数：

1)Z :二维数组。用于给出绘制曲面的数据。可以使用关键字 DATA 设置。

2)X:X 向一维数组:用于给出与绘制曲面上的点相对应的 X 向分量。

3)Y:Y 向一维数组:用于给出与绘制曲面上的点相对应的 Y 向分量。

例如:创建数组 DIST(40)的曲面对象。其操作命令如下：

```
IDL>zdata = DIST(40)
IDL>mysurface = OBJ_NEW('IDLgrSurface', zdata)
```

(3)IDLgrPlot 的常用属性(关键字)：

1)BOTTOM:设置面的下层面的颜色,且在 RGB 模式下有效。面分为上层面和下层面,默认值是上层面和下层面同色。

2)COLOR:设置上层面的绘制颜色。可以是颜色索引或 RGB 颜色值。默认为[0, 0, 0]。

3)DATA:用于给出绘制曲面的数据。

4)XDATA:用于给出与绘制曲面上的点相对应的 X 向分量。

5)YDATA:用于给出与绘制曲面上的点相对应的 Y 向分量。

6)ZDATA:用于给出绘制曲面上的点的数据。一般 ZDATA = f (XDATA, YDATA)。

例如:IDL>mysurf = OBJ_NEW('IDLgrSurface', zdata, xdata, ydata)

7)HIDDEN_LINES:设置在绘制点面或者线面时,是否隐藏被遮盖的部分。

例如:IDL>mysurf -> SetProperty, /HIDDEN_LINES

8)HIDE:设置面是否被绘制。0=绘制;1=不绘制。默认值为 0。

9)LINESTYLE:设置面上线的风格。0 = 实线(默认);1 = 点;2 = 虚线;3 = 虚线点;4 = 虚线点点点,5 = 长虚线;6 =不绘制。

10)MAX_VALUE:设置绘制面的最大值,即大于该值的数据点不再绘制。

11)MAX_VALUE:设置绘制面的最小值,即小于该值的数据点不再绘制。

例如:IDL>MySurface -> SetProperty, MAX_VALUE=8, MIN_VALUE=2

12)SHADING:设置面的绘制风格。0 = 平面绘制(默认);1 = 曲面绘制(光滑)。

例如:IDL>mysurf -> SetProperty, STYLE=2, SHADING=1

13)SHOW_SKIRT:设置是否用环绕边界值绘制环绕的裙边界面。默认为不绘制。

14)SKIRT:设置绘制环绕的裙边界面的最大值。

例如:IDL>mysurf->SetProperty, STYLE=1, /SHOW_SKIRT, SKIRT=0.1

15)STYLE:设置绘制面的风格。0 =点绘制;1 = 网格绘制; 2 =填充绘制;3 =XZ 向线绘制;4 = YZ 向线绘制;5 = 棱柱状框架绘制(Lego);6=棱柱状填充绘制(LegoFilled)。

例如:IDL>mysurf -> SetProperty, STYLE=1, COLOR=[0,0,255]

IDL>mysurf -> SetProperty, STYLE=6, COLOR=[0,255,0]

16)THICK:设置面的粗细。默认值为 1.0;取值范围为 1.0 ~ 10.0。

17)VERT_COLORS:设置面的颜色。该关键字可以绘制多色图形。

例如:IDL>vcolors =[[0,100,200],[200,150,200],[150,200,250],[250,0,100]]

IDL>mysurf -> SetProperty, STYLE=1, VERT_COLORS=vcolors

(4)IDLgrSurface 的常用方法:

IDLgrSurface::Cleanup,IDLgrSurface::GetProperty,IDLgrSurface::Init 和 IDLgrSurface::SetProperty。

【例 8.13】 创建数组 DIST(40)的曲面对象,运行结果之一如图 8.14 所示。

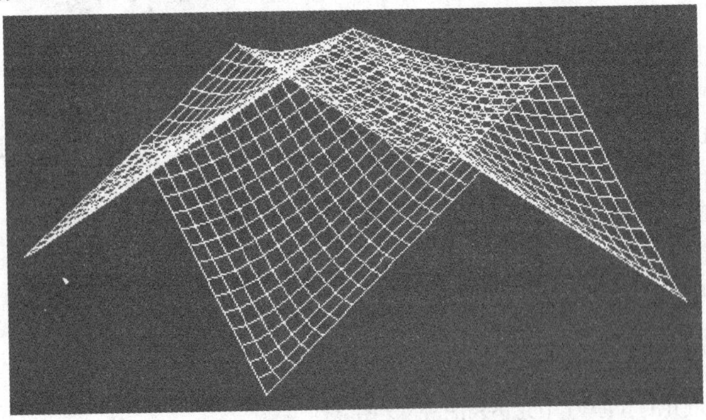

图 8.14 Surface 绘制

程序如下:

```
; Chapter08Surface. pro
PRO Chapter08Surface
    zData=DIST(30) ; 创建曲面数据
    oView=OBJ_NEW('IDLgrView',color=[60,60,60],VIEWPLANE_RECT=[-1,-1,2,2])
```

```
oModel = OBJ_NEW('IDLgrModel' )  &  oView->Add, oModel
oSurface=OBJ_NEW('IDLgrSurface', zData, color=[255,0,0]) ;创建曲面对象
oModel->Add, oSurface
oSurface->GetProperty,XRANGE=xrange,YRANGE=yrange,ZRANGE=zrange
xs = [-0.5, 1/(xrange[1]-xrange[0])]
ys = [-0.5, 1/(yrange[1]-yrange[0])]
zs = [-0.5, 1/(zrange[1]-zrange[0])] ; 转换坐标系统
oSurface->SetProperty,XCOORD_CONV=xs, YCOORD_CONV=ys, ZCOORD_CONV=zs
oModel->Rotate,[1,0,0], -90  &  oModel->Rotate,[0,1,0], 30
oModel->Rotate,[1,0,0], 30
oWindow = OBJ_NEW('IDLgrWindow',RETAIN=2)
oWindow->Draw, oView ; 绘制曲面对象
variable='' ; 以下操作分别改变曲面对象的属性,并且显示绘制结果
READ, variable, PROMPT='press Enter to draw next! '
oSurface -> SetProperty, STYLE=1, COLOR=[0,0,255] ; 改变绘制风格
oWindow->Draw, oView
READ, variable, PROMPT='press Enter to draw next! '
oSurface -> SetProperty, STYLE=2, COLOR=[0,255,0] ; 改变绘制风格
oWindow -> Draw, oView
READ, variable, PROMPT='press Enter to draw next! '
oSurface -> SetProperty, STYLE=3, COLOR=[255,0,0] ; 改变绘制风格
oWindow -> Draw, oView
READ, variable, PROMPT='press Enter to draw next! '
oSurface -> SetProperty, STYLE=4, COLOR=[0,255,0] ; 改变绘制风格
oWindow -> Draw, oView
READ, variable, PROMPT='press Enter to draw next! '
oSurface -> SetProperty, STYLE=5, COLOR=[0,0,255]
oWindow -> Draw, oView
READ, variable, PROMPT='press Enter to draw next! '
oSurface -> SetProperty, STYLE=6, COLOR=[0,255,0] ;改变绘制风格和颜色
oWindow -> Draw, oView
READ, variable, PROMPT='press Enter to draw next! '
vcolors =[[0,100,200],[200,150,200],[150,200,250],[250,0,100]]
oSurface->SetProperty, STYLE=1, VERT_COLORS=vcolors ;改变绘制风格和颜色
oWindow -> Draw, oView
READ, variable, PROMPT='press Enter to draw next! '
oSurface -> SetProperty, STYLE=2, SHADING=1 ; 改变绘制阴影方式
oWindow -> Draw, oView
READ, variable, PROMPT='press Enter to draw next! '
oSurface -> SetProperty, STYLE=1, /SHOW_SKIRT, SKIRT=0.1
oWindow -> Draw, oView
READ, variable, PROMPT='press Enter to draw next! '
oSurface -> SetProperty, /HIDDEN_LINES
oWindow -> Draw, oView
READ, variable, PROMP='Destroy objects? (y/n) [y]: '
```

```
    IF STRPOS(STRUPCASE(variable),'N') EQ -1 THEN BEGIN
    OBJ_DESTROY, oView  &  OBJ_DESTROY, oWindow
    ENDIF
END
```

提示:类 IDLgrSurface 的详细用法,请参阅 8.17 节的实例分析。

8.13 灯光 Light 的程序设计

灯光类 IDLgrLight 用于创建和设置三维图形对象的光源属性。其用法如下:

(1)IDLgrLight 的初始化格式如下:

格式:MyLightID = OBJ_NEW('IDLgrLight' [, 关键字=关键字的值])

(2)IDLgrLight 的常用参数:无参数。用户可以使用类 IDLgrLight 直接创建。

例如:创建默认灯光对象。其操作命令如下:

IDL>mylight = OBJ_NEW('IDLgrLight')

(3)IDLgrLight 的常用属性(关键字):

1)COLOR:设置灯光的颜色。可以是颜色索引或者 RGB 颜色值。默认[0, 0, 0]。

2)CONEANGLE:设置聚光灯的照射角度。默认为 60 度。

3)DIRECTION:设置聚光灯的照射方向。默认为[0,0,-1]。

4)HIDE:设置灯光是否有效。0=有效;1=无效。默认值为 0。

5)INTENSITY:设置灯光的密度。0.0=最暗(黑);1.0=最亮(白)(默认)。

6)LOCATION:格式为[x, y, z]的数据,用于指定灯光的位置。

7)TYPE:设置灯光的类型。0=环境灯;1=位置等;2=方向灯;3=聚光灯。

例如:IDL>mylight = OBJ_NEW('IDLgrLight', TYPE=1, LOCATION=[0,0,1])

IDL>mylight -> SetProperty, COLOR=[255,0,255]

IDL>mylight -> SetProperty, INTENSITY=0.7

(4)IDLgrLight 的常用方法:

IDLgrLight::Cleanup,IDLgrLight::GetProperty,IDLgrLight::Init 和 IDLgrLight::SetProperty。

【例 8.14】 创建数组 DIST(40)的曲面对象。要求依次实现如下操作:

(1)创建一只白色方向灯;

(2)改变灯的颜色为紫色;

(3)把灯的密度改变为 0.7。

运行结果之一如图 8.15 所示。其程序如下:

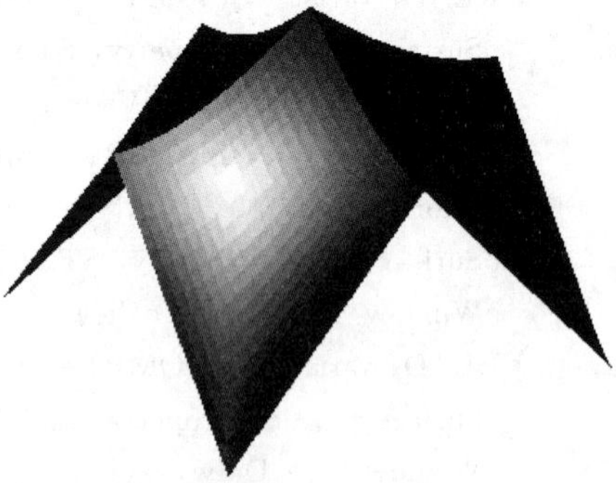

图 8.15 Light 绘制

```
; Chapter08Light.pro
PRO Chapter08Light
    zdata = DIST(40)
    mywindow = OBJ_NEW('IDLgrWindow', RETAIN=2)
    myview = OBJ_NEW('IDLgrView')  &  mymodel = OBJ_NEW('IDLgrMODEL')
    mysurf = OBJ_NEW('IDLgrSurface', zdata, STYLE=2)
    myview -> Add, mymodel  &  mymodel -> Add, mysurf
    mysurf -> GetProperty, XRANGE=xr, YRANGE=yr, ZRANGE=zr
    xnorm = [-xr[0]/(xr[1]-xr[0]), 1/(xr[1]-xr[0])]
    ynorm = [-yr[0]/(yr[1]-yr[0]), 1/(yr[1]-yr[0])]
```

```
    znorm = [-zr[0]/(zr[1]-zr[0]), 1/(zr[1]-zr[0])]
    mysurf -> SETPROPERTY, XCOORD_CONV=xnorm,  $
        YCOORD_CONV=ynorm, ZCOORD_CONV=znorm
    mymodel ->Rotate, [1,0,0], -90  &  mymodel ->Rotate, [0,1,0], 30
    mymodel ->Rotate, [1,0,0], 30  &  SET_VIEW, myview, mywindow
    mywindow -> Draw, myview
    variable=''
    READ, variable, PROMPT='press Enter to draw next! '
    mylight=OBJ_NEW('IDLgrLight',TYPE=1,LOCATION=[0,0,1]) ;创建位置灯光对象
    mymodel -> Add, mylight  &  mywindow -> Draw, myview
    READ, variable, PROMPT='press Enter to draw next! '
    mylight -> SetProperty, COLOR=[255,0,255] ; 改变灯光颜色
    mywindow -> Draw, myview
    READ, variable, PROMPT='press Enter to draw next! '
    mylight -> SetProperty, INTENSITY=0.7 ; 改变灯光强度
    mywindow -> Draw, myview
    READ, variable, PROMP='Destroy objects? (y/n) [y]: '
    IF STRPOS(STRUPCASE(variable),'N') EQ -1 THEN BEGIN
        OBJ_DESTROY, myview  &  OBJ_DESTROY, mywindow
    ENDIF
END
```

8.14　选取对象 Selection 的程序设计

选择操作 Selection 是指使用鼠标，在绘制的图形对象上进行选择指定对象的操作。选择操作可以通过 IDLgrWindow 对象的 Selection 方法来实现。

选择操作可以选择的对象为 View，Model，Viewgroup，Scene 和基本图元。其格式如下：

格式：Obj -> [IDLgrWindow::]Select(Picture, xy
　　[,DIMENSIONS=[width, height]][, /ORDER][, UNITS={0|1|2|3}])

功能：在绘图窗口中，选择指定的图形对象，并返回选择对象的列表。

说明：选择操作的返回值：在指定位置选择的图像对象的列表；如果无选择则返回-1。

(1)Selection 的常用参数：

1)Picture：给出进行选择操作的第 1 个 View、Model、Viewgroup 或者 Scene 对象。若第一个为 Scene 对象，则返回值为它所包含的 View 对象的列表；若第 1 个为 View 对象，则返回值为它所包含的基本图元对象的列表。

2)xy：设置选择操作的有效区域的大小(即选择盒的大小)。默认：3 像素×3 像素。可以使用关键字 DIMENSIONS 设置。

(2)Selection 的常用关键字：

1)DIMENSIONS：格式为[w, h]的数组。设置选择操作的有效区域的大小(即选择盒的大小)。默认：像素 3×3。

例如：如果 DIMENSIONS=[w, h]，且当前鼠标的位置为(x, y)，则选择区域(选择盒的大小)为坐标点(x-(w/2), y-(h/2))到坐标点(x+(w/1), y+(h/2))的矩形区域。

2)/ORDER：设置 Picture 所指定的对象中，所包含的被选对象的排序方式。ORDER=0：正常顺序(默认)；ORDER=1：反向顺序。

3)UNITS={0|1|2|3}:设置测量的单位。0 = 设备单位(像素)(默认);1 = in;2 = cm;3 = 规格化单位(Normalized:依赖于图形设备)。

(3)选择 Views 对象的用法和格式如下:

1)给出鼠标的当前位置;

2)通过 IDLgrWindow 对象的 Selection 方法对 Scene 对象中的 Views 对象进行选择。

```
myLocation = [myMouseEvent.x, myMouseEvent.y]
mySelectedViews = myWindow -> SELECT(myScene, myLocation)
```

(4)选择图元对象的用法和格式:

1)给出鼠标的当前位置;

2)通过 IDLgrWindow 对象的 Selection 方法对 Views 对象中的图元对象进行选择。

```
myLoc = [myMouseEvent.x, myMouseEvent.y]
mySelectedGraphics = myWindow -> Select(myView, myLoc)
```

(5)选择 Model 对象的用法和格式:

通过 IDLgrModel 对象的/SELECT_TARGET 关键字对 Model 对象进行选择。其格式如下:

```
myWindow = OBJ_NEW('IDLgrWindow')  &  myView = OBJ_NEW('IDLgrView')
myModel = OBJ_NEW('IDLgrModel')  &  myView -> Add, myModel
myModel -> SetProperty, /SELECT_TARGET
myAxis = OBJ_NEW('IDLgrAxis', 0)
myModel -> Add, myAxis  &  myWindow -> Draw, myView
```

注意:在上例中,如果用户在位置[X, Y]处选择了坐标轴对象,则 IDLgrWindow 对象的 Select 方法返回的是 myModel 对象,而不是 myAxis 对象。

【例 8.15】 创建如图 8.16 所示的 GUI 对象。要求依次实现如下操作:

(1)在顶层 BASE 中创建一个 Draw、一个按钮组 ButtonGroup 和一个标签 Label;

(2)在 Draw 中绘制一个 Scene,在 Scene 中添加 View1 和 View2;

(3)在 View1 中添加 PlotModel,在 PlotModel 中添加 XAxis,YAxis 和 Plot;

(4)在 View2 中添加 SurfaceModel,在 SurfaceModel 中添加 Surface 和 Polygon;

(5)在按钮组 ButtonGroup 中添加 Model 和 Graphic Atoms 单选按钮;用于设置图元选择模式和 Model 选择模式的切换。

(6)在图元选择模式下,选择图元对象后的结果以图元的方式在标签 Label 中显示。

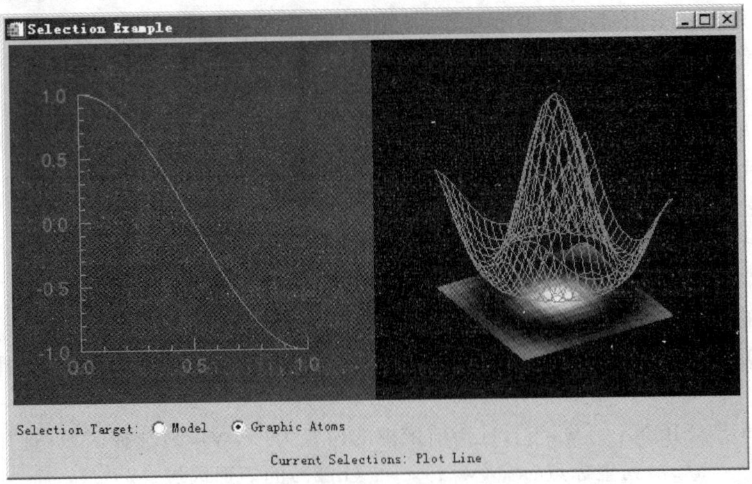

图 8.16 Selection 操作

(7)在 Model 选择模式下，选择图元对象后，选择的结果以 Model 的方式在标签 Label 中显示。运行结果如图 8.16 所示。其程序如下：

```
; Chapter08Slection.pro
PRO Chapter08Slection_event, sEvent
 IF (TAG_NAMES(sEvent, /STRUCTURE_NAME) EQ   $   ;退出系统处理
         'WIDGET_KILL_REQUEST') THEN BEGIN
   WIDGET_CONTROL, sEvent.top, GET_UVALUE=sState, /NO_COPY
   OBJ_DESTROY, sState.oScene  &  OBJ_DESTROY, sState.oImage
   WIDGET_CONTROL, sEvent.top, /DESTROY  &  RETURN
 ENDIF
 WIDGET_CONTROL, sEvent.id, GET_UVALUE=uval ;获取事件对象的用户值
 CASE uval OF    ;事件分支处理
 'DRAW': BEGIN    ; DRAW 区事件处理
   WIDGET_CONTROL, sEvent.top, GET_UVALUE=sState, /NO_COPY
   CASE sEvent.type OF
   0: BEGIN    ; Button Press 鼠标按下
       oViewArr = sState.oWindow->Select(sState.oScene,  $
         [sEvent.x, sEvent.y], DIMENSIONS=[20,20] )    ;选取场景中对象
       nSel = N_ELEMENTS(oViewArr)
       IF ((SIZE(oViewArr))[0] NE 0) THEN BEGIN
         oView = oViewArr[0]
         oObjArr = sState.oWindow->Select(oView,  $
         [sEvent.x,sEvent.y],DIMENSIONS=[20,20])    ;选取视图中对象
         nSel = N_ELEMENTS(oObjArr)
         IF ((SIZE(oObjArr))[0] NE 0) THEN BEGIN
           FOR i=0, nSel-1 DO BEGIN
             oObjArr[i]->GetProperty, NAME=name
             IF (i EQ 0) THEN BEGIN
               label = 'Current Selections: ' + name
             ENDIF ELSE BEGIN
               label = label + ', ' + name
             ENDELSE
           ENDFOR
           ENDIF ELSE BEGIN
             oView->GetProperty, NAME=name
             label = 'Current Selections: ' + name
           ENDELSE
         ENDIF ELSE BEGIN
           label = 'Current Selections: <None>'
         ENDELSE
         WIDGET_CONTROL, sState.wLabel, SET_VALUE=label
       END
   4: BEGIN ; Exposure.
         sState.oWindow->Draw, sState.oScene
```

```
        END
        ELSE: BEGIN
        END
      ENDCASE
      WIDGET_CONTROL, sEvent.top, SET_UVALUE=sState, /NO_COPY
  END
  'SELECT': BEGIN ；控制选取方式事件
        WIDGET_CONTROL, sEvent.top, GET_UVALUE=sState, /NO_COPY
        sState.oSurfModel->SetProperty, SELECT_TARGET=(1-sEvent.Value)
        sState.oPlotModel->SetProperty, SELECT_TARGET=(1-sEvent.Value)
        WIDGET_CONTROL, sEvent.top, SET_UVALUE=sState, /NO_COPY
    END
  ENDCASE
END
;-----------------------------------------------------------------------------------------------
PRO Chapter08Slection
      xdim = 600  &  ydim = 300
      wBase = WIDGET_BASE(TITLE='Selection Example', /COLUMN,  $
                    /TLB_KILL_REQUEST_EVENTS )
      wDraw = WIDGET_DRAW(wBase,XSIZE=xdim,YSIZE=ydim,GRAPHICS_LEVEL=2,  $
              RETAIN=0, /BUTTON_EVENTS, /EXPOSE_EVENTS, UVALUE='DRAW')
      wSelGroup = CW_BGROUP(wBase, ['Model', 'Graphic Atoms'],  $
              LABEL_LEFT='Selection Target:', /EXCLUSIVE, /ROW,  $
              /NO_RELEASE, SET_VALUE=1, UVALUE='SELECT')
      wLabel = WIDGET_LABEL(wBase, VALUE='Current Selections: <None>',  $
              /DYNAMIC_RESIZE)
      WIDGET_CONTROL, wBase, /REALIZE
      WIDGET_CONTROL, wDraw, GET_VALUE=oWindow
      oScene = OBJ_NEW('IDLgrScene')
      aspect = FLOAT(xdim/2) / FLOAT(ydim)
      IF (aspect GT 1.) THEN BEGIN
            vrect = [-aspect, -1, aspect * 2.0, 2.0]
      ENDIF ELSE BEGIN
            vrect = [-1, -1 - (((1./aspect) - 1)/2.), 2, 2.0/aspect]
      ENDELSE
      oView1 = OBJ_NEW('IDLgrView', LOCATION=[0,0], NAME='View 1',  $
                    COLOR=[60,60,60],DIMENSIONS=[xdim/2,ydim] ) ；创建视图对象 1
      oScene->Add, oView1
      oView2 = OBJ_NEW('IDLgrView', LOCATION=[xdim/2,0], NAME='View 2',  $
      DIMENSIONS=[xdim/2,ydim], VIEWPLANE_RECT=vrect, COLOR=[0,0,0]) ；创建视图对象 2
      oScene->Add, oView2
      oPlotModel = OBJ_NEW('IDLgrModel', NAME='Cosine Plot Model')
      oView1->Add, oPlotModel
      xData = FINDGEN(100) / 99.0  &  yData = COS(xData * !PI)
      xMax = MAX(xData, MIN=xMin)  &  yMax = MAX(yData, MIN=yMin)
```

```
xRange = xMax - xMin  &  yRange = yMax - yMin
xPad = xRange * 0.3  &  yPad = yRange * 0.2
oView1->SetProperty, VIEWPLANE_RECT = [xMin-xPad, yMin - yPad,  $
        xRange + 2 * xPad, yRange + 2 * yPad] ; 设置视图对象 1 的属性
xTickLen = 0.05 * yRange
; 创建并设置坐标轴
oXAxis = OBJ_NEW('IDLgrAxis',0,LOCATION=[xMin,yMin],NAME='X Axis', $
    RANGE=[xMin, xMax], COLOR=[60,200,90],TICKLEN=xTicklen,MAJOR=3)
oPlotModel->Add, oXAxis  &  yTickLen = 0.05 * xRange
oYAxis = OBJ_NEW('IDLgrAxis',1,LOCATION=[xMin,yMin],NAME='Y Axis', $
     RANGE=[yMin, yMax], COLOR=[60,200,90], TICKLEN=yTicklen )
oPlotModel->Add, oYAxis
oPlot = OBJ_NEW('IDLgrPlot', xData, yData,  $
          COLOR = [60,200,90], NAME='Plot Line')
oPlotModel->Add, oPlot
oSurfModel = OBJ_NEW('IDLgrModel', NAME='DIST Model')
oSurfModel->Rotate, [1,0,0], -90
oSurfModel->Rotate, [0,1,0], 30  &  oSurfModel->Rotate, [1,0,0], 30
oView2->Add, oSurfModel ; 曲面模式对象到视图对象 2
zData = BESELJ(SHIFT(DIST(20),10,10)/2,0) * 0.8
xData = (FINDGEN(20) - 10.) / 20.
yData = xData
oSurface = OBJ_NEW('IDLgrSurface', zData, xData, yData,  $
            COLOR=[255,90,60], STYLE=1, NAME='Surface') ; 创建曲面对象
oSurfModel->Add, oSurface ; 曲面对象到曲面模式对象
oImage = OBJ_NEW('IDLgrImage', BYTSCL(zData), /GREYSCALE) ; 创建图像对象
xMax = MAX(xData, MIN=xMin)  &  yMax = MAX(yData, MIN=yMin)
zMax = MAX(zData, MIN=zMin)  &  zMin = zMin - 0.2
; 创建多边形对象
oPolygon=OBJ_NEW('IDLgrPolygon',[xMin,xMax,xMax,xMin],NAME='Image', $
    [yMin,yMin,yMax,yMax],[zMin,zMin,zMin,zMin],TEXTURE_MAP=oImage,  $
    TEXTURE_COORD=[[0,0],[1,0],[1,1],[0,1]],COLOR=[255,255,255] )
oSurfModel->Add, oPolygon
oWindow->Draw, oScene ; 绘制场景对象
sState = {wLabel : wLabel, oWindow: oWindow, oScene: oScene,  $
    oImage: oImage, oPlotModel: oPlotModel, oSurfModel: oSurfModel }
WIDGET_CONTROL, wBase, SET_UVALUE=sState, /NO_COPY
XMANAGER, 'Chapter08Slection', wBase, /NO_BLOCK
END
```

提示: Selection 的详细用法,请参阅 8.17 节的实例分析。

8.15　数据获取 DataPicking 的程序设计

数据获取操作 DataPicking 是指使用鼠标,在图形对象上的指定位置,获取图形对象在该处的具体数据。数据获取操作可以通过 IDLgrWindow 对象的 PickData 方法来实现。其格式如下:

格式:Obj ->[IDLgrWindow::]PickData(View, Object, Location, XYZLocation
[, DIMENSIONS=[w,h]][, PATH=objreference][, PICK_STATUS=variable])

功能:对绘图窗口,在图形对象上的指定位置,获取图形对象在该处的具体数据。

说明:若鼠标在图形对象上进行操作,则返回值为 1;若鼠标在图形对象上,但是没有进行操作,则返回值为 0;若鼠标在视窗之外,则返回值为 -1。可以使用关键字 PICK_STATUS 设定。

(1)PickData 的常用参数:

1)View:给出包含获取数据对象的 View 对象。

2)Object:给出获取数据的图元对象或者 Model 对象。

3)Location:格式为[x, y]的二元数组。用于给出获取数据的鼠标的位置。

4)XYZLocation:用于存放鼠标所在采样点所对应的图形对象的三维空间点的位置。

注意:该值只是采样对象上采样点的位置(x , y , z),而非采样图形对象在采样点的值。采样点的值需要根据采样点的位置,计算出采样图形对象在采样点的值,即 Value = f (x , y , z)。

(2)PickData 的常用关键字:

1)DIMENSIONS:格式为[w, h]的数组。设置选择操作的有效区域的大小(即选择盒的大小)。默认像素为 3×3。

例如:如果 DIMENSIONS=[w, h],且当前鼠标的位置为(x, y),则选择区域(选择盒的大小)如下:坐标点(x-(w/2), y-(h/2))到坐标点(x+(w/1), y+(h/2))的矩形区域。

2)PICK_STATUS=variable:用于获取鼠标在图形对象上的操作状态,并把它存放到变量 variable 中。若鼠标在图形对象上进行操作,则状态值为 1;若鼠标在图形对象上,但是没有进行操作,则状态值为 0;若鼠标在视窗之外,则状态值为 -1。

数据获取操作 PickData 的方法如下:

1)给出鼠标的当前位置。

2)通过 IDLgrWindow 对象的 PickData 方法对 Views 对象中的 Model 对象的指定位置 myLoc 进行采样,并把采样结果存入变量 returnedXYZ 中。其格式如下:

```
myLoc = [myMouseEvent.x, myMouseEvent.y]
result = myWindow -> PickData(myView, myModel, myLoc, returnedXYZ)
```

【例 8.16】 创建如图 8.17 所示的 GUI 对象。要求依次实现如下操作:

(1)在顶层 BASE 中创建一个 Draw、两盏灯(位置灯和环境灯)和两个标签 Label;

(2)在 Draw 中绘制图 8.17 的草帽图,并且右击鼠标进行采样,左击不定义操作;

(3)在标签 1 中显示操作说明;

(4)采样结果在标签 2 中显示。

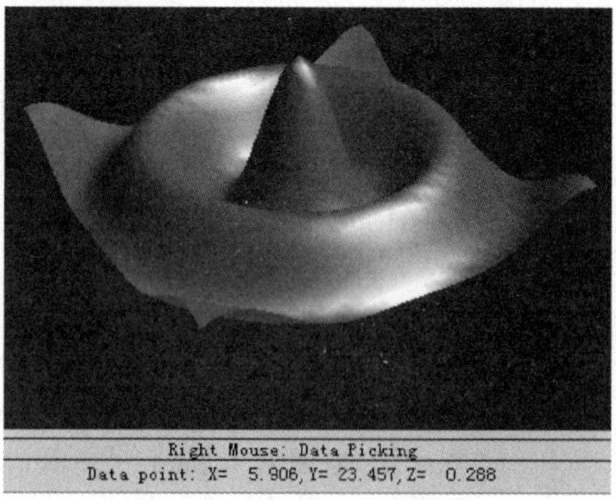

图 8.17 Data Picking 操作

运行结果如图 8.16 所示。其程序如下:

```
; Chapter08SurfacePick.pro
PRO Chapter08SurfacePick_EVENT, sEvent
    WIDGET_CONTROL, sEvent.id, GET_UVALUE=uval
    IF TAG_NAMES(sEvent,/STRUCTURE_NAME) EQ 'WIDGET_KILL_REQUEST' THEN BEGIN
        WIDGET_CONTROL, sEvent.top, GET_UVALUE=sState
        OBJ_DESTROY, sState.oView
        WIDGET_CONTROL, sEvent.top, /DESTROY  &  RETURN
    ENDIF   ;退出系统处理
```

```
CASE uval OF      ；事件分支处理
  'DRAW'：BEGIN ；绘制区域事件处理
    WIDGET_CONTROL，sEvent.top，GET_UVALUE=sState，/NO_COPY
    IF (sEvent.type EQ 4) THEN BEGIN     ；重新绘制处理
        sState.oWindow->Draw，sState.oView
        WIDGET_CONTROL，sEvent.top，SET_UVALUE=sState，/NO_COPY
        RETURN
    ENDIF
      IF (sEvent.type EQ 0) THEN BEGIN     ；按下鼠标
        IF (sEvent.press EQ 4) THEN BEGIN      ；鼠标右键按下
          pick = sState.oWindow->PickData(sState.oView，$      ；获取数据
          sState.oSurface，[sEvent.x，sEvent.y]，dataxyz)
        IF (pick EQ 1) THEN BEGIN
          str = STRING(dataxyz[0]，dataxyz[1]，dataxyz[2]，  $
          FORMAT='("Data point：X="，F7.3，"，Y="，F7.3，"，Z="，F7.3)')
          WIDGET_CONTROL，sState.wLabel，SET_VALUE=str    ；显示获取数据结果
        ENDIF ELSE BEGIN
          WIDGET_CONTROL，sState.wLabel，SET_VALUE="Data point：在背景上."
        ENDELSE
        sState.btndown = 4b
        WIDGET_CONTROL，sState.wDraw，/DRAW_MOTION
      ENDIF ELSE BEGIN ；other mouse button.
            sState.btndown = 1b
            WIDGET_CONTROL，sState.wDraw，/DRAW_MOTION
            sState.oWindow->Draw，sState.oView
      ENDELSE
    ENDIF
    IF (sEvent.type EQ 2) THEN BEGIN ；移动鼠标
      IF (sState.btndown EQ 4b) THEN BEGIN ；鼠标右键按下
      pick = sState.oWindow->PickData(sState.oView，  $    ；获取数据
        sState.oSurface，[sEvent.x，sEvent.y]，dataxyz)
      IF (pick EQ 1) THEN BEGIN
        str = STRING(dataxyz[0]，dataxyz[1]，dataxyz[2]，  $
        FORMAT='("Data point：X="，F7.3，"，Y="，F7.3，"，Z="，F7.3)')
        WIDGET_CONTROL，sState.wLabel，SET_VALUE=str ；显示获取数据结果
      ENDIF ELSE BEGIN
        WIDGET_CONTROL，sState.wLabel，  $
SET_VALUE="Data point：In background."
      ENDELSE
        ENDIF
  ENDIF
        IF (sEvent.type EQ 1) THEN BEGIN ；释放鼠标
            sState.btndown = 0b
            WIDGET_CONTROL，sState.wDraw，DRAW_MOTION=0 ；取消移动采样事件
        ENDIF
```

```
        WIDGET_CONTROL, sEvent.top, SET_UVALUE=sState, /NO_COPY
      END
    ENDCASE
END
PRO Chapter08SurfacePick
  xdim = 600 & ydim = 360
  zData=BESELJ(SHIFT(DIST(40),20,20)/2,0) ；创建草帽数据
  zMax = MAX(zData, MIN=zMin)
  wBase = WIDGET_BASE(/COLUMN, XPAD=0, YPAD=0, $
      TITLE="Surface Pick Example", /TLB_KILL_REQUEST_EVENTS)
 wDraw = WIDGET_DRAW(wBase, XSIZE=xdim, YSIZE=ydim, UVALUE='DRAW', $
        RETAIN=0, /EXPOSE_EVENTS, /BUTTON_EVENTS, GRAPHICS_LEVEL=2)
 wGuiBase1 = WIDGET_BASE(wBase, /COLUMN)
 tLabel = WIDGET_LABEL(wGuiBase1, /FRAME, XSIZE=590, $
        VALUE="Right Mouse: Data Picking", /ALIGN_CENTER)
 wLabel = WIDGET_LABEL(wGuiBase1,VALUE="", /ALIGN_CENTER, XSIZE=590)
 WIDGET_CONTROL, wBase, /REALIZE
 WIDGET_CONTROL, wDraw, GET_VALUE=oWindow
 aspect = FLOAT(xdim) / FLOAT(ydim) & sqrt2 = SQRT(2.0)
 myview = [ -sqrt2 * 0.5, -sqrt2 * 0.5, sqrt2, sqrt2 ]
 IF (aspect GT 1) THEN BEGIN
   myview[0] = myview[0] - ((aspect-1.0) * myview[2])/2.0
   myview[2] = myview[2] * aspect
 ENDIF ELSE BEGIN
   myview[1] = myview[1] - (((1.0/aspect)-1.0) * myview[3])/2.0
   myview[3] = myview[3] / aspect
 ENDELSE
 oView = OBJ_NEW('IDLgrView', PROJECTION=2, EYE=3, ZCLIP=[1.4,-1.4], $
VIEWPLANE_RECT=myview, COLOR=[40,40,40])
 oTop = OBJ_NEW('IDLgrModel') & oGroup = OBJ_NEW('IDLgrModel')
 oTop->Add, oGroup & sz = SIZE(zData)
 xMax=sz[1]-1 & yMax=sz[2]-1 & zMin2=zMin-1 & zMax2 = zMax + 1
 xs = [-0.5,1.0/xMax] & ys = [-0.5,1.0/yMax]
 zs = [(-zMin2/(zMax2-zMin2))-0.5, 1.0/(zMax2-zMin2)]
 oSurface = OBJ_NEW('IDLgrSurface', zData, STYLE=2, SHADING=1, $
        COLOR=[60,60,255], BOTTOM=[64,192,128], $
        XCOORD_CONV=xs, YCOORD_CONV=ys, ZCOORD_CONV=zs) ；创建草帽对象
 oGroup->Add, oSurface
 oLight = OBJ_NEW('IDLgrLight', LOCATION=[2,2,2], TYPE=1) ；创建位置灯光
 oTop->Add, oLight
 oLight = OBJ_NEW('IDLgrLight', TYPE=0, INTENSITY=0.5) ；创建环境灯光
 oTop->Add, oLight & oView->Add, oTop
 oGroup->Rotate, [1,0,0], -90
 oGroup->Rotate, [0,1,0], 30 & oGroup->Rotate, [1,0,0], 30
 sState = {btndown: 0b, wDraw: wDraw, wLabel: wLabel, $ ；创建结构变量
```

```
    oWindow: oWindow, oView: oView, oGroup: oGroup, oSurface: oSurface}
  WIDGET_CONTROL, wBase, SET_UVALUE=sState, /NO_COPY
  XMANAGER, 'Chapter08SurfacePick', wBase, /NO_BLOCK
END
```

提示:Data Picking 的详细用法,请参阅 8.17 节的实例分析。

8.16 虚拟跟踪球 TrackBall 的程序设计

创建具有跟踪交互控制的 GUI,可以使用虚拟跟踪球类 TrackBall。其用法如下:

(1)TrackBall 的初始化格式如下:

格式:MyTrackBallID = OBJ_NEW('TrackBall', Center, Radius
　　[, AXIS={0 | 1 | 2}] [, /CONSTRAIN][, MOUSE={1 | 2 | 4}])

(2)TrackBall 的常用参数:

1)Center:二元数组[x, y]。用于给出跟踪球的坐标中心。

2)Radius:用于给出跟踪球的跟踪范围的半径。即跟踪球的跟踪范围是以 Center 为中心,以 Radius 为半径的区域。

(3)TrackBall 的常用属性(关键字):

1)AXIS={0 | 1 | 2}:用于设置旋转操作只按照指定的坐标轴进行旋转。0 = 只按照 X 轴旋转;1 =只按照 Y 轴旋转轴;2=只按照 Z 轴旋转(默认)。

注意:该关键字与/CONSTRAIN 配合使用才能生效,否则可以任意旋转。

2)/CONSTRAIN:与 AXIS 配合使用,用于设置使锁定坐标轴旋转操作生效。

3)MOUSE={1 | 2 | 4}:用于指定与跟踪操作事件相对应的鼠标操作。1 = 使用鼠标左键操作(默认);2 = 使用鼠标中间键操作;4 = 使用鼠标右键操作。

例如:输入如下命令,然后进行相应的操作:

IDL> zdata = DIST(40)IDL> Chapter08SurfacePickTrack, zdata

(4)TrackBall 的常用方法:

TrackBall::Init,TrackBall::Reset 和 TrackBall::Update。

【例 8.17】 创建如图 8.18 所示的 GUI 对象。要求依次实现如下操作:

(1)在顶层 BASE 中创建一个 Draw、两盏灯(位置灯和环境灯)和一个标签 Label;

(2)在 Draw 中绘制如图 8.18 所示的草帽图,并且左击鼠标进行跟踪操作,右击不定义操作;在标签中显示操作说明。结果如图 8.18 所示。程序如下:

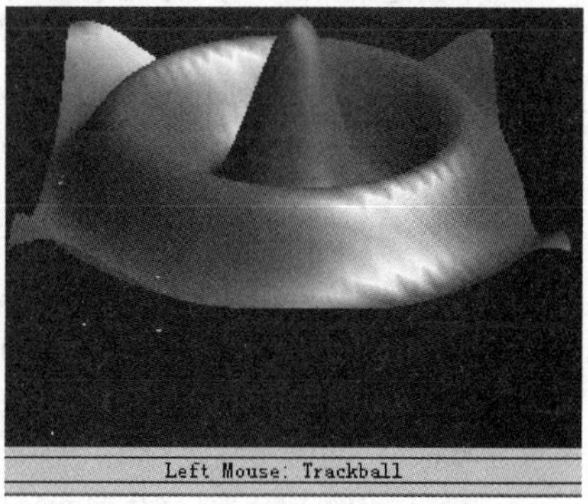

图 8.18　Track Ball 操作 1

```
; Chapter08SurfaceTrack.pro
PRO Chapter08SurfaceTrack_EVENT, sEvent ; 跟踪球事件处理
  WIDGET_CONTROL, sEvent.id, GET_UVALUE=uval
  IF TAG_NAMES(sEvent,/STRUCTURE_NAME) EQ
$    ; 退出系统处理
   'WIDGET_KILL_REQUEST' THEN BEGIN
   WIDGET_CONTROL, sEvent.top, GET_UVALUE=sState
   OBJ_DESTROY, sState.oView  &  OBJ_DESTROY, sState.oTrack
   WIDGET_CONTROL, sEvent.top, /DESTROY
   RETURN
```

```
  ENDIF
  CASE uval OF ；事件分支处理
    'DRAW'：BEGIN ；绘图区事件处理
    WIDGET_CONTROL，sEvent.top，GET_UVALUE=sState，/NO_COPY
    IF (sEvent.type EQ 4) THEN BEGIN ；重新绘制图形
      sState.oWindow->Draw，sState.oView
      WIDGET_CONTROL，sEvent.top，SET_UVALUE=sState，/NO_COPY
      RETURN
      ENDIF
      ；更新跟踪球,并获取当前的变换矩阵
      bHaveTransform = sState.oTrack->Update(sEvent，TRANSFORM=qmat)
      IF (bHaveTransform NE 0) THEN BEGIN
        sState.oGroup->GetProperty，TRANSFORM=t
        sState.oGroup->SetProperty，TRANSFORM=t#qmat ；更新变换矩阵
        sState.oWindow->Draw，sState.oView
      ENDIF
      IF (sEvent.type EQ 0) THEN BEGIN ；按下鼠标,启动鼠标移动事件
        WIDGET_CONTROL，sState.wDraw，/DRAW_MOTION
    ENDIF
      IF (sEvent.type EQ 1) THEN BEGIN ；释放鼠标,关闭鼠标移动事件
        WIDGET_CONTROL，sState.wDraw，DRAW_MOTION=0
      ENDIF
      WIDGET_CONTROL，sEvent.top，SET_UVALUE=sState，/NO_COPY
    END
  ENDCASE
END
PRO Chapter08SurfaceTrack，zData
  xdim = 600  &  ydim = 360
  ；创建默认的草帽曲面数据
  IF N_ELEMENTS(zData) EQ 0 THEN zData=BESELJ(SHIFT(DIST(40),20,20)/2,0)
  zMax = MAX(zData，MIN=zMin)  &   zQuart = (zMax - zMin) * 0.25
  zSkirts = [zMin-zQuart，zMin，zMin+zQuart] ；创建 GUI
  wBase = WIDGET_BASE(/COLUMN，XPAD=0，YPAD=0，  $
          TITLE="Surface Trackball Example"，/TLB_KILL_REQUEST_EVENTS)
wDraw = WIDGET_DRAW(wBase，XSIZE=xdim，YSIZE=ydim，UVALUE='DRAW'，  $
        RETAIN=0，/EXPOSE_EVENTS，/BUTTON_EVENTS，GRAPHICS_LEVEL=2)
wGuiBase1 = WIDGET_BASE(wBase，/COLUMN)
tLabel = WIDGET_LABEL(wGuiBase1，/FRAME，XSIZE=590，/ALIGN_CENTER，  $
        VALUE="Left Mouse：Trackball" ) ；创建标签
WIDGET_CONTROL，wBase，/REALIZE
WIDGET_CONTROL，wDraw，GET_VALUE=oWindow
aspect = FLOAT(xdim) / FLOAT(ydim)  &   sqrt2 = SQRT(2.0)
myview = [ -sqrt2 * 0.5，-sqrt2 * 0.5，sqrt2，sqrt2 ]
IF (aspect GT 1) THEN BEGIN
  myview[0] = myview[0] - ((aspect-1.0) * myview[2])/2.0
```

```
    myview[2] = myview[2] * aspect
  ENDIF ELSE BEGIN
    myview[1] = myview[1] - (((1.0/aspect)-1.0) * myview[3])/2.0
    myview[3] = myview[3] / aspect
  ENDELSE
  oView = OBJ_NEW('IDLgrView', PROJECTION=2, EYE=3, ZCLIP=[1.4,-1.4], $
          VIEWPLANE_RECT=myview, COLOR=[40,40,40])
  oTop = OBJ_NEW('IDLgrModel')  &  oGroup = OBJ_NEW('IDLgrModel')
  oTop->Add, oGroup  &  sz = SIZE(zData)
  xMax=sz[1]-1  &  yMax=sz[2]-1  &  zMin2=zMin-1  &  zMax2 = zMax + 1
  xs = [-0.5,1.0/xMax]  &  ys = [-0.5,1.0/yMax]
  zs = [(-zMin2/(zMax2-zMin2))-0.5, 1.0/(zMax2-zMin2)]
  oSurface = OBJ_NEW('IDLgrSurface', zData, STYLE=2, SHADING=1,   $
        COLOR=[60,60,255], BOTTOM=[64,192,128],   $
        XCOORD_CONV=xs, YCOORD_CONV=ys, ZCOORD_CONV=zs) ；创建草帽对象
  oGroup->Add, oSurface
  oLight = OBJ_NEW('IDLgrLight', LOCATION=[2,2,2], TYPE=1) ；创建位置灯
  oTop->Add, oLight
  oLight = OBJ_NEW('IDLgrLight', TYPE=0, INTENSITY=0.5) ；创建环境灯
  oTop->Add, oLight  &  oView->Add, oTop
  oGroup->Rotate, [1,0,0], -90
  oGroup->Rotate, [0,1,0], 30  &  oGroup->Rotate, [1,0,0], 30
  oTrack = OBJ_NEW('Trackball', [xdim/2, ydim/2.], xdim/2.) ；创建跟踪球
  sState = {btndown: 0b, oTrack:oTrack, wDraw: wDraw, oWindow: oWindow, $
          oView: oView, oGroup: oGroup, oSurface: oSurface }
  WIDGET_CONTROL, wBase, SET_UVALUE=sState, /NO_COPY
  XMANAGER, 'Chapter08SurfaceTrack', wBase, /NO_BLOCK
  END
```

【例 8.18】 创建如图 8.19 所示的 GUI 对象。要求依次实现如下操作：

(1)在顶层 BASE 中创建 1 个 Draw；

(2)在 Draw 中，通过调用类 IDLexShow3 绘制如图 8.19 所示的 3D 草帽图；

(3)创建默认跟踪球。按照默认的左击鼠标进行跟踪操作，右击不定义操作。

运行结果如图 8.19 所示。其程序如下：

```
; Chapter08Track3D.pro
PRO Chapter08Track3D_EVENT, sEvent ；跟踪事件处理
    WIDGET_CONTROL, sEvent.id, GET_UVALUE=uval
    IF TAG_NAMES(sEvent, /STRUCTURE_NAME) EQ  $   ；退出系统处理
        'WIDGET_KILL_REQUEST' THEN BEGIN
```

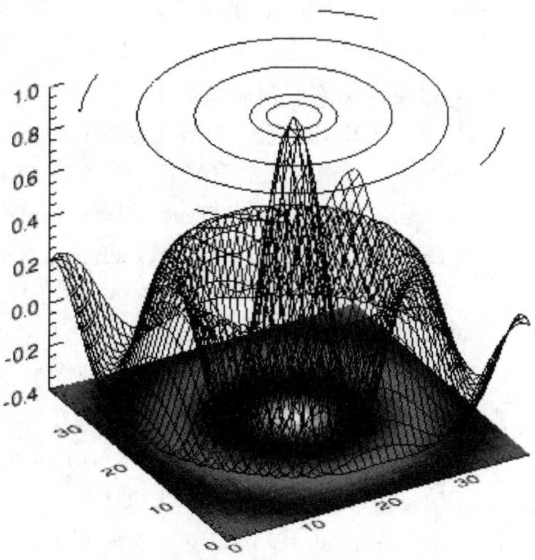

图 8.19　Track Ball 操作 2

```
      WIDGET_CONTROL, sEvent.top, GET_UVALUE=sState
      OBJ_DESTROY, sState.oView  &  OBJ_DESTROY, sState.oTrack
      WIDGET_CONTROL, sEvent.top, /DESTROY  &  RETURN
  ENDIF
  CASE uval OF ；事件分支处理
  'DRAW': BEGIN ；绘图区事件处理
   WIDGET_CONTROL, sEvent.top, GET_UVALUE=sState, /NO_COPY
   IF (sEvent.type EQ 4) THEN BEGIN ；重新绘制处理
       sState.oWindow->Draw, sState.oView
      WIDGET_CONTROL, sEvent.top, SET_UVALUE=sState, /NO_COPY
      RETURN
    ENDIF
    ；更新跟踪球,并获取当前的变换矩阵
    bHaveTransform = sState.oTrack->Update( sEvent, TRANSFORM=qmat )
    IF (bHaveTransform NE 0) THEN BEGIN
      sState.oTopModel->GetProperty, TRANSFORM=t
      sState.oTopModel->SetProperty, TRANSFORM=t#qmat ；更新模式变换矩阵
      sState.oWindow->Draw, sState.oView
    ENDIF
    IF (sEvent.type EQ 0) THEN BEGIN
      WIDGET_CONTROL,sState.wDraw,/DRAW_MOTION ；按下鼠标,启动鼠标移动事件
    ENDIF
    IF (sEvent.type EQ 1) THEN BEGIN
      WIDGET_CONTROL,sState.wDraw,DRAW_MOTION=0;释放鼠标,关闭鼠标移动事件
    ENDIF
    WIDGET_CONTROL, sEvent.top, SET_UVALUE=sState, /NO_COPY
  END
  ENDCASE
END
PRO Chapter08Track3D, data
  xdim = 600  &  ydim = 400
  ；创建默认的草帽曲面数据
  IF N_ELEMENTS(data) EQ 0 THEN data=BESELJ(SHIFT(DIST(40),20,20)/2,0)
  wBase = WIDGET_BASE(/COLUMN, XPAD=0, YPAD=0,  $
          TITLE="Trackball Example", /TLB_KILL_REQUEST_EVENTS)
  wDraw =WIDGET_DRAW(wBase, XSIZE=xdim, YSIZE=ydim, UVALUE='DRAW',  $
          RETAIN=0, /EXPOSE_EVENTS, /BUTTON_EVENTS, GRAPHICS_LEVEL=2)
  WIDGET_CONTROL, wBase, /REALIZE
  WIDGET_CONTROL, wDraw, GET_VALUE=oWindow
  aspect = FLOAT(xdim) / FLOAT(ydim)  &  sqrt3 = SQRT(3.0)
  myview = [ -sqrt3 * 0.5, -sqrt3 * 0.5, sqrt3, sqrt3 ]
  IF (aspect GT 1) THEN BEGIN
    myview[0] = myview[0] - ((aspect-1.0) * myview[2])/2.0
    myview[2] = myview[2] * aspect
  ENDIF ELSE BEGIN
```

```
    myview[1] = myview[1] - (((1.0/aspect)-1.0) * myview[3])/2.0
    myview[3] = myview[3] / aspect
  ENDELSE
  oView = OBJ_NEW('IDLgrView', VIEWPLANE_RECT=myview)
  oTopModel = OBJ_NEW('IDLgrModel')
  oView->Add, oTopModel
  oShow3 = OBJ_NEW('IDLexShow3', data) ; 创建 3 维可视对象
  oTopModel->Add, oShow3
  GET_BOUNDS, oShow3, xr, yr, zr ; 获取 3 维可视对象的边界数据
  xs = NORM_COORD(xr)  &  ys = NORM_COORD(yr)  &  zs = NORM_COORD(zr)
  oShow3->Scale, xs[1], ys[1], zs[1]
  oShow3->Translate, xs[0]-0.5, ys[0]-0.5, zs[0]-0.5
  oTopModel->Rotate, [1,0,0], -90
  oTopModel->Rotate, [0,1,0], 30  &  oTopModel->Rotate, [1,0,0], 30
  oTrack = OBJ_NEW('Trackball', [xdim/2, ydim/2.], xdim/2.) ; 创建跟踪球
  sState = { wDraw: wDraw, oWindow: oWindow,  $
         oView: oView, oTopModel: oTopModel, oTrack: oTrack }
  WIDGET_CONTROL, wBase, SET_UVALUE=sState, /NO_COPY
  XMANAGER, 'Chapter08Track3D', wBase, /NO_BLOCK
END
```

【例 8.19】 创建如图 8.20 所示的 GUI 对象。要求依次实现如下操作：

(1)在顶层 BASE 中创建一个 Draw；

(2)在 Draw 中，通过调用过程 ISOCONTOUR 和类 IDLgrPolygon 绘制如图 8.20 所示的贴图山；

(3)创建默认跟踪球。按照默认的左击鼠标进行跟踪操作，右击不定义操作。

图 8.20　Track Ball 操作 3

程序如下：

```
; Chapter08Track.pro
PRO Chapter08Track_EVENT, sEvent ; 跟踪事件处理
  WIDGET_CONTROL, sEvent.id, GET_UVALUE=uval
  if TAG_NAMES(sEvent, /STRUCTURE_NAME) eq   $   ; 退出系统处理
                'WIDGET_KILL_REQUEST' then begin
     WIDGET_CONTROL, sEvent.top, GET_UVALUE=sState
```

```
      OBJ_DESTROY, sState.oView  &  OBJ_DESTROY, sState.oTrack
      WIDGET_CONTROL, sEvent.top, /DESTROY  &  return
  endif
  case uval of ; 事件分支处理
      'DRAW': begin ; 绘图区事件处理
      WIDGET_CONTROL, sEvent.top, GET_UVALUE=sState, /NO_COPY
    if (sEvent.type eq 4) then begin ; 重新绘制处理
      sState.oWindow->Draw, sState.oView
      WIDGET_CONTROL, sEvent.top, SET_UVALUE=sState, /NO_COPY
      return
    endif
    ; 更新跟踪球,并获取当前的变换矩阵
    bHaveTransform = sState.oTrack->Update( sEvent, TRANSFORM=qmat )
    if (bHaveTransform ne 0) then begin
      sState.oTopModel->GetProperty, TRANSFORM=t
      sState.oTopModel->SetProperty, TRANSFORM=t # qmat ; 更新变换矩阵
      sState.oWindow->Draw, sState.oView
    endif
    if (sEvent.type eq 0) then begin ; 按下鼠标,启动鼠标移动事件
      WIDGET_CONTROL, sState.wDraw, /DRAW_MOTION
    endif
      if (sEvent.type eq 1) then begin ; 释放鼠标,关闭鼠标移动事件
        WIDGET_CONTROL, sState.wDraw, DRAW_MOTION=0
      endif
      WIDGET_CONTROL, sEvent.top, SET_UVALUE=sState, /NO_COPY
    end
  endcase
end
pro Chapter08Track
  z = BYTARR(64,64, /NOZERO)
  OPENR, lun, FILEPATH('elevbin.dat',  $  ; 打开数据文件
          SUBDIR=['examples','data']), /GET_LUN
  READU, lun, z  &  FREE_LUN, lun ; 读取数据文件,并释放文件通道号
  z = REVERSE(TEMPORARY(z), 2)
  data = SMOOTH(TEMPORARY(z), 3, /EDGE_TRUNCATE) + 1 ; 创建高程数据
  nmaps = 1  &  oTexMap = MAKE_ARRAY(nmaps,/OBJ)
  READ_JPEG, FILEPATH('elev_t.jpg', SUBDIR=  $  ; 读取图像文件
           ['examples','data']), idata, TRUE=3
  oTexMap[0] = OBJ_NEW('IDLgrImage', REVERSE(TEMPORARY(idata), 2),  $
               INTERLEAVE = 2) ; 创建图像对象
  n=64L  &  auxin = FLTARR(2,n,n)
  coords = (FINDGEN(n)/FLOAT(n-1)) # REPLICATE(1, n)
  auxin[0, *, *] = coords  &  auxin[1, *, *] = TRANSPOSE(coords)
  nlevels=5
  ; 打开高程数据轮廓线
```

```
ISOCONTOUR, data, outverts, outconn, AUXDATA_IN=auxin, /FILL,   $
  AUXDATA_OUT=auxout, OUTCONN_INDICES=outinds, N_LEVELS=nlevels
oModel = OBJ_NEW('IDLgrModel')   &   levmax = nlevels -1
oContour = MAKE_ARRAY(nlevels,/OBJ)
for l=0,levmax-1 do begin
shade = l*(255./(levmax-1))
    ;创建多变性对象,并进行贴图处理
oContour[l]=OBJ_NEW('IDLgrPolygon',outverts,STYLE=2,SHADING=1,$
      POLYGONS=outconn[outinds[l*2]:outinds[l*2+1]],   $
      COLOR=[shade, (255-shade)>0, (255-shade)>0],   $
      TEXTURE_MAP=oTexmap[l mod nmaps], TEXTURE_COORD=auxout)
oModel->Add, oContour[l]
end
xdim = 600   &   ydim = 400
oView = OBJ_NEW('IDLgrView')   &   oView->Add, oModel
GET_BOUNDS, oModel, xr, yr, zr
xs = NORM_COORD(xr)   &   ys = NORM_COORD(yr)   &   zs = NORM_COORD(zr)
oModel->Scale, xs[1], ys[1], zs[1]
oModel->Translate, xs[0]-0.5, ys[0]-0.5, zs[0]-0.5
oModel->Rotate, [1,0,0], -70
oModel->Rotate, [0,1,0], 30   &   oModel->Rotate, [1,0,0], 30
wBase = WIDGET_BASE(TITLE='ISOCONTOUR', /COLUMN,   $
          /TLB_KILL_REQUEST_EVENTS )
wDraw = WIDGET_DRAW(wBase,XSIZE=xdim,YSIZE=ydim,GRAPHICS_LEVEL=2,$
    RETAIN=1, /BUTTON_EVENTS, /EXPOSE_EVENTS, UVALUE='DRAW') ;创建绘图区
WIDGET_CONTROL, wBase, /REALIZE
WIDGET_CONTROL, wDraw, GET_VALUE=oWindow
oWindow->Draw, oView
oTrack = OBJ_NEW('Trackball', [xdim/2., ydim/2.], xdim/2.) ;创建跟踪球
sState = {wDraw: wDraw, oWindow: oWindow,   $
        oView: oView, oTopModel: oModel, oTrack: oTrack }
WIDGET_CONTROL, wBase, SET_UVALUE=sState, /NO_COPY
XMANAGER, 'Chapter08Track', wBase, /NO_BLOCK
end
```

提示:类 IDLgrSurface 详细用法,请参阅 8.17 节的实例分析。

8.17　面象对象程序设计实例分析

IDL 6.3 语言的最大优点就是面向矩阵的快速可交互的数据可视化操作。例 8.20 充分说明了 IDL 6.3语言在这方面的表现。

【例 8.20】 创建如图 8.21 所示的 GUI 对象。要求依次实现如下操作:

(1)在顶层 BASE 中创建一个 Draw、两盏灯(位置灯和环境灯)、一个下拉列表框、一个按钮菜单和两个标签 Label。

(2)在 Draw 中绘制如图 8.21 所示的草帽图。

(3)创建一个跟踪球，对 Draw 中的草帽图进行跟踪操作，设置左击鼠标进行跟踪操作，右击进行数据采样。

(4)在下拉列表框 DropList 中，设置 Draw 中草帽图的绘图风格。具体包括：Point，Wire，Solid，Ruled XZ，Ruled YZ，Lego Wire 和 Lego Solid。

(5)在按钮菜单中，控制并设置 Draw 中草帽图的各种绘制属性。具体包括：拖动质量 Drag Quality (Low，Medium)、隐藏遮挡线 Hidden Lines(On，Off)、设置绘制的最小值 Minimum(Reset，值 1，值 2)、设置绘制的最大值 Maximum(Reset，值 1，值 2)、设置绘制的方式 Shading(平面 Flat，曲面 Gouraud)、设置多色顶点 Vertex Colors(On，Off)、绘制环绕边界面 Skirt(None，值 1，值 2，值 3)。

(6)在标签 1 中显示操作说明；采样结果在标签 2 中显示。

运行结果如图 8.21 所示。其完整程序请参考 Chapter08SurfacePickTrack. pro。

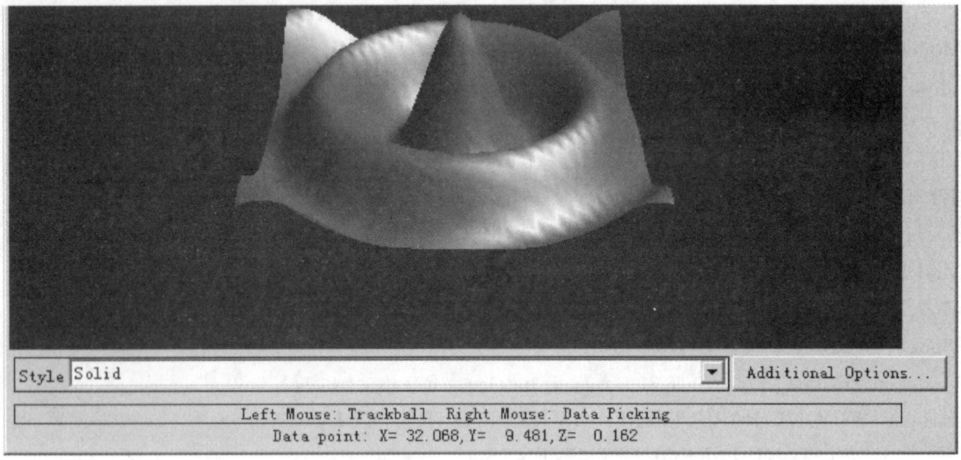

图 8.21 面向对象的选择跟踪 TrackBall 和数据采集 DataPicking 界面

8.17.1 用户交互界面 GUI 设计

根据例 8.20 中(1)～(5)的要求。可以使用 GUI 中创建基本组件的方法和创建按钮菜单的方法，创建该例的 GUI。创建的结果如图 8.21 和 图 8.22 所示。具体步骤如下：

(1)创建顶层 BASE。

(2)在顶层 BASE 中，创建一个绘图区 Draw、两盏灯(位置灯 Light1 和环境灯 Light2)、一个下拉列表 DropList、一个按钮菜单 ButtonMenu、两个标签(提示标签 Label1 和采样结果标签 Label2)和一个跟踪球 TrackBall。

(3)在 Draw 中，创建一个 View。在 View 中创建一个顶层 Model。在顶层 Model 中，创建位置灯 Light1、环境灯 Light2 和一个下级 Model。在下级 Model 中，创建草帽图 Surface。

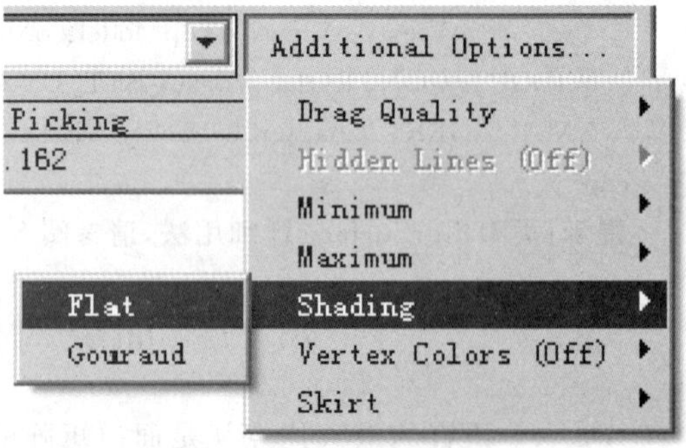

图 8.22 GUI 设计

注意：创建下级 Model 的目的是在跟踪控制时，只控制下级 Model，不控制灯光，因此，为了控制方便，这样做非常必要。

(4)在 DropList 中，设置绘图风格列表选项为 Point，Wire，Solid，Ruled XZ，Ruled YZ，Lego Wire 和 Lego Solid。

(5)创建按钮菜单 Additional Options。在 Additional Options 中创建下级(二级)子菜单(它们的子菜单(三级)在括号中给出)具体菜单项有 Drag Quality(Low,Medium);Hidden Lines(On,Off);Minimum(Reset,值 1,值 2);Maximum(Reset,值 1,值 2);Shading(Flat,Gouraud);Vertex Colors(On,Off);Skirt(None,值 1,值 2,值 3)。

(6)创建并设置控制过程中的结构变量,并把它存入顶层 BASE 的 UVALUE 中。

技巧提示:创建 GUI 之前,绘制 GUI 中各个组件之间的层次关系流程图是创建 GUI 的关键。根据上述分析,请读者绘出 GUI 层次关系流程图(作为习题)。GUI 设计的程序如下:

```
PRO Chapter08SurfacePickTrack, zData
  xdim = 600 & ydim = 360
  ;创建默认的草帽数据
  IF N_ELEMENTS(zData) EQ 0 THEN zData=BESELJ(SHIFT(DIST(40),20,20)/2,0)
  zMax = MAX(zData, MIN=zMin)
  zQuart = (zMax - zMin) * 0.25 ;创建绘图高度范围
  zSkirts = [zMin-zQuart, zMin, zMin+zQuart] ;创建绘图裙带范围
  wBase = WIDGET_BASE(/COLUMN,XPAD=0,YPAD=0,/TLB_KILL_REQUEST_EVENTS, $
          TITLE="Surface Pick Data Trackball Example")
  wDraw = WIDGET_DRAW(wBase, XSIZE=xdim, YSIZE=ydim, UVALUE='DRAW',  $
           RETAIN=0, /EXPOSE_EVENTS, /BUTTON_EVENTS, GRAPHICS_LEVEL=2)
  wGuiBase = WIDGET_BASE(wBase, /ROW)
  wStyleDrop =WIDGET_DROPLIST(wGuiBase,VALUE=['Point','Wire','Solid', $
             'Ruled XZ','Ruled YZ','Lego Wire','Lego Solid'], XSIZE=480 ,  $
             UVALUE= 'STYLE',/FRAME, TITLE= 'Style',/ALIGN_CENTER) ;创建下拉
             列表
  ;创建拖动质量等按钮按钮菜单系统
  wOptions=WIDGET_BUTTON(wGuiBase,MENU=2,VALUE="Additional Options...")
  wDrag = WIDGET_BUTTON(wOptions, MENU=2, VALUE="Drag Quality")
  wButton = WIDGET_BUTTON(wDrag, VALUE='Low', UVALUE='DRAGQ0')
  wButton = WIDGET_BUTTON(wDrag, VALUE='Medium', UVALUE='DRAGQ1')
  wHide = WIDGET_BUTTON(wOptions, MENU=2, VALUE="Hidden Lines (Off)")
  wButton = WIDGET_BUTTON(wHide, VALUE='Off', UVALUE='HIDE_OFF')
  wButton = WIDGET_BUTTON(wHide, VALUE='On', UVALUE='HIDE_ON')
  wMinMax = WIDGET_BUTTON(wOptions, MENU=2, VALUE="Minimum")
  zMinVals = [zMin, zMin+zQuart, zMin+2 * zQuart]
  zLabels = ['Reset', STRCOMPRESS(STRING(zMinVals[1:2]), /REMOVE_ALL)]
  wButton = WIDGET_BUTTON(wMinMax, VALUE=zLabels[0], UVALUE='MM_MIN0')
  wButton = WIDGET_BUTTON(wMinMax, VALUE=zLabels[1], UVALUE='MM_MIN1')
  wButton = WIDGET_BUTTON(wMinMax, VALUE=zLabels[2], UVALUE='MM_MIN2')
  wMinMax = WIDGET_BUTTON(wOptions, MENU=2, VALUE="Maximum")
  zMaxVals = [zMax, zMax-zQuart, zMax-2 * zQuart]
  zLabels = ['Reset', STRCOMPRESS(STRING(zMaxVals[1:2]), /REMOVE_ALL)]
  wButton = WIDGET_BUTTON(wMinMax, VALUE=zLabels[0], UVALUE='MM_MAX0')
  wButton = WIDGET_BUTTON(wMinMax, VALUE=zLabels[1], UVALUE='MM_MAX1')
  wButton = WIDGET_BUTTON(wMinMax, VALUE=zLabels[2], UVALUE='MM_MAX2')
  wShading = WIDGET_BUTTON(wOptions, MENU=2, VALUE="Shading")
  wButton = WIDGET_BUTTON(wShading, VALUE='Flat', UVALUE='SHADE_FLAT')
```

```
wButton=WIDGET_BUTTON(wShading,VALUE='Gouraud',UVALUE='SHADE_GOURAUD')
wVC = WIDGET_BUTTON(wOptions, MENU=2, VALUE="Vertex Colors (Off)")
wButton = WIDGET_BUTTON(wVC, VALUE='Off', UVALUE='VC_OFF')
wButton = WIDGET_BUTTON(wVC, VALUE='On', UVALUE='VC_ON')
zLabels = ['None', STRCOMPRESS(STRING(zSkirts[ * ]), /REMOVE_ALL)] wSkirt = WID-
GET_BUTTON(wOptions, MENU=2, VALUE="Skirt")
wButton = WIDGET_BUTTON(wSkirt, VALUE=zLabels[0], UVALUE='SKIRT0')
wButton = WIDGET_BUTTON(wSkirt, VALUE=zLabels[1], UVALUE='SKIRT1')
wButton = WIDGET_BUTTON(wSkirt, VALUE=zLabels[2], UVALUE='SKIRT2')
wButton = WIDGET_BUTTON(wSkirt, VALUE=zLabels[3], UVALUE='SKIRT3')
wGuiBase2 = WIDGET_BASE(wBase, /COLUMN)
；创建两个标签
wLabel = WIDGET_LABEL(wGuiBase2, /FRAME, /ALIGN_CENTER,XSIZE=595, $
         VALUE="Left Mouse: Trackball Right Mouse: Data Picking" )
wLabel = WIDGET_LABEL(wGuiBase2, VALUE=" ",/ALIGN_CENTER,XSIZE=595)
WIDGET_CONTROL, wBase, /REALIZE
WIDGET_CONTROL, wDraw, GET_VALUE=oWindow
WIDGET_CONTROL, wStyleDrop, SET_DROPLIST_SELECT=2
WIDGET_CONTROL, wHide, SENSITIVE=0
aspect = FLOAT(xdim) / FLOAT(ydim)   &   sqrt2 = SQRT(2.0)
myview = [ -sqrt2 * 0.5, -sqrt2 * 0.5, sqrt2, sqrt2 ]
IF (aspect GT 1) THEN BEGIN
  myview[0] = myview[0] - ((aspect-1.0) * myview[2])/2.0
  myview[2] = myview[2] * aspect
ENDIF ELSE BEGIN
  myview[1] = myview[1] - (((1.0/aspect)-1.0) * myview[3])/2.0
  myview[3] = myview[3] / aspect
ENDELSE
oView = OBJ_NEW('IDLgrView', PROJECTION=2, EYE=3, ZCLIP=[1.4,-1.4], $
        VIEWPLANE_RECT=myview, COLOR=[40,40,40])
oTop = OBJ_NEW('IDLgrModel')   &   oGroup = OBJ_NEW('IDLgrModel')
oTop->Add, oGroup   &   sz = SIZE(zData)
xMax=sz[1]-1   &   yMax=sz[2]-1
zMin2=zMin-1   &   zMax2 = zMax + 1
xs = [-0.5,1.0/xMax]   &   ys = [-0.5,1.0/yMax]
zs = [(-zMin2/(zMax2-zMin2))-0.5, 1.0/(zMax2-zMin2)]
vc = BYTARR(3,sz[1] * sz[2], /NOZERO)
cbins=[[255, 0,0],[255, 85,0],[255,170,0],[255,255,0],   $
          [170,255,0],[ 85,255,0],[ 0,255,0]]
zi = ROUND((zData - zMin)/(zMax-zMin) * 6.0)
vc[ * , * ] = cbins[ * ,zi]
oSurface = OBJ_NEW('IDLgrSurface', zData, STYLE=2, SHADING=0,   $
        COLOR=[60,60,255], BOTTOM=[64,192,128],   $
        XCOORD_CONV=xs, YCOORD_CONV=ys, ZCOORD_CONV=zs) ；创建草帽对象
oGroup->Add, oSurface
```

```
oLight = OBJ_NEW('IDLgrLight', LOCATION=[2,2,2], TYPE=1) ; 创建位置灯
oTop->Add, oLight
oLight = OBJ_NEW('IDLgrLight', TYPE=0, INTENSITY=0.5) ; 创建环境灯
oTop->Add, oLight  &  oView->Add, oTop
oGroup->Rotate, [1,0,0], -90
oGroup->Rotate, [0,1,0], 30  &  oGroup->Rotate, [1,0,0], 30
oTrack = OBJ_NEW('Trackball', [xdim/2., ydim/2.], xdim/2.) ; 创建跟踪球
oHolder = OBJ_NEW('IDL_Container') ; 创建容器对象
oHolder->Add, oView
oHolder->Add, oTrack
sState = {btndown: 0b, dragq: 0, oHolder: oHolder, oTrack:oTrack,  $
        wDraw: wDraw, wLabel: wLabel, wHide: wHide,  $
        wShading: wShading, oWindow: oWindow, oView: oView,  $
        oGroup: oGroup, oSurface: oSurface, zSkirts: zSkirts,  $
        zMinVals: zMinVals, zMaxVals: zMaxVals, vc: vc }
WIDGET_CONTROL, wBase, SET_UVALUE=sState, /NO_COPY
XMANAGER, 'Chapter08SurfacePickTrack', wBase, /NO_BLOCK
END
```

8.17.2　循环控制和分支处理

GUI 循环控制的方法是在使用带关键字/REALIZE 的过程 WIDGET_CONTROL 激活 GUI 之后，再使用过程 XMANAGER 来循环控制。在 GUI 被循环控制后，就可以对事件进行分支处理。

事件处理的具体方法有以下几种：

(1)在创建组件时，使用产生事件的关键字指定产生事件后所调用的过程或者函数。

(2)在循环控制命令 XMANAGER 中，直接指定事件产生后所调用的过程或者函数。

(3)在事件产生后，根据事件结构变量的值，来调用相应的过程或者函数。

(4)首先利用 WIDGET_CONTROL、WIDGET_INFO 和 TAG_NAMES 获取事件的有关信息。然后配合 DO CASE 等选择结构来实现事件的分支处理。

总之，上述方法可以相互配合使用，从而实现复杂的分支处理。

本例采用方法(4)。其分支处理结果如下：

```
PRO Chapter08SurfacePickTrack_EVENT, sEvent
WIDGET_CONTROL, sEvent.id, GET_UVALUE=uval ; 获取当前事件的用户值
  CASE uval OF ; 事件分支处理
    'STYLE': BEGIN              …        END
    'MM_MIN0': BEGIN            …        END
    'MM_MIN1': BEGIN            …        END
    'MM_MIN2': BEGIN            …        END
    'MM_MAX0': BEGIN            …        END
    'MM_MAX1': BEGIN            …        END
    'MM_MAX2': BEGIN            …        END
    'SHADE_FLAT': BEGIN         …        END
    'SHADE_GOURAUD': BEGIN      …        END
    'VC_OFF': BEGIN             …        END
```

```
    'VC_ON': BEGIN           …     END
    'HIDE_OFF': BEGIN        …     END
    'HIDE_ON': BEGIN         …     END
    'SKIRT0': BEGIN          …     END
    'SKIRT1': BEGIN          …     END
    'SKIRT2': BEGIN          …     END
    'SKIRT3': BEGIN          …     END
    'DRAGQ0' : BEGIN         …     END
    'DRAGQ1' : BEGIN         …     END
    'DRAW': BEGIN            …     END
  ENDCASE
END
```

8.17.3 方法设计

通过前面各章内容的学习，设计并实现具有一定功能的方法程序，应该说不是难事，但是如果要想设计出容错能力比较强的高效的应用程序，还是有一定难度的。这要求用户必须能够熟练运用 IDL 6.3 的各种编程经验和技巧。本例的主要处理方法如下：

(1)顶层 BASE 中，存放在 UVALUE 中的结构变量的读取和设置方法：

读取：WIDGET_CONTROL，sEvent.top，GET_UVALUE＝sState

设置：WIDGET_CONTROL，sEvent.top，SET_UVALUE＝sState

(2)IDLgrSurface 绘制风格的设置方法。只需要利用事件的索引号 sEvent.index，使用 SetProperty 方法设置 IDLgrSurface 对象的 STYLE 属性即可，即

sState.oSurface－>SetProperty，STYLE＝sEvent.index

(3)组件生效(是否敏感)的动态控制方法。只需要利用 WIDGET_CONTROL 设置组件的 SENSITIVE 的值为 0 或者 1 即可即，

WIDGET_CONTROL，sState.wHide，SENSITIVE＝1

WIDGET_CONTROL，sState.wShading，SENSITIVE＝0

(4)IDLgrSurface 属性的设置方法。SetProperty 方法设置 IDLgrSurface 对象的 MIN_VALUE，MAX_VALUE，SHADING，VERT_COLORS，HIDDEN_LINES，SHOW_SKIRT，SKIRT 等属性即可。

(5)拖动质量和绘制质量的控制方法。只需要使用 SetProperty 方法设置 IDLgrWindow 对象的 QUALITY 属性即可，即 sState.oWindow－>SetProperty，QUALITY＝sState.dragq。

(6)DRAW 事件处理。主要包括以下处理技术：

1)显示处理方法：需要设置事件的 TYPE 的值，即 sEvent.type ＝4，然后重新绘制。

2)虚拟跟踪球的旋转拖动更新处理方法：只需要调用类 TrackBall 的 Update 方法。先读取变换矩阵，再更新变换矩阵，然后重新设置变换矩阵，最后重新绘制。这时使用默认的鼠标左键拖动操作。

3)鼠标按键的检测方法：需要设置事件的 TYPE 值，即 sEvent.type ＝0，鼠标按下；sEvent.type ＝1，鼠标松开；sEvent.type ＝2，鼠标移动。再配合设置事件的 PRESS 的值，即 sEvent.press＝1，鼠标左键；sEvent.press＝2，鼠标中间键；sEvent.press＝4，鼠标右键。

4)数据采集的处理方法：只需要调用类 IDLgrWindow 的 PickData 方法。

5)移动事件的创建方法：需要使用 WIDGET_CONTROL 设置 DRAW_MOTION 的值。DRAW_MOTION＝1：创建移动事件；DRAW_MOTION＝0：取消移动事件，即

WIDGET_CONTROL，sState.wDraw，DRAW_MOTION ＝ 1

WIDGET_CONTROL，sState.wDraw，DRAW_MOTION ＝ 0

DRAW 事件处理的具体方法如下：

'DRAW'：BEGIN

```
WIDGET_CONTROL, sEvent.top, GET_UVALUE=sState, /NO_COPY
IF (sEvent.type EQ 4) THEN BEGIN ;显示和重新绘制处理
  sState.oWindow->Draw, sState.oView
  WIDGET_CONTROL, sEvent.top, SET_UVALUE=sState, /NO_COPY
  RETURN
ENDIF
;更新跟踪球,并获取当前的变换矩阵
bHaveTransform = sState.oTrack->Update( sEvent, TRANSFORM=qmat )
IF (bHaveTransform NE 0) THEN BEGIN
  sState.oGroup->GetProperty, TRANSFORM=t
  sState.oGroup->SetProperty, TRANSFORM=t#qmat ;更新变换矩阵
  sState.oWindow->Draw, sState.oView
ENDIF
IF (sEvent.type EQ 0) THEN BEGIN ;按下鼠标
  IF (sEvent.press EQ 4) THEN BEGIN ;按下鼠标右键
    pick=sState.oWindow->PickData(sState.oView, $ ;数据采样,获取数据
      sState.oSurface, [sEvent.x,sEvent.y],dataxyz)
    IF (pick EQ 1) THEN BEGIN
      str = STRING(dataxyz[0],dataxyz[1],dataxyz[2],  $
        FORMAT='("Data point: X=",F7.3,",Y=",F7.3,",Z=",F7.3)')
      WIDGET_CONTROL, sState.wLabel, SET_VALUE=str ;显示采样数据
      ENDIF ELSE BEGIN
      WIDGET_CONTROL, sState.wLabel,  $   SET_VALUE="Data point: In background."
      ENDELSE
      sState.btndown = 4b
      WIDGET_CONTROL, sState.wDraw, /DRAW_MOTION ;激活移动鼠标事件
    ENDIF ELSE BEGIN ;other mouse button.
      sState.btndown = 1b
      sState.oWindow->SetProperty, QUALITY=sState.dragq ;设置绘制质量
      WIDGET_CONTROL, sState.wDraw, /DRAW_MOTION
      sState.oWindow->Draw, sState.oView
      ENDELSE
    ENDIF
  IF (sEvent.type EQ 2) THEN BEGIN ;移动鼠标
    IF (sState.btndown EQ 4b) THEN BEGIN ;按下鼠标右键
      pick = sState.oWindow->PickData(sState.oView,  $  ;采样数据
      sState.oSurface, [sEvent.x,sEvent.y], dataxyz)
    IF (pick EQ 1) THEN BEGIN
      str = STRING(dataxyz[0],dataxyz[1],dataxyz[2],  $
          FORMAT='("Data point: X=",F7.3,",Y=",F7.3,",Z=",F7.3)')
      WIDGET_CONTROL, sState.wLabel, SET_VALUE=str ;显示采样数据
    ENDIF ELSE BEGIN
      WIDGET_CONTROL, sState.wLabel,  $
SET_VALUE="Data point: In background."
    ENDELSE
   ENDIF
 ENDIF
 IF (sEvent.type EQ 1) THEN BEGIN
```

```
    IF (sState.btndown EQ 1b) THEN BEGIN
      sState.oWindow->SetProperty, QUALITY=2 ；设置高质量的绘制质量
      sState.oWindow->Draw, sState.oView
    ENDIF
      sState.btndown = 0b
      WIDGET_CONTROL, sState.wDraw, DRAW_MOTION=0 ；关闭鼠标移动事件
    ENDIF
    WIDGET_CONTROL, sEvent.top, SET_UVALUE=sState, /NO_COPY
END
```

(7)组件的值的动态控制。在事件处理过程中,组件的值可以被动态的改变。其方法是先使用带关键字 GET_VALUE 的 WIDGET_CONTROL 命令获取组件的值,然后编辑组件的值,最后使用带关键字 SET_VALUE 的 WIDGET_CONTROL 命令重新设置组件的值。本例动态控制菜单按钮上文本内容的程序如下:

```
FUNCTION Toggle_State, sEventID, ParentID
  WIDGET_CONTROL, sEventID, GET_VALUE=sEventName ；获取事件的值
  WIDGET_CONTROL, ParentID, GET_VALUE=ParentName ；获取事件的上一级事件的值
  MyPosition = STRPOS(ParentName, sEventName)
  IF MyPosition EQ -1 THEN BEGIN ；动态改变父级菜单的值
    s = STRPOS(ParentName, '(Off)')
    IF (s NE -1) THEN BEGIN
      STRPUT, ParentName, '(On) ', s   &   ret = 1
    ENDIF ELSE BEGIN
      s = STRPOS(ParentName, '(On) ')
      STRPUT, ParentName, '(Off)', s   &   ret = 0
    ENDELSE
    WIDGET_CONTROL, ParentID, SET_VALUE=ParentName
ENDIF ELSE BEGIN
    ret = -1
ENDELSE
RETURN, ret
END
```

(8)删除组件的方法。删除组件可以使用如下方法:

1)使用 TAG_NAMES、WIDGET_INFO 与顶层 BASE 的/TLB_KILL_REQUEST_EVENTS 配合使用。

2)使用 XMANAGER 的 CLEANUP 来指定删除处理程序。本例采用前一种方法,程序如下。

```
IF TAG_NAMES(sEvent,/STRUCTURE_NAME) EQ 'WIDGET_KILL_REQUEST' THEN BEGIN
    WIDGET_CONTROL, sEvent.top, GET_UVALUE=sState
    OBJ_DESTROY, sState.oHolder
    WIDGET_CONTROL, sEvent.top, /DESTROY
    RETURN
ENDIF
```

习　题

1. 简述面象对象程序设计的基本特征。
2. 简述面象对象程序设计的方法。
3. 简述类和对象的创建格式和调用方法。
4. 简述事件和方法的创建格式和调用方法。
5. 请创建一个新类,并且在该类上创建至少两个方法,然后实现相应的操作。
6. 给出类和方法打包的基本结构,并把自己创建的类进行打包。

7. 熟练掌握字体 Font 和文本 Text 的程序设计方法。

8. 熟练掌握填充模式 Pattern 和多边形 Polygon 的程序设计方法。

9. 熟练掌握绘图符号 Symbol 与线 Plot 和折线 Polyline 的程序设计方法。

10. 熟练掌握坐标轴 Axis 的程序设计方法。

11. 熟练掌握轮廓线 Contour 的程序设计方法。

12. 熟练掌握图例 Legend 的程序设计方法。

13. 熟练掌握曲面 Surface 的程序设计方法。

14. 熟练掌握灯光 Light 的程序设计方法。

15. 熟练掌握选区对象 Selection 的程序设计方法。

16. 熟练掌握数据获取 DataPicking 的程序设计方法。

17. 熟练掌握虚拟跟踪球 TrackBall 的程序设计方法。

18. 修改类 Chapter08CCylinder，为该类的对象添加计算圆柱的表面积的两个事件，其相应的两个方法为计算圆柱表面积的无参函数和输出圆柱表面积的无参过程，即

函数 Chapter08CCylinder ：：CalculateSurfaceArea 和过程 Chapter08CCylinder ：：PrintSurfaceArea。

19. 设计文本内容为 Happa You！ 的文本对象，制作从窗口底部移动到顶部的动画。

20. 给出例 8.20 的 GUI 流程图和事件分支控制处理流程图。

21. 修改例 8.20，在拖动质量菜单 Drag Quality 中，在 Medium 子菜单的下方添加一个 High 菜单，使得在进行拖动操作时，以高质量绘制方式绘制。

第 9 章　图像处理

图像经过数字化后，就以像素的形式进行存储。经过数字化处理后的图像，称为数字图像。图像数字化的过程为取样、分色和量化。由于图像的数据量比较大，因此需要利用图像压缩技术，对图像进行压缩处理后再进行存储。常用的图像格式有 JPG，TIF，GIF，PNG，PCX 和 DICOM 等。

9.1　图像处理概述

9.1.1　图像处理

图像处理已经成功地广泛应用于地球科学、航空航天、医学影像、文化艺术、测试技术、天文、信号处理、防御工程、图像处理、图像分析、图像理解、计算机视觉和模式识别等诸多领域，并获得了非凡的成果。随着图像处理技术的深入发展，人们已开始研究如何用计算机系统解释图像，实现类似人类视觉系统理解外部世界，即图像理解或者计算机视觉。目前已经取得了不少重要的研究成果。因此图像处理和分析作为图像理解的核心和重要基础内容是有待于人们进一步探索的重要领域。

IDL 6.3 是图像处理的有效工具。对图像的操作主要包括图像打开、图像处理、图像的显示和存储等。图像处理是指根据实际需要，利用图像处理技术对图像进行加工处理的过程。图像处理的内容主要包括图像的缩放、移动和旋转；图像分割；图像的加减乘除四则运算；图像的数值处理；图像的扭曲；图像区域处理 ROI 和形状分析；图像的快速傅里叶变换 FFT，Hough 变换和 Radon 变换等变换处理；图像增强；图像滤波；图像直方图；图像平滑；图像边界提取和图像的形态学处理（腐蚀、扩张、开和闭）；等等。

9.1.2　图像类型

在 IDL 6.3 中，图像分为二值（黑白）图像、灰度图像、索引图像和 RGB 图像。

二值图像：二值图像只包含两个不同的值。通常用 0 表示黑色；用 1 表示白色。因此二值图像通常又称为黑白图像。

灰度图像：使用 0 到 255 之间的这 256 个灰度级来表示像素点的明暗程度，即灰度值。

索引图像：使用颜色表中的颜色组合来表示像素点的颜色。索引图像的像素与一个 256 色颜色表中的颜色组合相关联。即像素的值是颜色表中的颜色索引，对应颜色表中的 RGB（红、绿、蓝）颜色组合。

二值图像、灰度图像和索引图像都是二维数组，即分别给出二值图像的 0 或者 1 值、灰度图像的灰度值和索引图像的颜色索引。

RGB 图像：直接使用 RGB 颜色组合来表示像素点的颜色。RGB 图像是三维数组，即直接给出每一个像素的 RGB 颜色组合。其中的二维用于指定图像像素的位置，另一维用于指定像素的颜色。颜色是红、绿、蓝三种颜色的颜色组合，并且在 IDL 中，红、绿、蓝三原色的颜色分级是从 0 到 255。颜色维的维数总是 3。颜色维的红、绿、蓝分量称为色道。位置维和颜色维的组合称为交叉。根据位置维和颜色维的组合顺序，交叉分为像素交叉(3,x,y)、线交叉(x,3,y)和图像交叉(x,y,3)。

9.1.3　像素类型

在对图像数据进行处理时，图像中像素的值可以使用不同类型的数据。在 IDL 6.3 中，允许使用的数据类型有字节、无符号整数、有符号整数、无符号长整数、长整数、浮点和双精度。

说明：本章使用 IDL63/EXAMPLES/DATA 目录中的数据文件。该目录中的两个文件 DATA.TXT 和 INDEX.TXT 包含了对数据文件和图像文件的格式说明和文件信息。

9.2　图像文件的输入和输出

9.2.1　图像查询

在使用图像文件时，应该首先搞清楚图像文件的结构信息。分析图像文件信息可以使用 IDL 提供的函数 QUERY _ IMAGE。该函数可以查询 IDL 支持的任何图像文件。

格式：Result = QUERY _ IMAGE (Filename[, Info][, CHANNELS=variable]
[, DIMENSIONS=variable][, HAS _ PALETTE=variable][, TYPE=variable]
[, IMAGE _ INDEX=index][, NUM _ IMAGES=variable][, PIXEL _ TYPE=variable])

功能：查询 IDL 6.3 支持的任何图像文件的信息。

说明：如果查询的文件类型能够被正确识别，则返回 1；否则返回 0。

1. 常用参数的用法

(1)Filename：用于给出要查询的图像文件。

(2)Info：用于存放查询的结果。Info 是一个结构变量，它包含图像文件信息的重要参数。用户可以使用带关键词 STRUCTUR 的 EHELP 命令显示查看该结构的成员，即

IDL> HELP, info, /STRUCTURE

结构变量 Info 的成员和类型如下：

1) CHANNELS：长整型数据；其值是 1 或 3。如果是 1，则图像是两维数组；如果是 3，则图像是三维数组。

2) DIMENSIONS：二元长整型数组 Array[2]；用于给出图像的高和宽。

3) HAS _ PALETTE：整型数据；如果 has _ palette 是 0，则图像是真彩模式；如果 has _ palette 是 1，则图像是伪彩模式。

4) IMAGE _ INDEX：长整型数据；当文件包含多幅图像时用于给出当前图像的索引号，即当前图像是哪一幅图像，默认值为 0(即第 1 幅图像)。

5) NUM _ IMAGES：长整型数据；用于给出文件中包含图像的个数。

6) PIXEL _ TYPE：整型数据；用于给出图像的像素值的数据类型。PIXEL _ TYPE 的值代表的数据类型为：0=未定义；1=字节型；2=整型；3=长整型；4=浮点型；5=双精度实型；6= 浮点复数型；7=字符型；8=结构型；9=双精度复数型；10=指针型；11=对象型；12=无符号整型；13=无符号长整型；14=64 位整型；15=无符号 64 位整型。

7) TYPE：字符型数据；用于给出图像的文件类型，如 BMP。

例如：查询图像文件 mineral.png 的图像信息。其操作命令如下：

```
IDL>file=FILEPATH('mineral.png', SUBDIRECTORY=['examples', 'data'])
IDL>query=QUERY _ IMAGE(file, info)
```

IDL> HELP, info, /STRUCTURE;输出结果为

```
* * Structure <3f6e70>, 7 tags, length=40, data length=36, refs=1:
   CHANNELS         LONG        1
   DIMENSIONS       LONG        Array[2]
   HAS_PALETTE      INT         1
   IMAGE_INDEX      LONG        0
   NUM_IMAGES       LONG        1
   PIXEL_TYPE       INT         1
   TYPE             STRING      'PNG'
```

技巧提示:用户可以使用访问结构变量成员的方法,直接使用成员的值。

2.常用关键字的用法:

(1)CHANNELS= variable:获取图像的颜色通道值,并存入变量 variable 中。含义同成员 CHANNELS。

(2) DIMENSIONS = variable:获取图像的高和宽,并存入数组 variable 中。含义同成员 DIMENSIONS。

(3)HAS_PALETTE=variable:获取图像的颜色表信息,并存入变量 variable。含义同成员CHAS_PALETTE。

(4)IMAGE_INDEX=index:获取文件中当前图像的索引号,并存入变量 variable。含义同成员 IMAGE_INDEX。

(5)NUM_IMAGES=variable:获取文件中图像的个数,并存入变量 variable。含义同成员 NUM_IMAGES。

(6)PIXEL_TYPE=variable:获取图像的像素值的数据类型,并存入变量 variable。含义同成员 PIXEL_TYPE。

(7)TYPE=variable:获取图像的文件类型。并把结果存放到变量 variable 中。含义同成员 TYPE。

如果用户需要查找指定类型的图像文件,可以使用如下函数(使用方法同上):

QUERY_BMP(BMP 文件)	QUERY_MrSID(MrSID 文件)	QUERY_PPM(PPM 文件)
QUERY_DICOM(DICOM 文件)	QUERY_PICT(PICT 文件)	QUERY_SRF(SRF 文件)
QUERY_JPEG(JPEG 文件)	QUERY_PNG(PNG 文件)	QUERY_TIFF(TIFF 文件)

9.2.2 图像输入

输入图像可以使用 READ_IMAGE 函数。该函数可以读取 IDL 支持的任何图像文件。

格式:READ_IMAGE (Filename [, Red, Green, Blue] [, IMAGE_INDEX=index])

说明:如果读取的文件能够被正确识别,则返回图像数据的数组;否则返回-1。

(1)常用参数的用法:

1) Filename:用于给出要查询的图像文件。

2) Red, Green, Blue:用于读取颜色表中的红、绿、蓝颜色分量,并存入变量 Red,Green 和 Blue 中。

(2)常用关键字的用法:

IMAGE_INDEX=index:同上。

例如:读取图像文件 rose.jpg。其操作方法如下:

```
IDL>file=FILEPATH('rose.jpg', SUBDIRECTORY=['examples', 'data'])
IDL>image=READ_IMAGE(file)
```

输入图像还可以使用 DIALOG_READ_IMAGE 函数。该函数可以通过交互界面读取 IDL 支持的任何图像文件。其用法如下:

格式: Result = DIALOG _ READ _ IMAGE ([Filename][, DIALOG _ PARENT=widget _ id]
[, FILE=variable] [, FILTER _ TYPE=string][, BLUE=variable] [, /FIX _ FILTER]
[, GET _ PATH=variable] [, GREEN=variable][, IMAGE=variable] [, PATH=string]
[, QUERY=variable] [, RED=variable][,TITLE=string])

(1)常用参数的用法:

Filename:用于给出要查询的图像文件。

(2)常用关键字的用法:

1) DIALOG _ PARENT=widget _ id:给出该交互界面的上一级组件的 ID。

2) FILE=variable:用于存放选择文件的文件名(包括全路径)。

3) FILTER _ TYPE=string:使用通配符设置文件的类型过滤器。

4) /FIX _ FILTER:设置过滤器,使之生效。

5) GET _ PATH=variable:用于存放选择文件的路径。

6) IMAGE=variable:用于存放选择文件的图像数据。

7) PATH=string:用于指定选择文件的默认路径。

8) QUERY=variable:获取图像信息的结构变量。同 QUERY _ IMAGE 中的 Info。

9) Red, Green, Blue:读取颜色表中的红、绿、蓝颜色分量,并存入相应的变量。

10) TITLE=string:用于给出界面的标题。

例如:启动 DIALOG _ READ _ IMAGE 界面,读取 PNG 文件,可以使用如下操作:

IDL>Result = DIALOG _ READ _ IMAGE(FILTER _ TYPE="*.PNG")

如果用户需要查找指定类型的图像文件,可以使用如下函数(使用方法同上):

READ _ BMP	READ _ MrSID	READ _ PPM	READ _ DICOM
READ _ PICT	READ _ INTERFILEF	READ _ SR	READ _ PNG
READ _ TIFF	READ _ JPEG	READU	READ _ BINARY

9.2.3 图像输出

输出图像可以使用 WRITE _ IMAGE 函数。该函数可以写入 IDL 支持的任何图像文件。

格式:WRITE _ IMAGE, Filename, Format, Data [, Red, Green, Blue] [, /APPEND]

说明:按指定的图像格式存储图像。

(1)常用参数的用法:

1) Filename:用于给出存入的图像文件。

2) Red, Green, Blue:用于写入的颜色表中的红、绿、蓝颜色分量。

3) Format:写入的图像格式。包括 BMP,JPEG,PNG,PPM,SRF,TIFF。

4) Data:写入的图像数据。

(2)常用关键字的用法:

/APPEND:以追加的方式写入。

例如:读取图像文件 rose.jpg。写入 rose.png。其操作方法为

IDL>file=FILEPATH('rose.jpg', SUBDIRECTORY=['examples', 'data'])

IDL>image=READ _ IMAGE(file)

IDL>WRITE _ IMAGE, 'rose.png', 'png', image

写入图像还可以使用 DIALOG _ WRITE _ IMAGE 函数。该函数可以通过交互界面写入 IDL 支持的任何图像文件。其用法如下:

格式: Result=DIALOG _ WRITE _ IMAGE (Image [, R, G, B]
[, DIALOG _ PARENT=widget _ id] [, FILE=string] [, /FIX _ TYPE] [, PATH =string]

[,TITLE=string] [, TYPE=variable][, /WARN _ EXIST])

(1)常用参数的用法：

1) Image:用于给出要写入的图像数据。

2) Red, Green, Blue:用于写入颜色表中的红、绿、蓝颜色分量。

(2)常用关键字的用法：

1) (DIALOG _ PARENT=widget _ id:给出该交互界面的上一级组件的 ID。

2) FILE=variable:用于存放选择文件的文件名(包括全路径)。

3) /FIX _ FILTER:设置过滤器,使之生效。

4) PATH=string:用于指定选择文件的默认路径。

5) TYPE=variable:写入的文件类型。

6) TITLE=string:用于给出界面的标题。

7) /WARN _ EXIST:写入文件存在时,是否提示。

例如:读取图像文件 rose.jpg。启动 DIALOG _ READ _ IMAGE 界面,写入一个 PNG 文件。

```
IDL>file=FILEPATH('rose.jpg', SUBDIRECTORY=['examples', 'data'])
IDL>image=READ _ IMAGE(file)
IDL>Result=DIALOG _ WRITE _ IMAGE(image, TYPE="*.PNG")
```

如果用户需要查找指定类型的图像文件,可以使用如下函数(使用方法同上)：

WRITE _ BMP	WRITE _ PICT	WRITE _ SRF	WRITE _ PNG	WRITE _ TIFF
WRITE _ JPEG	WRITE _ PPM	WRITEU	WRITE _ INTERFILE	

9.3 图像的显示方法

显示图像的方法有使用直接图形系统显示图像和使用对象图形系统显示图像。

9.3.1 图像的直接图形系统显示

使用直接图形系统显示图像的步骤如下：

1) 使用图像查询函数 QUERY _ *,查询图像。

2) 使用图像读入函数 READ _ *,读入图像。

3) 使用 DEVICE 命令设置显示模式(伪彩或真彩),即 DEVICE, DECOMPOSED=0(或 1)。

4) 对于伪彩模式,使用 LOAD,XLOAD,TVLCT 或者 XPALETTE 装入颜色表。

5) 使用 WINDOW 命令创建显示窗口。

6) 使用 TV 或者 TVSCL 命令显示图像。

图像显示命令 TV 的用法如下：

格式:TV, Image [[, Position]|[, X, Y [, Channel]]]

[, TRUE={1|2|3}] [, XSIZE=value] [, YSIZE=value] [, CHANNEL=value]

功能:在指定位置按照指定的大小显示指定的图像。

(1)常用参数的用法：

1) Image:用于给出显示的图像数据。

2) Position:用于给出图像显示的位置序号,即在显示窗口中的位置序号。

例如:在第 5 个位置显示。

3) X, Y:用于给出图像显示的具体位置。X, Y 与 Position 的关系为

X =Xdim * Position(Mod (Xsize / Ydim))

Y =Ysize − Ydim(1+ Position * Ydim / Xsize)

其中,Xsize 和 Ysize 为显示窗口的大小;Xdim 和 Ydim 为图像的大小。X,Y 与 Position 不能同时使用。

4) Channel:用于给出图像的红、绿、蓝颜色通道。可以用关键字 CHANNEL 设置。

(2)常用关键字的用法:

1) TRUE={1|2|3}:用于给出真彩图像的交叉方式。其中,1=像素交叉(3,x,y);2=线交叉(x,3,y);3=图像交叉(x,y,3)。

2) XSIZE=value:用于设置图像的显示宽度。

3) YSIZE=value:用于设置图像的显示高度。

4) CHANNEL=value:用于设置图像的红、绿、蓝颜色颜色通道。其中,1=红;2=绿;3=蓝。

图像拉伸显示命令 TVSCL 的用法如下:

格式:TVSCL, Image [[, Position]|[, X, Y [, Channel]]]
　　[, TRUE={1|2|3}] [, XSIZE=value] [, YSIZE=value] [, CHANNEL=value]

功能:在指定位置按照指定的大小以拉伸的方式显示指定的图像。

说明:TVSCL 把图像的颜色空间拉伸到 0~255,因此,它可以增强图像的对比度。其他用法同上。

例如:读取并显示图像文件 rose.jpg。其操作方法如下:

```
IDL>file=FILEPATH('rose.jpg', SUBDIRECTORY=['examples', 'data'])
IDL>image=READ_IMAGE(file) & TV, image, TRUE=1
```

9.3.2 图像的对象图形系统显示

使用对象图形系统显示图像的方法步骤如下:

1) 使用图像查询函数 QUERY_*,查询图像。

2) 使用图像读入函数 READ_*,读入图像;对真彩图像,确定其交叉方式。

3) 使用类 IDLgrWindow 创建显示窗口,并设置显示模式(伪彩或真彩)。

4) 使用类 IDLgrView 创建显示视图对象,并设置视图属性。

5) 使用类 IDLgrModel 创建显示模式对象,并设置显示模式属性。

6) 对于伪彩模式,使用类 IDLgrPalette 创建颜色表。

7) 使用类 IDLgrImage 创建图像对象,并设置图像属性。

8) 在 IDLgrModel 对象中,添加 IDLgrImage 图像对象。

9) 在 IDLgrView 对象中,添加 IDLgrModel 图像对象。

10) 使用 IDLgrWindow 对象的 DRAW 方法,显示 IDLgrImage 图像对象。

图像类 IDLgrImage 用于创建和设置图像对象。其用法如下:

(1)IDLgrImage 的初始化格式如下:

格式:MyImageID=OBJ_NEW('IDLgrImage' [, ImageData] [, 关键字=关键字的值])

(2)IDLgrImage 的常用参数:

ImageData:用于给出创建图像对象的图像数据。可以使用关键字 DATA 设置。

(3)IDLgrImage 的常用属性(关键字):

1) CHANNEL:用于设置 图像的红、绿、蓝颜色通道。

2) DATA:用于给出创建图像对象的图像数据。

3) DIMENSIONS:用于设置图像显示的宽度和高度。

4) GREYSCALE:用于设置使用颜色表。0=使用(默认);1=不使用。

5) HIDE:设置线是否被绘制。0=绘制;1=不绘制。默认值为 0。

6) INTERLEAVE:用于设置真彩图像的交叉方式。

7) INTERPOLATE:设置是否使用线性插值显示图像。0=最邻近插值(默认);1=双线性插值。LOCATION:用于设置图像显示的位置。

(4)IDLgrImage 的常用方法：

IDLgrImage:: Cleanup， IDLgrImage:: GetProperty， IDLgrImage:: Init 和 IDLgrImage:: SetProperty。

9.4 图像的显示

9.4.1 二值图像的显示

显示二值图像，既可以用直接图形系统，又可以用对象图形系统。显示方法同上。

【例 9.1】 使用直接图形系统显示数据文件 continent _ mask. dat 的二值图像。程序如下：

```
; Chapter09BinaryImageDirect. pro
PRO Chapter09BinaryImageDirect
  file=FILEPATH('continent _ mask. dat',SUBDIRECTORY=['examples','data'])
  imageSize=[360, 360]
  image=READ _ BINARY(file, DATA _ DIMS=imageSize);读取二进制文件
  DEVICE, DECOMPOSED=0 ; 设置伪彩模式
  LOADCT, 0
  WINDOW, 2,XSIZE=imageSize[0],YSIZE=imageSize[1],TITLE='Binary Image'
  TVSCL, image ; 变比拉伸显示图像
END
```

程序运行结果如图 9.1 所示。

技巧提示：对于伪彩模式，由于二值图像的像素的值为 0 和 1，所以需要使用 TVSCL 显示图像。如果使用 TV 显示，则显示效果一般不明显。

【例 9.2】 使用对象图形系统显示数据文件 continent _ mask. dat 的二值图像。程序如下：

```
; Chapter09BinaryImageObject. pro
PRO Chapter09BinaryImageObject
  file=FILEPATH('continent _ mask. dat',SUBDIRECTORY=['examples','data'])
  imageSize=[360, 360]
  image=READ _ BINARY(file, DATA _ DIMS=imageSize) ; 读取二进制文件
  oWindow=OBJ _ NEW('IDLgrWindow', RETAIN=2, DIMENSIONS=imageSize, $
                    TITLE='Binary Image')
  oView= OBJ _ NEW ('IDLgrView', VIEWPLANE _ RECT =
[0., 0., imageSize])
  oModel=OBJ _ NEW('IDLgrModel')
  oImage=OBJ _ NEW('IDLgrImage', image) ; 创建图像对象
  oModel -> Add, oImage
  oView -> Add, oModel
  oImage -> SetProperty, DATA =BYTSCL(image) ; 变比拉伸图像
  oWindow -> Draw, oView
  OBJ _ DESTROY, oView
END
```

程序运行结果如图 9.1 所示。

图 9.1 二值图像

技巧提示:对于真彩模式,由于二值图像的像素的值为 0 和 1,所以需要使用 oImage −> SetProperty, DATA=BYTSCL(image)。如果不使用 BYTSCL,则显示效果一般不明显。

9.4.2 灰度图像显示

显示灰度图像,既可以用直接图形系统,又可以用对象图形系统。显示方法同上。

【例 9.3】 使用直接图形系统显示数据文件 convec.dat 的灰度图像。程序如下:

```
; Chapter09GreyImageDirect.pro
PRO Chapter09GreyImageDirect
   file = FILEPATH ( 'convec. dat', SUBDIRECTORY =
                   ['examples', 'data'])
  imageSize=[248, 248]
  image=READ_BINARY(file, DATA_DIMS=imageSize); 读
                   取二进制文件
  DEVICE, DECOMPOSED=0
  LOADCT, 0
  WINDOW, 0, XSIZE = imageSize[0], YSIZE = imageSize[1],
          TITLE='Grey Image'
  TV, image ; 显示图像
END
```

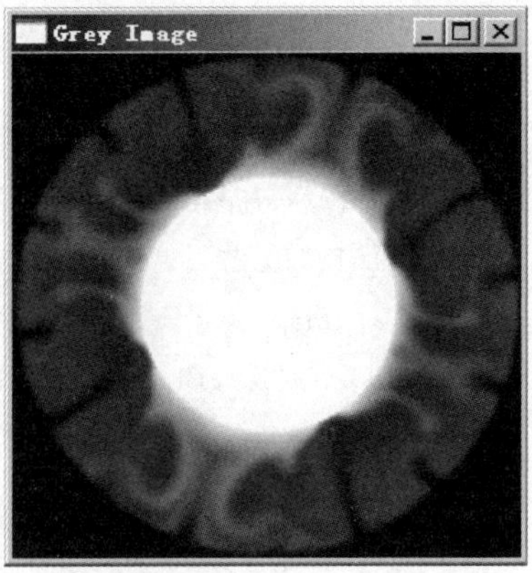

图 9.2　灰度图像

程序运行结果如图 9.2 所示。

【例 9.4】 使用对象图形系统显示数据文件 convec.dat 的灰度图像。程序如下:

```
; Chapter09GreyImageObject.pro
PRO Chapter09GreyImageObject
  file=FILEPATH('convec.dat', SUBDIRECTORY=['examples', 'data'])
  imageSize=[248, 248]
  image=READ_BINARY(file, DATA_DIMS=imageSize)
  oWindow=OBJ_NEW('IDLgrWindow', RETAIN=2, $
        DIMENSIONS=imageSize, TITLE='Gray Image')
  oView=OBJ_NEW('IDLgrView', VIEWPLANE_RECT=[0., 0., imageSize])
  oModel=OBJ_NEW('IDLgrModel')
  oImage=OBJ_NEW('IDLgrImage', image, /GREYSCALE) ; 创建灰度图像对象
  oModel -> Add, oImage & oView -> Add, oModel
  oWindow -> Draw, oView & OBJ_DESTROY, oView ; 显示和释放图像对象
END
```

程序运行结果如图 9.2 所示。

9.4.3 索引图像显示

显示索引图像,既可以用直接图形系统,又可以用对象图形系统。显示方法同上。

【例 9.5】 使用直接图形系统显示索引图像 avhrr.png。程序如下:

```
; Chapter09IndexImageDirect.pro
PRO Chapter09IndexImageDirect
  file=FILEPATH('avhrr.png', SUBDIRECTORY=['examples', 'data'])
  queryStatus=QUERY_IMAGE(file, imageInfo)
  imageSize=imageInfo.dimensions
  image=READ_IMAGE(file, red, green, blue)       ;读取彩色图像
  DEVICE, DECOMPOSED=0
  TVLCT, red, green, blue
  WINDOW, 0,XSIZE=imageSize[0],YSIZE=imageSize[1],TITLE='Index Image'
  TV, image
  XLOADCT, /BLOCK         ;显示并装入当前颜色表
  variable=''
  READ, variable, PROMP='Next Image! '
  LOADCT, 27              ;装入颜色表的调色板 27
  TV, image
  XLOADCT, /BLOCK         ;显示并装入当前颜色表
  READ, variable, PROMP='Next Image! '
  LOADCT, 13              ;装入颜色表的调色板 13
  TV, image               ;显示图像
  XLOADCT, /BLOCK         ;显示并装入当前颜色表
END
```

程序运行结果如图 9.3 所示。

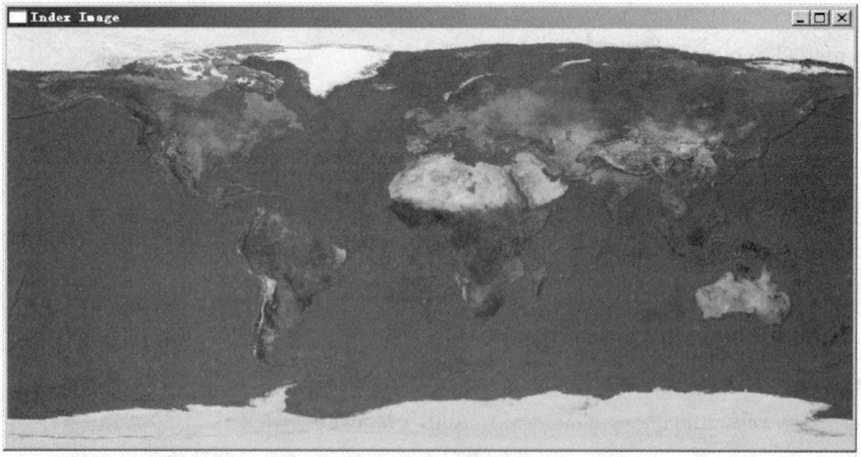

图 9.3 索引图像

【例 9.6】 使用对象图形系统显示索引图像 avhrr.png。程序如下：

```
; Chapter09IndexImageObject.pro
PRO Chapter09IndexImageObject
  file=FILEPATH('avhrr.png', SUBDIRECTORY=['examples', 'data'])
```

```
  queryStatus=QUERY _ IMAGE(file, imageInfo)      ; 查询图像
  imageSize=imageInfo. dimensions
  image=READ _ IMAGE(file, red, green, blue)
  oWindow=OBJ _ NEW('IDLgrWindow', RETAIN=2, $
           DIMENSIONS=imageSize, TITLE='Index Image')
  oView=OBJ _ NEW('IDLgrView', VIEWPLANE _ RECT=[0. , 0. , imageSize])
  oModel=OBJ _ NEW('IDLgrModel')
  oPalette=OBJ _ NEW('IDLgrPalette', red, green, blue)      ; 创建调色板对象
  oImage=OBJ _ NEW('IDLgrImage', image, PALETTE=oPalette)
  oModel -> Add, oImage & oView -> Add, oModel
  oWindow -> Draw, oView
  oCbWindow=OBJ _ NEW('IDLgrWindow', RETAIN=2, $
             DIMENSIONS=[256, 48], TITLE='Original Color Table')
  oCbView=OBJ _ NEW('IDLgrView', VIEWPLANE _ RECT=[0. , 0. , 256. , 48.])
  oCbModel=OBJ _ NEW('IDLgrModel')
  oColorbar = OBJ _ NEW ('IDLgrColorbar', PALETTE = oPalette, $ DIMENSIONS = [256, 16],
                        SHOW _ AXIS=1)      ; 创建颜色条
  oCbModel -> Add, oColorbar & oCbView -> Add, oCbModel
  oCbWindow -> Draw, oCbView
  variable=''
  READ, variable, PROMP='Next Image! '
  oPalette -> LoadCT, 27
  oWindow=OBJ _ NEW('IDLgrWindow', RETAIN=2, $
           DIMENSIONS=imageSize, TITLE='An Indexed Image')
  oWindow -> Draw, oView
  oCbWindow=OBJ _ NEW('IDLgrWindow', RETAIN=2, $
             DIMENSIONS=[256, 48], TITLE='EOS B Color Table')
  oCbWindow -> Draw, oCbView
  OBJ _ DESTROY, oView & OBJ _ DESTROY, oCbView
  READ,variable,PROMP='ENTER TO DESTROY All! ' & OBJ _ DESTROY,oCbWindow
END
```

程序运行结果如图 9.3 所示。

技巧提示：在显示二值图像、灰度图像和索引图像时，可以使用 LOAD，XLOAD，TVLCT，MODIFYCT 或者 XPALETTE 装入不同的颜色表，从而可以达到不同的显示效果。因此可以用在某些特殊的用途上。

9.4.4 RGB 图像显示

显示 RGB 图像，既可以用直接图形系统，又可以用对象图形系统。显示方法同上。

【例 9.7】 使用直接图形系统显示 RGB 图像 rose. jpg。程序如下：

```
; Chapter09RGBImageDirect. pro
PRO Chapter09RGBImageDirect
  file=FILEPATH('rose. jpg', SUBDIRECTORY=['examples', 'data'])
  queryStatus=QUERY _ IMAGE(file, imageInfo)      ; 查询图像
```

```
  imageSize=imageInfo. dimensions
  image=READ _ IMAGE(file)      ；读取图像
  imageDims=SIZE(image, /DIMENSIONS)
  ；检测并计算颜色交叉类型
  interleaving=WHERE((imageDims NE imageSize[0]) AND $
                     (imageDims NE imageSize[1])) + 1
  DEVICE, DECOMPOSED=1
  WINDOW, 0, XSIZE=imageSize[0],YSIZE=imageSize[1],TITLE='RGB Image'
  TV, image, TRUE=interleaving[0]
END
```

程序运行结果如图 9.4 所示。

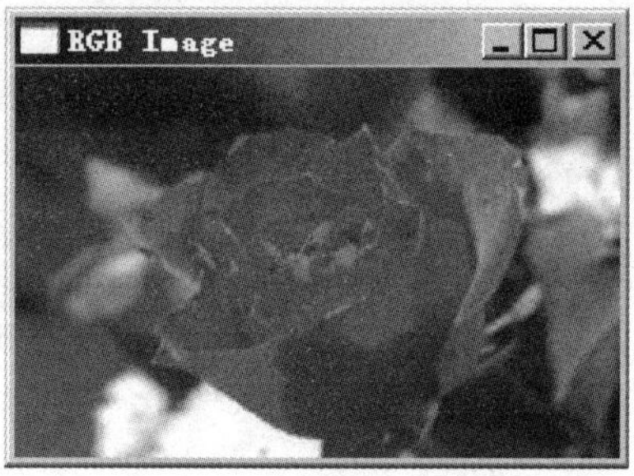

图 9.4 Rose 图像

【例 9.8】 使用对象图形系统显示 RGB 图像 rose. jpg。程序如下：

```
; Chapter09RGBImageObject. pro
PRO Chapter09RGBImageObject
   file = FILEPATH ( 'rose. jpg', SUBDIRECTORY =
['examples', 'data'])
  queryStatus=QUERY _ IMAGE(file, imageInfo)
  ；查询图像文件信息
  imageSize=imageInfo. dimensions
  image=READ _ IMAGE(file)                ；读取图像
  imageDims=SIZE(image, /DIMENSIONS)      ；获取图像的大小
  interleaving=WHERE((imageDims NE imageSize[0]) AND $
                     (imageDims NE imageSize[1]))
  oWindow=OBJ _ NEW('IDLgrWindow', RETAIN=2, $
                     DIMENSIONS=imageSize, TITLE='RGB Image')
  oView=OBJ _ NEW('IDLgrView', VIEWPLANE _ RECT=[0. , 0. , imageSize])
  oModel=OBJ _ NEW('IDLgrModel')
  oImage=OBJ _ NEW('IDLgrImage', image, INTERLEAVE=interleaving[0])
  oModel -> Add, oImage & oView -> Add, oModel
  oWindow -> Draw, oView & OBJ _ DESTROY, oView
END
```

程序运行结果如图 9.4 所示。

9.4.5 多幅图像显示

在同一窗口显示多个图像时，既可以用直接图形系统，又可以用对象图形系统。对于直接图形系统，可以使用 TV 命令，并输入位置参数来定位窗口中的多幅图像；对于对象图形系统。可以使用 IDLgrImage 对象的 LOCATION 关键字来定位窗口中的多幅图像。

【例 9.9】 使用直接图形系统显示 RGB 图像 rose. jpg 的三色通道图像，并且要求在同一窗口的不同位置将它们分别以水平方向、垂直方向和对角方向的方式显示。程序如下：

```
; Chapter09MultiImageDirect. pro
PRO Chapter09MultiImageDirect
  file=FILEPATH('rose. jpg', SUBDIRECTORY=['examples', 'data'])
  queryStatus=QUERY _ IMAGE(file, imageInfo)
```

```
  imageSize=imageInfo.dimensions & image=READ_IMAGE(file)
  imageDims=SIZE(image, /DIMENSIONS)
  ;检测并计算颜色交叉类型
  interleaving=WHERE((imageDims NE imageSize[0]) AND $
                     (imageDims NE imageSize[1])) + 1
  DEVICE, DECOMPOSED=1
  WINDOW, 0, XSIZE=imageSize[0],YSIZE=imageSize[1],TITLE='RGB Image'
  TV, image, TRUE=interleaving[0]
  variable=''
  READ, variable, PROMP='Enter 水平显示三色通道图像! '
  ;提取 RGB 颜色通道
  redChannel=REFORM(image[0, *, *])
  greenChannel=REFORM(image[1, *, *])
  blueChannel=REFORM(image[2, *, *])
  DEVICE, DECOMPOSED=0 & LOADCT, 0
  WINDOW, 1, XSIZE=3*imageSize[0], YSIZE=imageSize[1], $
          TITLE='The Channels of an RGB Image'
  TV, redChannel, 0 & TV, greenChannel, 1 & TV, blueChannel, 2
  READ, variable, PROMP='Enter 垂直显示三色通道图像! '
  WINDOW, 2, XSIZE=imageSize[0], YSIZE=3*imageSize[1], $
          TITLE='The Channels of an RGB Image'
  TV, redChannel, 0, 0 & TV, greenChannel, 0, imageSize[1]
  TV, blueChannel, 0, 2*imageSize[1]
  READ, variable, PROMP='Enter 对角显示三色通道图像! '
  WINDOW, 3, XSIZE=2*imageSize[0], YSIZE=2*imageSize[1], $
          TITLE='The Channels of an RGB Image'
  ERASE, !P.COLOR ;设置白色背景
  TV, redChannel, 0, 0
  TV, greenChannel, imageSize[0]/2, imageSize[1]/2
  TV, blueChannel, imageSize[0], imageSize[1]
  READ, variable, PROMP='Enter 清除所有窗口! ' & WDELETE, 0, 1, 2, 3
END
```

程序运行结果如图 9.5 所示。

图 9.5　Rose 的三色通道图像

【例 9.10】 使用对象图形系统显示 RGB 图像 rose.jpg 的三色通道图像，并且要求在同一窗口的不同位置将它们分别以水平方向、垂直方向和对角方向的方式显示。程序如下：

```
; Chapter09MultiImageObject.pro
```

```
PRO Chapter09MultiImageObject
  file=FILEPATH('rose.jpg', SUBDIRECTORY=['examples', 'data'])
  queryStatus=QUERY_IMAGE(file, imageInfo)
  imageSize=imageInfo.dimensions & image=READ_IMAGE(file)
  redChannel=REFORM(image[0, *, *])
  greenChannel=REFORM(image[1, *, *])
  blueChannel=REFORM(image[2, *, *])
  oWindow=OBJ_NEW('IDLgrWindow', RETAIN=2, $
    DIMENSIONS=imageSize * [3, 1],TITLE='The Channels of an RGB Image')
  oView=OBJ_NEW('IDLgrView', $
                        VIEWPLANE_RECT=[0., 0., imageSize] * [0, 0, 3, 1])
  oModel=OBJ_NEW('IDLgrModel')
  oRedChannel=OBJ_NEW('IDLgrImage', redChannel)
  oGreenChannel=OBJ_NEW('IDLgrImage', greenChannel, $
                  LOCATION=[imageSize[0], 0])
  oBlueChannel=OBJ_NEW('IDLgrImage', blueChannel, $
                        LOCATION=[2 * imageSize[0], 0])
  oModel -> Add, oRedChannel & oModel -> Add, oGreenChannel
  oModel -> Add, oBlueChannel & oView -> Add, oModel
  oWindow -> Draw, oView & variable=''
  READ, variable, PROMP='Enter 垂直显示三色通道图像！'
  OBJ_DESTROY, oWindow
  oWindow=OBJ_NEW('IDLgrWindow', RETAIN=2, $
    DIMENSIONS=imageSize * [1, 3],TITLE='The Channels of an RGB Image')
  oView -> SetProperty, $
              VIEWPLANE_RECT=[0., 0., imageSize] * [0, 0, 1, 3]
  oGreenChannel -> SetProperty, LOCATION=[0, imageSize[1]]
  oBlueChannel -> SetProperty, LOCATION=[0, 2 * imageSize[1]]
  oWindow -> Draw, oView
  READ, variable, PROMP='Enter 对角显示三色通道图像！'
  OBJ_DESTROY, oWindow
  oWindow=OBJ_NEW('IDLgrWindow', RETAIN=2, $
    DIMENSIONS=imageSize * [2, 2],TITLE='The Channels of an RGB Image')
  oView -> SetProperty, $
              VIEWPLANE_RECT=[0., 0., imageSize] * [0, 0, 2, 2]
  oGreenChannel -> SetProperty, $
                    LOCATION=[imageSize[0]/2, imageSize[1]/2]
  oBlueChannel -> SetProperty, $
                    LOCATION=[imageSize[0], imageSize[1]]
  oWindow -> Draw, oView
  READ, variable, PROMP='Enter 删除所有窗口！'
  OBJ_DESTROY, oView & OBJ_DESTROY, oWindow
END
```

程序运行结果如图 9.5 所示。

9.5　图像的缩放

图像放缩是指对显示的图像进行放大或者缩小。在直接图形系统中，用户可以使用 ZOOM 函数来放缩二值图像、灰度图像和索引图像；使用 ZOOM _ 24 函数来放缩 RGB 图像，其使用方法与 ZOOM 函数类同。在对象图形系统中，用户可以通过设置 IDLgrView 对象的 VIEWPLANE _ RECT 属性来改变视图，从而实现图像的缩放。ZOOM 的用法如下：

格式：ZOOM[，/CONTINUOUS][，FACT＝value][，/KEEP][，XSIZE＝value][，YSIZE＝value]

功能：在当前窗口中，交互实现图像的放缩。放缩结果在另一个新窗口中显示。

说明：用户在放缩图像时，可以在当前窗口单击鼠标左键确定放缩中心；中间键来改变放缩比例；右键取消放缩操作。

关键字的用法如下：

(1)/CONTINUOUS：设置放缩窗口的放缩内容，跟随着鼠标的移动(不需要左击鼠标)而自动改变。

(2)FACT＝integer：设置放缩因子。其值大于 1 时是放大操作；否则是缩小操作，此时其值为浮点型。

(3)/KEEP：设置退出程序后，仍保留放缩窗口。

(4)XSIZE＝value 和 YSIZE＝value：设置放缩窗口的大小。默认值为 512×512。

【例 9.11】　使用直接图形系统对数据文件 convec.dat 的灰度图像进行放缩操作。程序如下：

```
; Chapter09ZoomImageDirect.pro
PRO Chapter09ZoomImageDirect
  file=FILEPATH('convec.dat', SUBDIRECTORY=['examples', 'data'])
  imageSize=[248, 248]
  image=READ_BINARY(file, DATA_DIMS=imageSize)
  DEVICE, DECOMPOSED=0 & LOADCT, 0
  WINDOW, 1,XSIZE=imageSize[0],YSIZE=imageSize[1],TITLE='Grey Image'
  TV, image
  ; 放大图像两倍
  ZOOM, /NEW_WINDOW, FACT=2.,XSIZE=imageSize[0],YSIZE=imageSize[1]
END
```

程序运行结果如图 9.6 和图 9.7 所示。

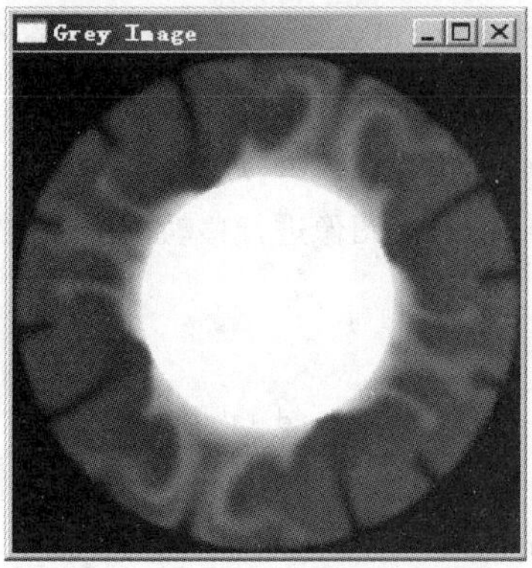

图 9.6　原图

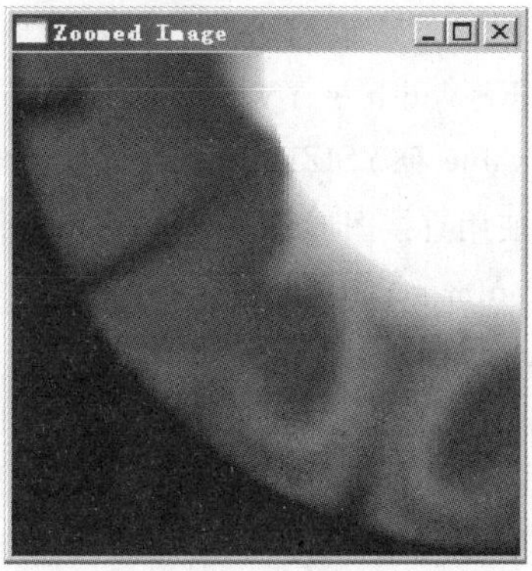

图 9.7　放缩窗口

【例 9.12】　使用对象图形系统对数据文件 convec.dat 的灰度图像进行放缩操作。程序如下：

```
; Chapter09ZoomImageObject.pro
```

```
PRO Chapter09ZoomImageObject
   file=FILEPATH('convec. dat', SUBDIRECTORY=['examples', 'data'])
   imageSize=[248,248] & image=READ_BINARY(file, DATA_DIMS=imageSize)
   oWindow=OBJ_NEW('IDLgrWindow', RETAIN=2, $
         DIMENSIONS=imageSize, TITLE='Grey Image')
   oView=OBJ_NEW('IDLgrView', VIEWPLANE_RECT=[0., 0., imageSize])
   oModel=OBJ_NEW('IDLgrModel')
   oImage=OBJ_NEW('IDLgrImage', image, /GREYSCALE)
   oModel -> Add, oImage & oView -> Add, oModel
   oWindow -> Draw, oView
   oWindow=OBJ_NEW('IDLgrWindow', RETAIN=2, $
         DIMENSIONS=imageSize, TITLE='Enlarged Area')
   oView -> SetProperty,VIEWPLANE_RECT=[0.,0.,imageSize/2] ; 放大图像两倍
   oWindow -> Draw, oView & OBJ_DESTROY, oView
END
```

程序运行结果如图 9.6 和图 9.7 所示。

9.6 图像的移动

图像移动是指对图像显示的焦点区域从一个区域移到其他区域。从而起到移动图像的作用。在直接图形系统中,用户可以使用 SLIDE_IMAGE 来快速实现图像的交互移动。在对象图形系统中,用户可以通过动态设置 IDLgrView 对象的 VIEWPLANE_RECT 属性来改变视图,从而实现图像的移动。

SLIDE_IMAGE 过程的用法如下:

格式:SLIDE_IMAGE [, Image][,/BLOCK][,GROUP=widget_id][, RETAIN={0|1|2}]
[, TITLE=string][, TOP_ID=variable][, XSIZE=width]
[, XVISIBLE=width][, YSIZE=height] [, YVISIBLE=height]

功能:可以在当前窗口中,交互的实现图像的移动。

说明:用户在移动图像时,可以在移动窗口中滚动显示。常用关键字的用法如下(其他用法同前):

(1)XVISIBLE=width 和 YVISIBLE=height:设置移动窗口的可视移动区域。

(2)XSIZE=value 和 YSIZE=value:设置图像窗口的大小。默认值为 512×512。

【例 9.13】 使用直接图形系统对数据文件 nyny. dat 的灰度图像进行移动操作。程序如下:

```
; Chapter09PanImageDirect. pro
PRO Chapter09PanImageDirect
   file=FILEPATH('nyny. dat', SUBDIRECTORY=['examples', 'data'])
   imageSize=[768, 512]
   image=READ_BINARY(file, DATA_DIMS=imageSize)
   DEVICE, DECOMPOSED=0 & LOADCT, 0
   SLIDE_IMAGE, image ; 交互的实现图像移动
END
```

程序运行结果如图 9.8 所示。

图 9.8　图像的移动

【例 9.14】 使用对象图形系统对数据文件 nyny.dat 的灰度图像进行移动操作。

程序如下(请读者自行分析其运行结果)：

```
; pro Chapter09PanImageObject.pro
PRO Chapter09PanImageObject
   file=FILEPATH('nyny.dat', SUBDIRECTORY=['examples', 'data'])
   imageSize=[768, 512]
   image=READ_BINARY(file, DATA_DIMS=imageSize)
   imageSize=[256, 256]
   image=CONGRID(image, imageSize[0], imageSize[1]) ; 重新调整图像大小
   oWindow=OBJ_NEW('IDLgrWindow', RETAIN=2, $
              DIMENSIONS=imageSize, TITLE='Grey Image')
   oView=OBJ_NEW('IDLgrView', VIEWPLANE_RECT=[0., 0., imageSize])
   oModel=OBJ_NEW('IDLgrModel')
   oImage=OBJ_NEW('IDLgrImage', image, /GREYSCALE)
   oModel -> Add, oImage
   oView -> Add, oModel
   oWindow -> Draw, oView
   oWindow=OBJ_NEW('IDLgrWindow', RETAIN=2, $
              DIMENSIONS=imageSize,TITLE='Pan Image')
   viewplane=[0., 0., imageSize/2] ; 确定视图大小
   oView -> SetProperty, VIEWPLANE_RECT=viewplane
   oWindow -> Draw, oView
   FOR i=0, ((imageSize[0]/2) - 1) DO BEGIN
      viewplane=viewplane + [1., 0., 0., 0.] ; 改变视图大小位置
      oView -> SetProperty, VIEWPLANE_RECT=viewplane ; 改变视图属性
      oWindow -> Draw, oView
   ENDFOR
   OBJ_DESTROY, oView
END
```

9.7　图像类型转换

图像类型转换是指把一种类型的图像文件转换成另一种类型的图像文件的过程。

9.7.1 图像类型转换方法

1. 交互转换法

交互转换法是指使用交互过程 DIALOG _ READ _ IMAGE 和 DIALOG _ WRITE _ IMAGE 来实现图像类型转换的方法。这种方法比较简单直观，直接在 GUI 中操作即可。具体方法：

(1)使用过程 DIALOG _ READ _ IMAGE，在 GUI 中读取任意指定格式的图像文件；

(2)使用过程 DIALOG _ WRITE _ IMAGE，在 GUI 中写入任意指定格式的图像文件。

例如：把图像文件 D:/RSI/IDL63/examples/data/image. tif 转换成图像文件 image. jpg。

```
IDL>MyStatus=DIALOG _ READ _ IMAGE(IMAGE=MyImageData) ；然后选择读入的文件
IDL>MyStatus =DIALOG _ WRITE _ IMAGE(MyImageData) ；然后选择写入的文件
```

2. 过程转换法

过程转换法是指使用函数或者过程 READ _ * 和 WRITE _ *，来实现图像类型转换的方法。这种方法稍微复杂一些。具体方法如下：

(1)使用函数 READ _ *，读取任意指定格式的图像文件。

(2)对读取的图像数据进行转换处理。

注意：对于有些图像文件可以省略这一步。

(3)使用函数 WRITE _ *，写入任意指定格式的图像文件。

例如：把图像文件 D:/RSI/IDL63/examples/data/mage. tif 转换成图像文件 image. jpg。

```
IDL> MyImageData=READ _ TIFF( 'D:/RSI/IDL63/examples/data/image. tif')
IDL> WRITE _ JPEG , 'D:/RSI/IDL63/image. jpg', MyImageData
```

9.7.2 索引图像转 RGB 图像

索引图像转换成 RGB 图像的方法如下：

(1)使用函数 READ _ *，读取任意指定的索引图像文件。

(2)使用带关键字 GET 的 TVLCT 命令获取图像文件颜色表的颜色分量；如果没有颜色表，可以根据需要装入一个指定的颜色表，或者根据需要自己创建一个颜色表。

(3)根据颜色表，生成 RGB 图像的 RGB 三色分量表。

(4)使用函数 WRITE _ *，写入任意指定的 RGB 图像文件。

【例 9.15】 把索引图像文件 convec. dat 转换成的 RGB 图像。程序如下：

```
; Chapter09IndexedToRGB. pro
PRO Chapter09IndexedToRGB
    convecFile=FILEPATH('convec. dat',
               SUBDIRECTORY=['examples','data'])
    convecSize=[248, 248]
    convecImage=READ _ BINARY(convecFile,
                 DATA _ DIMS=convecSize)
    DEVICE, DECOMPOSED=0 & LOADCT, 27
    WINDOW, 0,TITLE='convec. dat',XSIZE=convecSize[0],
                 YSIZE=convecSize[1]
    TV, convecImage
    TVLCT, red, green, blue, /GET
    imageRGB=BYTARR(3, convecSize[0], convecSize[1])
    imageRGB[0, * , * ]=red[convecImage] ; 创建 RGB 颜色分量
    imageRGB[1, * , * ]=green[convecImage]
```

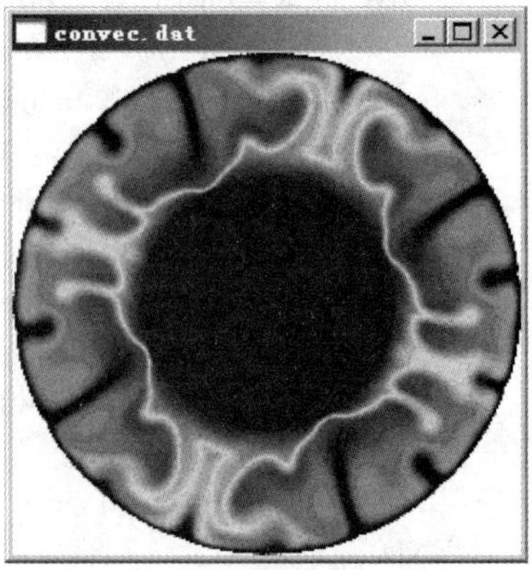

图 9.9 索引图像转换成 RGB 图像

```
    imageRGB[2, *, *]=blue[convecImage]
    WRITE_JPEG, 'convec.jpg', imageRGB, TRUE=1, QUALITY=100.
END
```

程序运行结果如图 9.9 所示。

9.7.3 RGB 图像转索引图像

RGB 图像转换成索引图像的方法如下：

(1)使用函数 READ_*，读取任意指定的 RGB 图像文件。

(2)获取 RGB 图像文件的颜色分量。

(3)使用 COLOR_QUAN 把 RGB 图像文件的颜色分量转换成索引图像的颜色表。

(4)使用函数 WRITE_*，写入任意指定的索引图像文件。

COLOR_QUAN 过程的用法如下：

格式 1：imageIndexed=COLOR_QUAN(Image_R, Image_G, Image_B, R, G, B)

格式 2：imageIndexed=COLOR_QUAN(Image, Dim, R, G, B)

功能：把 RGB 图像文件的图像数据转换成索引图像的图像数据。

说明：函数的输入为 RGB 图像文件的图像数据或者颜色分量；输出为索引图像的索引表和颜色表。常用关键字的用法如下：

(1)imageIndexed：函数的返回值。返回索引图像的索引表。

(2)Image_R, Image_G, Image_B：给出 RGB 图像文件的颜色分量。

(3)Image：给出 RGB 图像文件的图像数据，一般为三维数组。

(4)Dim：给出 RGB 图像文件的交叉方式。1 像素交叉(3,x,y)；2 线交叉(x,3,y)；3 图像交叉(x,y,3)。

(5)R, G, B：生成的索引图像的颜色表。

【例 9.16】 把 RGB 图像 elev_t.jpg 转换成的索引图像文件 elev_t.png。程序如下：。

```
; Chapter09RGBToIndexed.pro
PRO Chapter09RGBToIndexed
    elev_tFile = FILEPATH ('elev_t.jpg', SUBDIRECTORY=['examples','data'])'])
    READ_JPEG, elev_tFile, elev_tImage
    elev_tSize = SIZE ( elev_tImage, /DIMENSIONS)
    DEVICE, DECOMPOSED=1 ; 设置为真彩模式
    WINDOW, 0, TITLE='elev_t.jpg', XSIZE=elev_tSize[1], YSIZE=elev_tSize[2]
    TV, elev_tImage, TRUE=1 & DEVICE, DECOMPOSED=0
    imageIndexed = COLOR_QUAN ( elev_tImage, 1, red, green, blue) ; 生成索引颜色表
    WRITE_PNG, 'elev_t.png', imageIndexed, red, green, blue
END
```

图 9.10　RGB 图像转换成索引图像

程序运行结果如图 9.10 所示。

【思考题】 设计程序分别读取并显示图像 elev_t.jpg 和 elev_t.png，然后比较它们的视觉差异。

9.7.4 RGB 图像转灰度图像

RGB 图像转换成灰度图像的方法如下：

(1)使用函数 READ _ * ,读取任意指定的 RGB 图像文件；

(2)获取 RGB 图像文件的颜色分量；

(3)使用如下公式把 RGB 图像文件的颜色分量转换成灰度图像的灰度值：

grayscaleImage =0.299 * redChannel +0.587 * redChannel + 0.114 * blueChannel

(4)使用函数 WRITE _ * ,写入任意指定的灰度图像文件。

【例 9.17】 把 RGB 图像 elev _ t.jpg 转换成的索引图像文件 elev _ t.png。程序如下：

```
; Chapter09RGBToGrayscale.pro
PRO Chapter09RGBToGrayscale
  file=FILEPATH('glowing _ gas.jpg', SUBDIRECTORY=['examples', 'data'])
  queryStatus=QUERY _ JPEG(file, imageInfo)
  imageSize=imageInfo.dimensions
  READ _ JPEG, file, image & DEVICE, DECOMPOSED=1
  WINDOW, 0, XSIZE=imageSize[0], YSIZE=imageSize[1], $
    TITLE='Glowing Gas RGB Image'
  TV, image, TRUE=1
  redChannel=REFORM(image[0, *, *]) ; 读取并重建 R 颜色分量
  greenChannel=REFORM(image[1, *, *]) ; 读取并重建 G 颜色分量
  blueChannel=REFORM(image[2, *, *]) ; 读取并重建 B 颜色分量
  DEVICE, DECOMPOSED=0 & LOADCT, 0
  WINDOW, 1, XSIZE=3 * imageSize[0], YSIZE=imageSize[1], $
    TITLE='Red(左),Green(中),and Blue(右) Channels of the RGB Image'
  TV, redChannel, 0 & TV, greenChannel, 1 & TV, blueChannel, 2
  grayscaleImage=BYTE(0.299 * FLOAT(redChannel) + $ ; 由 RGB 生成灰度值
    0.587 * FLOAT(redChannel) + 0.114 * FLOAT(blueChannel))
  WINDOW, 2,XSIZE=imageSize[0],YSIZE=imageSize[1],TITLE='Grayscale Image'
  TV, grayscaleImage
END
```

程序运行结果如图 9.11 所示。

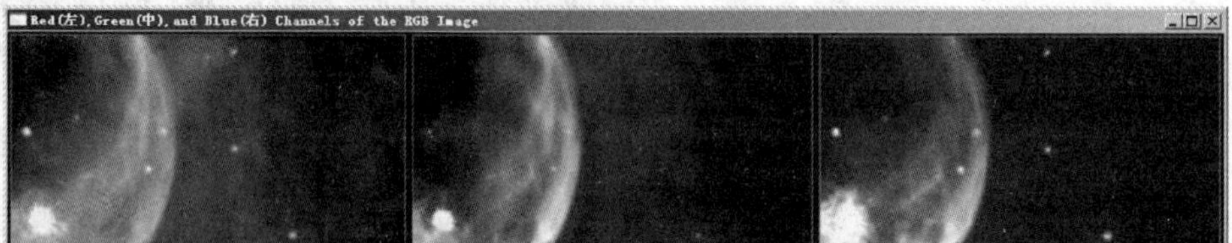

图 9.11 RGB 图像转换成灰度图像

9.8　图像的色标

图像的色标是为了更直观的解释和说明图像的特征和细节信息而给出的颜色标记。

9.8.1　索引图像的色标

在索引图像上添加色标的方法如下：

(1)使用函数 READ _ * ,读取任意指定的索引图像文件,并显示该图像。

(2)使用带关键字 GET 的 TVLCT 命令获取图像文件颜色表的颜色分量;如果没有颜色表,可以根据需要装入一个指定的颜色表,或者根据需要自己创建一个颜色表。

(3)根据颜色表,计算色标的颜色和色标的说明文本的内容。

(4)使用填充绘制命令 POLYFILL 或者 IDLgrPolygon 绘制色标。

(5)使用文本绘制命令 XYOUTS 或者 IDLgrText 绘制色标的说明文本。

【例 9.18】 使用直接图形系统,显示世界平均气温图像 worldtmp. png,并给它添加色标。程序如下：

```
; Chapter09ColorbarIndexedDirect. pro
PRO Chapter09ColorbarIndexedDirect
   worldtmpFile=FILEPATH('worldtmp. png', $
     SUBDIRECTORY=['examples', 'demo', 'demodata'])
   worldtmpImage=READ _ PNG(worldtmpFile)
   worldtmpSize=SIZE(worldtmpImage, /DIMENSIONS)
   DEVICE, DECOMPOSED=0 & LOADCT, 38
   WINDOW, 0, XSIZE=worldtmpSize[0],
   YSIZE=worldtmpSize[1], $
     TITLE='Average World Temperature'
   TV, worldtmpImage
   fillColor=BYTSCL(INDGEN(18))          ;生成填充颜色
   temperature=STRTRIM(FIX(((20. * fillColor)/51.) - 60), 2)
   x=[5., 40., 40., 5., 5.] & y=[5., 5., 23., 23., 5.] + 5.
   offset=18. * FINDGEN(19) + 5.
   FOR i=0, (N _ ELEMENTS(fillColor) - 1) DO BEGIN      ;绘制填充颜色条
     POLYFILL, x, y + offset[i], COLOR=fillColor[i], /DEVICE
     XYOUTS, x[0] + 5., y[0] + offset[i] + 5., $       ;绘制填充文本
       temperature[i], COLOR=255 * (fillColor[i] LT 255), /DEVICE
   ENDFOR
END
```

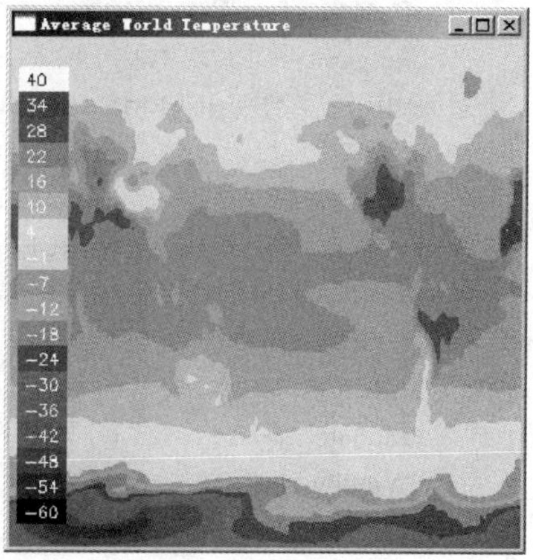

图 9.12　世界平均气温

程序运行结果如图 9.12 所示。

【例 9.19】 使用对象图形系统,显示世界平均气温图像 worldtmp. png,并给它添加色标。程序如下：

```
; Chapter09ColorbarIndexedObject. pro
PRO Chapter09ColorbarIndexedObject
   worldtmpFile=FILEPATH('worldtmp. png', $
   SUBDIRECTORY=['examples', 'demo', 'demodata'])
   worldtmpImage=READ _ PNG(worldtmpFile)
```

```
  worldtmpSize=SIZE(worldtmpImage, /DIMENSIONS)
  oWindow=OBJ_NEW('IDLgrWindow', RETAIN=2, $
    DIMENSIONS=[worldtmpSize[0], worldtmpSize[1]], $
    TITLE='Average World Temperature')
  oView=OBJ_NEW('IDLgrView', $          ;生成视图对象
    VIEWPLANE_RECT=[0, 0, worldtmpSize[0], worldtmpSize[1]])
  oModel=OBJ_NEW('IDLgrModel') & oPalette=OBJ_NEW('IDLgrPalette')
  oPalette -> LoadCT, 38
  oImage=OBJ_NEW('IDLgrImage', worldtmpImage, PALETTE=oPalette)
  oModel -> Add, oImage & oView -> Add, oModel
  oWindow -> Draw, oView
  fillColor=BYTSCL(INDGEN(18))        ;生成填充颜色
  temperature=STRTRIM(FIX(((20. * fillColor)/51.) - 60), 2)
  x=[5., 40., 40., 5., 5.] & y=[5., 5., 23., 23., 5.] + 5.
  offset=18. * FINDGEN(19) + 5.
  oPolygon=OBJARR(18) & oText=OBJARR(18)
  FOR i=0, (N_ELEMENTS(oPolygon) - 1) DO BEGIN
    oPolygon[i]=OBJ_NEW('IDLgrPolygon', x, $        ;生成填充对象
      y + offset[i], COLOR=fillColor[i], PALETTE=oPalette)
    oText[i]=OBJ_NEW('IDLgrText', temperature[i], $        ;生成填充文本
      LOCATIONS=[x[0] + 3., y[0] + offset[i] + 3.], $
      COLOR=255 * (fillColor[i] LT 255), PALETTE=oPalette)
  ENDFOR
  oModel -> Add, oPolygon & oModel -> Add, oText
  oWindow -> Draw, oView        ;绘制视图
  OBJ_DESTROY, [oView, oPalette]
END
```

程序运行结果如图 9.12 所示。

9.8.2 RGB 图像的色标

在 RGB 图像上添加色标的方法如下：

(1)使用函数 READ_*,读取任意指定的 RGB 图像文件。

(2)获取 RGB 图像文件的颜色分量。

(3)使用 COLOR_QUAN 把 RGB 图像文件的颜色分量转换成索引图像的颜色表。

(4)根据颜色表或 RGB 图像文件的颜色分量,计算色标的颜色和色标的说明文本。

(5)使用填充绘制命令 POLYFILL 或者 IDLgrPolygon 绘制色标。

(6)使用文本绘制命令 XYOUTS 或者 IDLgrText 或者 PLOTS 绘制色标的说明文本。

【例 9.20】 使用直接图形系统,显示宇宙 RGB 图像 glowing_gas.jpg,并给它添加色标。程序如下：

```
; Chapter09ColorbarRGBDirect.pro
PRO Chapter09ColorbarRGBDirect
  cosmicFile=FILEPATH('glowing_gas.jpg', $
  SUBDIRECTORY=['examples', 'data'])
  READ_JPEG, cosmicFile, cosmicImage
```

```
    cosmicSize=SIZE(cosmicImage, /DIMENSIONS)
    DEVICE, DECOMPOSED=1
    WINDOW, 0, TITLE='glowing_gas.jpg', $
    XSIZE=cosmicSize[1], YSIZE=cosmicSize[2]
    TV, cosmicImage, TRUE=1
    red=BYTARR(8) & green=BYTARR(8) & blue=BYTARR(8)
    red[0]=0 & green[0]=0 & blue[0]=0                    ; 黑 black
    red[1]=255 & green[1]=0 & blue[1]=0                  ; 红 red
    red[2]=255 & green[2]=255 & blue[2]=0                ; 黄 yellow
    red[3]=0 & green[3]=255 & blue[3]=0                  ; 绿 green
    red[4]=0 & green[4]=255 & blue[4]=255                ; 青 cyan
    red[5]=0 & green[5]=0 & blue[5]=255                  ; 蓝 blue
    red[6]=255 & green[6]=0 & blue[6]=255                ; 洋红 magenta
    red[7]=255 & green[7]=255 & blue[7]=255              ; 白 white
    fillColor=red + (256L * green) + ((256L^2) * blue)   ; 生成填充颜色
    x=[5., 25., 25., 5., 5.] & y=[5., 5., 25., 25., 5.] + 5.
    offset=20. * FINDGEN(9) + 5.
    x_border=[x[0] + offset[0], x[1] + offset[7], $
      x[2] + offset[7], x[3] + offset[0], x[4] + offset[0]]
    FOR i=0, (N_ELEMENTS(fillColor) - 1) DO POLYFILL, $  ; 绘制颜色条对象
       x + offset[i], y, COLOR=fillColor[i], /DEVICE
    PLOTS, x_border, y, /DEVICE, COLOR=fillColor[7]
END
```

程序运行结果如图 9.13 所示。

【例 9.21】 使用对象图形系统，显示宇宙 RGB 图像 glowing_gas.jpg，并给它添加色标。程序如下：

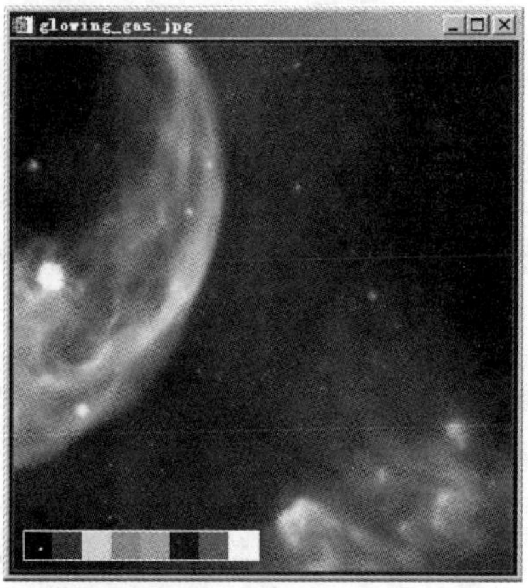

图 9.13　宇宙 RGB 图像

```
; Chapter09ColorbarRGBObject.pro
PRO Chapter09ColorbarRGBObject
    cosmicFile=FILEPATH('glowing_gas.jpg', $
    SUBDIRECTORY=['examples', 'data'])
    READ_JPEG, cosmicFile, cosmicImage
    cosmicSize=SIZE(cosmicImage, /DIMENSIONS)
    oWindow=OBJ_NEW('IDLgrWindow', RETAIN=2, $
      DIMENSIONS=[cosmicSize[1], cosmicSize[2]], $
      TITLE='glowing_gas.jpg')
    oView=OBJ_NEW('IDLgrView', $
       VIEWPLANE_RECT = [0., 0., cosmicSize[1],
cosmicSize[2]])
    oModel=OBJ_NEW('IDLgrModel')
    oImage=OBJ_NEW('IDLgrImage', cosmicImage, $
      INTERLEAVE=0, DIMENSIONS=[cosmicSize[1], cosmicSize[2]])
    oModel -> Add, oImage & oView -> Add, oModel
    oWindow -> Draw, oView
    fillColor=[[ 0, 0, 0], $ ; black
              [255, 0, 0], $ ; red
```

```
            [255, 255, 0], $ ; yellow
            [ 0, 255, 0], $ ; green
            [ 0, 255, 255], $ ; cyan
            [ 0, 0, 255], $ ; blue
            [255, 0, 255], $ ; magenta
            [255, 255, 255]] ; white
    x=[5., 25., 25., 5., 5.] & y=[5., 5., 25., 25., 5.] + 5.
    offset=20. * FINDGEN(9) + 5.
    x_border=[x[0] + offset[0], x[1] + offset[7], $
      x[2] + offset[7], x[3] + offset[0], x[4] + offset[0]]
    oPolygon=OBJARR(8)
    FOR i=0, (N_ELEMENTS(oPolygon) - 1) DO oPolygon[i]= $      ;生成颜色条对象
      OBJ_NEW('IDLgrPolygon', x + offset[i], y, COLOR=fillColor[*, i])
    z=[0.001, 0.001, 0.001, 0.001, 0.001]
    oPolyline=OBJ_NEW('IDLgrPolyline', x_border, y, z, $
      COLOR=[255, 255, 255])
    oModel -> Add, oPolygon & oModel -> Add, oPolyline
    oWindow -> Draw, oView & OBJ_DESTROY, oView
END
```

程序运行结果如图 9.13 所示。

9.9 图像的几何变换

图像的几何变换是指对图像进行剪切、填充、调整大小、移位、翻转、转置和旋转等变换操作。

9.9.1 插入法

在进行图像的几何变换时，可以使用的插入法如下：

邻近插入法：指定最邻近的像素值为输出图像的像素值。这是一种速度最快的插入法，但是得到的图像可能会存在边缘锯齿状的缺陷。

线性插入法：测量两个最相邻的像素，在它们之间画一条线，沿着此直线标出定值，作为输出图像的像素值。

双线性插入法：测量四个最相邻的像素值，以所测量的像素的接近程度和亮度为权值算出一个平均值，以此值作为输出图像的像素值。

三线性插入法：沿着 x,y,z 坐标方向测量八条最相邻的像素值，以所测量的像素的接近程度和亮度为权值算出一个平均值，以此值作为输出图像的像素值。

要保证更高的精确性，必须使用立方卷积法。但是对于静止图像而言，双线性插入法和立方卷积法的区别通常是难以察觉的。

立方卷积插入法：重新对像素取样时，用立方多项波形代替线性波形，从而逼近插入。这种方法用一个一维波源，测量四个相邻像素；用一个九维波源，测量 16 个相邻像素。这种插入法所带来的错误量最少，因此在输出图像中可能保留最多的细小信息。但是，立方卷积插入法需要更多的处理时间。

9.9.2 剪切图像

剪切图像是指把图像中用户感兴趣的部分以方框的形式从原图中剪切下来。这种方法适用于观察

者对图像的指定区域感兴趣，或者希望将包含无用信息的图像区域删掉的情况。同时运用剪切图像和图像放缩，可以对图像的某个局部进行放缩处理。

剪切图像的方法如下：

(1)使用函数 READ _ *，读取任意指定格式的图像文件；

(2)使用光标位置测试命令 CURSOR，以交互的方式获取图像的裁剪区域；或者直接利用二维图像数据确定出裁剪区域；

(3)显示裁剪后的图像；

(4)使用函数 WRITE _ *，写入任意指定格式的图像文件。

CURSOR 的用法如下：

格式：CURSOR, X, Y [, /DATA | , /DEVICE, | , /NORMAL]

功能：以交互的方式获取鼠标的当前位置。

说明：该命令只能在图形窗口中使用，单击鼠标后，返回鼠标的当前位置。

例如：两次利用 CURSOR，获取裁剪区域的操作（设已经打开一个图形窗口）：

```
IDL>CURSOR, LeftLowX, LeftLowY, /DEVICE
IDL>PRINT, LeftLowX, LeftLowY
IDL>CURSOR, RightTopX, RightTopY, /DEVICE
IDL>PRINT, RightTopX, RightTopY
```

技巧提示：上述操作，通过两次交互选取操作，可以获取一个裁剪区域。

【例 9.22】　显示世界 RGB 图像 avhrr. png，并裁剪出非洲大陆的图像。程序如下：

```
; Chapter09CropWorld. pro
PRO Chapter09CropWorld
world=READ_PNG(FILEPATH('avhrr. png', $ ；读取. png 图像
SUBDIRECTORY=['examples', 'data']), R,G,B)
DEVICE, DECOMPOSED=0, RETAIN=2 & TVLCT, R, G, B
worldSize=SIZE(world, /DIMENSIONS)
WINDOW, 0, XSIZE=worldSize[0], YSIZE=worldSize[1]
TV, world
；可以使用光标函数 CURSOR 选取裁剪区域，替代下面的数据
africa=world [312:475, 103:264]
WINDOW, 2, XSIZE =(475-312 + 1), YSIZE =(264-103 + 1)
TV, africa
END
```

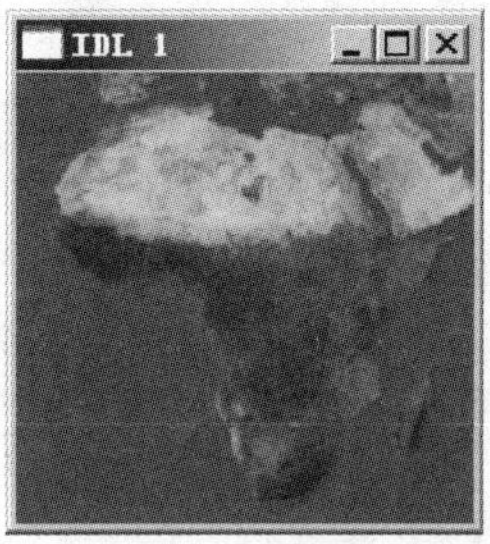

图 9.14　裁剪非洲大陆的图像

程序运行结果如图 9.14 所示。

【思考题】　在例 9.22 中，使用光标函数 CURSOR 交互选取裁剪区域，然后实现例 9.22 的功能。思考题的程序代码，请参阅 Chapter09CropWorldInteractive. pro。

【例 9.23】　在绘图窗口中，实现绘制折线的绘图功能，并且单击鼠标右键及结束绘制。程序如下：

```
; Chapter09DrawFoldingLine. pro
PRO Chapter09DrawFoldingLine
；生成默认绘图窗口
ERASE
；获取正交坐标系的初始采样点
CURSOR, X, Y, /NORMAL, /DOWN
；获取正交坐标系的第 2 个采样点，直到鼠标右键按下，结束绘制
```

```
;把第二个采样点赋值给初始采样点
WHILE (! MOUSE.button NE 4) DO BEGIN
    CURSOR, X1, Y1, /NORM, /DOWN & PLOTS,[X,X1], [Y,Y1], /NORMAL
    X=X1 & Y=Y1
ENDWHILE
END
```

程序运行结果如图 9.15 所示。

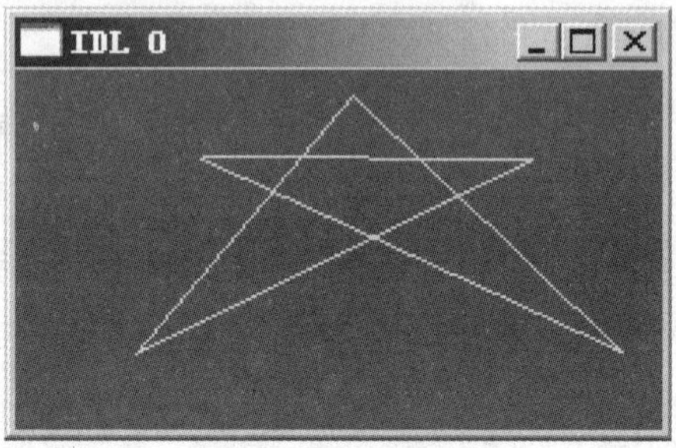

图 9.15 绘制折线

9.9.3 填充图像

填充图像是指在一幅图像周围的边缘填入新像素。图像边缘的空白处,可以用来添加文本注释或色标,或者在使用先进的过滤技术时,起到边界标识的作用。

填充图像的方法如下:

(1)使用函数 READ _ * ,读取任意指定格式的图像文件;

(2)利用二维图像数据,在指定的边界区域用背景色进行填充;

(3)在填充后的图像上,添加文本注释或色标;

(4)显示填充后的图像;

(5)使用函数 WRITE _ * ,写入任意指定格式的图像文件。

【例 9.24】 显示世界 RGB 图像 avhrr.png,并在图像的上方留出 30 个像素,其他 3 个边界均留出 10 个像素。程序如下:

```
; Chapter09PaddedImage.pro
PRO Chapter09PaddedImage
   earth=READ_PNG (FILEPATH ('avhrr.png', $
     SUBDIRECTORY=['examples', 'data']), R, G, B)
   TVLCT, R, G, B & maxColor=! D.TABLE_SIZE - 1
   TVLCT, 255, 255, 255, maxColor & DEVICE, DECOMPOSED=0, RETAIN=2
   earthSize=SIZE(earth, /DIMENSIONS)
   paddedEarth=REPLICATE(BYTE(maxColor), $        ;填充图像边缘
       earthSize[0] + 20, earthSize[1] + 40)
   paddedEarth [10,10]=earth
   WINDOW, 0, XSIZE=earthSize[0] + 20, YSIZE=earthSize[1] + 40
   TV, paddedEarth
   x=(earthSize[0]/2) + 10 & y=earthSize[1] + 15
   XYOUTS, x, y, 'World Map', ALIGNMENT=0.5, COLOR=0, /DEVICE
END
```

程序运行结果如图 9.16 所示。

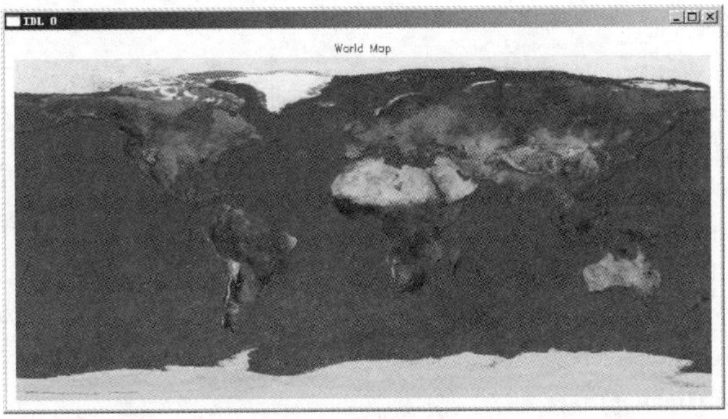

图 9.16　世界地图

9.9.4　调整图像大小

调整图像的大小可以将图像进行缩小或放扩大，从而可以更好地进行图像分析和理解。调整图像大小的方法如下：

(1)使用函数 READ_*，读取任意指定格式的图像文件；

(2)利用函数 CONGRID 和 REBIN 等对二维图像数据进行数组维数大小的调整；

(3)显示调整大小后的图像；

(4)使用函数 WRITE_*，写入任意指定格式的图像文件。

【例 9.25】　把数据文件 convec.dat 的图像大小调整为 600×300。程序如下：

```
; Chapter09MagnifyImage.pro
PRO Chapter09MagnifyImage
  file=FILEPATH('convec.dat', SUBDIRECTORY=['examples', 'data'])
  image=READ_BINARY(file, DATA_DIMS=[248, 248])
  LOADCT, 28 & DEVICE, DECOMPOSED=0, RETAIN=2
  WINDOW, 0, XSIZE=248, YSIZE=248 & TV, image
  magnifiedImg=CONGRID(image, 600, 300, /INTERP)      ; 调整图像大小
  WINDOW, 1, XSIZE=600, YSIZE=300
  TV, magnifiedImg
END
```

程序运行结果如图 9.17 所示。

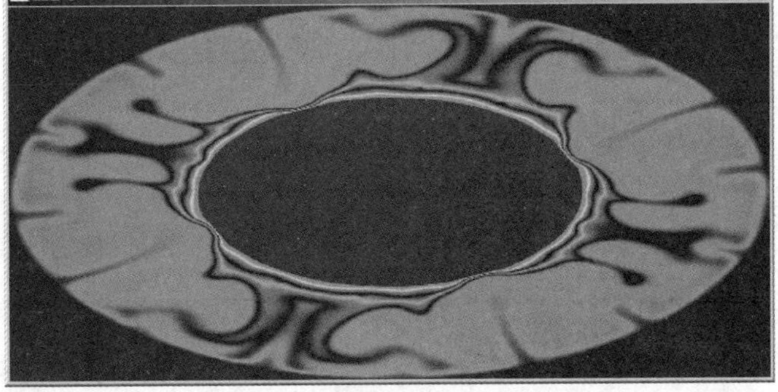

图 9.17　图像的大小调整

9.9.5 图像循环移位

图像的循环移位可以使用 SHIFT 函数。其具体方法如下：

(1)使用函数 READ _ * ,读取任意指定格式的图像文件；

(2)利用 SHIFT 函数对二维图像数据进行循环移位；

(3)显示循环移位后的图像；

(4)使用函数 WRITE _ * ,写入任意指定格式的图像文件。

【例 9.26】 对图像 shifted _ endocell. png 循环移位,使得恢复原始图像,程序如下：

```
; Chapter09ShiftImageOffset. pro
PRO Chapter09ShiftImageOffset
   file=FILEPATH('shifted _ endocell. png',SUBDIRECTORY=['examples','data'])
   image=READ _ PNG(file, R, G, B)
   DEVICE, DECOMPOSED=0, RETAIN=2 & TVLCT, R, G, B
   HELP, image & imageSize=SIZE(image, /DIMENSIONS)
   WINDOW, 0, XSIZE=imageSize[0], YSIZE=imageSize[1], $
   TITLE='Original Image' & TV, image
   image=SHIFT(image, -imageSize[0]/4, -imageSize[1]/3)        ; 图像移位
   WINDOW, 1, XSIZE=imageSize[0], YSIZE=imageSize[1], $
      TITLE='Shifted Image'
   TV, image
END
```

程序运行结果如图 9.18 所示。

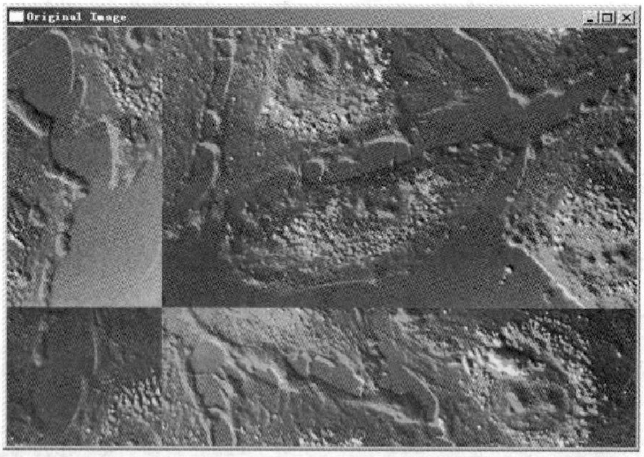

图 9.18 图像的循环移位

9.9.6 图像翻转

图像翻转是指利用 REVERSE 函数,对图像进行垂直翻转和水平翻转。具体方法如下：

(1)使用函数 READ _ * ,读取任意指定格式的图像文件。

(2)利用 REVERSE 函数对二维图像数据进行垂直翻转和水平翻转。

(3)显示垂直翻转和水平翻转后的图像。

(4)使用函数 WRITE _ * ,写入任意指定格式的图像文件。

【例 9.27】 对标准医学 DICOM 格式的图像 mr _ knee. dcm 进行水平翻转和垂直翻转处理。程序如下：

```
; Chapter09ReverseImage. pro
PRO Chapter09ReverseImage
  image=READ _ DICOM (FILEPATH('mr _ knee. dcm', $
    SUBDIRECTORY=['examples', 'data']))
  imgSize=SIZE (image, /DIMENSIONS)
  DEVICE, DECOMPOSED=0, RETAIN=2 & LOADCT, 0
  flipHorzImg=REVERSE(image, 1)      ; 翻转图像
  flipVertImg=REVERSE(image, 2)      ; 翻转图像
  WINDOW, 0, XSIZE=2 * imgSize[0], YSIZE=2 * imgSize[1], $
    TITLE='Original (Top) & Flipped Images (Bottom)'
  TV, image, 0 & TV, flipHorzImg, 2 & TV, flipVertImg, 3
END
```

程序运行结果如图 9.19 所示。

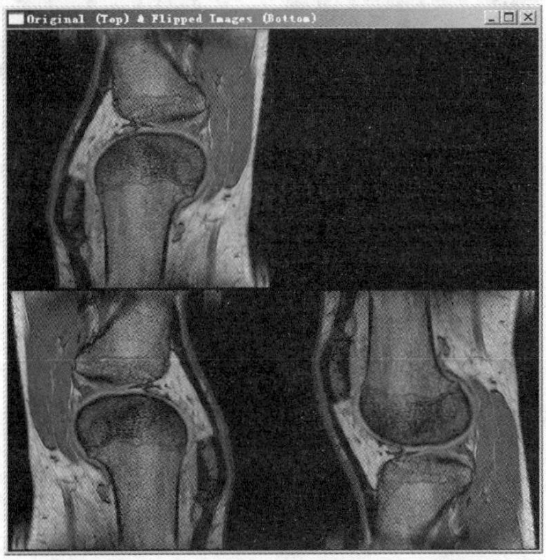

图 9.19　DICOM 图像的水平翻转和垂直翻转

9.9.7　图像转置

图像转置是指利用 TRANSPOSE 函数,对图像进行以对角线为中心轴的图像数组数据的转置调整。

(1)使用函数 READ _ * ,读取任意指定格式的图像文件。

(2)利用 TRANSPOSE 函数对二维图像数据进行转置调整。

(3)显示转置调整后的图像。

(4)使用函数 WRITE _ * ,写入任意指定格式的图像文件。

【例 9.28】 对平滑肌细胞的显微照片图像 muscle. jpg 进行对角转置和垂直转置的操作。程序如下：

```
; Chapter09TransposeImage. pro
PRO Chapter09TransposeImage
  READ _ JPEG,FILEPATH('muscle. jpg',SUBDIRECTORY=['examples','data']),image
  DEVICE, DECOMPOSED=0 & LOADCT, 0
```

```
  WINDOW, 0, XSIZE=652, YSIZE=444, TITLE='Original Image'
  TV, image & smallImg=CONGRID(image, 183, 111)
  transposeImg1=TRANSPOSE(smallImg) ; 转置图像
  transposeImg2=TRANSPOSE(smallImg, [1,0]) ; 该命令与上一个命令作用相同
  transposeImg3=TRANSPOSE(smallImg, [0,1])
  WINDOW, 1, XSIZE= 600, YSIZE=183, TITLE='Transposed Images'
  TV, transposeImg1, 0 & TV, transposeImg2, 2 & TV, transposeImg3, 2
END
```

程序运行结果如图 9.20 所示。

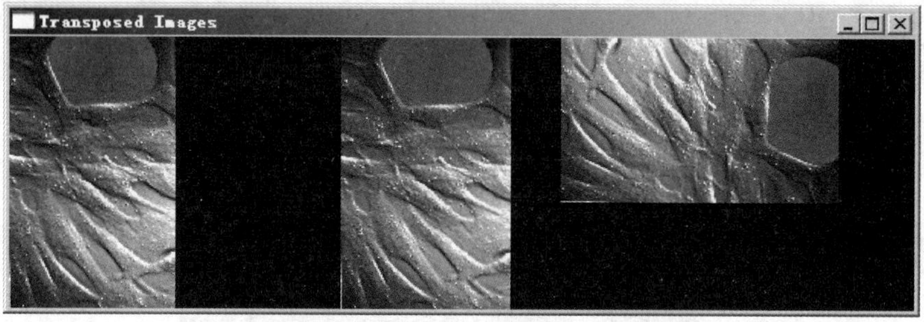

图 9.20 图像的转置

9.9.8 图像旋转

旋转图像可以用 ROTATE 或 ROT 函数。ROTATE 函数是以 90°增量使图像进行旋转;ROT 函数则可以以任何增量使图像进行旋转,同时还可以调整图像大小。具体方法如下:

(1)使用函数 READ_*,读取任意指定格式的图像文件;

(2)利用 ROTATE 或 ROT 函数对二维图像数据进行旋转;

(3)显示旋转后的图像;

(4)使用函数 WRITE_*,写入任意指定格式的图像文件。

ROTATE 的用法如下:

格式: Result=ROTATE(Array, Direction)

功能:将二维图像数据 Array 旋转 Direction 指定的度数。

说明: Direction 的取值范围为 0～7,代表不同的角度。具体含义:0=不转置,不旋转(默认);1=不转置,旋转 90°;2=不转置,旋转 180°;3=不转置,旋转 270°;4=转置,不旋转;5=转置,旋转 90°;6=转置,旋转 180°;7=转置,旋转 270°。

ROT 的用法如下:

格式: Result=ROT(A, Angle, [Mag, X0, Y0])

功能:将二维图像数据 A,以(X0, Y0)为中心旋转 Angle 指定的度数。

说明:A 是二维图像数据。Angle 是旋转的角度。Mag 是放缩的比例;1=不放缩,大于 1=放大图像,小于 1=缩小图像;(X0, Y0)为旋转中心。

【例 9.29】 把银河系的图像 galaxy.dat 旋转 270°。程序如下:

```
; Chapter09RotateImage.pro
PRO Chapter09RotateImage
  file=FILEPATH('galaxy.dat', SUBDIRECTORY=['examples', 'data'])
  image=READ_BINARY(file, DATA_DIMS=[256, 256])
```

```
    DEVICE, DECOMPOSED=0, RETAIN=2 & LOADCT, 4
    WINDOW, 0, XSIZE=256, YSIZE=256 & TVSCL, image
    rotateImg=ROTATE(image, 3)        ;旋转图像
    WINDOW, 1, XSIZE=256, YSIZE=256 & TVSCL, rotateImg
END
```

程序运行结果如图 9.21 所示。

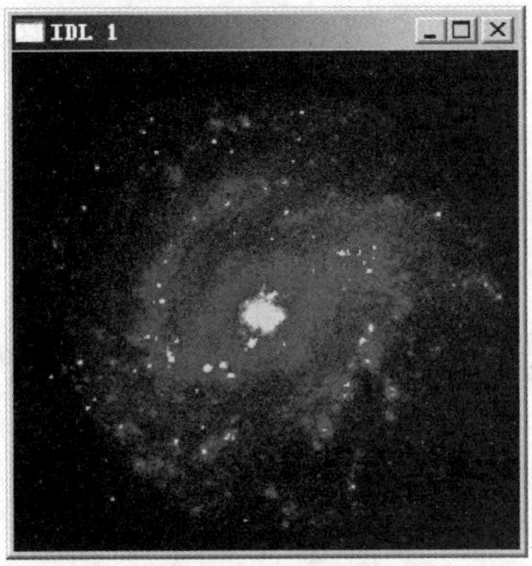

图 9.21　旋转银河系

图 9.22　任意旋转银河系

【例 9.30】 把银河系的图像 galaxy.dat 旋转 270°。程序如下：

```
; Chapter09ArbitraryRotation.pro
PRO Chapter09ArbitraryRotation
    file=FILEPATH('m51.dat', SUBDIRECTORY=['examples', 'data'])
    image=READ_BINARY(file, DATA_DIMS=[340, 440])
    DEVICE, DECOMPOSED=0, RETAIN=2 & LOADCT, 0
    WINDOW, 0, XSIZE=340, YSIZE=440 & TVSCL, image
    arbitraryImg=ROT(image, 33, .5, /INTERP, MISSING=127)        ;旋转图像
    WINDOW, 1, XSIZE=340, YSIZE=440 & TVSCL, arbitraryImg
END
```

程序运行结果如图 9.22 所示。

9.10　图像贴图

图像的贴图是指把一个图像映射到几何表面上，即把一幅图像贴在一个几何表面上。因此，图像贴图也称为纹理贴图。常用的贴图方法有曲面贴图和球面贴图。

9.10.1　曲面贴图

图像的曲面贴图是指把一个图像映射到几何曲面上。具体方法如下：

(1)使用函数 READ_*，读取任意指定格式的图像文件。

(2)使用函数 READ_*，读取任意指定格式的高程数据模型(DEM)的高程数据文件，或者用户自己创建一个曲面数据。

(3)使用类 IDLgrWindow 创建显示窗口，并设置显示模式(伪彩或真彩)。

(4)使用类 IDLgrView 创建显示视图对象，并设置视图属性。

(5)使用类 IDLgrModel 创建显示模式对象，并设置显示模式属性。

(6)对于伪彩模式，使用类 IDLgrPalette 创建颜色表。

(7)用类 IDLgrSurface 和高程数据或者曲面数据创建曲面对象，并设置曲面属性。

(8)使用类 IDLgrImage 和图像数据创建图像对象，并设置图像属性。

(9)在 IDLgrModel 对象中，添加曲面对象和图像对象。

(10)在 IDLgrView 对象中，添加 IDLgrModel 图像对象。

(11)使用 IDLgrWindow 对象的 DRAW 方法，显示贴图图像；或者使用 XOBJVIEW 交互显示贴图。

XOBJVIEW 的用法如下：

格式：XOBJVIEW, Obj [, BACKGROUND=[r, g, b]][, /BLOCK][, GROUP=widget _ id][, /MODAL][, RENDERER={0 | 1}][, SCALE=value][, TITLE=string][, TLB=variable] [, XOFFSET=value] [, XSIZE=pixels][, YOFFSET=value] [, YSIZE=pixels]

功能：以交互的方式交互显示图形对象。

说明：该命令可以交互的操作图形对象。关键字 SCALE=value 用于设置显示对象的初始化比例，默认值为 1/SQRT(3)。Obj 用于给出显示的对象。其他关键字的用法同前述。

例如：使用 XOBJVIEW 交互显示和操作图形 DIST(20)。其操作如下：

```
IDL> oSurf=OBJ _ NEW('IDLgrSURFACE', DIST(20))
IDL> XOBJVIEW, oSurf
```

例如：使用 XOBJVIEW 交互显示和操作图形 DIST(20)和它的轮廓对象。其操作如下：

```
IDL>oCont=OBJ _ NEW('IDLgrContour',DIST(20), N _ LEVELS=10)
IDL>oSurf=OBJ _ NEW('IDLgrSurface',DIST(20),INDGEN(20)+20,INDGEN(20)+20)
IDL>oModel=OBJ _ NEW('IDLgrModel')
IDL>oModel->Add, oCont
IDL>oModel->Add, oSurf
IDL>XOBJVIEW, oModel
```

【例 9.31】 用贴图方法，把图像 elev _ t.jpg 贴在高程数据 elevbin.dat 上。程序如下：

```
; Chapter09ElevationObject.pro
PRO Chapter09ElevationObject
   imageFile=FILEPATH('elev _ t.jpg', SUBDIRECTORY=['examples', 'data'])
   READ _ JPEG, imageFile, image
   demFile = FILEPATH ('elevbin.dat', SUBDIRECTORY = ['examples', 'data'])
   dem=READ _ BINARY(demFile, DATA _ DIMS=[64, 64])
   dem=CONGRID(dem, 128, 128, /INTERP)
   DEVICE, DECOMPOSED=0, RETAIN=2
   WINDOW, 0, TITLE='Elevation Data' & SHADE _ SURF, dem
   oModel=OBJ _ NEW('IDLgrModel') & oView=OBJ _ NEW('IDLgrView')
   oWindow = OBJ _ NEW ('IDLgrWindow', RETAIN = 2, COLOR _ MODEL=0)
   oSurface=OBJ _ NEW('IDLgrSurface', dem, STYLE=2)
   oImage=OBJ _ NEW('IDLgrImage', image, INTERLEAVE=0, /INTERPOLATE)
   oSurface -> GetProperty, XRANGE=xr, YRANGE=yr, ZRANGE=zr
```

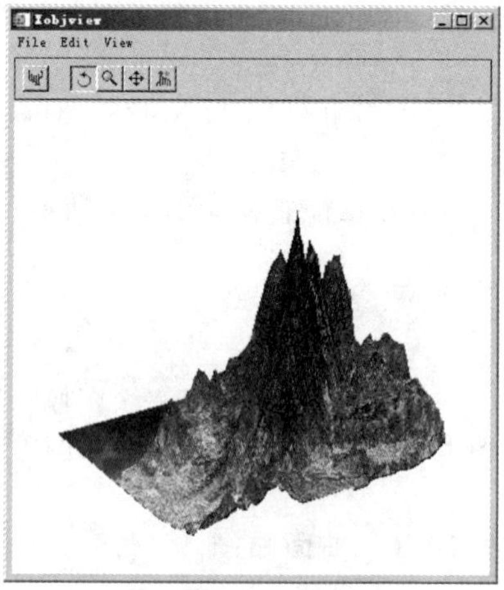

图 9.23 曲面贴图

```
    xs=NORM_COORD(xr) & xs[0]=xs[0] - 0.5
    ys=NORM_COORD(yr) & ys[0]=ys[0] - 0.5
    zs=NORM_COORD(zr) & zs[0]=zs[0] - 0.5
    oSurface -> SetProperty, XCOORD_CONV=xs, YCOORD_CONV=ys, ZCOORD=zs
    oSurface->SetProperty, TEXTURE_MAP=oImage, COLOR=[255, 255, 255] ;文本帖图
    oModel -> Add, oSurface & oView -> Add, oModel
    oModel -> ROTATE, [1, 0, 0], -90 & oModel -> ROTATE, [0, 1, 0], 30
    oModel -> ROTATE, [1, 0, 0], 30 & oWindow -> Draw, oView
    XOBJVIEW, oModel, /BLOCK, SCALE=1 & OBJ_DESTROY, [oView, oImage]
END
```

程序运行结果如图 9.23 所示。

9.10.2　球面贴图

图像的球面贴图是指把一个图像映射到球面上。具体方法如下：

(1)使用函数 READ_*,读取任意指定格式的图像文件。

(2)使用网格面生成命令 MESH_OBJ,创建球面。

(3)使用视窗类,创建视窗系统。

(4)使用 POLYSHADE 或者 IDLgrPolygon 创建贴图对象,并设置曲面属性。

(5)使用 IDLgrWindow 对象的 DRAW 方法,显示贴图图像;或者使用 XOBJVIEW 交互显示贴图。

MESH_OBJ 的用法如下：

格式:MESH_OBJ, Type, Vertex_List, Polygon_List

功能:按照指定顶点列表 Vertex_List 和多边形列表 Polygon_List,创建指定的类型的网格图形对象。

说明: Type 用于设定网格类型。0= 三角形;1= 矩形;2= 极面;3=柱面;4=球面;5= 凸型;6=Revolution;7=Ruled。

【例 9.32】　在直接图形系统中,利用贴图方法,把世界地图 worldelv.dat 贴在一个球面上,创建一个地球。程序如下：

```
; Chapter09MapOnSphereDirect.pro
PRO Chapter09MapOnSphereDirect
    file=FILEPATH('worldelv.dat', SUBDIRECTORY=['examples', 'data'])
    image=READ_BINARY(file, DATA_DIMS=[360, 360])
    DEVICE, DECOMPOSED=0 & LOADCT, 33
    TVLCT, 255, 255, 255, !D.TABLE_SIZE - 1
    WINDOW, 0, XSIZE=360, YSIZE=360 & TVSCL, image
    ;产生顶点列表和多边形列表
    MESH_OBJ, 4, vertices, polygons, REPLICATE(0.25, 360, 360), /CLOSED
    WINDOW, 2, XSIZE=512, YSIZE=512
    SCALE3, XRANGE=[-0.25,0.25], YRANGE=[-0.25,0.25], $
        ZRANGE=[-0.25,0.25], AX=0, AZ=-90        ;变比变换
    SET_SHADING, LIGHT=[-0.5, 0.5, 2.0] & !P.BACKGROUND=!P.COLOR
    TVSCL, POLYSHADE(vertices, polygons, SHADES=image, /T3D)
    !P.BACKGROUND=0
END
```

程序运行结果如图 9.24 所示。

图 9.24 直接图形系统的球面贴图

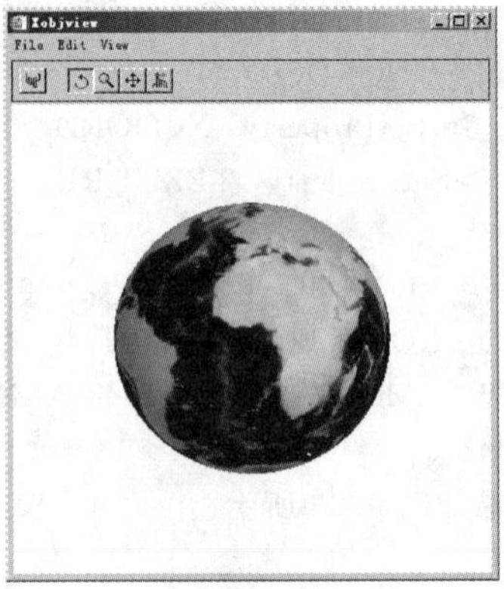

图 9.25 对象图形系统的球面贴图

【例 9.33】 在对象图形系统中，利用贴图方法，把世界地图 worldelv.dat 贴在一个球面上，创建一个地球。程序如下：

```
; Chapter09MapOnSphereObject.pro
PRO Chapter09MapOnSphereObject
   file=FILEPATH('worldelv.dat', SUBDIRECTORY=['examples', 'data'])
   image=READ_BINARY(file, DATA_DIMS=[360, 360])
   MESH_OBJ, 4, vertices, polygons, REPLICATE(0.25, 101, 101)
   oModel=OBJ_NEW('IDLgrModel') & oPalette=OBJ_NEW('IDLgrPalette')
   oPalette -> LoadCT, 33 & oPalette -> SetRGB, 255,255,255,255
   oImage=OBJ_NEW('IDLgrImage', image, PALETTE=oPalette)
   vector=FINDGEN(101)/100.
   texure_coordinates=FLTARR(2, 101, 101)
   texure_coordinates[0, *, *]=vector # REPLICATE(1., 101)
   texure_coordinates[1, *, *]=REPLICATE(1., 101) # vector
   oPolygons=OBJ_NEW('IDLgrPolygon', SHADING=1, $        ;生成多边形对象
   DATA=vertices, POLYGONS=polygons, COLOR=[255,255,255], $
   TEXTURE_COORD=texure_coordinates,TEXTURE_MAP=oImage,/TEXTURE_INTERP)
   oModel -> ADD, oPolygons & oModel -> ROTATE, [1, 0, 0], -90
   oModel -> ROTATE, [0, 1, 0], -90 & XOBJVIEW, oModel, /BLOCK
   OBJ_DESTROY, [oModel, oImage, oPalette]
END
```

程序运行结果如图 9.25 所示。

9.11 图像区域处理 ROI

9.11.1 ROI 概述

兴趣区域(ROI)是指为了对图像进行进一步的处理和分析而定义的图像区域。定义 ROI 的方法有交互定义法和程序定义法。交互定义法是指使用过程 XROI，通过 GUI 以交互的方式来定义单个或若干 ROI；程序定义法是指使用过程 CONTOUR 或 REGION_GROW 以及类 IDLanROI 和 IDLgrROI 通过

编程的方式来定义 ROI。REGION _ GROW 可以扩大一个初始区域到包括所有相连的且满足给定条件的相邻像素的区域；CONTOUR 能够自动记录 ROI 区域边界。ROI 一旦被定义，就可以使用 XOBJVIEW，IDLanROI 和 IDLgrROI 对 ROI 进行显示或者做进一步的处理和分析。

显示 ROI 既可以使用直接图形法，也可以使用对象图形法。在直接图形法中，过程 DRAW _ ROI 可以快速显示单个或若干 ROI 对象或 ROI 组对象；在对象图形法中，XROI 可以显示定义的 ROI，并能输出 ROI 数据至指定的 ROI 对象。

9.11.2　定义 ROI

交互定义法定义 ROI，可以通过调用过程 XROI 来实现。其用法如下：

格式：XROI [，ImageData][，R][，G][，B][，/BLOCK][[，/FLOATING]，GROUP＝widget _ ID]
[，/MODAL][，REGIONS _ IN＝value][，REGIONS _ OUT＝value][，RENDERER＝{0|1}]
[，ROI _ COLOR＝[r，g，b] or variable][，ROI _ GEOMETRY＝variable]
[，ROI _ SELECT _ COLOR＝[r，g，b] or variable][，STATISTICS＝variable]
[，TITLE＝string][，X _ SCROLL _ SIZE＝value][，Y _ SCROLL _ SIZE＝value]

功能：以交互的方式定义、导入和输出指定图像的 ROI。

说明：在调用 XROI 时，如果省略所有选项，则会调用 DIALOG _ PICKFILE 让用户选择一个图像，然后在该图像上定义 ROI。用户选择 D:/RSI/IDL63/examples/demo/demodata 中的 earth.jpg 后，并进行相关操作后的界面如图 9.26 所示。其中各个参数和关键字的用法叙述如下：

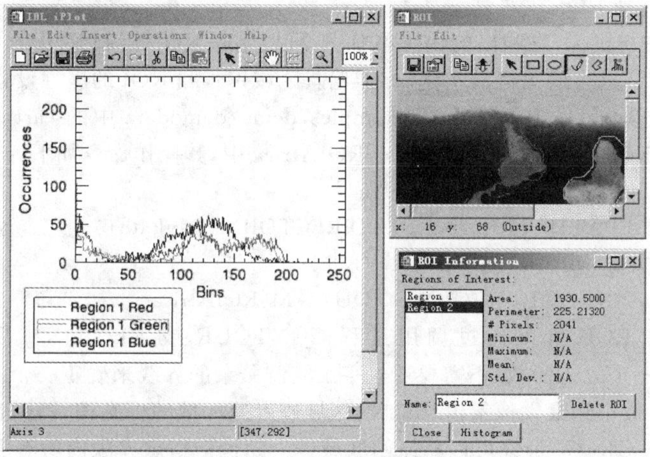

图 9.26　ROI 操作界面

(1)ImageData：给出用于输入或者输出的图像数据。

(2)R，G，B：用于给出图像数据的红、绿、蓝颜色表。

(3)REGIONS _ IN＝value：用于给出导入 ROI 的数据。

(4)REGIONS _ OUT＝value：用于把 ROI 的数据存储到指定的变量 value 中。

(5)ROI _ COLOR＝[r，g，b] or variable：设置创建 ROI 的边界颜色。

(6)ROI _ SELECT _ COLOR＝[r，g，b] or variable：设置选择 ROI 后的边界颜色。

(7)ROI _ GEOMETRY＝variable：用于记录 ROI 的面积、重心和周长，并存入结构变量 variable 中。

(8)STATISTICS＝variable：用于记录 ROI 的像素个数、像素的最大值、像素的最小值、平均值和标准偏差，并存入结构变量 variable 中。其他参数和关键字的用法同前述。

例如：打开 D:/RSI/IDL63/examples/data 中的图像 mineral.png，并创建 ROI 的命令：

IDL>image=READ _ PNG(FILEPATH('mineral. png',SUBDIR=['examples', 'data']))

IDL>XROI, image

例如:如果在上例中定义了 ROI,并且存入到 mineralRoi. sav 中,则打开 D:/RSI/IDL63/examples/data 中的图像 mineral. png,并恢复 mineralRoi. sav 中的 ROI 的命令如下:

IDL>RESTORE, 'mineralRoi. sav', RESTORED _ OBJECTS=myRoi

IDL>image=READ _ PNG(FILEPATH('mineral. png',SUBDIR=['examples', 'data']))

IDL>XROI, image, REGIONS _ IN=myRoi

XROI 界面的操作方法如下(见图 9.26 中的 ROI 窗口):

(1)在 File 菜单中的 Import Image 菜单,用于导入一个新图像。

(2)XROI 工具栏中工具按钮的用法从左到右依次为

1) Save all ROIs:把定义的所有 ROI,存储到中的文件中。

2) Open ROI Information window:打开 ROI 的信息窗口(图 9.26 的 ROI Information 窗口)。

3) Copy Image:复制整副图像到剪切板。

4) Flip image:上下翻转图像。

5) Translate/Scale ROIs:移动或者放大缩小图像。

6) Draw Rectangle ROIs:创建矩形 ROI。

7) Draw Ellipse ROIs:创建椭圆形 ROI。

8) Draw Freehand ROIs:徒手绘制任意的 ROI。

9) Draw Polygon ROIs:创建任意多边形 ROI。

10) Select ROI:选择 ROI。

(3)选择 ROI 后右击鼠标,在弹出的快捷菜单中,可以删除 ROI、绘制 ROI 的直方图(见图 9.26 中的 IDL iPlot 窗口)、对 ROI 进行阈值区域扩张、标准偏差区域扩张和 ROI 的属性设置。

例如:使用 XROI 读入 D:/RSI/IDL63/examples/demo/demodata 中的 earth. jpg,然后以交互方式创建包含非洲大陆的 ROI,并把该 ROI 存入 MyROIAfrica 中,其操作命令如下:

IDL>MyPath=['examples','demo','demodata']

IDL>imgFile=FILEPATH('earth. jpg',SUBDIRECTORY=MyPath)

IDL>image=READ _ IMAGE(imgFile, R, G, B)

IDL>XROI, image, R, G, B, REGIONS _ OUT=MyROIAfrica

程序定义法定义 ROI,可以通过调用过程 CONTOUR 或 REGION _ GROW 来实现。其中 REGION _GROW 是一个分析函数,不需要通过手工绘制繁杂的界线来确定一个复杂的区域。该函数可以根据定义阈值范围(最小和最大像素值)限制的区域或者原区域的标准偏差限制的区域,来扩大一个给定的区域。REGION－GROW 最终可以将原始区域扩大到包括指定界限内所有连接的相邻像素所组成的区域。其用法为

格式:MyGrowROI=REGION _ GROW(Array, ROIPixels [, /ALL _ NEIGHBORS]
[, STDDEV _ MULTIPLIER=value | THRESHOLD=[min,max]])

功能:在指定的 ROI 中,以指定的像素点进行区域生长,生成一个新的 ROI.

说明:该命令在 Array 指定的 ROI 中,以像素点 ROIPixels 进行区域生长,生成一个新的 ROI。其中各个参数和关键字的用法如下:

(1)Array:给出用于区域生长的初始 ROI 数据。

(2)ROIPixels:给出用于区域生长的初始像素点。

(3)/ALL _ NEIGHBORS:用于设置按 8 邻域进行区域生长。默认是 4 邻域。

(4)STDDEV _ MULTIPLIER=value:用于设置按标准方差进行区域生长。

(5)THRESHOLD=[min,max]:用于设置按阈值进行区域生长。

【例 9.34】 打开 D:/RSI/IDL63/examples/data 中的图像 md1107g8a. jpg,并在该图像中定义一个

初始区域，然后分别使用定义阈值法和标准偏差法进行区域生长。其程序如下：

```
; Chapter09RegionGrow. pro
PRO Chapter09RegionGrow
  DEVICE, DECOMPOSED=0, RETAIN=2 & LOADCT, 0
  file=FILEPATH('md1107g8a. jpg', SUBDIRECTORY=['examples','data'])
  READ _ JPEG, file, img, /GRAYSCALE
  dims=SIZE(img, /DIMENSIONS)
  img=REBIN(BYTSCL(img), dims[0] * 2, dims[1] * 2)     ;重新调整图像大小
  dims=2 * dims
  WINDOW, 0, XSIZE=dims[0], YSIZE=dims[1], $
    TITLE='Click on Image to Select Point of ROI'
  TVSCL, img
  CURSOR, xi, yi, /DEVICE    ;交互获取鼠标位置
  x=LINDGEN(10 * 10) MOD 10 + xi & y=LINDGEN(10 * 10) / 10 + yi
  roiPixels=x + y * dims[0] & WDELETE, 0
  topClr=! D. TABLE _ SIZE - 1 & TVLCT, 255, 0, 0, topClr
  regionPts=BYTSCL(img, TOP=(topClr - 1))
  regionPts[roiPixels]=topClr
  WINDOW, 0, XSIZE=dims[0], YSIZE=dims[1], TITLE='Original Region'
  TV, regionPts
  newROIPixels=REGION _ GROW(img, roiPixels, THRESHOLD=[215,255])
  regionImg=BYTSCL(img, TOP=(topClr - 1))
  regionImg[newROIPixels]=topClr
  WINDOW, 2, XSIZE=dims[0], YSIZE=dims[1], $
    TITLE='THRESHOLD Grown Region'
  TV, regionImg
  stddevPixels=REGION _ GROW(img,roiPixels,STDDEV _ MULTIPLIER=7)     ;区域增长
  WINDOW, 3, XSIZE=dims[0], YSIZE=dims[1], $
  TITLE="STDDEV _ MULTIPLIER Grown Region"
  regionImg2=BYTSCL(img, TOP=(topClr - 1))
  regionImg2[stddevPixels]=topClr & TV, regionImg2
END
```

程序运行结果如图 9.27 所示。

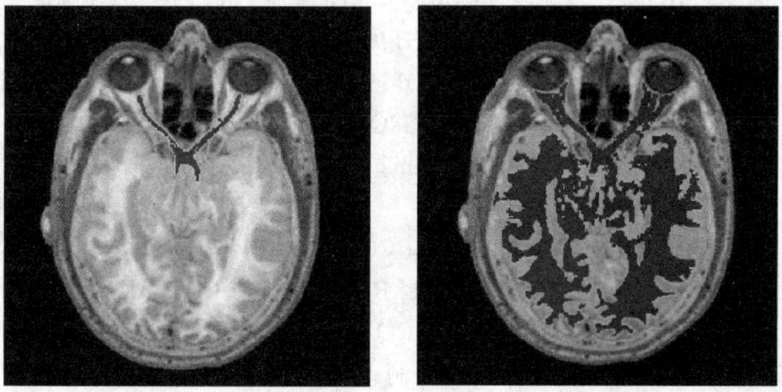

图 9.27　阈值法和标准偏差法区域生长

程序定义法定义 ROI，还可以通过调用类 IDLanROI 和类 IDLgrROI 来实现。

类 IDLanROI 用于创建和设置 ROI 对象。其用法如下：

(1)IDLanROI 的初始化格式：

格式：MyROIID=OBJ _ NEW('IDLgrROI' [, X[, Y[, Z]]] [, 关键字=关键字的值])

(2)IDLanROI 的常用参数：X[, Y[, Z]：用于给出组成 ROI 的 X,Y,Z 的分量。省略 Y 或 Z 时，X 必须是组成 ROI 的数据。

(3)IDLanROI 的常用属性(关键字)：COLOR，HIDE，LINESTYLE，PALETTE，STYLE，SYMBOL 和 THICK。其用法同前述。

(4)IDLanROI 的常用方法：

IDLanROI::Cleanup， IDLanROI::GetProperty， IDLanROI::PickVertex， IDLanROI::Init， IDLanROI::SetProperty， IDLanROI::AppendData， IDLanROI::ComputeGeometry， IDLanROI::ComputeMask， IDLanROI::ContainsPoints， IDLanROI::RemoveData， IDLanROI::ReplaceData， IDLanROI::Rotate， IDLanROI::Scale， IDLanROI::Translate。

类 IDLgrROI 作为 IDLanROI 的子类，是用于创建和设置 ROI 对象。二者的用法雷同。

9.11.3 ROI 的显示和分析

要显示 ROI，可以通过调用过程 XROI 和 Draw _ ROI 来实现。其中 Draw _ ROI 用法如下：

格式：DRAW _ ROI, oROI [, /LINE _ FILL] [, SPACING=value][, COLOR=value]
　　[, LINESTYLE={0| 1 | 2 | 3 | 4 |5}][, SYMSIZE=value][, THICK=value]
　　[, ORIENTATION=ccw _ degrees _ from _ horiz] [, PSYM=integer{0 to 10}]

功能：按照指定的填充方式绘制并显示 ROI.

说明：oROI 用于给出绘制的 ROI。该 ROI 一般是由类 IDLanROI 或类 IDLgrROI 创建的对象。其他关键字的用法同前述。

【例 9.35】 打开 D:/RSI/IDL63/examples/data 中的图像 mr _ knee. dcm，并在该图像中定义骨头的两个 ROI，然后分别使用不同的方式填充。其程序如下：

```
; Chapter09DrawROI. pro
PRO Chapter09DrawROI
  DEVICE, DECOMPOSED=0, RETAIN=2 & LOADCT, 0
  kneeImg=READ _ DICOM(FILEPATH('mr _ knee. dcm',SUBDIRECTORY=['examples','data']))
  dims=SIZE(kneeImg, /DIMENSIONS)
  kneeImg=ROTATE(BYTSCL(kneeImg), 2)                          ; 旋转图像
  XROI, kneeImg, REGIONS _ OUT=femurROIout, $                 ; I 选取 1
    ROI _ GEOMETRY=femurGeom,STATISTICS=femurStats, /BLOCK
  XROI, kneeImg, REGIONS _ OUT=tibiaROIout, $                 ; ROI 选取 2
    ROI _ GEOMETRY=tibiaGeom, STATISTICS=tibiaStats, /BLOCK
  WINDOW, 0, XSIZE=dims[0], YSIZE=dims[1]
  TVSCL, kneeImg & LOADCT, 12
  DRAW _ ROI, femurROIout, /LINE _ FILL, COLOR=80, SPACING=0.1, $
  ORIENTATION=315, /DEVICE      ; 绘制 ROI 选取 1
  DRAW _ ROI, tibiaROIout, /LINE _ FILL, COLOR=42, SPACING=0.1, $
    ORIENTATION=30, /DEVICE       ; 绘制 ROI 选取 2
  PRINT, 'FEMUR Region Geometry and Statistics'
  PRINT, 'area =',femurGeom. area, ' population=',femurStats. count, $
```

```
    ' perimeter=',femurGeom. perimeter
  PRINT, 'TIBIA Region Geometry and Statistics'
  PRINT, 'area =',tibiaGeom. area, ' population=',tibiaStats. count, $
    ' perimeter=',tibiaGeom. perimeter
  OBJ_DESTROY, [femurROIout, tibiaROIout]
END
```

程序运行结果如图 9.28 所示。

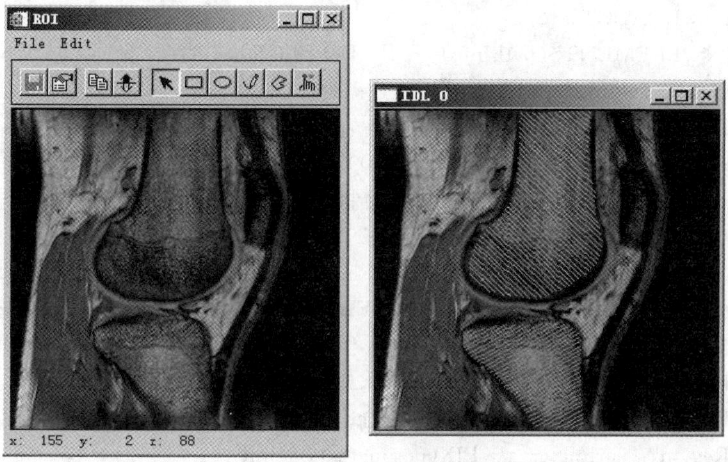

图 9.28　填充绘制 ROI

例题操作说明:在第一次调用 XROI 时,绘制一个 ROI,然后关闭;在第二次调用 XROI 时,再绘制一个 ROI,然后关闭即可。

分析 ROI:利用上述方法用户不但可以在指定的图像中定义各种 ROI,同时还可以对 ROI 作进一步的处理和特征分析。具体包括 ROI 的面积、周长和边界轮廓等。举例如下:

【例 9.36】　打开 D:/RSI/IDL63/examples/data 中的 mineral. png,设置合适的阈值分割颜色较深的 ROI,并计算这些 ROI 的面积和周长。本例属于金像分析。设计思路和程序如下:

设计思路分析:

(1)使用 READ_*,读取文件。

(2)选取阈值(可以先通过交互来确定,本例选区 50)。

(3)构造 3×3 结构元,并进行扩张和腐蚀操作。

(4)按照阈值利用 CONTOUR,确定 ROI。

(5)根据轮廓信息,使用 IDLanROI 对象及其方法 ComputeMask 屏蔽 ROI。

(6)根据屏蔽 ROI,利用 IMAGE_STATISTIC 统计屏蔽 ROI 的面积。

(7)使用 IDLanROI 对象及其方法 ComputeGeometry,计算 ROI 的面积和周长。

```
; Chapter09AnalysisROI. pro
PRO Chapter09AnalysisROI
  DEVICE, DECOMPOSED=0, RETAIN=2 & LOADCT, 0
  img=READ_PNG(FILEPATH('mineral. png', $          ;读取图像
    SUBDIRECTORY=['examples', 'data']))
  dims=SIZE(img, /DIMENSIONS)
  WINDOW, 0, XSIZE=dims[0], YSIZE=dims[1] & TVSCL, img, 0
  threshImg=(img LT 50)        ;使用阈值 50 分割图像
```

```
strucElem=REPLICATE(1, 3, 3)      ；生成 3 * 3 结构元
；利用 3 * 3 结构元进行闭运算
threshImg=ERODE(DILATE(TEMPORARY(threshImg), strucElem), strucElem)
CONTOUR, threshImg, LEVEL=1, XMARGIN=[0, 0], YMARGIN=[0, 0], $
  /NOERASE, PATH_INFO=pathInfo, PATH_XY=pathXY, $
  XSTYLE=5, YSTYLE=5, /PATH_DATA_COORDS
WINDOW, 2, XSIZE=dims[0], YSIZE=dims[1]
TVSCL, img & LOADCT, 12
FOR I=0, (N_ELEMENTS(pathInfo) - 1 ) DO BEGIN
  line=[LINDGEN(pathInfo(I).N), 0]
  oROI=OBJ_NEW('IDLanROI',(pathXY( * ,pathInfo(I).OFFSET+line))[0, * ], $
    (pathXY( * ,pathInfo(I).OFFSET + line))[1, * ])      ；生成 ROI
  DRAW_ROI, oROI, COLOR=80      ；绘制 ROI
  maskResult=oROI->ComputeMask(DIMENSIONS=[dims[0],dims[1]])      ；屏蔽 ROI
  IMAGE_STATISTICS,img,MASK=maskResult,COUNT=maskArea      ；统计屏蔽的 ROI
  ROIStats=oROI->ComputeGeometry(AREA=geomArea,PERIMETER=perimeter, $
      SPATIAL_SCALE=[1.2, 1.2, 1.0])      ；计算 ROI 的面积
  PRINT, 'Region''s mask area =', FIX(maskArea), ' pixels'
  PRINT, 'Region''s geometric area =', FIX(geomArea), ' mm'
  PRINT, 'Region''s perimeter=', FIX(perimeter), ' mm'
  OBJ_DESTROY, oROI
ENDFOR
END
```

程序运行结果如图 9.29 所示。

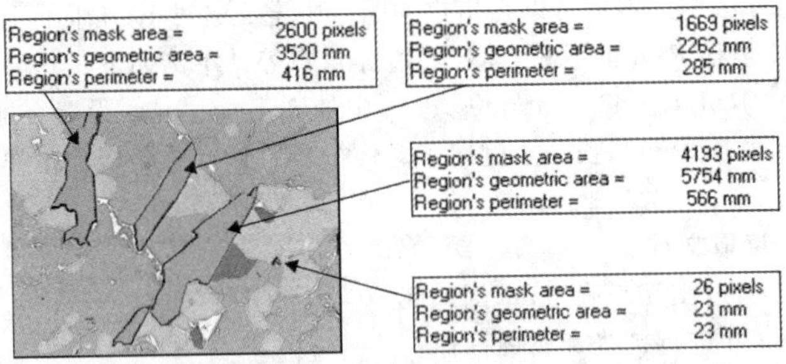

图 9.29 ROI 的面积和周长

【例 9.37】 打开 D:/RSI/IDL63/examples/data 中的图像 md5290fc1.jpg，通过 XROI 定义并创建 ROI，然后分割出 ROI。并计算 ROI 的面积。本例属于图像分割。其设计思路和程序如下设计思路分析：

(1)使用 READ_*，读取文件；

(2)通过交互在图像中定义 ROI，并利用 REGIONS_OUT=ROIout 输出 ROI；

(3)利用 ROIout 的 GetProperty 方法获取 ROI，并同时绘制图像和 ROI；

(4)根据 ROI 信息，使用 IDLanROI 对象及其方法 ComputeMask 屏蔽 ROI；

(5)根据屏蔽 ROI，利用 IMAGE_STATISTIC 统计屏蔽 ROI 的面积；

(6)输出屏蔽 ROI 的图像和面积。

```
；Chapter09ScaleMaskObject.pro
```

```
PRO Chapter09ScaleMaskObject
   file= FILEPATH('md5290fc1.jpg', SUBDIRECTORY=['examples', 'data'])
   READ_JPEG, file, img, /GRAYSCALE & dims=SIZE(img, /DIMENSIONS)
   XROI, img, REGIONS_OUT=ROIout, /BLOCK      ; 交互生成 ROI
   ROIout -> GetProperty, DATA=ROIdata
   x=ROIdata[0, * ] & y=ROIdata[1, * ]
   ROIout -> SetProperty, COLOR=[255,255,255], THICK=2
   oImg=OBJ_NEW('IDLgrImage', img,DIMENSIONS=dims)
   oWindow=OBJ_NEW('IDLgrWindow', DIMENSIONS=dims, $
     RETAIN=2, TITLE='Selected ROI')
   viewRect=[0, 0, dims[0], dims[1]]
   oView=OBJ_NEW('IDLgrView', VIEWPLANE_RECT=viewRect)
   oModel=OBJ_NEW('IDLgrModel')
   oModel -> Add, oImg & oModel -> Add, ROIout
   oView -> Add, oModel & oWindow -> Draw, oView
   maskResult=ROIout -> ComputeMask( DIMENSIONS=dims)
   IMAGE_STATISTICS, img, MASK=MaskResult, COUNT=count      ; 统计 ROI
   PRINT, 'area of mask=', count,' pixels'
   mask=(maskResult GT 0) & maskImg=img * mask
   cropImg=maskImg[min(x):max(x), min(y): max(y)]
   cropDims=SIZE(cropImg, /DIMENSIONS)
   oMaskImg=OBJ_NEW('IDLgrImage', cropImg, DIMENSIONS=dims)
   oMaskWindow=OBJ_NEW('IDLgrWindow',DIMENSIONS=2 * cropDims,RETAIN=2, $
     TITLE='Magnified ROI', LOCATION=dims)
   oMaskView=OBJ_NEW('IDLgrView', VIEWPLANE_RECT=viewRect)
   oMaskModel=OBJ_NEW('IDLgrModel') & oMaskModel -> Add, oMaskImg
   oMaskView -> Add, oMaskModel & OMaskWindow -> Draw, oMaskView
   OBJ_DESTROY, [oView, oMaskView, ROIout]
END
```

程序运行结果如图 9.30 所示。

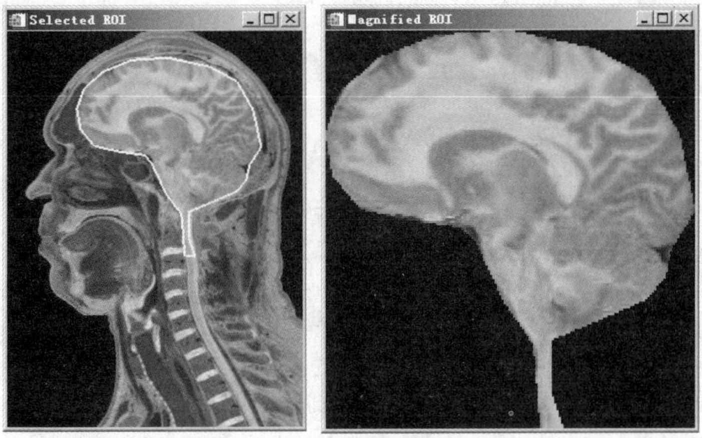

图 9.30　分割 ROI

【例 9.38】 打开 D:/RSI/IDL63/examples/data 中的图像数据 head. dat,通过 XROI 定义并创建一组 ROI,然后分别分割出 ROI,最后重建成三维网格物体。本例属于 ROI 组对象的面绘制。其设计思路和程序如下。

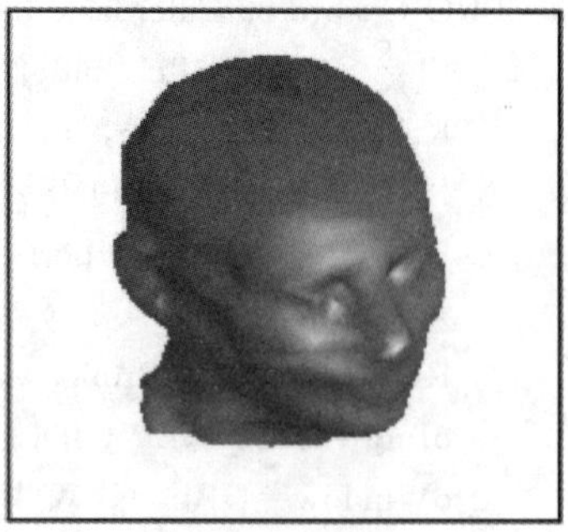

图 9.31 ROI 组对象的面绘制

设计思路分析:

(1)使用 READ _ * ,读取图像数据文件 head. dat;

(2)通过交互在图像中定义 ROI,并利用 REGIONS _ OUT=ROIout 输出 ROI;

(3)利用 IDLgrROIGroup 的创建 ROI 组对象;

(4)利用 IDLgrROIGroup 的 ComputeMesh 方法,创建 ROI 组对象的面网格数据;

(5)根据 ROI 组对象的面网格数据,利用 IDLgrPolygon 创建多边形对象;

(6)利用 XOBJVIEW 输出 ROI 组对象。

```
; Chapter09GroupROIMesh. pro
Pro Chapter09GroupROIMesh
   DEVICE, DECOMPOSED=0, RETAIN=2 & LOADCT, 5 & TVLCT, R, G, B, /GET
   file=FILEPATH('head. dat', SUBDIRECTORY=['examples', 'data'])
   img=READ_BINARY(file, DATA_DIMS=[80,100,57])      ;读取二进制图像
   img=CONGRID(img, 200, 225, 57)      ;图像重组
   oROIGroup=OBJ_NEW('IDLgrROIGroup')      ;生成 ROI 组对象
   FOR i=0, 54, 5 DO BEGIN      ;循环交互生成 ROI 组
     XROI, img[*, *,i], R, G, B, REGIONS_OUT=oROI, $
       /BLOCK, ROI_SELECT_COLOR=[255, 255, 255]
     oROI -> GetProperty, DATA=roiData & roiData[2, *]=2.2*i
     oRoi -> ReplaceData, roiData & oRoiGroup -> Add, oRoi
   ENDFOR
   result=oROIGroup -> ComputeMesh(verts, conn)
   nImg=57 & xymax=200.0 & zmax=float(nImg)
   oModel=OBJ_NEW('IDLgrModel')
   oModel -> Scale, 1./xymax,1./xymax, 1.0/zmax
   oModel -> Translate, -0.5, -0.5, -0.5
   oModel -> Rotate, [1, 0, 0], -90
   oModel -> Rotate, [0, 1, 0], 30 & oModel -> Rotate, [1, 0, 0], 30
   oPoly=OBJ_NEW('IDLgrPolygon', verts, POLYGON=conn, $
     COLOR=[128, 128, 128], SHADING=1)      ;利用 IDLgrPolygon 进行面绘制
   oModel -> Add, oPoly & XOBJVIEW, oModel, /BLOCK
   OBJ_DESTROY, [oROI, oROIGroup, oPoly, oModel]
END
```

程序运行结果如图 9.31 所示。

9.12 图像频域变换

图像频域变换是指首先把图像的数据空间变换到图像的频域空间,然后在其频域空间中对图像的多种频域特征进行处理,最后在处理后的频域空间转换到图像的数据空间,从而实现图像处理的过程。

图像的频域变换是图像滤波的基础，它可以对图像进行对比度增强、消除噪声、锐化和抽提特征等。图像的频域变换还可以提供更多的图像信息。常见的频域变换有快速傅里叶变换(FFT)、Hough 变换、Radon 变换和离散小波变换等。

9.12.1　快速傅里叶变换 FFT 及其应用

快速傅里叶变换是实现图像的数据空间与频域空间之间相互转换的工具。在图像的频域空间中，对图像的频域特征进行处理。例如图像频域的功能谱分析等。

1. 图像的数据空间到频域空间的变换

图像的数据空间到频域空间的变换可以使用快速傅里叶变换函数 FFT 来实现。其用法如下：

格式： Result=FFT(Array [, Direction] [, DIMENSION=vector]
[, /INVERSE] [, /OVERWRITE])

功能： 对数组进行傅里叶变换。

常用参数和关键字的用法：

(1)Array：进行傅里叶变换的数组或者图像数据。

(2)Direction：傅里叶变换的方向。负值=正向变换(默认)；正值=反向变换。

(3)DIMENSION=vector：设置傅里叶变换的维数。

(4)/INVERSE：设置反向傅里叶变换。

(5)/OVERWRITE：以覆盖方式进行傅里叶变换。

【例 9.39】 打开 D:/RSI/IDL63/examples/data 中的图像数据 abnorm.dat，对该图像进行 FFT 变换，并输出变换后的图像。其程序如下：

```
; Chapter09ForwardFFT.pro
PRO Chapter09ForwardFFT
imageSize=[64, 64]
file=FILEPATH('abnorm.dat', SUBDIRECTORY=['examples', 'data'])
image=READ_BINARY(file, DATA_DIMS=imageSize)
displaySize=2 * imageSize & DEVICE, DECOMPOSED=0 & LOADCT, 0
WINDOW, 0, XSIZE=displaySize[0], $
YSIZE=displaySize[1], TITLE='Original Image'
TVSCL, CONGRID(image, displaySize[0], displaySize[1])
ffTransform=FFT(image)        ; 正向傅里叶 FFT 变换
center=imageSize/2 + 1
fftShifted=SHIFT(ffTransform, center)        ; 图像移位
interval=1. & hFrequency=INDGEN(imageSize[0])
hFrequency[center[0]]=center[0]-imageSize[0]+FINDGEN(center[0] - 2)
hFrequency=hFrequency/(imageSize[0]/interval)
hFreqShifted=SHIFT(hFrequency, -center[0])
vFrequency=INDGEN(imageSize[1])
vFrequency[center[1]]=center[1]-imageSize[1]+FINDGEN(center[1] - 2)
vFrequency=vFrequency/(imageSize[1]/interval)
vFreqShifted=SHIFT(vFrequency, -center[1])
WINDOW, 1, TITLE='FFT: Transform'
SHADE_SURF, fftShifted, hFreqShifted, vFreqShifted, $        ; 绘制傅里叶变换图像
/XSTYLE, /YSTYLE, /ZSTYLE, TITLE='Transform of Image', $
```

```
XTITLE='Horizontal Frequency', YTITLE='Vertical Frequency', $
ZTITLE='Amplitude', CHARSIZE=1.5
WINDOW, 2, TITLE='FFT: Transform (Closer Look)'
SHADE_SURF, fftShifted, hFreqShifted, vFreqShifted, $     ;绘制傅里叶变换图像
/XSTYLE, /YSTYLE, /ZSTYLE, TITLE='Transform of Image', $
XTITLE='Horizontal Frequency', YTITLE='Vertical Frequency', $
ZTITLE='Amplitude', CHARSIZE=1.5, ZRANGE=[0., 5.]
END
```

程序运行结果如图 9.32 所示。

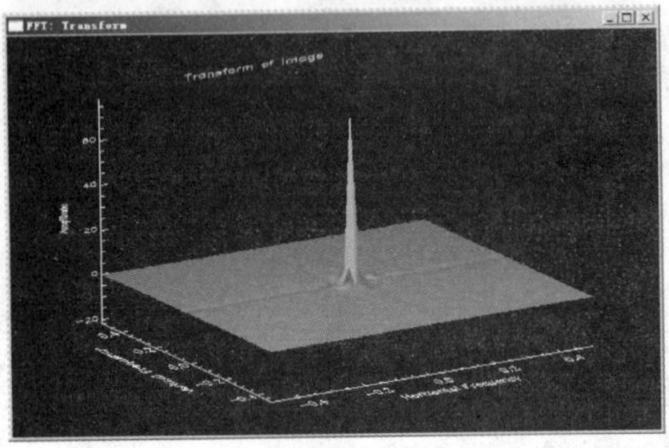

图 9.32 正向 FFT(左)和 0～5 的正向 FFT(右)

2. 傅里叶变换的功能谱

傅里叶变换的功能谱可以使用快速傅里叶变换函数 FFT,ABS 和 ALOG10 来实现。

【例 9.33】 打开 D:/RSI/IDL63/examples/data 中的图像数据 abnorm.dat,对该图像进行 FFT 变换,并计算输出 FFT 的功能谱及其图像。其程序如下:

```
; Chapter09DisplayFFT.pro
PRO Chapter09DisplayFFT
   imageSize=[64, 64]
   file=FILEPATH('abnorm.dat', SUBDIRECTORY=['examples', 'data'])
   image=READ_BINARY(file, DATA_DIMS=imageSize)
   displaySize=2 * imageSize & DEVICE, DECOMPOSED=0 & LOADCT, 0
   WINDOW, 0, XSIZE=displaySize[0], YSIZE=displaySize[1], $
     TITLE='Original Image'
   TVSCL, CONGRID(image, displaySize[0], displaySize[1])
   ffTransform=FFT(image) & center=imageSize/2 + 1
   fftShifted=SHIFT(ffTransform, center)
   interval=1. & hFrequency=INDGEN(imageSize[0])
   hFrequency[center[0]]=center[0]-imageSize[0]+FINDGEN(center[0]-2)
   hFrequency=hFrequency/(imageSize[0]/interval)
   hFreqShifted=SHIFT(hFrequency, -center[0])
   vFrequency=INDGEN(imageSize[1])
   vFrequency[center[1]]=center[1]-imageSize[1]+FINDGEN(center[1]-2)
   vFrequency=vFrequency/(imageSize[1]/interval)
   vFreqShifted=SHIFT(vFrequency, -center[1])
   powerSpectrum=ABS(fftShifted)^2
```

```
  scaledPowerSpect=ALOG10(powerSpectrum)
  WINDOW, 1,TITLE='FFT Power Spectrum: Logarithmic Scale (surface)'
  SHADE_SURF, scaledPowerSpect, hFreqShifted, vFreqShifted, $
    /XSTYLE, /YSTYLE, /ZSTYLE, TITLE='Log-scaled Power Spectrum', $
    XTITLE='Horizontal Frequency', YTITLE='Vertical Frequency', $
    ZTITLE='Log(Abs(Amplitude^2))', CHARSIZE=1.5      ;绘制傅里叶变换能量谱
  WINDOW, 2, XSIZE=displaySize[0], YSIZE=displaySize[1], $
  TITLE='FFT Power Spectrum: Logarithmic Scale (image)'
  TVSCL, CONGRID(scaledPowerSpect, displaySize[0], displaySize[1])
END
```

程序运行结果如图 9.33 所示。

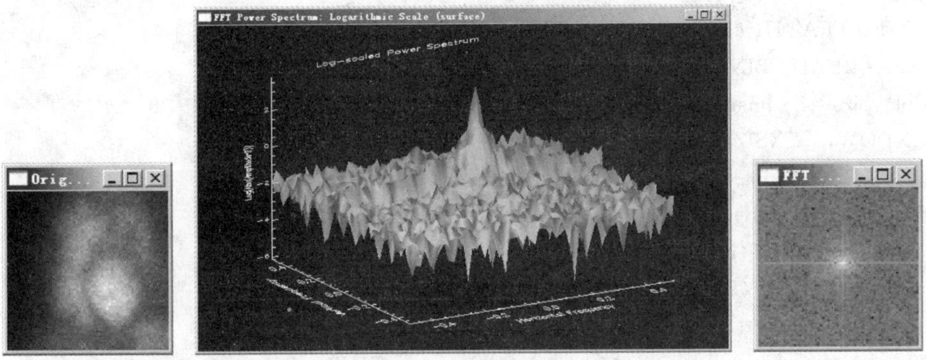

图 9.33　FFT 的功能谱

3. 傅里叶变换的逆变换

图像的频域空间到数据空间的变换可以使用快速傅里叶变换的逆变换来实现。傅里叶变换的逆变换与快速傅里叶变换相同。

【例 9.41】　打开 D:/RSI/IDL63/examples/data 中的图像数据 abnorm.dat，对该图像进行 FFT 变换，然后再把变换后的频域空间变换到数据空间，并输出相应的图像。请自行分析程序运行的结果，其程序如下：

```
; Chapter09InverseFFT.pro
PRO Chapter09InverseFFT
  imageSize=[64, 64]
  file=FILEPATH('abnorm.dat', SUBDIRECTORY=['examples', 'data'])
  image=READ_BINARY(file, DATA_DIMS=imageSize)
  displaySize=2 * imageSize & DEVICE, DECOMPOSED=0 & LOADCT, 0
  ffTransform=FFT(image)      ;傅里叶变换
  center=imageSize/2 + 1 & fftShifted=SHIFT(ffTransform, center)
  powerSpectrum=ABS(fftShifted)^2
  scaledPowerSpect=ALOG10(powerSpectrum)
  WINDOW, 0, XSIZE=displaySize[0], YSIZE=displaySize[1], $
    TITLE='Power Spectrum Image'
  TVSCL, CONGRID(scaledPowerSpect, displaySize[0], displaySize[1])
  fftInverse=REAL_PART(FFT(ffTransform, /INVERSE))      ;傅里叶逆变换
  WINDOW, 1, XSIZE=displaySize[0], YSIZE=displaySize[1], $
    TITLE='FFT: Inverse Transform'
```

```
    TVSCL, CONGRID(fftInverse, displaySize[0], displaySize[1])
END
```

4. 傅里叶变换的消噪功能

FFT 具有很好的消噪的能力。具体方法：首先利用 FFT 把图像的数据空间变换到频域空间，然后对频域空间，利用屏蔽图像进行消噪，最后再利用 FFT 的逆变换把图像的频域空间到数据空间，并输出图像。

【例 9.42】 打开 D:/RSI/IDL63/examples/data 中的图像数据 abnorm.dat，对该图像进行 FFT 变换，然后再把变换后的频域空间变换到数据空间，并输出相应的图像。其程序如下：

```
; Chapter09RemovingNoiseWithFFT.pro
PRO Chapter09RemovingNoiseWithFFT
    imageSize=[64, 64]
    file=FILEPATH('abnorm.dat', SUBDIRECTORY=['examples', 'data'])
    image=READ_BINARY(file, DATA_DIMS=imageSize)
    displaySize=2 * imageSize & DEVICE, DECOMPOSED=0 & LOADCT, 0
    WINDOW, 0, XSIZE=2 * displaySize[0], YSIZE=displaySize[1], $
      TITLE='Original Image and Power Spectrum'
    TVSCL, CONGRID(image, displaySize[0], displaySize[1]), 0
    ffTransform=FFT(image) & center=imageSize/2 + 1
    fftShifted=SHIFT(ffTransform, center)
    interval=1. & hFrequency=INDGEN(imageSize[0])
    hFrequency[center[0]]=center[0] - imageSize[0]+FINDGEN(center[0]-2)
    hFrequency=hFrequency/(imageSize[0]/interval)
    hFreqShifted=SHIFT(hFrequency, -center[0])
    vFrequency=INDGEN(imageSize[1])
    vFrequency[center[1]]=center[1] - imageSize[1]+FINDGEN(center[1]-2)
    vFrequency=vFrequency/(imageSize[1]/interval)
    vFreqShifted=SHIFT(vFrequency, -center[1])
    powerSpectrum=ABS(fftShifted)^2
    scaledPowerSpect=ALOG10(powerSpectrum)
    TVSCL, CONGRID(scaledPowerSpect, displaySize[0], displaySize[1]), 1
    scaledPS0=scaledPowerSpect - MAX(scaledPowerSpect)
    WINDOW, 1, TITLE='Power Spectrum Scaled to a Zero Maximum'
    SHADE_SURF, scaledPS0, hFreqShifted, vFreqShifted, $
      /XSTYLE, /YSTYLE, /ZSTYLE, TITLE='Zero Maximum Power Spectrum', $
      XTITLE='Horizontal Frequency', YTITLE='Vertical Frequency', $
      ZTITLE='Max-Scaled(Log(Power Spectrum))', CHARSIZE=1.5
    mask=REAL_PART(scaledPS0) GT -5.25
    maskedTransform=fftShifted * mask        ; 屏蔽图像
    WINDOW, 2, XSIZE=2 * displaySize[0], YSIZE=displaySize[1], $
      TITLE='Power Spectrum of Masked Transform and Results'
    TVSCL, CONGRID(ALOG10(ABS(maskedTransform^2)), $
      displaySize[0], displaySize[1]), 0, /NAN
    maskedShiftedTrans=SHIFT(maskedTransform, -center)
    inverseTransform=REAL_PART(FFT(maskedShiftedTrans, /INVERSE))
```

```
    TVSCL, CONGRID(inverseTransform, displaySize[0], displaySize[1]), 1
END
```

程序运行结果如图 9.34 所示。

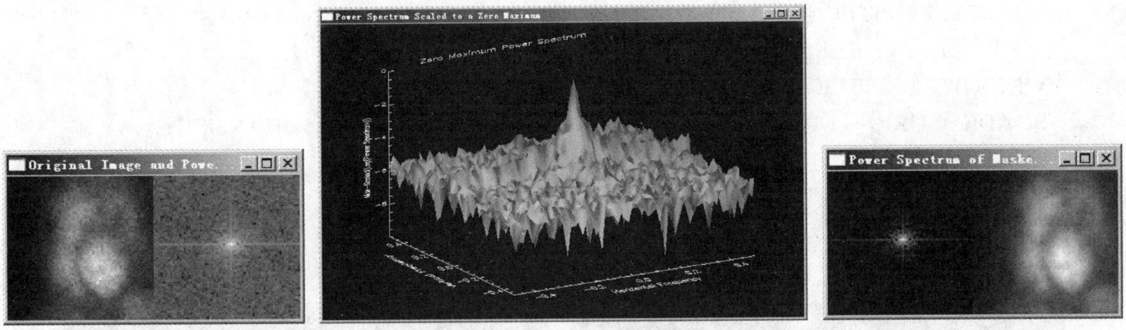

(a)　(b)　(c)

图 9.34　运行结果

(a)原图与 FFT 图；（b）FFT 功能谱；（c）FFT 与逆 FFT 消噪图像

9.12.2　小波变换 WTN 及其应用

小波变换是实现图像的数据空间与频域空间之间相互转换的工具。在图像的频域空间中，对图像的频域特征进行处理。例如：图像频域的功能谱分析等。

1. 图像的数据空间到频域空间的变换

图像的数据空间到频域空间的变换可以使用小波变换函数 WTN 来实现。

格式：Result＝WTN(Array, Coef [,/COLUMN][, /INVERSE][, /OVERWRITE])

功能：对数组进行小波变换。

常用参数和关键字的用法：

(1)Array：进行小波变换的数组或者图像数据。

(2)Coef：设置小波滤波系数。其取值范围为 4,12 或者 20。4 是指使用函数 daub4()；12 或者 20 是指使用函数 pwt()。

(3)/COLUMN：设置数组 Array 是列格式。

(4)/INVERSE：设置反向小波变换。

(5)/OVERWRITE：以覆盖方式进行小波变换。

【例 9.43】　打开 D:/RSI/IDL63/examples/data 中的图像数据 abnorm.dat，对该图像进行 WTN 变换，并输出变换后的图像。其程序如下：

```
; Chapter09ForwardWavelet.pro
PRO Chapter09ForwardWavelet
    imageSize=[64, 64]
    file=FILEPATH('abnorm.dat', SUBDIRECTORY=['examples', 'data'])
    image=READ_BINARY(file, DATA_DIMS=imageSize)
    displaySize=2 * imageSize
    DEVICE, DECOMPOSED=0
    LOADCT, 0
    WINDOW, 0, XSIZE=displaySize[0], $
    YSIZE=displaySize[1], TITLE='Original Image'
    TVSCL, CONGRID(image, displaySize[0], displaySize[1])
```

```
    waveletTransform=WTN(image, 20)        ；对图像 image 进行小波变换
    WINDOW, 1, TITLE='Wavelet: Transform'
    SHADE_SURF, waveletTransform, /XSTYLE, /YSTYLE, $
      /ZSTYLE, TITLE='Transform of Image', XTITLE='Horizontal Number', $
      YTITLE='Vertical Number', ZTITLE='Amplitude', CHARSIZE=1.5
    WINDOW, 2, TITLE='Wavelet: Transform (Closer Look)'
    SHADE_SURF, waveletTransform,/XSTYLE,/YSTYLE,/ZSTYLE,CHARSIZE=1.5, $
      TITLE='Transform of Image', XTITLE='Horizontal Number', $
      YTITLE='Vertical Number', ZTITLE='Amplitude', ZRANGE=[0., 200.]
END
```

程序运行结果如图 9.35 所示。

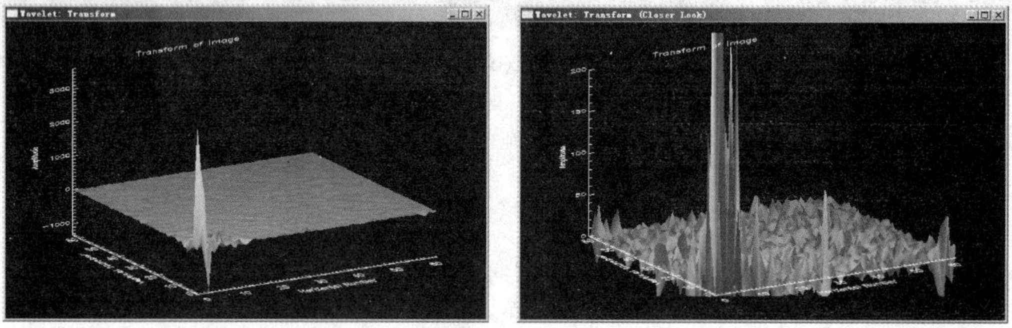

图 9.35　正向 WTN

2. 小波变换的功能谱

小波变换的功能谱可以使用小波变换函数 WTN,ABS 和 ALOG10 来实现。

【例 9.44】 打开 D:/RSI/IDL63/examples/data 中的图像数据 abnorm.dat,对该图像进行 WTN 变换,并计算输出 WTN 的功能谱及其图像。其程序如下：

```
; Chapter09DisplayWavelet.pro
PRO Chapter09DisplayWavelet
    imageSize=[64, 64]
    file=FILEPATH('abnorm.dat', SUBDIRECTORY=['examples', 'data'])
    image=READ_BINARY(file, DATA_DIMS=imageSize)
    displaySize=2 * imageSize & DEVICE, DECOMPOSED=0 & LOADCT, 0
    WINDOW,0,XSIZE=displaySize[0], YSIZE=displaySize[1], TITLE='Original Image'
    TVSCL, CONGRID(image, displaySize[0], displaySize[1])
    waveletTransform=WTN(image, 20)                  ；对图像 image 进行小波变换
    powerSpectrum=ABS(waveletTransform)^2            ；生成图像 image 的能量谱
    scaledPowerSpect=ALOG10(powerSpectrum)
    WINDOW, 1, TITLE='Wavelet Power Spectrum: Logarithmic Scale (surface)'
    SHADE_SURF, scaledPowerSpect, /XSTYLE, /YSTYLE, /ZSTYLE, $
      TITLE='Log-scaled Power Spectrum ',XTITLE='Horizontal Number', $
      YTITLE='Vertical Number',ZTITLE='Log(Abs(Amplitude^2))',CHARSIZE=1.5
    WINDOW, 2, XSIZE=displaySize[0], YSIZE=displaySize[1], $
      TITLE='Wavelet Power Secptrum: Logarithmic Scale (image)'
    TVSCL, CONGRID(scaledPowerSpect, displaySize[0], displaySize[1])
END
```

程序运行结果如图 9.36 所示。

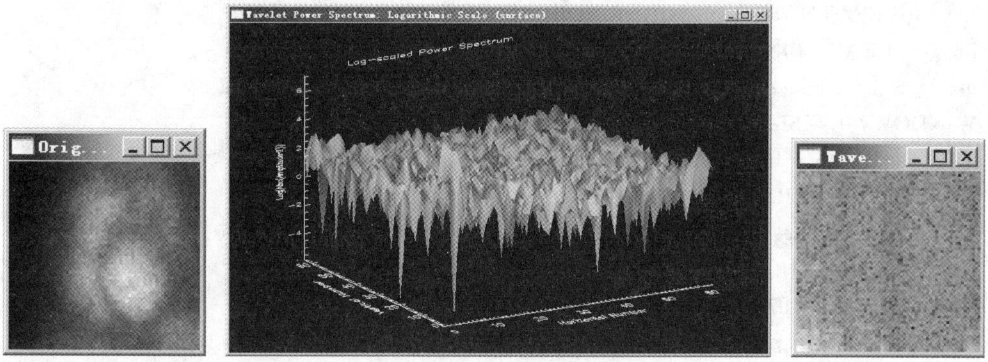

图 9.36　WTN 的功能谱

3. 小波变换的逆变换

图像的频域空间到数据空间的变换可以使用小波变换的逆变换来实现。小波变换的逆变换与小波变换相同。

【例 9.45】　打开 D:/RSI/IDL63/examples/data 中的图像数据 abnorm.dat，对该图像进行 WTN 变换，然后再把变换后的频域空间变换到数据空间，并输出相应的图像。请自行分析程序运行的结果，其程序如下：

```
; Chapter09InverseWavelet.pro
PRO Chapter09InverseWavelet
   imageSize=[64, 64]
   file=FILEPATH('abnorm.dat', SUBDIRECTORY=['examples', 'data'])
   image=READ_BINARY(file, DATA_DIMS=imageSize)
   displaySize=2 * imageSize & DEVICE, DECOMPOSED=0 & LOADCT, 0
   waveletTransform=WTN(image, 20)        ; 对图像 image 进行小波变换
   powerSpectrum=ABS(waveletTransform)^2        ; 生成图像 image 的能量谱
   scaledPowerSpectrum=ALOG10(powerSpectrum)
   WINDOW, 0, XSIZE=displaySize[0], YSIZE=displaySize[1], $
     TITLE='Power Spectrum Image'
   TVSCL, CONGRID(scaledPowerSpectrum, displaySize[0], displaySize[1])
   waveletInverse=WTN(waveletTransform, 20, /INVERSE)        ; 对图像 image 进行小波逆变换
   WINDOW, 1, XSIZE=displaySize[0], YSIZE=displaySize[1], $
     TITLE='Wavelet: Inverse Transform'
   TVSCL, CONGRID(waveletInverse, displaySize[0], displaySize[1])
END
```

4. 小波变换的消噪功能

WTN 具用很好的消噪的能力。具体方法为首先利用 WTN 把图像的数据空间变换到频域空间，然后对频域空间，利用屏蔽图像进行消噪，最后再利用 WTN 的逆变换把图像的频域空间到数据空间，并输出图像。

【例 9.46】　打开 D:/RSI/IDL63/examples/data 中的图像数据 abnorm.dat，对该图像进行 WTN 变换，然后再把变换后的频域空间变换到数据空间，并输出相应的图像。其程序如下：

```
; Chapter09RemovingNoiseWithWavelet.pro
PRO Chapter09RemovingNoiseWithWavelet
```

```
    imageSize=[64, 64]
    file=FILEPATH('abnorm.dat', SUBDIRECTORY=['examples', 'data'])
    image=READ_BINARY(file, DATA_DIMS=imageSize)
    displaySize=2 * imageSize & DEVICE, DECOMPOSED=0 & LOADCT, 0
    WINDOW, 0, XSIZE=2 * displaySize[0], YSIZE=displaySize[1], $
    TITLE='Original Image and Power Spectrum'
    TVSCL, CONGRID(image, displaySize[0], displaySize[1]), 0
    waveletTransform=WTN(image, 20)      ；对图像 image 进行小波变换
    ；对图像 image 利用屏蔽图像进行消噪处理
    TVSCL, CONGRID(ALOG10(ABS(waveletTransform^2)), $
    displaySize[0], displaySize[1]), 1
    croppedTransform=FLTARR(imageSize[0], imageSize[1])
    croppedTransform[0, 0]=waveletTransform[0:(imageSize[0]/2), $
    0:(imageSize[1]/2)]
    WINDOW, 1, XSIZE=2 * displaySize[0], YSIZE=displaySize[1], $
    TITLE='Power Spectrum of Cropped Transform and Results'
    TVSCL, CONGRID(ALOG10(ABS(croppedTransform^2)), $
    displaySize[0], displaySize[1]), 0, /NAN
    inverseTransform=WTN(croppedTransform, 20, /INVERSE)      ；对图像 image 进行小波逆变换
    TVSCL, CONGRID(inverseTransform, displaySize[0], displaySize[1]), 1
END
```

程序运行结果如图 9.37 所示。

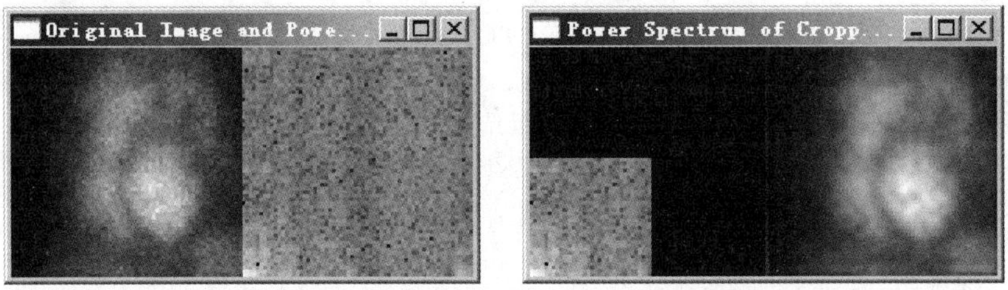

图 9.37　运行结果

(a)原图与 WTN；(b)WTN 与逆 WTN 消噪图像

9.12.3　Hough 变换和 Radon 变换及其应用

Hough 变换和 Radon 变换是实现图像的数据空间与频域空间之间相互转换的工具。在图像的频域空间中，对图像的频域特征进行处理。例如，图像频域的功能谱分析等。

1. 图像的数据空间到频域空间的变换

图像的数据空间到频域空间的变换可以使用 Hough 变换和 Radon 变换函数 Hough 和 Radon 来实现。Hough 变换主要用于检测直线；Radon 变换主要用于图像的特征分析。

函数 Hough 的用法：

格式：Result=HOUGH(Array[, /GRAY][, RHO=variable][, THETA=variable])

功能：对数组进行 Hough 变换

常用参数和关键字的用法：

(1)Array：进行 Hough 变换的数组或者图像数据。

(2)/GRAY:设置按像素值进行 Hough 变换。

(3)RHO=variable:设置在退出时,把坐标信息存入变量 variable 中。

(4)THETA=variable:设置在退出时,把坐标的角度信息存入变量 variable 中。

函数 Radon 的用法如下:

格式: Result=Radon(Array[, /GRAY][, RHO=variable][, THETA=variable])

功能:对数组进行 Radon 变换

常用参数和关键字的用法同上。

【例 9.47】 打开 D:/RSI/IDL63/examples/data 中的图像数据 abnorm.dat,对该图像进行 Hough 变换和 Radon 变换,并输出变换后的图像。其程序如下:

```
; Chapter09ProjectHoughAndRadon.pro
PRO Chapter09ProjectHoughAndRadon
   imageSize=[64, 64]
   file=FILEPATH('abnorm.dat', SUBDIRECTORY=['examples', 'data'])
   image=READ_BINARY(file, DATA_DIMS=imageSize)
   displaySize=4 * imageSize & offset=displaySize/3
   DEVICE, DECOMPOSED=0 & LOADCT, 0
   WINDOW,0,XSIZE=displaySize[0], YSIZE=displaySize[1], TITLE='Original Image'
   TVSCL, CONGRID(image, displaySize[0], displaySize[1])     ;图像重组和拉伸
   ;图像 HOUGH 变换
   houghTransform=HOUGH(image,RHO=houghRadii,THETA=houghAngles, /GRAY)
   WINDOW, 1, XSIZE=displaySize[0] + 1.5 * offset[0], $
     YSIZE=displaySize[1] + 1.5 * offset[1], TITLE='Hough Transform'
   TVSCL, CONGRID(houghTransform, displaySize[0], $
   displaySize[1]), offset[0], offset[1]
   PLOT, houghAngles, houghRadii, /XSTYLE, /YSTYLE, $
     TITLE='Hough Transform', XTITLE='Theta', $
     YTITLE='Rho', /NODATA, /NOERASE, /DEVICE, $
     POSITION=[offset[0], offset[1], displaySize[0] + offset[0], $
     displaySize[1] + offset[1]], CHARSIZE=1.5
   ;图像 RADON 变换
   radonTransform=RADON(image, RHO=radonRadii,THETA=radonAngles,/GRAY)
   WINDOW, 2, XSIZE=displaySize[0] + 1.5 * offset[0], $
     YSIZE=displaySize[1] + 1.5 * offset[1], TITLE='Radon Transform'
   TVSCL, CONGRID(radonTransform, displaySize[0], $
     displaySize[1]), offset[0], offset[1]
   PLOT, radonAngles, radonRadii, /XSTYLE, /YSTYLE, $
     TITLE='Radon Transform', XTITLE='Theta', $
     YTITLE='Rho', /NODATA, /NOERASE, /DEVICE, $
   POSITION=[offset[0], offset[1], displaySize[0] + offset[0], $
   displaySize[1] + offset[1]], CHARSIZE=1.5
END
```

程序运行结果如图 9.38 所示。

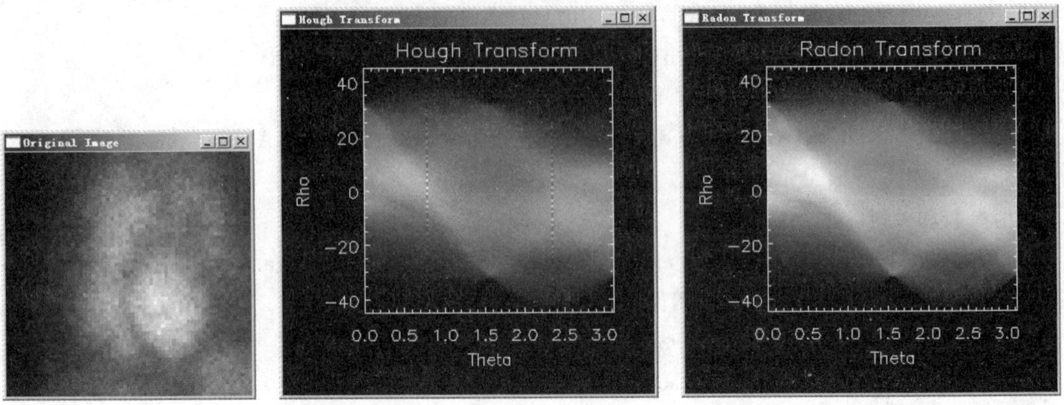

(a) (b) (c)

图 9.38 运行结果

(a)原图； (b)Hough 变换； (c)Radon 变换

2. Hough 变换和 Radon 变换的反射投影

图像的频域空间到数据空间的变换可以使用 Hough 变换和 Radon 变换的反射投影来实现。Hough 变换和 Radon 变换的反射投影与 Hough 变换和 Radon 变换相同。

【例 9.48】 打开 D:/RSI/IDL63/examples/data 中的图像 abnorm. dat，对该图像进行 Hough 和 Radon 变换，然后再把变换后的频域空间变换到数据空间，并输出相应的图像。程序如下：

```
; Chapter09BackprojectHoughAndRadon. pro
PRO Chapter09BackprojectHoughAndRadon
  imageSize=[64, 64]
  file=FILEPATH('abnorm. dat', SUBDIRECTORY=['examples', 'data'])
  image=READ_BINARY(file, DATA_DIMS=imageSize)
  displaySize=4 * imageSize & offset=displaySize/3
  DEVICE, DECOMPOSED=0 & LOADCT, 0
  houghTransform=HOUGH(image,RHO=houghRadii,THETA=houghAngles,/GRAY)
  WINDOW, 0, XSIZE=displaySize[0] + 1.5 * offset[0], $
    YSIZE=displaySize[1] + 1.5 * offset[1], TITLE='Hough Transform'
  TVSCL, CONGRID(houghTransform, displaySize[0], $
    displaySize[1]), offset[0], offset[1]
  PLOT, houghAngles, houghRadii, /XSTYLE, /YSTYLE, $
    TITLE='Hough Transform', XTITLE='Theta', $
    YTITLE='Rho', /NODATA, /NOERASE, /DEVICE, $
    POSITION=[offset[0], offset[1], displaySize[0] + offset[0], $
    displaySize[1] + offset[1]], CHARSIZE=1.5
  radonTransform=RADON(image, RHO=radonRadii, $
    THETA=radonAngles, /GRAY)
  WINDOW, 1, XSIZE=displaySize[0] + 1.5 * offset[0], $
    YSIZE=displaySize[1] + 1.5 * offset[1], TITLE='Radon Transform'
```

```
   TVSCL, CONGRID(radonTransform, displaySize[0], $
      displaySize[1]), offset[0], offset[1]
   PLOT, radonAngles, radonRadii, /XSTYLE, /YSTYLE, $
      TITLE='Radon Transform', XTITLE='Theta', $
      YTITLE='Rho', /NODATA, /NOERASE, /DEVICE, $
   POSITION=[offset[0], offset[1], displaySize[0] + offset[0], $
      displaySize[1] + offset[1]], CHARSIZE=1.5
   backprojectHough=HOUGH(houghTransform, /BACKPROJECT, $      ;图像反 HOUGH 变换
      RHO=houghRadii,THETA=houghAngles,NX=imageSize[0],NY=imageSize[1])
   backprojectRadon=RADON(radonTransform, /BACKPROJECT, $      ;图像反 RADON 变换
      RHO=radonRadii,THETA=radonAngles,NX=imageSize[0],NY=imageSize[1])
   WINDOW, 2, XSIZE=(3 * displaySize[0]), YSIZE=displaySize[1], $
   TITLE='Hough and Radon Backprojections'
   TVSCL, CONGRID(image, displaySize[0], displaySize[1]), 0
   TVSCL, CONGRID(backprojectHough, displaySize[0], displaySize[1]), 1
   TVSCL, CONGRID(backprojectRadon, displaySize[0], displaySize[1]), 2
END
```

程序运行结果如图 9.39 所示。

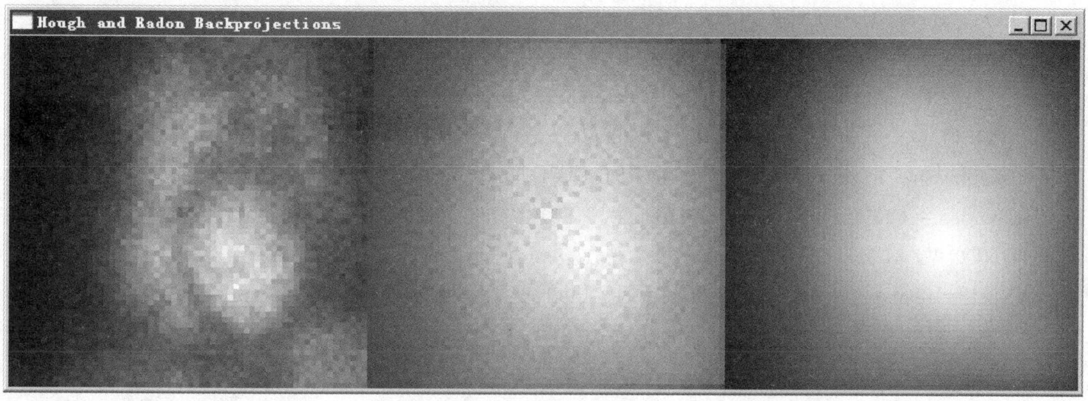

(a)　(b)　(c)

图 9.39　运行结果

(a)原图；(b)Hough 变换；(c) Radon 变换(右)

3. 基于 Hough 变换的直线分割

Hough 变换具有很好的直线分割能力。具体方法为：首先利用 Hough 和 Radon 把图像的数据空间变换到频域空间，然后对频域空间，利用屏蔽图像进行直线分割，最后再利用 Hough 和 Radon 的反射投影分割出直线，并输出图像。

【例 9.49】 打开 D:/RSI/IDL63/examples/data 中的图像数据 rockland.png，在该图像中进行直线分割，并输出相应的图像。其程序如下：

```
; Chapter09FindingLinesWithHough.pro
PRO Chapter09FindingLinesWithHough
   file=FILEPATH('rockland.png', SUBDIRECTORY=['examples', 'data'])
```

```
image=READ_PNG(file) & imageSize=SIZE(image, /DIMENSIONS)
DEVICE, DECOMPOSED=1
WINDOW,0,XSIZE=imageSize[1],YSIZE=imageSize[2],TITLE='Rockland, Maine'
TV, image, TRUE=1
intensity=REFORM(image[1, *, *])      ；屏蔽图像处理
intensitySize=SIZE(intensity, /DIMENSIONS)
mask=intensity GT 240 & DEVICE, DECOMPOSED=0 & LOADCT, 0
WINDOW, 1, XSIZE=intensitySize[0], $
  YSIZE=intensitySize[1], TITLE='Mask to Locate Power Lines'
TVSCL, mask
transform=HOUGH(mask, RHO=rho, THETA=theta)      ；图像 HOUGH 变换
displaySize=[256, 256] & offset=displaySize/3
TVLCT, red, green, blue, /GET
TVLCT, 255 - red, 255 - green, 255 - blue
WINDOW, 2, XSIZE=displaySize[0] + 1.5 * offset[0], $
  YSIZE=displaySize[1] + 1.5 * offset[1], TITLE='Hough Transform'
TVSCL, CONGRID(transform, displaySize[0], $
  displaySize[1]), offset[0], offset[1]
PLOT, theta, rho, /XSTYLE, /YSTYLE, $
  TITLE='Hough Transform', XTITLE='Theta', $
  YTITLE='Rho', /NODATA, /NOERASE, /DEVICE, $
  POSITION=[offset[0], offset[1], displaySize[0] + offset[0], $
  displaySize[1] + offset[1]], CHARSIZE=1.5, COLOR=! P.BACKGROUND
transform=(TEMPORARY(transform) - 85) > 0
WINDOW, 3, XSIZE=displaySize[0] + 1.5 * offset[0], $
YSIZE=displaySize[1]+1.5 * offset[1], TITLE='Scaled Hough Transform'
TVSCL, CONGRID(transform, displaySize[0], $
  displaySize[1]), offset[0], offset[1]
PLOT, theta, rho, /XSTYLE, /YSTYLE, $
  TITLE='Scaled Hough Transform', XTITLE='Theta', $
  YTITLE='Rho', /NODATA, /NOERASE, /DEVICE, $
  POSITION=[offset[0], offset[1], displaySize[0] + offset[0], $
  displaySize[1] + offset[1]], CHARSIZE=1.5, COLOR=! P.BACKGROUND
  backprojection=HOUGH(transform, /BACKPROJECT, $      ；图像反 HOUGH 变换
  RHO=rho, THETA=theta,NX=intensitySize[0], NY=intensitySize[1])
  WINDOW, 4, XSIZE=intensitySize[0], YSIZE=intensitySize[1], $
  TITLE='Resulting Power Lines'
TVSCL, backprojection
END
```

程序运行结果如图 9.40 所示。

图 9.40　基于 Hough 变换的直线分割

9.13　图像增强和滤波

图像增强技术是图像处理的一项重要处理技术。其目的是根据实际需要按照指定的要求对图像进行对比度增强处理，从而得到对具体应用来说视觉效果更好的、更有用的图像。图像滤波的功能是在增强图像对比度的同时，还可以对图像进行平滑和锐化处理。图像的增强和滤波技术均可以揭示出图像的更多内在的信息，同时还可以消噪，从而可以更好的进行图像分割、边界检测和特征提取。

9.13.1　图像增强

图像增强的基本技术：字节拉伸和直方图均衡。

字节拉伸是指把图像的灰度或者颜色空间从指定的范围拉伸到另一个制定的范围（默认为 0～255），从而增强图像的对比度。字节拉伸可以使用函数 BYTSCL()来实现。

格式：Result＝BYTSCL(Array [, MAX＝value][, MIN＝value][, TOP＝value])

功能：把数组 Array 的范围拉伸到 MIN～MAX。其中 TOP 用于设置拉伸的最大值。

【例 9.50】　打开 D:/RSI/IDL63/examples/data 中的图像数据 mr_brain.dcm，对该图像进行字节拉伸，并输出相应的图像。其程序如下：

```
; Chapter09ByteScaling.pro
PRO Chapter09ByteScaling
   file=FILEPATH('mr_brain.dcm', SUBDIRECTORY=['examples', 'data'])
   image=READ_DICOM(file)
   imageSize=SIZE(image, /DIMENSIONS)
   DEVICE, DECOMPOSED=0
   LOADCT, 5
   WINDOW,0,XSIZE=imageSize[0],YSIZE=imageSize[1],TITLE='Original Image'
   TV, image
   scaledImage=BYTSCL(image)        ; 拉伸图像变换
```

```
    WINDOW,1,XSIZE=imageSize[0],YSIZE=imageSize[1],TITLE='ByteScaled Image'
    TV, scaledImage
END
```

程序运行结果如图 9.41 所示。

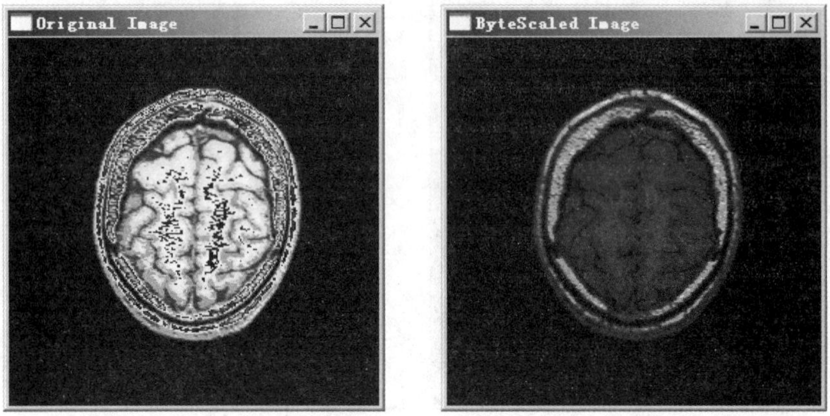

(a) (b)

图 9.41 运行结果

(a)原图； (b)字节拉伸图像

直方图是表示图像中像素的灰度值或者颜色值的分布情况的图形。

直方图均衡是把图像的直方图变成均匀分布的形式，从而扩大灰度或者颜色的动态范围，达到增强图像对比度的作用。

图像的直方图，即表示图像中各级灰度值的整体概率分布情况的图形。具体为

$$p(s_k)=n/n \quad (k=0,1,2,\cdots, L-1)$$

图像直方图的均衡增强为

$$t_k = f_{pixel}(s_k) = \sum_{i=0}^{k}(n_k/n) = \sum_{i=0}^{k}p(s_k), \quad G_{\min} \leqslant s_k \leqslant G_{\max} \quad (k = 0,1,2,\ldots,L-1)$$

其中，$G_{\max}$ 和 $G_{\min}$ 分别为图像的最大和最小灰度；L 为图像灰度级别；s_k 为第 k 级灰度的灰度值；n_k 为第 k 级灰度像素的个数；n 为图像像素的总数；t_k 为直方图均衡后相应像素的灰度值。

直方图均衡的方法：标准直方图均衡和自适应直方图均衡。

标准直方图均衡可以使用函数 HISTOGRAM()和 HIST _ EQUAL()，其用法如下：

格式：HISTOGRAM(Array[,BINSIZE=value][,MAX=value][,MIN=value][,NBINS=value]

功能：创建数组 Array 的直方图数据。其中 BINSIZE 用于设置直方图的 BIN 数，BIN 和 NBINS 的关系：BINSIZE=(MAX - MIN) / (NBINS - 1)。

格式：HIST _ EQUAL(A [,BINSIZE = value][,MAXV = value][, MINV = value][,TOP = value])

功能：对直方图数据 A 进行均衡处理。

【例 9.51】 打开 D:/RSI/IDL63/examples/data 中的图像数据 mineral.png，对该图像进行直方图均衡化，并输出相应的图像。其程序如下：

```
; Chapter09Equalizing.pro
PRO Chapter09Equalizing
    file=FILEPATH('mineral.png', SUBDIRECTORY=['examples', 'data'])
    image=READ_PNG(file, red, green, blue)
    imageSize=SIZE(image, /DIMENSIONS)
```

```
    DEVICE, DECOMPOSED=0
    TVLCT, red, green, blue
    WINDOW,0,XSIZE=imageSize[0],YSIZE=imageSize[1],TITLE='Original Image'
    TV, image
    WINDOW, 1, TITLE='Histogram of Image'
    ;绘制直方图
    PLOT,HISTOGRAM(image),/XSTYLE,/YSTYLE,TITLE='Mineral Image Histogram', $
      XTITLE='Intensity Value', YTITLE='Number of Pixels of That Value'
    equalizedImage=HIST_EQUAL(image)        ;直方图均衡处理
    WINDOW,2,XSIZE=imageSize[0],YSIZE=imageSize[1],TITLE='Equalized Image'
    TV, equalizedImage
    WINDOW, 3, TITLE='Histogram of Equalized Image'
    PLOT, HISTOGRAM(equalizedImage), /XSTYLE, /YSTYLE, $
    TITLE='Equalized Image Histogram', $
    XTITLE='Intensity Value', YTITLE='Number of Pixels of That Value'
END
```

程序运行结果如图 9.42 所示。

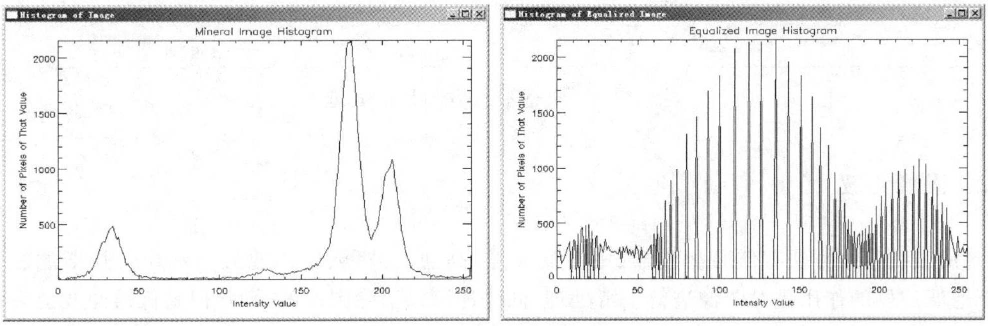

图 9.42　直方图均衡处理

自适应直方图均衡可以使用函数 HISTOGRAM()和 ADAPT_HIST_EQUAL()。

格式: Result=ADAPT_HIST_EQUAL (Array[, NREGIONS=nregions][,TOP=value])

功能:对直方图数据 Array 进行均衡处理。

【例 9.52】　打开 D:/RSI/IDL63/examples/data 中的图像数据 mineral.png,对该图像进行自适应直方图均衡化,并输出相应的图像。其程序如下:

```
; Chapter09AdaptiveEqualizing.pro
PRO Chapter09AdaptiveEqualizing
    file=FILEPATH('mineral.png', SUBDIRECTORY=['examples', 'data'])
    image=READ_PNG(file, red, green, blue)
    imageSize=SIZE(image, /DIMENSIONS)
    DEVICE, DECOMPOSED=0 & TVLCT, red, green, blue
    WINDOW,0,XSIZE=imageSize[0],YSIZE=imageSize[1],TITLE='Original Image'
    TV, image & WINDOW, 1, TITLE='Histogram of Image'
    PLOT, HISTOGRAM(image), /XSTYLE, /YSTYLE, $
      TITLE='Mineral Image Histogram', $
      XTITLE='Intensity Value', YTITLE='Number of Pixels of That Value'
```

```
  equalizedImage=ADAPT_HIST_EQUAL(image)      ;自适应直方图均衡
  WINDOW, 2, XSIZE=imageSize[0], YSIZE=imageSize[1], $
    TITLE='Adaptive Equalized Image'
  TV, equalizedImage
  WINDOW, 3, TITLE='Histogram of Adaptive Equalized Image'
  PLOT, HISTOGRAM(equalizedImage), /XSTYLE, /YSTYLE, $
    TITLE='Adaptive Equalized Image Histogram', $
    XTITLE='Intensity Value', YTITLE='Number of Pixels of That Value'
END
```

程序运行结果如图 9.43 所示。

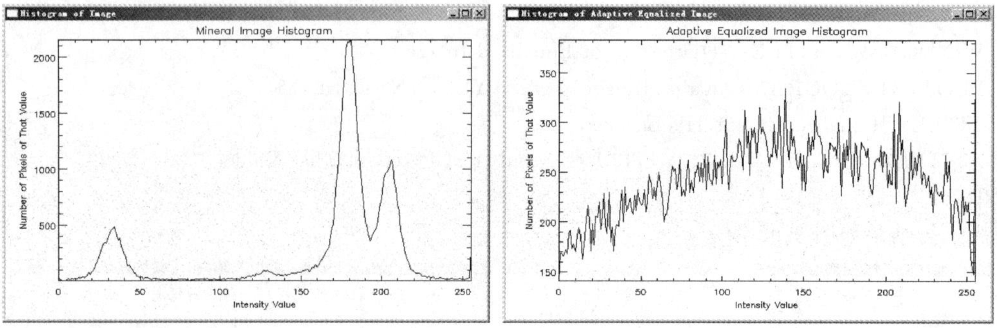

图 9.43 自适应直方图均衡处理

9.13.2 图像滤波

图像滤波的基本方法有低通滤波器、中值滤波器、高通滤波器、定向滤波器和拉普拉斯滤波器等 。其中,低通滤波器的作用是对图像进行平滑处理,同时还可以消除图像的噪声,但是低通滤波会丢失图像的细节信息;高通滤波器的作用是对图像进行锐化处理;如果既需要对图像进行平滑处理,又需要保留图像的细节信息,则需要用中值滤波器。定向滤波器和拉普拉斯滤波器对图像的滤波处理,可以更准确的提取图像的边界。

图像滤波也称为空域滤波,是一种模板(mask)对比度增强算法,即使用指定模板,以图像的一组相邻像素作为处理对象,利用卷积直接对该组像素进行计算,并把计算结果赋值给与模板中心相对应的像素,从而得到增强后各个像素的值;最后得到增强后的图像。具体步骤:

(1)将模板在图像中漫游,并将模板中心与图像的一组相邻像素的中心重合;

(2)将模板的各个系数与图像的相对应像素相乘,对所有乘积求和(即做卷积);

(3)将和值赋值给图像中对应模板中心的像素,作为其灰度值。

1. 图像的低通滤波

图像的低通滤波:即保留图像空间频率的低频成分,减少图像的高频成分。从而可以降低图像中的视觉噪声,同时除去图像中的高频部分后,图像中那些本来不明显的低频成分就更容易识别了。

低通滤波可以使图像变得平滑和模糊。图像的低通滤波可以使用低通滤波器来实现,从而可以平滑图像。具体使用的函数为 CONVOL()卷积函数。其用法如下:

格式: Result=CONVOL(Array, Kernel [, Scale_Factor] [, /CENTER]
[, /EDGE_WRAP][, /EDGE_TRUNCATE])

功能:对数组 Array 进行卷积运算。其中,Kernel 用于设置卷积的核;Scale_Factor 用于设置卷积的比例因子;/EDGE_WRAP 和/EDGE_TRUNCATE 用于设置数组 Array 的边界元素的卷积方式。

【例 9.53】 打开 D:/RSI/IDL63/examples/data 中的图像数据 nyny.dat，对该图像进行低通滤波，并输出相应的图像。其程序如下：

```
; Chapter09LowPassFiltering.pro
PRO Chapter09LowPassFiltering
   file=FILEPATH('nyny.dat', SUBDIRECTORY=['examples', 'data'])
   imageSize=[768, 512]
   image=READ_BINARY(file, DATA_DIMS=imageSize)
   croppedSize=[96, 96]
   croppedImage=image[200:(croppedSize[0] - 1) + 200, $
     180:(croppedSize[1] - 1) + 180]
   DEVICE, DECOMPOSED=0
   LOADCT, 0 & displaySize=[256, 256]
   WINDOW, 0, XSIZE=displaySize[0], YSIZE=displaySize[1], $
     TITLE='Cropped New York Image'
   TVSCL, CONGRID(croppedImage, displaySize[0], displaySize[1])
   kernelSize=[3, 3]
   kernel=REPLICATE((1./(kernelSize[0] * kernelSize[1])), $
     kernelSize[0], kernelSize[1])        ; 3 * 3 卷积核
   ;卷积处理,低通滤波
   filteredImage=CONVOL(FLOAT(croppedImage),kernel,/CENTER,/EDGE_TRUNCATE)
   WINDOW, 1, XSIZE=displaySize[0], YSIZE=displaySize[1], $
     TITLE='Low Pass Filtered New York Image'
   TVSCL, CONGRID(filteredImage, displaySize[0], displaySize[1])
   WINDOW, 2, XSIZE=displaySize[0], YSIZE=displaySize[1], $
     TITLE='Low Pass Combined New York Image'
   TVSCL,CONGRID(croppedImage+filteredImage,displaySize[0],displaySize[1])
END
```

程序运行结果如图 9.44 所示。

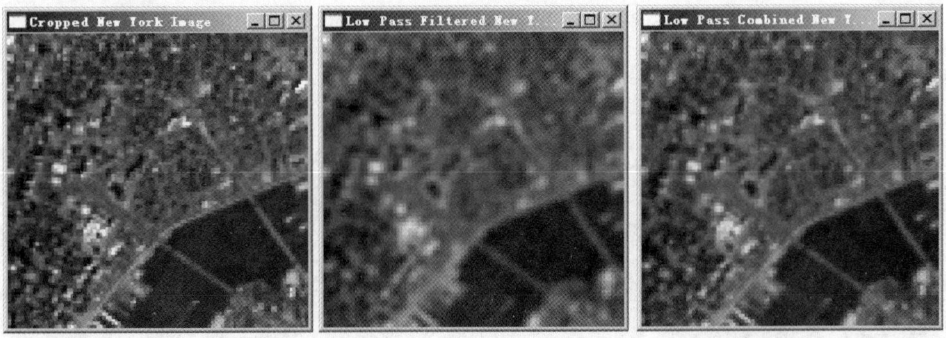

(a)　(b)　(c)

图　9.44 运行结果

(a)原图；（b)低通滤波；（c)合并图

2. 图像的高通滤波

图像的高通滤波，是模板中心卷积系数较大的滤波器。高通滤波增强图像空间频率的高频成分，降低图像的低频成分。由于模板中心的卷积系数较大，因此图像中像素值的突变的突出，即图像中像素值的差得到增强，同时图像中像素值变化较小的区域（低频成分区域）受到的影响却很小，所以高通滤波器

使图像锐化，使图像更加醒目，在视觉上显得更加清晰。但是高通滤波器同时也放大了图像的噪音。

高通滤波可以使图像变得锐化和清晰。图像的高通滤波可以使用高通滤波器来实现，从而可以锐化图像。使用卷积函数 CONVOL()。

【例 9.54】 打开 D:/RSI/IDL63/examples/data 中的图像数据 nyny. dat，对该图像进行高通滤波，并输出相应的图像。其程序如下：

```
; Chapter09HighPassFiltering. pro
PRO Chapter09HighPassFiltering
  file=FILEPATH('nyny. dat', SUBDIRECTORY=['examples', 'data'])
  imageSize=[768, 512]
  image=READ_BINARY(file, DATA_DIMS=imageSize)
  croppedSize=[96, 96]
  croppedImage=image[200:(croppedSize[0] - 1) + 200, $
    180:(croppedSize[1] - 1) + 180]
  DEVICE, DECOMPOSED=0 & LOADCT, 0
  displaySize=[256, 256]
  WINDOW, 0, XSIZE=displaySize[0], YSIZE=displaySize[1], $
    TITLE='Cropped New York Image'
  TVSCL, CONGRID(croppedImage, displaySize[0], displaySize[1])
  kernelSize=[3, 3]
  kernel=REPLICATE(-1./9., kernelSize[0], kernelSize[1])
  kernel[1, 1]=8./9.
    filteredImage=CONVOL(FLOAT(croppedImage), kernel, $
    /CENTER, /EDGE_TRUNCATE)      ;卷积处理,高通滤波
  WINDOW, 1, XSIZE=displaySize[0], YSIZE=displaySize[1], $
    TITLE='High Pass Filtered New York Image'
  TVSCL, CONGRID(filteredImage, displaySize[0], displaySize[1])
  WINDOW, 2, XSIZE=displaySize[0], YSIZE=displaySize[1], $
    TITLE='High Pass Combined New York Image'
  TVSCL,CONGRID(croppedImage+filteredImage,displaySize[0],displaySize[1])
END
```

程序运行结果如图 9.45 所示。

(a) (b) (c)

图 9.45 二值图像

(a)原图； (b)高通滤波； (c)合并图

3. 图像的定向滤波

图像的定向滤波可以使用定向滤波器来实现。可以使用卷积函数 CONVOL()实现。

【例 9.55】 打开 D:/RSI/IDL63/examples/data 中的图像数据 nyny.dat，对该图像进行定向滤波，并输出相应的图像。其程序如下：

```
; Chapter09DirectionFiltering.pro
PRO Chapter09DirectionFiltering
  file=FILEPATH('nyny.dat', SUBDIRECTORY=['examples', 'data'])
  imageSize=[768, 512]
  image=READ_BINARY(file, DATA_DIMS=imageSize)
  croppedSize=[96, 96]
  croppedImage=image[200:(croppedSize[0] - 1) + 200, $
    180:(croppedSize[1] - 1) + 180]
  DEVICE, DECOMPOSED=0 & LOADCT, 0
  displaySize=[256, 256]
  WINDOW, 0, XSIZE=displaySize[0], YSIZE=displaySize[1], $
    TITLE='Cropped New York Image'
  TVSCL, CONGRID(croppedImage, displaySize[0], displaySize[1])
  kernelSize=[3, 3]
  kernel=FLTARR(kernelSize[0], kernelSize[1])
  kernel[0, *]=-1. & kernel[2, *]=1.
  filteredImage=CONVOL(FLOAT(croppedImage), kernel, $
    /CENTER, /EDGE_TRUNCATE)      ；卷积处理,定向滤波
  WINDOW, 1, XSIZE=displaySize[0], YSIZE=displaySize[1], $
    TITLE='Direction Filtered New York Image'
  TVSCL, CONGRID(filteredImage, displaySize[0], displaySize[1])
  WINDOW, 2, XSIZE=displaySize[0], YSIZE=displaySize[1], $
    TITLE='Slopes of Direction Filtered New York Image'
  TVSCL, CONGRID(-1 > FIX(filteredImage/50) < 1, displaySize[0], $
    displaySize[1])
END
```

程序运行结果如图 9.46 所示。

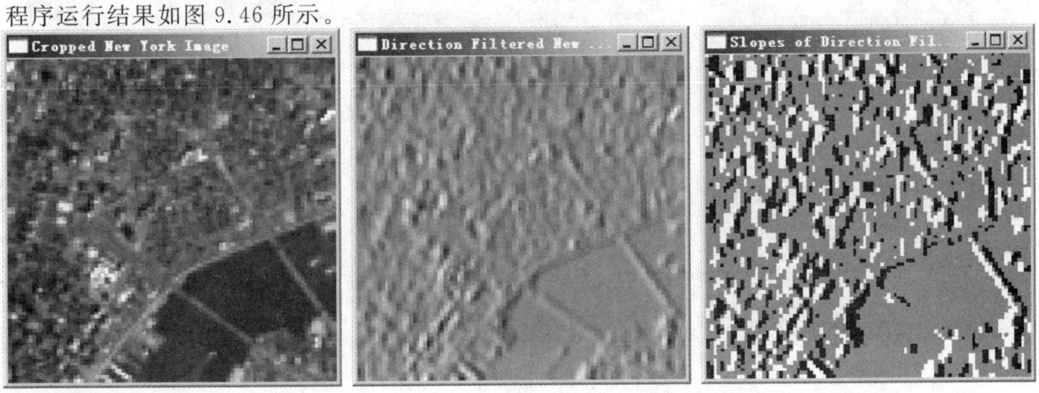

(a)　　(b)　　(c)

图　9.46 运行结果

(a)原图；(b)定向滤波；(c)倾斜定向滤波

4. 图像的拉普拉斯滤波

图像的拉普拉斯滤波可以使用拉普拉斯器滤波来实现，即用卷积函数CONVOL()。

【例9.56】 打开D:/RSI/IDL63/examples/data中的图像数据nyny.dat，对该图像进行拉普拉斯滤波，并输出相应的图像。其程序如下：

```
; Chapter09LaplaceFiltering.pro
PRO Chapter09LaplaceFiltering
  file=FILEPATH('nyny.dat', SUBDIRECTORY=['examples', 'data'])
  imageSize=[768, 512]
  image=READ_BINARY(file, DATA_DIMS=imageSize)
  croppedSize=[96, 96]
  croppedImage=image[200:(croppedSize[0] - 1) + 200, $
    180:(croppedSize[1] - 1) + 180]
  DEVICE, DECOMPOSED=0 & LOADCT, 0
  displaySize=[256, 256]
  WINDOW, 0, XSIZE=displaySize[0], YSIZE=displaySize[1], $
    TITLE='Cropped New York Image'
  TVSCL, CONGRID(croppedImage, displaySize[0], displaySize[1])
  kernelSize=[3, 3]
  kernel=FLTARR(kernelSize[0], kernelSize[1])
  kernel[1, * ]=-1. & kernel[ * , 1]=-1. & kernel[1, 1]=4.
  filteredImage=CONVOL(FLOAT(croppedImage),kernel,/CENTER,/EDGE_TRUNCATE)
  WINDOW, 1, XSIZE=displaySize[0], YSIZE=displaySize[1], $
    TITLE='Laplace Filtered New York Image'      ;卷积处理,Laplace滤波
  TVSCL, CONGRID(filteredImage, displaySize[0], displaySize[1])
  PRINT, MIN(filteredImage), MAX(filteredImage)
  WINDOW, 2, XSIZE=displaySize[0], YSIZE=displaySize[1], $
  TITLE='Negative Values of Laplace Filtered New York Image'
  TVSCL, CONGRID(filteredImage < 0, displaySize[0], displaySize[1])
END
```

程序运行结果如图9.47所示。

(a)　　　　(b)　　　　(c)

图　9.47 运行结果

(a)原图；(b)拉普拉斯滤波；(c)负向拉普拉斯滤波

9.13.3 图像平滑

图像平滑的技术是使用低通滤波器。常见的有均值低通滤波器和中值低通滤波器。

图像的中值滤波:把与模板相对应的像素从小到大排序,并将排序后的中间值赋值给与模板中心位置对应的像素。既保留了图像空间频率的低频成分,又保持了图像的细节。从而可以降低图像中的随机视觉噪声,特别是孤立的噪声点,同时除去图像中的高频部分后,保留了图像的细节。

图像的中值滤波是图像的百分比滤波的特例。

图像的百分比滤波:把与模板相对应的像素从小到大排序,按后根据某一个确定的百分比选取序列中相应的像素值赋给对应模板中心位置的像素。若百分比取50%,则百分比滤波就是中值滤波;若百分比取最大,则百分比滤波就是最大值滤波,它可以用来检测图像中最亮的点;若百分比取最小,则百分比滤波就是最小值滤波,它可以用来检测图像中最暗的点。

均值低通滤波器可以使用函数 SMOOTH()来实现。其用法如下:

格式: Result=SMOOTH(Array, Width [, /EDGE_TRUNCATE])

功能:对数组 Array 进行平滑处理。其中,Width 用于给出平滑窗口的宽度。

【例 9.57】 打开 D:/RSI/IDL63/examples/data 中的图像数据 rbcells.jpg,对该图像进行平滑处理,并输出相应的图像。其程序如下:

```
; Chapter09SmoothingWithSMOOTH.pro
PRO Chapter09SmoothingWithSMOOTH
  file=FILEPATH('rbcells.jpg', SUBDIRECTORY=['examples', 'data'])
  READ_JPEG, file, image & imageSize=SIZE(image, /DIMENSIONS)
  DEVICE, DECOMPOSED=0 & LOADCT, 0
  WINDOW,0,XSIZE=imageSize[0],YSIZE=imageSize[1],TITLE='Original Image'
  TV, image
  WINDOW, 1, TITLE='Original Image as a Surface'
  SHADE_SURF, image, /XSTYLE, /YSTYLE, CHARSIZE=2., $
    XTITLE='Width Pixels', YTITLE='Height Pixels', $
    ZTITLE='Intensity Values', TITLE='Red Blood Cell Image'
  smoothedImage=SMOOTH(image, 5, /EDGE_TRUNCATE)      ;图像的平滑处理
  WINDOW, 2, TITLE='Smoothed Image as a Surface'
  SHADE_SURF, smoothedImage, /XSTYLE, /YSTYLE, CHARSIZE=2., $
    XTITLE='Width Pixels', YTITLE='Height Pixels', $
    ZTITLE='Intensity Values', TITLE='Smoothed Cell Image'
  WINDOW,3,XSIZE=imageSize[0],YSIZE=imageSize[1],TITLE='Smoothed Image'
  TV, smoothedImage
END
```

程序运行结果如图 9.48 所示。

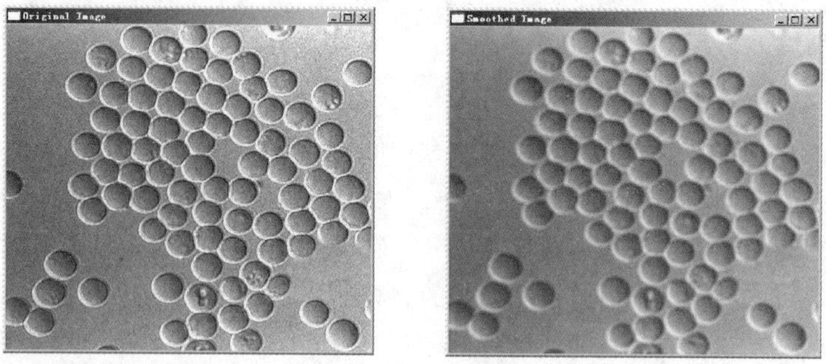

图 9.48　均值平滑处理

中值低通滤波器可以使用函数 MEDIAN()来实现。其用法如下：

格式：Result=MEDIAN(Array [, Width])

功能：对数组 Array 进行平滑处理。其中 Width 用于给出平滑窗口的宽度。

【例 9.58】　打开 D:/RSI/IDL63/examples/data 中的图像数据 rbcells.jpg，对该图像进行平滑处理，并输出相应的图像。其程序如下：

```
; Chapter09SmoothingWithMEDIAN.pro
PRO Chapter09SmoothingWithMEDIAN
   file=FILEPATH('rbcells.jpg', SUBDIRECTORY=['examples', 'data'])
   READ_JPEG, file, image & imageSize=SIZE(image, /DIMENSIONS)
   DEVICE, DECOMPOSED=0 & LOADCT, 0
   WINDOW,0,XSIZE=imageSize[0],YSIZE=imageSize[1],TITLE='Original Image'
   TV, image & WINDOW, 1, TITLE='Original Image as a Surface'
   SHADE_SURF, image, /XSTYLE, /YSTYLE, CHARSIZE=2., $
     XTITLE='Width Pixels', YTITLE='Height Pixels', $
     ZTITLE='Intensity Values', TITLE='Red Blood Cell Image'
   smoothedImage=MEDIAN(image, 5)        ; 图像的中值滤波处理
   WINDOW, 2, TITLE='Smoothed Image as a Surface'
   SHADE_SURF, smoothedImage, /XSTYLE, /YSTYLE, CHARSIZE=2., $
     XTITLE='Width Pixels', YTITLE='Height Pixels', $
     ZTITLE='Intensity Values', TITLE='Smoothed Cell Image'
   WINDOW,3,XSIZE=imageSize[0],YSIZE=imageSize[1],TITLE='Smoothed Image'
   TV, smoothedImage
END
```

程序运行结果如图 9.49 所示。

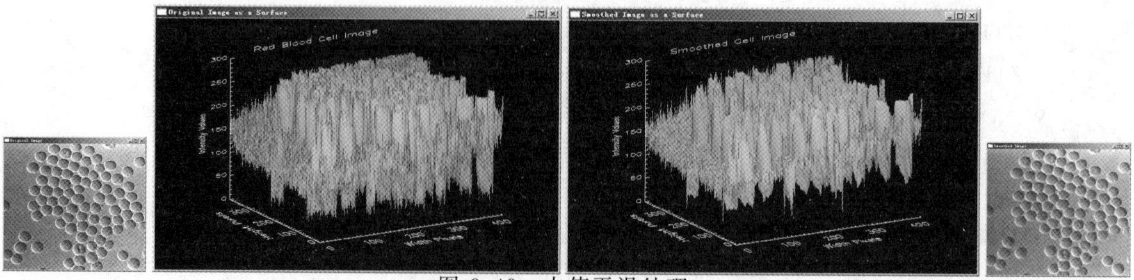

图 9.49　中值平滑处理

9.13.4 图像锐化

图像锐化可以使用高通滤波器来实现。具体使用的函数为CONVOL()卷积函数。

【例9.59】 打开D:/RSI/IDL63/examples/data中的图像数据mr_knee.dcm,对该图像进行锐化处理,并输出相应的图像。其程序如下:

```
; Chapter09Sharpening.pro
PRO Chapter09Sharpening
   file=FILEPATH('mr_knee.dcm', SUBDIRECTORY=['examples', 'data'])
   image=READ_DICOM(file) & imageSize=SIZE(image, /DIMENSIONS)
   DEVICE, DECOMPOSED=0 & LOADCT, 0
   WINDOW, 0, XSIZE=imageSize[0], YSIZE=imageSize[1], $
     TITLE='Original Knee MRI'
   TVSCL, image & kernelSize=[3, 3]
   kernel=REPLICATE(-1./9., kernelSize[0], kernelSize[1])
   kernel[1, 1]=1.
   filteredImage=CONVOL(FLOAT(image), kernel,/CENTER, /EDGE_TRUNCATE)
   WINDOW, 1, XSIZE=imageSize[0], YSIZE=imageSize[1], $
     TITLE='Sharpen Filtered Knee MRI' ;图像的锐化处理
   TVSCL, filteredImage
   WINDOW, 2, XSIZE=imageSize[0], YSIZE=imageSize[1], $
     TITLE='Sharpened Knee MRI'
   TVSCL, image + filteredImage
END
```

程序运行结果如图9.50所示。

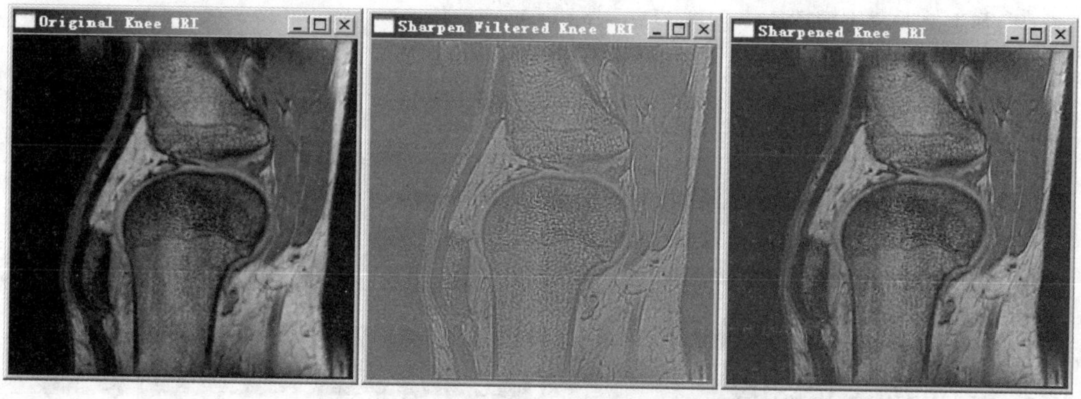

图9.50　图像锐化

9.13.5 图像消噪

图像消噪可以使用低通滤波器来实现。常见的有窗口消噪和Lee滤波器。

窗口消噪可以使用函数HANNING()来实现。其用法如下:

格式: Result=HANNING(N1 [, N2])

功能:对数组Array进行消噪处理。其中,N1和N2用于给出生成消噪窗口的大小。

【例 9.60】 打开 D:/RSI/IDL63/examples/data 中的图像数据 abnorm. dat，对该图像进行消噪处理，并输出相应的图像。其程序如下：

```
; Chapter09RemovingNoiseWithHANNING. pro
PRO Chapter09RemovingNoiseWithHANNING
   file=FILEPATH('abnorm. dat', SUBDIRECTORY=['examples', 'data'])
   imageSize=[64, 64]
   image=READ_BINARY(file, DATA_DIMS=imageSize)
   displaySize=2 * imageSize & DEVICE, DECOMPOSED=0 & LOADCT, 0
   WINDOW,0,XSIZE=displaySize[0],YSIZE=displaySize[1],TITLE='Original Image'
   TVSCL, CONGRID(image, displaySize[0], displaySize[1])
   transform=SHIFT(FFT(image), (imageSize[0]/2), (imageSize[1]/2))
   WINDOW, 1, TITLE='Surface of Forward FFT'
   SHADE_SURF, (2. * ALOG10(ABS(transform))), $
     /XSTYLE, /YSTYLE, /ZSTYLE, TITLE='Power Spectrum', $
     XTITLE='Mode', YTITLE='Mode', ZTITLE='Amplitude',CHARSIZE=1.5
   mask=HANNING(imageSize[0], imageSize[1]) ; 图像的消噪处理
   maskedTransform=transform * mask
   WINDOW, 2, TITLE='Surface of Filtered FFT'
   SHADE_SURF, (2. * ALOG10(ABS(maskedTransform))), $
     /XSTYLE, /YSTYLE, /ZSTYLE, TITLE='Masked Power Spectrum', $
     XTITLE='Mode', YTITLE='Mode', ZTITLE='Amplitude',CHARSIZE=1.5
   inverseTransform=FFT(SHIFT(maskedTransform, $
     (imageSize[0]/2), (imageSize[1]/2)), /INVERSE)
   WINDOW, 3, XSIZE=displaySize[0], $
     YSIZE=displaySize[1], TITLE='Hanning Filtered Image'
   TVSCL, CONGRID(REAL_PART(inverseTransform), $
     displaySize[0], displaySize[1])
END
```

程序运行结果如图 9.51 所示。

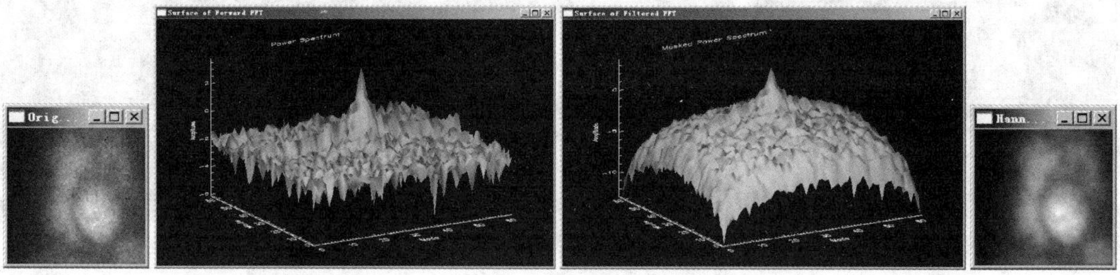

图 9.51　图像窗口 HANNING 消噪

Lee 滤波器消噪可以使用函数 LEEFILT()来实现。其用法如下：

格式:Result=LEEFILT(A [, N [, Sig]][, /EXACT])

功能:对数组 Array 进行消噪处理。其中 N 用于设置滤波器盒子的大小 2N+1(默认为 5)；Sig 用于设置标准差(默认为 5)；/EXACT 用于设置精确滤波。

【例 9.61】 打开 D:/RSI/IDL63/examples/data 中的图像数据 abnorm. dat，对该图像进行消噪处理，并输出相应的图像。其程序如下：

```
; Chapter09RemovingNoiseWithLEEFILT.pro
PRO Chapter09RemovingNoiseWithLEEFILT
  file=FILEPATH('abnorm.dat', SUBDIRECTORY=['examples', 'data'])
  imageSize=[64, 64] & image=READ_BINARY(file, DATA_DIMS=imageSize)
  displaySize=2 * imageSize & DEVICE, DECOMPOSED=0 & LOADCT, 0
  WINDOW, 0, XSIZE=displaySize[0], $
    YSIZE=displaySize[1], TITLE='Original Image'
  TVSCL, CONGRID(image, displaySize[0], displaySize[1])
  filteredImage=LEEFILT(image, 1)       ；图像的 LEE 滤波处理
  WINDOW, 1, XSIZE=displaySize[0], $
    YSIZE=displaySize[1], TITLE='Lee Filtered Image'
  TVSCL, CONGRID(filteredImage, displaySize[0], displaySize[1])
END
```

程序运行结果如图 9.52 所示。

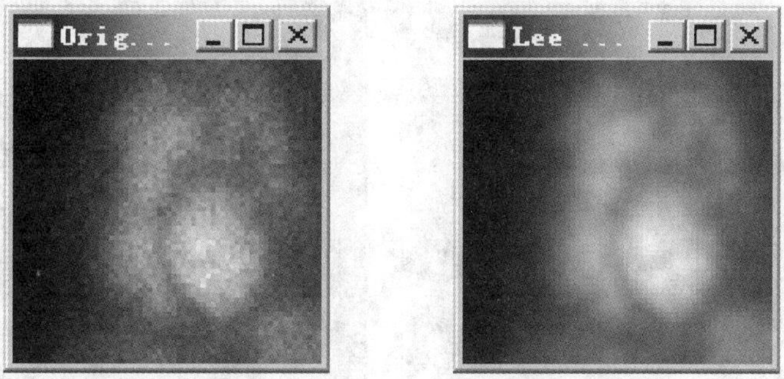

图 9.52　LEE 滤波图像

9.14　图像边界提取

图像边界是指图像中具有相同特征的各个区域之间的边界，即它的两侧分别属于两个区域，每个区域内部的特征相对比较均匀一致，而两个区域之间在特性上则存在一定的差异。边界检测技术是图像处理的基本而又重要的技术。边界检测是基于图形中目标和前景之间在灰度或者纹理特征上存在着某种不连续性或者突变性的一种检测技术。

常有的边界检测技术有 Roberts 边界技术和 Sobel 边界检测技术。

9.14.1　图像的 Roberts 边界

基于 Roberts 边界技术的图像边界检测可以使用函数 ROBERTS()来实现。其用法如下：

格式：Result=ROBERTS(Image)

功能：用于检测图像 Image 的边界。

【例 9.62】　打开 D:/RSI/IDL63/examples/data 中的图像数据 nyny.dat，对该图像进行边界检测，并输出相应的图像。其程序如下：

```
; Chapter09DetectingEdgesWithROBERTS.pro
PRO Chapter09DetectingEdgesWithROBERTS
  file=FILEPATH('nyny.dat', SUBDIRECTORY=['examples', 'data'])
  imageSize=[768, 512] & image=READ_BINARY(file, DATA_DIMS=imageSize)
```

```
  croppedSize=[96, 96]
  croppedImage=image[200:(croppedSize[0] - 1) + 200, $
    180:(croppedSize[1] - 1) + 180]
  DEVICE, DECOMPOSED=0 & LOADCT, 0 & displaySize=[256, 256]
  WINDOW, 0, XSIZE=displaySize[0], YSIZE=displaySize[1], $
    TITLE='Cropped New York Image'
  TVSCL, CONGRID(croppedImage, displaySize[0], displaySize[1])
  EdgedImage=ROBERTS(croppedImage) ; 提取 ROBERTS 边界
  WINDOW, 1, XSIZE=displaySize[0], YSIZE=displaySize[1], $
    TITLE='Edged New York Image'
  TVSCL, CONGRID(EdgedImage, displaySize[0], displaySize[1])
END
```

程序运行结果如图 9.53 所示。

图 9.53 Roberts 边界

9.14.2 图像的 Sobel 边界

基于 SOBEL 边界技术的图像边界检测可以使用函数 SOBEL()来实现。其用法如下：

格式: Result=SOBEL(Image)

功能:用于检测图像 Image 的边界。

【例 9.63】 打开 D:/RSI/IDL63/examples/data 中的图像数据 nyny.dat，对该图像进行边界检测，并输出相应的图像。其程序如下：

```
; Chapter09DetectingEdgesWithSOBEL.pro
PRO Chapter09DetectingEdgesWithSOBEL
  file=FILEPATH('nyny.dat', SUBDIRECTORY=['examples', 'data'])
  imageSize=[768, 512] & image=READ_BINARY(file, DATA_DIMS=imageSize)
  croppedSize=[96, 96]
  croppedImage=image[200:(croppedSize[0] - 1) + 200, $
    180:(croppedSize[1] - 1) + 180]
  DEVICE, DECOMPOSED=0 & LOADCT, 0 & displaySize=[256, 256]
  WINDOW, 0, XSIZE=displaySize[0], YSIZE=displaySize[1], $
    TITLE='Cropped New York Image'
  TVSCL, CONGRID(croppedImage, displaySize[0], displaySize[1])
  EdgedImage=SOBEL(croppedImage) ; 提取 SOBEL 边界
```

```
  WINDOW, 1, XSIZE=displaySize[0], YSIZE=displaySize[1], $
    TITLE='Edged New York Image'
  TVSCL, CONGRID(EdgedImage, displaySize[0], displaySize[1])
END
```

程序运行结果如图 9.54 所示。

图 9.54　SOBEL 边界

【思考题】 基于 Canny 边界技术的图像边界检测可以使用什么函数？如何实现？

9.15　图像的形态学处理

数学形态学是一门新兴的图像处理和分析学科。其基本理论和方法在图像处理和分析的众多领域取得了非常成功的应用。

数学形态学研究和分析图像结构和形状信息的基本思想是利用一个指定大小的结构元素去腐蚀和扩张二值图像或者灰度图像，从而获取图像的各种内在信息。因此，通过选取不同形状和大小的结构元素，就可以获取图像的不同的结构信息，进而对图像进行各种不同的分析，最终得到不同的分析结果。

正确的确定结构元素的形状和尺寸是一项以经验为根据的处理过程。结构元素的选择取决于用户希望从图像数据中提取出的几何形状。结构元素的尺寸取决于用户想要从图像中提取的特征。较大的结构元素保存更多的特征，而较小的结构元素则保存图像特征的更详细的信息。

图像的形态学处理和分析方法主要包括腐蚀、扩张、开、闭、细化、边界检测和形状分析等。

9.15.1　腐蚀 ERODE 和膨胀 DILATE 运算

腐蚀通常减小对象的尺寸，并且可以消除毛刺和去除噪声。膨胀通常增大对象的尺寸，并且可以填充空洞和断开区域。

图像的腐蚀和膨胀可以使用函数 ERODE()和 DILATE()，其用法如下：

格式:Result=ERODE(Image, Structure [, /GRAY])

功能:对图像进行腐蚀。其中 Structure 用于给出结构元素的大小。

格式:Result=DILATE(Image, Structure [, /GRAY])

功能:对图像进行膨胀。其中 Structure 用于给出结构元素的大小。

说明:/GRAY 用于对灰度图像进行腐蚀或者膨胀处理。

【例 9.64】 打开 D:/RSI/IDL63/examples/data 中的图像数据 pollens.jpg，对该图像进行腐蚀和膨胀，并输出相应的图像。其程序如下：

```
; Chapter09MorphErodeDilate.pro
```

```
PRO Chapter09MorphErodeDilate
  DEVICE, DECOMPOSED=0, RETAIN=2 & LOADCT, 0
  file=FILEPATH('pollens.jpg', $
  SUBDIRECTORY=['examples', 'demo', 'demodata'])
  READ_JPEG, file, img, /GRAYSCALE
  dims=SIZE(img, /DIMENSIONS) & radius=2
  strucElem=SHIFT(DIST(2 * radius+1), radius, radius) LE radius      ;创建结构元
  PRINT, strucElem
  erodeImg=REPLICATE(MAX(img), dims[0]+2, dims[1]+2)
  erodeImg [1,1]=img
  dilateImg=REPLICATE(MIN(img), dims[0]+2, dims[1]+2)
  dilateImg [1,1]=img
  padDims=SIZE(erodeImg, /DIMENSIONS)
  WINDOW, 0, XSIZE=3 * padDims[0], YSIZE=padDims[1], $
    TITLE="Original, Eroded and Dilated Grayscale Images"
  TVSCL, img, 0
  erodeImg=ERODE(erodeImg, strucElem, /GRAY)      ; 图像的腐蚀处理
  TVSCL, erodeImg, 1
  dilateImg=DILATE(dilateImg, strucElem, /GRAY)      ; 图像的膨胀处理
  TVSCL, dilateImg, 2 & WINDOW, 1, XSIZE=400, YSIZE=300
  PLOT, HISTOGRAM(img) & img=img GE 120
  erodeImg=REPLICATE(1B, dims[0]+2, dims[1]+2)
  erodeImg [1,1]=img
  dilateImg=REPLICATE(0B, dims[0]+2, dims[1]+2)
  dilateImg [1,1]=img
  dims=SIZE(erodeImg, /DIMENSIONS)
  WINDOW, 2, XSIZE=3 * dims[0], YSIZE=dims[1], $
    TITLE="Original, Eroded and Dilated Binary Images"
  TVSCL, img, 0
  erodeImg=ERODE(erodeImg, strucElem)      ; 图像的腐蚀处理
  TVSCL, erodeImg, 1
  dilateImg=DILATE(dilateImg, strucElem)      ; 图像的膨胀处理
  TVSCL, dilateImg, 2
END
```

程序运行结果如图 9.55 所示。

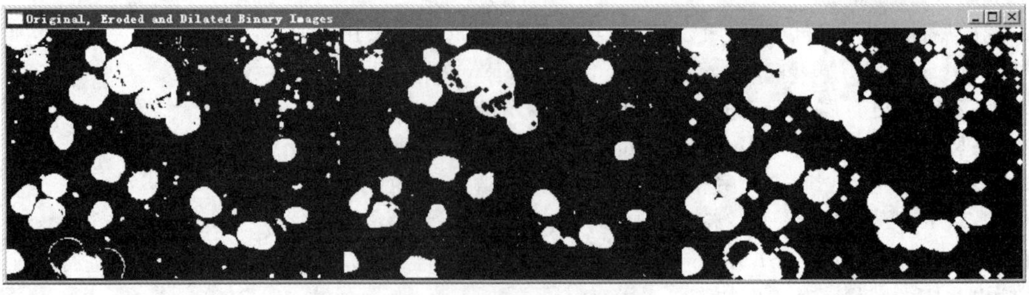

图 9.55 图像的腐蚀和膨胀

9.15.2　开运算 OPEN

开运算是指先腐蚀再膨胀的运算，即开运算对图像先进行侵蚀运算，然后再进行膨胀运算。图像的开运算可以使用函数 MORPH _ OPEN()来实现，其用法如下：

格式：Result = MORPH _ OPEN(Image，Structure [，/GRAY])

功能：对图像进行开运算。其中 Structure 用于给出结构元素的大小。

说明：开运算在消除图像噪声的同时维持前景中对象的整体尺寸。开运算对于平滑轮廓、清除狭窄的延长部分以及断开薄弱的连接是非常有用的处理方法。

【例 9.56】 打开 D:/RSI/IDL63/examples/data 中的图像数据 r _ seeberi.jpg，对该图像进行开运算，并输出相应的图像。其程序如下：

```
; Chapter09MorphOpenExample.pro
PRO Chapter09MorphOpenExample
  DEVICE, DECOMPOSED=0, RETAIN=2 & LOADCT, 0
  file=FILEPATH('r_seeberi.jpg', SUBDIRECTORY=['examples', 'data'])
  READ_JPEG, file, image, /GRAYSCALE
  dims=SIZE(image, /DIMENSIONS)
  WINDOW, 0, XSIZE=2 * dims[0], YSIZE=2 * dims[1], $
    TITLE='Defining Shapes with the Opening Operator'
  TVSCL, image, 0 & radius=7
  strucElem=SHIFT(DIST(2 * radius+1), radius, radius) LE radius
  morphImg=MORPH_OPEN(image, strucElem, /GRAY)     ;图像的开运算处理
  TVSCL, morphImg, 1 & WINDOW, 1, XSIZE=400, YSIZE=300
  PLOT, HISTOGRAM(image) & threshImg=image GE 160
  WSET, 0 & TVSCL, threshImg, 2
  morphThresh=MORPH_OPEN(threshImg, strucElem) & TVSCL, morphThresh, 3
END
```

程序运行结果如图 9.56 所示。

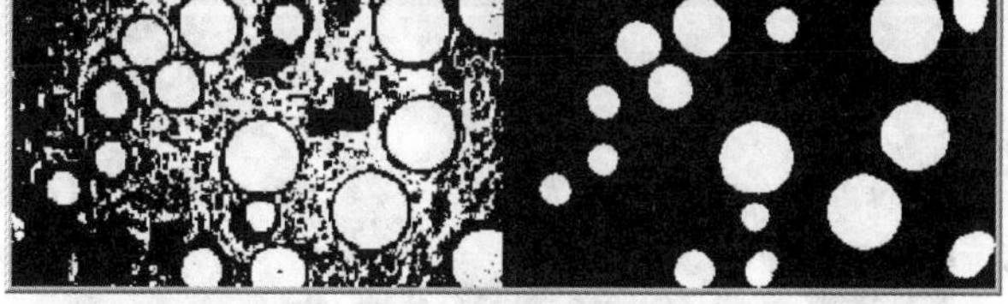

图 9.56　开运算

9.15.3 闭运算 CLOSE

闭运算是指先膨胀再腐蚀的运算，即开运算对图像先进行膨胀运算，然后再进行侵蚀运算。图像的闭运算可以使用函数 MORPH _ CLOSE()来实现，其用法如下：

格式：Result =MORPH _ CLOSE(Image, Structure [, /GRAY])

功能：对图像进行闭运算。其中 Structure 用于给出结构元素的大小。

说明：闭运算在消除图像噪声的同时维持前景中对象的整体尺寸。闭运算对于连接狭窄的区域、填充小的缝隙或者孔隙是非常有用的处理方法。

【例 9.66】 打开 D:/RSI/IDL63/examples/data 中的图像数据 mineral.png，对该图像进行闭运算，并输出相应的图像。其程序如下：

```
; Chapter09MorphCloseExample.pro
PRO Chapter09MorphCloseExample
   DEVICE, DECOMPOSED=0, RETAIN=2 & LOADCT, 0
   file=FILEPATH('mineral.png', SUBDIRECTORY=['examples', 'data'])
   img=READ_PNG(file) & dims=SIZE(img, /DIMENSIONS)
   padImg=REPLICATE(0B, dims[0]+10, dims[1]+10)
   padImg [5, 5]=img & dims=SIZE(padImg, /DIMENSIONS)
   WINDOW, 0, XSIZE=2 * dims[0], YSIZE=2 * dims[1], $
     TITLE='Extracting Shapes with the Closing Operator'
   TVSCL, padImg, 0 & side=3
   strucElem=DIST(side) LE side & PRINT, strucElem
   closeImg=MORPH_CLOSE(padImg, strucElem, /GRAY)      ; 图像的闭运算处理
   TVSCL, closeImg, 1 & WINDOW, 2, XSIZE=400, YSIZE=300
   PLOT, HISTOGRAM(closeImg) & binaryImg=padImg LE 160
   WSET, 0 & TVSCL, binaryImg, 2
   binaryClose=closeImg LE 160 & TVSCL, binaryClose, 3
END
```

程序运行结果如图 9.57 所示。

图 9.57 闭运算

9.15.4　图像的峰值检测

图像的峰值检测需要使用顶环运算 MORPH _ TOPHAT(亦称峰值检测器)。首先通过对图像进行开运算,并从原始图像中去除开运算的结果,该运算可以从原始的灰度图像中提取最亮的像素。该方法在较暗的背景中求亮点,或者在较亮的背景中求暗点时,特别有用的。

函数 MORPH _ TOPHAT()的用法:

格式: Result=MORPH _ TOPHAT(Image, Structure [, /GRAY])

功能:对图像进行图像的峰值检测。其中 Structure 用于给出结构元素的大小。

【例 9.67】　打开 D:/RSI/IDL63/examples/data 中的图像数据 r _ seeberi _ spore.jpg,对该图像进行图像的峰值检测,并输出相应的图像。其程序如下:

```
; Chapter09MorphTophatExample.pro
PRO Chapter09MorphTophatExample
   DEVICE, DECOMPOSED=0, RETAIN=2 & LOADCT,0
   file=FILEPATH('r_seeberi_spore.jpg',SUBDIRECTORY=['examples','data'])
   READ_JPEG, file, img, /GRAYSCALE & dims=SIZE(img, /DIMENSIONS)
   padImg=REPLICATE(0B, dims[0]+10, dims[1]+10)
   padImg [5,5]=img & dims=SIZE(padImg, /DIMENSIONS)
   WINDOW, 0, XSIZE=2 * dims[0], YSIZE=2 * dims[1], $
   TITLE='Detecting Small Features with MORPH_TOPHAT'
   TVSCL, padImg, 0 & radius=3
   strucElem=SHIFT(DIST(2 * radius+1),radius,radius) LE radius
   tophatImg=MORPH_TOPHAT(padImg, strucElem)        ;图像的峰值检测运算处理
   TVSCL, tophatImg , 1 & WINDOW, 2, XSIZE=400, YSIZE=300
   PLOT, HISTOGRAM(padImg) & WSET, 0
   stretchImg=tophatImg < 70 & TVSCL, stretchImg, 2
   threshImg=tophatImg GE 60 & TVSCL, threshImg, 3
END
```

程序运行结果如图 9.58 所示。

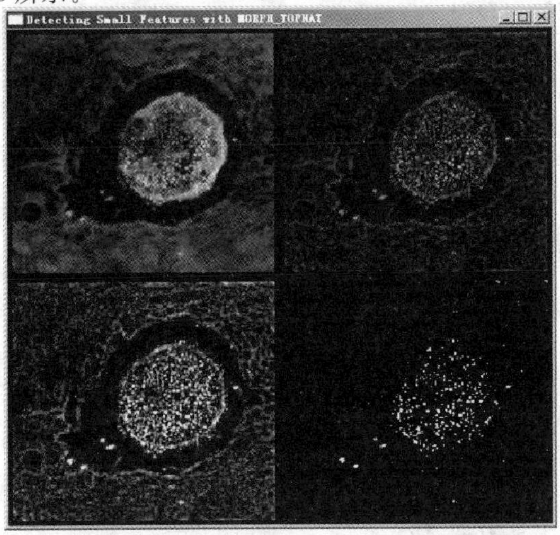

图 9.58　TOPHAT 变换和峰值检测

9.15.5 图像的分水岭边界检测

分水岭边界检测算法可以检测灰度图像的边界。通常在检测图像的边界之前，先对图像进行平滑处理，消除图像中噪声。

基于分水岭的边界检测技术可以使用函数 WATERSHED()来实现。该函数可以提取灰度图像的边界线。其用法如下：

格式:Result=WATERSHED (Image [, CONNECTIVITY={4 | 8}])

功能:用于检测图像 Image 的边界。其中 CONNECTIVITY 设置图像的连通性是 4 连通还是 8 连通。

【例 9.68】 打开 D:/RSI/IDL63/examples/data 中的图像数据 meteor _ crater. jpg，对该图像进行边界检测，并输出相应的图像。其程序如下：

```
; Chapter09WatershedExample. pro
PRO Chapter09WatershedExample
   DEVICE, DECOMPOSED=0, RETAIN=2 & LOADCT, 0
   file=FILEPATH('meteor _ crater. jpg',SUBDIRECTORY=['examples','data'])
   READ _ JPEG, file, img, /GRAYSCALE & dims=SIZE(img, /DIMENSIONS)
   WINDOW, 0, XSIZE=3 * dims[0], YSIZE=2 * dims[1], $
     TITLE='Defining Boundaries with WATERSHED'
   TVSCL, img, 0
   XYOUTS, 50, 444, 'Original Image',Alignment=.5,/DEVICE, COLOR=255
   smoothImg=SMOOTH(img, 7, /EDGE _ TRUNCATE)
   TVSCL, smoothImg, 1
   XYOUTS, (60 + dims[0]), 444, 'Smoothed Image', $
     ALIGNMENT=.5, /DEVICE, COLOR=255
   radius=3
   strucElem=SHIFT(DIST(2 * radius+1), radius, radius) LE radius
   tophatImg=MORPH _ TOPHAT(smoothImg, strucElem)
   TVSCL, tophatImg, 2
   XYOUTS, (60 + 2 * dims[0]), 444, 'Top-hat Image', $
     ALIGNMENT=.5, /DEVICE, COLOR=255
   WINDOW, 2, XSIZE=400, YSIZE=300
   PLOT, HISTOGRAM(smoothImg) & tophatImg=tophatImg < 70
   WSET, 0 & TVSCL, tophatImg
   XYOUTS, 75, 210, 'Stretched Top-hat Image', $
     ALIGNMENT=.5, /DEVICE, COLOR=255
   watershedImg=WATERSHED(tophatImg, CONNECTIVITY=8)    ;图像的分水岭运算处理
   TVSCL, watershedImg, 4
   XYOUTS, (70 + dims[0]), 210, 'Watershed Image', $
     ALIGNMENT=.5, /DEVICE, COLOR=255
   img [WHERE (watershedImg EQ 0)]=0 & TVSCL, img, 5
   XYOUTS, (70 + 2 * dims[0]), 210, 'Watershed Overlay', $
```

```
    ALIGNMENT=.5, /DEVICE, COLOR=255
END
```

程序运行结果如图 9.59 所示。

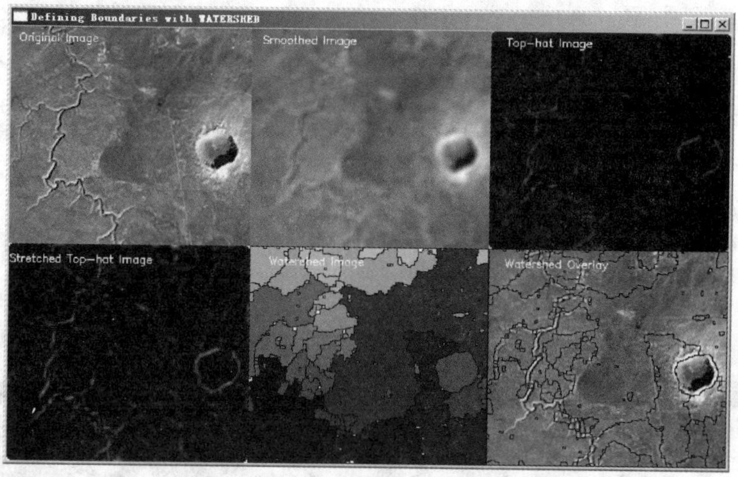

图 9.59　分水岭边界检测

9.15.6　图像识别

图像识别是指按照指定的要求识别图像中的某个对象。数学形态学可以通过构造不同的结构元素来识别二值图像或者灰度图像中的特殊形状。

图像识别在数学形态学中可以使用 MORPH HITORMISS() 函数，利用两种结构元素："HIT"结构元素和"MISS"结构元素，首先对原图按照 HIT 结构元素进行侵蚀运算，然后对反转的原图按照 MISS 结构元素进行侵蚀运算。匹配像素完全包括 HIT 结构，而且完全并且单独地包括在 MISS 结构中。

注意：对于图像的边缘像素，必须使用等于结构元素尺寸 1/2 的边框填充图像。该函数对于结构元素的形状、尺寸以及旋转角度很敏感。随机的结构元素必须特定地用来从每个单独图像提取要求的几何形状。处理复杂的图像时，提取特殊的图像区域可能需要多次使用随机结构，需要使用结构元素的某个范围的尺寸。

MORPH HITORMISS 函数的用法：

格式：Result=MORPH_HITORMISS (Image, HitStructure, MissStructure)

功能：用于识别图像 Image 中的对象。其中 HitStructure 和 MissStructure 用于给出击中和击不中结构元素。

【例 9.69】　打开 D:/RSI/IDL63/examples/data 中的图像数据 r_seeberi.jpg，对该图像进行圆形形状的目标识别，并输出相应的图像。其程序如下：

```
; Chapter09MorphHitorMissExample.pro
PRO Chapter09MorphHitorMissExample
   DEVICE, DECOMPOSED=0, RETAIN=2 & LOADCT, 0
   file=FILEPATH('r_seeberi.jpg', SUBDIRECTORY=['examples','data'])
   READ_JPEG, file, img, /GRAYSCALE & dims=SIZE(img, /DIMENSIONS)
   padImg=REPLICATE(0B, dims[0]+10, dims[1]+10)
   padImg[5, 5]=img & dims=SIZE(padImg, /DIMENSIONS)
   WINDOW, 0, XSIZE=3*dims[0], YSIZE=2*dims[1], $
     TITLE='Displaying Hit-or-Miss Matches'
   TVSCL, padImg, 0 & radstr=7
```

```
    strucElem=SHIFT(DIST(2 * radstr+1), radstr, radstr) LE radstr
    openImg=MORPH_OPEN(padImg, strucElem, /GRAY)
    TVSCL, openImg, 1 & WINDOW, 2, XSIZE=400, YSIZE=300
    PLOT, HISTOGRAM(openImg) & threshImg=openImg GE 150
    WSET, 0 & TVSCL, threshImg, 2
    radhit=7 & radmiss=23
    hit=SHIFT(DIST(2 * radhit+1), radhit, radhit) LE radhit
    miss=SHIFT(DIST(2 * radmiss+1), radmiss, radmiss) GE radmiss
    matches=MORPH_HITORMISS(threshImg, hit, miss) ; 图像的击中击不中运算处理
    dmatches=DILATE(matches, hit) & TVSCL, dmatches, 3
    padImg [WHERE (dmatches EQ 1)]=1 & TVSCL, padImg, 4
END
```

程序运行结果如图 9.60 所示。

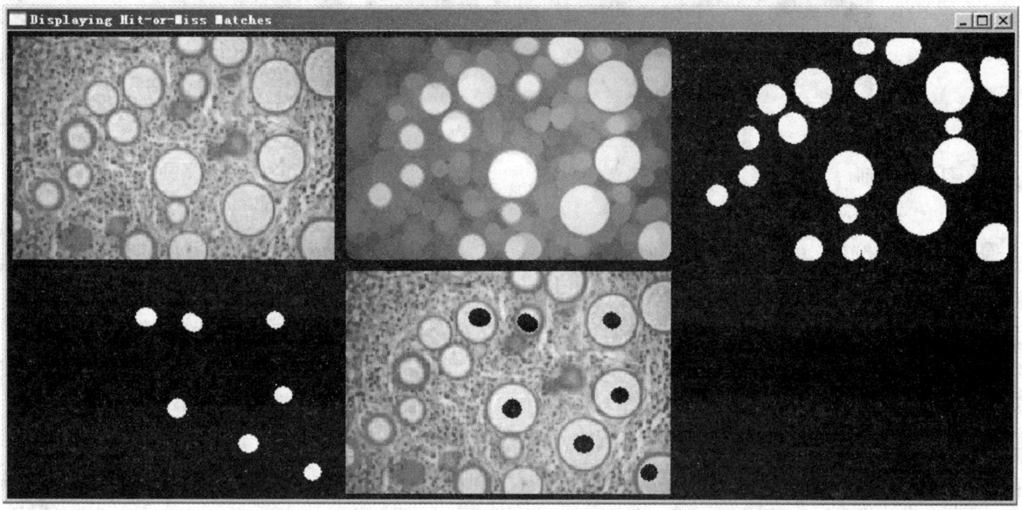

图 9.60 击中击不中图像识别

9.15.7 图像的梯度边界检测

梯度边界检测算法是根据图像中像素的梯度变来检测灰度图像的边界。

基于梯度的边界检测技术可以使用函数 MORPH_GRADIENT()来实现。该函数可以提取灰度图像的边界线。其用法如下：

格式: Result=MORPH_GRADIENT (Image, Structure)

功能:用于检测图像 Image 的边界。其中 Structure 设置图像的结构元素。

【例 9.70】 打开 D:/RSI/IDL63/examples/data 中的图像数据 marsglobe.jpg,对该图像进行边界检测,并输出相应的图像。其程序如下：

```
; Chapter09MorphGradientExample.pro
PRO Chapter09MorphGradientExample
    DEVICE, DECOMPOSED=0, RETAIN=2 & LOADCT, 0
    file=FILEPATH('marsglobe.jpg', SUBDIRECTORY=['examples', 'data'] )
    READ_JPEG, file, image, /GRAYSCALE & dims=SIZE(image, /DIMENSIONS)
    WINDOW, 0, XSIZE =2 * dims[0], YSIZE=2 * dims[1], $
```

```
    TITLE='Original and MORPH _ GRADIENT Images'
  TVSCL, image, 0 & radius=1
  strucElem=SHIFT(DIST(2 * radius+1), radius, radius) LE radius
  morphImg=MORPH _ GRADIENT(image, strucElem) ; 图像的梯度边界检测处理
  TVSCL, morphImg, 2 & WINDOW, 2, XSIZE=400, YSIZE=300
  PLOT, HISTOGRAM(1 - image) & WSET, 0
  TVSCL, 1 - (morphImg < 87 ), 3
END
```

程序运行结果如图 9.61 所示。

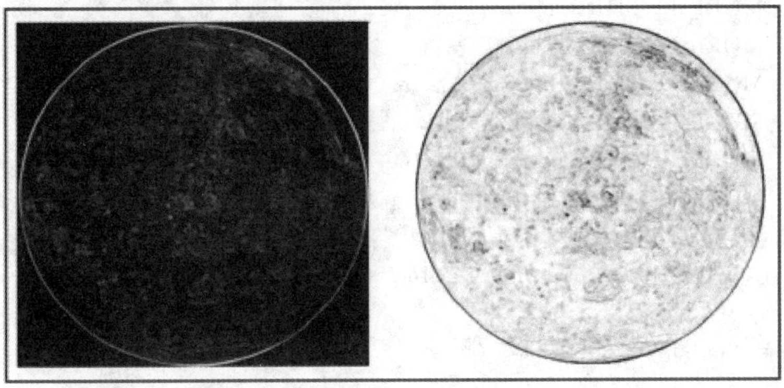

图 9.61　梯度边界检测

9.15.8　图像细化

图像细化是指用原图像减去原图像与指定结构元素的击中击不中变换的图像处理过程。一般情况下细化运算被反复地运行，最后只留下图像对象的像素宽度的线性表示。当没有像素可以从图像中去除时，细化运算停止。图像的细化可以使用函数 MORPH _ THIN()来实现。该函数可以提取图像的细化信息。

格式：Result=MORPH _ THIN (Image, HitStructure, MissStructure)

功能：用于细化图像 Image。

【例 9.71】 打开 D:/RSI/IDL63/examples/data 中的图像数据 pollens.jpg，对该图像进行细化处理，并输出相应的图像。其程序如下：

```
; Chapter09MorphThinExample.pro
PRO Chapter09MorphThinExample
  DEVICE, DECOMPOSED=0, RETAIN=2 & LOADCT, 0
  file=FILEPATH('pollens.jpg',SUBDIRECTORY=['examples', 'demo', 'demodata'])
  READ _ JPEG, file, img, /GRAYSCALE & dims=SIZE(img, /DIMENSIONS)
  WINDOW, 0, XSIZE=2 * dims[0], YSIZE=2 * dims[1], $
    TITLE='Original, Binary and Thinned Images'
  TVSCL, img, 0 & binaryImg=img GE 140 & TVSCL, binaryImg, 1
  h0=[[0b,0,0], [0,1,0], [1,1,1]] & m0=[[1b,1,1], [0,0,0], [0,0,0]]
  h1=[[0b,0,0], [1,1,0], [1,1,0]] & m1=[[0b,1,1], [0,0,1], [0,0,0]]
  h2=[[1b,0,0], [1,1,0], [1,0,0]] & m2=[[0b,0,1], [0,0,1], [0,0,1]]
  h3=[[1b,1,0], [1,1,0], [0,0,0]] & m3=[[0b,0,0], [0,0,1], [0,1,1]]
```

```
  h4=[[1b,1,1],[0,1,0],[0,0,0]] & m4=[[0b,0,0],[0,0,0],[1,1,1]]
  h5=[[0b,1,1],[0,1,1],[0,0,0]] & m5=[[0b,0,0],[1,0,0],[1,1,0]]
  h6=[[0b,0,1],[0,1,1],[0,0,1]] & m6=[[1b,0,0],[1,0,0],[1,0,0]]
  h7=[[0b,0,0],[0,1,1],[0,1,1]] & m7=[[1b,1,0],[1,0,0],[0,0,0]]
  bCont=1b & iIter=1 & thinImg=binaryImg
  WHILE bCont EQ 1b DO BEGIN
    PRINT,'Iteration: ', iIter & inputImg=thinImg
    thinImg=MORPH_THIN(inputImg, h0, m0)      ;图像的细化处理
    thinImg=MORPH_THIN(thinImg, h1, m1)
    thinImg=MORPH_THIN(thinImg, h2, m2)
    thinImg=MORPH_THIN(thinImg, h3, m3)
    thinImg=MORPH_THIN(thinImg, h4, m4)
    thinImg=MORPH_THIN(thinImg, h5, m5)
    thinImg=MORPH_THIN(thinImg, h6, m6)
    thinImg=MORPH_THIN(thinImg, h7, m7)
    TVSCL, thinImg, 2 & WAIT, 1
    bCont=MAX(inputImg - thinImg) & iIter=iIter + 1
  ENDWHILE
  TVSCL, 1 - thinImg, 3
END
```

程序运行结果如图 9.62 所示。

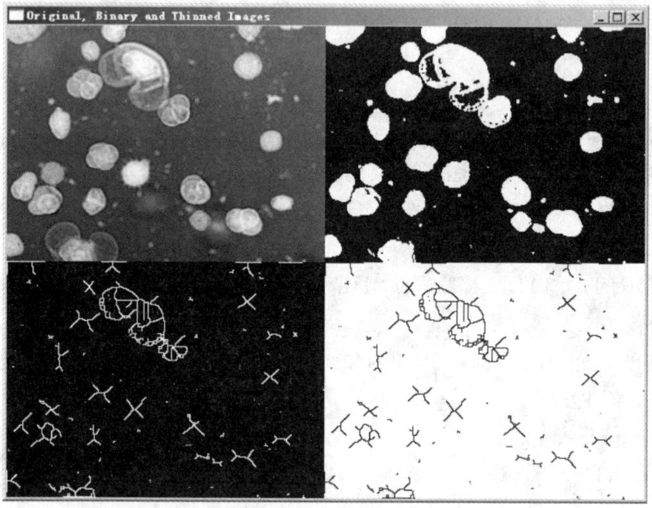

图 9.62 图像的细化

9.15.9 图像分割

图像分割是指根据图像处理和分析的需要，把图像中指定的对象从图像中分割出来的图像处理技术。由于图像本身的信息具有复杂性和随机性，所以目前还没有图像分割的理想方法。下面用一个实例来说明使用数学形态学方法进行图像分割的具体方法。

【例 9.72】 打开 D:/RSI/IDL63/examples/data 中的图像数据 nyny.dat，使用上述介绍的各种数学形态学方法，从纽约的卫星图像中分割出河流，并输出相应的图像。其程序如下：

```
; Chapter09RemoveBridges.pro
PRO Chapter09RemoveBridges
DEVICE, DECOMPOSED=0, RETAIN=2 & LOADCT, 0
xsize=768 & ysize=512
img=READ_BINARY(FILEPATH('nyny.dat', $
  SUBDIRECTORY=['examples', 'data']), DATA_DIMS=[xsize, ysize])
;增强图像对比度,然后显示图像
img=BYTSCL(img) & WINDOW, 0 & TVSCL, img
maskImg=img LT 70       ;创建阈值屏蔽图像
;创建正方形结构元素
side=3 & strucElem=DIST(side) LE side
maskImg=MORPH_OPEN(maskImg, strucElem)
maskImg=MORPH_CLOSE(maskImg, strucElem)
WINDOW, 1, title='Mask After Opening and Closing'
TVSCL, maskImg
labelImg=LABEL_REGION(maskImg)       ;提取屏蔽图像区域
;移去所有背景和屏蔽图像区域
regions=labelImg[WHERE(labelImg NE 0)]
mainRegion=WHERE(HISTOGRAM(labelImg) EQ MAX(HISTOGRAM(regions)))
maskImg=labelImg EQ mainRegion[0]
;显示屏蔽图像
Window, 3, TITLE='Final Masked Image' & TVSCL, maskImg
newImg=MORPH_OPEN(img, strucElem, /GRAY)
newImg[WHERE(maskImg EQ 0)]=img[WHERE(maskImg EQ 0)]
PRINT, 'Hit any key to end program.'
WINDOW, 2, XSIZE=xsize, YSIZE=ysize, TITLE='Hit Any Key to End'
FLICK, img, newImg       ;闪烁对比原图像和分割图像
END
```

程序运行结果如图 9.63 所示。

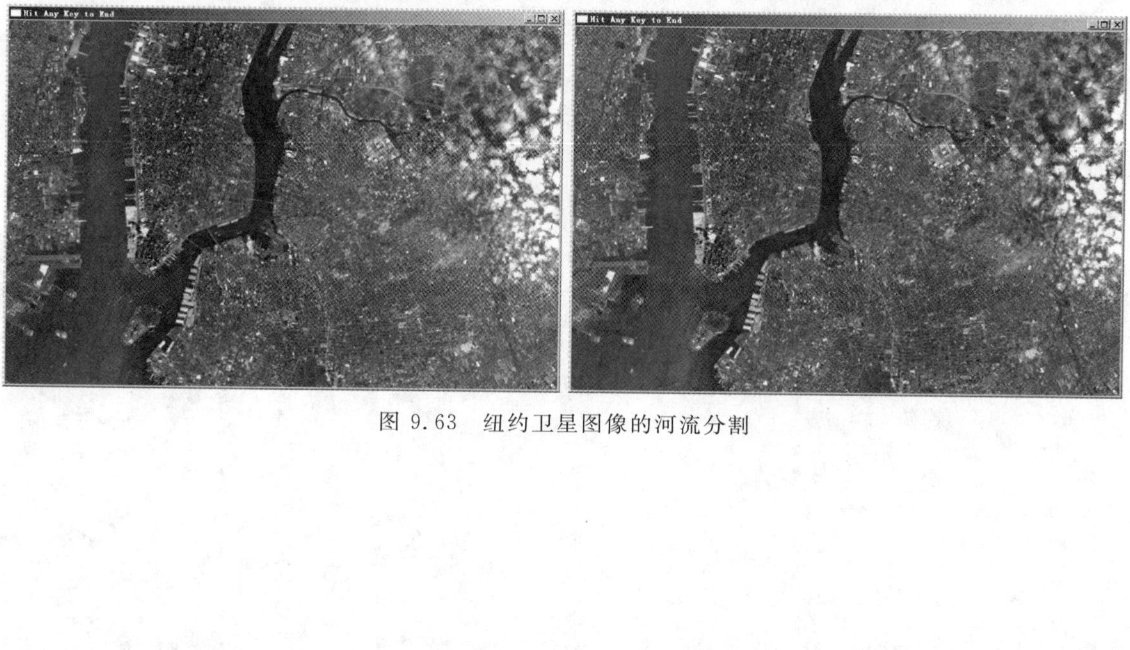

图 9.63　纽约卫星图像的河流分割

习　题

1. 什么是图像处理？简述 IDL 6.3 中图像类型分为哪四类。

2. 熟练掌握图像查询、图像输入和图像输出的方法。

3. 熟练掌握二值图像、灰度图像、索引图像和 RGB 图像在直接图形系统和对象图形系统下的显示方法。熟练掌握图像类型之间的转换方法。

4. 熟练掌握图像的剪切、填充、调整图像大小、循环移位、翻转、转置和旋转等几何变换的方法。

5. 熟练掌握曲面贴图和球面贴图的方法。

6. 什么是 ROI？简述定义、显示和分析 ROI 的方法步骤。

7. 熟练掌握快速傅里叶变换 FFT 的使用方法。熟练掌握小波变换 WTN 的使用方法。

8. 熟练掌握 Hough 变换和 Radon 变换的使用方法。简述图像增强的方法步骤。

9. 常用的图像滤波器有哪些？简述这些滤波器的使用方法。

10. 熟练掌握图像平滑处理、锐化处理和去噪处理的方法。

11. 图像边界检测的方法主要有哪些？简述每一种方法的方法步骤。

12. 图像的形态学处理方法主要有哪些？简述每一种方法的方法步骤。

13. 简述图像识别、图像细化和图像分割的具体方法。

第10章 体绘制

体绘制技术是使用计算机研究和实现体数据在计算机中的表示、采样、存储、变换、重建、交互操作和显示等内容的一门基于图像处理、图像分析、图像理解、计算机视觉、计算机图形学和生物医学工程等相关学科的交叉学科，其目的是研究体数据中的各种信息，从而使人们能够看到物体内部的复杂结构，同时获取物体内部所蕴含的各种有用信息。医学可视化技术作为体绘制技术的最成功的应用领域，已经从辅助诊断发展成为辅助治疗，并已深入到医学的各个领域；其主要研究内容是体绘制技术。

IDL 在体绘制领域是体绘制速度非常快的可视化语言，已经成为该领域的主流产品。

10.1 体绘制概述

1. 体绘制的基本理论

体绘制的基本方法是首先把真实实体通过采样、模拟或建模等技术生成三维体数据，然后利用图像工程、计算机视觉、计算机图形学和计算机技术等对三维体数据建立模型和算法设计，最后把体数据重新生成三维虚拟实体。三维虚拟实体的生成过程称为三维重建。体绘制方法是体绘制技术的关键技术。根据三维重建体数据时所用方法不同，体绘制可以分为两大类：基于面的体绘制和基于体的体绘制。前者通常称为面绘制；而后者通常称为体绘制。

面绘制是指体数据中一层或者多层体表面的重建，也就是从三维体数据中抽取出一个或者多个等值面，然后再由传统的计算机图形学技术实现表面绘制。面绘制是经典的传统体绘制方法，它可以快速有效的绘制三维实体的各层表面，从而以面的形式把三维体数据中感兴趣的部分提取出来，但是缺乏三维体数据内部全部信息的表达。

目前面绘制的方法分为三类：基于断层轮廓线的面绘制、基于体素的面绘制和基于几何变形的面绘制；其中基于体素的面绘制的常用方法有 Cuberille 方法、Marching Cubes 方法和 Dividing Cubes 方法等。

体绘制是指以体素作为基本单元，使用指定的模型和算法，由体数据直接生成三维虚拟实体影象的过程，也称为直接体绘制。体绘制能够表示出实体的全部内部信息，但它的计算量大。体绘制是以体素集合来表达实体，适合于医学图像和地质探测图像等组成的体数据的建模与可视化。

体绘制与传统的面绘制相比，面绘制方法的优点是可以充分利用计算机硬件来加速表面模型显示，它的缺点是在面绘制过程中，丢失了大量体数据信息；使用体素表达的体素模型，不仅具有实体的外部形状信息，而且还包含实体内部的全部信息，所以使用体绘制方法对体素模型进行体绘制，可以表现实体的外部形状及内部细节，因此越来越受到重视和广泛应用。

在实际应用过程中，面绘制和体绘制各有优缺点，所以在不同的场合下，针对具体问题，需要选择合适的绘制方法。面绘制技术和体绘制技术的区别主要表现在以下几方面：

(1)面绘制技术和体绘制技术的绘制原理不同。前者以面为绘制对象，后者则以体素为绘制对象。

(2)面绘制技术和体绘制技术的绘制速度不同。前者绘制速度快，后者绘制速度慢。

(3)面绘制技术和体绘制技术的实时可交互操作能力不同。前者的实时可交互操作能力强，体绘制的实时可交互操作能力相对稍差。

(4)面绘制技术和体绘制技术的生成的图像质量不同。前者绘制质量好，后者绘制质量相对稍差。

(5)面绘制技术和体绘制技术的实体信息表示不同。前者丢失信息较多，后者包含实体的全部信息。

2. 体绘制的医学应用

随着计算机技术的快速发展，使得科学计算可视化和虚拟现实得以实现。目前人类对自身的认识和了解很不够，由于缺少精确量化的计算模型，使得对疾病诊疗方法的研究受到限制。医学、信息科学和计算机技术相结合而形成的医学可视化技术已经广泛应用到了医学领域。

美国国家医学图书馆于 1989 年提出了可视化人体计划(Visible Human Project, VHP)，并且在 1994 年和 1995 年相继推出世界首例男女两具尸体的高精度、高分辨率组织切片光学照片、CT 和 MRI 断层图像数据集。随后世界各国也分别启动了 VHP，并且拥有更多更高分辨率的人体数据集。

中国是第三个拥有自己的可视化人体数据集的国家。中国可视化人体计划于 2001 年正式提出，并且在 2002 年和 2003 年由第三军医大学的张绍祥教授主持的可视人体计划研究项目组相继推出了中国首例男女两具人体的高精度、高分辨率组织切片光学照片、CT 和 MRI 断层图像数据集。目前该项目组已经成功推出 5 具人体的更高分辨率的数据集。

可视化人体计划的研究已经进入到对人体及其组织器官的重建和理解阶段。目前进一步的研究工作是完成人体结构的分割、重建和理解，建立计算机辅助解剖系统和人体漫游、虚拟手术与分析系统等。

3. 可交互体漫游技术

目前，人体可视化已经成为热门重点研究方向。体绘制技术是揭示人体数据特征的一种有效方法，尤其是体漫游技术更是研究的热点。体漫游是动态观察体数据内部结构信息的过程，即对于给定的体数据，可以通过动态改变视点和路径来观察和分析体数据全部的内部结构信息。但是目前的体绘制技术还存在两个关键性技术问题：一是体绘制速度慢。特别是对大规模体数据体绘制时间更长，很难满足对实时性要求比较高的可交互应用系统的需要，从而影响和限制了体绘制技术的发展和应用；二是复杂体数据的体绘制效果不是很理想。对于复杂结构的体数据，体绘制后的图像比较模糊，影响了从体绘制的图像中分辨出结构复杂的组织。为了更好地通过体漫游来分析和理解体数据，可以通过改变视点或者使用多种加速体绘制技术的方式解决上述问题。目前可交互体漫游又是体漫游中应用最广泛的一个方向。

交互式体漫游是体绘制的一种可以交互控制的动态绘制过程。交互式体漫游和体绘制相比更突出了可以控制的交互性能，这也在实际中是最有应用价值的技术。

IDL 6.3 为了满足上述需要，利用最先进的面绘制和体绘制技术，分别提供了可交互的面绘制和可交互的体绘制方法。其中面绘制可以使用第 6 章中 SHADE_SURF 等命令。

10.2 体绘制的程序设计

体绘制类 IDLgrVolume 用于创建和设置体对象。其用法如下：

(1)IDLgrVolume 的初始化格式：

格式：MyVolumeID = OBJ_NEW('IDLgrVolume' [, vol0 [, vol1 [, vol2 [, vol3]]]][, 关键字])

(2)IDLgrVolume 的常用参数：

vol0 [, vol1 [, vol2 [, vol3]]]：三维数组。用于给出体绘制的体数据。可以使用关键字 DATA0、DATA1、DATA2 和 DATA3 设置。

例如：创建由正方体、三棱柱和长方体组成的 64×64×64 三维数组体数据。

```
IDL>data = BYTARR(64,64,64)
IDL>FOR i=0,63 DO data[*,i,0:i] = i*2
```

IDL>data[5:15, 5:15, 5:55] = 128

IDL>data[45:55, 45:55, 5:15] = 255

IDL>myvolume = OBJ_NEW('IDLgrVolume', data)

(3)IDLgrVolume 的常用属性(关键字):

1) AMBIENT:设置环境灯的颜色,且在关键字 LIGHTING_MODEL 下有效。默认为[255, 255, 255]。

2) BOUNDS:给出绘制的子体数据。其格式为[xmin, ymin, zmin, xmax, ymax, zmax]。

3) CLIP_PLANES:设置裁剪平面。其格式为[A, B, C, D],即裁剪面:Ax + By + Cz + D = 0。

4) COMPOSITE_FUNCTION:设置体素的复合绘制方式。0 = Alpha(默认);1 = MIP(最大密度投影);2 = Alpha sum(Alpha 混合);3 = Average(平均密度投影)。

5) CUTTING _ PLANES:设置切割平面。其格式为{nx, ny, nz, D,即(nx)X+(ny)Y+(nz)Z+D > 0。取消切割平面可以设置 CUTTING _ PLANES = 0。默认为没有切割平面。

6) DATA0, DATA1,DATA2 和 DATA3:设置三维体数据。

7) HIDE:设置是否体绘制。0=绘制;1=不绘制。默认值为 0。

8) HINTS:设置体绘制的加速方式。0 = 所有加速方式无效(默认);1 = EDM 加速;2 = 支持多 CPU。最多支持 8 个 CPU;3 = 选择二个加速方式。

9) INTERPOLATE:设置插值方式。默认最临近法。设置该参数,使用线性插值。

10) LIGHTING _ MODEL:设置灯光模式,即大于该值的数据点不再绘制。

11) NO _ COPY:设置以非备份方式。

12) OPACITY _ TABLE0:为 DATA0 设置体数据的透明度表。进行透明体绘制。

13) OPACITY _ TABLE1:为 DATA1 设置体数据的透明度表。与 VOLUME _ SELECT 配合使用再生效。

14) PALETTE:设置颜色表。

15) RENDER _ STEP:设置体绘制因子。其格式为[x, y, z]。

16) RGB _ TABLE0:为 DATA0 设置颜色表。

17) RGB _ TABLE1:为 DATA1 设置颜色表。与 VOLUME _ SELECT 配合使用再生效。

18) TWO _ SIDED:设置是否进行双面体绘制。

19) VOLUME _ SELECT:设置体绘制方式。0 = 绘制 8 位体数据 DATA0(默认),src = RGB _ TABLE0[DATA0],srcalpha = OPACITY _ TABLE0[DATA0];1 = 双体数据绘制,src = (RGB _ TABLE0[DATA0] * RGB _ TABLE1[DATA1])/256,srcalpha=(OPACITY _ TABLE0[DATA0] * OPACITY _ TABLE1[DATA1])/256;2 = RGBA 方式,DATA0 (red), DATA1 (green), DATA2 (blue) and DATA3(alpha)。

20) ZBUFFER:是否更新 Z - buffer。默认为不更新。

21) ZERO _ OPACITY _ SKIP:设置是否跳过 OPACITY 的值为零的体素。

(4)IDLgrVolume 的常用方法:IDLgrVolume::Cleanup, IDLgrVolume::GetProperty, IDLgrVolume::Init, IDLgrVolume:: SetProperty, IDLgrVolume:: ComputeBounds, IDLgrVolume:: GetCTM, IDLgrVolume::PickVoxel, IDLgrVolume::SetProperty。

【例 10.1】 对上述创建的 64×64×64 体数据,进行如下体绘制,具体要求如下:

(1)按如图 10.1 所示的界面,创建 GUI。

(2)按钮 Render1:按默认设置进行体绘制。

(3)按钮 Render2:按透明度表 opac = BYTARR(256),并且 opac[0:127] = BINDGEN(128)/8, opac[255] = 255,opac[128] = 255 进行透明体绘制。

(4)按钮 Render3:按蓝色正方体、透明三棱柱和红色长方体进行体绘制。

(5)按钮 Render4:在(4)的基础上,进行双面体绘制。

(6)按钮 Render5:在(4)的基础上,进行不透明体绘制。如图 10.1 所示。

图 10.1 透明或不透明双面体绘制

```
; Chapter10VolumeExample.pro
PRO Chapter10VolumeExample_event, sEvent        ;事件分支处理
  if (TAG_NAMES(sEvent, /STRUCTURE_NAME) EQ 'WIDGET_KILL_REQUEST')
    then begin
    WIDGET_CONTROL, sEvent.top, /DESTROY        ;利用事件结构名退出程序
    RETALL & WIDGET_CONTROL, /RESET        ;释放内存,系统初始化
    CLOSE, /ALL & HEAP_GC, /VERBOSE & RETURN
endif
WIDGET_CONTROL, sEvent.id, GET_UVALUE = myvalue        ;获取事件的用户值
case myvalue of        ;利用事件的用户值进行分支处理
    'volbutton1': begin        ;按照要求(1),进行体绘制
      Widget_CONTROL, sEvent.top, GET_UVALUE=sState, /NO_COPY
      sState.Myvolume -> SetPROperty, COMPOSITE_FUNCTION=0, LIGHTING_MODEL=0
      for i=0,255 do sState.opac[i] = i
      sState.Myvolume -> SetPROperty, OPACITY_TABLE0=sState.opac
      for i=0,255 do sState.rgb[i,0] = i
      for i=0,255 do sState.rgb[i,1] = i
      for i=0,255 do sState.rgb[i,2] = i
      sState.Myvolume -> SetPROperty, RGB_TABLE0=sState.rgb
      sState.myvol_Window -> Draw, sState.Myview
      Widget_CONTROL, sEvent.top, SET_UVALUE=sState, /NO_COPY
    end
    'volbutton2': begin        ;按照要求(2),进行体绘制
      Widget_CONTROL, sEvent.top, GET_UVALUE=sState, /NO_COPY
      sState.Myvolume->SetPROperty, COMPOSITE_FUNCTION=0, LIGHTING_MODEL=0
      for i=0,255 do sState.rgb[i,0] = i
      for i=0,255 do sState.rgb[i,1] = i
      for i=0,255 do sState.rgb[i,2] = i
      sState.Myvolume -> SetPROperty, RGB_TABLE0=sState.rgb
      sState.opac[0:127] = BINDGEN(128)/8
```

```
    sState.opac[255] = 255 & sState.opac[128] = 255
    sState.Myvolume -> SetPROperty, OPACITY_TABLE0=sState.opac
    sState.myvol_window -> Draw, sState.Myview
    Widget_CONTROL, sEvent.top, SET_UVALUE=sState, /NO_COPY
  end
  'volbutton3': begin        ;按照要求(3),进行体绘制
    Widget_CONTROL, sEvent.top, GET_UVALUE=sState, /NO_COPY
    sState.Myvolume -> SetPROperty, COMPOSITE_FUNCTION=0, LIGHTING_MODEL=0
    sState.opac[0:127] = BINDGEN(128)/8
    sState.opac[255] = 255 & sState.opac[128] = 255
    sState.Myvolume -> SetPROperty, OPACITY_TABLE0=sState.opac
    sState.rgb[0:127,0] = bindgen(128) ;Grayscale ramp for the prism.
    sState.rgb[0:127,1] = bindgen(128)
    sState.rgb[0:127,2] = bindgen(128)
    sState.rgb[128, * ] = [255,0,0]
    sState.rgb[255, * ] = [0,0,255]
    sState.Myvolume -> SetPROperty, RGB_TABLE0=sState.rgb
    sState.myvol_window -> Draw, sState.Myview
    Widget_CONTROL, sEvent.top, SET_UVALUE=sState, /NO_COPY
  end
  'volbutton4': begin        ;按照要求(4),进行体绘制
    Widget_CONTROL, sEvent.top, GET_UVALUE=sState, /NO_COPY
    sState.Myvolume -> SetPROperty, COMPOSITE_FUNCTION=0, LIGHTING_MODEL=0
    sState.opac[0:127] = BINDGEN(128)/8
    sState.opac[255] = 255 & sState.opac[128] = 255
    sState.Myvolume -> SetPROperty, OPACITY_TABLE0=sState.opac
    sState.rgb[0:127,0] = bindgen(128)        ;棱柱的灰度颜色表处理
    sState.rgb[0:127,1] = bindgen(128)
    sState.rgb[0:127,2] = bindgen(128)
    sState.rgb[128, * ] = [255,0,0]
    sState.rgb[255, * ] = [0,0,255]
    sState.Myvolume -> SetPROperty, RGB_TABLE0=sState.rgb
    sState.Myvolume->SetPROperty, AMBIENT=[150,150,150], $
          LIGHTING_MODEL=1, TWO_SIDED=1
    sState.Myview->Add,sState.Mylmodel
    sState.Mylmodel->Add,sState.Mylight
    sState.myvol_window -> Draw, sState.Myview
    sState.Myview -> Remove, sState.Mylmodel
    sState.Mylmodel -> Remove, sState.Mylight
    Widget_CONTROL, sEvent.top, SET_UVALUE=sState, /NO_COPY
  end
  'volbutton5': begin        ;按照要求(5),进行体绘制
    Widget_CONTROL, sEvent.top, GET_UVALUE=sState, /NO_COPY
    sState.Myvolume -> SetPROperty, COMPOSITE_FUNCTION=1, LIGHTING_MODEL=0
    sState.myvol_window -> Draw, sState.Myview
```

```
        Widget _ CONTROL, sEvent.top, SET _ UVALUE=sState, /NO _ COPY
      end
      else:
    endcase
end
PRO Chapter10VolumeExampleCleanup, wTopBase        ;释放内存指针变量
WIDGET _ CONTROL, wTopBase, GET _ UVALUE=sState, /NO _ COPY
for i=0,n _ tags(sState)-1 do begin
    case size((sState).(i), /TNAME) of
    'POINTER': ptr _ free, (sState).(i)
    'OBJREF': obj _ destroy, (sState).(i)
    else:
    endcase
    end
end
PRO Chapter10VolumeExample        ;体绘制主程序
    data = BYTARR(64,64,64) & FOR i=0,63 DO data[*,i,0:i] = i*2
    data[5:15, 5:15, 5:55] = 128 & data[45:55, 45:55, 5:15] = 255
    Myvolume = OBJ _ NEW('IDLgrVolume', data) & cc = [-0.5, 1.0/64.0]
    Myvolume -> SetPROperty, XCOORD _ CONV=cc, YCOORD _ CONV=cc, ZCOORD _ CONV=cc
    Myvolume -> SetPROperty, ZERO _ OPACITY _ SKIP=1
    Myvolume -> SetPROperty, ZBUFFER=1
    Myview = OBJ _ NEW('IDLgrView',VIEWPLANE _ RECT=[-1,-1,2,2], $
            ZCLIP=[2.0,-2.0], COLOR=[255,255,255])
    Mymodel = OBJ _ NEW('IDLgrModel') & Myview -> Add, Mymodel
    Mymodel -> Add, Myvolume & Mylmodel = OBJ _ NEW('IDLgrModel')
    Mylight = OBJ _ NEW('IDLgrLight', TYPE=2, LOCATION=[0,0,1],
                                   COLOR=[255,255,255])
    Mymodel -> rotate, [1,1,1], 45
    rVol _ Base=Widget _ Base(TITLE='Volume Example', /ROW, /TLB _ KILL _ REQUEST _ EVENTS)
    rLeft _ Base = Widget _ Base(rVol _ Base, XOFFSET=6 ,YOFFSET=6)
    ;创建体绘制区
    rVol _ DRAW = WIDGET _ DRAW(rLeft _ Base, XSIZE=600, YSIZE=500, $
        UVALUE='DRAW',RENDERER=1, RETAIN=1, /EXPOSE _ EVENTS, $
        /BUTTON _ EVENTS, GRAPHICS _ LEVEL=2)
    rRight _ Base=Widget _ Base(rVol _ Base,/COLUMN, XOFFSET=6 ,YOFFSET=6)
    rVol _ BUTTON1=Widget _ Button(rRight _ Base, uvalue='volbutton1',VALUE=' Render1 ')
    rVol _ BUTTON2=Widget _ Button(rRight _ Base, uvalue='volbutton2',VALUE=' Render2 ')
    rVol _ BUTTON3=Widget _ Button(rRight _ Base, uvalue='volbutton3',VALUE=' Render3 ')
    rVol _ BUTTON4=Widget _ Button(rRight _ Base, uvalue='volbutton4',VALUE=' Render4 ')
    rVol _ BUTTON5=Widget _ Button(rRight _ Base, uvalue='volbutton5',VALUE=' Render5 ')
    Widget _ Control,/REALIZE,rVol _ Base & Widget _ CONTROL,rVol _ DRAW, $
        GET _ VALUE=myvol _ Window
    sState ={rVol _ DRAW: rVol _ DRAW, myvol _ Window: myvol _ Window, Myview: Myview, $
            Mymodel: Mymodel, Myvolume: Myvolume, Mylmodel: Mylmodel, $
```

```
        Mylight: Mylight, rgb: bytarr(256,3), opac: BYTARR(256) }
    myvol _ Window->Draw,Myview
    ;状态结构变量存入顶级 BASE 的 UVALUE
    Widget _ CONTROL, rVol _ Base,SET _ UVALUE=sState,/NO _ COPY
    XManager, 'Chapter10VolumeExample', $        ;循环控制处理
      CLEANUP='Chapter10VolumeExampleCleanup', rVol _ Base, /NO _ BLOCK
end
```

10.3 体绘制工具 XVOLUME

IDL 6.3 为用户提供了直接进行体绘制的工具 XVOLUME 和智能体绘制工具 iVolume。iVolume 的用法请参阅第 11 章 11.7 节;XVOLUME 的用法如下:

格式:XVolume, vol[, block=block][, modal=modal][, group=group _ leader]
[, replace=replace][, renderer=renderer][, xsize=xsize]
[, ysize=ysize][, scale=scale][,interpolate=interpolate]

功能:以交互的方式进行体绘制。

(1)XVolume 的常用参数:

vol :三维数组。用于给出体绘制的体数据。

(2)XVolume 的常用属性(关键字):

1) replace = replace:设置使用存在的 XVOLUME 替换 vol。

2) renderer = renderer:设置绘制的环境。0 = OpenGL(默认);1=IDL 6.3。

3) xsize,ysize:设置体绘制窗口的大小。

4) interpolate=interpolate:设置插值方式。

5) scale = scale:设置体绘制的比例因子。其他用法同前述。

【例 10.2】 读取体数据数据文件 D:/RSI/IDL63/examples/data/head.dat,利用 XVOLUME 进行体绘制。其操作命令如下:

```
IDL>file = FILEPATH('head.dat', SUBDIRECTORY = ['examples', 'data'])
IDL>volume = READ _ BINARY(file, DATA _ DIMS = [80, 100, 57])
IDL>smallVol = CONGRID(volume, 40, 50, 27)
IDL>XVOLUME, smallVol, /INTERPOLATE
```

其运行结果如图 10.2 所示。

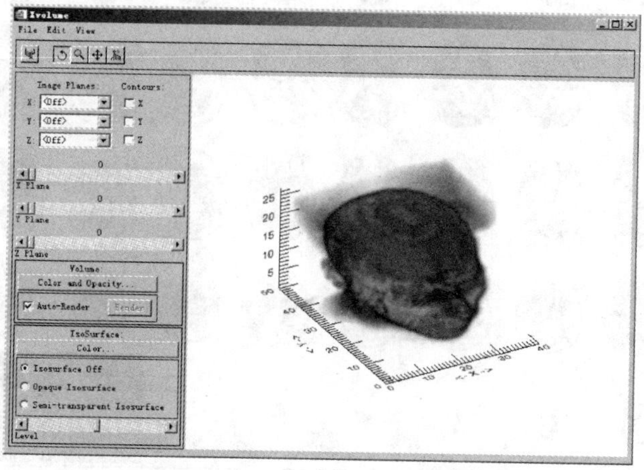

图 10.2 XVOLUME 体绘制

【思考题】 利用 XVOLUME 对例 10.2.1 创建的 64×64×64 体数据进行体绘制。请自行分析运行结果。

10.4 体数据的断层提取

提取体数据切片的方法有垂直切片的提取、任意方位切片的 EXTRACT _ SLICE 提取和任意方位切片的 SLICER3 交互提取。

1. 垂直切片的提取

体数据垂直切片的提取方法比较简单，根据体数据的三维数组 VOLUME[x, y, z]，提取与 X 方向垂直的切片的具体方法为循环取 x 的值，对每一个固定的值 x_i 其对应的垂直切片为 VOLUME[x_i, y, z]，然后使用 WRITE _ * 函数把该二维数组按照任意一种指定的图像格式存入图像文件；同理，可以分别提取与 Y，Z 方向垂直的切片。

【例 10.3】 读取人头的体数据数据文件 D:/RSI/IDL63/examples/data/head.dat，然后提取并显示其横断切片图像。其程序如下：

```
; Chapter10DisplaySlicesUpright.pro
PRO Chapter10DisplaySlicesUpright
   file=FILEPATH('head.dat',SUBDIRECTORY=['examples','data'])        ;生成文件路径
   image = READ _ BINARY(file, DATA _ DIMS = [80, 100, 57])          ; 读取二进制数据文件
   LOADCT,5       ;装入颜色表
   DEVICE, DECOMPOSED = 0, RETAIN = 2
   WINDOW, 0, XSIZE = 800, YSIZE = 600
   FOR i = 0, 56, 1 DO TVSCL, 255b - image [ * , * ,i], /ORDER, i
   sliceImg = REFORM(image[40, * , * ])      ; 图像重组
   sliceImg = CONGRID(sliceImg, 100, 100)
   TVSCL, 255b - sliceImg, 47       ; 放缩显示图像
END
```

程序运行结果如图 10.3 所示。

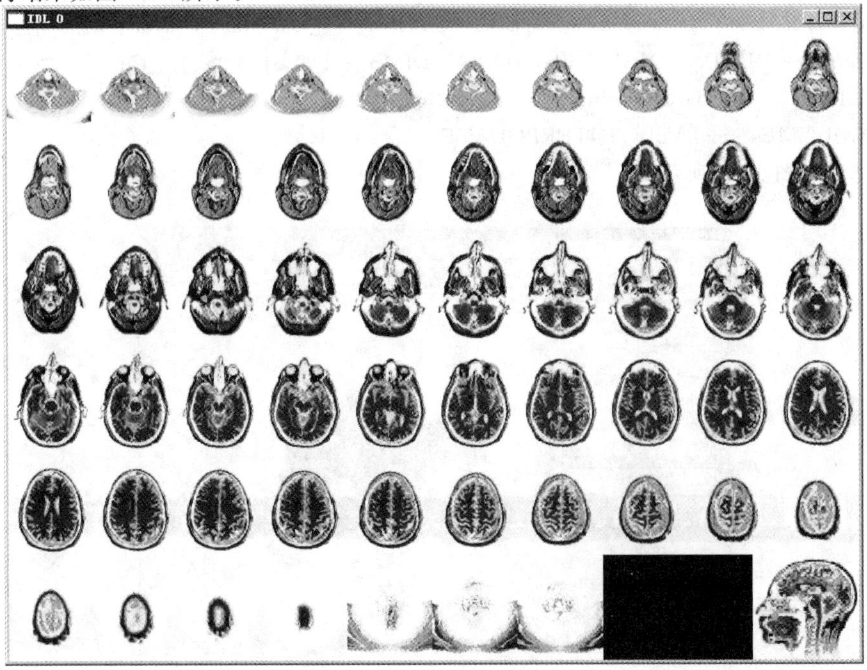

图 10.3 头的横断切片

2. 任意方位切片的 EXTRACT _ SLICE 提取

任意方位切片的提取，可以使用函数 EXTRACT _ SLICE 来实现。其用法如下：

格式：Result = EXTRACT _ SLICE(Vol，Xsize，Ysize，Xcenter，Ycenter，Zcenter，Xrot，Yrot，Zrot [，OUT _ VAL=value] [，/RADIANS] [，/SAMPLE]

功能：提取体数据的任意方位的任意切片。

(1)EXTRACT _ SLICE 的常用参数：

1) Vol：用于给出体数据的值。

2) Xsize，Ysize：设置提取切片图像的大小。

3) Xcenter，Ycenter，ZcenterY：用于给出切片中心经过的体数据中的空间点。

4) Xrot，Yrot，Zrot：用于给出切片分别绕 X，Y 和 Z 轴旋转的角度。其中切片的变换的顺序依次为：绕 Z 轴旋转 Zrot 度；绕 Y 轴旋转 Yrot 度；绕 X 轴旋转 Xrot 度；移动切片中心到(Xcenter，Ycenter，Zcenter)。

(2)EXTRACT _ SLICE 的常用关键字：

1) OUT _ VAL=value：设置提取的切片在体数据外边的像素的值。

2) /RADIANS：设置旋转的为弧度。

3) /SAMPLE：设置插值的方法为最临近法。默认：双线性插值法。

例如：显示一个随即体数据的倾斜切片可以使用如下命令：

```
IDL>vol = RANDOMU(s, 40, 40, 40) & FOR i=0, 10 DO vol = SMOOTH(vol, 3)
IDL>vol = BYTSCL(vol(3:37, 3:37, 3:37))
IDL>slice = EXTRACT _ SLICE(vol,40,40,17,17,17,30.0,30.0,0.0, OUT _ VAL=0B)
IDL>TVSCL, REBIN(slice, 400, 400)
```

【例 10.4】 读取人头的体数据文件 D:/RSI/IDL63/examples/data/head.dat，然后提取并显示任意一个横断切片图像。程序详见 Chapter10DisplaySlicesArbitrary.pro(请自行分析运行图 10.4 的结果)。

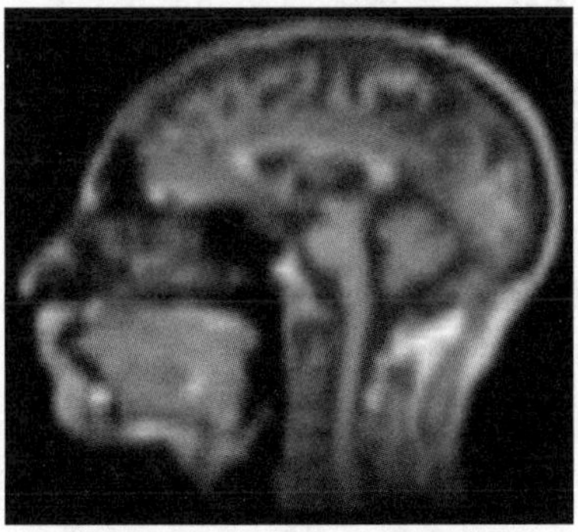

图 10.4 人头的任意切片

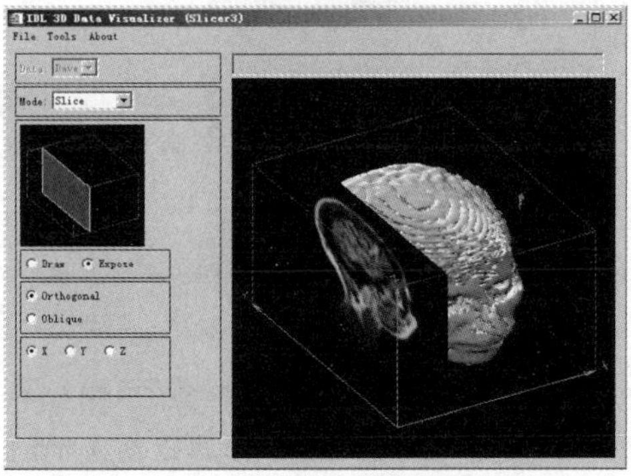

图 10.5 SLICER3 体绘制和切片提取

3. 任意方位切片的 SLICER3 交互提取

如果用户需要以交互方式提取体数据的任意方位的任意切片，可以用过程 SLICER3。

格式：SLICER3 [，hData3D] [，DATA _ NAMES=string/string _ array] [，GROUP=widget _ id] [，/MODAL]

功能：以交互方式对指定的体数据进行体绘制，同时可以提取体数据的任意方位的任意切片。

(1)SLICER3 的常用参数：hData3D 用于给出体数据的指针。

(2)SLICER3 的常用关键字：DATA _ NAMES= string/string _ array 设置在 DROPLIST 下拉列表的选项名称。其他用法同前述。

【例 10.5】 读取人头的体数据文件 D:/RSI/IDL63/examples/data/head.dat，然后调用过程 SLICER3

重建该体数据，并以交互方式提取并显示其横断切片图像。程序详见 Chapte10SliceFromHead. pro。如图 10.5 所示。

10.5 体绘制的实例分析

IDL 6.3 语言的最大优点就是面向矩阵的快速可交互的数据可视化操作。例 10.6 充分说明了 IDL 6.3 语言在体绘制和透明体绘制方面的表现。

10.5.1 实例和要求

【例 10.6】 使用 RESTORE 恢复人脑的体数据文件 D:/RSI/IDL63/examples/demo/demodata/mri. sav，然后按照如图 10.6 所示的 GUI 对象，对该体数据进行可交互不透明体绘制和透明体绘制，要求依次实现的操作如下(结果见图 10.6 和图 10.7)：

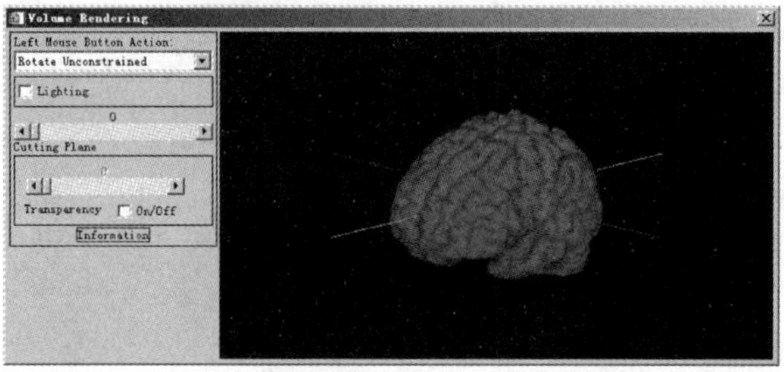

图 10.6 人脑体数据的不透明体绘制

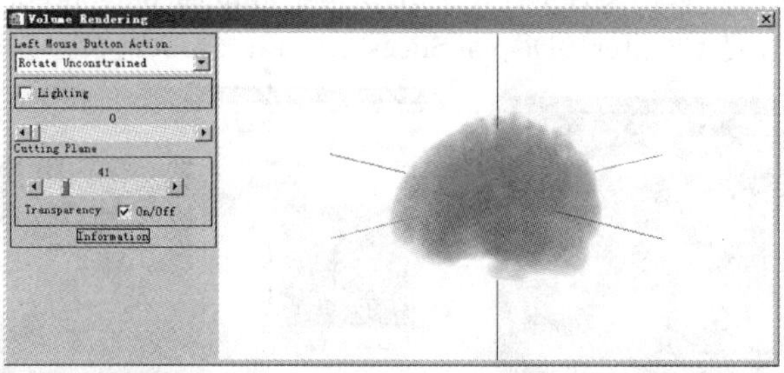

图 10.7 人脑体数据的透明体绘制

(1)在顶层 BASE 中创建两个 BASE：LEFTBASE 和 RIGHTBASE。

(2)在 RIGHTBASE 中创建一个标题标签、一个下拉列表 Droplist、一个灯光复选按钮 Lighting、一个切片滑动条 Cutting Plane、一个透明体绘制开关按钮(On/Off)、一个透明度滑动条 Tansparency Slider、一个体数据数据点拾取信息标签 Information。

(3)在下拉列表 Droplist 中，创建对体绘制对象的旋转和放缩操作。具体包括 Rotate Unconstrained (任意旋转)、Rotate about Screen X(屏幕 X 轴旋转)、Rotate about Screen Y(屏幕 Y 轴旋转)、Rotate about Screen Z(屏幕 Z 轴旋转)、Rotate about Data X (Red)(体对象 X 轴旋转)、Rotate about Data Y (Green)(体对象 Y 轴旋转)、Rotate about Data Z (Blue(体对象 Z 轴旋转)、Scale(放缩)，要求用鼠标左键实现相应的操作。

(4)切片滑动条 Cutting Plane 实现对体对象进行切割处理。

(5)透明体绘制开关按钮(On/Off)开启后，通过滑动条 Tansparency Slider 可以调整透明度。

(6)在体数据数据点拾取信息标签 Information 中，显示鼠标右击体对象时所拾取的体对象的体素的空间位置和体素的灰度值。

(7)在 RIGHTBASE 中创建 Draw 绘图区，并在 Draw 中进行体绘制，绘制如图 10.6 所示的人脑。其完整程序请参考 Chapter10VolumeRender.pro。

10.5.2　用户交互界面 GUI 设计

根据例 10.6 中(1)～(7)的要求，可以用创建组件的方法创建该例的 GUI。

GUI 层次结构和 View 层次结构如下：

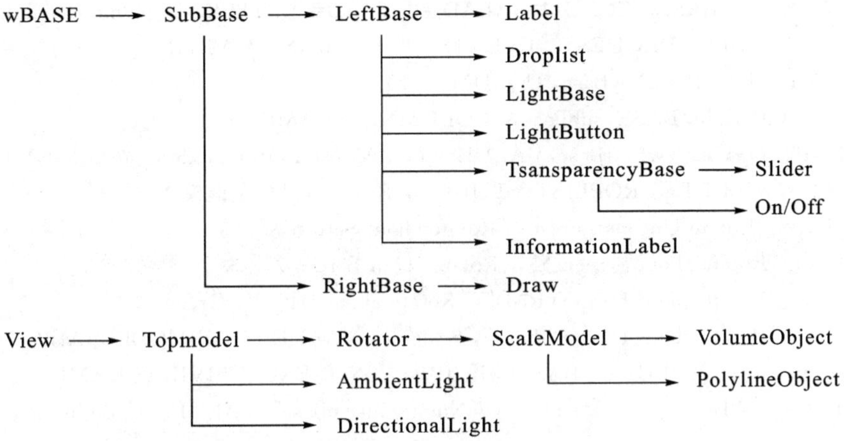

图　10.8 层次结构图

技巧提示：创建并设置控制过程中的结构变量，并把它存入顶层 BASE 的 UVALUE 中。

提示：创建 GUI 之前，绘制 GUI 中各个组件之间的层次关系流程图是创建 GUI 的关键。上述层次关系结构仅供参考，请读者自行设计更理想的 GUI 层次结构。

GUI 设计的程序如下：

```
pro Chapter10VolumeRender
device, GET_SCREEN_SIZE = scr
xdim = scr[0] * 0.4 & ydim = xdim * 0.6
rView = OBJ_NEW('IDLgrView') & rTopModel = OBJ_NEW('IDLgrModel')
rRotator = OBJ_NEW('IDLexRotator', [xdim/2.0, ydim/2.0], xdim/2.0)
rScaleToys = obj_new('IDLgrModel')
rView->Add, rTopModel & rTopModel->Add, rRotator
rRotator->Add, rScaleToys & WIDGET_CONTROL, /HOURGLASS
restore, filename='Chapter10VolumeRender.sav'
i = SIZE(vol0) & m = i[1] > i[2] > (i[3] * 1.0)
sx = 1.0 / m & sy = 1.0 / m & sz =(1.0 / m) * 1.0      ; 放缩 x, y, z.
ox = -i[1] * sx * 0.5 & oy = -i[2] * sy * 0.5
oz = -i[3] * sz * 0.5      ; x,y,z 的偏移量
rVolume = OBJ_NEW('IDLgrVolume', vol0, /ZERO_OPACITY_SKIP, /ZBUFFER, HINT=2, $
    xcoord_conv=[ox, sx], ycoord_conv=[oy, sy], zcoord_conv=[oz, sz], /NO_COPY)
rScaleToys->Add, rVolume
rRotator->Rotate,[0,0,1],-45 & rRotator->Rotate,[1,0,0],-75      ;旋转处理
xpc = [-1.,1.,0.,0.,0.,0.] & ypc = [0.,0.,-1.,1.,0.,0.]      ; 创建坐标轴
zpc = [0.,0.,0.,0.,-1.,1.] & plc = [2,0,1,2,2,3,2,4,5]
vcc =[[255B,0B,0B],[255B,0B,0B],[0B,255B,0B], $
    [0B,255B,0B],[0B,0B,255B],[0B,0B,255B]]
```

```
rObject=OBJ_NEW('IDLgrPolyline',xpc,ypc,zpc,POLYLINES=plc,VERT_COLOR=vcc)
rScaleToys->Add, rObject
vl = OBJ_NEW('IDLgrLight', DIRECTION=[-1,0,1], TYPE=2)
vl->SetProperty, COLOR=[255,255,255], INTENSITY=1.0
sl = OBJ_NEW('IDLgrLight', TYPE=0, INTENSITY=1.0)
rTopModel->Add, vl & rTopModel->Add, sl
wBase = WIDGET_BASE(/COLUMN,XPAD=0,YPAD=0,TITLE="Volume Rendering", $
        /TLB_KILL_REQUEST_EVENTS, TLB_FRAME_ATTR=1)
subBase = WIDGET_BASE(wBase, COLUMN=2)
wLeftbase = WIDGET_BASE(subBase, /COLUMN, /FRAME)
void=WIDGET_LABEL(wLeftBase,VALUE='Left Mouse Button Action:',/ALIGN_LEFT)
wLMBMode = WIDGET_DROPLIST(wLeftBase, $     ;鼠标左键模式
    VALUE=["Rotate Unconstrained", "Rotate about Screen X", $
           "Rotate about Screen Y", "Rotate about Screen Z", $
           "Rotate about Data X(Red)", "Rotate about Data Y (Green)", $
           "Rotate about Data Z(Blue)","Scale"],UVALUE='LMBMODE',/ALIGN_LEFT)
wNonExclusiveBase = WIDGET_BASE(wLeftBase, /NONEXCLUSIVE, /FRAME)
wLightButton = WIDGET_BUTTON ( wNonExclusiveBase, VALUE =" Lighting", UVALUE =
'LIGHTING')
wCuttingSlider=WIDGET_SLIDER(wLeftBase, $
    TITLE='Cutting Plane',UVALUE='CUTTING_PLANE')
TransparencyBase = Widget_Base(wLeftBase, FRAME=1 $
    ,SCR_XSIZE=169 ,SCR_YSIZE=66 ,SPACE=3 ,XPAD=3 ,YPAD=3)
TransparencySlider = Widget_Slider(TransparencyBase , SENSITIVE = 0 $
    ,XOFFSET=10 ,YOFFSET=3 ,MINIMUM=0 ,MAXIMUM=255 ,VALUE=0 $
    ,SCR_XSIZE=156 ,SCR_YSIZE=33 ,UVALUE='TransparencySlider')
TransparencyLabel=Widget_Label(TransparencyBase, XOFFSET=9 ,YOFFSET=43 $
    ,SCR_XSIZE=80 ,SCR_YSIZE=16 ,/ALIGN_LEFT ,VALUE='Transparency')
TransparencyOnBase=Widget_Base(TransparencyBase,XOFFSET=90,YOFFSET=36 $
  ,SCR_XSIZE=60 ,SCR_YSIZE=22 ,XPAD=3 ,YPAD=3 ,COLUMN=1 ,/NONEXCLUSIVE)
TransparencyOn=Widget_Button(TransparencyOnBase,XOFFSET=3,YOFFSET=3,SCR_XSIZE=
70 $
  ,SCR_YSIZE=20 ,/ALIGN_LEFT ,VALUE='On/Off', UVALUE='Transparency0n')
InformationLabel=Widget_Label(wLeftBase,VALUE='Information' $
  ,/FRAME,/DYNAMIC_RESIZE)
wRightbase = WIDGET_BASE(subBase)
wDraw=WIDGET_DRAW(wRightBase,GRAPHICS_LEVEL=2,XSIZE=xdim,YSIZE=ydim $
  ,/BUTTON_EVENTS,UVALUE='DRAW', RETAIN=0, /EXPOSE_EVENTS, RENDERER=
1)
WIDGET_CONTROL, wBase, /REALIZE & WIDGET_CONTROL, wBase, /CLEAR_EVENTS
WIDGET_CONTROL, wDraw, GET_VALUE=rWindow & zoom=sqrt(2)
myview=[-.5, -.5, 1, 1] * zoom & aspect=FLOAT(xdim)/FLOAT(ydim)
if (aspect gt 1) then begin
     myview[0]=myview[0]-((aspect-1.0) * myview[2])/2.0
     myview[2]=myview[2] * aspect
```

```
endif else begin
    myview[1]=myview[1]-(((1.0/aspect)-1.0) * myview[3])/2.0
    myview[3]=myview[3]/aspect
endelse
rView->SetProperty, VIEWPLANE_RECT=myview, PROJECTION=1, $
    EYE=2.0, ZCLIP=[1.0,-1.0], COLOR=[0,0,0]
pState=PTR_NEW({center:[xdim,ydim]/2.,radius:ydim/2,lmb_scale:0,btndown:0b, $
    sc:FLTARR(3), TransparencyStatus:0, TransparencySlider: $
    TransparencySlider, wDraw: wDraw, rVolume: rVolume, &
    InformationLabel:InformationLabel, rScaleToys: rScaleToys, &
    rRotator:rRotator, rView: rView, rWindow: rWindow })
WIDGET_CONTROL, wBase, SET_UVALUE=pState
(*pState).rVolume->SetProperty, VOLUME_SELECT=0
(*pState).rVolume->SetProperty, INTERPOLATE=1
(*pState).rWindow->SetProperty, QUALITY=2
rWindow->Draw, rView
XMANAGER,'Chapter10VolumeRender',wBase,CLEANUP= $
    'Chapter10VolumeRenderCleanup',/NO_BLOCK
end
```

10.5.3 循环控制和分支处理

GUI 循环控制的方法是首先使用带关键字/REALIZE 的过程 WIDGET_CONTROL 激活 GUI,然后用 XMANAGER 来循环控制。在循环控制 GUI 之后,对事件进行分支处理。

事件处理的具体方法有以下几种:

(1)在创建组件时,使用产生事件的关键字指定产生事件后所调用的过程或函数。

(2)在循环控制命令 XMANAGER 中,直接指定事件产生后所调用的过程或函数。

(3)在事件产生后,根据事件结构变量的值,来调用相应的过程或者函数。

(4)首先利用 WIDGET_CONTROL、WIDGET_INFO 和 TAG_NAMES 获取事件的有关信息。然后配合 DO CASE 等选择结构来实现事件的分支处理。

(5)利用上述方法的相互组合,实现复杂的分支处理。本例的分支处理结果如下:

```
pro Chapter10VolumeRender_Event, event
    WIDGET_CONTROL, event.id, GET_UVALUE=uval
    case uval of
        'LMBMODE' : begin                 ... end
        'CUTTING_PLANE' : begin           ... end
        'LIGHTING': begin                 ... end
        'TransparencySlider': begin       ... end
        'Transparency0n': begin           ... end
        'DRAW': begin                     ... end
        ELSE: begin                       ... end
    endcase
END
```

10.5.4 方法设计

本例的主要处理方法如下：

(1)顶层 BASE 中，存放在 UVALUE 中的结构变量的读取和设置方法：

读取：WIDGET _ CONTROL, sEvent. top, GET _ UVALUE=pState

设置：WIDGET _ CONTROL, sEvent. top, SET _ UVALUE=pState

(2)(IDLexRotator 旋转方式的设置方法：只需要利用事件的索引号 event. index，使用 SetProperty 方法设置 IDLexRotator 对象 rRotator 的 AXIS 属性和 CONSTRAIN 属性即可，即

(* pState). rRotator－>SetProperty, AXIS=n, CONSTRAIN=m

(3)组件生效(是否敏感)的动态控制方法：只需要利用 WIDGET _ CONTROL 设置组件的 SENSITIVE 的值为 0 或者 1 即可，即

WIDGET _ CONTROL, (* pState). TransparencySlider, SENSITIVE = 1 or 0

(4)IDLgrVolume 透明属性的设置方法：SetProperty 方法设置 IDLgrVolume 对象的 OPACITY _ TABLE0、LIGHTING _ MODEL、CUTTING _ PLANE 等属性即可。

(5)拖动质量和绘制质量的控制方法：只需要使用 SetProperty 设置 IDLgrWindow 对象的 QUALITY 属性即可，即

(* pState). rWindow－>SetProperty, QUALITY=n

(6)DRAW 事件处理：主要包括以下处理技术：

1) 旋转拖动更新处理方法：只需要调用类 IDLexRotator 的 Update 方法。

2) 鼠标按键的检测方法：需要设置事件的 TYPE 的值，即 sEvent. type =0：鼠标按下；sEvent. type =1：鼠标松开；sEvent. type =2：鼠标移动。再配合设置事件的 PRESS 的值，即 sEvent. press=1：鼠标左键；sEvent. press=2：鼠标中间键；sEvent. press=4：鼠标右键。

3) 数据采集的处理方法：只需要调用类 IDLgrVolume 的 pickvoxel 方法。

4) 移动事件的创建方法：需要使用 WIDGET _ CONTROL 设置 DRAW _ MOTION 的值。DRAW _ MOTION=1：创建移动事件；DRAW _ MOTION=0：取消移动事件，即

WIDGET _ CONTROL, (* pState). wDraw, /DRAW _ MOTION

WIDGET _ CONTROL, (* pState). wDraw, DRAW _ MOTION=0

DRAW 事件处理的具体方法如下：

```
'DRAW': begin
    WIDGET _ CONTROL, event. top, GET _ UVALUE=pState, /NO _ COPY
    Chapter10VolumeRendeBackground,( * pState). TransparencyStatus,( * pState). rView
if (event. type eq 0) then $
if (event. press eq 1) AND (( * pState). lmb _ scale eq 1) then event. press = 2
if ( * pState). rRotator－>Update(event) then begin      ；旋转更新
  ( * pState). rWindow－>SetProperty, QUALITY=1
  ( * pState). rWindow－>Draw, ( * pState). rView
end
if (event. type eq 0) then begin      ；按下鼠标键
  case event. press of
   2 : begin      ；按下鼠标中间键，放大或者缩小对象
       xy = ([event. x, event. y] - ( * pState). center)
       r= TOTAL(xy^2) ; distance from center of unit circle
       ( * pState). sc[1] = SQRT(r) & ( * pState). sc[2] = 1.0
```

```
        end
      4 : begin      ;按下鼠标右键
        j = ( * pState). rVolume->pickvoxel( $
        ( * pState). rWindow, ( * pState). rView,[event. x, event. y])
        k = -1
        if (j[0] NE -1) then begin
          ( * pState). rVolume->GetProperty,DATA0=dd, /NO_COPY
          k = dd[j[0],j[1],j[2]]
          ( * pState). rVolume->SetProperty,DATA0=dd, /NO_COPY
        end
        str = string(j[0], j[1], j[2], k, $       ;显示点的坐标和灰度值
          FORMAT='("X=",I3. 3,",Y=",I3. 3,",Z=",I3. 3,",Value=",I3. 3)')
        WIDGET_CONTROL, ( * pState). InformationLabel, SET_VALUE = str
      end
      else:
    endcase
    ( * pState). btndown = event. press
    WIDGET_CONTROL,( * pState). wDraw, /DRAW_MOTION
  endif
  if event. type eq 2 then begin ; Mouse-button motion.
    case ( * pState). btndown of
    4: begin     ;按下鼠标右键
      j = ( * pState). rVolume->pickvoxel( $
         ( * pState). rWindow, ( * pState). rView,[event. x,event. y])
      k= -1
      if (j[0] NE -1) then begin
        ( * pState). rVolume->GetProperty, DATA0=dd, /NO_COPY
        k = dd[j[0],j[1],j[2]]
        ( * pState). rVolume->SetProperty, DATA0=dd, /NO_COPY
      end
      str = string( j[0], j[1], j[2], k, $
           FORMAT='("X=",I3. 3,",Y=",I3. 3,",Z=",I3. 3,",Value=",I3. 3)')
      WIDGET_CONTROL, ( * pState). InformationLabel, SET_VALUE = str
    end
    2: begin
       xy = ([event. x,event. y] - ( * pState). center)
       r = total(xy^2)        ;距离单位圆中心的距离
       ( * pState). sc[2]=(SQRT(r)/( * pState). sc[1])/( * pState). sc[2]
       ( * pState). rScaleToys->Scale, $
            ( * pState). sc[2], ( * pState). sc[2], ( * pState). sc[2]
       ( * pState). rRotator->GetProperty, RADIUS=radius
       ( * pState). rRotator->SetProperty, RADIUS=radius * ( * pState). sc[2]
       ( * pState). sc[2] = (SQRT(r)/( * pState). sc[1])
       ( * pState). rWindow->SetProperty, QUALITY=1
       ( * pState). rWindow->Draw, ( * pState). rView
```

```
            end
            else:
           endcase
    end
    if (event.type eq 1) then begin        ；释放鼠标
      case ( * pState).btndown of
        2: ( * pState).sc[0] = ( * pState).sc[2] * ( * pState).sc[0]
        4: begin
            j=( * pState).rVolume->pickvoxel, $        ;获取数据点的位置
            ( * pState).rWindow,( * pState).rView,[event.x,event.y])
            k = -1
            if (j[0] NE -1) then begin
              ( * pState).rVolume->GetProperty, DATA0=dd, /NO_COPY
              k = dd[j[0],j[1],j[2]]       ；获取数据点的值
              ( * pState).rVolume->SetProperty, DATA0=dd, /NO_COPY
              str=string(j[0],j[1],j[2],k, $       ;显示数据点的位置和值
              FORMAT='("X=",I3.3,",Y=",I3.3,",Z=",I3.3,", Value=",I3.3)')
              WIDGET_CONTROL, ( * pState).InformationLabel, $
                                                    SET_VALUE = str
      end
      end
      else:
      endcase
      ( * pState).btndown = 0
      WIDGET_CONTROL, ( * pState).wDraw, DRAW_MOTION=0
      endif
      WIDGET_CONTROL, event.top, SET_UVALUE=pState, /NO_COPY
    end
```

(7)组件的值的动态控制：在事件处理过程中，组件的值可以被动态地改变。其方法是先使用带关键字 GET_VALUE 的 WIDGET_CONTROL 命令获取组件的值，然后编辑组件的值，最后使用带关键字 SET_VALUE 的 WIDGET_CONTROL 命令重新设置组件的值。本例控制动态背景的程序如下：

```
PRO Chapter10VolumeRendeBackground, MyStatus, MyView
      IF MyStatus THEN BEGIN
            MyView->Setproperty, color = [255, 255, 255]
      ENDIF ELSE BEGIN
            MyView->Setproperty, color = [0, 0, 0]
      ENDELSE
END
```

(8)删除组件的方法：删除组件可以使用如下方法：

1) 使用 TAG_NAMES,WIDGET_INFO 与顶层 BASE 的/TLB_KILL_REQUEST_EVENTS 配合使用。

2) 使用 XMANAGER 的 CLEANUP 来指定删除处理程序。本例的两种方法如下：

```
IF (TAG_NAMES(event, /STRUCTURE_NAME) eq 'WIDGET_KILL_REQUEST') then begin
   WIDGET_CONTROL, event.top, /DESTROY
   RETURN
```

```
ENDIF
pro Chapter10VolumeRenderCleanup,wTopBase
    WIDGET_CONTROL, wTopBase, GET_UVALUE=pState
    for i=0,n_tags(*pState)-1 do begin
        case size((*pState).(i), /TNAME) of
            'POINTER': ptr_free, (*pState).(i)
            'OBJREF' : obj_destroy, (*pState).(i)
            else:
        endcase
    end
end
```

习 题

1. 读取人头的体数据数据文件 D:/RSI/IDL63/examples/data/head.dat,然后分别提取与 X,Y 和 Z 方向垂直的所有切片,并分别依次以 BMP,TIF 和 JPG 图像格式存入图像文件。其文件名分别为 HEAD1.BMP ~ HEAD80.BMP, HEAD1.TIF ~ HEAD100.TIF 和 HEAD1.BMP ~ HEAD57.BMP。

2. 使用 RESTORE 恢复人脑的体数据数据文件 D:/RSI/IDL63/examples/demo/demodata/mri.sav,然后分别提取与 X,Y 和 Z 方向垂直的所有切片,并分别依次以 BMP,TIF 和 JPG 图像格式存入图像文件。

3. 在例 10.6 的基础上,按照如图 10.8 所示的 GUI 添加任意切片提取功能,并且能够以交互方式提取并显示其横断切片图像,然后把提取的切片以任意一种指定的图像类型进行存储(见图 10.9)。

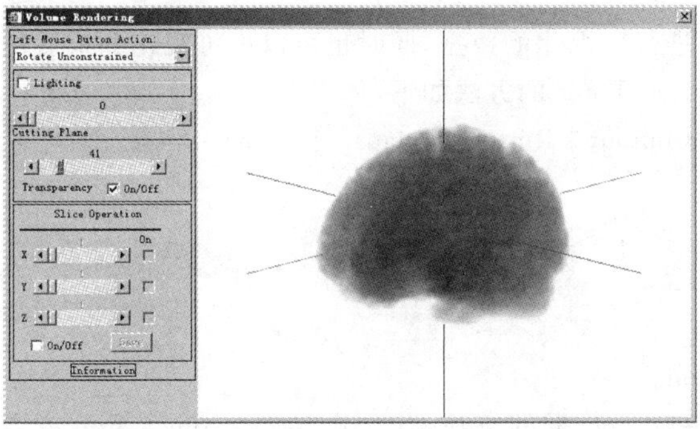

图 10.8 体绘制与任意切片提取

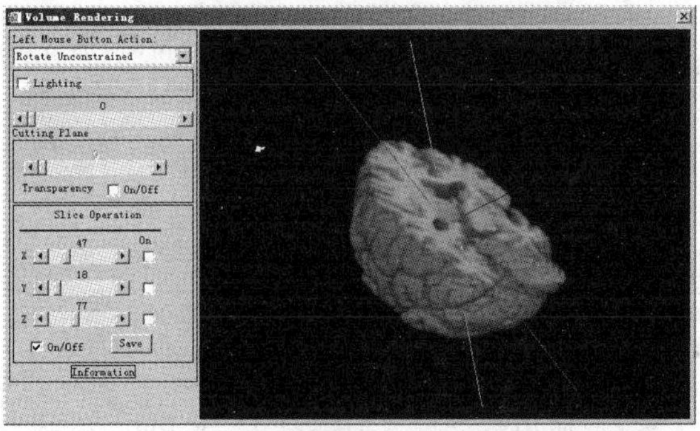

图 10.9 体绘制与任意切片提取

(请读者参考本书作者提供的参考程序:Chapter10VolumeRenderExercise.pro,运行界面见图 10.8 和图 10.9)。

4. 熟练掌握垂直切片的提取、任意方位切片的 EXTRACT_SLICE 提取和任意方位切片的 SLICER3 交互提取的方法。

5. 简述体绘制中体绘制的程序设计方法。

6. 熟练掌握体绘制工具 XVOLUME 的使用方法。

第 11 章　IDL 6.3 的智能工具 iTools

智能工具 iTools(Intelligent Tools)是具有一系列交互功能的可视化智能工具包,是集数据分析、可视化任务和高品质图形表现为一体的多功能交互可视化智能工具包。

IDL 6.3 提供了 7 个智能工具为后续的交互式可视化应用服务。每一个工具围绕一种专门的数据可视化类型设计,具体包括二维或三维图形(iPlot)、曲面表达(iSurface)、等值线(iContour)、图像处理(iImage)、地图可视化(iMap)、矢量操作 iVector 和体可视化(iVolume)。IDL 可以轻松地使用 iTools 进行数据分析和创建可视化环境。这些智能工具可以单独作为完整的应用程序使用,也可以作为应用程序的一部分为其他应用程序所调用或者进行二次开发。地图可视化(iMap)工具详见第 12 章。新增的 iVector 工具,增强了矢量操作功能,方便进行 Vector 数据的显示,包括矢量线的长度、数量、方向等;能够控制矢量显示的各个方面,包括箭头的样式和大小、根据数据来显示颜色、方向;支持多种数据。

11.1　iTools 数据的输入输出

使用 iTools 进行数据的可视化分析时,需要输入进行可视化的数据,同时也可以把可视化分析后的结果输出。所有这些操作均可以在 iTools 中实现。启动 iTools 的方法如下:

File → New → Visualization → iPlot | iSurface | iContour | iImage | iMap | iVolume |iVector

11.1.1　数据的输入

数据输入的方法如下:

(1)使用插入可视化对话框:Insert → Visualization。

(2)使用数据输入向导:File → Import。从文件输入数据的方法:使用向导的 From a File 或者 Import File 按钮,并按向导操作(见图 11.1)。从变量输入数据的方法:使用向导中的 From an IDL Variable 或者 Import Variable 按钮,并按向导操作(见图 11.2)。

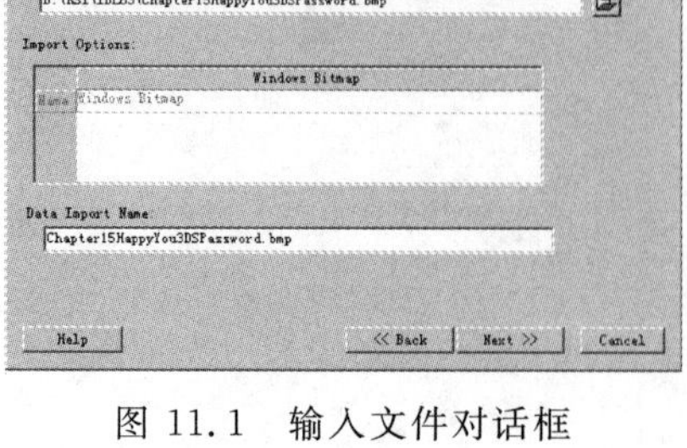

图 11.1　输入文件对话框

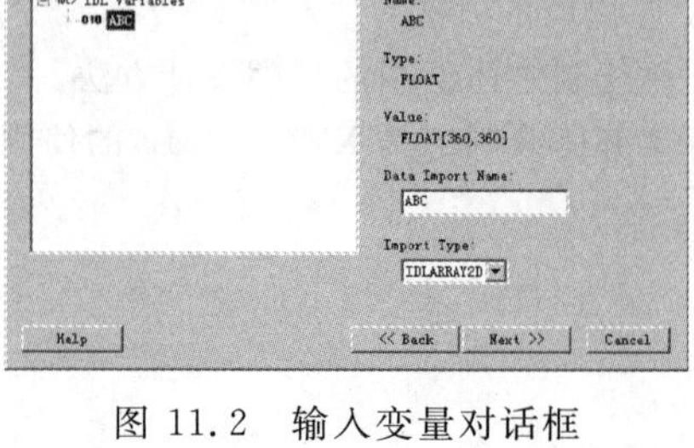

图 11.2　输入变量对话框

(3)使用数据管理器对话框：Window → Data Manager。

(4)使用打开文件对话框：File → Open。

(5)在 IDL 命令行直接输入 iPlot，iSurface，iContour，iImage 或者 iVolume 命令。

例如：iPlot，indgen(20)。

11.1.2　数据管理器 Data Manager

数据管理器 Data Manager 的启动方法：Window → Data Manager(见图 11.3)。

数据管理器的功能：从文件或变量输入数据、复制数据、删除数据和为数据更名。

输入数据的方法：使用 Import Variable 按钮或者 Import File 按钮，然后按照向导操作。

复制数据、删除数据和数据更名的方法：使用鼠标右击数据项，在快捷菜单中选择相应的项操作。

11.1.3　参数编辑器 Parameter Editor

参数编辑器 Parameter Editor 的启动方法：Edit → Parameters(见图 11.4)。

参数编辑器的功能：从文件或者变量输入数据；把数据项赋值给指定的变量或者取消赋值；复制数据；删除数据；为数据更名。

输入数据的方法：使用 Import Variable 按钮或者 Import File 按钮，然后按照向导操作。

复制数据、删除数据和数据更名的方法：使用鼠标右击数据项，在快捷菜单中选择相应的项操作。

数据项的赋值或者取消赋值操作：使用赋值按钮 ↓ 或者取消按钮 ✕。

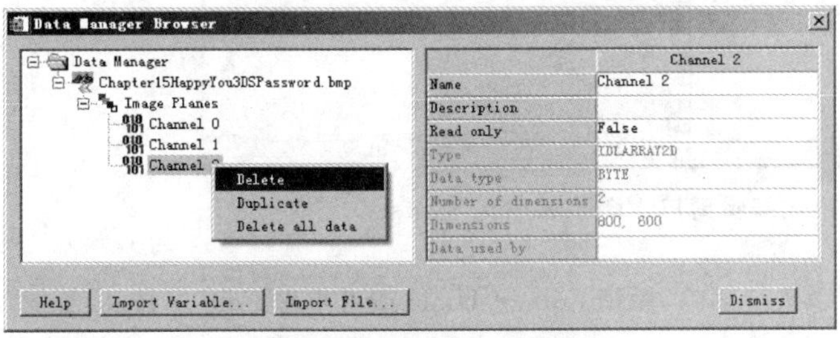

图 11.3　数据管理器

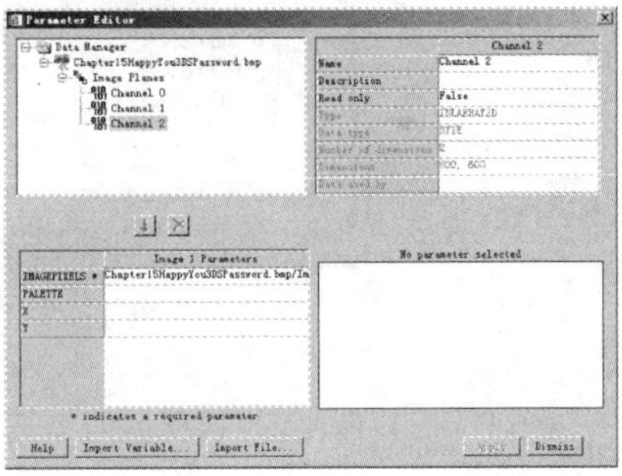

图 11.4　参数编辑器

11.1.4　数据的输出

数据输出的方法：

(1)使用数据输出向导：File → Export。

(2)使用保存文件对话框：File → Save | Save As；输出结果是 iTools 文件(＊.ISV)。

(3)使用打印输出对话框：File → Print；输出结果是送往打印机打印输出。

输出数据到文件的方法：使用 File → Export 向导中的 To a File，然后按照向导操作。

输出数据到变量：使用 File → Export 向导中的 To an IDL Variable。

11.2 iTools 的常用操作

11.2.1 选择对象

在 iTools 环境中的几乎所有对象(如坐标轴和图形),都可以对它进行选择和重新设置属性等操作。选择对象的方法是在 iTools 界面或者在可视化浏览器中选择。

在 iTools 界面中选择对象的方法:使用选择按钮,或者 Edit → Select All。

在可视化浏览器界面 Visualization Browser 中选择对象的方法:先启动可视化浏览器:Window → Visualization Browser,然后使用鼠标对其进行常规操作。

在 iTools 界面中设置对象属性的方法:可以重新设置选中对象的各种属性,方法是使用鼠标右击对象或空白处,然后选择 Parameters 或 Properties,激活参数编辑窗口或可视化窗口 Visualization Browser (见图 11.5),在这两个窗口中设置各个对象的属性。

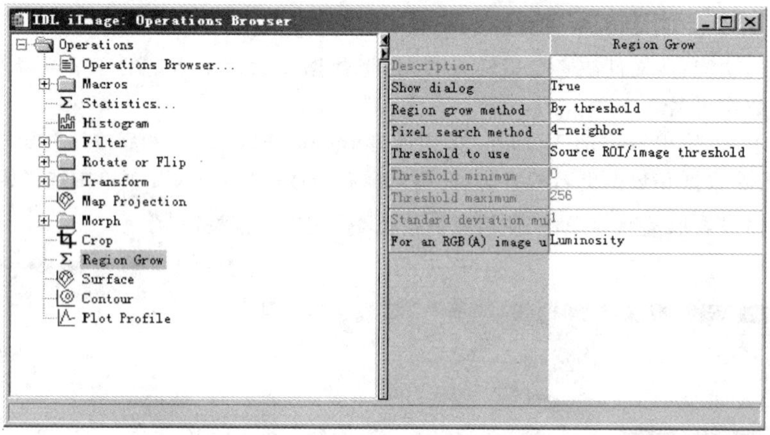

图 11.5 可视化编辑窗口 Visualization Browser

在 iTools 界面中,对选择的对象还可以进行删除、撤销 Edit → Undo 或者重做 Edit → Redo 等操作。

11.2.2 对象的几何变换

在 iTools 界面中,对选择的对象可以使用移动变比按钮、旋转按钮和放缩按钮进行移动、变比、旋转和放缩操作。

11.2.3 数据的几何变换

在 iTools 界面中,对输入的数据可以进行重新采样、旋转和放缩处理。操作方法如下:

重新采样:Operation → Transform → Resample,然后按照向导操作。

旋转:Operation → Transform → Rotate Data,然后按照向导操作。

放缩:Operations → Transform → Scale Data,然后按照向导操作。

11.2.4 滤波处理

在 iTools 中,对输入的数据可以进行平滑滤波、中值滤波和卷积滤波处理。操作方法如下:

平滑滤波：Operations → Filter → Smooth。

中值滤波：Operations → Filter → Median。

卷积滤波：Operations → Filter → Convolution。

11.2.5　形态学处理

在 iTools 界面中，对输入的数据可以进行腐蚀、扩张、开、闭、梯度和击中击不中形态学处理。具体操作方法如下：

腐蚀：Operations → Morph → Erode；

扩张：Operations → Morph → Dilate；

开：Operations → Morph → Morph open；

闭：Operations → Morph → Morph close；

梯度：Operations → Morph → Morph gradient；

击中击不中：Operations → Morph → Morph tophat。

11.2.6　图例

在 iTools 界面中，可以添加图例。操作方法为 Select Insert → Legend 或使用按钮。

11.2.7　注释

在 iTools 界面中，可以使用工具按钮 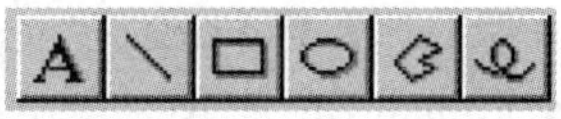 添加文本 Text、直线 Line、矩形或者正方形（＋SHIFT）Rectangle、椭圆或者圆（＋SHIFT）Oval、多边形 Polygon 和任意徒手图形 Freehand 等注释信息。具体操作方法与 Windows 中画图的使用方法基本相同。

11.2.8　添加坐标轴

在 iTools 中，可以添加 X，Y 或 Z 轴。方法为 Insert → Axis → X axis | Y axis | Z axis。

11.2.9　常用浏览器和属性设置

在 iTools 界面中，设置对象属性的方法可以使用如下窗口以及它们的相互配合。在这些对话窗口中，可以重新设置选中对象的各种属性，其用法与常规窗口的用法类似。

常用的对话窗口及其激活方法如下：

（1）可视化浏览器：Window → Visualization Browser 或者 Edit → Properties；

（2）数据管理器：Window → Data Manager；

（3）参数编辑器：Edit → Parameters；

（4）操作浏览器：Operations → Operations Browser；

（5）环境参数管理器：File → Preferences；

（6）直方图显示窗口：Operations → Histogram；

（7）统计结果浏览器：Operations → Statistics；

（8）日志信息显示窗口：Window → Console；

（9）窗口布局管理器：Window → Layout。

11.3 图像处理工具 iImage

图像处理工具 iImage 提供了丰富的图像处理功能。

(1)iImage 的启动方法：

1) File → New → Visualization → iImage(在 IDL 环境下)。

2) File → New → iImage(在 iTools 环境下)。

3) 使用 iImage 命令。其用法格式如下：

格式：IIMAGE[, Image[, X, Y]]

公共关键字和图像处理关键字：用法同前述。

例如：启动 iImage 的命令为：IDL>iImage

(2)iImage 中数据的输入方法：

1) File → Open，然后按照向导操作，用于打开 *.ISV 文件。

2) File →Import，然后按照向导操作，用于打开制定类型的文件。

例如：启动 iImage，并打开 D:/RSI/IDL63/examples/data/meteor _ crater.jpg 的操作是，首先利用上述三种方法之启动 iImage，然后在 iImage 中使用 File → Open 或者 File →Import 打开 D:/RSI/IDL63/examples/data/meteor _ crater.jpg，打开后的界面如图 11.6 所示。

(3)iImage 中对象及其属性的编辑方法。在图 11.8 的 iImage 界面中，使用可视化浏览器、数据管理器、参数编辑器、操作浏览器、环境参数管理器、日志信息显示窗口和窗口布局管理器等进行如下图像处理：

1) 添加颜色棒：Insert → Colorbar。

2) 添加坐标轴：Insert → Axis → X Axis | Y Axis。

3) 图像的重新采样：Operation → Transform → Resample。

4) 图像的面可视化：Operations → Surface。

5) 图像的滤波和边界提取：Operations → Filter → Smooth | Convolution | Median | Roberts | Sobel。

6) 图像的形态学处理：Operations → Morph → Erode | Dilate | Morph open | Morph close | Morph gradient |Morph tophat。

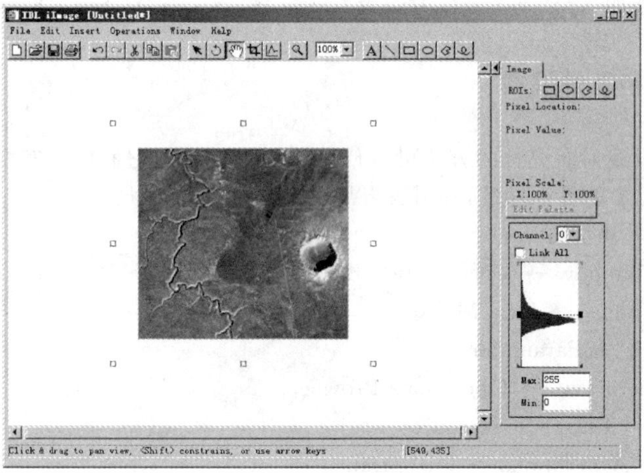

图 11.6 iImage 界面

7) 图像的轮廓提取：Operations → Contour。

8）图像的旋转、变比、拉伸和反向处理：Operations → Transform → Rotate Data｜Scale Data｜Byte Scale｜Invert Image。

9）图像的旋转与翻转处理：Operations → Rotate or Flip → Rotate Left｜Rotate Right｜Rotate By Anhle｜Flip Horizontal｜Flip Vertical。

10）图像的放缩处理：使用放缩按钮。

11）图像的感兴趣区 ROI 处理：使用注释工具按钮

进行 ROI 标注。

12）图像的区域生长处理：Operations → Region Grow。

13）图像的注释：使工具按钮

，可以添加文本 Text、直线 Line、矩形或者正方形（＋SHIFT）Rectangle、椭圆或者圆（＋SHIFT）Oval、多边形 Polygon 和任意徒手图形 Freehand 等注释信息。具体操作方法与 Windows 中画图的使用方法基本相同。

14）图像的直方图处理：Operations → Histogram。

15）图像的统计结果显示：Operations → Statistics。

16）数据空间的重新设置：Operations → Dataspace → Reset Ranges。

17）数据空间的像素放缩：Operations → Dataspace → Pixel Scale。

（4）iImage 中数据的输出方法：

1）使用数据输出向导：File → Export。其中：

输出数据到文件：使用 File → Export 向导中的 To a File，然后按照向导操作。

输出数据到变量：使用 File → Export 中的 To an IDL Variable，然后按照向导操作。

2）使用保存文件对话框：File→Save｜Save As；输出结果是 iTools 状态文件（*.ISV）。

3）使用打印输出对话框：File → Print；输出结果是送往打印机打印输出。

11.4　二维图形和三维图形可视化工具 iPlot

图形可视化工具 iPlot 提供了二维数据和三维数据的可视化分析功能。IDL 6.3 同时提供了专门二维数据可视化工具 D _ iPlot2D 和三维数据可视化工具 D _ iPlot3D。

（1）iPlot 的启动方法：

1）File → New → Visualization → iPlot（在 IDL 环境下）。

2）File → New → iPlot（在 iTools 环境下）。

3）使用 iPlot 命令。其用法格式如下：

格式 1：IPLOT[，[X，] Y]；二维数据可视化

格式 2：IPLOT[，X，Y，Z]；三维数据可视化

格式 3：IPLOT[，R]，Theta，/POLAR；数据的极坐标系统可视化

公共关键字和坐标轴关键字：同上。用法同前述。

绘图关键字：同 IDLgrPlot。用法同前述。

例如：启动 IPLOT 的命令为 IDL>IPLOT。

（2）iPlot 中数据的输入方法：

1）File → Open，然后按照向导操作，用于打开 *.ISV 文件。

2）File →Import，然后按照向导操作，用于打开制定类型的文件。

【例 11.1】　启动 iPlot，并打开文件 D:/RSI/IDL63/chapter11iPlotData.txt 进行图形绘制。

（1）利用上述三种方法之启动 iPlot；

（2）使用 File →Import 打开 D:/RSI/IDL63/chapter11iPlotData.txt，然后按向导打开文件；

（3）在打开的 ASCII _ Template 界面中，按照 3.3.2 节的方法，从第 4 行读数据，然后依次操作；

(4)在 ASCII _ Template 向导的第 3 步单击 Group All 按钮，最后单击 Finish 按钮。

【例 11.2】 启动 iPlot，使用文件 D:/RSI/IDL63/chapter11iPlotData.sav 进行图形绘制。

(1)使用 RESTORE 命令恢复 chapter11iPlotData.sav 中的变量；

(2)利用上述三种方法之启动 iPlot；

(3)在 iPlot 中使用 File →Import，选择从变量输入数据，然后输入数组 y 的值，即选择 y，最后单击 Finish。

【例 11.3】 对文件 D:/RSI/IDL63/chapter11iPlotData.sav，利用 iPlot 命令进行图形绘制。

(1)使用 RESTORE 命令恢复 chapter11iPlotData.sav 中的变量；

(2)利用 IPLOT 命令直接绘制图形，命令为 IDL>IPLOT，x，y。

【例 11.4】 利用 iPlot 命令直接进行绘制二维图形 RANDOMU(seed，20)的操作为

IDL>iPlot，RANDOMU(seed，20)

【例 10.5】 利用 iPlot 命令直接进行绘制三维图 x ＝ FINDGEN(20)，y＝FINDGEN(20)，z＝RANDOMU(seed，20)的操作为

IDL>iPlot，FINDGEN(20)，FINDGEN(20)，RANDOMU(seed，20)

【例 11.6】 利用 iPlot 命令直接进行绘制极坐标图形 R＝ThetaFINDGEN(20)，Theta＝FINDGEN(20)的操作为(结果如图 11.7)：

IDL>iPlot，FINDGEN(20)，FINDGEN(20)，/POLAR

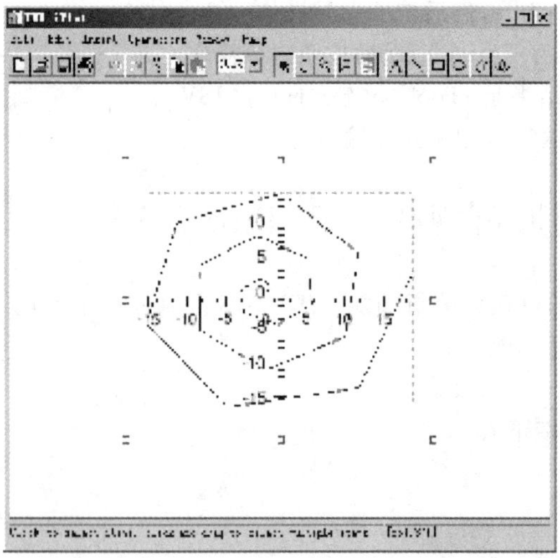

图 11.7 基于命令的极坐标 iPlot 绘图

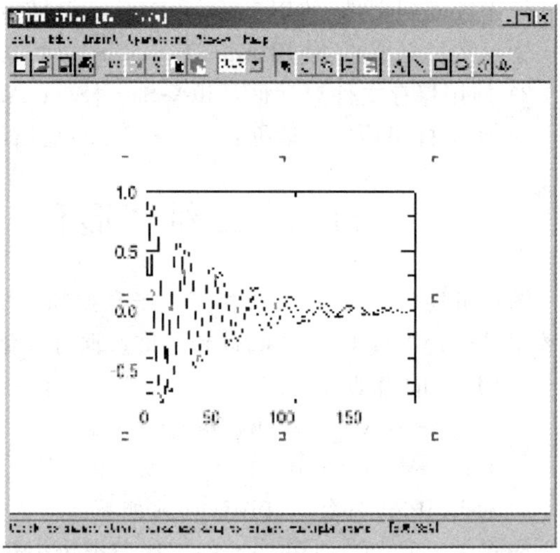

图 11.8 基于命令的重叠 iPlot 绘图

【例 11.7】 利用 iPlot 命令直接进行重叠绘制图形 SIN(2.0 * FINDGEN(200) * ! PI/25.0) * EXP(－0.02 * FINDGEN(200))和图形 COS(2.0 * FINDGEN(200) * ! PI/25.0) * EXP(－0.02 * FINDGEN(200))的操作如下(结果见图 11.8)：

IDL>iPlot，SIN(2.0 * FINDGEN(200) * ! PI/25.0) * EXP(－0.02 * FINDGEN(200))

IDL>iPlot，COS(2.0 * FINDGEN(200) * ! PI/25.0) * EXP(－0.02 * FINDGEN(200))，/OVERPLOT

(3)iPlot 中对象及其属性的编辑方法。在上述图的 iPlot 界面中，使用可视化浏览器、数据管理器、参数编辑器、操作浏览器、环境参数管理器、日志信息显示窗口和窗口布局管理器等进行如下图形处理：

1) 添加图例：Insert → Legend。

2) 添加颜色棒：Insert → Colorbar。

3) 添加错误棒。

例如:使用如下命令绘制二维错误棒(请读者自行分析运行结果):

```
IDL>err = FLTARR(2,10)
IDL>err[0, *]=FINDGEN(10)/10. & err[1, *] = FLTARR(10) + 0.5
IDL>iPlot, FINDGEN(10), COLOR = [255, 0, 255], ERRORBAR_COLOR = [255, 0, 0], $
    ERRORBAR_CAPSIZE = 0.25, X_ERRORBARS = 0, XERROR = err, YERROR = err
```

例如:使用如下命令绘制三维错误棒(请读者自行分析运行结果):

```
IDL>nVerts = 30 & x = FINDGEN(nVerts)/10. & y = (SIN(x * 2) + 1.) * 25
IDL>z = x & err = FLTARR(2, nVerts)
IDL>err[0, *]=RANDOMU(seed, nVerts) & err[1, *]=RANDOMU(seed, nVerts)
IDL>iPlot,x,y,z,COLOR=[0, 0, 255], THICK=2, ERRORBAR_COLOR = [255, 0, 0], $
    XERROR=err/2., YERROR=err * 5., ZERROR=err, NAME = '3D Plot with Error Bars'
```

4) 曲线适配处理:Operations → Filter → Curve Fitting.

5) 图形的滤波:Operations → Filter → Smooth | Convolution | Median。

6) 添加坐标轴:Insert → Axis → X Axis | Y Axis。

7) 图像的重新采样:Operation → Transform → Resample。

注意:其他用法与公共操作类似。

(4)iPlot 中数据的输出方法:

1) 使用数据输出向导:File → Export。其中:

输出数据到文件:使用 File → Export 向导中的 To a File,然后按照向导操作。

输出数据到变量:使用 File → Export 中的 To an IDL Variable,然后按照向导操作。

2) 使用保存文件对话框:File→Save|Save As;输出结果是 iTools 状态文件(*.ISV)。

3) 使用打印输出对话框:File → Print;输出结果是送往打印机打印输出。

11.5　面可视化工具 iSurface

面可视化工具 iSurface 提供了丰富的面可视化和分析处理功能。

(1)iSurface 的启动方法:

1) File → New → Visualization → iSurface(在 IDL 环境下)

2) File → New → iSurface(在 iTools 环境下)

3) 使用 iSurface 命令。其用法格式如下:

格式:ISURFACE[, Z [, X, Y]]

公共关键字和坐标轴关键字:同上。用法同前述。

面绘制关键字:同 IDLgrSurface。用法同前述。

例如:启动 iSurface 的命令为 IDL>iSurface

(2)iSurface 中数据的输入方法:

1) File → Open,然后按照向导操作。

2) File →Import,然后按照向导操作。

例如:启动 iSurface,并打开 D:/RSI/IDL63/examples/data/idemosurf.dat 的操作如下:

ⅰ) 首先利用上述三种方法之启动 iSurface;

ⅱ) 在 iSurface 中,使用 File → Open 或者 File →Import 打开 D:/RSI/IDL63/examples/data/idemosurf.dat,然后按向导打开文件;

ⅲ) 在打开的 BINARY_Template 界面中,按照 3.3.2 节的操作方法,在 template name 处输入 demosurface,然后单击 New Field 按钮;

ⅳ) 在 New Field 窗口中的 Field Name 处输入 demosurface,在 Type 处输入 Float(32 bits),在数据

的维数和大小处输入 200×200 的二维数组；最后单击 OK 返回 BINARY _ Template 界面；

ⅴ）最后，在 BINARY _ Template 界面中单击 OK 按钮，绘制结果如图 11.9 所示。

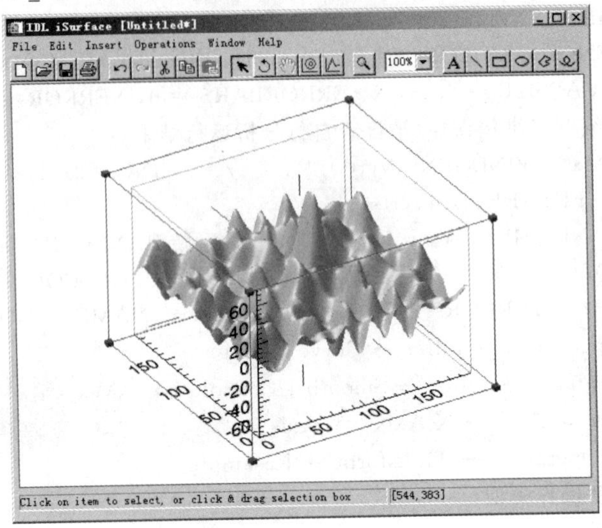

图 11.9 iSurface 绘制

(3)iSurface 中对象及其属性的编辑方法。在图 11.9 的 iSurface 界面中，使用可视化浏览器、数据管理器、参数编辑器、操作浏览器、环境参数管理器、日志信息显示窗口和窗口布局管理器进行面绘制和分析处理。

1）添加颜色棒：Insert → Colorbar。

2）添加坐标轴：Insert → Axis → X Axis | Y Axis。

3）面的重新采样：Operation → Transform → Resample。

4）面的滤波：Operations → Filter → Smooth | Convolution | Median | Roberts | Sobel。

5）图像的形态学处理：Operations → Morph → Erode | Dilate | Morph open | Morph close | Morph gradient |Morph tophat。

6）面的轮廓提取：Operations → Contour。

7）添加灯：Insert → Light。

8)面的图像成像。

例如：输入：iSurface，DIST (10)，然后选择 Operations → Image。

9）面的贴图处理，具体步骤如下：

ⅰ）选择需要做贴图的面。

ⅱ）打开参数编辑器：Edit → Parameters。

ⅲ）单击 Import File 输入图像文件(例如 D:/RSI/IDL63/examples/data/rose.jpg)。

ⅳ）在参数编辑器中找到图像列表中的图像平面 Image Planes 或者颜色通道 channel，然后把图像平面 Image Planes 或者颜色通道 channel 使用赋值按钮把它赋值给 TEXTURE，最后单击 OK。

注意：其他用法与公共操作类似。

(4)iSurface 中数据的输出方法：

1）使用数据输出向导：File → Export。其中：

输出数据到文件：使用 File → Export 向导中的 To a File，然后按照向导操作。

输出数据到变量：使用 File → Export 中的 To an IDL Variable，然后按照向导操作。

2）使用保存文件对话框：File→Save|Save As；输出结果是 iTools 状态文件(＊.ISV)。

3）使用打印输出对话框：File → Print；输出结果是送往打印机打印输出。

11.6　轮廓线可视化工具 iContour

轮廓处理工具 iContour 提供了丰富的轮廓处理功能。

(1)iContour 的启动方法：

1) File → New → Visualization → iContour(在 IDL 环境下)。

2) File → New → iContour(在 iTools 环境下)。

3) 使用 iContour 命令。其用法格式如下：

格式:ICONTOUR[, Z[, X, Y]]

公共关键字和坐标轴关键字:同上。用法同前述。

轮廓关键字:同 CONTOUR 命令。用法同前述。

例如:启动 iContour 的命令为 IDL>iContour。

(2)iContour 中数据的输入方法：

File → Open,然后按照向导操作。

File →Import,然后按照向导操作。

【例 11.8】　打开 D:/RSI/IDL63/examples/data/convec. dat,提取轮廓的操作如下(见图 11.10)：

```
IDL>file = FILEPATH('convec. dat', SUBDIRECTORY = ['examples', 'data'])
IDL>data = READ _ BINARY(file, DATA _ DIMS = [248, 248])
IDL>iContour, data
```

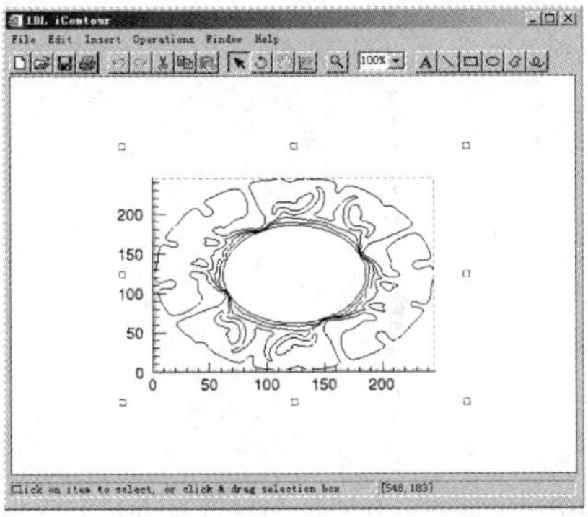

图 11.10　规则 iContour 绘图

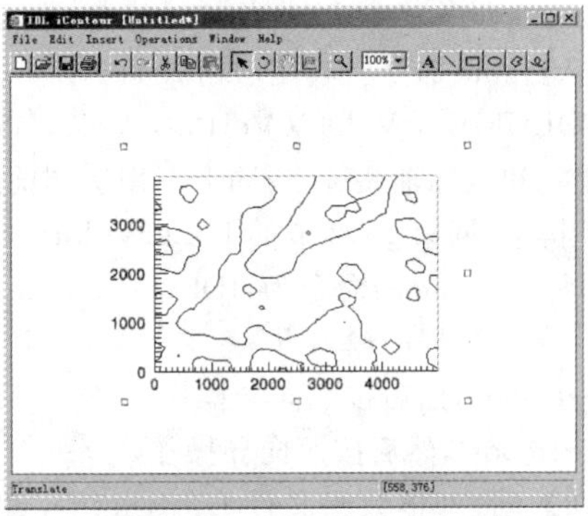

图 11.11　不规则 iContour 绘图

【例 11.9】　启动 iContour,打开文件 D:/RSI/IDL63/examples/data/irreg _ grid1. txt,然后进行轮廓线绘制的操作如下：

(1)利用上述三种方法之启动 iContour。

(2)在 iContour 中使用 File → Open 或者 File →Import 打开 D:/RSI/IDL63/examples/data/irreg _ grid1. txt,然后按照向导操作。

(3)在打开的 ASCII _ Template 界面中,按照 3.3.2 节的操作方法依次操作。

(4)在 ASCII _ Template 向导的第 3 步单击 Finish 按钮。

(5)在 The IDL iTools Create Visualization 窗口中,选择 Launch the gridding wizard,然后单击 OK。

(6)在 IDL Gridding Wizard Step 1 of 3 中单击 Next(用户可以改变参数)。

(7)在 IDL Gridding Wizard Step 2 of 3 中单击 Next(用户可以改变参数)。

(8)在 IDL Gridding Wizard Step 3 of 3 中选择 Inverse Distance,并单击 Finish(见图 11.11)。

(9)iContour 中对象及其属性的编辑方法。在图 11.10 的 iContour 界面中,使用可视化浏览器、数据管理器、参数编辑器、操作浏览器、环境参数管理器、日志信息显示窗口和窗口布局管理器等进行如下轮廓处理：

1）添加颜色棒：Insert → Colorbar。

2）添加坐标轴：Insert → Axis → X Axis | Y Axis。

3）轮廓的滤波：Operations → Filter → Smooth | Convolution | Median。

4）添加轮廓标签：在可视化浏览器中，单击 Contour level properties 右侧的箭头按钮，然后单击 Edit 菜单，就会激活轮廓层属性编辑窗口。在轮廓层属性编辑窗口中可以设置轮廓线的多种属性。

5）填充轮廓：在可视化浏览器中，单击 Fill contours 右侧的箭头按钮，然后选择 True 即可。

注意：其他用法与公共操作类似。

(4)iContour 中数据的输出方法：

1）使用数据输出向导：File → Export。其中：

输出数据到文件：使用 File → Export 向导中的 To a File，然后按照向导操作。

输出数据到变量：使用 File → Export 中的 To an IDL Variable，然后按照向导操作。

2）使用保存文件对话框：File→Save|Save As；输出结果是 iTools 状态文件（*.ISV）。

3）使用打印输出对话框：File → Print；输出结果是送往打印机打印输出。

11.7 体可视化 iVolume

体绘制工具 iVolume 提供了丰富的体绘制分析处理功能。

(1)iVolume 的启动方法：

1）File → New → Visualization → iVolume（在 IDL 环境下）

2）File → New → iVolume（在 iTools 环境下）

3）使用 iVolume 命令。其用法格式如下：

格式：IVOLUME[, Vol0[, Vol1][, Vol2, Vol3]]

公共关键字和坐标轴关键字：同上。用法同前述。

体绘制关键字：同第 10.2 节的 IDLgrVolume。用法同前述。

例如：启动 iVolume 的命令为：IDL>iVolume。

(2)iVolume 中数据的输入方法：

1）File → Open，然后按照向导操作。

2）File →Import，然后按照向导操作。

【例 11.10】 打开体数据文件 D:/RSI/IDL63/examples/data/head.dat，然后利用 iVolume 命令直接进行体绘制的操作如下（结果见图 11.12）：

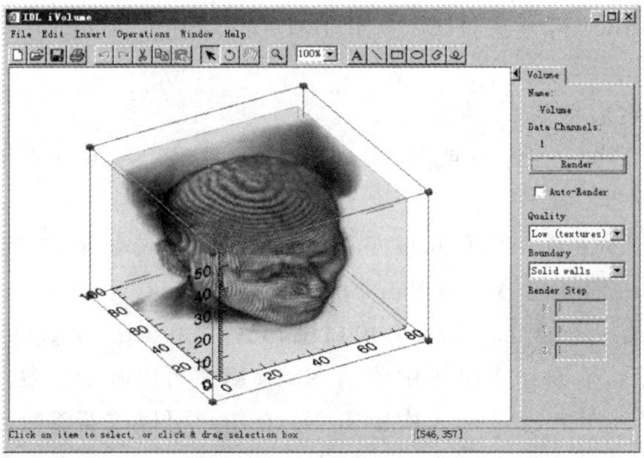

图 11.12 iVolume 绘制

IDL>file = FILEPATH('head.dat', SUBDIRECTORY = ['examples', 'data'])

IDL>data = READ_BINARY(file, DATA_DIMS = [80, 100, 57]) & IVOLUME, data

(3)iVolume 中对象及其属性的编辑方法。在如图 11.12 所示的 iVolume 界面中,使用可视化浏览器、数据管理器、参数编辑器、操作浏览器、环境参数管理器、日志信息显示窗口和窗口布局管理器等进行如下体绘制处理:

1) 添加颜色棒:Insert → Colorbar。

2) 添加坐标轴:Insert → Axis → X Axis | Y Axis。

3) 体数据的重新采样:Operation → Transform → Resample。

4) 体对象的光滑滤波:Operations → Filter → Smooth。

5) 体对象的形态学处理:Operations → Morph → Erode | Dilate | Morph open | Morph close | Morph gradient | Morph tophat。

6) 显示体数据的切片数据图像:Operations → Volume → Image Plane。

7) 提取体数据的 ISO 面:Operations → Volume → Isosurface

8) 局部体数据的提取:Operations → Volume → Interval Volume

注意:其他用法与公共操作类似。

(4)iVolume 中数据的输出方法:

1) 使用数据输出向导:File → Export。其中:

输出数据到文件:使用 File → Export 向导中的 To a File,然后按照向导操作。

输出数据到变量:使用 File → Expor 中的 To an IDL Variable,然后按照向导操作。

2) 使用保存文件对话框:File→Save|Save As;输出结果是 iTools 状态文件(*.ISV)。

3) 使用打印输出对话框:File → Print;输出结果是送往打印机打印输出。

提示:IDL 6.3 提供了丰富的 iTools 类,因此用户可以使用这些类配合 iTools 进行二次开发,创建出自己的智能管理工具。具体用法请参阅 D:/RSI/IDL63/help/itooluserguide.pdf 和 D:/RSI/IDL63/help/itooldevguide.pdf。

习　　题

1. 熟练掌握 iTools 数据的输入和输出方法。
2. 熟练掌握可视化浏览器、数据管理器、参数编辑器、操作浏览器、环境参数管理器、日志信息显示窗口和窗口布局管理器的使用方法。
3. 熟练掌握 iTools 的平移、旋转、变比、放大、缩小、滤波、形态学处理、图例、注释和添加坐标轴等常用操作。
4. 熟练掌握图像处理工具 iImage 的使用方法。
5. 熟练掌握二维图形和三维图形可视化工具 iPlot 的使用方法。
6. 熟练掌握面可视化工具 iSurface 的使用方法。
7. 熟练掌握轮廓线可视化工具 iContour 的使用方法。
8. 熟练掌握体可视化 iVolume 的使用方法。

第 12 章　地图可视化

IDL 6.3 提供了功能强大的地图可视化方法，使用户可以很方便的创建各种地图投影，从而可以对地图进行全能的分析处理。同时，IDL 6.3 把地图可视化方法集成到了地图可视化智能工具 iMap 中。

12.1　地图投影 MAP _ SET

用户可以使用 MAP _ SET 命令建立地图的各种投影。其用法如下：

格式：MAP _ SET [，Longitude，latitude，RotateAngle]

功能：创建满足指定属性的多种地图投影。

(1)常用参数的用法：

1) Longitude：用于给出地图投影中心的经度，范围是－180°～＋180°。默认为 0 °。

2) latitude：用于给出地图投影中心的纬度，范围是－90°～＋90°。默认为 0°。

3) RotateAngle：用于给出地图投影顺时针旋转的角度。默认为 0°。

(2)常用投影关键字的用法：

1) /AITOFF | ，/ALBERS | ，/AZIMUTHAL | ，/CONIC | ，/CYLINDRICAL | ，/GNOMIC | ，/HAMMER | ，/GOODESHOMOLOSINE | | ，/LAMBERT | ，/MERCATOR | ，/MILLER _ CYLINDRICAL | ，/MOLLWEIDE | ，/ORTHOGRAPHIC | ，/ROBINSON | ，/SATELLITE | ，/SINUSOIDAL | ，/STEREOGRAPHIC | ，/TRANSVERSE _ MERCATOR ：设置投影方式。默认为 CYLINDRICAL 投影。

2) NAME＝string：设置投影方式。string 是上述关键字之一。优先级比上关键字高。

【例 12.1】　创建整个地图投影，可以使用如下命令(结果见图 12.1)：

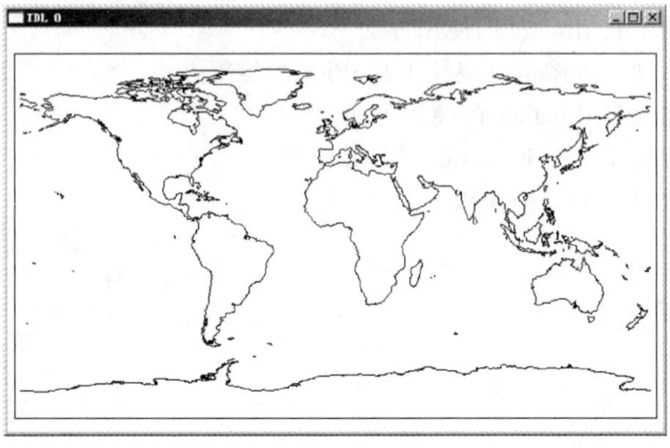

图 12.1　地图投影

IDL>DEVICE，DECOMPOSED ＝ 1 & ！ P.COLOR ＝ 0

IDL>! P.BACKGROUND = 'FFFFFF'XL

IDL>MAP _ SET & MAP _ CONTINENTS

【例 12.2】 创建地图投影中心的经度为 60°，纬度为 45°，而且旋转 30°的卫星地图投影。

IDL> MAP _ SET, 60, 45, 30, NAME = SATELLITE, /CONTINENTS

IDL> MAP _ SET, 60, 45, 30, /SATELLITE, /CONTINENTS

(3)常用属性关键字的用法：

1) /ADVANCE：设置在显示多幅图像时，进入下一个位置。默认擦除窗口内容。

2) CHARSIZE=value：设置字符大小。默认为 1.0。

3) COLOR=index：设置字符和边框的颜色。默认为最高颜色表索引。

4) CONTINENTS：设置以低精度绘制大陆轮廓。默认为不画轮廓。

5) CON _ COLOR=index：在选择 CONTINENTS 时，设置大陆轮廓线的颜色。

6) /HIRES：在绘制大陆时，使用高精度轮廓线。

7) GLINESTYLE={0 | 1 | 2 | 3 | 4 | 5}：在选择 GRID 时，设置经纬网格线的风格。

8) GLINETHICK=value：在选择 GRID 时，设置经纬网格线的粗细。

9) /GRID：设置是否绘制经纬网格线。

10) /HORIZON：设置绘制地平线。默认为不绘制地平线。

11) LABEL=n{label every nth gridline}：使用经度和纬度标签第 N 条经纬线。

12) LATALIGN=value{0.0 to 1.0}、LONALIGN=value{0.0 to 1.0}：设置经纬线标签的对齐方式。

13) MLINESTYLE={0 | 1 | 2 | 3 | 4 | 5}：选 CONTINENTS 时，设置大陆轮廓线的风格。

14) MLINETHICK=value：在选择 CONTINENTS 时，设置大陆轮廓线的粗细。

15) /NOBORDER：设置不绘制地图的边界。默认为绘制地图的边界。

16) /NOERASE：设置不擦除窗口内容。默认为擦除窗口内容。

17) REVERSE={0 | 1 | 2 | 3}：设置 x，y 轴反向。0：不反向；1：x 轴反向；2：y 轴方向；3：x，y 均反向。

18) TITLE=string：用于给出地图投影的标题。默认为无标题。

19) /USA：用于绘制美国地图。

20) XMARGIN=value、YMARGIN=value：设置以字符为单位的左右上下边界的空白。

21) /ISOTROPIC：设置绘制 x 和 y 方向相同比例的地图投影。

22) LIMIT=vector：设置地图的投影范围[Latmin, Lonmin, Latmax, Lonmax]。默认为整个地图。

23) SCALE=value：设置 x 和 y 方向相同比例的地图投影的放缩比例。

【例 12.3】 绘制投影中心的经度为 30°，纬度为 −100°，而且旋转 0°的 ORTHOGRAPHIC 地图投影，可以使用如下命令(结果如图 12.2)：

IDL> MAP _ SET, 30, − 100, 0, /ORTHOGRAPHIC, /ISOTROPIC, /GRID, /CONTINENTS, /LABEL, /HORIZON

图 12.2　ORTHOGRAPHIC 地图投影

【例 12.4】 绘制投影中心的经度为 32°，纬度为 −100°，而且范围为[10, −130, 55, −70]的 AZIMUTHAL 地图投影，可以使用如下命令(结果见图 12.3)：

IDL>MAP _ SET,32,−100,/AZIM,LIMIT=[10, −130, 55, −70], /GRID,/CONT,/LABEL

【例 12.5】 在地图投影上进行地理位置标注。可以使用如下命令(结果如图 12.4)：

```
IDL>LATS=[40.02,34.00,38.55,48.25,17.29]
IDL>LONS=[-105.16,-119.40,-77.00,-114.21,-88.10]
IDL>CITIES=['Boulder,CO','Santa Cruz,CA','Washington,DC', $
        'Whitefish,MT','Belize,BZ']
IDL>MAP_SET,/MERCATOR,/GRID,/CONTINENT,LIMIT=[10,-130,60,-70]
IDL>PLOTS,LONS,LATS,PSYM=4,SYMSIZE=1.4,COLOR=220
IDL>XYOUTS,LONS,LATS,CITIES,COLOR=80,CHARTHICK=2,CHARSIZE=1.25,ALIGN=0.5
```

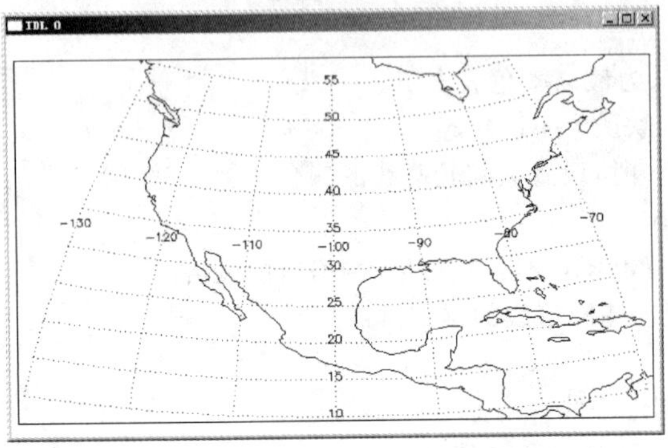

图 12.3 AZIMUTHAL 地图投影

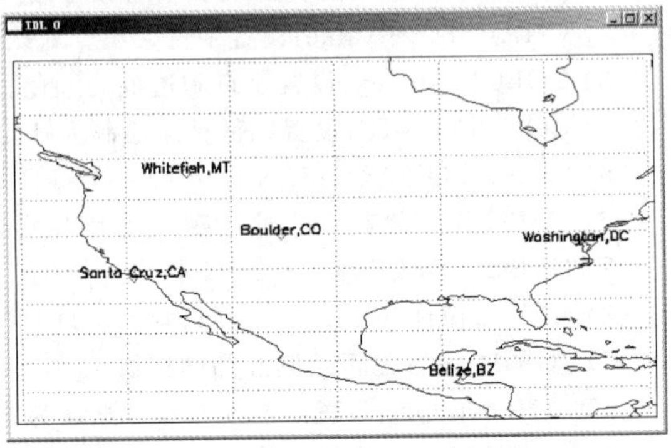

图 12.4 地图投影的地理位置标注

12.2 地图大陆轮廓线 MAP_CONTINENTS

用户可以使用 MAP_CONTINENTS 命令建立地图的各种轮廓线。其用法如下：

格式:MAP_CONTINENTS [, 关键字]

功能:创建满足指定属性的多种地图大陆轮廓线。

常用关键字的用法：

1) /COASTS:绘制包括岛屿和胡伯德海岸线。

2) COLOR=index:设置地图大陆轮廓线的颜色。

3) CONTINENTS:在不选择 COASTS, COUNTRIES, RIVERS 或者 USA 时,以低精度绘制大陆轮廓。

4) /COUNTRIES:绘制地图的行政区边界(1993)。

5) FILL_CONTINENTS={1 | 2 }:填充绘制大陆轮廓线。1:颜色填充;2:线填充。

6) ORIENTATION=value:在选择 FILL_CONTINENTS 时,设置线的绘制方向。

7) /HIRES:在绘制大陆时,绘制高精度轮廓线。

8) MLINESTYLE={0 | 1 | 2 | 3 | 4 | 5}:设置大陆轮廓线的风格。

9) MLINETHICK=value:设置大陆轮廓线的粗细。

10) /RIVERS:绘制地图的河流。

11) SPACING=centimeters:在选择 FILL_CONTINENTS 时,设置填充线之间的距离。

12) /USA:用于绘制美国地图。

【例 12.6】 绘制 LAMBERT 的高精度海岸线地图投影,可以用如下命令：

```
IDL>MAP_SET, 27.5, -82.0,/LAMBERT,/HIRES,SCALE=10E6 & MAP_CONTINENTS
```

12.3 地图经纬网格投影 MAP_GRID

用户可以使用 MAP_GRID 命令建立地图的各种经纬网格线。其用法如下：

格式:MAP _ GRID [,关键字]

功能:创建满足指定属性的多种地图经纬网格线。

(1)常用关键字的用法:

1) /BOX _ AXES:绘制方框形式的经纬网格。

2) LATALIGN=value{0.0 to 1.0}、LONALIGN=value{0.0 to 1.0}:设置经纬网格的对齐方式。

3) LATLAB=longitude:纬度标注所在的纬度。

4) LONLAB=latitude:经度标注所在的经度。

5) RIENTATION=clockwise _ degrees _ from _ horiz:设置标注顺时针旋转的角度。

6) CHARSIZE=value:设置字符的大小。默认为 1。

7) COLOR=index:设置经纬网格线的颜色。

8) /FILL _ HORIZON:设置填充地图投影的地平线。

9) GLINESTYLE={0 | 1 | 2 | 3 | 4 | 5}:设置经纬网格线的风格。

10) GLINETHICK=value:设置经纬网格线的粗细。

11) /HORIZON:绘制地图投影的地平线。

12) LABEL=n{label _ every _ nth _ gridline}:绘制经纬网格标注。

13) LATDEL=degrees:设置纬度网格的间隔。

14) LATNAMES=array:用户定义的纬度标签名称数组。

15) LATS=vector:用户定义的纬度网格值数组。

16) LONDEL=degrees:设置纬度网格的间隔。

17) LONNAMES=array:用户定义的经度标签名称数组。

18) LONS=vector:用户定义的经度网格值数组。

19) /NO _ GRID:设置只绘制标签,不绘制网格。

【例 12.7】 使用 CONTOUR,MAP _ GRID,MAP _ CONTINENTS 和 MAP _ SET 绘制如图 12.5 所示的带轮廓线的 Mollweide 地图投影,可以使用如下命令:

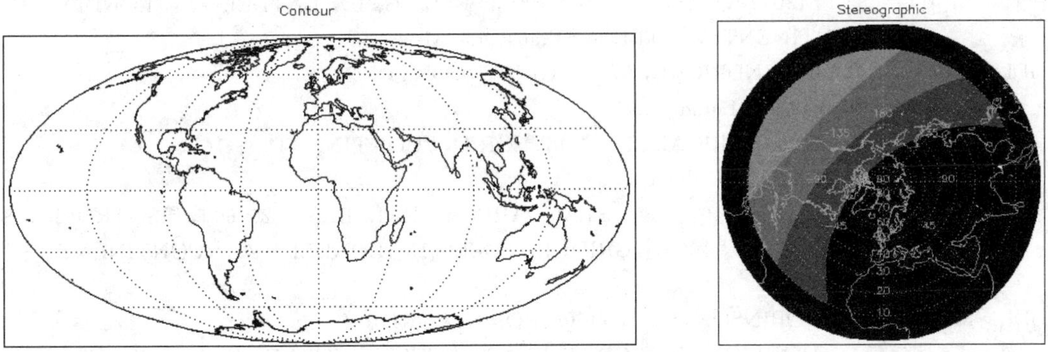

图 12.5　Mollweide 地图投影

```
IDL>lat = REPLICATE(10., 37)#FINDGEN(19)-90
IDL>lon = FINDGEN(37)#REPLICATE(10, 19)
IDL>X = COS(! DTOR * lon) * COS(! DTOR * lat)
IDL>Y = SIN(! DTOR * lon) * COS(! DTOR * lat)
IDL>Z = SIN(! DTOR * lat) & F = (X-1.)^2 + (Y-1.)^2 + (Z-1.)^2
IDL>MAP _ SET ,/MOLLWEIDE,0,0,/ISOTROPIC,/HORIZON,/GRID $
                ,/CONTINENTS,TITLE='Contour'
IDL>CONTOUR, F, lon, lat, NLEVELS=7, /OVERPLOT, /DOWNHILL, /FOLLOW
```

```
IDL>MAP_SET,/STEREO,90,0,/ISOTROPIC,/HORIZON,E_HORIZON={FILL:1} $
        ,TITLE='Stereographic'
IDL>CONTOUR,F(*,10:*),lon(*,10:*),lat(*,10:*),/OVERPLOT,/FILL,NLEVELS=5
IDL>MAP_GRID, /LABEL, COLOR=255 & MAP_CONTINENTS, COLOR=255
```

例如:请依次输入下列命令,然后根据运行结果分析各个命令的使用方法。

```
IDL>MAP_SET, /ORTHOGRAPHIC, 40, 0, SCALE=70e6, /CONTINENTS, $
        /GRID, LONDEL=15, LATDEL=15, TITLE = 'Oblique Orthographic'
IDL>MAP_SET, /STEREO,0,-105,/ISOTROPIC,/GRID,LATDEL=20,LONDEL=20, $
        /HORIZON, /CONTINENT, TITLE = 'Equatorial Stereographic'
IDL>MAP_SET,/GNOMIC, 40, -105, LIMIT = [20, -130, 70, -70], $
        /ISOTROPIC, /GRID, /CONTINENT, TITLE = 'Oblique Gnomonic'
IDL>MAP_SET, /AZIMUTHAL, /ISOTROPIC, -90, /GRID, LONDEL=20, LATDEL=20, $
        /CONTINENT, /HORIZON, TITLE = 'Polar Azimuthal'
IDL>MAP_SET, 0,180, /Aitoff, /GRID, /CONTINENTS,/ISOTROPIC, $
        TITLE= 'Aitoff Projection'
IDL >MAP_SET, /LAMBERT,90,0,-105,/ISOTROPIC,/GRID,LATDEL=20,LONDEL=20, $
    /CONTINENTS, E_CONTINENTS={FILL:1}, /HORIZON, TITLE = 'Polar Lambert'
IDL>MAP_SET , 0, 180, /HAMMER, /GRID, /CONTINENTS, /ISOTROPIC $
        , /HORIZON, TITLE= 'Hammer-Aitoff Projection'
IDL>MAP_SET, /MERCATOR, 0, 0, /ISOTROPIC, /GRID, /CONTINENTS $
        , TITLE = 'Simple Mercator'
IDL>MAP_SET, /TRANSVERSE, 51, 0, SCALE=10e6, /GRID, LATDEL=2.5, $
     LONDEL=2.5, /LABEL, LONLAB=48, /CONTINENTS, $
     E_CONT={COUNTRIES:1, COASTS:1}, TITLE='UTM Projection'
IDL>MAP_SET, /MERCATOR, 0, -75, 90, CENTRAL_AZIMUTH=90, /ISOTROPIC, $
     LIMIT=[32,-130,70,-86,-5,-34,-58,-67], /GRID, LATDEL=15, LONDEL=15, $
       /CONTINENTS, TITLE = 'Transverse Mercator'
IDL>MAP_SET, /CYLINDRICAL, 0, 0, /GRID, /CONTINENTS, $
     TITLE = 'Cylindrical Equidistant'
IDL>MAP_SET, /CYLINDRICAL, 0, 0, 45, /GRID, /CONTINENT, $
     /HORIZON, TITLE='Oblique'
IDL>MAP_SET, /CONIC, 40, -80, STANDARD_PARALLELS=[20,60], /ISOTROPIC, $
     LIMIT=[0, -260, 90, 100], /GRID, LATDEL=15, LONDEL=20, /CONTINENT, $
     TITLE= 'Conic'
IDL>MAP_SET, /ROBINSON, 0, 0, /ISOTROPIC, /GRID, $
        /HORIZON, E_CONTINENTS={FILL:1}, TITLE='Robinson'
IDL>MAP_SET, /SINUSOIDAL, /ISOTROPIC, /CONTINENTS, TITLE='Sinusoidal'
IDL>MAP_GRID, LONDEL=20, /HORIZON
IDL>MAP_SET, /MOLLWEIDE,45,0,/ISOTROPIC, /GRID, LATDEL=20, LONDEL=20, $
        /HORIZON, E_CONTINENTS={FILL:1}, TITLE='Oblique Mollweide'
IDL>MAP_SET, /GOODESHOMOLOSINE, 0, 0, /ISOTROPIC, /GRID, LATDEL=15, $
     LONDEL=20,/HORIZON, E_CONTINENTS={FILL:1},TITLE='Goode Homolosine'
```

12.4 地图投影的贴图 MAP_IMAGE

用户可以使用 MAP_IMAGE 函数建立地图投影的各种贴图。其用法如下:

格式:Result = MAP _ IMAGE(Image [, Startx, Starty [, Xsize, Ysize]] [, 关键字]

功能:创建满足指定属性的地图投影的各种贴图。

(1)常用参数的用法:

1) Image:给出用于贴图的图像数据。Startx, Starty:设置贴图的起始位置。

2) Xsize, Ysize:设置贴图的大小。

(2)常用关键字的用法:

1) LATMIN=degrees{-90 to 90}][, LATMAX=degrees{-90 to 90}:设置与贴图相对应的纬度的最小值和最大值。默认值为-90°,并满足:-90°≤LATMIN<LATMAX≤90°。

2) LONMIN=degrees{-180 to 180}][, LONMAX=degrees{-180 to 180}:设置与贴图相对应的经度的最小值和最大值。默认值为-180°,并满足:-180°≤LONMIN≤180°。

3) /BILINEAR:设置使用双线性内插法。默认为最近临近法。

4) COMPRESS=value:设置插值压缩标记。默认为 4。

5) SCALE=value:设置图像的放缩比例因子。默认为 0.02。

6) MAX _ VALUE=value, MIN _ VALUE=value:设置采样的最小值和最大值。

7) MISSING=value:用于设置在贴图区外的像素的值。默认为 0。

【例 12.8】 利用 CONTOUR, MAP _ GRID, MAP _ CONTINENTS, MAP _ SET 和 MAP _ IMAGE,使用图像数据 BYTSCL(SIN(DIST(400)/10)),绘制投影中心的纬度为 0°、经度为-140°的等比例 ORTHOGRAPHIC 地图投影的贴图,同时绘制大陆轮廓线和经纬网格线,命令如下:

```
PRO Chapter12DataMapImage ; Chapter12DataMapImage. Pro
    image = BYTSCL(SIN(DIST(400)/10)) & latmin = -65
    latmax = 65 & lonmin = 160 & lonmax = -70 + 360
    MAP _ SET, 0, -140, /ORTHOGRAPHIC, /ISOTROPIC, $
        LIMIT=[latmin,lonmin,latmax,lonmax]
    result = MAP _ IMAGE(image,Startx,Starty, COMPRESS=1, $
            LATMIN=latmin, LONMIN=lonmin, LATMAX=latmax, LONMAX=lonmax)
    TV, result, Startx, Starty
    MAP _ GRID, latdel=10, londel=10, /LABEL, /HORIZON
    MAP _ CONTINENTS, /coasts
END
```

程序运行结果如图 12.6 所示。

【例 12.9】 利用 CONTOUR, MAP _ GRID, MAP _ CONTINENTS, MAP _ SET 和 MAP _ IMAGE,使用图像文件 D:/RSI/IDL63/examples/data/worldelv. dat,绘制投影中心的纬度为 20°、经度为 80°的等比例无边界的 ORTHOGRAPHIC 地图投影的贴图,同时绘制大陆轮廓线和经纬网格线。命令如下:

```
PRO Chapter12ImageMapImage ; Chapter12ImageMapImage. Pro
    OPENR, lun, 'D:/RSI/IDL63/examples/data/worldelv. dat', /GET _ LUN
    elev = BYTARR(360, 360) & READU, lun, elev & FREE _ LUN, lun
    elev = SHIFT(elev, 180, 0)
    MAP _ SET, 20, 80,/ORTHOGRAPHIC,/ISOTROPIC,/NOBORDER
    image = MAP _ IMAGE(elev, x0, y0,xsize,ysize,COMPRESS=1,SCALE=0.05, $
      MISSING = 255, LATMIN=-90, LONMIN=-180, LATMAX=90, LONMAX=180)
    TVSCL, image, x0, y0, XSIZE = xsize, YSIZE = ysize
    color = ! D.TABLE _ SIZE - 1
    MAP _ CONTINENTS, COLOR = color & MAP _ GRID, COLOR = color
```

END

程序运行结果如图 12.7 所示。

技巧提示 1:把过程 PLOT,OPLOT,PLOTS,XYOUTS 和 CONTOUR 与过程 MAP _ SET,MAP _ GRID,MAP _ CONTINENTS 和 MAP _ IMAGE 进行配合使用,可以绘制出任意格式的地图投影。

技巧提示 2:在 D:/RSI/IDL63/examples/demo/demosrc 中的过程 d _ map. pro 是一个交互式创建地图投影的工具包。在该工具包中,可以交互的创建多种地图投影。过程 imap. pro 是另一个交互式创建地图投影的工具包。在该工具包中,也可以交互的创建多种地图投影。

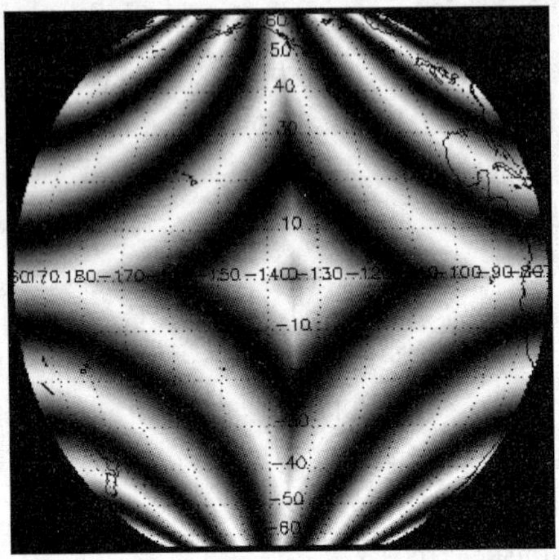

图 12.6　ORTHOGRAPHIC 地图投影贴图

图 12.7　ORTHOGRAPHIC 地图投影贴图

习　　题

1. 熟练掌握地图投影 MAP _ SET 的使用方法。
2. 熟练掌握地图大陆轮廓线 MAP _ CONTINENTS 的使用方法。
3. 熟练掌握地图经纬网格投影 MAP _ GRID 的使用方法。
4. 熟练掌握地图投影的贴图 MAP _ IMAGE 的使用方法。
5. 上机练习本章的所有例题。

第 13 章　小波工具包

小波工具包是根据小波理论，以交互方式对多维数据进行多功能分析的数据分析工具。小波分析作为一门流行的数据处理和图像分析技术，已经成功的广泛应用于地球科学、航空航天、医学影像、测试技术、信号处理、图像处理、图像分析和图像理解等诸多领域，并取获得了非凡的成果。

13.1　小波工具包概述

1. 小波工具包的使用对象和用途

小波分析作为数据处理和图像分析工具，主要适用于学生、工程师、科学家和数学家等进行数据分析、信号处理、数据压缩、滤波处理、消除噪声、图像压缩、时间序列分析、能量谱分析、连续和离散小波变换、分形的自相似结构分析、图像边界检测和图像增强等。

2. 小波工具包的组成和功能

小波工具包是由小波可视化工具、小波变换工具和小波变换函数组成的。程序文件存放在 D:\RSI\IDL63\lib\wavelet\source 文件夹中，事例数据文件存放在 D:\RSI\IDL63\lib\wavelet\data 文件夹中。

(1)小波可视化工具如下：

WV_APPLET：小波工具包的主程序。用于启动小波工具包进行数据和图像分析。

WV_CW_WAVELET：显示和选择小波函数工具。

WV_IMPORT_DATA：在 IDL 命令行输入数据工具。

WV_IMPORT_WAVELET：输入小波函数到小波工具包。

WV_PLOT3D_WPS：运行小波能量谱分析工具。

WV_PLOT_MULTIRES：运行多功能滤波分析工具。

WV_TOOL_DENOISE：运行消除噪声工具。

(2)小波变换工具如下：

WV_CWT：计算数组的连续小波变换。

WV_DENOISE：利用离散小波变换对数组进行去噪。

WV_DWT：计算数组的离散小波变换。

WV_PWT：计算数组的局部小波变换。

(3)小波变换函数如下：

WV_FN_COIFLET：构造 coiflet 小波系数。

WV_FN_DAUBECHIES：构造 Daubechies 小波系数。

WV_FN_GAUSSIAN：构造 Gaussian 小波函数。

WV_FN_HAAR：构造 Haar 小波函数。

WV_FN_MORLET：构造 Morlet 小波函数。

WV_FN_PAUL：构造 Paul 小波函数。

WV_FN_SYMLET：构造 symlet 小波系数。

提示：上述过程和函数的详细用法请参阅 wavelet. pdf。

13.2 小波工具包的启动和退出

1. 小波工具包的启动

启动小波工具包可以使用过程 WV_APPLET。其用法如下：

格式：WV_APPLET [, Input] [, ARRAY=array] [, GROUP_LEADER=widget_id][, /NO_SPLASH] [, TOOLS=string array] [, WAVELETS=string or string array]

功能：启动小波工具包，并对指定的数据或者图像进行分析处理。

小波工具包参数和关键字的用法如下：

(1)Input：给出需要分析的数据。Input 是数据文件 *. SAV，或者是一维、二维数组。

(2) ARRAY=array：用于给出需要分析的数据。array 是一维、二维数组。

(3)/NO_SPLASH：设置在启动小波工具包时，不显示启动画面(splash screen)。

(4)TOOLS=string array：用于添加用户自定义的工具栏。用户工具栏函数必须以 WV_TOOL_开头。如果用户定义的工具栏函数为 WV_TOOL_RENORMALIZE 和 WV_TOOL_MYTOOL，则调用格式如下：

WV _ APPLET， TOOLS = ['Renormalize'， 'My Tool']

(5)WAVELETS=string or string arrayTOOLS：用于添加用户自定义的小波函数。用户自定义函数必须以 WV_FN_开头，其他用法同 TOOLS。

例如：用 WV_APPLET 命令：WV_APPLET。启动小波工具包的主界面如图 13.1 所示。

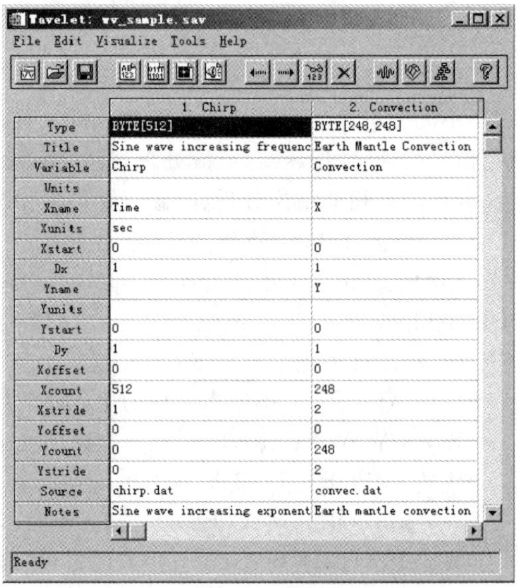

图 13.1 小波工具包的主界面

2. 小波工具包的退出

退出小波工具包可以使用如下方法之一：

(1)单击窗口上的关闭；

(2)使用 File 菜单中的 Exit 选项；

(3)Alt + F4；或者单击控制菜单，然后 Exit；或者双击控制菜单。

13.3 小波工具包的菜单系统和工具栏

小波工具包的菜单系统和工具栏提供了两套功能基本相同的操作方法。其操作方法与一般的菜单系统和工具栏的使用方法相同。在图 13.1 的小波工具包主界面中的菜单项和工具栏的功能和用法依次如下：

New Applet：打开一个新的小波工具包。

Open Dataset...：用于打开扩展名为 * .sav 的数据文件。

Save，Save As...：用于以格式为 * .sav 的数据文件，保存当前分析处理的数据。

Import...：用于输入二进制文件 Binary 、文本文件 ASCII、图像文件 Image 和声音文件 WAV Audio。

Move Variable Left，Move Variable Right：用于左右移动两边变量的具体位置。

View Data Values：数据的具体内容浏览器。用于显示和分析数据的值。

Delete Variable：删除选择的变量。

Wavelets：调出小波函数子工具包，用于显示和选择小波函数。

Wavelet Power Spectrum：调出能量谱分析子工具包，用于小波谱分析。

Multiresolution Analysis：调出多方案分析子工具包，用于多方案分析。

Denoise：调出滤波消噪子工具包，用于滤波消噪分析。

Help：提供小波工具包的各种帮助信息。

13.4　小波工具包的数据集浏览器 Dataset Viewer

小波工具包主界面(见图 13.1)的主工作区是输入数据的数据集浏览器 Dataset Viewer，在该浏览器中可以显示导入的数据集的详细信息。

(1)导入数据的方法：

1)菜单导入：File→Import... Binary File | ASCII File | Image File | WAV Audio File。

2)工具栏导入：用工具栏中数据导入按钮。功能分别是导入二进制文件 Binary File、文本数据文件 ASCII File、图像文件 Image File 和声音文件 WAV Audio File。

3)命令导入：在 IDL 的命令行输入命令：Data = INDGEN(6, 8) & WV_IMPORT_DATA, Data。

技巧提示：命令导入方式必须在启动小波工具包 WV_APPLET 的情况下使用。

(2)数据集浏览器中数据的详细信息如下：

数据域	类型	示例(一维数组)	示例(二维数组)
Title	STRING	Wave audio recording	IEEE Test Image
Variable	STRING	Channel1	IEEEtest
Units	STRING	Amplitude	intensity
Xname	STRING	Time	X
Xunits	STRING	seconds	pixels
Xstart	STRING	0	0
Dx	STRING	1d0/22050	1
Yname	STRING		Y
Yunits	STRING		pixels
Ystart	STRING		0
Dy	STRING		1
Xoffset	LONG	0	0
Xcount	LONG	16384	256
Xstride	LONG	1	2
Yoffset	LONG		0
Ycount	LONG		256
Ystride	LONG		2
Source	STRING	wavelet/data/hello.wav	wavelet/data/IEEEtest.tif
Notes	STRING	Voice saying 'hello'	IEEE test image

(3)数据集浏览器的数据的位置和数据的值：

1)使用工具栏按钮分别实现数据集中的数据在数据集浏览器中前后位置的移动、数据的值的显示和删除数据。

2)使用菜单:Edit →Move Variable Left | Move Variable Right | View Data Values | Delete Variable。

13.5 小波工具包的小波浏览器 Wavelet Viewer

1. 小波浏览器 Wavelet Viewer 的启动

启动小波函数浏览器 Wavelet Viewer 的方法如下(启动后的界面见图 13.2):

(1)使用工具栏的 View wavelet functions 按钮。

(2)使用菜单:Visualize → wavelet functions。

(3)使用命令:在 IDL 的命令行输入命令:wId = WV_CW_WAVELET( )。

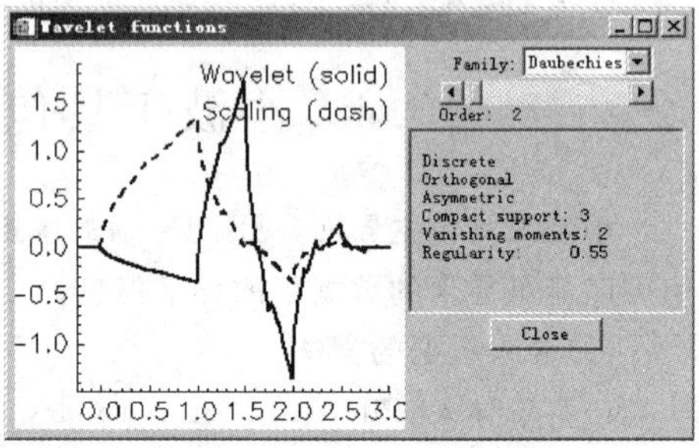

图 13.2 Wavelet Viewer 界面

2. 小波浏览器 Wavelet Viewer 的功能

小波函数浏览器 Wavelet Viewer 的功能是显示和选择小波函数,设置小波函数的属性。

13.6 小波工具包的能量谱分析器 Wavelet Power Spectrum

1. 小波能量谱分析器 Wavelet Power Spectrum 的启动

启动小波能量谱分析器 Wavelet Power Spectrum 的方法(启动后的界面见图 13.3):

(1)使用工具栏的 3D Wavelet Power Spectrum 按钮。

(2)使用菜单:Visualize → Wavelet Power Spectrum。

(3)使用命令:在 IDL 的命令行输入命令:wId = WV_PLOT3D_WPS(Data)。

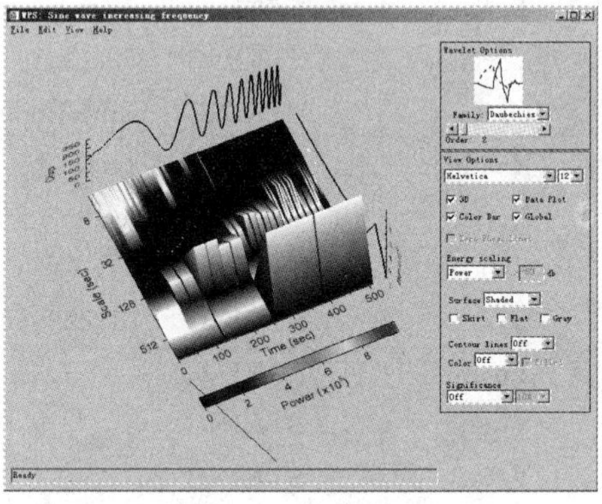

图 13.3 Wavelet Power Spectrum 界面

2. 小波能量谱分析器 Wavelet Power Spectrum 的功能

小波能量谱分析器的功能是对数据进行能量谱分析及其属性设置。

13.7 小波工具包的多方案分析器 Multiresolution Analysis

1. 多方案分析器 Multiresolution Analysis 的启动

启动多方案分析器 Multiresolution Analysis 的方法如下(启动后的界面见图 13.4):

(1)使用工具栏的 Multiresolution Analysis 按钮。

(2)使用菜单:Visualize → Multiresolution Analysis。

(3)使用命令:在 IDL 的命令行输入命令:wId = WV_PLOT_MULTIRES(Data)。

2. 多方案分析器 Multiresolution Analysis 的功能

多方案分析器 Multiresolution Analysis 的功能是对数据进行多方案分析及其属性设置。

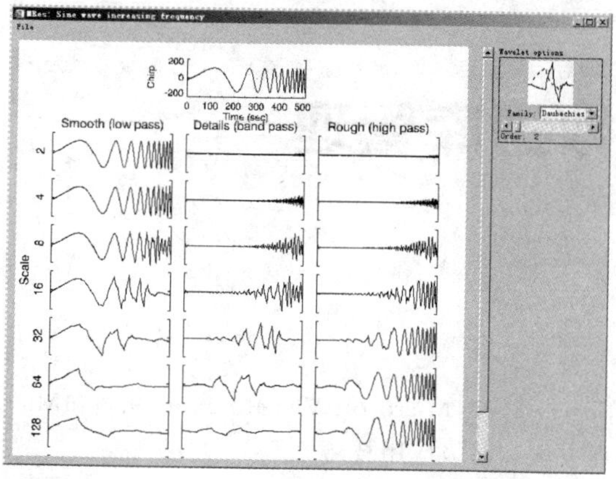

图 13.4　Multiresolution Analysis 界面

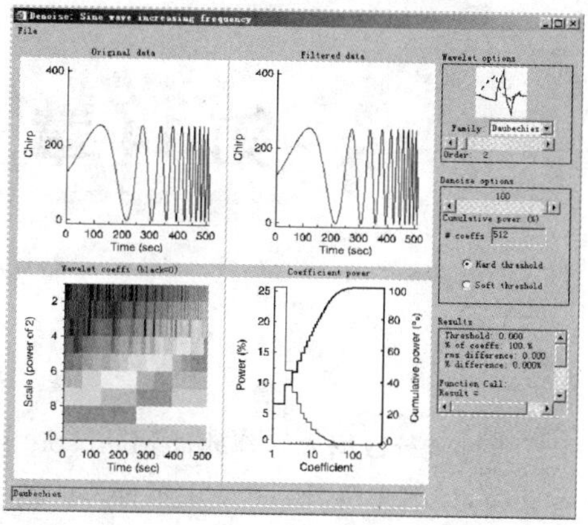

图 13.5　Denoise Tool 界面

13.8　小波工具包的消噪工具 Denoise Tool

1. 消噪工具 Denoise Tool 的启动

启动去噪工具 Denoise Tool 的方法如下(启动后的界面见图 13.5)：

(1)使用菜单：Tools → Denoise。

(2)使用命令：在 IDL 的命令行输入命令：wId = WV_TOOL_DENOISE(Data)。

2. 多方案分析器 Multiresolution Analysis 的功能

多方案分析器 Multiresolution Analysis 的功能是对数据进行消噪处理。

注意：在启动小波能量谱分析器 Wavelet Power Spectrum、多方案分析器 Multiresolution Analysi 和消噪工具 Denoise Tool 时，必须给出所要处理的数据。

习　题

1. 熟练掌握小波工具包 WV_APPLET 的使用方法。

2. 分别使用菜单方式和工具栏方式导入一个指定的二进制文件(具体文件由用户自定)，然后使用数据浏览器显示并查看该数据的属性信息和具体的值，同时依次进行小波能量谱分析 Wavelet Power Spectrum、多方案分析 Multiresolution Analysi 和消噪 Denoise Tool 等处理。

3. 分别使用菜单方式和工具栏方式导入一个指定的文本文件(具体文件由用户自定)，然后使用数据浏览器显示并查看该数据的属性信息和具体的值，同时依次进行小波能量谱分析 Wavelet Power Spectrum、多方案分析 Multiresolution Analysi 和消噪 Denoise Tool 等处理。

4. 分别使用菜单方式和工具栏方式导入多个指定的图像制文件(具体文件由用户自定)，然后使用数据浏览器显示并查看该数据的属性信息和具体的值，同时依次进行小波能量谱分析 Wavelet Power Spectrum、多方案分析 Multiresolution Analysi 和消噪 Denoise Tool 等处理。

5. 分别使用菜单方式和工具栏方式导入一个指定的声音文件(具体文件由用户自定)，然后使用数据浏览器显示并查看该数据的属性信息和具体的值，同时依次进行小波能量谱分析 Wavelet Power Spectrum、多方案分析 Multiresolution Analysi 和消噪 Denoise Tool 等处理。

6. 试比较小波工具包的数据导入和分析方法与宏(Macros)操作中数据的导入和分析方法的区别。

第 14 章　数据库管理

本章通过流行数据库管理软件 Microsoft SQL Server 2005，Microsoft Visual Foxpro 9.0 和Microsoft Access 2003，详细介绍 IDL 6.3 中数据库的基本管理方法和高级应用技巧。

14.1　IDL 6.3 的数据库管理

IDL 6.3 提供了基于 ODBC(Open Database Connectivity)的数据库管理接口功能模块 IDL DataMiner 6.3，因此，用户可以通过 IDL 轻松方便的访问和管理目前流行的 SQL Server，Visual FoxPro，Oracle，Sybase，INFORMIX，Microsoft Access，Microsoft Excel 和 ASCII 文本文件等多种系列数据库管理系统。

14.1.1　IDL 6.3 的基本数据库操作

IDL DataMiner 6.3 能够进行的数据库操作主要包括：

(1)利用 IDL DataMiner 6.3 的应用接口 API 与数据库管理系统 DBMS(Database Management System)及其数据库 DB(Database)建立链接；

(2)利用数据库管理系统从数据库中查询数据；

(3)获取数据库中数据表的相关信息；

(4)操作数据表：建立数据表；修改数据表；删除数据表；

(5)执行标准的 SQL 语句；

(6)获取数据表中字段的相关信息；

(7)对数据表中的记录进行添加、修改、查询和删除等操作；

14.1.2　IDL DataMiner 6.3 支持的数据库系统

IDL DataMiner 6.3 在 Windows NT 5.0 / 2000 / XP / 2003 操作系统下支持的数据库管理系统包括 SQL Server，Visual FoxPro，Oracle，Sybase，INFORMIX，Microsoft Access，Microsoft Excel 和 ASCII 文本文件等多种系列数据库管理系统，并且提供了相应的数据库驱动程序。IDL DataMiner 6.3 支持的数据库管理系统的详细内容，请参阅 IDL 6.3 的文件 DataMine.PDF。

14.1.3　IDL DataMiner 6.3 的应用程序接口 API

IDL DataMiner 6.3 提供的应用程序接口 API 主要包括函数 DB_EXISTS()、函数 DIALOG_DB-CONNECT()、数据库类 IDLdbDatabase 和数据表类 IDLdbRecordset。

1. 函数 DB_EXISTS()

格式:Status = DB_EXISTS()

功能:测试在指定的操作系统下数据库管理功能 IDL DataMiner 6.3 是否可用。如果该函数的返回值为 1,则表示数据库管理功能可用;否则,表示不可用。

说明:如果函数的返回值为 0,则表示数据库管理功能不可用;说明用户没有注册 IDL DataMiner 6.3,这种情况下,需要购买 IDL DataMiner 6.3 的注册文件,获得使用授权,使其可以正常使用。

例如:测试基于 Windows 的 IDL 6.3 中的 IDL DataMiner 6.3 是否可用。操作命令如下:

```
IDL> Status = DB_EXISTS( )
IDL> PRINT, Status        ;可以使用命令:IDL> PRINT, DB_EXISTS()
1                         ;1:表示可用,0:表示不可用
```

2. 函数 DIALOG_DBCONNECT()

格式:status = DIALOG_DBCONNECT(DBobj [, DATASOURCE=字符串]
[, USER_ID=字符串] [, PASSWORD=字符串] [, DIALOG_PARENT=控件 ID])

功能:用户以交互的方式,使用标准的 ODBC 数据库链接对话窗口与指定的数据库进行链接,测试指定数据库管理系统中的数据库在指定的操作系统下是否可用。如果其返回值为 1,则数据库可用;否则,数据库不可用。

(1)DIALOG_DBCONNECT()的常用参数:

DBobj:是指使用数据库类 IDLdbDatabase 创建的数据库对象。详细用法请参阅类 IDLdbDatabase 的用法。用户在与数据库建立链接之前,必须先创建一个数据库对象。

(2)DIALOG_DBCONNECT()的常用关键字:

1)DATASOURCE=字符串:DATASOURCE 的字符串用于给出所要链接的数据源的名称。用户可以使用 IDLdbDatabase 的方法 GetDatasources 获取。请参阅 GetDatasources。

2)USER_ID=字符串:字符串用于给出所要链接的数据源的用户名或者账号。

3)PASSWORD=字符串:PASSWORD 的字符串用于给出所要链接的数据源的密码。

4)DIALOG_PARENT=控件 ID:控件 ID 用于给出该控件的上一级控件的 ID。

3. 数据库类 IDLdbDatabase

数据库类 IDLdbDatabase 用于创建和设置数据库对象。其用法如下:

格式:MyDatabase = OBJ_NEW('IDLdbDatabase')

功能:用于创建和设置数据库对象,其返回值是一个数据库对象。

说明:用户在与数据库建立链接之前,必须先创建一个数据库对象。

例如:创建一个默认的数据库对象 MyDatabase,则可以使用命令:

```
IDL> MyDatabase = OBJ_NEW ('IDLdbDatabase')
```

(1)IDLdbDatabase 的常用属性(关键字):

1)CAN_GET_TABLES = 变量:检测 GetTables 方法在当前驱动下是否可用。若变量的值为真,则可用;否则不可用。该属性只能用于 GetProperty。

2)DBMS_NAME = 变量:获取所链接数据库的名称。该属性只能用于 GetProperty。

3)DRIVER_ODBC_LEVEL = 变量:获取所链接的数据库所支持的 ODBC 驱动标准。该属性只能用于 GetProperty。

4)DBMS_VERSION = 变量:获取链接数据库的版本号。属性只能用于 GetProperty。

5)IS_CONNECTED = 变量:测试数据库链接是否存在。若变量的值为真,则存在数据库链接;否则不存在。该属性只能用于 GetProperty。

6)IS_READONLY = 变量:测试所链接的数据库是否是只读属性。若变量的值为真,则链接的数据库只读;否则可读写。该属性只能用于 GetProperty。

7)MAX_CONNECTIONS = 变量:测试支持ODBC驱动的数据库链接的最大个数。若最大值不存在,则返回值为零。该属性只能用于GetProperty。

8)MAX_RECORDSETS = 变量:测试支持ODBC驱动的数据表链接的最大个数。若最大值不存在,则返回值为零。该属性只能用于GetProperty。

9)SQL_SERVER_NAME = 变量:获取数据库链接的SQL Server的名称。该属性只能用于GetProperty。

10)USE_CURSOR_LIB = 变量:测试或者设置数据库链接是否使用ODBC游标库。

11)USER_NAME = 变量:获取数据库链接的用户名称。该属性只能用于GetProperty。

12)VERBOSE = 变量:设置在数据库管理过程中,是否给出详细的错误信息。该属性只能用于SetProperty。

(2)IDLdbDatabase::Connect方法:

格式: DBobj -> [IDLdbDatabase::]Connect [, CONNECTION=字符串]
　　[, DATASOURCE=字符串] [, USER_ID=字符串] [, PASSWORD=字符串]

功能: 利用数据库对象,与指定的数据库建立链接。

说明: 用户在与数据库建立链接之前,必须先创建一个数据库对象。

常用关键字:

CONNECTION=字符串:字符串为支持ODBC数据库直接链接的字符串。如果设置该关键字,其他关键字将无效。该关键字主要针对高级用户的高级应用。

其他关键字的用法同DIALOG_DBCONNECT。

例如:如果与MS Access Database的数据库进行链接,可以使用命令:

```
IDL> MyAccessDB -> Connect, DATASOURCE='MS Access Database'
```

(3)IDLdbDatabase::ExecuteSQL方法:

格式: DBobj -> ExecuteSQL, SQL命令字符串

功能: 利用数据库对象,直接执行SQL的合法命令。

说明: 用户在与SQL数据库建立链接之后,可以任意执行任意的SQL合法命令。

例如:创建一个新的数据表"Im_info",可以使用命令:

```
IDL> oDB->ExecuteSQL,  "create table im_info (id integer,"  $
           +  "x integer,  y integer,  data image,  name char(50))"
```

(4)IDLdbDatabase::GetDatasources方法:

格式: Datasources = DBobj -> GetDatasources()

功能: 利用数据库对象,获取当前环境下可用的数据源的名称和描述,并把结果以结构数组的形式返回。

说明: GetDatasources的返回值为包含成员DATASOURCE和DESCRIPTION的结构。其中DATASOURCE为支持ODBC的数据源的名称;DESCRIPTION为支持ODBC的数据源的名称的描述。

例如:通过数据库对象MyDatabase获取当前IDL环境下可以使用的数据源,其命令如下:

```
IDL>MyDatabase = OBJ_NEW ('IDLdbDatabase')      ;创建数据库对象
IDL>Sources = MyDatabase -> GetDatasources( )   ;获取数据源的名称和描述
IDL>PRINT, Sources  ;输出可以使用的数据源的名称和描述
{   MS Access Database Microsoft Access Driver (*.mdb)}
{   dBASE Files Microsoft dBase Driver (*.dbf)}
{   Excel Files Microsoft Excel Driver (*.xls)}
{   Visual FoxPro Tables Microsoft Visual FoxPro Driver}
{   Visual FoxPro Database Microsoft Visual FoxPro Driver}
{   LocalServer SQL Server}
```

```
IDL> PRINT, Sources.DATASOURCE[*]              ;输出可以使用的数据源的名称
MS Access Database
dBASE Files
Excel Files
Visual FoxPro Tables
Visual FoxPro Database
LocalServer
IDL> PRINT, Sources.DESCRIPTION[*]             ;输出可以使用的数据源的描述
Microsoft Access Driver (*.mdb)
Microsoft dBase Driver (*.dbf)
Microsoft Excel Driver (*.xls)
Microsoft Visual FoxPro Driver
Microsoft Visual FoxPro Driver
SQL Server
```

(5)IDLdbDatabase::GetTables 方法：

格式：Tables = DBobj -> GetTables()

功能：利用数据库对象，获取当前环境下可以使用的数据表，并把结果以结构数组的形式返回。

说明：GetTables 的返回值为包含成员 QUALIFIER，OWNER，NAME 和 TYPE 的结构。其中 QUALIFIER 为数据表的约束条件；OWNER 为数据表的拥有者。NAME 为数据表的名称；TYPE 为数据表的类型。

注意：该方法对有些 ODBC 驱动不支持。

(6)IDLdbDatabase::GetProperty 方法：

格式：DBobj -> GetProperty, PROPERTY=变量

功能：利用数据库对象，获取数据库对象的属性值，并把结果存入变量。

(7)IDLdbDatabase::SetProperty 方法：

格式：DBobj -> SetProperty, PROPERTY=表达式

功能：使用表达式的值，设置数据库对象的属性值。

4. 记录集合类 IDLdbRecordset

记录集合类 IDLdbRecordset 用于创建和设置数据库的记录集合对象。其用法如下：

格式：RSObj = OBJ_NEW('IDLdbRecordset', DBobj,

[, N_BUFFERS=整数][, SQL=字符串 | TABLE=字符串])

功能：用于创建和设置数据库的记录集合对象，其返回值是一个记录集合对象。

说明：记录集合对象一般包含一个数据表或者一个 SQL 查询结果。

例如：利用 IDLdbRecordset 和与数据库对象 MyDatabase 相连接的数据库中的数据表 MyTable 创建一个记录集合对象，则可以使用命令：

```
IDL>MyRecordSet=OBJ_NEW('IDLdbRecordset', MyDatabase, TABLE = 'MyTable')
```

(1)IDLdbRecordset 的常用属性(关键字)：

1)N_BUFFERS=整数：用于设置在读取数据库时，所要使用的内存缓冲区的个数，默认值为 10。

注意：在使用该关键字时，应根据内存的大小适当选取，以便提高性能。

2)SQL=字符串：字符串是一个从数据库中选择记录数据的有效 SQL 描述。

3)TABLE=字符串：字符串是所连接数据库中的数据表的名称。

4)CAN_MOVE_ABSOLUTE = 变量：检测记录集合对象的指针(游标)是否可以绝对指向某一个记录。若变量的值为真，则可以；否则不可以。属性只能用于 GetProperty。

5)CAN_MOVE_FIRST = 变量：检测记录集合对象的指针(游标)是否可以绝对指向第一个记录。

若变量的值为真，则可以；否则不可以。该属性只能用于 GetProperty。

6)CAN_MOVE_LAST = 变量：检测记录集合对象的指针（游标）是否可以绝对指向最后一个记录。若变量的值为真，则可以；否则不可以。该属性只能用于 GetProperty。

7)CAN_MOVE_NEXT = 变量：检测记录集合对象的指针（游标）是否可以指向下一个记录。若变量的值为真，则可以；否则不可以。该属性只能用于 GetProperty。

8)CAN_MOVE_PRIOR = 变量：检测记录集合对象的指针（游标）是否可以指向上一个记录。若变量的值为真，则可以；否则不可以。该属性只能用于 GetProperty。

9)CAN_MOVE_RELATIVE = 变量：检测记录集合对象的指针（游标）是否可以指向与当前记录相关联的记录。若变量值为真可以；否则不可以。属性只能用于 GetProperty。

10)FIELD_INFO = 结构数组：获取字段的信息，并存入包含下列成员的结构数组中。该属性只能用于 GetProperty。

TABLE_QUALIFIER：数据表的限定性约束条件。

TABLE_OWNER：数据表拥有者的名称。

TABLE_NAME：数据表的名称。

FIELD_NAME：数据表的字段的名称。

TYPE_NAME：数据源的名称。

PRECISION：字段的精度。

LENGTH：数据的长度。以字节为单位。

SCALE：字段的数据范围。

IS_NULLABLE：字段是否可以包含空值。

IS_AUTOINCREMENT：字段是否可以自动增加。

IS_CASE_SENSITIVE：字段的值是否大小写字母敏感。

IS_UPDATABLE：字段是否可以更新。

IDL_TYPE：字段可以镜像的 IDL 类型。

11)IS_READONLY = 变量：测试所连接的数据表是否是只读属性。若变量的值为真，则连接的数据表只读；否则可读写。该属性只能用于 GetProperty。

(2)IDLdbRecordset::AddRecord 方法：

格式：RSobj -> AddRecord[, field1[, field2[, ...[, fieldn]]]]

功能：利用给定字段的值向记录集合对象添加一个新记录。一般在数据表最后。

说明：field1, field2, ..., fieldn 为各字段的值。

(3)IDLdbRecordset::CurrentRecord 方法：

格式：number = RSobj -> CurrentRecord()

功能：返回记录集合对象中当前记录的记录号。

(4)IDLdbRecordset::DeleteRecord 方法：

格式：RSobj -> DeleteRecord

功能：删除记录集合对象中的当前记录。

(5)IDLdbRecordset::GetRecord 方法：

格式：Result = RSobj -> GetRecord()

功能：获取记录集合对象中的当前记录的数据，并把结果存储在一个匿名结构中。

说明：匿名结构的成员名为记录集合对象中的字段的名称。

例如：已知 MS Access Database 的数据库中包含数据表 MyAccessTable，则程序输出记录数据的结构，程序如下：

```
;Chapter14OutputRecordStructure.pro
PRO Chapter14OutputRecordStructure
```

```
        MyDatabase = OBJ_NEW('IDLdbDatabase')
        status = DIALOG_DBCONNECT(MyDatabase)
        MyTable = 'MyAccessTable'
        oRS = OBJ_NEW('IDLdbRecordset',MyDatabase,TABLE='MyTable')
        IF(oRS->MoveCursor(/FIRST) EQ 1)THEN BEGIN
              record = oRS->GetRecord()
              HELP, record, /STRUCTURE
        ENDIF
END
```

(6)IDLdbRecordset::MoveCursor 方法：

格式:Result = RSobj -> MoveCursor([, ABSOLUTE=整数]
[, /FIRST][, /LAST][, /NEXT][, /PRIOR][, RELATIVE=整数])

功能:将记录集合对象中的指针指向指定的记录。

说明:若返回值为 1,则记录指针移动成功;否则返回值为 0。各参数的用法如下:

ABSOLUTE:移动记录指针到给定的整数指定的记录。

FIRST:移动记录指针到第一个记录。

LAST:移动记录指针到最后一个记录。

NEXT:移动记录指针到当前记录的下一个记录。

PRIOR:移动记录指针到当前记录的上一个记录。

RELATIVE:从当前记录向上或者向下移动给定的整数个记录,即相对移动指针。

(7)IDLdbRecordset::NFields 方法：

格式:status = RSobj -> NFields()

功能:获取记录集合中字段的个数。

(8)IDLdbRecordset::GetField 方法：

格式:value = RSobj -> GetField(iFieldNumber[, IS_NULL=变量][, NULL_VALUE=变量])

功能:获取记录集合对象中当前记录的第 iFieldNumber 个字段的值。

说明:各参数的用法如下:

NULL_VALUE=变量

iFieldNumber:记录集合对象中当前记录的各个字段的序号,且从 0 开始计数。

IS_NULL=变量:变量用于存储返回值是否为 NULL。若为 NULL,则变量的值为 1,否则,变量的值为 0。

NULL_VALUE=变量:变量用于存储,被 ODBC 系统认为是空值的值。

(9)IDLdbRecordset::SetField 方法：

格式:RSobj -> SetField, iFieldNumber, Value [, /NULL]

功能:用指定的值设置或更新记录集合中当前记录的第 iFieldNumber 个字段的值。

(10)IDLdbRecordset::GetProperty 方法：

格式:RSobj -> GetProperty [, PROPERTY=变量]

功能:利用记录集合对象,获取记录集合对象的属性值,并把结果存入变量。

14.1.4　IDL DataMiner 6.3 的数据库管理

利用 IDL DataMiner 6.3 提供的 API,可以很方便的进行数据库管理。具体方法步骤包括:

(1)利用函数 DB_EXISTS( ),测试当前的 IDL 系统是否支持 ODBC 数据库管理功能。

(2)利用数据库类 IDLdbDatabase 和函数 OBJ_NEW( ),创建数据库对象 MyDatabase。

(3)利用函数 Obj_Valid( ),判断数据库对象是否成功创建。

(4)利用数据库类 IDLdbDatabase 的 GetDatasources( )方法,获取可以使用的数据源。

(5)利用函数 WHERE( )查看某个数据源是否可用。检测 MS Access Database 的具体方法如下:

```
IDL>index=WHERE(sources.datasource EQ  'MS Access Database',  MatchNumber)
IDL>IF(MatchNumber ge 1) THEN PRINT,  'Yes'
```

(6)利用函数 DIALOG_DBCONNECT( )或者数据库类 IDLdbDatabase 的 Connect 方法,这两种方法之一与数据库建立连接。具体方法如下:

```
IDL>sources = MyDatabase->GetDatasources()
IDL>MySource = sources[0].datasource
IDL>MyDatabase->Connect, datasource = MySource
```

或者利用 DIALOG_DBCONNECT( )以交互方式进行连接数据库。

用户与数据库连接成功后,可以使用 IDL DataMiner 的方法进行以下操作:

1)获取该数据源中的可用数据表;

2)确定某数据表是否存在;

3)执行 SQL 命令,进行创建或删除数据表等;

4)获得数据库属性信息;

5)创建数据表对象并进行获取、添加、查询、修改和删除等操作。

(7)利用数据库类 IDLdbDatabase 的方法 GetProperty 获取数据库信息。

(8)利用数据库类 IDLdbDatabase 的方法 SetProperty 设置数据库信息。

(9)利用数据库类 IDLdbDatabase 的方法 ExecuteSQL,执行 SQL 操作。

(10)利用数据库类 IDLdbDatabase 的方法 GetTables 获取可用数据表信息。具体方法:

```
IDL>index = WHERE(tables.name EQ 'MyTable', MatchNumber)
IDL>IF(MatchNumber ge 1) THEN PRINT, 'Yes'
```

(11)利用记录集合类 IDLDBRecordset 和数据库对象 MyDatabase 与数据表 MyTable 建立连接,创建记录集合对象(数据表对象)。具体方法如下:

```
IDL>MyRecordSet = OBJ_NEW('IDLDBRecordset', MyDatabase, table='MyTable')
```

(12)利用函数 Obj_Valid( ),判断记录集合对象是否成功创建。

(13)利用记录集合类 IDLDBRecordset 的方法 GetProperty,获取数据表中数据表结构等相关信息。

(14)利用记录集合类 IDLDBRecordset 的方法 NFields,获取数据表中的字段数。

(15)利用记录集合类 IDLDBRecordset 的方法 MoveCursor,在记录集合对象中进行指针的绝对定位、相对定位和条件定位。

(16)利用记录集合类 IDLDBRecordset 的方法 CurrentRecord,获取当前记录号。

(17)利用记录集合类 IDLDBRecordset 的方法 GetRecord,获取数据表当前记录的数据。

(18)利用记录集合类 IDLDBRecordset 的方法 GetField,获取当前记录中指定字段的值。

(19)利用记录集合类 IDLDBRecordset 的方法 SetField,设置表当前记录指定字段的值。

(20)利用记录集合类 IDLDBRecordset 的方法 AddRecord,向数据表中添加记录。

(21)利用记录集合类 IDLDBRecordset 的方法 DeleteRecord,删除数据表中的当前记录。

(22)利用过程 OBJ_DESTROY 删除记录集合对象。

(23)利用过程 OBJ_DESTROY 删除数据库对象。

说明:当数据库对象被删除时,其下属的 IDLDBRecordset 对象也会自动被删除。

14.2 IDL 6.3 在 Microsoft Access 2003 下的数据库管理

Microsoft Access 2003 是微软 Office 2003 中的数据库管理组件,虽然它的数据库管理功能比较弱,但是由于它的操作简单，从而使得它拥有了一定的市场占有率。

根据 IDL DataMiner 6.3 提供的应用程序接口 API 和数据库系统设计理论，本节通过一个完整的数据库管理系统示例，详细介绍 Microsoft Access 2003 下的数据库管理方法，并给出完整的程序代码。

【例 14.1】 首先在 Microsoft Access 2003 下创建数据库 MyAccessDatabase.MDB，其中数据表 MyAccessTable 的字段为：ID(字符型，10)；Name(字符型，28)；Sex(字符型，6)，其取值只能为 Female 和 Male；Age(数值整型，3)，数据表内任意输入记录若干。试设计一个数据库管理系统，满足以下要求(运行界面见图 14.1)：

(1)能够向数据表 MyAccessTable 中添加记录。

(2)能够修改数据表 MyAccessTable 中的记录。

(3)能够在数据表 MyAccessTable 中进行查询操作。

(4)能够删除数据表 MyAccessTable 中的记录。

(5)能够满足常规的容错要求。

根据上述要求，设计的数据库管理系统为 Chapter14AccessDBMS.pro。设计的思想和方法如下：

(1)根据系统界面要求，首先使用 GUIBuilder 创建系统主界面，并转化为源程序代码；

(2)利用 DIALOG_DBCONNECT( )以交互方式连接数据库，读取数据库中数据表的记录数据，并利用读取的数据初始化 WIDGET_TABLE。

技巧提示：MS Access 数据库中的记录数据的第一个字段为系统的自动编号字段，因此在读取记录数据时，应该注意该字段的数据是否读取和使用。

(3)添加模块的设计：采用先读取 ID，Name，Sex 和 Age 后面的文本数据，即 WIDGET_TEXT 的 VALUE 值，然后进行容错处理，最后利用 IDLdbRecordset::AddRecord 方法添加记录到数据库中。

(4)查询模块的设计：采用先读取 ID 和 Name 后面的文本数据，即 WIDGET_TEXT 的 VALUE 值，并进行容错处理，然后利用 IDLdbRecordset::MoveCursor 方法在数据库中循环移动记录指针，并把数据库中的记录数据与读取的 ID 和 Name 数据相比较，从而找到需要的记录数据，最后把查询结果输出到 WIDGET_DROPLIST 中。

(5)修改模块的设计：先利用查找模块或者 WIDGET_TABLE 的选择控制事件，找到需要修改的记录，并把该记录的值输出到 ID，Name，Sex 和 Age 后面的文本编辑框中；然后进行编辑，并进行容错处理；最后利用 IDLdbRecordset::SetField 方法把编辑后的记录写回到数据库中。

(6)删除模块的设计：先利用查找模块或者 WIDGET_TABLE 的选择控制事件，找到需要删除的记录，即通过读取 ID 和 Name 后面的文本数据，并利用 IDLdbRecordset::MoveCursor 方法在数据库中循环移动记录指针，并把数据库中的记录数据与读取的 ID 和 Name 数据相比较，从而找到需要的记录数据；最后利用 IDLdbRecordset::DeleteRecord 方法删除记录。

技巧提示：由于 IDLdbRecordset::DeleteRecord 方法的使用受 ODBC 驱动的限制，而且在 MS Access数据库中操作时，只能删除首记录。所以本例采用先读取首记录的数据，然后在找到需要删除的记录后，利用 IDLdbRecordset::SetField 方法把首记录的数据复制该记录，最后在删除首记录。

数据库管理系统的运行界面和操作如下：

(1)在运行该系统后，会弹出如图 14.2 所示的对话窗口，并选择“机器数据源”标签中 MS Access Database，然后单击确定。

(2)在弹出的访问权限对话窗口(见图 14.3)中，输入登陆名称和密码(如果没有设置登陆账号和密码，此处可以不输入内容)，然后单击“数据库”按钮。

(3)在弹出的选择数据库的对话窗口(见图 14.4)中，选择指定的数据库。本例选择 D:\RSI\IDL63\MyAccessDatabase.MDB，然后单击确定。

(4)在系统运行主界面中，用户只需要根据提示信息，按照常规操作方法操作即可。

数据库管理系统的程序清单如下：

```
; 帮助程序模块
PRO Chapter14AccessDBMSHelp, fileName, TITLE = title
  Device, GET_SCREEN_SIZE = screenSize
  width = 480 & height = 320
  windowStartx = (screenSize[0] - width)/2.0
  windowStarty = (screenSize[1] - height)/2.0
  OPENR, unit, fileName, /GET_LUN
  maxLines = 160  &  infoText = STRARR(MAXLINES)
  lineNumber = 0  &  lineOfText = ''  &  lineLength = 0
  WHILE NOT EOF(unit) DO BEGIN
  READF, unit, lineOfText
  lineLength = lineLength > STRLEN(lineOfText)
  infoText[lineNumber] = lineOfText
  lineNumber = lineNumber + 1
ENDWHILE
FREE_LUN, unit
wInfoWindow=WIDGET_BASE(XOFFSET=windowStartx,YOFFSET=windowStarty, $
  SCR_XSIZE=width,SCR_YSIZE=height,/SCROLL,/TLB_SIZE_EVENTS,TITLE=title)
wInfoText = WIDGET_TEXT(wInfoWindow, XSIZE=width, YSIZE=height, $
  VALUE=infoText, NO_NEWLINE=0, /WRAP)
WIDGET_CONTROL, wInfoWindow, /REALIZE
Xmanager, "Chapter14AccessDBMSHelp", wInfoWindow
END
```

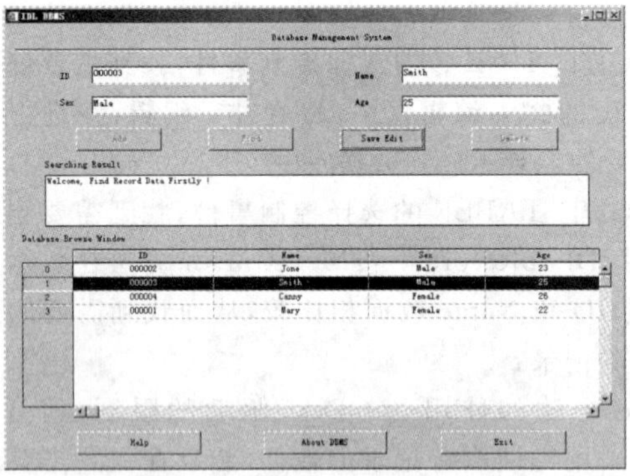

图 14.1 数据库管理系统运行界面

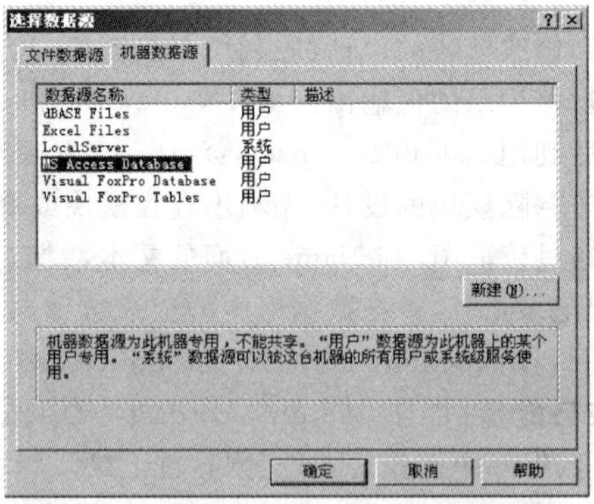

图 14.2 选择数据源对话窗口

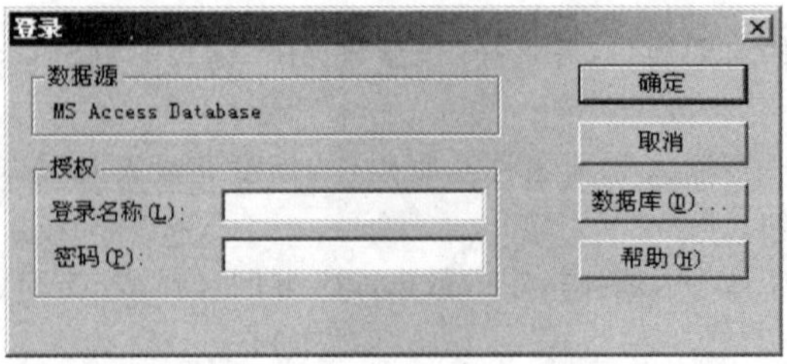

图 14.3 选择数据源对话窗口

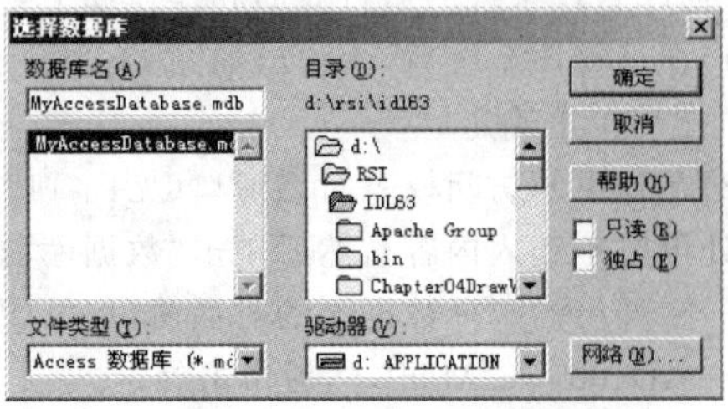

图 14.4 选择数据库对话窗口

```
;初始化程序模块
PRO Chapter14AccessDBMSInit, pState
  RecordData = ''
  StatusRecord = ( * pState).CurrentRecordset -> MoveCursor(/FIRST)
  FirstRecordNumber = 0
  WHILE StatusRecord EQ  1  DO  BEGIN
  IDData     = STRTRIM(STRING( ( * pState).CurrentRecordset -> GetField(1) ), 2)
  NameData   = STRTRIM(STRING( ( * pState).CurrentRecordset -> GetField(2) ), 2)
  SexData    = STRTRIM(STRING( ( * pState).CurrentRecordset -> GetField(3) ), 2)
  AgeData    = STRTRIM(STRING( ( * pState).CurrentRecordset -> GetField(4) ), 2)
  IF FirstRecordNumber EQ 0 THEN BEGIN
    RecordData =[IDData, NameData, SexData, AgeData]
    FirstRecordNumber = 1
  ENDIF ELSE BEGIN
    RecordData = [[RecordData], [IDData,  NameData,  SexData,  AgeData]]
  ENDELSE
    StatusRecord = ( * pState).CurrentRecordset -> MoveCursor(/NEXT)
ENDWHILE
DatabaseSize =SIZE(RecordData)
if DatabaseSize[0] eq 2 then begin
  TableYSize = DatabaseSize[2]
endif else begin
  TableYSize = DatabaseSize[0]
endelse
WIDGET_CONTROL,  ( * pState).AccessDBMS_data_TABLE, TABLE_YSIZE = TableYSize
WIDGET_CONTROL,  ( * pState).AccessDBMS_data_TABLE,  SET_VALUE = RecordData
WIDGET_CONTROL,  ( * pState).AccessDBMS_ID_TEXT,  SET_VALUE = ''
WIDGET_CONTROL,  ( * pState).AccessDBMS_Name_TEXT,  SET_VALUE = ''
WIDGET_CONTROL,  ( * pState).AccessDBMS_Sex_TEXT,  SET_VALUE = ''
WIDGET_CONTROL,  ( * pState).AccessDBMS_Age_TEXT,  SET_VALUE = ''
WIDGET_CONTROL,  ( * pState).AccessDBMS_Add_BUTTON,  SENSITIVE = 0
WIDGET_CONTROL,  ( * pState).AccessDBMS_Find_BUTTON,  SENSITIVE = 0
WIDGET_CONTROL,  ( * pState).AccessDBMS_Edit_BUTTON,  SENSITIVE = 0
WIDGET_CONTROL,  ( * pState).AccessDBMS_Delete_BUTTON,  SENSITIVE = 0
WIDGET_CONTROL,  ( * pState).AccessDBMS_Serarch_List,  $
SET_VALUE = ['Welcome, Find Record Data Firstly !   ']
END
;  数据库管理系统事件模块
PRO Chapter14AccessDBMSEvent,  event
  WIDGET_CONTROL,  event.top,  GET_UVALUE = pState
  IF  (TAG_NAMES(event,  /STRUCTURE_NAME) eq  'WIDGET_KILL_REQUEST') THEN BEGIN
    WIDGET_CONTROL,  event.top,  /DESTROY
    RETURN
ENDIF
WIDGET_CONTROL,  event.id,  GET_UVALUE = CurrentUserValue
```

```
CASE CurrentUserValue OF
'AccessDBMSExitBUTTON' : begin      ;销毁数据库对象
    OBJ_DESTROY, (*pState).CurrentDatabase
  widget_control, event.top, /destroy
end
'AccessDBMSHelpBUTTON' : begin      ;调用帮助系统
Chapter14AccessDBMSHelp, 'Chapter14AccessDBMSHelp.txt',  $
    TITLE='AccessDBMS Help System'
end
'AccessDBMSAboutBUTTON' : begin      ;DBMS 版本说明
  result=dialog_message(  $
    ['Access DBMS v 6.0  ','','Programming : HappyYou','',  $
     '程序设计  : 韩培友  ','','     2006.2.30'],/information)
end
'AccessDBMSIDTEXT' : begin  ;读取主控界面中控件的当前数据
  WIDGET_CONTROL, (*pState).AccessDBMS_ID_TEXT,  GET_VALUE=PIDValue
  WIDGET_CONTROL, (*pState).AccessDBMS_Name_TEXT,  GET_VALUE=PNameValue
  WIDGET_CONTROL, (*pState).AccessDBMS_Sex_TEXT,  GET_VALUE=PSexValue
  WIDGET_CONTROL, (*pState).AccessDBMS_Age_TEXT,  GET_VALUE=PAgeValue
  WIDGET_CONTROL, (*pState).AccessDBMS_Edit_BUTTON,  GET_VALUE=EditValue
  PIDValueLength      = STRLEN(STRTRIM(STRING(PIDValue), 2))
  PNameValueLength    = STRLEN(STRTRIM(STRING(PNameValue), 2))
  PSexValueLength     = STRLEN(STRTRIM(STRING(PSexValue), 2))
  PAgeValueLength     = STRLEN(STRTRIM(STRING(PAgeValue), 2))
  if PIDValueLength ne 0 and PNameValueLength ne 0 and $
    PSexValueLength ne 0 and PAgeValueLength ne 0 and $
    STRCMP(EditValue,'Edit')then begin     ;完整性容错处理
    WIDGET_CONTROL, (*pState).AccessDBMS_Add_BUTTON, SENSITIVE = 1
 endif else begin
    WIDGET_CONTROL, (*pState).AccessDBMS_Add_BUTTON, SENSITIVE = 0
 endelse
 if PIDValueLength ne 0 and PNameValueLength ne 0 and $
    STRCMP(EditValue,'Edit') then begin     ;完整性容错处理
    WIDGET_CONTROL, (*pState).AccessDBMS_Find_BUTTON,  SENSITIVE = 1
 endif else begin
    WIDGET_CONTROL, (*pState).AccessDBMS_Find_BUTTON,  SENSITIVE = 0
 endelse
 end
 'AccessDBMSAddBUTTON': begin      ;添加记录数据
   WIDGET_CONTROL, (*pState).AccessDBMS_ID_TEXT,  GET_VALUE = IDValue
   WIDGET_CONTROL, (*pState).AccessDBMS_Name_TEXT,  GET_VALUE = NameValue
   WIDGET_CONTROL, (*pState).AccessDBMS_Sex_TEXT,  GET_VALUE = SexValue
   WIDGET_CONTROL, (*pState).AccessDBMS_Age_TEXT,  GET_VALUE = AgeValue
   IDValue    = STRTRIM(STRING(IDValue), 2)
   NameValue = STRTRIM(STRING(NameValue), 2)
```

```
  SexValue= STRTRIM(STRING(SexValue),  2)
  AgeValue= STRTRIM(STRING(AgeValue), 2)
  if not STRCMP(SexValue,  'Female') and $
    not STRCMP(SexValue,  'Male') then begin
    result = dialog_message('Sorry,  Sex must be "Female" or "Male" ! ', $
title='Access DBMS - Warning Window',/ERROR)
  WIDGET_CONTROL,  (*pState).AccessDBMS_Sex_TEXT, SET_VALUE = 'Female'
  RETURN
endif
IsDigital = STRPOS('0123456789', STRMID(AgeValue, 0,  1) )
if IsDigital eq -1 then begin
    result = dialog_message('Sorry, Age must be Integer ! ',  $
      title='Access DBMS - Warning Window',/ERROR)
    RETURN
endif
if Fix(AgeValue) lt 1 OR Fix(AgeValue) gt 200 then begin
    result = dialog_message('Sorry, Age must be Integer (1 ~ 200) ! ',  $
      title='Access DBMS - Warning Window',/ERROR)
  RETURN
endif
(*pState).CurrentRecordset -> AddRecord,  $
  1,  IDValue[0],  NameValue[0],  SexValue[0],  FIX(AgeValue)
result = dialog_message('OK, Record is added successfully ! ', $
      title='Access DBMS - Information Window',/INFORMATION)
Chapter14AccessDBMSInit, pState
end
'AccessDBMSFindBUTTON': begin    ;查找记录数据
  WIDGET_CONTROL,  (*pState).AccessDBMS_ID_TEXT, GET_VALUE = IDValue
  WIDGET_CONTROL,  (*pState).AccessDBMS_Name_TEXT, GET_VALUE = NameValue
  IDValue = STRTRIM(STRING(IDValue),  2)
  NameValue = STRTRIM(STRING(NameValue),  2)
  FindRecordNumber = 0
StatusRecord = (*pState).CurrentRecordset -> MoveCursor(/FIRST)
  WHILE StatusRecord EQ 1 DO BEGIN
    IDData =STRTRIM(STRING( (*pState).CurrentRecordset->GetField(1) ),2)
    NameData=STRTRIM(STRING( (*pState).CurrentRecordset->GetField(2) ),2)
if STRCMP(IDData,IDValue) and STRCMP(NameData,NameValue) then begin
    FindRecordNumber++
  endif
  StatusRecord = (*pState).CurrentRecordset -> MoveCursor(/NEXT)
ENDWHILE
if FindRecordNumber lt 1 then begin
  result = dialog_message('Sorry, This Record is not exist! ',   $
    title='Access DBMS - Warning Window',  /Information)
  WIDGET_CONTROL,  (*pState).AccessDBMS_Delete_BUTTON,  SENSITIVE = 0
```

```
    WIDGET_CONTROL, (*pState).AccessDBMS_Edit_BUTTON, SENSITIVE = 0
  endif else begin
    RecordData = ''
    StatusRecord =(*pState).CurrentRecordset -> MoveCursor(/FIRST)
    FirstRecordNumber = 0
    WHILE StatusRecord EQ 1  DO BEGIN
      IDData=STRTRIM(STRING( (*pState).CurrentRecordset->GetField(1) ),2)
      NameData=STRTRIM(STRING( (*pState).CurrentRecordset->GetField(2) ),2)
      SexData=STRTRIM(STRING( (*pState).CurrentRecordset->GetField(3) ),2)
      AgeData=STRTRIM(STRING( (*pState).CurrentRecordset->GetField(4) ),2)
      IF STRCMP(IDData,IDValue) and STRCMP(NameData,NameValue) THEN BEGIN
        IF FirstRecordNumber EQ 0 THEN BEGIN
          RecordData = [IDData, NameData, SexData, AgeData]
          FirstRecordNumber = 1
        ENDIF ELSE BEGIN
          RecordData=[[RecordData],[IDData, NameData, SexData, AgeData]]
      ENDELSE
    ENDIF
    StatusRecord = (*pState).CurrentRecordset -> MoveCursor(/NEXT)
  ENDWHILE
  WIDGET_CONTROL,(*pState).AccessDBMS_Serarch_List, $
      SET_VALUE = STRING(RecordData, /PRINT)
  WIDGET_CONTROL, (*pState).AccessDBMS_Name_LABEL, SET_UVALUE=RecordData
  WIDGET_CONTROL, (*pState).AccessDBMS_Delete_BUTTON, SENSITIVE = 1
  WIDGET_CONTROL, (*pState).AccessDBMS_Edit_BUTTON, SENSITIVE = 1
  WIDGET_CONTROL, (*pState).AccessDBMS_ID_TEXT, SET_VALUE = ''
  WIDGET_CONTROL, (*pState).AccessDBMS_Name_TEXT, SET_VALUE = ''
  WIDGET_CONTROL, (*pState).AccessDBMS_Sex_TEXT, SET_VALUE = ''
  WIDGET_CONTROL, (*pState).AccessDBMS_Age_TEXT, SET_VALUE = ''
  WIDGET_CONTROL, (*pState).AccessDBMS_Add_BUTTON, SENSITIVE = 0
  WIDGET_CONTROL, (*pState).AccessDBMS_Find_BUTTON, SENSITIVE = 0
    endelse
  end
  'AccessDBMSEditBUTTON': begin     ;编辑记录数据
    WIDGET_CONTROL, (*pState).AccessDBMS_Add_BUTTON, SENSITIVE = 0
    WIDGET_CONTROL, (*pState).AccessDBMS_Find_BUTTON, SENSITIVE = 0
    WIDGET_CONTROL, (*pState).AccessDBMS_Delete_BUTTON, SENSITIVE = 0
    WIDGET_CONTROL, (*pState).AccessDBMS_Edit_BUTTON,GET_VALUE=EditValue
    if STRCMP(EditValue, 'Edit') then begin
      WIDGET_CONTROL, (*pState).AccessDBMS_Serarch_List, $
        SET_VALUE = ['Welcome, Find Record Data Firstly!  ']
    WIDGET_CONTROL, (*pState).AccessDBMS_Name_LABEL,GET_UVALUE=ListValue
    RecordData = ListValue[ *, (*pState).AccessDBMS_record_index ]
    if N_elements(RecordData) Le 1 then begin
      Result = DIALOG_MESSAGE( $
```

```
        'Records are not to be Edit!, Please select Rows ! ',        $
        /ERROR, TITLE='Delete Record Warning Window' )
      Return
endif
FindRecordNumber = 0
StatusRecord = ( * pState). CurrentRecordset -> MoveCursor(/FIRST)
WHILE StatusRecord EQ 1 DO BEGIN
      IDData =STRTRIM(STRING(( * pState). CurrentRecordset->GetField(1) ),2)
      NameData=STRTRIM(STRING(( * pState). CurrentRecordset->GetField(2) ),2)
      if STRCMP(IDData, RecordData[0]) and $
          STRCMP(NameData, RecordData[1]) then begin
        FindRecordNumber++
      endif
      StatusRecord = ( * pState). CurrentRecordset -> MoveCursor(/NEXT)
    ENDWHILE
if FindRecordNumber lt 1 then begin
result = dialog_message('Sorry, This Record is not exist! ', $
title='Access DBMS - Warning Window', /Information)
endif else begin
StatusRecord = ( * pState). CurrentRecordset -> MoveCursor(/FIRST)
WHILE StatusRecord EQ 1 DO BEGIN
    IDData    =STRTRIM(STRING(( * pState). CurrentRecordset->GetField(1) ),2)
    NameData  =STRTRIM(STRING(( * pState). CurrentRecordset->GetField(2) ),2)
    SexData   =STRTRIM(STRING(( * pState). CurrentRecordset->GetField(3) ),2)
    AgeData   =STRTRIM(STRING(( * pState). CurrentRecordset->GetField(4) ),2)
    IF STRCMP(IDData, RecordData[0]) and $
    STRCMP(NameData,  RecordData[1]) THEN BEGIN
    ( * pState). EditID = IDData      &    ( * pState). EditName = NameData
    WIDGET_CONTROL, ( * pState). AccessDBMS_ID_TEXT,  SET_VALUE=IDData
    WIDGET_CONTROL, ( * pState). AccessDBMS_Name_TEXT,  SET_VALUE=NameData
    WIDGET_CONTROL, ( * pState). AccessDBMS_Sex_TEXT,  SET_VALUE=SexData
    WIDGET_CONTROL, ( * pState). AccessDBMS_Age_TEXT,  ET_VALUE=AgeData
    WIDGET_CONTROL, ( * pState). AccessDBMS_Edit_BUTTON,  $
      SET_VALUE = 'Save Edit'
    RETURN
      ENDIF ELSE BEGIN
        StatusRecord = ( * pState). CurrentRecordset -> MoveCursor(/NEXT)
ENDELSE
ENDWHILE
endelse
RETURN
endif
if STRCMP(EditValue, 'Save Edit') then begin
    WIDGET_CONTROL,  ( * pState). AccessDBMS_ID_TEXT,  GET_VALUE = IDValue
    WIDGET_CONTROL,  ( * pState). AccessDBMS_Name_TEXT,  GET_VALUE=NameValue
```

```
    WIDGET_CONTROL, (*pState).AccessDBMS_Sex_TEXT, GET_VALUE =SexValue
    WIDGET_CONTROL, (*pState).AccessDBMS_Age_TEXT, GET_VALUE =AgeValue
    IDValue = STRTRIM(STRING(IDValue), 2)
    NameValue = STRTRIM(STRING(NameValue), 2)
    SexValue = STRTRIM(STRING(SexValue), 2)
    AgeValue = STRTRIM(STRING(AgeValue), 2)
    if (STRLEN(STRTRIM(IDValue, 2)) eq 0 and  $
        STRLEN(STRTRIM(NameValue, 2)) eq 0 ) then begin
        result = dialog_message( $
        'Sorry, One of ID and Name can not be empty ! ', $
        title='Access DBMS - Warning Window', /Information)
      RETURN
  endif
  if not STRCMP(SexValue, 'Female') and $
      not STRCMP(SexValue, 'Male') then begin
      result=dialog_message('Sorry, Sex must be "Female" or "Male"! ', $
      title='Access DBMS - Warning Window',/ERROR)
      WIDGET_CONTROL, (*pState).AccessDBMS_Sex_TEXT, SET_VALUE='Female'
      RETURN
  endif
  IsDigital = STRPOS('0123456789', STRMID(AgeValue, 0, 1))
  if IsDigital eq -1 then begin
    result = dialog_message('Sorry, Age must be Integer ! ',  $
      title='Access DBMS - Warning Window',/ERROR)
    WIDGET_CONTROL, (*pState).AccessDBMS_Sex_TEXT, SET_VALUE='Female'
    RETURN
  endif
  if Fix(AgeValue) le 1 OR Fix(AgeValue) gt 200 then begin
    result = dialog_message('Age must be Integer between (1~200)! ',  $
      title='Access DBMS - Warning Window',/ERROR)
    WIDGET_CONTROL, (*pState).AccessDBMS_Sex_TEXT,SET_VALUE='Female'
    RETURN
  endif
  StatusRecord = (*pState).CurrentRecordset -> MoveCursor(/FIRST)
  WHILE StatusRecord EQ 1 DO BEGIN
    IDData   =STRTRIM(STRING((*pState).CurrentRecordset->GetField(1) ),2)
    NameData=STRTRIM(STRING((*pState).CurrentRecordset->GetField(2) ),2)
    IF STRCMP(IDData, (*pState).EditID) and $
      STRCMP(NameData, (*pState).EditName) THEN BEGIN
      (*pState).CurrentRecordset -> SetField, 1, IDValue[0]
      (*pState).CurrentRecordset -> SetField, 2, NameValue[0]
      (*pState).CurrentRecordset -> SetField, 3, SexValue[0]
      (*pState).CurrentRecordset -> SetField, 4, FIX(AgeValue)
      BREAK
      ENDIF ELSE BEGIN
```

```
        StatusRecord = ( * pState). CurrentRecordset -> MoveCursor(/NEXT)
      ENDELSE
      ENDWHILE
    result = dialog_message('OK, Record is edited successfully ! ',   $
        title='Access DBMS - Information Window',/INFORMATION)
    WIDGET_CONTROL,  ( * pState). AccessDBMS_Edit_BUTTON, SET_VALUE = 'Edit'
    Chapter14AccessDBMSInit, pState
endif
    END
    'AccessDBMSDataTABLE': begin    ;选择数据表中的数据
      selection = WIDGET_INFO(( * pState). AccessDBMS_data_TABLE,/TABLE_SELECT)
      IF (selection[0] ne -1) THEN hasSelection=1 ELSE hasSelection = 0
      IF (hasSelection) THEN BEGIN
        WIDGET_CONTROL,  ( * pState). AccessDBMS_data_TABLE,     $
          GET_VALUE=value, /USE_TABLE_SELECT
        WIDGET_CONTROL, ( * pState). AccessDBMS_Serarch_List,   $
          SET_VALUE = STRING(value,  /PRINT)
      WIDGET_CONTROL,  ( * pState). AccessDBMS_Name_LABEL, SET_UVALUE = value
      WIDGET_CONTROL,  ( * pState). AccessDBMS_Delete_BUTTON, SENSITIVE = 1
      WIDGET_CONTROL,  ( * pState). AccessDBMS_Edit_BUTTON, SENSITIVE = 1
      ENDIF
end
    'AccessDBMSSerarchList': begin  ;指针定位
      ( * pState). AccessDBMS_record_index = event. index
    end
    'AccessDBMSDeleteBUTTON': begin  ;删除记录数据
      WIDGET_CONTROL, ( * pState). AccessDBMS_Name_LABEL, GET_UVALUE=ListValue
      RecordData = ListValue[  * , ( * pState). AccessDBMS_record_index ]
      if N_elements(RecordData) Le 1 then begin
      Result = DIALOG_MESSAGE(  $
        'Records are not to be deleted !, Please select Rows ! ',   $
        /ERROR,  TITLE='Delete Record Warning Window'  )
      Return
    endif
    StatusRecord = ( * pState). CurrentRecordset -> MoveCursor(/FIRST)
    RecordTotalNumber = 0
    WHILE StatusRecord EQ 1 DO BEGIN
      RecordTotalNumber++
      StatusRecord = ( * pState). CurrentRecordset -> MoveCursor(/NEXT)
    ENDWHILE
    if RecordTotalNumber le 1 then begin
      Result = DIALOG_MESSAGE( 'Datebase can not be Empty ! ',   $
            /ERROR,  TITLE='Delete Record Warning Window' )
      Return
    endif
```

```
    Result = DIALOG_MESSAGE( 'Delete This Record ? ', /QUESTION, $
       TITLE='Delete Record Window' )
    if strcmp(result, 'Yes') then begin
      StatusRecord = ( * pState). CurrentRecordset -> MoveCursor(/FIRST)
      FirstID =STRTRIM(STRING( ( * pState). CurrentRecordset->GetField(1) ),2)
      FirstName=STRTRIM(STRING( ( * pState). CurrentRecordset->GetField(2) ),2)
      FirstSex =STRTRIM(STRING( ( * pState). CurrentRecordset->GetField(3) ),2)
      FirstAge =STRTRIM(STRING( ( * pState). CurrentRecordset->GetField(4) ),2)
      WHILE StatusRecord EQ 1  DO BEGIN
       IDData =STRTRIM(STRING( ( * pState). CurrentRecordset->GetField(1) ),2)
       NameData=STRTRIM(STRING( ( * pState). CurrentRecordset->GetField(2) ),2)
    if STRCMP(IDData, RecordData[0]) and $
        STRCMP(NameData, RecordData[1]) then begin
        ( * pState). CurrentRecordset -> SetField, 1, FirstID[0]
        ( * pState). CurrentRecordset -> SetField, 2, FirstName[0]
        ( * pState). CurrentRecordset -> SetField, 3, FirstSex[0]
        ( * pState). CurrentRecordset -> SetField, 4, FIX(FirstAge)
        ( * pState). CurrentRecordset -> DeleteRecord
        BREAK
      endif else begin
        StatusRecord = ( * pState). CurrentRecordset -> MoveCursor(/NEXT)
      endelse
    ENDWHILE
    Chapter14AccessDBMSInit, pState
    Result = DIALOG_MESSAGE( 'Record is deleted successfully! ', $
          /INFORMATION, TITLE='Delete Record Information Window' )
    endif else begin
      Result = DIALOG_MESSAGE( 'Records are not to be deleted ! ', $
            /ERROR, TITLE='Delete Record Information Window' )
    endelse
    WIDGET_CONTROL, ( * pState). AccessDBMS_Delete_BUTTON, SENSITIVE = 0
    WIDGET_CONTROL, ( * pState). AccessDBMS_Edit_BUTTON, SENSITIVE = 0
    WIDGET_CONTROL, ( * pState). AccessDBMS_Serarch_List, $
    SET_VALUE = ['Welcome, Find Record Data Firstly !  ']
    END
    ELSE:
  ENDCASE
END
    ;数据库管理系统主控模块
    PRO Chapter14AccessDBMS    ;创建主控 GUI
      Device, GET_SCREEN_SIZE = screenSize
      WindowXSize = 800 & WindowYSize = 600
      WindowStartx = (screenSize[0] - WindowXSize)/2.0
      WindowStarty = (screenSize[1] - WindowYSize)/2.0
      AccessDBMSBsae = WIDGET_BASE(XOFFSET=windowStartx, YOFFSET=windowStarty  $
```

```
    , SCR_XSIZE=WindowXSize, SCR_YSIZE=WindowYSize $
    , /TLB_KILL_REQUEST_EVENTS, TITLE='IDL DBMS')
AccessDBMS_Title_LABEL = Widget_Label(AccessDBMSBsae $
    , XOFFSET=60, YOFFSET=12, SCR_XSIZE=720, SCR_YSIZE=16 $
    , /ALIGN_CENTER, VALUE='Database Management System')
AccessDBMS_line_text = Widget_Text(AccessDBMSBsae $
    , XOFFSET=12, YOFFSET=32, SCR_XSIZE=770, SCR_YSIZE=4 )
AccessDBMS_ID_LABEL = Widget_Label(AccessDBMSBsae $
    , XOFFSET=70, YOFFSET=62, SCR_XSIZE=18, SCR_YSIZE=19 $
    , /ALIGN_LEFT, VALUE='ID')
AccessDBMS_Name_LABEL = Widget_Label(AccessDBMSBsae $
    , XOFFSET=450, YOFFSET=62, SCR_XSIZE=36, SCR_YSIZE=18 $
    , /ALIGN_LEFT, VALUE='Name')
AccessDBMS_Sex_LABEL = Widget_Label(AccessDBMSBsae $
    , XOFFSET=70, YOFFSET=96, SCR_XSIZE=18, SCR_YSIZE=19 $
    , /ALIGN_LEFT, VALUE='Sex')
AccessDBMS_Age_LABEL = Widget_Label(AccessDBMSBsae $
    , XOFFSET=450, YOFFSET=96, SCR_XSIZE=36, SCR_YSIZE=18 $
    , /ALIGN_LEFT, VALUE='Age')
AccessDBMS_ID_TEXT = Widget_Text(AccessDBMSBsae, XOFFSET=110 $
    , YOFFSET=55, SCR_XSIZE=202, SCR_YSIZE=24, /EDITABLE, SIZE=20 $
    , YSIZE=1, UVALUE='AccessDBMSIDTEXT', /ALL_EVENTS)
AccessDBMS_Name_TEXT = Widget_Text(AccessDBMSBsae, XOFFSET=510 $
    , YOFFSET=55, SCR_XSIZE=202, SCR_YSIZE=24, /EDITABLE, XSIZE=20 $
    , YSIZE=1, UVALUE='AccessDBMSIDTEXT', /ALL_EVENTS)
AccessDBMS_Sex_TEXT = Widget_Text(AccessDBMSBsae, XOFFSET=110 $
    , YOFFSET=94, SCR_XSIZE=202, SCR_YSIZE=24, /EDITABLE, XSIZE=20 $
    , YSIZE=1, UVALUE='AccessDBMSIDTEXT', /ALL_EVENTS )
AccessDBMS_Age_TEXT = Widget_Text(AccessDBMSBsae, XOFFSET=510 $
    , YOFFSET=94, SCR_XSIZE=202, SCR_YSIZE=24, /EDITABLE, XSIZE=20 $
    , YSIZE=1, UVALUE='AccessDBMSIDTEXT', /ALL_EVENTS)
AccessDBMS_Add_BUTTON = Widget_Button(AccessDBMSBsae $
    , XOFFSET=90, YOFFSET=135, SCR_XSIZE=110, SCR_YSIZE=30 $
    , /ALIGN_CENTER, VALUE='Add', UVALUE='AccessDBMSAddBUTTON')
AccessDBMS_Find_BUTTON = Widget_Button(AccessDBMSBsae $
    , XOFFSET=260, YOFFSET=135, SCR_XSIZE=110, SCR_YSIZE=30 $
    , /ALIGN_CENTER, VALUE='Find', UVALUE='AccessDBMSFindBUTTON')
AccessDBMS_Edit_BUTTON = Widget_Button(AccessDBMSBsae $
    , XOFFSET=430, YOFFSET=135, SCR_XSIZE=110, SCR_YSIZE=30 $
    , /ALIGN_CENTER, VALUE='Edit', UVALUE='AccessDBMSEditBUTTON')
AccessDBMS_Delete_BUTTON = Widget_Button(AccessDBMSBsae $
    , XOFFSET=600, YOFFSET=135, SCR_XSIZE=110, SCR_YSIZE=30 $
    , /ALIGN_CENTER, VALUE='Delete', UVALUE='AccessDBMSDeleteBUTTON')
AccessDBMS_Serarch_LABEL = Widget_Label(AccessDBMSBsae $
    , XOFFSET=50, YOFFSET=176, SCR_XSIZE=119, SCR_YSIZE=14 $
```

```
    , /ALIGN_LEFT, VALUE='Searching Result')
AccessDBMS_Serarch_List = Widget_List(AccessDBMSBsae $
    , UNAME='hfunction_dbms_serarch_result_List', XOFFSET=50 $
    , YOFFSET=196, SCR_XSIZE=700, SCR_YSIZE=66 $
    , VALUE=[ 'Welcome, Find Record Data Firstly ! '] $
    , XSIZE=20, YSIZE=1 $
    , UVALUE='AccessDBMSSerarchList' )
AccessDBMS_Browse_LABEL = Widget_Label(AccessDBMSBsae $
    , XOFFSET=20, YOFFSET=272, SCR_XSIZE=243, SCR_YSIZE=14 $
    , /ALIGN_LEFT, VALUE='Database Browse Window')
CurrentTable = 'MyAccessTable'   ;已知数据库中表的名字为 MyAccessTable
CurrentDatabase = OBJ_NEW('IDLdbDataBase')   ;创建数据库对象
    ;使用 DIALOG_DBCONNECT 函数链接数据库对象 CurrentDatabase 与外部数据库
status = DIALOG_DBCONNECT(CurrentDatabase)
IF status EQ 1 THEN BEGIN ;链接数据库链接成功后,进行数据库读取
    ;创建记录表对象,读取数据库对象中的表
CurrentRecordset = OBJ_NEW('IDLdbRecordset', CurrentDatabase, $
TABLE = CurrentTable)
RecordData = ''   ;初始化输出型变量 RecordData
  ;初始化表中字段位置,应该事先了解数据表的字段结构
  ;IDL 在读取数据库时不支持中文
  ;移动记录指针到 CurrentTable 对象的第一个记录,返回状态 StatusRecord
StatusRecord = CurrentRecordset -> MoveCursor(/FIRST)
FirstRecordNumber = 0 ;状态变量记录是否为记录表的第一条记录
WHILE StatusRecord EQ 1 DO BEGIN
  ;通过 GetField 读取 oRsHole 记录表的不同字段在第一个记录中的数值
  ;将数据全部转化为字符串型,再用 STRTRIM()函数清除字符串前后的空格
IDData     = STRTRIM(STRING(CurrentRecordset -> GetField(1) ), 2)
NameData   = STRTRIM(STRING(CurrentRecordset -> GetField(2) ), 2)
SexData    = STRTRIM(STRING(CurrentRecordset -> GetField(3) ), 2)
AgeData    = STRTRIM(STRING(CurrentRecordset -> GetField(4) ), 2)
IF FirstRecordNumber EQ 0 THEN BEGIN
RecordData = [IDData, NameData, SexData, AgeData];存储第一条记录数据
FirstRecordNumber = 1
ENDIF ELSE BEGIN
  ;通过数组存储后继记录数据
RecordData = [[RecordData], [IDData, NameData, SexData, AgeData]]
ENDELSE
  ;移到 oRsHole 记录表对象的下一条记录
StatusRecord = CurrentRecordset -> MoveCursor(/NEXT)
ENDWHILE
ENDIF
DatabaseSize =SIZE(RecordData)
if DatabaseSize[0] eq 2 then begin
  TableYSize = DatabaseSize[2]
```

```
endif else begin
  TableYSize = DatabaseSize[0]
endelse
AccessDBMS_data_TABLE = Widget_Table(AccessDBMSBsae, /ALL_EVENTS      $
    , XOFFSET=20, YOFFSET=292, SCR_XSIZE=760, SCR_YSIZE=220      $
    , VALUE= RecordData, COLUMN_LABELS = [ 'ID', 'Name', 'Sex', 'Age' ]    $
    , XSIZE = DatabaseSize[1], YSIZE = TableYSize     $
    , COLUMN_WIDTHS = [ 180, 200, 150, 150 ]    $
    , UVALUE='AccessDBMSDataTABLE', ALIGNMENT = 1 )
   AccessDBMS_Help_BUTTON = Widget_Button(AccessDBMSBsae      $
    , XOFFSET=90, YOFFSET=528, SCR_XSIZE=160, SCR_YSIZE=30     $
    , /ALIGN_CENTER, VALUE='Help', UVALUE='AccessDBMSHelpBUTTON')
AccessDBMS_About_BUTTON = Widget_Button(AccessDBMSBsae     $
    , XOFFSET=330, YOFFSET=528, SCR_XSIZE=160, SCR_YSIZE=30     $
    , /ALIGN_CENTER, VALUE='About DBMS', UVALUE='AccessDBMSAboutBUTTON')
AccessDBMS_Exit_BUTTON = Widget_Button(AccessDBMSBsae     $
    , XOFFSET=560, YOFFSET=528, SCR_XSIZE=160, SCR_YSIZE=30     $
    , /ALIGN_CENTER, VALUE='Exit', UVALUE='AccessDBMSExitBUTTON')
pState = PTR_NEW({      $
  AccessDBMS_ID_TEXT: AccessDBMS_ID_TEXT,                  $
  AccessDBMS_Name_LABEL: AccessDBMS_Name_LABEL,            $
  AccessDBMS_Name_TEXT: AccessDBMS_Name_TEXT,              $
  AccessDBMS_Sex_TEXT: AccessDBMS_Sex_TEXT,                $
  AccessDBMS_Age_TEXT: AccessDBMS_Age_TEXT,                $
  AccessDBMS_Add_BUTTON: AccessDBMS_Add_BUTTON,            $
  AccessDBMS_Find_BUTTON: AccessDBMS_Find_BUTTON,          $
  AccessDBMS_Edit_BUTTON: AccessDBMS_Edit_BUTTON,          $
  AccessDBMS_Delete_BUTTON: AccessDBMS_Delete_BUTTON,      $
  AccessDBMS_Serarch_List: AccessDBMS_Serarch_List,        $
  EditID: '', EditName: '', AccessDBMS_record_index: 0,    $
  AccessDBMS_data_TABLE: AccessDBMS_data_TABLE,            $
  CurrentDatabase: CurrentDatabase,                        $
  CurrentRecordset: CurrentRecordset }) ;创建状态结构指针变量
WIDGET_CONTROL, AccessDBMSBsae, SET_UVALUE=pState
WIDGET_CONTROL, (*pState).AccessDBMS_Add_BUTTON,     SENSITIVE = 0
WIDGET_CONTROL, (*pState).AccessDBMS_Find_BUTTON,    SENSITIVE = 0
WIDGET_CONTROL, (*pState).AccessDBMS_Edit_BUTTON,    SENSITIVE = 0
WIDGET_CONTROL, (*pState).AccessDBMS_Delete_BUTTON,  SENSITIVE = 0
WIDGET_CONTROL, AccessDBMSBsae, /HOURGLASS
WIDGET_CONTROL, AccessDBMSBsae, /REALIZE
XMANAGER, 'Chapter14AccessDBMS', AccessDBMSBsae, $
   Event_Handler='Chapter14AccessDBMSEvent', /NO_BLOCK
END
```

14.3 IDL 6.3 在 Visual Foxpro 9.0 下的数据库管理

Visual Foxpro 9.0 是微软最新推出的专业级数据库管理软件，其数据库管理功能相当完善，由于通过它简单的操作就可以开发出专业级的应用管理系统，从而使得它拥有了很高的市场占有率。

根据 IDL DataMiner 6.3 提供的应用程序接口 API 和 14.1 节介绍的数据库管理方法，本节通过一个完整 DBMS 示例，详细介绍 Visual Foxpro 9.0 下的数据库管理方法，并给出完整的程序代码。

【例 14.2】 首先在 Visual Foxpro 9.0 下创建数据库 MyVFPDatabase. DBC，其中数据表 MyVFP-DataBaseTable. DBF 的字段为：ID(字符型，10)；Name(字符型，28)；Sex(字符型，6)，其取值只能为 Female 和 Male；Age(数值型，3，0)，数据表内任意输入记录若干。试设计一个 DBMS，满足以下要求：

(1)能够向数据表 MyVFPDataBaseTable. DBF 中添加记录。

(2)能够修改数据表 MyVFPDataBaseTable. DBF 中的记录(留作练习题)。

(3)能够在数据表 MyVFPDataBaseTable. DBF 中进行查询操作。

(4)能够删除数据表 MyVFPDataBaseTable. DBF 中的记录(留作练习题)。

(5)能够满足常规的完整性容错要求。

(6)运行界面如图 14.1 所示。

根据上述要求，设计的 DBMS 为 Chapter14VFPDatabaseDBMS. pro。设计的思想和方法如下：

(1)根据系统界面要求，首先使用 GUIBuilder 创建系统主界面，并转化为源程序代码；

(2)利用 DIALOG_DBCONNECT( )以交互方式连接数据库，读取数据库中数据表的记录，并利用读取的数据初始化 WIDGET_TABLE。也可用 IDLdbRecordset 的方法 Connect 链接直接进行数据库。

技巧提示：Visual Foxpro 9.0 数据库中的记录数据没有自动编号字段，因此在读取记录数据时，直接按照 0，1，2，…的顺序读取每一个字段的值；并且把读取的数值型数据均按字符串处理，逻辑型数据按字节型数据处理，其中，F 为 0，T 为 1。

(3)添加模块的设计：采用先读取 ID，Name，Sex 和 Age 后面的文本数据，即 WIDGET_TEXT 的 VALUE 值，然后进行容错处理，最后利用 IDLdbRecordset::AddRecord 方法添加记录到数据库中。

(4)查询模块的设计：采用先读取 ID 和 Name 后面的文本数据，即 WIDGET_TEXT 的 VALUE 值，并进行容错处理，然后利用 IDLdbRecordset::MoveCursor 方法在数据库中循环移动记录指针，并把数据库中的记录数据与读取的 ID 和 Name 数据相比较，从而找到需要的记录数据，最后把查询结果输出到 WIDGET_DROPLIST 中。

(5)修改模块的设计：先利用查找模块，找到需要修改的记录，并把该记录的值输出到 ID，Name，Sex 和 Age 后面的文本编辑框中；然后进行编辑，并进行容错处理；最后利用 IDLdbRecordset::SetField 方法把编辑后的记录写回到数据库中。该模块留作练习题。

(6)删除模块的设计：先利用查找模块，找到需要删除的记录；即通过读取 ID 和 Name 后面的文本数据，并利用 IDLdbRecordset::MoveCursor 方法在数据库中循环移动记录指针，并把数据库中的记录数据与读取的 ID 和 Name 数据相比较，从而找到需要的记录数据；最后利用 IDLdbRecordset::DeleteRecord 方法删除记录。该模块留作练习题。

技巧提示：IDLdbRecordset::DeleteRecord 方法受 ODBC 驱动的限制，Visual Foxpro 9.0 数据库的某些连接可能不支持。

数据库管理系统的运行和操作方法如下：

(1)在运行该系统后，会弹出如图 14.5 所示的对话窗口，并选择“机器数据源”标签中的 Visual Foxpro Database 或者自己创建的数据源 MyVFPDatabase，然后单击确定。

(2)在弹出的选择数据库的对话窗口(见图 14.6)中，选择指定的数据库。本例选择 D:\RSI\IDL63\MyVFPDatabase. DBC，并然后单击确定。

(3)在系统运行主界面中,用户只需要根据提示信息,按照常规操作方法操作即可。

Visual Foxpro 9.0 下 DBMS 的程序清单请参阅 Chapter14VFPDatabaseDBMS.pro。

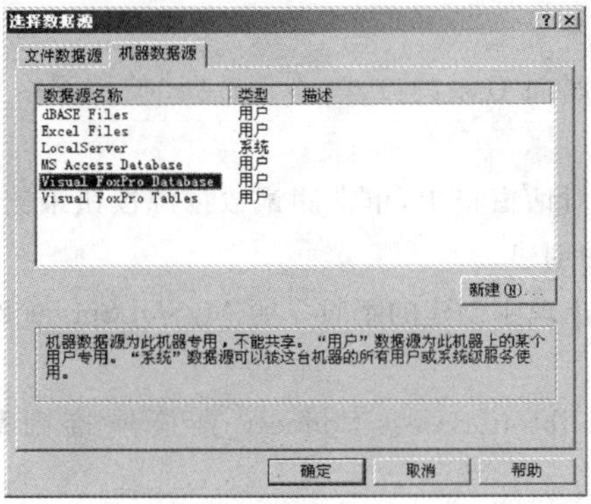

图 14.5　选择数据源对话窗口

图 14.6　访问权限对话窗口

14.4　IDL 6.3 在 SQL Server 2000 下的数据库管理

Microsoft SQL Server 2000 是微软推出的非常有影响,运行非常安全稳定的专业级数据库管理软件,其数据库管理功能非常完善,由于通过它简单的操作就可以非常安全稳定地进行数据库管理,从而使得它拥有了非常高的市场占有率。

根据 IDL DataMiner 6.3 提供的应用程序接口 API 和 14.1 节介绍的数据库管理方法,本节通过一个完整的 DBMS 示例,详细介绍 Microsoft SQL 2000 下的数据库管理方法,并给出完整的程序代码。

首先在 SQL Server 2000 下,创建数据源"MySQLServer 2000",建立方法如下:

(1)启动 Microsoft SQL 2000,并创建数据库 MySQLDatabase 和数据表 MySQLTable。或者使用 SQL Server 2000 中的"附加数据库"功能,添加建立好的数据库。

(2)利用数据库类 IDLdbDataBase 创建数据库对象,即

IDL>CurrentDatabase = OBJ_NEW('IDLdbDataBase')

(3)利用 DIALOG_DBCONNECT 创建数据库链接,即

IDL>status = DIALOG_DBCONNECT(CurrentDatabase)

(4)在弹出的选择数据源窗口中(见图 14.5),选择"机器数据源"标签,然后单击"新建(N)..."。

(5)在弹出的创建数据库源对话窗口中,选择用户数据源或者系统数据源(本例选择系统数据源),并单击下一步;然后在更新后的创建数据库源对话窗口(见图 14.7)中选择 SQL Server,并单击下一步;最后单击完成。

图 14.7　创建数据源对话窗口

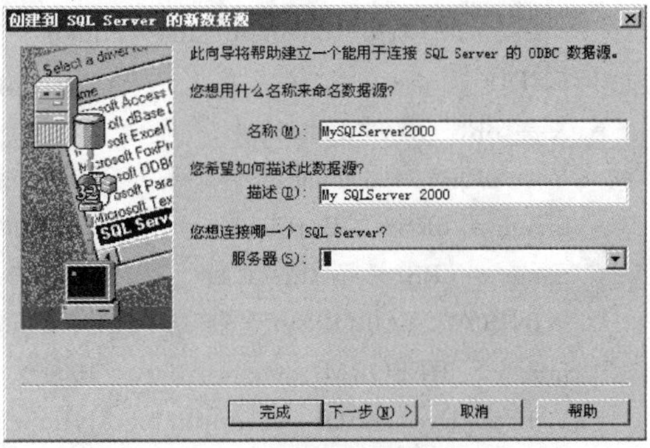

图 14.8　创建新数据源对话窗口

(6)在弹出的创建新数据库源对话窗口的名称后输入 MySQLServer 2000，描述后输入 My SQL Server 2000，服务器后选择当前可以连接的服务器(本例输入“.”，表示当前本地的默认服务器)；然后单击下一步。设置结果如图 14.8 所示。

(7)在更新后的创建新数据库源对话窗口中选择用户验证登录的方式，本例选择“使用网络登录 ID 的 Windows NT 验证”；然后单击下一步、下一步和完成。

(8)在弹出的创建 ODBC Microsoft SQL Server 安装对话窗口中，单击测试数据源按钮来测数据源是否可用，等待测试成功后，单击完成按钮来完成数据源的创建。

(9)完成上述操作后，在选择数据源对话窗口中，就会出现刚创建的新数据源 MySQLServer 2000。

【例 14.3】 设计程序满足以一下要求：

(1)使用数据库类 IDLdbDataBase 及其方法 IDLdbDataBase::Connect 直接连接到数据源 MySQLServer 2000。

(2)使用 Microsoft SQL Server 2000 的语句创建数据表 MyImage，其结构为 id integer PRIMARY KEY，x integer，y integer，data image，name char(50)。

(3)向数据表 MyImage 中添加一个图像记录数据，其内容为 1，400，400，BYTSCL(DIST(400))，‘First Image’。

(4)从数据表 MyImage 中读取一个图像记录数据，并显示该图像数据。

(5)数据表 MyImage 和数据库对象。

按照上述要求设计的程序如下：

```
; Chapter14SQLImageDatabase. pro
PRO Chapter14SQLImageDatabase
    oDB = obj_new('IDLDBDatabase')
    oDB->Connect, DataSource = 'MySQLServer2000', user='',password=''
    oDB->ExecuteSQL, $ ；执行 SQL 语句，创建数据表
      "create table MyImage (id integer PRIMARY KEY, x integer," + $
      "y integer, data image, name char(50))"
    ；创建记录集合对象，并且添加一条记录到数据表
    oRS = obj_new('IDLdbRecordSet', oDB, table='MyImage')
    oRS->AddRecord, 1, 400, 400, BYTSCL(DIST(400) ), 'First Image'
    status = oRS->MoveCursor(/FIRST)
    IF(status NE 1) THEN BEGIN
      PRINT, 'Error moving database cursor' & RETURN
    ENDIF
    X = oRS->GetField(1)
    Y = oRS->GetField(2)
    image = oRS->GetField(3)
    name = oRS->getField(4)
    WINDOW, COLORS=-5, TITLE=name, XSIZE=x, YSIZE=y
    image = REFORM(image, 400, 400) & TVSCL, image
    oDB->ExecuteSQL, 'drop table MyImage' ；删除数据表
    OBJ_DESTROY, oDB
END
```

【例 14.4】 首先在 Microsoft SQL Server 2000 下创建数据库 MySQLDatabase，其中数据表 MySQLTable 的字段为 ID(字符型，10)；Name(字符型，28)；Sex(字符型，6)，其取值只能为 Female 和 Male；Age(整型)，数据表内任意输入记录若干。试设计一个数据库管理系统，满足以下要求：

(1)能够向数据表 MySQLTable 中添加记录。

(2)能够修改数据表 MySQLTable 中的记录。

(3)能够在数据表 MySQLTable 中进行查询操作。

(4)能够删除数据表 MySQLTable 中的记录。

(5)能够满足常规的容错要求。

(6)运行界面如图 14.1 所示。

根据上述要求，设计的 DBMS 为 Chapter14SQLDBMS. pro。设计的基本思想和方法如下：

(1)根据系统界面要求，首先使用 GUIBuilder 创建系统主界面，并转化为源程序代码。

(2)数据库类 IDLdbDataBase 及其方法 IDLdbDataBase::Connect 直接链接到数据源 MySQLServer 2000。

技巧提示：Microsoft SQL Server 2000 数据库中的记录数据没有自动编号字段，因此在读取记录数据时，直接按照 0，1，2，…的顺序读取每一个字段的值。

(3)添加模块的设计。采用先读取 ID、Name、Sex 和 Age 后面的文本数据，即 WIDGET_TEXT 的 VALUE 值，然后进行容错处理，最后利用 IDLdbRecordset::AddRecord 方法添加记录到数据库中。

(4)查询模块的设计。采用先读取 ID 和 Name 后面的文本数据，即 WIDGET_TEXT 的 VALUE 值，并进行容错处理，然后利用 IDLdbRecordset::MoveCursor 方法在数据库中循环移动记录指针，并把数据库中的记录数据与读取的 ID 和 Name 数据相比较，从而找到需要的记录数据，最后把查询结果输出到 WIDGET_DROPLIST 中。

(5)修改模块的设计。先利用查找模块或者 WIDGET_TABLE 的选择控制事件，找到需要修改的记录，并把该记录的值输出到 ID，Name，Sex 和 Age 后面的文本编辑框中；然后进行编辑，并进行容错处理；最后利用 IDLdbRecordset::SetField 方法把编辑后的记录写回到数据库中。

(6)删除模块的设计。先利用查找模块或者 WIDGET_TABLE 的选择控制事件，找到需要删除的记录，即通过读取 ID 和 Name 后面的文本数据，并利用 IDLdbRecordset::MoveCursor 方法在数据库中循环移动记录指针，并把数据库中的记录数据与读取的 ID 和 Name 数据相比较，从而找到需要的记录数据；最后利用 IDLdbRecordset::DeleteRecord 方法删除记录。数据库管理系统的运行界面和操作如下：

在系统运行主界面中，用户只需要根据提示信息，按照常规操作方法操作即可。

Microsoft SQL 2000 下数据库管理系统的程序清单请参阅 Chapter14SQLDBMS. pro。

习　　题

1. 在例 14.1 中，如果数据库的数据表中没有记录，则程序会出现运行错误，请读者修改该 Bug，使该例能够在数据表为空的情况下正常运行。

2. 在例 14.1 中，如果数据库的数据表中有重复记录，则程序会正常运行，请读者修改该 Bug，使该例能够控制数据表不会出现重复记录，并且能够正常运行。

3. 在例 14.1 中，利用 WIDGET_DROPLIST 修改 Sex 的输入方式为 Female 和 Male 二者选一，并保持程序正常运行。

4. 在例 14.1 中，在添加和修改功能模块中没有进行长度容错的检测，请读者修改该 Bug，并且能够使程序正常运行。

5. 在例 14.1 中，修改查找功能模块，使该程序能够进行模糊查找，其他功能保持不变。

6. 在例 14.1 中，如果在数据库中有多条记录相同，当选择这些记录中的后面一条记录进行修改时，则利用修改功能模块，只能修改这些记录的第一条记录，请读者修改该 Bug，并且能够使程序正常运行。

7. 在例 14.1 中，使用直接数据库连接实现该系统。

8. 补充设计例 14.2 的修改功能模块和删除功能模块，并完成系统的程序设计。

9. 编写直接使用数据表进行数据库管理的 DBMS。首先在 Visual Foxpro 9.0 下创建数据表 MyVFPTable.DBF 的字段为 ID(字符型，10)；Name(字符型，28)；Sex(字符型，6)，其取值只能为 Female 和 Male；Age(数值型，3，0)，数据表内任意输入记录若干。试设计一个只使用数据表的数据库管理系统，满足以下要求：

(1)能够向数据表 MyVFPTable.DBF 中添加记录。

(2)能够修改数据表 MyVFPTable.DBF 中的记录。

(3)能够在数据表 MyVFPTable.DBF 中进行查询操作。

(4)能够删除数据表 MyVFPTable.DBF 中的记录。

(5)能够满足常规的容错要求。

(6)运行界面参考图 14.1。

10. 参考习题 1 ～习题 8 修改例 14.4，使得数据库管理系统 Chapter14SQLDBMS.pro 成为一个满足完整性、安全性和容错性要求的 DBMS。

第 15 章　可视化应用系统的设计与实现

通过对 IDL 6.3 系统基本内容的学习，用户就可以自己动手设计满足实际需要的可视化应用系统。使用 IDL 6.3 设计一个完整的可视化应用系统并不难，但是要设计一个界面好、功能齐全、容错能力强的高质量应用系统并非是件容易的事情。因此，需要用户进一步掌握一些高级的程序设计技巧。

本章根据一个具体的应用实例 Chapter15HappyYou3DS.pro，具体介绍可视化应用系统中基本模块的程序设计方法，并给出完整的程序清单。该程序可以直接单独运行。读者可以根据实际需要，利用本可视化应用系统的设计思想，设计出自己的满足实际需要的可视化应用系统。这不仅是快速掌握 IDL 6.3系统的好办法，而且可以为读者节省编程时间，相信读者通过本章的学习，能够在程序设计过程中，做到举一反三，设计出更好、更实用的高质量的可视化应用系统。

15.1　可视化应用系统的设计

一个完整的应用系统通常由引导模块、加密模块、主控模块和若干个主功能模块组成，而每一个主功能模块根据实际需要又可以分为若干个子功能模块等等。对于每一个功能模块均是用来实现某一个指定的具体功能。用户通过设计一个总控制模块，把各个主功能模块按照实际要求连接成一个完整的应用系统。可视化应用系统的具体设计过程可以描述如下：①系统需求分析；②系统整体结构设计；③系统流程图设计；④系统 GUI 设计；⑤系统模块设计；⑥系统集成；⑦系统的运行与维护。

可视化应用系统的结构可以表示为如图 15.1 所示。

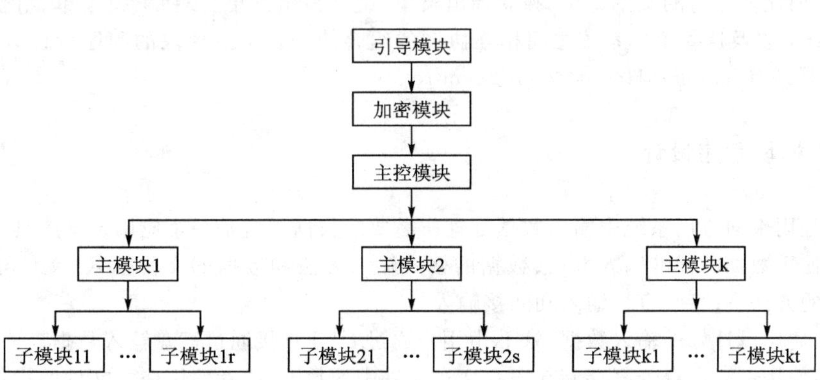

图 15.1　通用可视化应用系统结构

15.2 系统功能模块程序设计

15.2.1 引导模块程序设计

引导模块主要用来显示和设置可视化应用系统的 Flash 界面以及使用可视化应用系统的用户单位名称、使用日期和版权注册等信息。调用引导模块后，一般屏幕上显示出美观的 GUI 菜单界面，并等待用户按照提示信息输入相应的数据，并且把数据存入相应的内存变量或内存变量文件中，以便以后调用。引导模块程序设计示例，请参阅 15.5 节的引导模块(Chapter15HappyYou3DSAnimate.pro)。

15.2.2 加密模块程序设计

加密模块主要用来保护软件开发人员的研究成果，只有合法用户才能使用该软件。目前，软件的加密方法很多，本节给出一种常用的软件加密方法，该方法依赖于加密算法。加密模块通常采用死循环，请用户输入密码，若输入密码错误，则该系统会给出提示信息，让用户重新输入密码或退出系统。

密码可以是固定密码，也可以是随机密码(例如，机器的日期加固定密码)，这可以根据用户的需要来选择。调用加密模块后，屏幕上会显示出提示信息，要求用户输入密码，如果用户输入错误密码，则提示用户密码错误，并要求用户重新输入。一般限制用户输入密码 3 次，否则系统将被终止并退出。加密模块程序请参阅 15.5 节的加密模块(Chapter15HappyYou3DSPassword.pro)。另外，用户还可以配合硬件加密，使得系统更加安全。二者配合是一个既实惠又安全的方案。

15.2.3 主控模块程序设计

主控模块的功能是用来把各大功能模块连接成一个完整的应用管理系统。因此，它控制着整个系统的执行过程。通常主控模块先利用 GUI 以多种菜单的方式显示出系统的主要功能，让用户选择执行需要实现的功能模块。在主控模块中，画面质量的美观与否取决于菜单制作水平，设计主控模块的方法，通常采用目前比较流行的文本菜单、独立弹出菜单、组合弹出菜单、按钮下拉菜单、组合下拉菜单、工具栏等菜单系统，以及这些菜单系统之间相互协调的组合使用。主控模块的程序设计方法请读者参阅 15.5 节的主控模块(Chapter15HappyYou3DSControl.pro)。

15.2.4 输入模块程序设计

输入模块是用来向应用系统中输入数据处理所需要的数据。这是一个应用系统应具有的基本功能。输入模块通常使用数据的标准输入方法、数据的格式输入方法和数据的文件输入(文件导入)方法来实现。输入数据的方法有两种：直接输入和间接输入。

直接输入：使用设计好的输入数据 GUI，由用户通过 GUI 直接通过键盘输入数据。

间接输入：使用恢复命令恢复存储在内存变量文件中的数据，或者使用格式文件的操作方法，打开存储在格式文件中的数据。文件可以是任意各式的数据文件、图像文件或者体数据文件。

输入模块的程序设计方法请读者参阅 15.5 节的程序模块(Chapter15HappyYou3DS Control.pro)中的 File → Load、函数 Chapter15HappyYou3DSControlMakeView 、下拉组合文本菜单 File→Load 和按钮下拉组合菜单 Add→ * 、Add Child → * 。

15.2.5　数据处理模块程序设计

使用应用系统的目的是管理、处理和分析数据，因此，其功能是对数据进行输入、编辑、修改、删除、计算、分析、显示、存储等数据处理。这些处理功能可以分别使用独立的功能模块来实现。

数据处理模块是整个应用系统的核心。它的复杂程度是根据用户的不同要求来决定的。具体设计方法可以用到 IDL 6.3 的所有知识和技巧以及程序员的编程水平。因此在实现该模块时，需要程序员根据用户的需要，选择 IDL 6.3 的适当语句和结构，利用合理的算法和程序设计技巧，以尽量少的语句和尽快的速度来实现相应的功能。

数据处理模块可以采用直接处理方法和间接处理方法。

直接处理方法通常为把输入的数据调出并显示在屏幕上，让用户根据需要直接对其进行处理。

间接处理方法通常为把输入的数据先存到一个指定的数组、结构或者指针中，然后再对数组、结构或者指针中的数据进行处理，最后再对数据处理好的数据，进行显示或者存储。

数据处理模块程序示例见 15.5 节的程序模块(Chapter15HappyYou3DSControl.pro)。

15.2.6　交互控制模块程序设计

IDL 6.3 的主要优点就是在可视化应用系统中，可以方便灵活的对可视化应用系统中几乎所有功能进行实时交互控制。目的是可以使用户在程序运行过程中，可以对数据以交互的方式进行输入、编辑、修改、删除、计算、分析、显示、存储等交互控制管理、交互处理和交互分析数据。这些交互处理功能可以分别使用独立的功能模块来实现。

交互控制模块是整个应用系统的控制中心。交互控制方式设计的是否合理，将直接影响数据处理的方便性、灵活性和可视化应用系统的 GUI 界面美观程度和容错能力。

交互控制模块程序参阅 15.5 节的程序模块(Chapter15HappyYou3DSControl.pro)。

15.2.7　输出模块程序设计

用户使用应用系统的最终目的，就是把经过系统加工处理后的最终有用信息提供给用户，以便用户来使用它作出正确决策。这是一个应用系统应具有的基本功能。

输出模块是用来把数据处理的中间结果或最终结果，以不同的方式进行显示、打印或以不同的数据格式进行存储的功能模块。其功能是用于输出应用系统中数据处理好的数据。输出模块通常使用数据的标准输出方法、数据的格式输出方法和数据的文件输出(文件导出)方法来实现。输出数据的方法有三种：显示输出、打印输出和存储输出。

显示输出是指使用一个设计好的输出数据 GUI，按照指定的方式显示输出数据。

打印输出是指按照指定的方式把数据处理结果，送往打印机打印输出。

存储输出是指使用存储命令把处理好的数据存储在内存变量文件中，或者使用格式文件的操作方法，以多种文件格式把数据存储到格式文件中。文件可以是任意各式的数据文件和图像文件。

输出模块的程序设计方法请参阅 15.5 节的程序模块(Chapter15HappyYou3DS Control.pro)中的下拉组合文本菜单 File→Save Selection、File→Print 和 File→Export VRML。

15.2.8　帮助模块程序设计

对于一个完整的可视化应用系统，为了让用户了解、熟悉和掌握该系统的功能和使用方法，为应用系统设计一套完整的帮助系统是非常必要的。在帮助系统中，可以详细介绍系统的所用功能以及详细的使用的方法，从而可以使用户快捷方便的掌握软件系统的操作和使用方法。

目前设计帮助系统的工具和软件很多。因此只需要根据系统需要，选择合适的帮助系统制作软件来制作一套系统功能齐全的帮助系统即可。

帮助模块程序示例请参阅 15.5 小节的帮助模块（Chapter15HappyYou3DSHelp. pro）。

15.3 可视化应用系统的集成和调试

对于一个可视化应用系统，在设计好它的每一个功能模块设计好之后，接下来的一个重要环节就是要根据可视化应用系统的结构流程图，按照指定的功能要求把这些功能模块集成为一个完整的可视化应用系统。可视化应用系统集成的方法如下：

（1）设置控制系统运行的全程变量和公共变量。通常使用顶级 BASE 的 UVALUE 的值来设置全程变量、或者使用公共模块变量声明动词 COMMON 来设置公共变量。

（2）模块集成。利用主控模块，根据可视化应用系统的结构流程图，按照指定的功能要求实现主控模块与各个功能模块之间的相互调用以及各个子模块之间的相互调用。

（3）模块之间的协调控制。由于在设计每一个功能模块时，主要考虑本模块自身功能的实现和接口的设计，一般没有过多的考虑多个模块之间的协调配合，因此在模块之间实际调用时，会出现一些意想不到的后果，所以在整个系统的模块集成过程中，一定要充分仔细的考虑多个模块之间的相互协调配合。

模块之间的协调控制将直接影响可视化应用系统稳定性、安全性、完整性和容错能力。因此模块之间的协调控制是系统集成的关键，同时也是整个应用系统实现的关键。

（4）应用系统的调试和测试。对集成好的应用系统，在把应用系统推向市场应用之前，必须对它的所有功能，利用专业和权威的软件系统测试标准和测试工具进行多方位多数据的详细、严格的调试和测试，从而发现并解决相应的问题，使应用系统的 Bug 降低到最低。程序集成示例请参阅 15.5 节的可视化应用系统 Chapter15HappyYou3DS. pro。

15.4 可视化应用系统的发布

在一个可视化应用系统的所用设计工作完成之后，最后一道工序是把可视化应用系统进行发布。发布系统的目的主要有以下两个：

（1）程序发布方便同行软件之间的相互协作，同时也符合软件的发行标准。

（2）程序发布可以保护软件的版权。由于发布程序一般根据需要可以把程序编译成指定格式的机器代码文件或者二进制文件，从而起到对软件本身的保护作用。

可视化应用系统的详细发布方法，请读者参阅第 17 章。

通过上述分析不难看出，具体设计并实现一个界面美观、操作方便、功能完善、安全性好、完整性强和容错能力强的可视化应用系统，虽然是一个对综合程序设计能力要求较高的并非容易的事情。但是，只要掌握可视化应用系统的设计思想和方法，按照可视化应用系统的设计步骤和技巧，充分利用自己的想象能力，设计出满足实际需要的可视化应用系统，应该是一件难度不大、轻松愉快的事情。

15.5 可视化应用系统的实例分析

本节根据三维物体可视化系统 Chapter15HappyYou3DS. pro，具体介绍可视化应用系统及其基本模块的程序设计方法。完整的程序请读者参阅如下程序及其清单：

Chapter15HappyYou3DS. pro

Chapter15HappyYou3DSAnimate. pro

Chapter15HappyYou3DSPassword. pro

Chapter15HappyYou3DSControl. pro

Chapter15HappyYou3DSHelp. pro

15. 5. 1　实例和要求

【例 15. 1】 设计并实现三维物体可视化应用系统。要求依次实现如下操作：

(1)设计引导模块。按照如图 15. 2 所示的 Flash 界面，以动画的方式来设计引导程序模块。其中背景图像文件为 Chapter15HappyYou3DSAnimate. jpg。

图 15. 2　引导模块的 Flash 界面

(2)设计加密模块。按照如图 15. 3 所示的 GUI 界面，设计加密程序模块。其中背景图像文件为 Chapter15HappyYou3DSPassword. bmp。默认密码为 HappyYou。

(3)设计主控模块。按照如图 15. 4 所示的 GUI 界面，设计主控程序模块。其中包括如下组件：

1)文件菜单系统：File → Load | Save Selection | Print | Export VRML | Quit(输入、输出和退出)；Options → Drag Quality →Low | Medium | High(拖动质量)；Options → Show Grid (On | Off)(显示或者隐藏底板)；3DS → Help | About 3DS(帮助信息)；

2)单选按钮控制区：设置平移、旋转和放缩单选按钮组 Translate | Rotate | Scale；通过这些按钮分别实现对三维物体的平移、旋转和放缩操作；

3)按钮菜单控制区：Add → Sphere | Cube | Tetrahedron | Cone | Green Light | Surface | Image | White Light | 3D Text | Plot | Ribbon Plot | Bar Plot(添加三维物体)；Add Child → Sphere | Cube | Tetrahedron | Cone | Green Light | Surface | Image | White Light | 3D Text | Plot | Ribbon Plot | Bar Plot(添加三维物体的下一级子物体)；

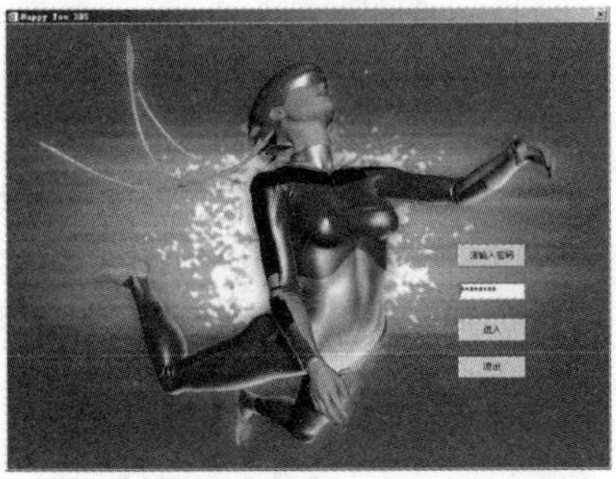

图 15. 3　加密模块的 GUI 画面

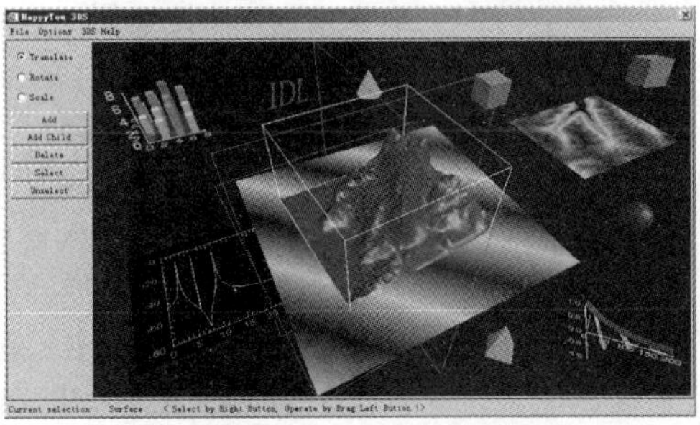

图 15. 4　主控模块的 GUI 画面

4)触发按钮控制区：Delete | Select | Unselect(删除、选择或者取消选择)；

5)绘图区：Widget_Draw(绘制三维物体)；

6)操作状态显示区：创建标签，以文本的方式显示当前的操作状态或系统信息。

(4)在绘图区中，单击或者右击鼠标要求有如下功能：

1)在空白处右击鼠标：取消选择，与 Unselect 功能相同；

2)指向三维物体，并且右击鼠标：用于选择物体，与 Select 功能相同；多次单击物体，用于循环切换操作方式(Translate | Rotate | Scale)；

3)指向三维物体，并且拖动鼠标：用于平移、旋转和放缩三维物体。

(5)系统输出要求:要求分别以三种方式输出绘制结果。具体如下:

1)以数据文件的方式输出并存储选择的三维物体;

2)打印输出绘制场景中的三维物体;

3)输出虚拟现实建模语言 VRML 支持的文件。

(6)系统输入要求:要求能够导入以数据文件的方式输出并存储的数据文件。

(7)在主控模块中,分别实现文件菜单系统、单选按钮控制区、触发按钮控制区、操作状态显示区中的相应的功能。

15.5.2 三维物体可视化系统引导模块程序设计

根据三维物体可视化系统的要求,使用面向对象的程序设计方法设计引导模块。具体方法如下:

(1)建立如图 15.5 所示的对象层次结构。

(2)在以 Chapter15HappyYou3DSAnimate.jpg 为背景的窗口中,以动画的形式飞入文字串“Happy You 3DS”。实现方法是利用循环语句和 Wait 语句通过改变对象 myText 的 BASELINE 属性实现。

(3)改变文字串“Happy You 3DS”的颜色。实现方法是利用循环语句和暂停语句 Wait 通过改变对象 myText 的 COLOR 属性来实现。具体变化为,紫色渐变到绿色,然后绿色渐变到红色。

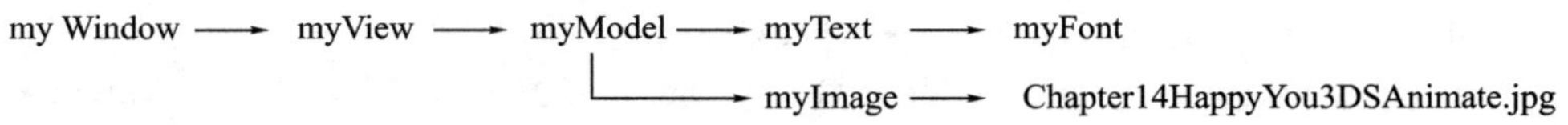

图 15.5 引导模块的对象层次结构

(4)文字串“Happy You 3DS”从中间向上方飞出。实现方法是利用循环语句和暂停语句 Wait 通过改变对象 myText 的 Location 属性来实现。

调用引导模块后,屏幕上以动画方式显示出如图 15.2 所示的 Flash 画面。引导模块程序清单如下:

```
; Chapter15HappyYou3DSAnimate.pro
PRO Chapter15HappyYou3DSAnimate
   device, get_screen_size = screensize      ;获取屏幕大小
   xdim = (screensize[0] - 640)/2     &     ydim = (screensize[1] - 480)/2
   mywindow = OBJ_NEW('IDLgrWindow',LOCATION=[xdim, ydim],      $
      TITLE='Chapter14HappyYou3D', DIMENSIONS=[640,480])     ;  创建窗口对象
   myfont = OBJ_NEW('IDLgrFont', 'times * 100 * bold', SIZE=86)     ;  创建字体对象
   myview=OBJ_NEW('IDLgrView',VIEWPLANE_RECT=[0,0,640,480],COLOR=[0,255,255])
   mymodel = OBJ_NEW('IDLgrModel')     ; 创建模式对象
   mytext = OBJ_NEW('IDLgrText','Happy You 3DS', LOCATION=[50,200],     $
         COLOR=[255,0,255], font=myfont)     ; 创建文本对象
   file = FILEPATH('Chapter15HappyYou3DSAnimate.jpg')
   READ_JPEG, file, image, true=1
   myimage = OBJ_NEW('IDLgrImage', image, INTERLEAVE=0)     ; 创建图像对象
   myview -> Add, mymodel     ; 把模式对象添加到视图对象中
   mymodel -> Add, myimage
   mymodel -> Add, mytext
   ;  设置视图投影方式为透视投影
   myview -> SetProperty,  PROJECTION=2,  EYE=60,  ZCLIP=[50,-25]
    FOR i=-2.0,  0.0,  0.25 DO BEGIN     ; 使字体基准线循环变化
```

```
    mytext－>SetProperty， BASELINE=[1,－i,i]
    mywindow－>Draw， myview
    WAIT， 0.1
  ENDFOR
  FOR i=255， 0， －1 DO BEGIN     ；使字体字颜色循环变化
  mytext －> SetProperty，FONT=myfont1， BASELINE=[1,0,0]， $
      UPDIR=[0,1,0]， COLOR=[i， 255－i， i],LOCATION=[50,200]
  mywindow－>Draw， myview
  WAIT， 0.0001
  ENDFOR
  FOR i=0， 255 DO BEGIN     ； 使字体字颜色循环变化
    mytext－>SetProperty,FONT=myfont1,COLOR=[i,255－i,0],LOCATION=[50,200]
    mywindow－>Draw，myview
    wait， 0.0001
  ENDFOR
  FOR i=200,500 DO BEGIN  ； 使字体字颜色循环变化
    mytext－>SetProperty，LOCATION=[50,i]
    mywindow－>Draw，myview      &  VWAIT，0.001
  ENDFOR
  OBJ_DESTROY，mywindow        ；释放窗口对象
  OBJ_DESTROY，myview          ；释放视图对象
  OBJ_DESTROY，myfont          ；释放字体对象
  END
```

15.5.3　三维物体可视化系统加密模块程序设计

根据可视化系统的要求，使用面向对象的程序设计方法设计加密模块。方法如下：

(1)建立如图 15.6 所示的对象层次结构；

(2)在以 Chapter15HappyYou3DSPassword.bmp 为背景，创建如图 15.3 的 GUI 界面。

(3)在文本编辑区输入密码。若密码正确，则通过进入按钮进入系统，否则通过退出按钮退出系统。实现方法是通过用户交互界面 GUI 设计的循环控制和分支处理来实现循环输入密码或退出系统。

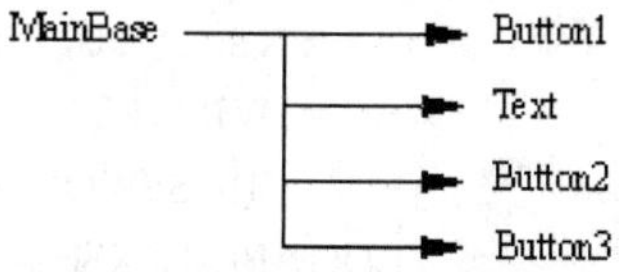

图 15.6　加密模块的对象层次结构

加密模块程序清单如下(运行结果的部分界面见图 15.3)：

```
；  Chapter15HappyYou3DSPassword.pro
PRO Chapter15HappyYou3DSPassword_event，ev      ；事件处理模块
    WIDGET_CONTROL， ev.id， GET_UVALUE=uval       ；获取事件 ID
    WIDGET_CONTROL， ev.top， GET_UVALUE =state     ；获取顶级事件的用户值,即状态信息
    CASE uval OF           ；对事件的分支处理
      'ENTER'：begin           ；单击 Enter 按钮后的处理方法
        IF state.password EQ 'HappyYou'  THEN BEGIN     ；默认密码为 HappyYou
          WIDGET_CONTROL，ev.top， /DESTROY
          Chapter15HappyYou3DSControl
      ENDIF ELSE BEGIN
```

```
    Result = DIALOG_MESSAGE('密码错误,请输入正确密码! ',   /ERROR)
    WIDGET_CONTROL,  State.text, SET_VALUE=STRJOIN(STRARR(20) )
    State.Password = ''
WIDGET_CONTROL, ev.top,  SET_UVALUE = state
  ENDELSE
END
'PASSWORD' : begin      ;输入密码后,显示为星号的处理方法
WIDGET_CONTROL,  State.Text,  GET_VALUE = PasswordTemp
IF STRLEN(PasswordTemp) GT 0 THEN BEGIN
    State.Password = State.Password + STRMID(PasswordTemp,  0,  1)
    WIDGET_CONTROL,  ev.top,  SET_UVALUE = state
    MyPasswordDisplay = REPLICATE('*',  STRLEN(PasswordTemp) )
    WIDGET_CONTROL, State.Text,  SET_VALUE = STRJOIN(MyPasswordDisplay)
  ENDIF
END
'DONE': BEGIN      ;单击退出后的处理方法,即释放顶级表单
         WIDGET_CONTROL,  ev.top,  /DESTROY
     END
    ELSE :
    ENDCASE
END
PRO Chapter15HappyYou3DSPassword      ;设计 GUI
    DEVICE,  GET_SCREEN_SIZE=scr_size
    xwidth=scr_size[0]   &   ywidth=scr_size[1]
    xBaseWidth=800   &   yBaseWidth=600
    MainBase=WIDGET_BASE(XSize=xBaseWidth,YSize=yBaseWidth,TITLE='Happy You 3DS', $
    XOFFSET=(xwidth-xBaseWidth)/2,YOFFSET=(ywidth-yBaseWidth)/2,TLB_FRAME_ATTR=1)
    Button1 =WIDGET_BUTTON(MainBase, VALUE='请输入密码',    $
         XSize=90, YSize=30, XOFFSET=600,YOFFSET=300, UVALUE='')
     Text = WIDGET _ TEXT ( MainBase, VALUE = STRJOIN ( STRARR ( 20 )), UVALUE =
         'PASSWORD', $
     /EDITABLE, XSize=13,  YSize=1,  XOFFSET=600,  OFFSET=350,  /ALL_EVENTS )
    Button2 =WIDGET_BUTTON(MainBase, VALUE='进入', UVALUE='ENTER',    $
       XSize=90,  YSize=30,  XOFFSET=600,  OFFSET=400)
    Button3 =WIDGET_BUTTON(MainBase,  VALUE='退出',  UVALUE='DONE',    $
       XSize=90,  YSize=30,  XOFFSET=600,  OFFSET=450)
    logo = READ_BMP('Chapter15HappyYou3DSPassword.bmp',  /rgb)
    logoSize = SIZE(logo)
    MainDraw = WIDGET_DRAW(MainBase,XSIZE=logoSize[2],YSIZE=logoSize[3],RETAIN=2)
    WIDGET_CONTROL, MainBase, /REALIZE    ;激活 GUI
    TV,  logo,/true
    state = {Text  : Text,  Password : '' }    ;声明状态结构变量
    WIDGET_CONTROL, MainBase, set_uvalue=state  ;把状态结构变量存放到顶级 Base 的用户值中
    XMANAGER,  'Chapter15HappyYou3DSPassword', MainBase    ;循环管理顶级 Base
END
```

15.5.4　用户交互界面 GUI 设计

根据三维物体可视化系统中(1)～(7)的要求。可以使用 GUI 中创建组件的方法创建该例的 GUI。具体结构如下：

View 层次结构如图 15.7 所示。

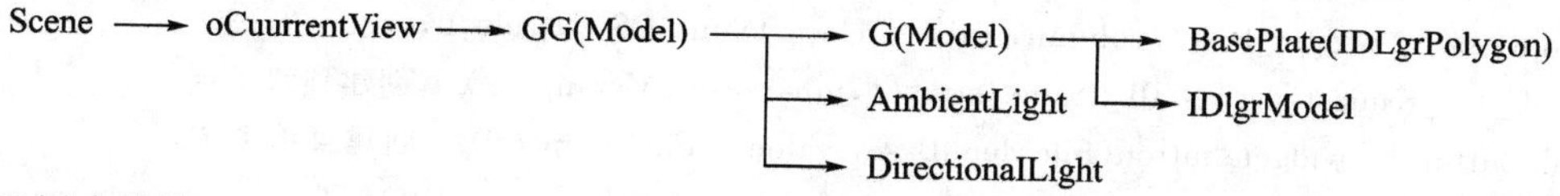

GUI 层次结构：

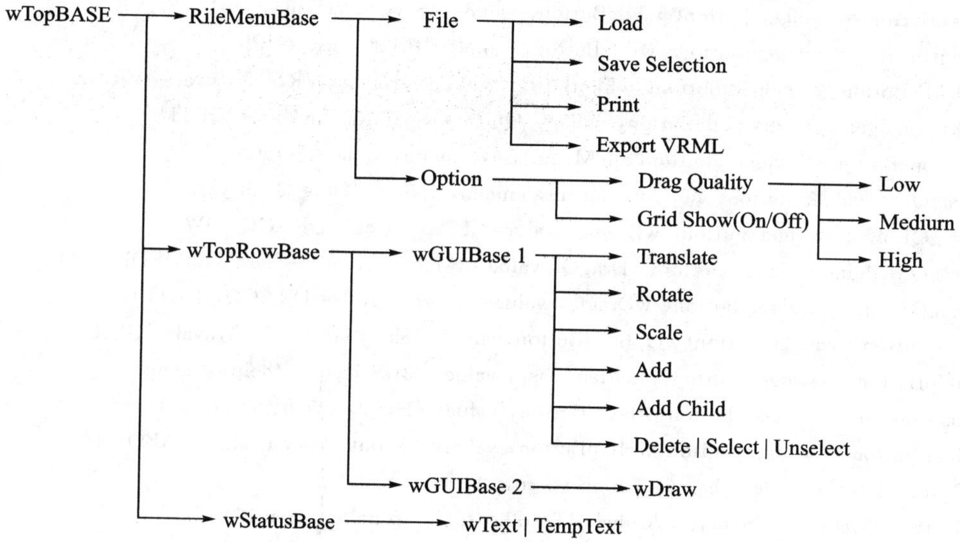

图 15.7　View 层次结构

(1)在顶层 wTopBase 中创建 3 个 Base：FileMenuBase，wTopRowBase 和 wStatuBase；

(2)在 FileMenuBase 中创建菜单系统：

File → Load | Save Selection | Print | Export VRML | Quit(输入、输出和退出)；

Options → Drag Quality →Low | Medium | High(拖动质量)；

Options → Show Grid (On | Off)(显示或者隐藏底板)；

3DS → Help | About 3DS(帮助信息)；

(3)在 wTopRowBase 中，创建两个 Base：wGUIBase1 和 wGUIBase2；

在 wGUIBase1 中，创建平移、旋转和放缩单选按钮组 Translate、Rotate 和 Scale；

在 wGUIBase1 中，创建添加三维物体和下一级三维子物体的按钮菜单系统：

Add → Sphere | Cube | Tetrahedron | Cone | Green Light | Surface | Image | White Light | 3D Text | Plot | Ribbon Plot | Bar Plot；

Add Child → Sphere | Cube | Tetrahedron | Cone | Green Light | Surface | Image | White Light | 3D Text | Plot | Ribbon Plot | Bar Plot；

在 wGUIBase1 中，创建删除、选择或者取消选择的触发按钮组：Delete，Select 和 Unselect；

在 wGUIBase2 中；创建 Draw 绘图区，并在 Draw 中进行绘制三维物体；

(4)在 wStatuBase 中，创建两个文本标签，用于以文本的方式显示当前的操作状态或者系统信息。

技巧提示：创建并设置控制过程中的结构变量，并把它存入顶层 BASE 的 UVALUE 中。

提示:创建 GUI 之前,绘制 GUI 中各个组件之间的层次关系流程图是创建 GUI 的关键。上述层次关系结构仅供参考,请读者自行设计出更理想的 GUI 层次结构。

GUI 设计的程序如下:

```
pro Chapter15HappyYou3DSControl ; 设计主控 GUI
device, get_screen_size = screensize
xdim = screensize[0] * 0.6 & ydim = xdim * 0.6
wTopBase = widget_base(/column, title="HappyYou 3DS",xpad=0,ypad=0, $
  /tlb_kill_request_events,tlb_frame_attr=1,mbar=FileMenuBase ) ; 创建顶级 Base
wFileButton = widget_button(FileMenuBase, value='File', /menu) ; 创建菜单系统
wLoadButton = widget_button( wFileButton, value="Load", uval='LOAD' )
wSaveButton = widget_button( wFileButton, value="Save Selection", uval='SAVE' )
wPrintButton = widget_button( wFileButton, value="Print", uval='PRINT' )
wVRMLButton = widget_button( wFileButton, value="Export VRML", uval='VRML' )
void = widget_button( wFileButton, value='Quit', /separator, uvalue='QUIT' )
wOptionsButton = widget_button(FileMenuBase, /menu, value="Options")
wDragQ = widget_button(wOptionsButton, /menu, value="Drag Quality")
wDragQLow = widget_button( wDragQ, value='Low', uval='DRAGQLOW' )
wDragQMedium=widget_button(wDragQ, value='Medium', uval='DRAGQMEDIUM' )
wDragQHigh = widget_button( wDragQ, value='High', uval='DRAGQHIGH' )
wGridButton=widget_button(wOptionsButton,value="Show Grid (on )",uval='GRID')
wHelpButton = widget_button(FileMenuBase, value='3DS Help', /help, /menu)
waboutbutton = widget_button(wHelpButton, value='Help', uvalue='HELP')
waboutbutton = widget_button(wHelpButton, value='About 3DS', uvalue='ABOUT')
wTopRowBase = widget_base(wTopBase,/row,/frame)
addable_subjects = [ 'Sphere', 'Cube', 'Tetrahedron', 'Cone', 'Green Light', $
'Surface','Image','White Light','3D Text','Plot', 'Ribbon Plot','Bar Plot']
wGuiBase1 = widget_base(wTopRowBase, /column )
wStackerBase = widget_base(wGuiBase1, xpad=0, ypad=0)
wModelControlBase = widget_base(wStackerBase, xpad=0, ypad=0, /column )
wModelModeRadio=cw_bgroup(wModelControlBase,['Translate','Rotate','Scale'], $
    /exclusive, /no_release, set_value=0, uvalue='MODELMODE') ; 创建单选按钮组
wAddButton = widget_button( wModelControlBase, value='Add', /menu )
for i=0,n_elements(addable_subjects)-1 do begin ; 创建按钮菜单组
  void = widget_button(wAddButton, value=addable_subjects[i], $
  uvalue=['ADD', addable_subjects[i]] )
end
wAddChildButton = widget_button( wModelControlBase, value='Add Child', /menu )
for i=0,n_elements(addable_subjects)-1 do begin ; 创建按钮菜单组
   void = widget_button(wAddChildButton, value=addable_subjects[i], $
     uvalue=['ADDCHILD', addable_subjects[i]] )
end
wModelDeleteButton=widget_button(wModelControlBase,value="Delete",uval='DEL')
wModelSelectButton = widget_button( wModelControlBase,value='Select', $
uvalue='MODELSELECT' )
wUnselectButton=widget_button(wModelControlBase, $
```

```
        value='Unselect',uvalue='UNSELECT')
wGuiBase2 = widget_base(wTopRowBase, xpad=0, ypad=0)
wDraw = widget_draw(wGuiBase2,xsize=xdim,ysize=ydim,/button_ev, $
        uval='DRAW', retain=0, /expose_ev, graphics_level=2 )
wStatusBase = widget_base(wTopBase, /row)
wText = widget_label(wStatusBase, /dynamic_resize, value='')
TempText = widget_label(wStatusBase, $
        value=' < Select by Right Button, Operate by Drag Left Button ! >')
widget_control, wTopBase, /realize
widget_control, wdraw, get_value=win
Scene=obj_new('IDLgrScene')
oCurrentView = Chapter15HappyYou3DSControlmakeview $
        (xdim,ydim,{name:'ObjView',num:0})
oCurrentView->getproperty, dim=dim, loc=loc
Scene->add, oCurrentView
Chapter15HappyYou3DSControlgetviewobjs, $
        oCurrentView, oWorldRotModel, oBasePlatePolygon, oCurrentTopModel
thefont = objarr(4)
thefont[0] = obj_new('IDLgrFont','times',size=30)
thefont[1] = obj_new('IDLgrFont','hershey * 3',size=9)
thefont[2] = obj_new('IDLgrFont','helvetica',size=40)
thefont[3] = obj_new('IDLgrFont','helvetica',size=12)
；创建状态结构变量和跟踪球
state = { oTrackballMB1: obj_new('trackball', (loc + dim/2.0), $
dim[0] / 2.0 ), oTrackballMB2: obj_new('trackball', (loc + $
dim/2.0), dim[0] / 2.0, mouse=2b ), btndown: 0b, thefont: thefont, $
wDraw: wDraw, oWorldRotModel: oWorldRotModel, oBasePlatePolygon: $
oBasePlatePolygon, oCurrentView: oCurrentView, $
oModelMan : obj_new('IDLexModelManip', translate=[1,1,1], $
selector_color=[255,255,255], manipulator_color=[255, 60, 60] ), $
oViewMan : obj_new('IDLexViewManip', color=[255, 0, 0] ), $
addable_subjects: addable_subjects, $
text: wtext, win: win, oCurrentTopModel: oCurrentTopModel, $
selected:oCurrentTopModel, Scene:Scene, dragq: 1, $
model_lists: ptrarr(50), wModelControlBase:wModelControlBase, $
wModelDeleteButton: wModelDeleteButton, $
wAddChildButton: wAddChildButton, $
wModelSelectButton: wModelSelectButton, $
wModelModeRadio: wModelModeRadio, $
wUnselectButton: wUnselectButton, $
wDragQLow: wDragQLow, wDragQMedium: wDragQMedium, $
wDragQHigh: wDragQHigh, wGridButton:wGridButton, $
wLoadButton: wLoadButton,wSaveButton: wSaveButton, $
model_cycle_pos: 1 } ；创建状态结构变量
restore,demo_filepath('objw_surf.sav',subdir=['examples','demo',' $
```

```
demodata'), /relaxed_structure_assignment
tmp_obj－>translate, 0, 0, .001, /premultiply
state.selected－>add, tmp_obj
state.model_lists[0] = ptr_new([ tmp_obj, $
tmp_obj－>get(position=1), obj_new()])
state.selected = tmp_obj－>Get(position=1)
state.oModelMan－>SetTarget, state.selected
state.selected－>getproperty,uvalue=s
str = "Current selection : " + s
widget_control, state.text, set_value=str
state.oWorldRotModel－>rotate, [－1,0,0], 40
state.oWorldRotModel－>rotate, [ 0,1,0], 20
state.oWorldRotModel－>rotate, [ 0,0,1], 20
widget_control, wDragQMedium, sensitive=0
；把状态结构变量存入顶级 BASE 用户值
widget_control, wTopBase, set_uvalue=state, /no_copy
xmanager,'Chapter15HappyYou3DSControl', $ ；循环控制主控模块
wTopBase,event_handler='Chapter15HappyYou3DSControlevent', $
cleanup='Chapter15HappyYou3DSControlcleanup', /no_block
end
```

15.5.5 三维物体可视化系统的循环控制和分支处理

GUI 循环控制的方法是首先使用带关键字/REALIZE 的过程 WIDGET_CONTROL 激活 GUI，然后用过程 XMANAGER 来循环控制。在循环控制 GUI 后，对事件进行分支处理。

事件处理的具体方法有以下几种：

(1)在创建组件时，用产生事件的关键字指定产生事件后所调用的过程或者函数。

(2)在循环控制命令 XMANAGER 中，直接指定事件产生后所调用的过程或者函数。其详细用法请参阅 7.3.13。

(3)在事件产生后，根据事件结构变量的值，来调用用相应的过程或者函数。

(4)首先利用 WIDGET_CONTROL，WIDGET_INFO 和 TAG_NAMES 获取事件的有关信息。然后配合 DO CASE 等选择结构来实现事件的分支处理。

(5)利用上述方法的相互组合，实现复杂的分支处理。

根据三维物体可视化系统中(1)～(7)的要求。系统的分支处理结果如下：

```
pro Chapter15HappyYou3DSControlEvent, ev      ；主控程序的事件处理模块
  if tag_names(ev,  /structure_name)  eq 'WIDGET_KILL_REQUEST' then begin
    widget_control,ev.top,/destroy      &      return
    end
    ；  在鼠标左键按下时，仅处理绘图组建 draw widget 的事件
  widget_control, ev.top, get_uvalue=state, /no_copy
  widget_control, ev.id, get_uval=uval
  if state.btndown eq 1 then begin
    if uval[0] eq 'DRAW' then begin
      if ev.type eq 0 then begin   ；Button down event
```

```
          widget_control, ev. top, set_uvalue= state, /no_copy
          return    ;ignore it. A mouse button is already down.
        end
      end else begin
        widget_control, ev. top, set_uvalue= state, /no_copy & return
      end
    end
    widget_control, ev. top, set_uvalue= state, /no_copy
    ;  常规事件分支处理
    case uval[0] of
    'QUIT' : begin
      widget_control, ev. top, /destroy     &     return
  end
  'HELP'           : begin     ……        end
  'ABOUT'          : begin     ……        end
  'VRML'           : begin     ……        end
  'PRINT'          : begin     ……        end
  'LOAD'           : begin     ……        end
  'SAVE'           : begin     ……        end
  'MODELSELECT'    : begin     ……        end
  'UNSELECT'       : begin     ……        end
  'MODELMODE'      : begin     ……        end
  'ADD''DW]: begin   ……        end
  'ADDCHILD'       : begin     ……        end
  'DEL'            : begin     ……        end
  'DRAGQLOW'       : begin     ……        end
  'DRAGQMEDIUM'    : begin     ……        end
  'DRAGQHIGH'      : begin     ……        end
  'GRID'           : begin     ……        end
  'DRAW'           : begin     ……        end
  endcase
  end
```

15.5.6　三维物体可视化系统的方法设计

根据三维物体可视化系统中(1)～(7)的要求。本例的主要处理方法如下：

(1)顶层 wTopBase 中，存放在 UVALUE 中的结构变量的读取和设置方法。

设置：WIDGET_CONTROL, wTopBase, SET_UVALUE = state, /no_copy

读取：WIDGET_CONTROL, ev. top, GET_UVALUE =state, /no_copy

设置：WIDGET_CONTROL, ev. top, SET_UVALUE =state, /no_copy

(2)组件生效(是否敏感)的动态控制方法。只需要利用 WIDGET_CONTROL 设置组件的 SENSITIVE 的值为 0 或者 1 即可，即

WIDGET_CONTROL, State. wAddChildButton, sensitive = 1

WIDGET_CONTROL, State. wUnselectButton, sensitive = 0

(3)输入模块的程序设计方法。一般使用 READ_* 和 RESTORE 等输入命令来实现。本实例使用模态函数 DIALOG_PICKFILE()和带关键字/RELAXED_STRUCTURE_ASSIGNMENT 的 RESTORE 语句,选择、恢复并输入 *.SAV 文件。

三维物体可视化系统的输入模块的程序如下:

```
'LOAD' : begin ; 装入三维场景数据 *.sav
    widget_control, ev.top, get_uvalue=state, /no_copy
    if state.selected ne obj_new() then begin
    file=dialog_pickfile(/read,/must_exist,group=ev.top,filter='*.sav')
    if (file NE '') then begin
      restore, file, /relaxed_structure_assignment
      Chapter15HappyYou3DSControlAdd, state, tmp_obj
    end
  end
widget_control, ev.top, set_uvalue=state, /no_copy
end
```

(4)拖动质量和绘制质量的控制方法。只需要使用 SetProperty 方法设置 IDLgrWindow 对象的 QUALITY 属性即可,即

```
state.win->SETPROPERTY, QUALITY=state.dragq
state.win->DRAW, state.scene
```

三维物体可视化系统的拖动质量和绘制质量的程序如下:

```
'DRAGQLOW' : begin ; 低拖动质量和绘制质量
    widget_control, ev.top, get_uvalue=state, /no_copy
    state.dragq = 0
    widget_control,  state.wDragQLow,sensitive=0
    widget_control,  state.wDragQMedium, sensitive=1
    widget_control,  state.wDragQHigh, sensitive=1
    widget_control,  ev.top, set_uvalue=state, /no_copy
end
  'DRAGQMEDIUM' : begin ; 中拖动质量和绘制质量
    widget_control, ev.top, get_uvalue=state, /no_copy
    state.dragq = 1
    widget_control,  state.wDragQLow,sensitive=1
    widget_control,  state.wDragQMedium, sensitive=0
    widget_control,  state.wDragQHigh, sensitive=1
    widget_control,  ev.top, set_uvalue=state, /no_copy
end
  'DRAGQHIGH' : begin ; 高拖动质量和绘制质量
    widget_control, ev.top, get_uvalue=state, /no_copy
    state.dragq = 2
    widget_control,  state.wDragQLow,sensitive=1
    widget_control,  state.wDragQMedium, sensitive=1
    widget_control,  state.wDragQHigh, sensitive=0
    widget_control,  ev.top, set_uvalue=state, /no_copy
end
```

(5)组件的值的动态控制。在事件处理过程中，组件的值可以被动态的改变。其方法是先使用带关键字 GET_VALUE 的 WIDGET_CONTROL 命令获取组件的值，然后编辑组件的值，最后使用带关键字 SET_VALUE 的 WIDGET_CONTROL 命令重新设置组件的值。动态控制菜单按钮的程序如下：

```
Function Chapter15HappyYou3DSControlToggleState, wid
  widget_control, wid, get_value=name      ；获取组件的值
   s = strpos(name,'(off)')
   if (s NE -1) then begin
  strput,name,'(on )',s      &      ret = 1
  end else begin
    s = strpos(name,'(on )')
    strput,name,'(off)',s      &      ret = 0
    end
    widget_control, wid, set_value=name      ；更新并设置组件的值
    return, ret
end      ；菜单系统的动态控制函数
```

(6)底板的创建、显示和隐藏方法。创建底板 oBasePlatePolygon，可以用 IDLgr Polygon 类；显示和隐藏底板可以用 SetProperty 方法设置 IDLgrPolygon 对象的 HIDE 属性。创建底板的程序如下：

```
function Chapter15HappyYou3DSControlMakeView,xdim,ydim,uval      ；底板绘图函数
    aspect = xdim / float(ydim)      &      myview = [-1, -1, 2, 2] * sqrt(2)
    if (aspect > 1) then begin      ；设置网格视图比例
      myview[0] = myview[0]   -   ((aspect-1.0) * myview[2])/2.0
      myview[2] = myview[2]   *   aspect
    end else begin
      myview[1] = myview[1]   -   (((1.0/aspect)-1.0) * myview[3])/2.0
      myview[3] = myview[3]   /   aspect
end
    v=obj_new('IDLgrView',projection=2,eye=3,zclip=[1.5,-1.5],dim=[xdim,ydim], $
      viewplane_rect=myview, color=[30,30,60],  uvalue=uval  )      ；创建视图对象
    gg = obj_new('IDLgrModel')  &  g = obj_new('IDLgrModel')  &  gg->add,g
    b_verts=fltarr(3,5,5)  &  b_conn=lonarr(5,16)  &  vert_cols=bytarr(3,25)
    j = 0
    for i=0,15 do begin
        b_conn[0,i] = 4          &      b_conn[1,i] = j
        b_conn[2,i] = j+1        &      b_conn[3,i] = j+6
    b_conn[4,i] = j+5            &      j = j + 1
    if  (j  MOD  5)  EQ  4  then  j = j + 1
end
k = 0
for i=0,4  do  begin
  for j=0,4  do  begin
    b_verts[0,i,j] = i    &    b_verts[1,i,j] = j    &    b_verts[2,i,j] = 0
    if  (k  EQ  1) then  begin
    vert_cols[ * , i+j * 5] = [40,40,40]
    end  else  begin
    vert_cols[ * , i+j * 5] = [255,255,255]-40
```

```
      end
      k = 1 - k
    end
    end
    b_verts[0, *, *]=(b_verts[0, *, *]-2)/2.0 & b_verts[1, *, *]=(b_verts[1, *, *]-2)/2.0
    baseplate = obj_new('IDLgrPolygon', b_verts, poly=b_conn, $
    shading=1, vert_colors=vert_cols )
    g->add, baseplate & g->add, obj_new('IDLgrModel')
    gg->add, obj_new('IDLgrLight',loc=[2,2,5],type=2, $
    color=[255,255,255],intensity=.5)
    gg->add,obj_new('IDLgrLight',type=0,intensity=.5,color=[255,255,255])
    v->add, gg
    return, v
    end
```

本例显示和隐藏底板的程序如下：

```
'GRID' : begin ; 显示和隐藏底板
    widget_control, /hourglass
    widget_control, ev.top, get_uvalue=state, /no_copy
    if (OBJ_VALID(state.oCurrentView)) then begin
      if (OBJ_VALID(state.oBasePlatePolygon)) then begin
        state.oBasePlatePolygon->SetProperty, $
        hide=1-Chapter15HappyYou3DSControlToggleState(state.wGridButton)
        state.win->Draw, state.scene
    end
  end
    widget_control, ev.top, set_uvalue=state, /no_copy
  end
```

(7)输出模块的程序设计方法。一般使用 WRITE_* 和 SAVE 等输出命令来实现。本实例要求分别以三种方式输出绘制结果，因此使用 DIALOG_PICKFILE()和以下函数来实现：

1)使用 SAVE 命令以数据文件的方式输出并存储选择的三维物体；

2)使用 IDLgrPrinter 对象、打印设置函数 DIALOG_PRINTERSETUP(oPrinter)和打印任务函数 DIALOG_PRINTJOB(oPrinter)，打印输出场景中的三维物体；

3)使用 IDLgrVRML 对象，输出虚拟现实建模语言支持的文件。

三维物体可视化系统的输出模块的程序如下：

```
'SAVE' : begin ; 把当前选择的三维场景存入内存变量文件 *.sav
  widget_control, ev.top, get_uvalue=state, /no_copy
  if state.selected NE obj_new( ) and $
    state.selected NE state.oCurrentTopModel then begin
  file = dialog_pickfile(/write,file='untitled.sav', $
        group=ev.top, filter='*.sav')
    if (file NE '') then begin
      ; Isolate tmp_obj from the tree.
      state.selected->GetProperty, parent=parent
      parent->remove, state.selected
      state.oModelMan->SetTarget, obj_new( )
```

```
      tmp_obj = state.selected
      save, tmp_obj, filename=file
      parent->add, state.selected     ; Repair the tree.
      state.oModelMan->SetTarget, state.selected
    end
  end
widget_control, ev.top, set_uvalue=state, /no_copy
end
'VRML' : begin    ;把当前选择的三维场景存入虚拟现实格式文件 *.wrl
    widget_control, ev.top, get_uvalue=state, /no_copy
    if (state.oCurrentView NE obj_new()) then begin
      file=dialog_pickfile(/write,file='untitled.wrl', $
        group=ev.top,filter='*.wrl')
      if (file NE '') then begin
        widget_control, /hourglass
        state.win->GetProperty, dimension=wdims, resolution=res, $
            color_model=cm, n_colors=icolors
      oVRML=obj_new('IDLgrVRML',dimensions=wdims,resolution=res, $
        color_model=cm, n_colors=icolors )
      oVRML->setproperty, filename=file
      oVRML->Draw, state.oCurrentView
      obj_destroy,oVRML
    end
  end
widget_control, ev.top, set_uvalue=state, /no_copy
end
'PRINT' : begin ;把当前选择的三维场景送往打印机打印输出
widget_control, ev.top, get_uvalue=state, /no_copy
oPrinter = obj_new('IDLgrPrinter')
if (dialog_printersetup(oPrinter)) then begin
  if (dialog_printjob(oPrinter)) then begin
    oPrinter->GetProperty,resolution=res
    DPI = 2.54/float(res) & state.win->GetProperty,resolution=res
    DPI = 2.54/float(res) & state.win->GetProperty, dimension=wdims
    oViews = state.scene->get(/all)
    for i=0,n_elements(oViews)-1 do begin
      oViews[i]->IDLgrView::getproperty, loc=loc,dim=vdim
      loc = loc/DPI    &    vdim = vdim/DPI
      oViews[i]->IDLgrView::setproperty, loc=loc, dim=vdim, units=1
end
oPrinter->Draw, state.scene
oPrinter->newdocument
for i=0,N_ELEMENTS(oViews)-1 do begin
    oViews[i]->IDLgrView::getproperty, loc=loc,dim=vdim
    loc = loc*DPI & vdim = vdim*DPI
```

```
        oViews[i]->IDLgrView::setproperty,  loc=loc,dim=vdim,units=0
        end
      end
    end
    obj_destroy,oPrinter
    widget_control,  ev.top,  set_uvalue=state,  /no_copy
    end
```

(8)平移、旋转和放缩的动态控制。首先通过复合组建函数 CW_BGROUP 创建单选按钮组 wModelModeRadio,再通过类 IDLexModelManip 创建对象 oModelMan。最后通过设置对象 oModelMan 的模式 MODE 的值,以及使用关键字 SET_VALUE 设置 wModelModeRadio 的 VALUE 的值来实现平移、旋转和放缩的动态控制。本例动态控制平移、旋转和放缩状态的程序如下:

```
pro  Chapter15HappyYou3DSControlNewMode,  state,  mode
     widget_control,  /hourglass
     state.oModelMan->SetProperty,  mode=mode
     widget_control,  state.wModelModeRadio,  set_value=mode
end
'MODELMODE': begin      ;平移、旋转和放缩按钮组的动态控制
     widget_control, ev.top, get_uvalue=state, /no_copy
     Chapter15HappyYou3DSControlNewMode, state, ev.value
     state.win->Draw,  state.scene
     widget_control,  ev.top,  set_uvalue=state,  /no_copy
end
```

(9)添加三维物体以及三维子物体的方法设计。主要包括以下处理技术:

1)创建三维物体的方法:使用类 ORB,IDLgrPolygon,IDLgrPolyline,IDLgrLight,IDLgrSurface,IDLgrImage,IDLgrText,IDLgrAxis,IDLgrPlot 等创建三维物体的相应对象,然后设计三维物体创建函数 Chapter15HappyYou3DSControlMakeObj( )。本利提供了创建 12 种三维物体的方法。

三维物体创建函数的程序如下:

```
pro  Chapter15HappyYou3DSControlCone,verts,conn,n     ;三维物体锥体处理模块
     verts = fltarr(3,n+1)
     verts[0,0] = 0.0    &    verts[1,0] = 0.0    &    verts[2,0] = 0.1
     t = 0.0    &    tinc = (2. * ! PI)/float(n)
     for  i=1,n  do  begin
       verts[0,i]=0.1 * cos(t)  &  verts[1,i]=0.1 * sin(t)    &    verts[2,i]=-0.1
       t = t  +  tinc
     end
     conn = fltarr(4 * n+(n+1))    &    i = 0    &    conn[0] = n
     for i=1,n do conn[i] = (n-i+1)
     j = n+1
     for i=1,n  do  begin
       conn[j] = 3      &      conn[j+1] = i
       conn[j+2] = 0    &      conn[j+3] = i  +  1
       if  (i  EQ  n)  then  conn[j+3] = 1
       j = j  +  4
     end
```

```
end
function  Chapter15HappyYou3DSControlMakeObj,type,thefont      ;三维物体处理模块
oModel= obj_new('IDLgrModel')
case type of        ;创建三维物体
0  : begin          ;创建三维球体
    s=obj_new('orb',color=[255,0,0],radius=0.1,shading=1,select_target=1)
      str = "Sphere"
end
1   :  begin     ;创建三维立方体
verts=[[-0.1,-0.1,-0.1], [0.1,-0.1,-0.1], [0.1, 0.1,-0.1], $
      [-0.1, 0.1,-0.1],[-0.1,-0.1, 0.1],[0.1,-0.1, 0.1], $
      [ 0.1, 0.1, 0.1],[-0.1, 0.1, 0.1]]
  conn=[[4,3,2,1,0],[4,4,5,6,7],[4,0,1,5,4],[4,1,2,6,5],   $
        [4,2,3,7,6],[4,3,0,4,7]]
  s=obj_new('IDLgrPolygon',verts,poly=conn,color=[0,255,0],shading=0)
  str = "Cube"
end
2   :  begin     ;创建三维三棱锥体
    Chapter15HappyYou3DSControlCone,verts,conn,3
    s=obj_new('IDLgrPolygon',verts,poly=conn,color=[0,255,255],shading=0)
    str = "Tetrahedron"
end
3   :  begin     ;创建三维圆锥体
    Chapter15HappyYou3DSControlCone,verts,conn,20
    s=obj_new('IDLgrPolygon',verts,poly=conn,color=[255,128,255],shading=1)
    str = "Cone"
end
4   :  begin     ;创建三维绿色的圆锥形灯
Chapter15HappyYou3DSControlCone,verts,conn,4
l=obj_new('IDLgrPolygon',verts * 0.5,poly=conn, $
    color=[100,255,100],shading=0)
  oModel->add,l
  l=obj_new('IDLgrPolyline',[[0,0,0],[0,0,-0.1]], color=[100,255,100])
    oModel->add,l
    s=obj_new('IDLgrLight',loc=[0,0,0],dir=[0,0,-1],cone=40, $
            focus=0,type = 3,color=[100,255,100])
    str = "Green Light"
end
5   :  begin     ;创建三维曲面
    e_height = BYTARR(64,64,  /NOZERO)
    OPENR,lun,/GET_LUN,demo_filepath('elevbin.dat',   $
      SUBDIR=['examples','data'])
    READU,  lun,  e_height   &    FREE_LUN,  lun
    zdata = e_height  /  (1.7 * max(e_height))  +  .001
    xdata = (findgen(64)-32.0)/64.0    &     ydata = (findgen(64)-32.0)/64.0
```

```
    s=obj_new('IDLgrSurface',zdata,shading=1,style=2, $
        datax=xdata,datay=ydata,color=[150,50,150])
    str = "Surface"
end
6  :  begin     ;  创建三维图像对象
    restore,  filename='Chapter15HappyYou3DSColorTable.sav'
    restore,  demo_filepath('marbells.dat',  subdir=['examples','data'])
    image = bytscl(elev,  min=2658,  max=4241)
    image = image[8:*, *]   ;  Trim unsightly junk from left side.
    sz = size(image)    &    img = bytarr(3,sz[1],sz[2])
    img[0,*,*]=ctab[0,image]  &  img[1,*,*]=ctab[1,image]
    img[2,*,*]=ctab[2,image]
    oTextureImage = obj_new('IDLgrImage', img,   $
      loc=[0.0,0.0],dim=[0.01,0.01],hide=1)
    oModel->add,  oTextureImage
    xp=0.5    &    yp=0.5*(72./92.)    &    zp=0.1
    s=obj_new('IDLgrPolygon',[[-xp,-yp,zp],[xp,-yp,zp],  [xp,yp,zp],   $
      [-xp,yp,zp]],  texture_coord=[[0,0],[1,0],[1,1],[0,1]],   $
      texture_map=oTextureImage,  color=[255,255,255]  )
    str = "Image"
end
7  :  begin       ;  创建三维白色的圆锥形灯
    Chapter15HappyYou3DSControlCone,  verts,  conn,  4
    oModel->add,  obj_new('IDLgrPolygon',  verts*0.5,  poly=conn,  $
      color=[255,255,255],  shading=0  )
    oModel->add,  obj_new('IDLgrPolyline',  [[0,0,0],  [0,0,-0.1]],   $
      color=[255,255,255])
    s = obj_new('IDLgrLight', loc=[0,0,0], dir=[0,0,-1], cone=20,    $
      focus=0,  type=3,  color=[255,255,255]  )
    str = "White Light"
end
8  :  begin       ;创建三维文字
    s=obj_new('IDLgrText', "IDL",  location=[0,0,0.001],  align=0.5,   $
          color=[255,0,255],  font=thefont[0]  )
    str = "Text"
end
9  :  begin       ;创建三维绘图
    N = 1024  ;  number of time samples in data set
    delt = 0.02;  sampling interval in seconds
    U = -0.3 + 1.0*Sin(2*!Pi* 2.8 *delt*FIndGen(N))+1.0* $
    Sin(2*!Pi*6.25*delt*FIndGen(N))+1.0*Sin(2*!Pi*11.0*delt*FIndGen(N))
    V = fft(U)              &      signal_x = FINDGEN(N/2+1)  /  (N*delt)
    mag = ABS(V[0:N/2])      &      signal_y = 20*ALOG10(mag)
    phi = ATAN(V[0:N/2])      ;  phase of first half of v
    xc=[-0.5,1.0/25.0]        &      yc=[0.5,1.0/80.0]
```

```
    s=obj_new('IDLgrPolygon',  [[-7,-90,-0.002],[30,-90,-0.002],  $
      [30,10,-0.002],  [-7,10,-0.002]],color=[0,0,0],  $
      xcoord_conv=xc,  ycoord_conv=yc  )
    oModel->add,s
    s=obj_new('IDLgrAxis',  0,  range=[0.0,25.0],  xcoord_conv=xc,  $
      ycoord_conv=yc,  location=[0,-80.0], color=[0,255,0],  $
      ticklen=5,  /exact  )
    s->GetProperty,ticktext=tt
    tt->setproperty,font=thefont[3]
    oModel->add,s
    s=obj_new('IDLgrAxis',0,range=[0.0,25.0],/notext,xcoord_conv=xc,  $
      ycoord_conv=yc,  location=[0.0,0.0], color=[0,255,0],  $
      ticklen=-5,  /exact)
oModel->add,s
s=obj_new('IDLgrAxis',  1,  range=[-80.0,0.0],xcoord_conv=xc,  $
      ycoord_conv=yc,  color=[0,255,0],  ticklen=1.0,  /exact  )
    s->GetProperty,ticktext=tt    &    tt->setproperty,font=thefont[3]
    oModel->add,s
    s=obj_new('IDLgrAxis',1,range=[-80.0,0.0],/notext,xcoord_conv=xc,  $
    ycoord_conv=yc,loc=[25.0,0.0],color=[0,255,0],ticklen=-1.0,/exact)
    oModel->add,s
    s=obj_new('idlgrplot',signal_x,signal_y,xcoord_conv=xc,  $
      ycoord_conv=yc,  color=[0,255,255]  )
    str = "Plot"
end
10  :  begin        ;创建三维 Ribbon 绘图
    x=indgen(200)    &    yexp = exp(-x*0.015)
    ysexp = exp(-x*0.015)*sin(x*0.1)    &    dataz=fltarr(200,5)
    dataz[*,0] = yexp    &    dataz[*,1] = yexp
    dataz[*,2] = REPLICATE(1.1,200)
    dataz[*,3] = ysexp-0.01    &    dataz[*,4] = ysexp-0.01
    datay = fltarr(200,5)
    datay[*,0] = 0.0    &    datay[*,1] = 1.0 & datay[*,2] = 0.0
    datay[*,3] = 0.0    &    datay[*,4] = 1.0
    cbins = bytarr(3,60)
    for i=0,59 do begin
      color_convert,  float(i)*4., 1., 1., r,g,b,  /HSV_RGB
      cbins[*,59-i] = [r,g,b]
end
    colors = bytarr(3,200*5)
    colors[0,0:599] = REPLICATE(80,3*200)
    colors[1,0:599] = REPLICATE(80,3*200)
    colors[2,0:599] = REPLICATE(200,3*200)
    colors[*,600:799] = cbins[*,(ysexp+1.0)*30.0]
    colors[*,800:999] = cbins[*,(ysexp+1.0)*30.0]
```

```
    xc = [-0.5,1.0/200.0] * 0.8
    yc = [-0.5,1.0/1.0] * 0.1 & zc = [-0.5,1.0/1.0] * 0.4
    s=obj_new('IDLgrAxis', 0, range=[0,200],  $
      color=[255,255,255], ticklen=0.2, xcoord_conv=xc,  $
      ycoord_conv=yc,  zcoord_conv=zc  )
    oModel->add,s
    s=obj_new('IDLgrAxis', 2, range=[-1.,1.],color= [255,255,255],  $
    ticklen=4,  xcoord_conv=xc,  ycoord_conv=yc, zcoord_conv=zc  )
    oModel->add,s
    s=obj_new('IDLgrSurface',  dataz,  style=2,  vert_colors=colors,
      datay=datay,  max_value=1.05,shading=1,xcoord_conv=xc, $
      ycoord_conv=yc,zcoord_conv=zc)
    oModel->add,s
s=obj_new('IDLgrSurface',dataz,style=3,color=[0,0,0],datay=datay, $
max_value=1.05,  xcoord_conv=xc,  ycoord_conv=yc,  zcoord_conv=zc  )
str = 'Ribbon Plot'
end
11  :  begin    ;  创建三维棱柱绘图
    dataz = dist(8)
    dataz[1,*] = -1    &    dataz[3,*] = -1    &    dataz[5,*] = -1
    dataz[*,1] = -1    &    dataz[*,3] = -1    &    dataz[*,5] = -1
    dataz = dataz + 1
    cbins=[  [255, 0,0],[255, 85,0],[255,170,0],[255,255,0], $
            [170,255,0],[ 85,255,0],[ 0,255,0]]
    colors = bytarr(3,  8 * 8)
    minz = min(dataz)    &    maxz = max(dataz)
    zi = round((dataz - minz)/(maxz-minz) * 6.0)
    colors[*,*] = cbins[*,zi]    &    xc = [-0.5,1.0/8.0] * 0.4
    yc = [-0.5,1.0/8.0] * 0.4    &    zc = [0,1.0/8.0] * 0.4
    s=obj_new('IDLgrAxis',0,range=[0,8],major=5,color=[255,255,255], $
  ticklen=0.2,/exact,xcoord_conv=xc,ycoord_conv=yc,zcoord_conv=zc)
    oModel->add,s
    s=obj_new('IDLgrAxis',1,range=[0,8],major=5,color=[255,255,255],  $
    ticklen=0.2,/exact,xcoord_conv=xc,ycoord_conv=yc,zcoord_conv=zc)
    oModel->add,s
    s=obj_new('IDLgrAxis',2,range=[0,8],major=5,color=[255,255,255],  $
      ticklen=0.2,/exact,xcoord_conv=xc,ycoord_conv=yc,zcoord_conv=zc)
    oModel->add,s
    s=obj_new('IDLgrSurface',  dataz,  STYLE=6,  VERT_COLORS=colors, $
        xcoord_conv=xc,  ycoord_conv=yc,  zcoord_conv=zc  )
    str = 'Bar Plot'
  end
endcase
oModel->Add,  s    &    oModel->SetProperty,  uvalue=str    &    return,  oModel
end
```

2)添加三维物体以及三维子物体的设计方法:首先使用 IDLgrScene 和 IDLgrView 等的方法 GET()函数,获取它们的下级对象,然后再根据获取的对象进行操作,即利用 Chapter15HappyYou3DSControlAdd 和 Chapter15HappyYou3DSControlMakeObj( )在相应的对象上添加三维物体以及三维子物体。

添加三维物体以及三维子物体的程序如下:

```
pro Chapter15HappyYou3DSControlGetViewObjs,  $      ;获取视图的下级对象
    view,  oWorldRotModel,  oBasePlatePolygon, model_top
    gg = view->get( )      ;获取视图的下级对象
    oWorldRotModel = gg->get(pos=0)      ;获取模式的下级对象
    oBasePlatePolygon = oWorldRotModel->get(pos=0)      ;获取模式的下级对象
    model_top = oWorldRotModel->get(pos=1)      ;获取模式的下级对象
end
pro Chapter15HappyYou3DSControlAdd,  state,  oModel,  as_child=as_child
    if keyword_set(as_child) then begin      ;添加下级对象
      state.selected->add,  oModel
    endif else begin
        state.oCurrentTopModel->add, oModel      ;添加对象
    endelse
    state.oCurrentView->GetProperty,  uvalue=view_uval
    *(state.model_lists[view_uval.num]) = $
    [oModel, *(state.model_lists[view_uval.num])]
    state.model_cycle_pos = 0 & state.selected = oModelg = oModel->get(pos=0)
    if (obj_isa(g,'IDLgrText')) then begin
      rect = state.win->gettextdimensions(g)
    end
    state.oModelMan->SetTarget, state.selected
    state.selected->GetProperty, uvalue=s
    str = "Current selection : " + s
      widget_control, state.text, set_value=str
      widget_control,  state.wModelDeleteButton,  sensitive=1
      widget_control,  state.wAddChildButton,  sensitive=1
      widget_control,  state.wUnselectButton,  sensitive=1
      widget_control,  state.wModelModeRadio,  sensitive=1
      widget_control,  state.wSaveButton,  sensitive=([1,0])[lmgr(/demo)]
      widget_control,  state.wModelSelectButton,  sensitive= $
      n_elements(*(state.model_lists[view_uval.num]))  gt  2
      state.win->Draw,  state.scene
end
'ADD': begin      ;创建三维物体
    widget_control,  ev.top,  get_uvalue=state,  /no_copy
    if state.oBasePlatePolygon ne obj_new( ) then begin
      hapter15HappyYou3DSControlAdd,  state,
      Chapter15HappyYou3DSControlMakeObj(  $
        (where(state.addable_subjects eq uval[1]))[0], state.theFont  )
```

```
        end
        widget_control,  ev.top,  set_uvalue=state,  /no_copy
    end
    'ADDCHILD': begin         ;创建三维子物体
        widget_control,  /hourglass
        widget_control,  ev.top, get_uvalue=state,  /no_copy
        if state.oBasePlatePolygon ne obj_new( ) then begin
          Chapter15HappyYou3DSControlAdd,  state,  $
          Chapter15HappyYou3DSControlMakeObj(  $
          (where(state.addable_subjects eq uval[1]))[0],  $
          state.theFont ),  /as_child
        end
        widget_control,  ev.top,  set_uvalue=state,  /no_copy
    end
```

(10)选择、删除和取消选择的方法设计。首先使用 IDLgrScene 和 IDLgrView 等的方法 GET()函数,获取它们的下级对象,然后再根据获取的对象按照要求对其进行选择、删除和取消选择操作。

1)对于选择操作,要求单击选择按钮,可以循环选取 IDLgrView 中的对象,因此可以使用 GET( )函数获取相应的对象,然后通过调用事件处理过程 Chapter15HappyYou3DS ControlEvent 实现最终的选择操作。

2)删除操作,要求单击删除按钮,可以依次删除选取的 IDLgrView 中的对象,因此可以使用 GET( )函数获取相应的对象,然后使用 REMOVE 方法,从其父对象中删除该对象,最后通过调用事件处理过程 Chapter15HappyYou3DSControlEvent 实现最终的删除操作。

3)对于取消选择操作,要求单击选择按钮后,取消对 IDLgrView 中所有对象的选取,因此可以通过使用 GET( )函数获取相应的顶层对象 oCurrentTopModel,并释放以前的选择状态,然后 WIDGET_DRAW 的 DRAW 方法来实现最终的操作。

选择、删除和取消选择操作的程序如下:

```
    'MODELSELECT': begin        ;选择下一个物体
        widget_control,  ev.top,  get_uvalue=state,  /no_copy
        wDraw = state.wDraw
        widget_control,  ev.top,  set_uvalue=state,  /no_copy
        Chapter15HappyYou3DSControlEvent,  $
          {id: wDraw,top: ev.top,handler: 0L,type:  0,press:4,  x:-2, y:-2}
    end
    'DEL': begin          ;删除选择的物体
        widget_control,  ev.top,  get_uvalue=state,  /no_copy
        if ((state.selected ne obj_new( ) )  AND  $
          (state.selected ne state.oCurrentTopModel)) then begin
          state.oModelMan->SetTarget,  obj_new( )
          state.selected->GetProperty,  parent=p
          p->remove,  state.selected  &  obj_destroy,  state.selected
          state.oCurrentView->GetProperty,  uvalue=view_uval
          indx=where(obj_valid( *(state.model_lists[view_uval.num])),count)
          if indx[0] eq -1 then begin
            *(state.model_lists[view_uval.num]) = obj_new( )
```

```
          state. selected = state. oCurrentTopModel
          str = "No current selection"
          widget_control,  state. text, set_value=str
          widget_control,  state. wModelDeleteButton,  sensitive=0
          widget_control,  state. wAddChildButton,  sensitive=0
          widget_control,  state. wUnselectButton,  sensitive=0
          widget_control,  state. wModelSelectButton,  sensitive=0
          widget_control,  state. wSaveButton,  sensitive=0
          widget_control,  state. wModelModeRadio,  sensitive=0
          state. win->Draw,  state. scene
        end else begin
          *(state. model_lists[view_uval. num]) = $
            [(*(state. model_lists[view_uval. num]))[indx], obj_new() ]
          wDraw = state. wDraw
          widget_control,  ev. top,  set_uvalue=state,  /no_copy
          Chapter15HappyYou3DSControlEvent,  $
            {id: wDraw,top:ev. top,handler:0L,type:0,press:4, x:-1,y:-1}
          return
        end
      end
      widget_control, ev. top, set_uvalue=state, /no_copy
  end
  'UNSELECT': begin        ;释放选择的物体
      widget_control,  ev. top,  get_uvalue=state,  /no_copy
      state. selected = state. oCurrentTopModel
      widget_control,  state. wModelDeleteButton,  sensitive=0
      widget_control,  state. wAddChildButton,  sensitive=0
      widget_control,  state. wUnselectButton,  sensitive=0
      widget_control,  state. wModelModeRadio,  sensitive=0
      widget_control,  state. wModelSelectButton,  sensitive=1
      widget_control,  state. wSaveButton,  sensitive=0
      widget_control,  state. text,  set_value="No current selection"
      state. oModelMan->SetTarget,  obj_new( )
      state. win->Draw,  state. scene
      widget_control,  ev. top,  set_uvalue=state,  /no_copy
  end
```

(11)DRAW 事件处理。主要包括以下处理技术：

1)显示处理方法。需要设置事件的 TYPE 的值，即 sEvent. type =4，然后重新绘制。

2)虚拟跟踪球的旋转拖动更新处理方法。只需要调用类 TrackBall 的 Update 方法。先读取变换矩阵，再更新变换矩阵，然后重新设置变换矩阵，最后重新绘制。这时使用默认的鼠标左键拖动操作。

3)鼠标按键的检测。设置事件的 TYPE 的值，即 sEvent. type =0：鼠标按下；sEvent. type =1：鼠标松开；sEvent. type =2：鼠标移动。另往再配合设置事件的 PRESS 的值，即 sEvent. press=1：鼠标左键；sEvent. press=2：鼠标中间键；sEvent. press=4：鼠标右键。

4)移动事件的创建方法。需要使用 WIDGET_CONTROL 设置 DRAW_MOTION 的值。DRAW_

MOTION＝1：创建移动事件；DRAW_MOTION＝0：取消移动事件，即

```
WIDGET_CONTROL, sState.wDraw, DRAW_MOTION = 1
WIDGET_CONTROL, sState.wDraw, DRAW_MOTION = 0
```

DRAW 事件处理的具体方法如下：

```
'DRAW': begin          ; Draw 事件处理
    widget_control, ev.top, get_uvalue=state, /no_copy
    if (ev.type EQ 4)  then state.win->Draw, state.scene       ; 更新现实
    if state.oTrackballMB2->Update(ev, transform=qmat) then begin
    state.oWorldRotModel->GetProperty, transform=t
    mt = t  #  qmat
    state.oWorldRotModel->setproperty,transform=mt
    state.win->Draw, state.scene
end      ; 更新跟踪球
have_mb1_transform = state.oTrackballMB1-> $
    Update(ev, transform=mb1_transform)
case ev.type of      ; 其他事件处理
  0 : begin ;  鼠标按下
    case 1 of
      ev.press EQ 4:  begin  ;  鼠标右键按下
        widget_control, /hourglass
        if ev.x lt 0 then begin
          state.oCurrentView->GetProperty, uvalue=view_uval
          if n_elements( *(state.model_lists[view_uval.num]))  $
            gt 1 then begin
            state.model_cycle_pos = state.model_cycle_pos +  $
              ([0,1])[abs(ev.x) - 1]
            state.model_cycle_pos = state.model_cycle_pos  $
              mod(n_elements( *(state.model_lists[view_uval.num]))-1)
            picked=(( *(state.model_lists[view_uval.num]))  $
              [state.model_cycle_pos])->get( )
            end else begin
              picked = obj_new( )
            end
          end else begin
            state.oModelMan->setproperty,hide=1
            picked=state.win->select(state.oCurrentView,[ev.x,ev.y])
            state.oModelMan->setproperty,hide=0
        end
        if obj_valid(picked[0]) then begin
          if (picked[0] EQ state.oBasePlatePolygon) then begin
            state.selected = state.oCurrentTopModel
            str = "No current selection. "
            widget_control, state.wModelDeleteButton, sensitive=0
            widget_control, state.wAddChildButton, sensitive=0
            widget_control, state.wUnselectButton, sensitive=0
```

```
        widget_control,  state.wSaveButton,  sensitive=0
    end else begin
    if (obj_isa(picked[0],'IDLgrModel') EQ 1) then begin
        picked[0]->IDLgrModel::getproperty,parent=p
    end else begin
        picked[0]->GetProperty, parent=p
    end
    if (state.selected EQ p) then begin
      state.oModelMan->GetProperty,  mode=mode
      Chapter15HappyYou3DSControlNewMode,state,(mode+1)mod 3
    end
    state.oCurrentView->GetProperty, uvalue=view_uval
    state.model_cycle_pos = $
      where( *(state.model_lists[view_uval.num]) eq p)
    state.selected = p
    state.selected->GetProperty, uvalue=s
    str = "Current selection :   " + s
    widget_control,  state.wModelDeleteButton,  sensitive=1
    widget_control,  state.wAddChildButton,  sensitive=1
    widget_control,  state.wUnselectButton,  sensitive=1
    widget_control,  state.wModelModeRadio,  sensitive=1
    widget_control,  state.wSaveButton,  $
      sensitive=([1,0])[lmgr(/demo)]
    state.oCurrentView->GetProperty,  uvalue=view_uval
    if n_elements( *(state.model_lists[view_uval.num]))  $
    le 2 then begin
        widget_control,  state.wModelSelectButton,  sensitive=0
    endif
  end
end else begin
  state.selected = state.oCurrentTopModel
  str = "No current selection "
  widget_control,  state.wModelDeleteButton,  sensitive=0
  widget_control,  state.wAddChildButton,  sensitive=0
  widget_control,  state.wUnselectButton,  sensitive=0
  widget_control,  state.wModelModeRadio,  sensitive=0
  ;改变当前视图
  if ev.x ge 0 then begin
      state.oViewMan->setproperty,hide=1
      picked = state.win->select(state.scene,[ev.x,ev.y])
      state.oViewMan->setproperty, hide=0
  end
  state.oCurrentView->GetProperty,  uvalue=view_uval
  if n_elements( *(state.model_lists[view_uval.num]))  $
    gt 1 then begin
```

```
        widget_control,  state. wModelSelectButton,  sensitive=1
      endif
    end
      ;指向节点 oModelMan
      state. oModelMan->GetProperty,target=manip
      if (manip ne state. selected)  then begin
      state. oModelMan->SetTarget,obj_new( )
      end
      if  ( (state. selected ne state. oCurrentTopModel) and $
          (state. selected ne obj_new( ) ) )  then begin
          state. oModelMan->SetTarget,state. selected
      end
      widget_control,  state. text,  set_value=str
      state. win->Draw,  state. scene
      end
      ev. press EQ 2: begin
         state. win->setproperty,  QUALITY=state. dragq
         widget_control,state. wDraw,/draw_motion
      end
      ev. press EQ 1: begin
         state. win->SetProperty,  QUALITY=state. dragq
         widget_control, state. wDraw, /draw_motion
      state. btndown = 1b
      if ((state. selected ne state. oCurrentTopModel) and $
         (state. selected ne obj_new( ) ) )  then begin
         state. oModelMan->MouseDown, [ev. x,ev. y], state. win
         end
      end
      else:
    endcase
end
2: begin  ;按下鼠标并移动鼠标
     if state. btndown eq 1b then begin
       case 1 of
       (state. selected ne state. oCurrentTopModel) and  $
       (state. selected ne obj_new( ) ):  begin
       state. oModelMan->MouseTrack, [ev. x,ev. y], state. win
       state. win->Draw,  state. scene
end
else: begin
     if have_mb1_transform then begin  ;旋转
       state. oWorldRotModel->GetProperty,  transform=t
       state. oWorldRotModel->SetProperty,  transform = $
       t # mb1_transform
     state. win->Draw,  state. scene
```

```
          end
        end
      endcase
    end
  end
  1: begin   ;释放鼠标
    if state.btndown eq 1b then begin
      case 1 of
        (state.selected ne state.oCurrentTopModel)  and $
        (state.selected ne obj_new( ) ):state.oModelMan-> $
          MouseUp,[ev.x,ev.y],state.win
        else:
      endcase
      end
      state.btndown = 0b  &  state.win->setproperty,  QUALITY=2
      state.win->Draw,  state.scene
      widget_control,state.wDraw,draw_motion=0
    end
    else:
  endcase
  widget_control, ev.top, set_uvalue=state, /no_copy
  end
  endcase
  end
```

(12)删除组件的方法。删除组件可以使用如下方法：

1)使用 TAG_NAMES、WIDGET_INFO 与顶层 BASE 的/TLB_KILL_REQUEST_EVENTS 配合使用。

2)用 XMANAGER 的 CLEANUP 来指定删除处理程序。本例用两种方法。程序段如下：

```
if tag_names(ev, /structure_name) eq 'WIDGET_KILL_REQUEST' then begin
    widget_control,ev.top,/destroy    &    return
end
;释放顶级组建
'QUIT' : begin        ;释放并关闭顶级组建
      widget_control, ev.top,  /destroy  &  return
end
pro Chapter15HappyYou3DSControlCleanup, wTopBase    ;释放各种状态指针变量
  widget_control, wtopbase, get_uvalue=state, /no_copy
  for i=0,n_tags(state)-1 do begin
    case size(state.(i), /TNAME) of
      'POINTER': ptr_free, state.(i)
      'OBJREF':obj_destroy, state.(i)
        else:
      endcase
    end
  end
```

15.5.7 三维物体可视化系统的帮助系统设计

为了说明系统的使用方法。本例的帮助系统直接使用 IDL 6.3 设计。具体方法如下：

(1)使用任意一种文本编辑器，编辑三维物体可视化系统的帮助信息文件；

(2)使用打开文件命令 READF 打开帮助信息文件 Chapter15HappyYou3DSHelp.TXT；

(3)使用面向对象的程序设计方法创建对象窗口，用来显示帮助信息文件的内容。

三维物体可视化系统的帮助系统的程序如下：

```
'HELP' : begin
  Chapter15HappyYou3DSHelp, 'Chapter15HappyYou3DSHelp.txt',   $
    TITLE='3DS Help System'
end
'ABOUT' : begin
  result=dialog_message(['3DS System 6.0','','Programming:HappyYou','',   $
    '程序设计  :  Happy You ','','     2006.3.30'],/information)
end
; Chapter15HappyYou3DSHelp.pro
PRO Chapter15HappyYou3DSHelp, fileName,  TITLE = title
  Device, GET_SCREEN_SIZE = screenSize
  width = 480 & height = 320
  windowStartx = (screenSize[0] - width)/2.0
  windowStarty = (screenSize[1] - height)/2.0
  OPENR,  unit, fileName,  /GET_LUN    ;打开并读取指定文件的数据
  maxLines = 160  &  infoText = STRARR(MAXLINES)
  lineNumber = 0  &  lineOfText = ''  &  lineLength = 0
  WHILE NOT EOF(unit)  DO  BEGIN
    READF,  unit,  lineOfText
    lineLength = lineLength > STRLEN(lineOfText)
    infoText[lineNumber] = lineOfText  &   lineNumber = lineNumber + 1
  ENDWHILE
  FREE_LUN, unit
  wInfoWindow = WIDGET_BASE(TITLE=title,XOFFSET=windowStartx,   $
    YOFFSET=windowStarty, SCR_XSIZE=width, SCR_YSIZE=height,   $
    /SCROLL, /TLB_SIZE_EVENTS)
  wInfoText = WIDGET_TEXT(wInfoWindow, XSIZE=width, YSIZE=height,   $
    VALUE=infoText,  NO_NEWLINE=0,  /WRAP)
  WIDGET_CONTROL,  wInfoWindow,  /REALIZE
  Xmanager,  "Chapter15HappyYou3DSHelp",  wInfoWindow
END
```

15.5.8 三维物体可视化系统的集成

根据三维物体可视化系统的要求，需要把设计好的所有功能模块集成为一个完整的可视化系统。本例集成的方法如下：

(1)在过程 Chapter15HappyYou3DS. pro 中依次调用过程 Chapter15HappyYou3DS. pro 和过程 Chapter15HappyYou3DSAnimate. pro。其参考程序的内容如下：

```
; Chapter15HappyYou3DS. pro
PRO   Chapter15HappyYou3DS
      Chapter15HappyYou3DSAnimate
      Chapter15HappyYou3DSPassword
END
```

(2)在过程 Chapter15HappyYou3DSPassword. pro 中调用过程 Chapter15HappyYou3DS Control. pro。

(3)在过程 Chapter15HappyYou3DSControl. pro 中调用过程 Chapter15HappyYou3DSHelp. pro 和包含帮助信息的文本文件 Chapter15HappyYou3DSHelp. TXT。

本系统的完整程序清单请登录西北工业大学出版社网站下载。

习　题

1. 简述可视化应用系统的基本结构。
2. 简述设计可视化应用系统的方法和步骤。
3. 调试、运行并分析本章实例中的程序。

第 16 章　IDL 6.3 项目管理器

为了方便用户进行 IDL 应用程序的发布和交流，IDL 6.3 提供了进行程序管理的工具——项目管理器 Project Builder。项目管理器可以把应用可视化系统中的所有程序模块，集成为一个完整的项目文件，然后进行集中管理。根据用户需要，项目管理器可以把项目文件编译成完全脱离 IDL 环境而独立运行的二进制文件，而不需要公开程序的源代码。因此，项目管理器可以使用户安全地发布和交流应用程序。

16.1　项目管理器的启动和退出

启动项目管理器的方法有以下几种：

(1)使用 Window 菜单启动：Window → Project。启动后的界面如图 16.1 所示。

(2)使用 File 菜单启动：File → New → Project，在弹出的对话窗口中输入项目文件的名称(本例输入 MyProject.prj，其扩展名可以省略)。启动后的界面如图 16.2 所示。

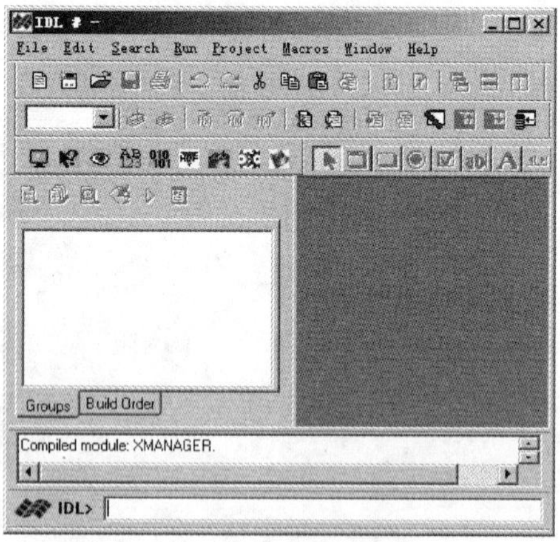

图 16.1　项目管理器初始化界面

图 16.2　项目管理器界面

退出项目管理器的方法：需要先把创建的项目文件利用 File 菜单进行存储，然后再利用 Window 菜单的菜单项 Project 关闭项目管理器，即 Window → Project。

16.2　项目管理器的界面和使用方法

在如图 16.2 所示的项目管理器界面中，主要功能包括 File 菜单(见图 16.3)、Project 菜单(见图 16.4)、项目管理器工具栏、项目管理器组管理界面(见图 16.5)和项目管理器编译顺序管理界面(见图 16.6)。

(1)File 菜单：

1)ile→New→Project：创建新项目文件。在对话窗口中输入创建的项目文件名称。

2)File → Open Project:打开已经存在的项目文件。在弹出的对话窗口中选择项目文件的名称。

3)File → Save Project:保存项目文件。

4)File → Save Project As:改名保存项目文件。在弹出的对话窗口中输入新的项目文件的名称。

5)File → Close Project:关闭项目文件。

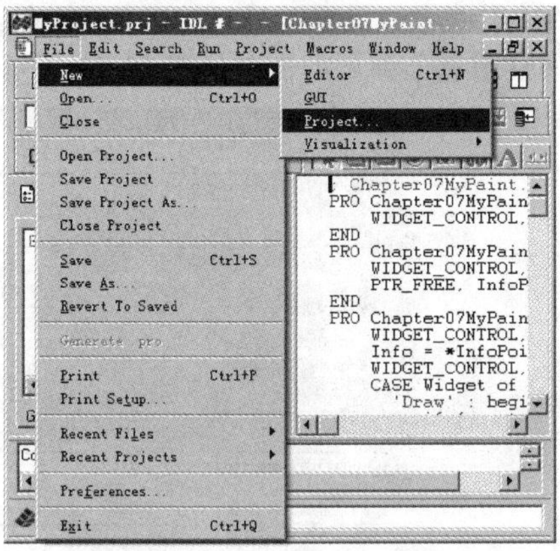

图 16.3　File 菜单管理界面

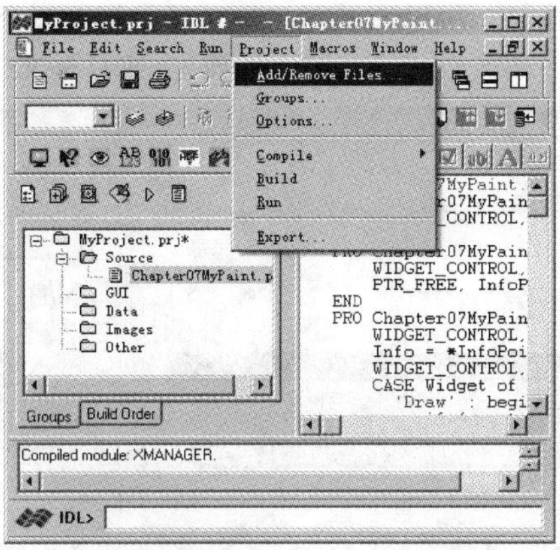

图 16.4　Project 菜单管理界面

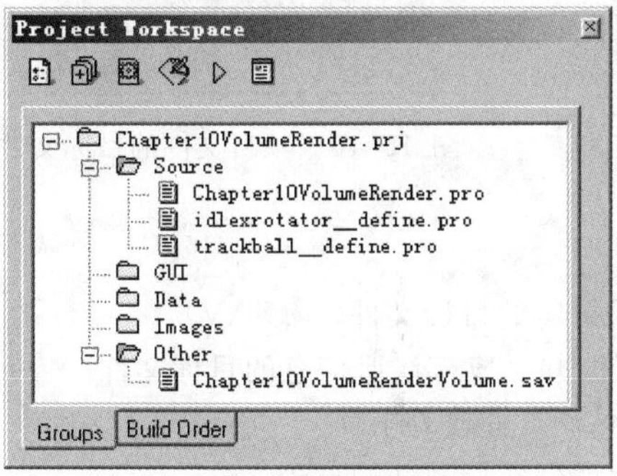

图 16.5　项目管理器组管理界面

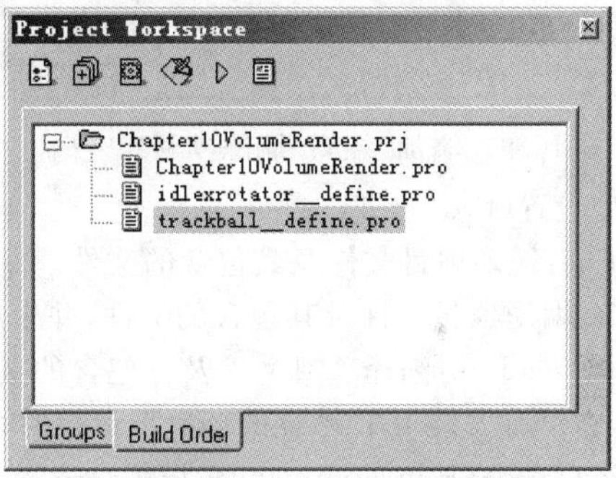

图 16.6　项目管理器编译顺序管理界面

(2)Project 菜单:

1)Project → Add / Remove File:向项目文件中添加文件或者从项目文件中删除文件。操作方法为在弹出的对话窗口(见图 16.7)的上方文件选择区选择要添加的文件,然后单击 Add 按钮添加文件;在弹出的对话窗口的下方文件选择区选择要删除的文件,然后单击 Remove 按钮删除文件。

该功能与项目管理器工具栏的添加/删除文件(Add / Remove File)图标相同。

图 16.7　添加/删除文件

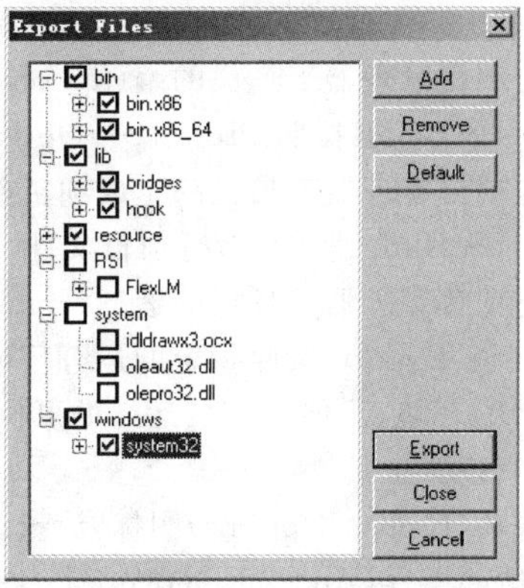

图 16.8　项目文件导出界面

2)Project → Groups:添加/编辑/删除项目文件的项目组。项目管理器中项目文件的默认项目组为 Source,GUI,Data,Images 和 Other。

用户根据需要可以在弹出的对话窗口(见图 16.9)中,分别使用 New,Modify,Remove,Move Up,Move Down,OK 按钮来实现创建新项目组、修改/删除/向上移动/向下移动已经存在的项目组;在编辑项目组的过程中,可以通过 Name 和 File Filters 下面的文本编辑栏设置项目组的组名和文件类型过滤。

3)Project → Options:设置编译/生成目标文件的属性信息。弹出的窗口如图 16.10 所示。

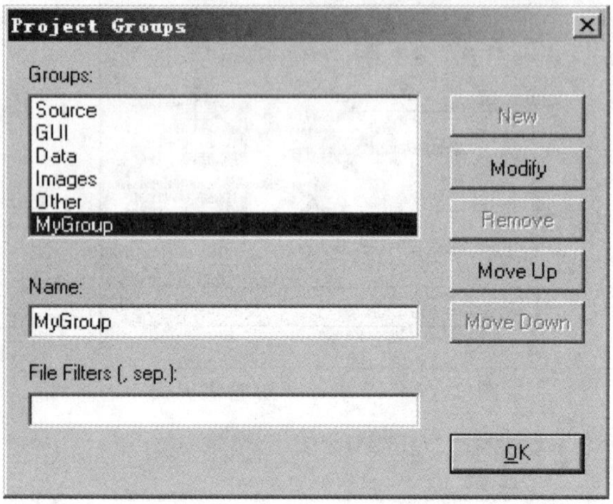

图 16.9 添加/编辑/删除项目组

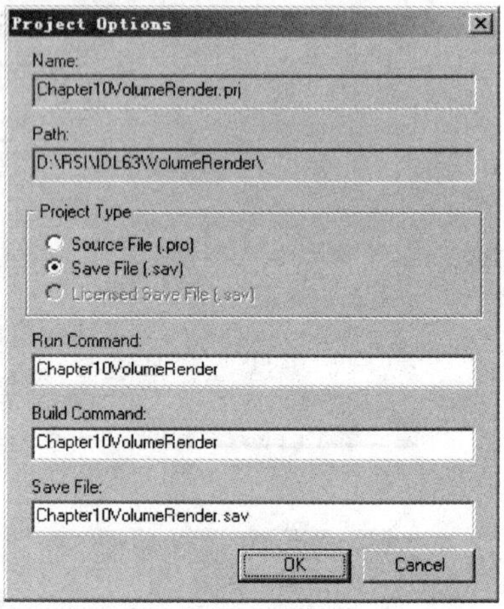

图 16.10 项目文件的目标文件属性设置

项目类型设置(Project Type):

Source File:编译项目文件及其包含的文件。

Save File:编译项目文件及其包含的文件,并生成指定的目标文件(*.SAV)。

Licensed Save File:编译项目文件及其包含的文件,并生成带注册信息的目标文件(*.sav)。生成可执行文件后,在没有安装 IDL 系统的环境下运行时,不需要注册文件。

命令行运行命令(Run Command):设置在命令行运行项目文件的命令。

生成命令行运行命令(Build Command):在命令行运行生成的目标文件的命令。

生成 SAV 文件的文件(Save File):生成脱离 IDL 环境的二进制目标文件的文件名。

该功能与项目管理器工具栏的项目选项(Project Options)图标相同。

技巧提示:SAV 文件的文件名应该与相应的主程序或者程序文件同名,但是 SAV 文件的文件名与项目文件的文件名可以不相同。

4)Project → Compile → All Files:编译项目文件中的所有文件。

5)Project → Compile → Modified Files:编译项目文件中的修改的所有文件。

该功能与项目管理器工具栏的编译(Compile Project Files)图标相同。

6)Project → Build:按照 Project → Options 设置的目标文件的属性信息,编译并生成目标文件。

该功能与项目管理器工具栏的生成项目(Build Project)图标相同。

7)Project → Run:编译并运行项目文件。

该功能与项目管理器工具栏的运行(Run Project)图标相同。

8)Project → Export:按照指定的运行环境把项目文件导出到指定的磁盘目录中(见图 16.8)。并编译生成脱离 IDL 环境后,能够直接运行的可执行文件(*.EXE)。

(3)项目管理器工具栏:

1)项目选项(Project Options)图标:设置编译/生成目标文件的属性信息。

2)添加/删除文件(Add / Remove File)图标:向项目文件中添加文件或从项目文件中删除文件。

3)编译项目文件(Compile Project Files)图标:编译项目文件中的所有文件。

4)生成目标文件(Build Project)图标:按照 Project → Options 设置的目标文件的属性信息,编译并生成目标文件。

5)运行项目文件(Run Project)图标:编译并运行项目文件。

6)文件属性(File Properties)图标:用于察看文件属性信息。

(4)项目管理器组管理界面:通过文件菜单、项目菜单和项目工具栏,在图 16.5 所示的项目管理器中,可以对项目文件进行添加、编辑或者删除操作。如果需要修改程序文件,则可以双击该文件,在右侧的文档编辑窗口中编辑修改。用户也可以在项目管理器中右击鼠标,利用弹出的快捷菜单实现上述操作。

(5)项目管理器编译顺序管理界面:在项目管理器编译顺序管理中,可以设置过程文件的编译顺序。也可以在项目管理器中右击鼠标,利用快捷菜单实现相应的操作。

技巧提示:在 IDL 6.3 主界面中,通过使用鼠标拖放项目管理器的空白处,可以实现项目管理器与 IDL 6.3 主界面的分离和合并。

16.3　项目文件的建立

使用项目管理器建立项目文件的方法:

(1)在指定的磁盘中,创建存放项目文件的目录。

(2)组织并找到创建项目文件所需要的程序文件、数据文件和图像文件等所有文件,并把它们复制到上面创建的用于存放项目文件的目录中。

(3)使用文件菜单:File → New → Project,在弹出的对话窗口中,选择用于存放项目文件的目录,输入项目文件的名称(例如,输入文件名:MyProject. prj,并且扩展名可以省略)。如图 16.2 所示。

(4)在项目管理器组管理界面(见图 16.5 或图 16.2)中,通过文件菜单、项目菜单和项目工具栏,配合右击鼠标弹出的快捷菜单,对项目文件以及它所包含的文件,进行文件的添加、编辑或删除等操作。

(5)在项目管理器编译顺序管理界面(见图 16.6)中,通过文件菜单、项目菜单和项目工具栏,配合右击鼠标弹出的快捷菜单和鼠标拖动操作,编辑过程文件的编译顺序。

【例 16.1】　利用第 10 章的例 10.6 设计的程序 Chapter10VolumeRender. pro,在目录 D:\VolumeRender 中创建项目文件 Chapter10VolumeRender. prj。创建该项目文件的方法步骤如下:

(1)在 D:盘上,创建存放项目文件的目录 D:\VolumeRender。

(2)组织并找到创建项目文件所需要的所有文件如下,并把它们复制到目录 D:\VolumeRender 中。

Chapter10VolumeRender. pro　　Chapter10VolumeRenderVolume. sav
idlexrotator__define. pro　　trackball__define. pro

(3)选择文件菜单:File → New → Project,在弹出的对话窗口中,选择目录 D:\VolumeRender,输入项目文件的名称:Chapter10VolumeRender. prj。

(4)在项目管理器组管理界面中,通过文件菜单、项目菜单和项目工具栏,配合右击鼠标弹出的快捷菜单,对项目文件 Chapter10VolumeRender. prj,进行添加文件、编辑文件或者删除文件等操作。编辑后的项目文件如图 16.5 所示。

(5)在项目管理器编译顺序管理界面中,通过文件菜单、项目菜单和项目工具栏,配合右击鼠标弹出的快捷菜单和鼠标拖动操作,编辑调整过程文件的编译顺序。编辑后的项目文件如图 16.6 所示。

【例 16.2】　利用第 15 章的例 15.1 设计的程序 Chapter15HappyYou3DS. pro,在目录 D:\HappyYou3DS 中创建项目文件 Chapter15HappyYou3DS. prj。创建该项目文件的步骤如下:

(1)在 D:盘上,创建存放项目文件的目录 D:\HappyYou3DS。

(2)组织并找到创建项目文件所需要的所有文件,本例所用到的所有文件如图 16.11 所示窗口中的文件列表,并把它们复制到目录 D:\HappyYou3DS 中。

(3)选择文件菜单:File → New → Project,在弹出的对话窗口中,选择目录 D:\HappyYou3DS,输入项目文件的名称:Chapter15HappyYou3DS. prj。

(4)在项目管理器组管理界面中,通过文件菜单、项目菜单和项目工具栏,配合右击鼠标弹出的快捷菜单,对项目文件 Chapter10VolumeRender. prj,进行添加文件、编辑文件或者删除文件等操作。编辑后的项目文件如图 16.11 所示。

(5)在项目管理器编译顺序管理界面中,通过文件菜单、项目菜单和项目工具栏,配合右击鼠标弹出的快捷菜单和鼠标拖动操作,编辑调整过程文件的编译顺序。编辑后的项目文件如图 16.12 所示。

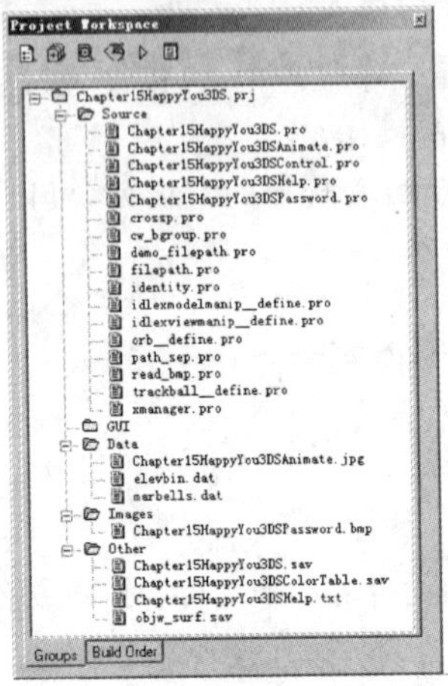

图 16.11 3DS 组管理界面

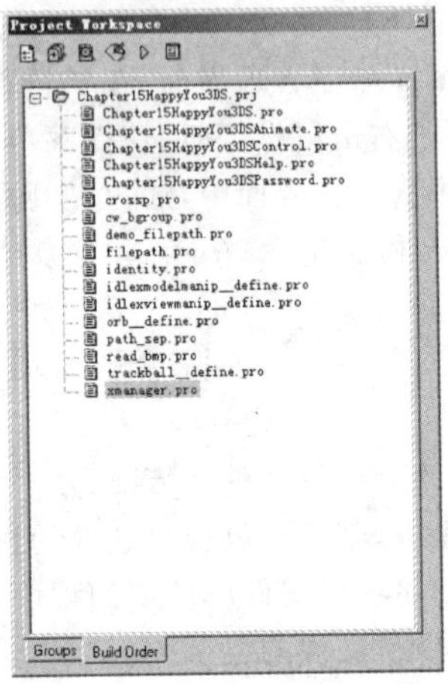

图 16.12 3DS 编译顺序界面

16.4 项目文件的保存和关闭

1. 使用项目管理器保存项目文件的方法

利用文件 File 菜单:

1)File → Save Project:保存项目文件。

2)File → Save Project As:改名保存项目文件。在窗口中输入新项目文件的名称。

2. 使用项目管理器关闭项目文件的方法

利用文件 File 菜单:File → Close Project:关闭项目文件。

【例 16.3】 把例 16.1 创建的项目文件 Chapter10VolumeRender. prj 保存到目录 D:\VolumeRender 中;然后改名另存为新项目文件 Chapter10VolumeRenderBAK. prj 到目录 D:\VolumeRender 中。

保存项目文件 Chapter10VolumeRender. prj 的操作为 File → Save Project

改名另存为新项目文件 Chapter10VolumeRenderBAK. prj 到目录 D:\VolumeRender 中的操作步骤为选择 File → Save Project As,在弹出的对话窗口中,选择目录 D:\VolumeRender,输入项目文件的名称为 Chapter10VolumeRenderBAK. prj。

【思考题】 把例 16.2 创建的项目文件 Chapter15HappyYou3DS. prj 保存到目录 D:\HappyYou3DS 中;然后改名另存为新项目文件 Chapter15HappyYou3DSBAK. prj 到目录 D:\HappyYou3DS 中。

16.5 项目文件的打开和编辑

1. 使用项目管理器打开项目文件的方法:

利用文件 File 菜单(见图 16.3):File → Open Project:打开已经存在的项目文件。在弹出的对话窗口中,选择项目文件的所在的目录,然后选择要打开的项目文件。

2. 使用项目管理器编辑项目文件的方法

打开项目文件,在项目管理器中编辑、修改和删除项目文件以及它所包含的文件的方法与创建项目文件的方法相同。最后要把改好的项目文件保存到指定的目录中。

【思考题 1】 打开例 16.1 创建的项目文件 Chapter10VolumeRender. prj。

【思考题 2】 打开例 16.2 创建的项目文件 Chapter15HappyYou3DS. prj。

16.6　项目文件的编译和运行

1. 使用项目管理器编译项目文件的方法

(1)Project 菜单:

1)Project → Compile → All Files:编译项目文件中的所有文件。

2)Project → Compile → Modified Files:编译项目文件中的修改的所有文件。

(2)项目管理器工具栏:

编译(Compile Project Files)图标:编译项目文件中的所有文件。

2. 使用项目管理器运行项目文件的方法

(1)Project 菜单:Project → Run:编译并运行项目文件。

(2)项目管理器工具栏:运行项目文件(Run Project)图标:编译并运行项目文件。

【思考题 1】 编译并运行例 16.1 创建的项目文件 Chapter10VolumeRender. prj。

【思考题 2】 编译并运行例 16.2 创建的项目文件 Chapter15HappyYou3DS. prj。

16.7　独立运行文件的生成

使用项目管理器生成脱离 IDL 环境而独立运行的可执行文件的方法如下:

(1)用 Project 菜单(见图 16.4)生成脱离 IDL 环境而独立运行的可执行文件的方法。

1)首先使用 Project → Options,设置编译/生成目标文件的属性信息。

2)在弹出的如图 16.10 所示的项目类型设置(Project Type)对话窗口中,选择 Save File 或者 LicensedSave File。

3)在命令行运行命令(Run Command)下方的文本编辑区,设置在命令行运行项目文件的命令。

技巧提示:该命令应与系统相应的主程序或程序文件同名,而且该命令与项目文件的文件名可以不同。

4)在命令行运行命令(Build Command)下方的文本编辑区,设置在命令行运行目标文件的命令。

技巧提示:目标文件的文件名应该与应用系统相应的主程序或者程序文件同名,但是目标文件的文件名与项目文件的文件名可以不相同。

5)在生成 SAV 文件的文件设置(Save File)下方的文本编辑区,设置生成脱离 IDL 环境的二进制目标文件的文件名,然后单击 OK。

技巧提示:SAV 文件的文件名应该与相应的主程序或者程序文件同名,但是 SAV 文件的文件名与项目文件的文件名可以不相同。

6)Project → Compile → All Files,编译项目文件中的所有文件,进行编译检测。

7)执行 Project → Run,编译并运行项目文件,进行运行检测。

8)执行 Project → Build,按照 Project → Options 设置的目标文件的属性信息,编译并生成脱离 IDL 环境后,能够直接运行的二进制目标文件。

9)执行 Project → Export...,在弹出的浏览文件夹窗口(见图 16.13)中,选择用于存放生成项目可执行文件的目录后,单击确定;然后在弹出的发布当前项目的确认对话框(见图 16.14)中,单击“是”。

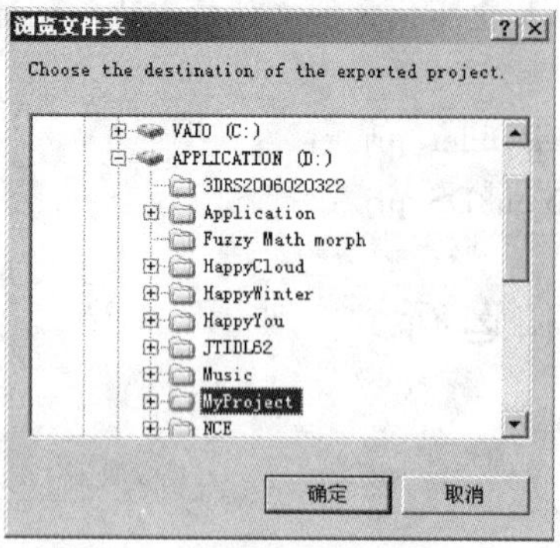

图 16.13 选择生成项目的目录

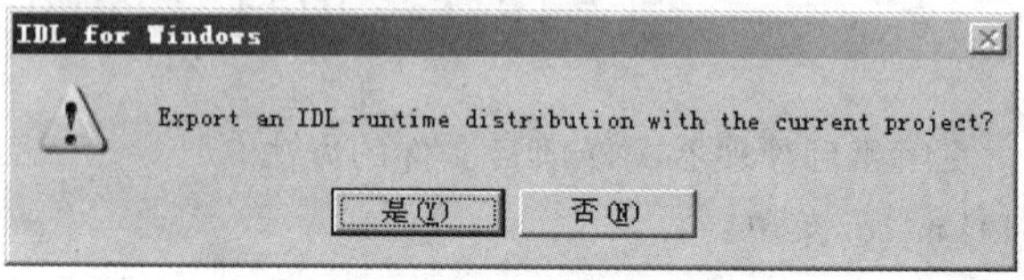

图 16.14 发布确认对话框

10)在图 16.15 的发布系统配置文件编辑窗口中,使用添加(Add)或者删除(Remove)或者使用默认配置(Default)3 个按钮编辑项目文件所需要的运行环境;然后,单击 Export 按钮。

11)最后,在如图 16.16 所示的生成可执行项目文件的运行对话窗口中,单击 Close 完成输出。

(2)使用项目管理器工具栏生成脱离 IDL 环境而独立运行的目标文件的步骤如下:

1)单击项目选项(Project Options)设置图标,设置编译/生成目标文件的属性信息,具体方法同前述的 Project 菜单的 Project → Options 选项。

2)单击编译项目文件(Compile Project Files)图标,编译项目中的所有文件,进行编译检测。

3)单击运行项目文件(Run Project)图标,编译并运行项目文件。

4)单击生成目标文件(Build Project)图标,按照 Project → Options 设置的目标文件的属性信息,编译并生成目标文件。

5)执行 Project → Export...,按照上述方法的步骤 9)、10)和 11)完成输出。

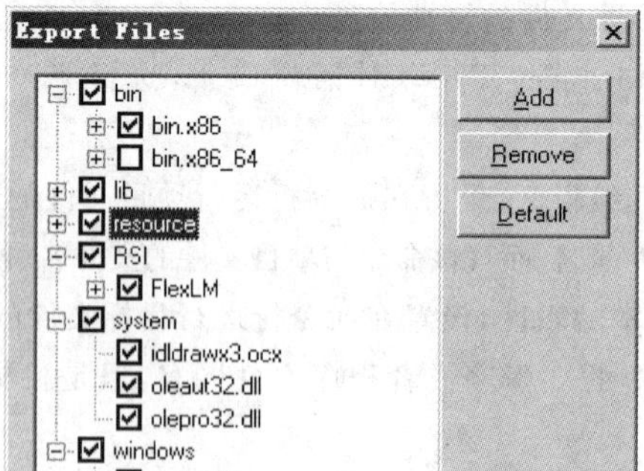

图 16.15 发布系统配置文件编辑窗口

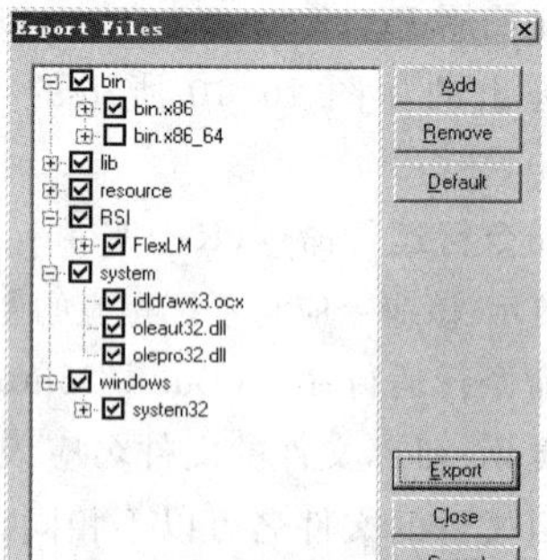

图 16.16 生成可执行项目文件对话窗口

【例 16.7】 设置例 16.1 创建的项目文件 Chapter10VolumeRender.prj 的属性,然后编译并运行该项目文件,最后生成脱离 IDL 环境而独立运行的可执行文件 Chapter10VolumeRender.exe。

生成脱离 IDL 环境而独立运行的可执行文件 Chapter10VolumeRender. exe 的步骤如下：

(1)使用 File 菜单的 File → Open Project 选项，打开项目文件。

(2)单击项目选项(Project Options)设置图标，设置编译/生成目标文件的属性信息，具体方法同前述的 Project 菜单的 Project → Options 选项。设置后的界面图 16.17。

(2)单击编译项目(Compile Project Files)图标，编译项目文件中的所有文件，进行编译检测。

(3)单击运行项目文件(Run Project)图标，编译并运行项目文件，进行检测。

(4)单击生成目标文件(Build Project)图标，按照 Project → Options 设置的目标文件的属性信息，编译并生成目标文件。

(5)执行 Project → Export...，按照上述方法的步骤 9)、10)和 11)完成输出。

【思考题】 设置例 16.2 创建的项目文件 Chapter15HappyYou3DS. prj 的属性；然后编译并运行该项目文件，最后生成脱离 IDL 环境而独立运行的可执行文件 Chapter15HappyYou3DS. exe。使用项目选项(Project Options)设置图标，设置项目文件属性的界面如图 16.18 所示。

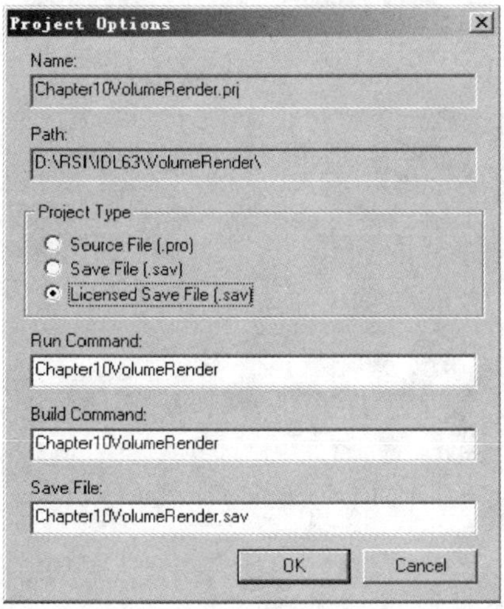

图 16.17 Chapter10 VolumeRender. prj 属性

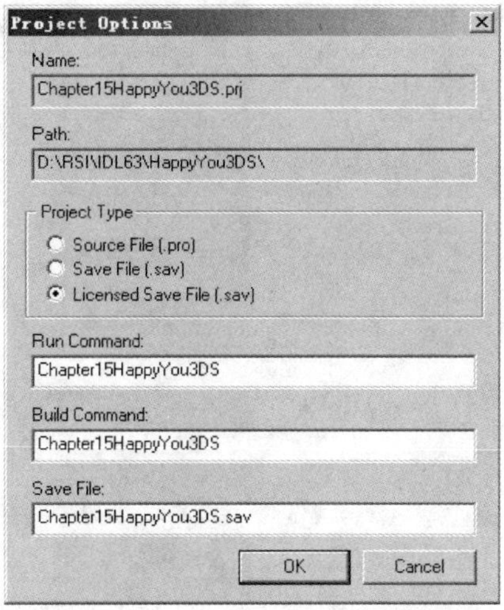

图 16.18 Chapter15HappyYou3DS. prj 属性

技巧提示：使用 Project → Export，按照用户指定的运行环境把项目文件导出到指定的磁盘目录中，编译并生成脱离 IDL 环境后，能够直接运行的二进制 EXE 目标文件(*.EXE)。请读者参阅本书作者提供的使用 Project → Export 导出的目录 Chapter10VolumeRender 和目录 Chapter15HappyYou3DS 中的可执行 EXE 文件。

提示：大量阅读 IDL 6.3 系统提供的丰富的 DEMO 程序，吸取精华、踢去糟粕、善于总结是快速提高自己编程水平的捷径！

习 题

1. 熟练掌握项目管理器的使用方法。

2. 简述创建一个项目文件，然后编译并运行该项目文件，最后生成脱离 IDL 环境而独立运行的可执行文件的操作方法。

3. 利用第 10 章的习题 3 设计的程序 Chapter10VolumeRenderExercise. pro，创建项目文件 Chapter10VolumeRenderExercise. prj；然后编译并运行该项目文件；最后生成脱离 IDL 环境而独立运行的可执行文件：Chapter10VolumeRenderExercise. exe。

4. 利用第 10 章的例 10. 1 设计的程序 Chapter10VolumeExample. pro，创建项目文件

Chapter10VolumeExample. prj；然后编译并运行该项目文件；最后生成脱离 IDL 环境而独立运行的可执行文件：Chapter10VolumeExample. exe。

5. 利用第 10 章的例 10.6 设计的程序 Chapter10VolumeRender. pro，在目录 D:\VolumeRender 中创建项目文件 Chapter10VolumeRender. prj，然后编译并运行该项目文件，最后生成脱离 IDL 环境而独立运行的可执行文件 Chapter10VolumeRender. exe。要求如下：

(1)在 D:盘上，创建存放项目文件的目录 D:\VolumeRender。

(2)组织并找到创建项目文件所需要的所有文件如下，并把它们复制到目录 D:\VolumeRender 中。

Chapter10VolumeRender. pro
Chapter10VolumeRenderVolume. sav
idlexrotator__define. pro
trackball__define. pro

(3)把上述文件列表中的过程文件(*. pro)，先编译成目标文件(*. sav)。

(4)建立不包含源代码的项目文件 Chapter10VolumeRender. prj。

(5)生成脱离 IDL 环境而独立运行的可执行文件 Chapter10VolumeRender. exe。

6. 调试运行并分析本章的所有例题和习题。

第 17 章 IDL 6.3 程序的发布 Virtual Machine 6.3

为了方便用户进行 IDL 应用程序的发布和交流，IDL 6.3 为用户提供了程序发布工具 Virtual Machine 6.3。Virtual Machine 6.3 可以使用户的应用程序在完全脱离 IDL 6.3 的环境下正常运行，并且不需要公开应用程序的源代码。

因此，Virtual Machine 6.3 可以使用户安全地发布和交流自己的应用程序。

17.1 Virtual Machine 6.3 的安装

安装和运行 Virtual Machine 6.3 所需要的环境：安装有 WindowsNT 4.0 或者 Windows 2000 或者 Windows XP或者 Windows 2003 或者更高版本 Windows 系统，具备 32 位 Intel x86 或更高 CPU 的计算机系统；同时安装 Windows Internet Explorer 5.0 或更高版本以及 Adobe Acrobat Reader 3.0 或更高版本。

安装 Virtual Machine 6.3 系统前，请按以下方式获取 Virtual Machine 6.3：

访问公司主页 http://www.ittvis.com 或者 http://www.imagetekinfo.com

Virtual Machine 6.3 在 Window NT4.0/2000/XP/2003 中的安装方法如下：

(1)把 IDL 6.3 或者 Virtual Machine 6.3 CD—ROM 放入光驱，IDL 安装程序会自动运行。如果用户下载的是 Virtual Machine 6.3 的压缩程序包 IDL 63.exe，则可以双击该文件运行安装向导。

(2)在运行安装向导窗口中单击 Next；在协议窗口中单击 Yes，然后在版本说明窗口中单击 Next。

(3)在信息窗口中输入用户名称(如 HappyYou)和单位名称(如 ZJGSU)，然后单击 Next。

(4)在选择安装应用程序 IDL 和 IDL Virtual Machine 的窗口中(见图 17.1)，选择 IDL 或 IDL Virtual Machine，然后单击 Next。

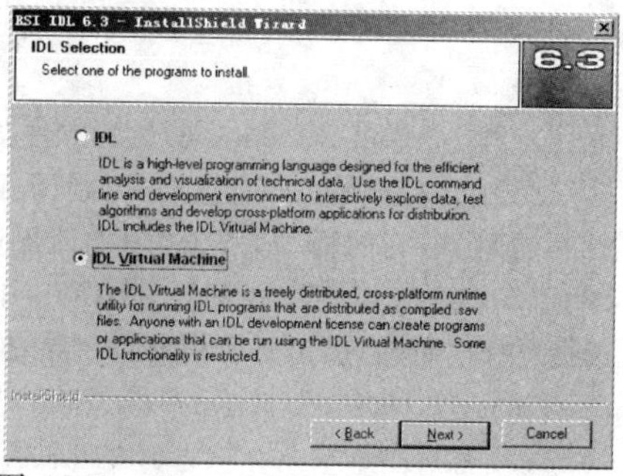

图 17.1 Virtual Machine 6.3 安装界面

(5)若选择安装 IDL，则安装方法同前述(第 1 章中 IDL 的安装方法)。

注意：安装 IDL 6.3 时，包含安装 Virtual Machine 6.3。

(6)若选择安装 IDL Virtual Machine，则只需按照提示信息操作，即可完成安装。

17.2 Virtual Machine 6.3 的运行和程序发布

运行 Virtual Machine 6.3 和发布 IDL 程序的方法如下：

(1)直接在生成的 SAV 文件的目录中，双击指定的 SAV 文件。

(2)双击桌面上的 IDL Virtual Machine 6.3 图标。

(3)单击：开始 → 程序 → RSI IDL Virtual Machine 6.3 → IDL Virtual Machine。

(4)如果安装了 IDL 6.3，则单击：开始→程序→RSI IDL 6.3→IDL Virtual Machine。

(5)在 Windows 的运行程序命令行直接输入启动 Virtual Machine 6.3 的命令，即

1)单击:开始 → 程序 →运行,启动运行窗口。

2)在运行窗口中的“打开”后面的命令行输入如下命令:

D:\RSI\IDL63\bin\bin.x86\idlrt -vm <路径> <文件名>

例如:用运行窗口运行 d:\VolumeRender\中的 Chapter10Volumerender.sav。其命令:

D:\RSI\IDL 63\bin\bin.x86\idlrt -vm d:\VolumeRender\Chapter10Volumerender.sav

启动 Virtual Machine6.3之后的界面如图17.2所示。

图 17.2 Virtual Machine 6.3 启动界面

(6)在如图17.2所示的界面中,单击鼠标后会弹出选择文件对话窗口(见图17.3),然后选择需要运行的SAV程序文件即可运行相应的程序。

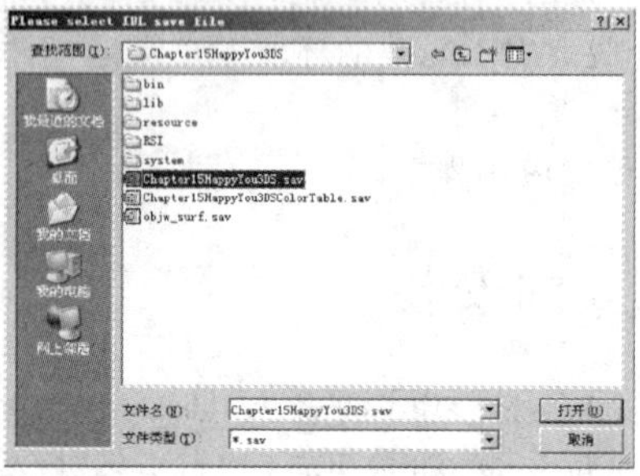

图 17.3 选择文件界面

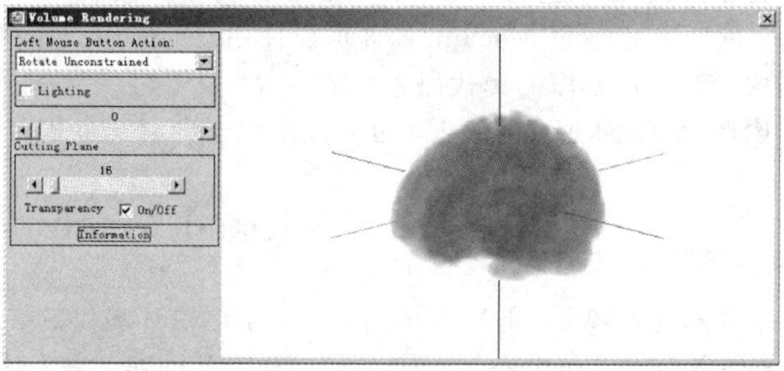

图 17.4 运行 Chapter10Volumerender.sav 的界面

例如:使用上述方法之一运行目录 d:\VolumeRender\中的文件 Chapter10Volumerender.sav 之后的界面如图17.4所示。

17.3 Virtual Machine 6.3 的卸载

卸载 Virtual Machine 6.3 的方法如下:

(1)单击:开始 → 设置 →控制面板。

(2)在控制面板中,双击“添加或删除程序”图标。

(3)在添加或删除程序的对话窗口中,选择 RSI IDL 6.3,然后选择“更改/删除”按钮。启动安装向导之后的界面如图17.5所示。

(4)在如图17.5所示的对话窗口中,选择 Remove 选项。

(5)然后按照屏幕提示的信息操作即可卸载 Virtual Machine 6.3。

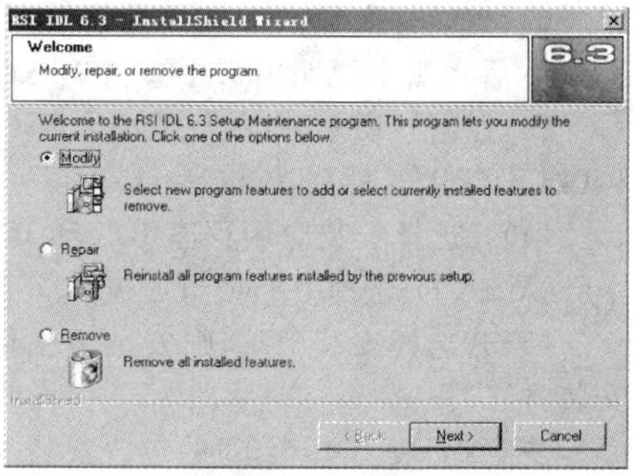

图 17.5 卸载 Virtual Machine 6.3 的界面

习 题

1. 熟练掌握 Virtual Machine 6.3 的安装、运行和卸载方法。
2. 熟练掌握使用 Virtual Machine 6.3 发布 IDL 程序的方法。
3. 熟练掌握 Virtual Machine 6.3 的卸载方法。
4. 使用 Virtual Machine 6.3 发布第16章的习题3生成的目标文件:
   Chapter10VolumeRenderExercise.sav
5. 使用 Virtual Machine 6.3 发布第16章的习题4生成的目标文件:
   Chapter10VolumeExample.sav。
6. 使用 Virtual Machine 6.3 发布第16章的习题5生成的目标文件:
   Chapter10VolumeRender.sav。

附　录

附录 A　组件的事件结构

◆事件结构的定义

事件结构是指组件的事件所包含的一组特定信息的集合。事件结构包含了产生事件的相应组件的相关信息。每个事件都产生于它自身的、特定的事件结构中，然后被发送到事件处理模块。事件结构可以是署名的结构变量，也可以是匿名的结构变量。

事件结构与一般结构的区分是事件结构均有 3 个公共字段：ID，Top 和 Handler，其类型为长整型。

◆公共字段的定义

字段 ID：产生事件的组件的 ID 标识。

字段 Top：层次结构中顶级 Base 的 ID 标识。

字段 Handler：与组件相关联的组件事件处理程序的 ID 标识。事件产生的事件结构都要发送到事件处理程序中。每个事件处理程序都与某一个组件相关联。

◆基本组件的事件结构

◇BASE 组件

{WIDGET_BASE, ID:0L, Top:0L, Handler:0L, X:0, Y:0}

只有顶级 BASE，并且在用户改变其大小的情况下才会产生事件。要产生事件，关键字 TLB_Size_Events 必须被显式的指定。字段 X 和 Y 是顶级 BASE 的尺寸大小，单位是像素。BASE 的尺寸大小并不包含窗口的边框。

◇按钮 BUTTON 组件

{WIDGET_BUTTON, ID:0L, Top:0L, Handler:0L, Select:0}

如果按钮被选中，则字段 Select 被设置为 1；如果按钮被释放，则字段 Select 被设置为 0。触发按钮在被释放时并不产生事件，因此 Select 字段总是为 1。但是，触发按钮对选中和释放操作会分别产生事件。

◇绘图 DRAW 组件

{WIDGET_DRAW, ID:0L, Top:0L, Handler:0L, Type:0, X:0, Y:0, Press:0, Release:0,Clicks:0}

字段 Type 用于设置事件的类型，其可能的值有：鼠标按下(0)；鼠标松开(1)；鼠标移动(2)；视点滚动(3)和显示(4)。上述所有事件都必须显式的指定，否则相应的事件是不会产生的。

字段 X 和 Y 给出了事件发生时的设备或屏幕坐标，绘图组件的左下角为坐标原点。字段 Press 和 Release，当鼠标被按下或释放时，它们的值就分别存在了。其中，1 表示鼠标左键，2 表示鼠标中键，4 表示鼠标右键。如果产生鼠标移动事件，那么 Press 和 Release 都被设置为 0。

当鼠标单击时，字段 Clicks 返回 1，双击时返回 2。

◇下拉式列表 DROPLIST 组件

{WIDGET_DROPLIST, ID:0L, Top:0L, Handler:0L, Index:0L}

字段 Index 返回所选择列表项的索引号。通过它，可以对最初赋值给下拉式列表的数组进行引用。

◇标签组件

标签组件本身并不产生事件，但可以通过它来设置 Timer 事件。

◇列表 LIST 组件

{WIDGET_LIST, ID:0L, Top:0L, Handler:0L, Index:0L, Clicks:0L }

字段 Index 返回所选项的索引号，通过索引号，可以对最初赋值给列表的数组进行引用。字段 Clicks 返回 1 或 2，这取决于列表项是如何选择的。如果列表项被双击选中，Clicks 返回 2。

注意：在事件处理程序中，单击和双击的信息都可以获得。

◇滑动条 SLIDER 组件

{WIDGET_SLIDER, ID:0L, Top:0L, Handler:0L, Value:0, Drag:0}

字段 Value 返回滑动条的新值。在拖动滑动条时，字段 Drag 返回 1，拖动操作结束，则 Drag 返回 0。

注意：只有在 UNIX 操作系统上，并且设置了 Drag 关键字，滑动条才会产生 Drag 事件。

◇表格 TABLE 组件

插入单个字符事件

{WIDGET_TABLE_CH, ID:0L, Top:0L, Handler:0L, Type:0, Offset:0L, CH:0B, X: 0L, Y:0L}

字段 Offset 是以 0 为基数的插入点的位置，插入的字符在插入点之后。字段 Ch 是当前插入字符的 ASCII 码，字段 X 和 Y，则表示当前单元格在表格中的位置，其基数为 0。

插入字符串事件

{WIDGET_TABLE_STR, ID:0L, Top:0L, Handler:0L, Type:1, Offset:0L, Str:'', X: 0L, Y:0L }

字段 Str 是要插入的字符串。

删除字符串事件

{WIDGET_TABLE_DEL, ID:0L, Top:0L, Handler:0L, Type:2, Offset:0L, Length:0L, X: 0L, Y:0L}

字段 Offset 是要删除的第一个字符所在的位置，其基数为 0。同时它也是下一个字符的插入点。字段 Length 表示删除字符的个数。

选择文本事件

{WIDGET_TABLE_TEXT_SEL, ID:0L, Top:0L, Handler:0L, Type:3, Offset:0L, Length:0L, X: 0L, Y:0L }

当插入点的位置发生变化时，这个事件就会被引发。字段 Offset 是所选文本的第一个字符的位置，以 0 为基数。字段 Length 为所选字符的个数。如果 Length 为 0，则表明没有选中，且字符插入点也被设置为 Offset 值。

选择单元事件

{WIDGET_TABLE_CELL_SEL, ID:0L, Top:0L, Handler:0L, Type:4, Sel_Left:0L, Sel_Top:0L, Sel_Right:0L, Sel_Bottom:0L}

当前所选择的单元格发生变化时，这个事件会被引发。所选择的单元格范围由字段 Sel_Left、Sel_Top、Sel_Right 和 Sel_Bottom 确定，它们都是以 0 为基数。当所选择的单元格在取消选择的事件发生时(选择发生改变或点击表单左上角会导致这个事件的发生)，字段 Sel_Left、Sel_Top、Sel_Right 和 Sel_Bottom 的值都为－1。

注意：这就意味着，当选择焦点从一个已选中的单元格到一个新单元格时，会产生两次 WIDGET_TABLE_CELL_SEL 事件。在程序中，要将选择和取消选择区分开来。

改变行高事件

{WIDGET_TABLE_ROW_HEIGHT, ID:0L, Top:0L, Handler:0L, Type:6, Row:0L, Height:0L}

当用户改变表格给定行的高度时会引发这个事件。字段 Row 包含了所选定行的值(以 0 为基数)，字段 Height 包含的是改变后的高度。

改变列宽事件

{WIDGET_TABLE_COLUMN_WIDTH, ID:0L, Top:0L, Handler:0L, Type:7, Column:0L, Width:0L}

当用户改变表格给定列的宽度时会引发这个事件。字段 Column 包含了所选定列的值(以 0 为基数)，字段 Width 包含的是改变后的高度。

无效数据事件

{WIDGET_TABLE_INVALID_DATA , ID:0L, Top:0L, Handler:0L, Type:8, Str:'', X:0L ,Y:0L}

当这个事件发生时，所在的单元格的数据保持不变。用户输入的无效数据保存在字段 Str 中。单元格的位置由字段 X 和 Y 来确定。

◇文本 TEXT 组件

插入字符事件

{WIDGET_TEXT_CH,ID:0L, Top:0L, Handler:0L, Type:0, Offset:0L, Ch:0B}

字段 Offset 是当前插入点的位置(以 0 为基数)。字符 Ch 为插入字符的 ASCII 码。

插入字符串事件

{WIDGET_TEXT_STR,ID:0L, Top:0L, Handler:0L, Type:1, Offset:0L, Str:'' }

字段 Str 为插入的字符串。

删除字符串事件

{WIDGET_TEXT_STR,ID:0L, Top:0L, Handler:0L, Type:2, Offset:0L, Length:0L }

字段 Offset 为要删除的第一个字符串的位置(以 0 为基数),同时是下一个字符的插入点。字段 Length 为要删除的个数。

文本选择事件

{ WIDGET_TEXT_STR,ID:0L, Top:0L, Handler:0L, Type:3, Offset:0L, Length:0L }

插入点的改变会引发这个事件的产生。字段 Offset 为所选择的第一个字符的位置(以 0 为基数)。字段 Length 为所要选择字符的个数。Length 表明没有选中字符,并且插入点被设置为 Offset 的值。

◇组件程序的 Xcolors 事件结构

{XCOLORS_LOAD, ID:0L, Top:0L, Handler:0L, R:BytArr(! D. Table_Size), G:BytArr(! D. Table_Size), B:BytArr(! D. Table_Size), Index:0}

Xcolors 将向由 NotifyID 所标识的组件发送事件。字段 R,G,B 分别包含了当前颜色表的红、绿、蓝的向量值。字段 Index 设置为−1,或者在载入了颜色表后设置为颜色表的索引值。

◇键盘焦点事件

{WIDGET_KBRD_FOCUS, ID:0L, Top:0L, Handler:0L, Enter:0L}

某些组件,如文本框,在设置了关键字 KBRD_FOCUS_EVENTS 后可以产生键盘焦点事件。当这些组件获得键盘焦点时(字段 Enter 设置为 1)或失去键盘焦点时(字段 Enter 设置为 0)会产生这个事件。

◇组件退出请求事件

{WIDGET_KILL_REQUEST, ID:0L, Top:0L, Handler:0L}

设置了关键字 TLB_KILL_REQUEST_EVENTS 的顶级 BASE 在窗口管理器销毁该组件(比如,用户用鼠标关闭窗口,而不是点击 Quit 按钮)时就会接收到这个事件。不管销毁事件是来自 Quit 按钮,还是来自窗口管理器,调用 CleanUp 过程来处理任何组件的销毁事件会更加简单。使用 CleanUp 过程可以防止内存溢出。

◇组件计时器事件

{WIDGET_TIMER, ID:0L, Top:0L, Handler:0L}

事件处理程序在接收到计时器事件时可以做任何事情。字段 ID 是用来标识设置计时器的组件。

◇组件跟踪事件

{WIDGET_TRACKING, ID:0L, Top:0L, Handler:0L, Enter:0}

每次鼠标进入到组件(字段 Enter 设置为 1)或从组件出来(字段 Enter 设置为 0)时都产生这个事件。对于指定的组件,如果要产生这个事件,则必须设置关键字 Tracking_Events。

注意:在 Windows 操作系统下,跟踪事件运行不稳定。

◆复合组件的事件结构

◇CW_Animate

{ID:0L, Top:0L, Handler:0L, Action:0L}

字段 Action 中惟一允许的字符串就是"DONE"

◇CW_Arcball

{ ID:0L, Top:0L, Handler:0L, Value:FltArr(3,3)}

字段 Value 包含了新的旋转矩阵。

◇CW_BGroup

{ ID:0L, Top:0L, Handler:0L, Select:0, Value: * }

字段 Select 包含了新的旋转矩阵。字段 Value 可以是按钮的 Index,ID,Name 和按钮用户值,这取决于组件创建时情况。

◇CW_Clr_Index

{CW_COLOR_INDEX, ID:0L, Top:0L, Handler:0L, Value:0}

字段 Value 为所选择的颜色的索引号。

◇CW_Color_Sel

{COLORSEL_EVENT, ID:0L, Top:0L, Handler:0L, Value:0}

字段 Value 为所选择的颜色的索引号。

◇CW_DefROI

这个复合组件有内部事件处理程序,并且不会产生任何外部事件。

◇CW_Field

{ ID:0L, Top:0L, Handler:0L, Value:'',Type:0, Update:0}

字段 Value 包含了文本组件中的值。字段 Type 指定了数据的类型,它可能的值有:0(字符串),1(浮点数),2(整数)或 3(长整型)。如果没有更新,则字段 Update 返回 0,否则返回 1。

◇CW_Form

{ ID:0L, Top:0L, Handler:0L, Tag:'',Value:0, Quit:0}

字段 Tag 包含了发生变化的字段标签。字段 Value 则是包含了变化后的新值;如果 Quit 被设置,则返回 0,否则返回 1。

◇CW_Flisder

{ ID:0L, Top:0L, Handler:0L,Value:0.0, Drag:0}

字段 Value 返回滑动条的当前值。在拖动滑动条时,字段 Drag 返回 1,拖动操作结束,则 Drag 返回 0。

◇CW_Orient

当组件内部不同于子组件改变变换矩阵时,这个复合组件产生不同的事件。一般来讲,这个组件在字段 ID 第一次发生变化时,将内部组件所产生的的事件直接传送到本组件的顶级 BASE 中。大多数事件处理程序都忽略该复合组件的事件,因为系统变量! P.T 在任何时候都是自动更新的。

◇CW_PDMenu

{ID:0L, Top:0L, Handler:0L, Value: * }

字段 Value 既可以是按钮组件的 Index、ID、Name,也可以是按钮的 Full_Name,这取决于按钮组件是如何创建的。

◇CW_RGBSlider

{ID:0L, Top:0L, Handler:0L, R:0B, G:0B, B:0B}

字段 R,G,B 分别代表所选择颜色的红、绿、蓝的值。

◇CW_Zoom

{ZOOM_EVENT,ID:0L, Top:0L, Handler:0L, XSize:0L, Ysize:0L, X0:0L, Y0:0L, X1:0L, Y1:0L }

字段 Xsize 和 Ysize 包含了缩放后图像的大小,字段 X0,Y0,X1,Y1 分别包含了原始图像左下角和右上角的坐标。

附录B IDL 6.3的系统变量

◆常量系统变量

◇! DPI:只读。双精度的π。

◇! DTOR:只读。浮点型1度的弧度值,即π/ 180 ≈ 0.017 45。

◇! MAP:数组。存储经线和纬线的交叉点与地图坐标之间的转换信息。由过程MAP_SET创建,不希望用户改变它。

◇! PI:只读。单精度的π。

◇! RADEG:只读。浮点型1弧度的度值,即180 / π ≈ 57.295 8。

◇! VALUES:只读。IEEE的单精度浮点型和双精度浮点型不是数的值:Infinity 和 NaN。! VALUES是一个结构变量,其成员、成员的类型和成员的值依次为(4个成员,总长度为24):

F_INFINITY	FLOAT	Infinity
F_NAN	FLOAT	NaN
D_INFINITY	DOUBLE	Infinity
D_NAN	DOUBLE	NaN

◆错误状态系统变量

◇! ERR:与! ERROR_STATE.CODE用法相同。

◇! ERROR_STATE:错误状态结构变量。存储最后错误信息的状态。其成员、成员的类型和成员的值依次为(8个成员,总长度为112,数据总长度为108):

NAME	STRING	'IDL_M_SUCCESS'
BLOCK	STRING	'IDL_MBLK_CORE'
CODE	LONG	0
SYS_CODE	LONG	Array[2]
SYS_CODE_TYPE	STRING	''
MSG	STRING	''
SYS_MSG	STRING	''
MSG_PREFIX	STRING	'% '

NAME:只读。字符串变量。存储最后错误信息的名称。

BLOCK:只读。字符串变量。存储最后错误信息块的名称。

CODE:长整型变量。存储最后错误信息的代码。

SYS_CODE:长整型二元数组。存储最后错误信息的操作系统错误代码。其中,SYS_CODE[0]为操作系统错误代码,SYS_CODE[0]总是为0。

SYS_CODE_TYPE:字符串变量。存储最后错误信息的操作系统错误代码的类型。

MSG:只读。字符串变量。存储最后错误信息的文本内容。

SYS_MSG:只读。字符串变量。存储最后错误信息的操作系统错误信息的文本内容。

MSG_PREFIX:字符串变量。存储最后错误信息的前缀字符串。

该系统结构变量替代了! ERROR,! ERR_STRING,! MSG_PREFIX,! SYSERR_STRING 和! SYSERROR

◇! ERROR:与! ERROR_STATE.CODE用法相同。

◇! ERR_STRING:与! ERROR_STATE.MSG用法相同。

◇! EXCEPT:整型变量。存储进行数学非法运算时的错误信息。

系统变量! EXCEPT的值和功能如下:

! EXCEPT = 0,进行数学非法运算时,不输出错误信息。

! EXCEPT = 1,进行数学非法运算后,当返回交互命令状态时,输出错误信息。

! EXCEPT =2,进行数学非法运算后,立即输出错误信息。

◇! MOUSE:结构变量。存储鼠标的最后位置和操作状态。其成员的类型和值依次为(4个成员,总长度为16):

X	LONG	511

Y	LONG	252
BUTTON	LONG	4
TIME	LONG	1428829775

X 和 Y：当鼠标按下时，鼠标光标的位置。

BUTTON：1：鼠标左键按下；2：鼠标中间键按下；4：鼠标右键按下。

TIME：存储从指定时间计时后的毫秒数。

◇！MSG_PREFIX：与！ERROR_STATE. MSG_PREFIX 用法相同。

◇！SYSERROR：与！ERROR_STATE. SYS_CODE 用法相同。

◇！SYSERR_STRING：与！ERROR_STATE. SYS_MSG 用法相同。

◇！WARN：结构变量。存储操作过程中的警告信息。默认值为 0。其成员的类型和值依次为(3 个成员，总长度为 3)：

OBS_ROUTINES	BYTE	0
OBS_SYSVARS	BYTE	0
PARENS	BYTE	0

◆环境系统变量

◇！CPU：只读。结构变量。存储使用多 CPU 进行并行运算时，CPU 的状态信息。其成员的类型和成员的值依次如下：

{ ！CPU，HW_VECTOR：0L，VECTOR_ENABLE：0L，HW_NCPU：0L，TPOOL_NTHREADS：0L，TPOOL_MIN_ELTS：0L，TPOOL_MAX_ELTS：0L }

◇！DIR：字符串变量。存储 IDL 系统主工作目录的路径。

◇！DLM_PATH：字符串变量。存储 IDL 系统的动态连接库 DLM 的路径环境信息。

◇！EDIT_INPUT：整型变量。设置保存命令行历史纪录的个数。默认值为 20 行。

若设置为非零整数。则为保存命令行历史纪录的个数；

若设置为零。则不保存命令行的历史纪录。

◇！HELP_PATH：字符串变量。设置帮助文件的存放路径。帮助文件可以是 HTML 类型(*. chm，*. html 或者 *. htm)、Windows 类型(*. hlp)和 PDF 类型(*. pdf)。

◇！JOURNAL：只读。整型变量。存储输出日志文件的逻辑通道号。

◇！MAKE_DLL：结构变量。设置进行外部动态连接时的环境及配置信息。其成员、成员的类型和成员的值依次为：

{ ！MAKE_DLL，COMPILE_DIRECTORY：''，COMPILER_NAME：''，CC：''，LD：''}

◇！MORE：整型变量。设置输出文本是否标记页码。！MORE ＝ 0：真；！MORE ≠ 0：假。

◇！PATH：字符串变量。设置 IDL 系统搜索环境的路径列表。

◇！PROMPT：字符串变量。设置 IDL 命令编辑行的提示符。默认：IDL>。

◇！QUIET：长整型变量。设置报告的信息是否禁止。！QUIET ≠ 0：真；！QUIET ＝ 0：假。

◇！VERSION：结构变量。存储当前使用的 IDL 系统的版本信息。其成员、成员的类型和值依次如下：

{！VERSION，ARCH：''，OS：''，OS_FAMILY：''，OS_NAME：''，RELEASE：''，BUILD_DATE：''，MEMORY_BITS：0，FILE_OFFSET_BITS：0 }

◆图形系统变量

◇！D：结构变量。存储当前图形输出设备的属性信息。其成员、成员的类型和成员的值依次如下：

FILL_DIST：在设备坐标系统中，设置实填充(solid)模式下，用线填充时，填充线之间的间隔。

FLAGS：提供当前设备支持的信息。

N_COLORS：提供允许使用的颜色数。对单色，其值为 2；对单色，其值为 2^24－1。

NAME：提供当前设备的名称。

ORIGIN：二元整型数组。设置平移/卷动的偏移量。

TABLE_SIZE：提供颜色表的索引数。

UNIT：设置打开文件的逻辑通道号。

WINDOW：设置打开窗口的索引号。没有窗口打开时，窗口的索引号为－1。

X_CH_SIZE，Y_CH_SIZE：设置当前字体的平均高度和宽度。

X_PX_CM，Y_PX_CM：设置每厘米的近似像素数。

X_SIZE，Y_SIZE：设置窗口的大小。

X_VSIZE，Y_VSIZE：设置窗口的可视区的大小。一般小于窗口的大小。

ZOOM：设置窗口的放缩因子。

◇！ORDER ：设置图像的生成方向。！ORDER = 1：顶 → 底；！ORDER = 0：底 → 顶。

◇！P：结构变量。用于给出图形绘制的基本属性信息。其成员、成员的类型和成员的值依次为

BACKGROUND：设置背景颜色索引。默认值为 0。

CHANNEL：设置默认的颜色通道。

CHARSIZE：设置使用 Hershey 字体的标注字符的大小。默认值为 1.0。

CHARTHICK：设置字体的粗细。默认值为 1。

CLIP：设置裁剪窗口的大小。

格式：[x0，y0，x1，y1，z0，z1]

COLOR：设置默认颜色索引。

FONT：设置使用的文本字体系统。

LINESTYLE：设置线型。LINESTYLE={0 | 1 | 2 | 3 | 4 | 5}：按照指定的线型绘制线。

其代码的含义如下：

0	实线	1	点	2	虚线
3	点虚线	4	点点虚线	5	长虚线

MULTI：提供了定位绘制多个图形的方法。

格式：！P. MULTI=[j，k，l，m，n]

！P. Multi 是一个包含 5 个元素的数组，各个元素的用法如下：

！P. Multi[0]：给出在显示窗口中需要绘制的剩余的图形数目。其默认值为 0。

注意：在绘制一个图形时，用户根据需要可以选择关键字/NOERASE。

！P. Multi[1]：给出绘制图形的列数。

！P. Multi[2]：给出绘制图形的行数。

！P. Multi[3]：给出在 Z 方向上叠加绘制图形的数目(仅适用已经建立了三维坐标系的情况下)。

！P. Multi[4]：给出绘制图形的方式。用于规定是按行显示图形(！P. Multi[4]=0)，还是按列显示图形(！P. Multi[4]=1)。

NOCLIP：设置不进行裁剪窗口。

NOERASE：在当前窗口中绘制新图形时，不擦除原有内容。默认是擦除原有内容。

NSUM=value：在绘制线时，value 用于给定绘制点的间隔个数，即每隔 value 个点绘制一个点。因此最终绘制的点数 N 为绘制数据的总点数与 NSUM 指定的值 value 的商。例如：若绘制的点数为 100，而且 NSUM=10，则每个 10 个点绘制一个点，最终只绘制 10(100/10)个点。

POSITION：设置矩形绘制窗口的位置。

格式：(x0，y0，x1，y1)。

PSYM：设置绘制点的符号。PSYM=integer{0 to 10}：按照指定的图形符号绘制数据点。其代码的含义如下：

0	用线绘制	1	加号	2	星号	4	菱形	5	三角形
6	正方形	7	交叉号	8	用户定义	9	未定义	10	柱状图

REGION：设置矩形绘制窗口的区域位置。

格式：(x0，y0，x1，y1)。！P. POSITION 优先。

SUBTITLE：设置绘制窗口的 X 轴下方的副标题。

T：设置 4 × 4 变换矩阵。

T3D：包含在 ！P. T 中的三维或者二维变换矩阵。

THICK：设置绘制线的粗细。默认为 1.0 。

TITLE：设置绘制窗口的主标题。

TICKLEN：用于设置绘制轴注释和标注中小刻度的尺度。

◇！X，！Y，！Z ：结构变量。用于给出图形绘制的坐标轴的基本属性信息。其成员、成员的类型和成员的值依次如下：

CHARSIZE：用于设置绘制注释和标注字体的大小。

CRANGE：用于设置坐标轴的范围。

GRIDSTYLE：设置 X 轴、Y 轴和 Z 轴及其上刻度的栅格的类型。其范围和线型与 LINESTYLE 相同。

MARGIN：设置 X 轴、Y 轴和 Z 轴边界的空白。默认值为 X：[10，3]；Y：[4，2]。

格式：[left，right]。

MINOR：设置 X 轴、Y 轴和 Z 轴上最小刻度间隔的数目。

OMARGIN：进行多重绘制时，设置 X 轴、Y 轴和 Z 轴边界的空白。

RANGE：设置 X 轴、Y 轴和 Z 轴的最小和最大范围。格式为[min，max]。

REGION：设置矩形绘制窗口的区域位置。

格式：(x0，y0，x1，y1)。! P. POSITION 优先。

S：设置数据坐标系统和正交坐标系统之间的缩放因子。

STYLE：设置 X 轴、Y 轴和 Z 轴的类型。其代码和含义如下：

0	由{X | Y | Z}RANGE 指定轴的精确范围	2	在轴范围的每一留有空余
4	不显示整个坐标轴	8	只在左边或下边显示坐标轴
16	不把 Y 轴的起始值强行规定为 0。		

技巧：{X | Y | Z}STYLE 设定的值可以以加的形式出现，来实现多重功能。如 YSTYLE＝1＋8。

THICK：设置 X 轴、Y 轴和 Z 轴和刻度的粗细。其默认值为 1。

TICKFORMAT：给出 X 轴、Y 轴和 Z 轴上刻度标注的格式代码，从而设定刻度标注的具体格式。

TICKINTERVAL：同{X | Y | Z}TICKS，但是其优先级高于{X | Y | Z}TICKS。

TICKLAYOUT：设置 X 轴、Y 轴和 Z 轴的刻度的布局风格。其有效值如下：

0：轴线、主刻度标注、刻度标签，次刻度标注仅显示在主层坐标轴上。该参数时默认值。

1：仅显示 主刻度标注的刻度标签，轴线、主刻度标注和次刻度标注均省略。

2：每一个主刻度间隔均为一个矩形盒子，刻度标签从左到右放置在盒子中。

TICKLEN＝value：用于设置绘制轴注释和标注中小刻度的尺度。

TICKNAME＝string_array：设置 X 轴、Y 轴和 Z 轴的刻度的标注。

TICKS＝integer：设置 X 轴、Y 轴和 Z 轴的主刻度的个数。

TICKUNITS：设置 X 轴、Y 轴和 Z 轴的标注刻度的单位。其有效值为'Numeric'、'Years'、'Months'、'Days'、'Hours'、'Minutes'、'Seconds'、'Time'和''(即空串)。

TICKV＝array：设置 X 轴、Y 轴和 Z 轴的刻度的值。

TITLE＝string：设置 X 轴、Y 轴和 Z 轴的标题。

TYPE：设置坐标轴的类型。0：线型；1：对数坐标轴。

WINDOW：设置绘制窗口的坐标轴终点的正交坐标。